Computermodelle in der Wissenschaft – zwischen Analyse, Vorhersage und Suggestion

Das Auditorium zur Jahresversammlung „Computermodelle in der Wissenschaft“ 2009 im Tagungsgebäude Kempinski Hotel & Congress Centre Rotes Ross

NOVA ACTA LEOPOLDINA

Abhandlungen der Deutschen Akademie der Naturforscher Leopoldina

Herausgegeben vom Präsidium der Akademie

NEUE FOLGE NUMMER 377 BAND 110

Computermodelle in der Wissenschaft – zwischen Analyse, Vorhersage und Suggestion

Vorträge anlässlich der Jahresversammlung
vom 2. bis 4. Oktober 2009 zu Halle (Saale)

Herausgegeben von:

Thomas LENGAUER (Saarbrücken)
Obmann der Sektion Informationswissenschaften und
Senator der Leopoldina

Mit 152 Abbildungen und 4 Tabellen

Deutsche Akademie der Naturforscher Leopoldina –
Nationale Akademie der Wissenschaften, Halle (Saale) 2011
Wissenschaftliche Verlagsgesellschaft mbH Stuttgart

Redaktion: Dr. Michael KAASCH und Dr. Joachim KAASCH
Fotos von der Jahresversammlung „Computermodelle in der Wissenschaft“: Jens SCHLÜTER (Halle/Saale)

Die Schriftenreihe Nova Acta Leopoldina erscheint bei der Wissenschaftlichen Verlagsgesellschaft mbH, Stuttgart, Birkenwaldstraße 44, 70191 Stuttgart, Bundesrepublik Deutschland.
Jedes Heft ist einzeln käuflich!

Die Schriftenreihe wird gefördert durch das Bundesministerium für Bildung und Forschung sowie das Kultusministerium des Landes Sachsen-Anhalt.

Wir danken der Alfried Krupp von Bohlen und Halbach-Stiftung für die finanzielle Unterstützung der Veranstaltung.

Bibliografische Information der Deutschen Nationalbibliothek
Die Deutsche Nationalbibliothek verzeichnet diese Publikation in der Deutschen Nationalbibliografie; detaillierte bibliografische Daten sind im Internet über http//dnb.ddb.de abrufbar.

Die Abkürzung ML hinter dem Namen der Autoren steht für Mitglied der Deutschen Akademie der Naturforscher Leopoldina.

Hausadresse: 06108 Halle (Saale), Emil-Abderhalden-Straße 37, Tel. +49 345 4723934
Herausgeber: Präsidium der Deutschen Akademie der Naturforscher Leopoldina – Nationale Akademie der Wissenschaften
Printed in Germany 2011
Gesamtherstellung: Elbe Druckerei Wittenberg
ISBN: 978-3-8047-2802-8
ISSN: 0369-5034
Gedruckt auf chlorfrei gebleichtem Papier.

Inhalt

Nova Acta Leopoldina NF *110*, Nr. 377, 7–8 (2011)

Vorwort

Die Möglichkeiten der digitalen Informationstechnik haben nicht nur unseren Alltag allgemein, sondern vor allem auch die Wissenschaften revolutioniert. Standen früher Wissenschaften auf den fundamentalen Säulen Theoriebildung und Experiment, so hat sich in den letzten Jahrzehnten eine dritte gleichberechtigte Komponente herausgebildet, eben die der digitalen Modellierung, Simulation und Visualisierung von Strukturen und Prozessen. Diese dritte Säule ermöglicht Zugang zu Aspekten des Untersuchungsgegenstandes, die weder dem Experiment noch der Theoriebildung zugänglich sind. Zum einen wird eine Modellierung auf Raum- und Zeitskalen ermöglicht, die sich der allgemeinen Beobachtung entziehen. Im Raum reichen die Skalen von den Nanoskalen atomarer Vorgänge bis zu kosmologischen Dimensionen. In der Zeit ist die Spanne der überdeckten Skalen ebenso groß.

Geeignete Visualisierung hebt die für die Untersuchung wichtigen Dinge vor einer oft unüberschaubaren Fülle von Details hervor oder projiziert in hochdimensionalen Räumen angesiedelte Strukturen oder Prozesse in die Welt unserer Anschauung. Der Blick in die Zukunft ist dabei ein ganz wesentliches Merkmal von Modellierung: Man möchte mit möglichst hoher Sicherheit vorhersagen, wie sich der Untersuchungsgegenstand verhält, sei es das Protein, das an einen Wirkstoff binden soll, ein Stern im Zerfallsprozess oder die ökonomischen Parameter einer Volkswirtschaft in Abhängigkeit von wirtschaftlichen und gesellschaftlichen Variablen. Die Möglichkeit der Optimierung von Entwürfen ohne die Notwendigkeiten der Realisierung der einzelnen Entwurfsalternativen spielt in den Ingenieurwissenschaften eine zentrale Rolle. Aber nicht nur die Technik- und Naturwissenschaften, sondern auch die Lebens-, die Sozial- und Kognitionswissenschaften, ja sogar Kunst und Archäologie sind immer stärker durch eine Informatisierung gekennzeichnet, welche als wesentliche Komponenten die digitale Modellierung und Simulation hat.

In allen diesen Wissenschaften hat die neue Technologie eine signifikante Bedeutung, einige Disziplinen werden durch sie geradezu revolutioniert. Darum hat die Leopoldina ihre Jahresversammlung 2009, die vom 2. bis 4. Oktober 2009 in Halle (Saale) stattfand, dem Thema „Computermodelle in der Wissenschaft – zwischen Analyse, Vorhersage und Suggestion" gewidmet. Die Vorträge beleuchteten das Thema der Tagung aus der Sicht vieler Wissenschaftsdisziplinen.

- Vorträge aus den methodischen Disziplinen beschreiben die unterliegenden Methoden und diskutieren, wozu sie uns befähigen und wo ihre Grenzen liegen.
- Vorträge aus Wissenschaftsdisziplinen, die die neue Technologie intensiv verwenden, berichteten über die benutzten Methoden, die mit ihnen erzielten Resultate sowie ihre Möglichkeiten und Grenzen.
- In vielen der Vorträge, und schwerpunktmäßig in einigen reflektierenden Vorträgen, wird die Technologie in einen größeren Zusammenhang gestellt. Wie ist sie entstanden? Auf welche Weise ergänzt sie die klassischen Säulen der Wissenschaft – Theorie und Experiment? Wie suggestiv sind die erzeugten Modelle, und wie verändern sie die Sicht der Wissenschaftler auf die Welt? Wo liegen die Unterschiede zwischen Modell und Wirklichkeit, und welche Risiken entstehen aus einer Verwechslung zwischen beiden?

Der vorliegende Tagungsband enthält ausführliche schriftliche Versionen fast aller auf der Jahresversammlung präsentierten Vorträge. Darüber hinaus enthält der Band die schriftliche Version der Leopoldina-Lecture 2009 von Wolf SINGER mit dem Titel „Wer regiert im Kopf? Philosophische Implikationen der Hirnforschung", die in weiterem Zusammenhang mit dem Tagungsthema steht.

Die Veröffentlichung dieses Bandes berücksichtigt zum ersten Mal die Verfügbarkeit der neuen Technologien, die Thema der Jahresversammlung waren, und zwar auf zweierlei Weise: Zum einen ist der Tagungsband sowohl in Buchform als auch online im Internet verfügbar, und zwar kapitelweise auf den Websiten der Deutschen Akademie der Naturforscher Leopoldina – Nationale Akademie der Wissenschaften unter http://leopoldina.org/. Zum anderen sind einige der Vorträge durch Animationen bereichert, die in der Online-Version mit dem Vortragstext verlinkt sind und der Buchversion als DVD beiliegen.

Mein Dank gilt allen, die zum Gelingen dieses Tagungsbandes beigetragen haben, insbesondere den Rednern, die schriftliche Versionen ihrer Vorträge geliefert haben, den Mitarbeitern der Geschäftsstelle der Leopoldina und des Max-Planck-Instituts für Informatik, die die Vorbereitung des Tagungsbandes unterstützt haben, sowie den Mitgliedern der Kommission, die die Tagung vorbereitet hat. Besondere Erwähnung verdienen Michael KAASCH, der die Erstellung des Tagungsbandes in der Geschäftsstelle der Leopoldina koordiniert hat, Ruth SCHNEPPEN-CHRISTMANN, die die Vorbereitung der Tagung und des Tagungsbandes am Max-Planck-Institut für Informatik unterstützt hat sowie Joachim BÜCH am Max-Planck-Institut für Informatik, der den Webserver für die Tagung und den Tagungsband aufgesetzt hat. Danken möchte ich auch Wolfgang WAHLSTER, auf den die Idee einer Jahresversammlung der Leopoldina zu diesem Thema zurückgeht und der das Tagungskonzept mit einem Workshop im März 2007 einer Bewährungsprobe unterzogen hat.

Prof. Dr. Dr. Thomas LENGAUER
Max-Planck-Institut für Informatik, Saarbrücken
Obmann der Sektion Informationswissenschaften
und Senator der Akademie

Festvortrag

Nova Acta Leopoldina NF *110*, Nr. 377, 11–44 (2011)

Wie funktioniert das Leben? Möglichkeiten und Grenzen der Computermodellierung in den Lebenswissenschaften

Thomas LENGAUER ML (Saarbrücken)

Mit 19 Abbildungen

Thomas Lengauer

Zusammenfassung

Die Lebenswissenschaften stellen eine große Herausforderung an die Computermodellierung dar. Die zu modellierenden Systeme sind hochkomplex und durch vergleichsweise unstrukturierte und formal schwer zu fassende evolutive Prozesse entstanden. Die Computermodellierung hat zum Ziel, auf solchen Systemen basierende Strukturen und Prozesse möglichst exakt nachzubilden beziehungsweise, wenn sie noch nicht beobachtet worden sind, vorherzusagen. Darüber hinaus soll die Computermodellierung einen Weg zum biologischen Verständnis der untersuchten Systeme bahnen. Dabei sind die Ziele der Computermodellierung nicht nur in der Grundlagenforschung zu finden. Vielmehr verfolgt man hochgradig anwendungsorientierte Ziele in den Bereichen Medizin, Pharmazie und Biotechnologie. Die Herausforderung ist nichts Geringeres als die Aufdeckung neuer Verfahren zur Diagnose und Therapie von Krankheiten sowie die Entwicklung neuer medizinischer und biotechnologischer Wirkstoffe und biotechnologischer Produktionsverfahren.

Obwohl bereits erhebliche Fortschritte bei der Computermodellierung biologischer Systeme zu verzeichnen sind, befindet sich das Gebiet noch in einem frühen Entwicklungsstadium. Es hat in den letzten zwei Jahrzehnten einen bedeutenden Schub durch die Entwicklung experimenteller Hochdurchsatzverfahren in der Molekularbiologie erfahren. Während man sich im ersten Jahrzehnt vor allem auf die Sammlung von Informationen über die molekularen Bausteine konzentriert hat, steht gegenwärtig die Modellierung von molekularen Wechselwirkungsnetzen im Vordergrund der Forschung.

Zu den großen Herausforderungen des Gebietes gehört die Bewältigung zum einen der inhärenten Komplexität der zu untersuchenden Systeme zum anderen der immensen Raum- und Zeitskalen, die zu überbrücken sind. Eine Modellierung eines biologischen Systems von der submolekularen Ebene, auf der die chemischen Reaktionen stattfinden, bis zur Organismenebene ist bisher noch außer Reichweite.

Abstract

The life sciences pose grand challenges to computer modeling. The systems to be modeled are highly complex and have arisen through comparatively unstructured and formally hard to grasp evolutionary processes. Computer modeling has the goal of emulating as accurately as possible the structures and processes on which such systems are based or of predicting them if they have not been seen yet. Furthermore, computer modeling is aimed at opening a pass to biological understanding of the investigated systems. Computer modeling is not restricted to basic research. Rather, it also targets highly application-relevant goals in the areas of medicine, pharmacology and biotechnology. The challenges are no less than to uncover new approaches to diagnosis and therapy of diseases as well as to develop new drugs and biotechnological agents and conceive new biotechnological production processes.

Even though substantial progress has been made in the modeling of biological systems by computer, the field is still in its early stages. In the past two decades it has received a substantial push through the development of experimental high-throughput technology in molecular biology. While in the first decades the focus was on collecting information on the molecular components of biological systems, currently the focus is on uncovering their interaction networks.

The main challenges of the field lie in the inherent complexity of the investigated systems, on the one hand, and in the immense scales of space and time that have to be spanned, on the other. Modeling biological systems from the submolecular level at which the chemical reactions take place up to the level of the whole organism is still out of reach.

1. Einleitung

Dieser Vortrag befasst sich mit Forschung, die sucht, Strukturen und Prozesse des Lebens im Computer nachzubilden. Die Lebenswissenschaften sind aus verschiedenen Gründen eine besonders interessante Anwendungsdomäne für Computermodellierung. Zum einen ist in den Lebenswissenschaften durch Computermodellierung bereits viel erreicht worden. Zum anderen stellen die Lebenswissenschaften jedoch auch eine der größten Herausforderungen an die Computermodellierung dar. In dem ersten Abschnitt des Vortrages werden wir die Lebenswissenschaften hinsichtlich der Eigenschaften charakterisieren, die die Möglichkeiten und Grenzen der Computermodellierung in ihrem Bereich bedingen. In den folgenden Abschnitten des Vortrages durchmustern wir dann von klein nach komplex (*bottom up*) die Hierarchien biologischer Systeme und beschreiben den Stand der Computermodellierung auf den entsprechenden Hierarchieebenen. Ein Ausblick in zukünftige Forschung beschließt den Vortrag.

Zunächst definieren wir kurz die Grundbegriffe für diesen Vortrag:

- **(Computer-)Modell**: Darunter verstehen wir eine mithilfe des Computers abgeleitete Struktur oder Berechnungsvorschrift, die wesentliche Aspekte eines betrachteten realen Systems, das wir in diesem Zusammenhang auch als *Entwurf* bezeichnen, abbilden beziehungsweise vorhersagen kann.
- **Simulationsmodell**: Das ist eine spezielle Form des Computermodells, nämlich ein Ablaufmodell für einen zeitlich fortschreitenden Prozess.
- **Visualisierung**: Darunter verstehen wir eine Illustration wesentlicher Aspekte eines realen Systems mittels eines Computermodells mithilfe von stillen oder bewegten Bildern.

In diesem Vortrag sind alle betrachteten Systeme beziehungsweise Entwürfe biologischer Natur. Der Vortrag enthält 19 Abbildungen. Die überwiegende Mehrzahl von ihnen sind Visualisierungen von Computermodellen.

Wir können grob zwei unterschiedliche Formen von Entwürfen unterscheiden. Die einen, die sogenannten „rationalen Entwürfe", entstammen vor allem den Ingenieurdisziplinen und sind vom Menschen gemacht. Die anderen, die sogenannten „evolutiven Entwürfe", sind von der Natur hervorgebracht worden. Rationale und evolutive Entwürfe unterscheiden sich in vieler Hinsicht grundsätzlich, und diese Unterscheidung ist wesentlich für die Möglichkeit, sie im Computer zu modellieren. Wir beschreiben die wesentlichen Unterschiede. Abbildung 1 illustriert die Gegensätze.

Entwurfsressourcen: Ein rationaler Entwurf muss sich auf eng begrenzte Entwurfsressourcen stützen. So werden etwa Computerchips in wenigen Jahren mit Entwicklerteams von überschaubarer Größe entwickelt. Die enge Begrenztheit von Entwurfsressourcen beim rationalen Entwurf hat bedeutende Konsequenzen für das Entwurfsergebnis.

Der in Abbildung 1*A* dargestellte Computerchip hat beispielsweise bedeutend mehr als 10 Millionen Transistoren. Von diesen haben die Entwickler jedoch nur einen verschwindend kleinen Anteil explizit betrachtet. Fast alle Transistoren auf dem Chip entstehen durch Duplikation weniger Grundelemente auf der Basis einer klaren Entwurfshierarchie.

Der evolutive Entwurf in der Natur entsteht dagegen über sehr lange Zeiträume (Millionen bis Milliarden von Jahren) unter Zuhilfenahme von großen Populationen. Zwar treten auch hier umfangreiche Duplikationen auf – z. B. gibt es viele Kopien desselben Proteins in einer Zelle – aber die Hierarchien sind nicht so klar strukturiert. Modularität gibt es nur in eingeschränktem Maße, d. h., dieselben molekularen Bausteine haben oft verschiedene und sehr unterschiedliche Funktionen.

Entwurfsplanung: Für den rationalen Entwurf ist die sorgfältige Entwurfsplanung eine wesentliche Vorbedingung. Ungeplante Entwürfe haben für den Menschen als Entwerfer mehrere gravierende Nachteile. Erstens lassen sie sich nicht mit den zur Verfügung stehenden eng begrenzten Entwurfsressourcen fertig stellen. Zweitens, und vielleicht noch wichtiger, kann das Ergebnis eines ungeplanten Entwurfes in der Regel nicht verstanden werden. Das Verständnis des Entwurfsergebnisses ist aber eine klare Vorbedingung für jeden rationalen Entwurf. Man stelle sich nur einmal die Reaktion des Vorgesetzten vor, der mit dem Ergebnis eines ungeplanten Entwurfes konfrontiert wird, der folglich auch nicht verstehbar, nicht testbar und nicht diagnostizierbar ist.

Evolutive Entwürfe der Natur sind jedoch, nach allem was wir erkennen können, ungeplant. Sie entstehen durch eine lange Kette von aneinandergereihten kleinen Modifikationen, über deren Erfolg jeweils die momentane Auslese (Selektion) durch die Umwelt entscheidet, die ihrerseits komplex, unstrukturiert und nicht analytisch verstehbar ist. Auf der anderen Seite verlangt die Natur auch nicht nach verstehbaren Entwürfen.

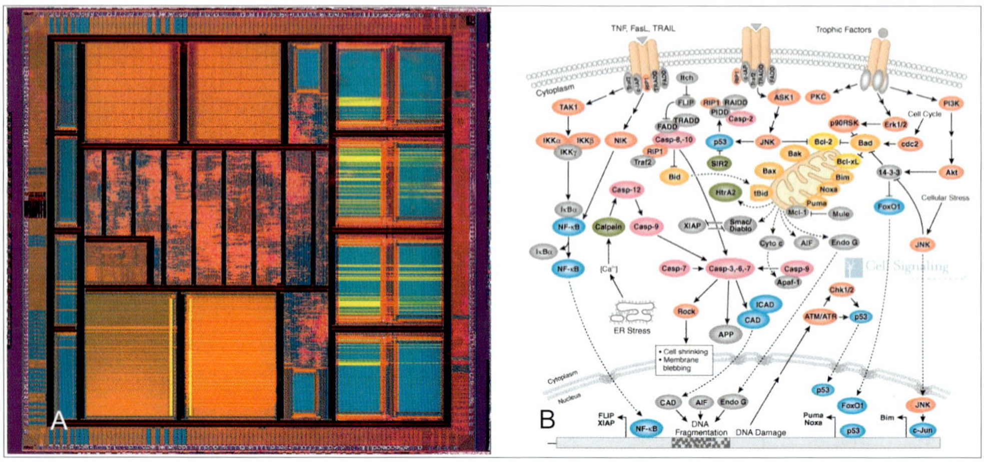

Abb. 1 (*A*) Rationaler Entwurf (Computerchip[1]). (*B*) Evolutiver Entwurf (Signalpfad für programmierten Zelltod[2])

Optimierungsziel: Das Optimierungsziel des rationalen Entwurfs ist in der Regel wirtschaftlicher Natur. Der Entwickler eines Computerchips optimiert z. B. explizit mit mathematischen Methoden oder implizit durch eine teilweise informelle Herangehensweise eine Zielfunktion, in die Beiträge wie Entwicklungskosten, Fertigungskosten, Testbarkeit, Leistungsaufnahme, Robustheit und Langlebigkeit des Chips, aber auch so schwer fassbare Aspekte wie Platzierbarkeit am Markt, Kundenbindung etc. eingehen. Die Zielfunktion ist in ihrer Gänze in der Regel schwer zu fassen und quantitativ auch gar nicht explizit gegeben. Mathematische Op-

1 Von http://en.wikipedia.org/wiki/Integrated_circuit.
2 Pfaddiagramm reproduziert mit freundlicher Genehmigung von Cell Signalling Technology, Inc. (www.cellsignal.com).

timierungstechniken werden lediglich für die Optimierung von einfach formulierbaren Teilaspekten der Zielfunktion, wie z. B. Chipfläche, Leistungsaufnahme, Signalverzögerungszeit oder quantitative Maße für die Testbarkeit angewendet. Allerdings ist es auch nicht wichtig, für die Zielfunktion oder ihre Beiträge exakte oder fast exakte Optima zu erzielen. In der Regel reicht ein wesentlicher Fortschritt gegenüber dem Konkurrenten, um das Produkt am Markt zu etablieren.

Auch die Natur optimiert, und zwar auf verschiedenen Raum- und Zeitskalen. Zum einen sind molekulare Strukturen und Bindungsvorgänge physikalischen Gesetzen unterworfen, die auf ein Optimierungsproblem führen, das in der Regel auf molekularer Ebene in kurzer Zeit gelöst wird. So wird die dreidimensionale Struktur eines Proteins, die sich für die überwiegende Mehrzahl der in der belebten Natur vorkommenden Proteine eindeutig aus der Proteinkette ergibt, nach der Kostenfunktion der freien Energie eines molekularen Ensembles aus Proteinmolekülen und Wasser optimiert. Die optimale Proteinstruktur ist die mit minimaler freier Energie, und sie wird in Millisekunden bis Minuten gebildet. Die Kostenfunktion der freien Energie ist, wenn auch im Prinzip mathematisch erschlossen, so doch bis heute nicht ausreichend genau zu berechnen. Wie aus den Erkenntnissen der statistischen Mechanik hervorgeht, gibt sich die Natur hier nicht mit fast optimalen Lösungen zufrieden. Bei der Energieminimierung zur Bestimmung der dreidimensionalen Struktur eines Proteins wird das exakte Optimum mit überwältigend großer Wahrscheinlichkeit realisiert. In der Regel existieren völlig unterschiedliche Proteinstrukturen mit sehr ähnlichen fast optimalen Energien, von denen jedoch nur die optimale Struktur biologisch relevant ist.

Auf ganz anderen Zeit- und zum Teil auch Raumskalen werden Organismen durch die Evolution schrittweise immer wieder und immer besser an eine komplexe und sich ständig verändernde Umwelt angepasst. Die Optimierung übernimmt hier der Prozess der Selektion: Die angepassteren Organismen überleben besser und produzieren mehr Nachkommen. Die Optimierungsfunktion ist hier die „Fitness" – eine ausgesprochen schwer zu erschließende Funktion, da sie durch die gesamte komplexe und nicht kompakt beschreibbare Umwelt definiert wird. Beide der hier beschriebenen Optimierungsprobleme, die bei evolutiven Entwürfen anfallen, sind ungleich schwerer zu lösen als solche bei rationalen Entwürfen. Die meisten solcher Optimierungsprobleme sind bis heute „Grand Challenges".

Diese gravierenden Unterschiede zwischen rationalem und evolutivem Entwurf führen dazu, dass die Entwürfe selbst sich auch deutlich voneinander unterscheiden. Rationale Entwürfe sind durch klar gegliederte Hierarchien mit hoher Duplikationsrate von wenigen Basisbausteinen, durch modularen Aufbau und klare Funktionstrennung zwischen den Entwurfskomponenten charakterisiert. Evolutive Entwürfe dagegen sind vielschichtig und nicht so klar gegliedert wie rationale Entwürfe (siehe die vielen Querbezüge in Abb. 1*B*). Ein evolutiver Entwurf zeichnet sich durch Wiederverwendung und Umdeutung von Komponenten aus, er ist nicht „aufgeräumt" in dem Sinne, in dem es ein rationaler Entwurf ist. Als Beispiel seien hier die oft vielfältigen Funktionen ein und desselben molekularen Bausteins in der Biologie genannt. So ist z. B. Adenin ein Bestandteil zum einen von DNA und RNA und zum anderen von ATP, der Energiewährung in der Zelle. Darüber hinaus hat es als Bestandteil von Adenosin wichtige neuronale Funktionen. Desgleichen ist Glutamat als Aminosäure sowohl ein Baustein von Proteinen, als auch ein wichtiger Neurotransmitter. Schließlich gibt es viele Proteine, die mehrfache Funktionen besitzen, ein Phänomen, das in der Biologie als *Moonlighting* bezeichnet wird.

Der amerikanische Zeichner Rube Goldberg hat das ungeplante Wesen des evolutiven Entwurfs in seiner Darstellung eines evolutiv entworfenen Bleistiftanspitzers (Abb. 2) karikiert.

Aus dieser kurz gefassten Gegenüberstellung von rationalem und evolutivem Entwurf wird deutlich erkennbar, dass die Computermodellierung von evolutiven Entwürfen ungleich schwerer ist als die von rationalen Entwürfen. Dieser Vortrag beschäftigt sich ausschließlich mit der Modellierung evolutiver Entwürfe in der Biologie. Er fasst den Stand der Disziplinen zusammen, die als *Bioinformatik*, *Computational Biology* und *Systembiologie* bezeichnet werden.

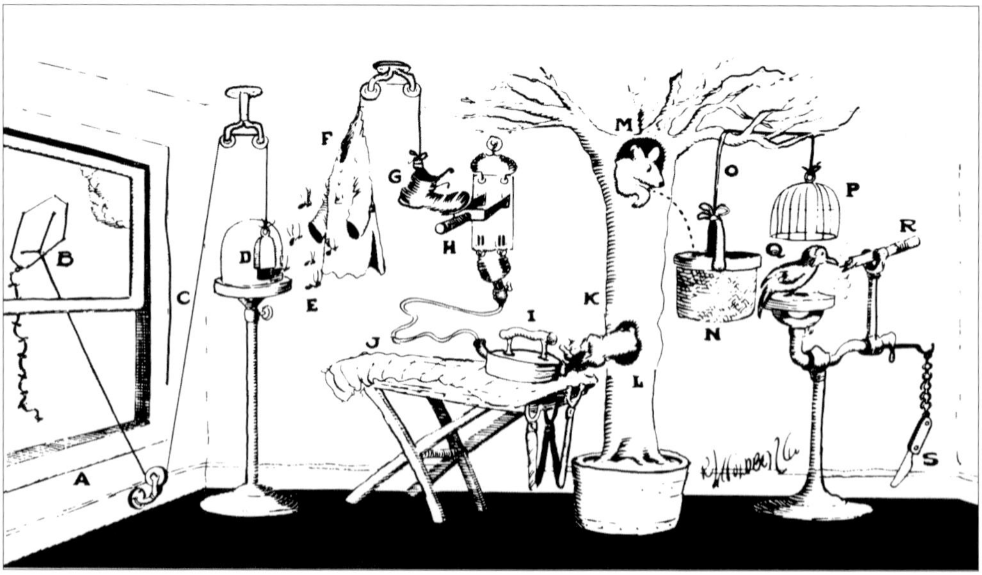

Abb. 2 Evolutiv entworfener Bleistiftanspitzer (von Rube Goldberg[3])

Dadurch, dass die Evolution der prägende Motor in der Biologie ist, erhält die Biologie den eigenartigen Charakter einer Zwitterwissenschaft. Zum einen ist sie ganz offenbar eine Naturwissenschaft, als die sie heute auch vornehmlich gilt und in die Wissenschaftslandschaft eingeordnet wird. In der Tat gehorchen die Moleküle, die die Grundlage für die Struktur und Dynamik von lebenden Organismen sind, den Naturgesetzen der Physik und Chemie. Dies haben wir an dem Beispiel der Proteinfaltung gesehen, das auf die Minimierung der freien Energie, also einen thermodynamischen Lehrsatz zurückzuführen ist. Daher ist es nicht verwunderlich, dass zahlreiche Methoden der Computermodellierung von biologischen Systemen

3 Von http://www.rubegoldberg.com/gallery_02.php. Durch das Öffnen des Fensters (A) fliegt der Drachen (B). Die Schnur (C) öffnet die Käfigtür (D), die frei werdenden Motten (E) zerfressen die Jacke (F), die dadurch leichter wird. Dadurch senkt sich der Schuh (G) und betätigt den Schalter (H), der das Bügeleisen (I) heizt. Dadurch verbrennt die Hose (J). Der Rauch (K) steigt durch ein Loch (L) den Baum hinauf. Das Opossum (M) flieht vor dem Rauch in den Korb (N). Der ist über ein Seil (O) mit einem Vogelkäfig (P) verbunden, der sich nun hebt. Dadurch kann der Specht (Q) den Bleistift (R) spitzen. Das Taschenmesser (S) ist ein Notbehelf, falls der Specht krank ist.

darauf zielen, Tatbestände und Prozesse mathematisch abzubilden, die sich auf Naturgesetze zurückführen lassen. So versucht man in der Tat, bei der Berechnung von Proteinstrukturen aus der Proteinkette Paradigmen der Energieminimierung einzusetzen.

Auf der anderen Seite verbietet die schiere Größe und Komplexität selbst der einfachsten lebenden Organismen eine naturwissenschaftliche Modellierung eines gesamten Organismus, ja sogar einer einzelnen Zelle beziehungsweise größerer zellulärer Untereinheiten auf der Basis ihrer Moleküle. Die Anwendung der Naturgesetze bei der Computermodellierung skaliert also nicht bis auf die Größe der Lebensformen, die es zu untersuchen gilt. Daher müssen wir insbesondere dann, wenn die Größe der betrachteten Systeme ein gewisses Maß überschreitet, andere Paradigmen als die naturgesetzlichen einsetzen. (Dieser duale Charakter gilt auch für andere Wissenschaften, in der natürlich entstandene komplexe physikochemische Systeme untersucht werden, etwa die Geologie, Geochemie und Klimatologie.)

Hier kommt uns zu Hilfe, dass in der Biologie neben der Nutzung der Naturgesetze auch die vergleichende Verwandtschaftsanalyse zum Zuge kommen kann. Durch evolutionäre Beziehungen zwischen verschiedenen Organismen oder ihren Bausteinen ergeben sich oft wesentlich informativere Analysen, als sie heute auf der Basis der Naturgesetze möglich sind. Dies kann mit einem Gleichnis verdeutlicht werden. Denken wir an die Aufgabe eines Kriminalisten, der versucht, einen Täter zu überführen. Nach unserem heutigen Verständnis sind die Handlungen des Täters letztlich das Ergebnis seines konstitutionellen und vor allen Dingen neuronalen Zustandes. Ein naturwissenschaftlicher Versuch, einen Täter zu überführen, würde sich also der Analyse seines körperlichen und neuronalen Zustandes auf molekularem Niveau bedienen. Dieser Zugang scheitert auch hier daran, dass die naturwissenschaftlichen Methoden nicht auf die Komplexität des gesamten Täters skalieren. Wir können z. B. einzelne Neuronen – zwar nicht auf der molekularen, aber auf einer abstrakteren Ebene – im Rechner modellieren. Die Simulation von größeren Netzwerken von Neuronen liegt jedoch bis heute außer Reichweite. Also bedient sich der Kriminalist einer anderen, vergleichenden, Methode. Er untersucht die Herkunft des Täters sowie seinen Umgang und versucht, daraus und aus Indizien, die er am Tatort findet, Tathergang und Motiv abzuleiten. Genau dies ist auch die Vorgehensweise der vergleichenden Analysen der Biologie. Wir versuchen z. B., die Struktur und Funktion eines Proteins dadurch zu verstehen, dass wir evolutionär mit ihm eng verwandte Proteine in eine vergleichende Analyse mit einbeziehen. (Mehr dazu im nächsten Abschnitt.)

Im Rest dieses Vortrages werden wir sehen, dass beide Paradigmen der Biologie, das naturwissenschaftliche und das vergleichende, wesentliche Bestandteile der Computermodellierung biologischer Systeme sind. Dabei wird heute noch das vergleichende Paradigma wesentlich breiter eingesetzt als das naturwissenschaftliche, vor allem in den oberen Hierarchieebenen, wo es um die Modellierung sehr komplexer Systeme und Zusammenhänge geht. Es steht zu erwarten, dass mit steigender Reifung einiger der beteiligten Wissenschaftsgebiete zunehmend vergleichende Analysen durch dann genauere naturwissenschaftliche Analysen von immer größeren Systemen ersetzt werden können.

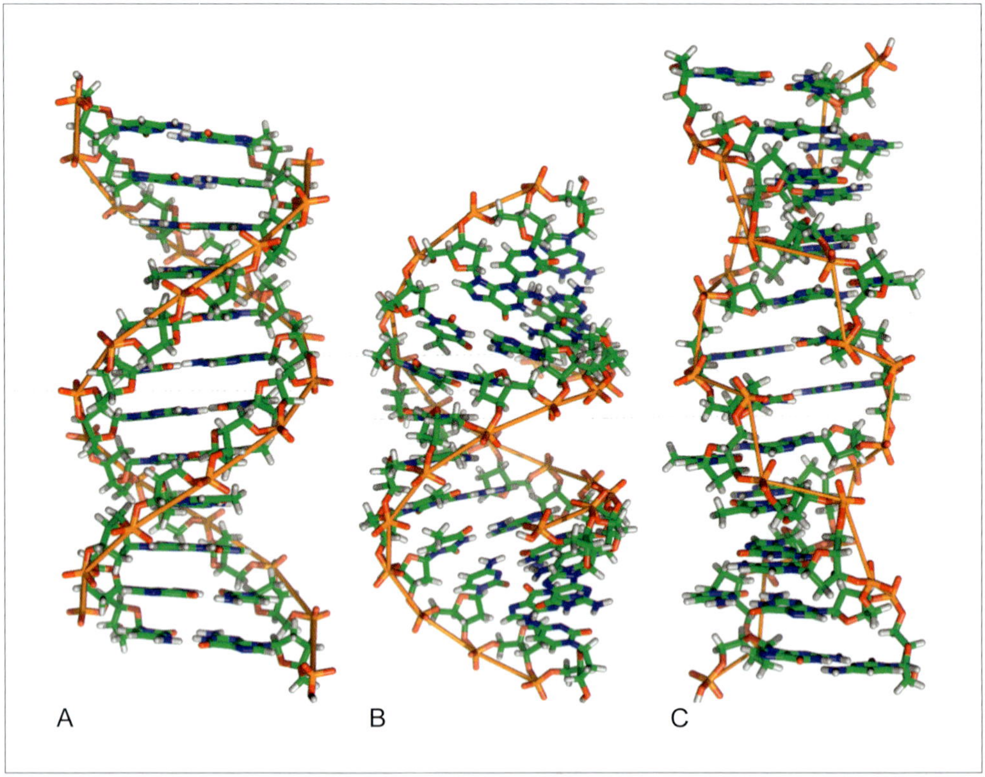

Abb. 3 Strukturelle Formen der DNA. (*A*) B-DNA – die geläufige Form der Doppelhelix. (*B*) A-DNA. (*C*) Z-DNA[4]

2. Die Bausteine

Die Makromoleküle der belebten Materie lassen sich in verschiedene Klassen einteilen. In diesem Vortrag besprechen wir die drei Klassen, über die am meisten bekannt ist: DNA, RNA und Proteine. (Andere Klassen umfassen etwa Polysaccharide – komplexe Zuckermoleküle. Wir lassen sie hier aus der Betrachtung heraus, weil sie bei der Computermodellierung noch vergleichsweise wenig berücksichtigt werden.) Alle drei Molekülklassen werden von langkettigen Polymeren gebildet. DNA und RNA sind Nukleinsäuren, also Ketten aus Nukleotiden, die über Zucker-Phosphatreste verbunden sind. Dabei werden vier Arten von Nukleotiden verwendet, die auf den Basen Adenin, Guanin, Cytosin, Thymin/Uracil beruhen. Die Bausteine von Proteinen sind die Aminosäuren, von denen 20 verschiedene hauptsächlich verwendet und im Genom codiert werden (siehe aber Atkins und Gesteland 2002). Die Aminosäuren sind über die sogenannte Peptidbindung verbunden. Die drei Molekülklassen sind an ihre jeweilige Zweckbestimmung hochgradig angepasst.

4 Von http://www.mun.ca/biology/scarr/A_B_Z_DNA.html mit freundlicher Genehmigung von S. Carr.

2.1 DNA

DNA ist das Speichermolekül des Lebens. Der Zucker, der zusammen mit den Phosphatresten das Rückgrat des Kettenmoleküls bildet, ist die Desoxyribose. Dieser Zucker ist chemisch wenig angreifbar und verleiht der DNA eine hohe Stabilität. Die meisten stabilen Strukturen des Moleküls, die in der Natur beobachtet werden, haben die Form einer Doppelhelix. Abbildung 3 illustriert drei verschiedene Doppelhelices, die in der Natur vorkommen. Dabei ist die in Abbildung 3*A* dargestellte B-DNA die bei weitem häufigste. Die chemische Stabilität ist die Grundlage für die besondere Eignung von DNA als Speichermolekül. Sie verleiht dem Molekül eine hohe Haltbarkeit.

Auf der Grundlage der Grobstruktur der DNA als Doppelhelix gibt es zwei strukturelle Variationsmöglichkeiten bei DNA: Zum einen ergibt sich durch die im DNA-Molekül codierte Nukleotidabfolge ein feinstruktureller Unterschied innerhalb der Furchen der Doppelhelix. Dieser Unterschied repräsentiert die genomische Information, die in der DNA gespeichert ist. Moleküle, die an die DNA binden, sind in der Lage, die feinstrukturellen Unterschiede in der Furche zu erkennen. So kann DNA selektiv abgelesen werden, z. B. durch Transkriptionsfaktoren, also Proteine, die das Ablesen von Genen initiieren (Abb. 4). Die Bindung von Transkriptionsfaktoren an DNA ist das Ergebnis eines Prozesses der Minimierung der freien Energie des molekularen Ensembles, bestehend aus den beteiligten Makromolekülen und dem sie umgebenden Wasser. Dieser Prozess ist im Prinzip mit Naturgesetzen beschreibbar. In ihm spielen sowohl enthalpische – also auf physikalische Kräfte zurückzuführende – als auch entropische – also auf das Maß der molekularen Unordnung zurückzuführende – Beiträge eine Rolle. In der Vergangenheit wurden die Präferenzen von Transkriptionsfaktoren hinsichtlich ihrer DNA-Bindestellen hauptsächlich mit vergleichenden Methoden modelliert, bei denen

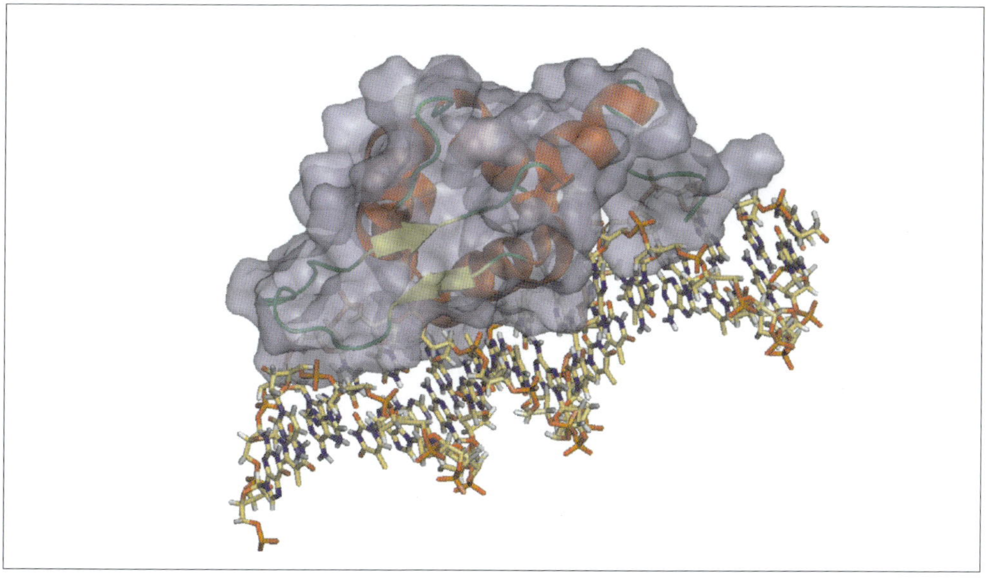

Abb. 4 Ein Transkriptionsfaktor „liest" DNA. Die DNA ist in der Skelettform dargestellt. Das an sie bindende Protein ist mit seiner molekularen Oberfläche (lila) dargestellt. Die Oberfläche ist transparent, so dass im Inneren des Proteins die Sekundärstruktur des Proteinrückgrates zu sehen ist.

aus Ähnlichkeiten der Basenabfolgen zwischen verschiedenen DNA-Regionen auf Ähnlichkeiten des Bindeverhaltens von Proteinen an diese Regionen geschlossen wird (Hannenhalli 2008). Derzeit befindet sich dieses Modellierungsproblem an der Grenze zum Übergang von der Verwendung vergleichender zur Verwendung naturwissenschaftlicher Modellierungsmethoden, die das Paradigma der Energieminimierung einsetzen (Liu und Bader 2009).

Der zweite Aspekt der DNA-Struktur, der variabel ist, ist die Krümmung und Verdrehung der DNA-Doppelhelix auf einer größeren Längenskala, die Dutzende bis viele 1000 Basenpaare umfasst. Die Verdrehung der DNA wird z. B. beim Ablesevorgang von Genen durch spezielle Proteine bewirkt, die dafür sorgen, dass die DNA ähnlich wie ein Reißverschluss aufgezogen werden kann. Die DNA-Verdrillung spielt bei der globalen Organisation der DNA im Zellkern eine große Rolle. In jedem Zellkern – mit einem Durchmesser von 1 μm – ist das gesamte etwa 2 m lange menschliche Genom aufgerollt. Die strukturelle Organisation des Genoms im Zellkern, das sogenannte Chromatin, ist dabei hochgradig organisiert (Abb. 5). Die Organisation des Chromatins ist auch dynamisch, denn es müssen selektiv die Genomregionen, die den abzulesenden Genen entsprechen, lokal und temporär der molekularen Ablesemaschi-

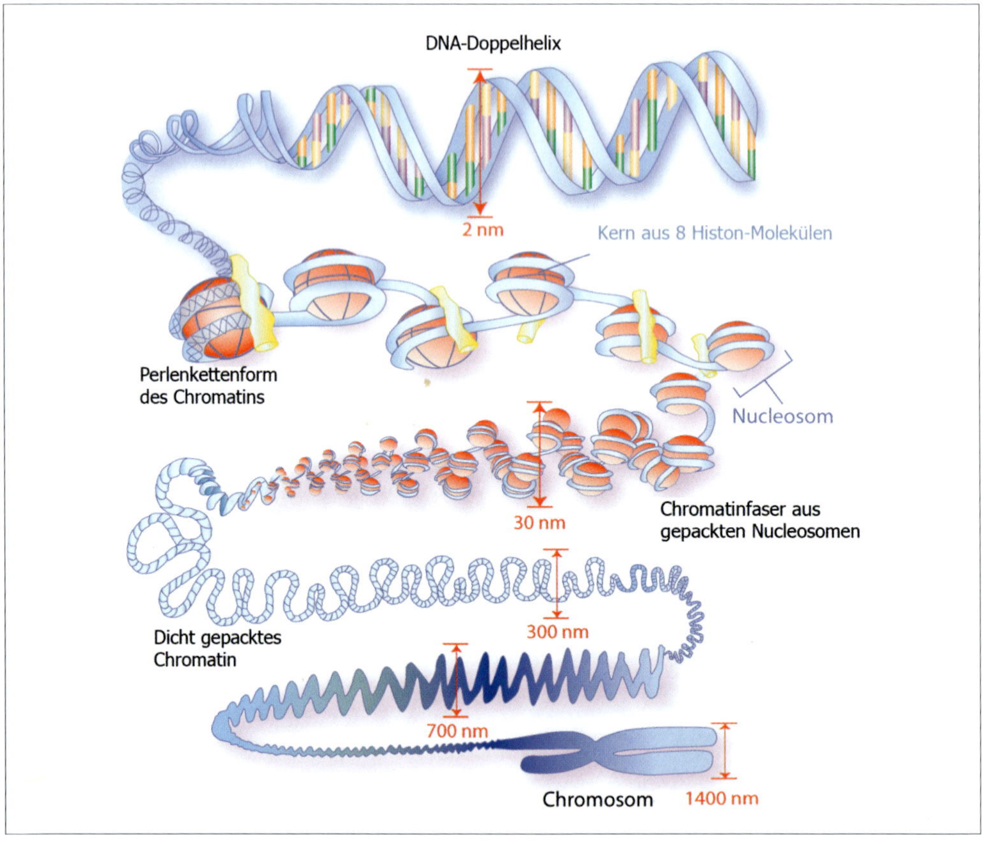

Abb. 5 Molekulare Organisation des Chromatins[5]

5 Adaptiert von http://epitron.eu/.

nerie zugänglich gemacht werden. Dies passiert in einem fein regulierten Prozess, der als epigenetisches Programm bezeichnet wird und dessen globale Organisation bis heute im Wesentlichen unverstanden ist.

Das junge Gebiet der epigenetischen Bioinformatik (*Computational Epigenetics*) analysiert, vornehmlich mit vergleichenden Methoden, genomweit Aspekte der lokalen Chromatinstruktur (Bock und Lengauer 2008, Felsenfeld und Groudine 2003).

Insgesamt ist zu subsummieren, dass die Analyse von DNA-Struktur, dort wo sie aufgrund der Konstanz der Doppelhelix nicht trivial ist, uns heute noch vor große Herausforderungen stellt.

2.2 Proteine

Proteine sind die molekularen Maschinen des Lebens. Ihre molekularen Ketten sind aus den 20 Aminosäuren zusammengebaut. Diese Aminosäuren bilden so etwas wie einen universellen Baukasten für organische Chemie. Es gibt Aminosäuren unterschiedlichster Größe und chemischer Qualität. Durch das Aneinanderketten der Aminosäuren mittels der Peptidbindung entstehen hoch flexibel strukturierte molekulare Arrangements. Während die DNA ein molekularer Spezialist zur Informationsspeicherung ist, sind Proteine Spezialisten für die Implementierung molekularer Abläufe. Proteine halten nicht sehr lange und eignen sich deshalb nicht zur Speicherung von Informationen. Dafür können sie etwas, was DNA aufgrund ihrer unzureichenden strukturellen Vielfalt nicht kann, nämlich molekulare Arbeit verrichten. Dies tun sie vornehmlich auf zweierlei Weise. Zum einen ändern sie ihre dreidimensionale Konformation, und zum anderen binden sie an andere Moleküle, die wiederum Proteine, DNA, RNA oder kleine Moleküle wie Zucker oder Fette sein können.

Proteine stellen für die Computermodellierung der molekularen Struktur die ideale Domäne dar. Bei vielen Proteinen ist die Struktur eindeutig in der Proteinkette codiert. Das ist nur naheliegend, denn die Natur benötigt zur Umsetzung des Lebens zuverlässige Bausteine. Dabei soll nicht übergangen werden, dass gewisse Proteine „absichtlich“ unstrukturiert sind: Die Natur bedient sich z. B. auch gern molekularer Versionen von Angelleinen. Wir kennen die Struktur bereits von einer ganzen Reihe von Proteinen, aber bei weitem nicht von allen. Je nachdem, was man als gleichartige und verschiedenartige Strukturen definiert, verwendet die Natur etwa ein paar 1000 wesentlich verschiedene Proteinstrukturen. Geschätzte 30 % von ihnen sind uns heute bekannt (Koonin et al. 2002, Grant et al. 2004).

Abbildung 6 zeigt ein typisches Protein, die HIV-Protease. Dieses Protein agiert wie eine molekulare Schere. Das HI-Virus bringt es mit sich und benutzt es dazu, Proteinketten für neue virale Partikel auseinanderzuschneiden. Abbildung 6 zeigt deutlich den scherenartigen Aufbau des Proteins: Es besteht aus zwei identischen Proteinketten mit je 99 Aminosäuren, die wie bei einer Schere rotationssymmetrisch angeordnet sind. Das Protein hat eine offene Form, in der es die zu schneidende Proteinkette einlässt, und eine geschlossene Form, in der es schneidet.

Proteine sind von unterschiedlichster Größe und Gestalt und haben unterschiedlichste Aufgaben (Abb. 7). Eine wesentliche Bemerkung ist, dass einzelne Proteinketten, sogenannte Monomere, sich zu größeren Komplexen aggregieren und so überaus beeindruckende molekulare Maschinen bilden können. In Abbildung 7 sind die Proteine nach aufsteigender Größe und Komplexität aufgereiht.

Liegt die Sequenz eines Proteins vor, so kann man über das Protein vielfältige Fragen stellen, die man versuchen kann, mit Computerhilfe zu beantworten. Eine grundlegende ist die

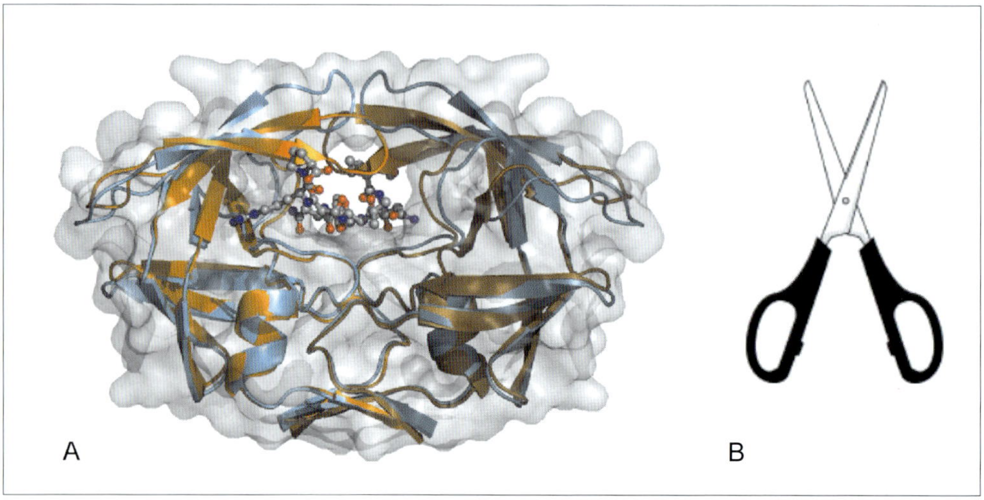

Abb. 6 Vergleich der HIV-Protease (*A*) mit einer Schere (*B*). Das Rückgrat des Proteins ist gefärbt dargestellt. Blau: offene Form, orange: geschlossene Form. Die molekulare Oberfläche (der offenen Form) ist hellgrau dargestellt. Die zu schneidende Proteinkette ist in Kugel-Stab-Form dargestellt. Sie wird senkrecht zur Bildebene durch das Loch im Protein geführt.

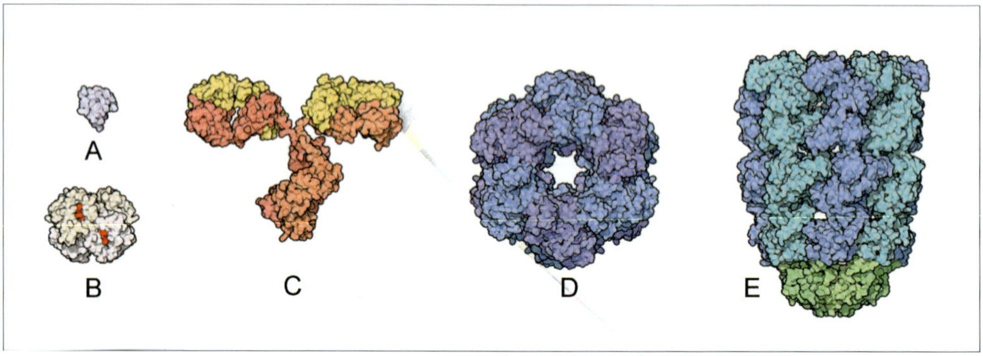

Abb. 7 Verschiedene Proteinstrukturen: (*A*) Insulin, beteiligt am Zuckerstoffwechsel (eine Kette). (*B*) Hämoglobin, Sauerstofftransport (2 × 2 Ketten). (*C*) Antikörper, Immunabwehr (2 × 2 Ketten). (*D*) Glutamin-Synthase, Aminosäure-Synthese (12 Ketten). (*E*) GroEL/ES, hilft bei der Proteinfaltung (14 + 7 Ketten). Die Abbildungen sind dem Protein Data Bank Poster entnommen (www.pdb.org)[6].

nach der dreidimensionalen Struktur des Proteins. Andere betreffen seine Funktion. Dabei hat der Begriff „Funktion" vielfältige Bedeutung. Folgende Aussagen gelten als zumindest partielle funktionelle Charakterisierungen eines Proteins:

6 Eine Animation der Aktion der ATP-Synthase, die bei der Zellatmung eine Rolle spielt und einen molekularen 3-getakteten Rotationsmotor darstellt, ist unter http://www.mrc-mbu.cam.ac.uk/research/atp-synthase zu finden (vgl.: DVD → Lengauer→ ATP-Synthase). Eine Moleküldynamik-Simulation von Details der Drehung des Moleküls ist in einem Video zu sehen (vgl.: Clip auf DVD → Lengauer→ ATP-Synthase Molekulardynamik-Simulation).

- Das Protein bindet Serotonin.
- Das Protein ist am programmierten Zelltod beteiligt.
- Das Protein ist in der Zellmembran lokalisiert.
- Das Protein ist lebenswichtig (ist es nicht präsent, so stirbt der Organismus).
- Das Protein spleißt unter Verbrauch von ATP und Bindung von Mg^{2+}-Ionen DNA-Stränge (DNA-Ligase).

Nur die fünfte Aussage beschreibt präzise die molekulare Funktion des Proteins. Die dritte Aussage beschreibt lediglich die Lokalisierung des Proteins, ist also eine Ortsangabe, die aber funktionelle Aspekte (Kommunikation, Transport von Molekülen) nahelegt. Die zweite Aussage beschreibt den größeren funktionellen Kontext, aber nicht die genaue molekulare Funktion. Die erste Aussage identifiziert lediglich einen Bindungspartner, beschreibt aber nicht die molekulare Funktion des Proteins. Die vierte Aussage schließlich ist eine ganz grobe phänotypische Charakterisierung, die aus einem *Knock-out*-Experiment resultiert.

Im Folgenden beschreiben wir die Modellierungsmethoden, die zur Analyse von Proteinen verwendet werden, die durch ihre Proteinkette gegeben sind.

2.2.1 Proteinstrukturvorhersage

Wie bereits erwähnt, nehmen Proteine die Struktur an, bei der die freie Energie minimiert wird. Die Menge aller möglichen Proteinstrukturen kann als ein hochdimensionaler Raum aufgefasst werden. Abbildung 8 illustriert dies schematisch, wobei nur zwei Koordinaten S_1 und S_2 als die Proteinstruktur bestimmend angenommen werden. (In der Realität wird die Proteinstruktur durch je drei Koordinaten der Positionen von vielen 1000 Atomen bestimmt.) Die E-Koordinate gibt die freie Energie der jeweiligen Proteinstruktur an. So entsteht eine komplexe Energielandschaft. Das Protein nimmt die Struktur an, die dem tiefsten Tal (hier blau gefärbt) in der Energielandschaft entspricht. In Abbildung 8 gibt es zwei Proteinstrukturen ähnlich niedriger tiefer Energien, zwischen denen bei geeigneter Energiezufuhr ein Übergang stattfinden kann. So etwas geschieht z. B. bei allosterischen Proteinen, die ihre Struktur verändern können – etwa durch Bewegung zweier Domänen nach Art eines Scharniergelenks. Im Allgemeinen ist die Energielandschaft hochkomplex und enthält viele Minima mit ganz ähnlichen Energien, die aber weit über den Proteinstrukturraum verteilt sein können. Die Aufgabe, das globale Minimum zu bestimmen, ist theoretisch fassbar, d. h., wir kennen die ihr zugrundeliegenden Naturgesetze. Durch die Komplexität der Energielandschaft ist sie jedoch praktisch nicht zu berechnen. Dies ist ein konkretes Beispiel für eine Situation, in der allein durch naturwissenschaftliche Modellierung keine Lösung erreicht werden kann.

In dieser Situation bedient man sich der vergleichenden Analyse, um die Region einzugrenzen, in der das globale Minimum der Energiefunktion liegt. Dies geschieht, indem man eine Datenbank von Proteinen, deren Struktur bereits bekannt ist, auf Ähnlichkeit zu dem zu modellierenden Protein durchforstet, das in diesem Zusammenhang Zielprotein genannt wird. Die Ähnlichkeit zwischen zwei Proteinketten wird durch ein sogenanntes Alignment manifestiert, d. h. einer Gegenüberstellung der beiden Proteinketten, die die entsprechenden Aminosäuren miteinander paart (Abb. 9).

Das mit dem Zielprotein alignierte, in seiner Struktur bekannte Protein dient hier als Strukturvorlage und wird daher auch Templatprotein genannt. Dieses Alignment führt in einfacher Weise zu einer Anfangsstruktur für das Modell des Zielproteins. Die Proteinkette des Tem-

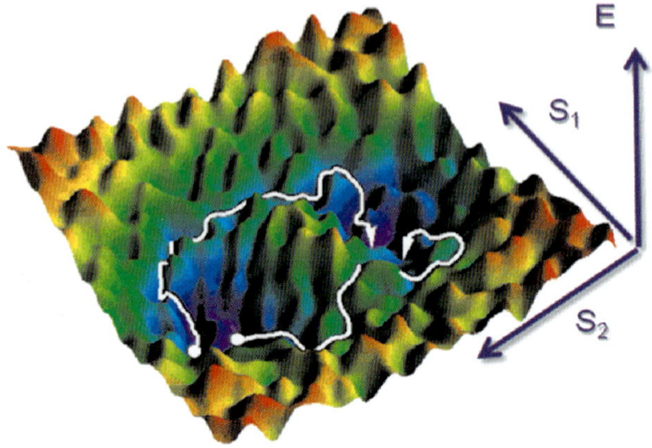

Abb. 8 Energielandschaft eines Proteins[7] (stark vereinfachte schematische Darstellung)

```
?? Zielprotein      1        MSALDNSIRVEVKTEYIEQQSSPED-EKYLFSYTITII---NL   39
                             .....||..::: |:::.|.:.|:. :..|.|.:.:|:   |.
   Templatprotein  51 NPSVTVITIQASNSTELDM-TDFVFQAAVPKTFQLQLLSPSSSIVPAFNT   99

   Zielprotein     40 GE--------QAAKLETRHWIITDANGKTSEVQGAGVVGETPTIPPNTAY   81
                      |.        ...|.:.|..|....|.|.|.:|.   :.|....||. ::
   Templatprotein 100 GTITQVIKVLNPQKQQLRMRIKLTYNHKGSAMQD---LAEVNNFPPQ-SW  145

   Zielprotein     82 QYTSGTVLDTPFGIMYGTYGMVSESGEHFNAIIKPFRLATPGLLH      126
                      |
   Templatprotein 146 Q                                                  146
```

Abb. 9 Alignment von zwei Proteinketten. Das Alignment ist länger als eine Zeile und daher mit zwei Zeilenumbrüchen dargestellt. Das zu modellierende Protein (Zielprotein, obere „Spur" des Alignments) wird mit einem in seiner Struktur bekannten Templatprotein (untere „Spur" des Alignments) aus der Datenbank aligniert. 16 % der Aminosäuren entsprechen sich identisch in beiden Proteinen (rote Färbung). Die Aminosäuren sind durch ihren Ein-Buchstaben-Code dargestellt.

platproteins hat durch dessen bekannte Struktur einen räumlichen Verlauf. Auf diesen Verlauf wird nun nach Maßgabe des Alignments die Kette des Zielproteins abgebildet. Die Kette des Zielproteins wird praktisch über den Kettenverlauf des Templatproteins gefädelt (*Protein Threading*). Damit liegt die Grobstruktur des Zielproteins fest. Um die Feinstruktur zu erreichen, müssen noch eventuelle Brüche in der Proteinkette, die durch das Alignment gegeben sind (überall dort, wo das Alignment das Lückenzeichen „–" enthält), geheilt werden, und alle Atome der Aminosäuren müssen angemessen platziert werden. Diese Aufgaben können durch eine Mischung aus naturwissenschaftlichen und vergleichenden Methoden gelöst werden. Eine vergleichende Methode wird z. B. eingesetzt, um die genaue räumliche Konformation einer

7 Von http://gold.cchem.berkeley.edu/research_path.html mit freundlicher Genehmigung von Prof. Christoph Dellago.

Aminosäure in ihrer Umgebung im Protein durch eine Analyse abzuschätzen, die auf einer Statistik darüber basiert, welche Konformationen der Aminosäuren in welchen Proteinumgebungen vornehmlich auftreten. Interessanterweise kann man solchen Statistiken einen thermodynamischen Charakter geben, indem man die Häufigkeit des Auftretens einer Konformation nach dem Boltzmann-Gesetz aus der Thermodynamik in den Wert einer Bewertungsfunktion übersetzt, die wie eine Energie aussieht. Je geringer der Wert der Bewertungsfunktion ist, desto häufiger ist die entsprechende Konformation beobachtet worden, als desto geringer wird also auch ihre freie Energie angenommen. Die resultierende Methodik ist eigentlich vergleichend, weil man Schlüsse aus bereits beobachteten molekularen Strukturen zieht. Sie hat aber das Aussehen einer naturwissenschaftlichen Methode, da man mit Gleichungen operiert, die der Thermodynamik entspringen. Die Methode, die zur Optimierung der Bewertungsfunktion eingesetzt wird, ist die der Energieminimierung (Sippl 1993).

Dieses Verfahren, das man Ähnlichkeitsbasierte Proteinstrukturvorhersage nennt (Dunbrack 2007), ist ausgesprochen erfolgreich. Natürlich hängt der Erfolg des Verfahrens im Einzelnen davon ab, wie sehr sich das Zielprotein und das Templatprotein unterscheiden. Ab einer Übereinstimmung der Proteinketten in wenigstens 70 % der Aminosäuren kann die Struktur des Proteins mit großer Genauigkeit modelliert werden. Bei Sequenzähnlichkeiten über 30–50 % ist die Proteinstruktur im Großen und Ganzen mit hoher Wahrscheinlichkeit richtig. Unterhalb einer Sequenzähnlichkeit von 25 % kann die Strukturähnlichkeit von Zielprotein und Templat nicht mehr gewährleistet werden. Hier ist es eine große Herausforderung, ein Templat zu finden, das dem Zielprotein in der Struktur ähnelt. Heutige Verfahren ermöglichen aber auch schon Strukturvorhersagen deutlich unterhalb der 25%-Grenze. In diesem Falle können nicht die Koordinaten aller Atome bestimmt werden, sondern nur der prinzipielle Verlauf des Rückgrats des Proteins (Sommer 2007).

Die Ähnlichkeitsbasierte Modellierung funktioniert natürlich nur dann, wenn ein dem Zielprotein ähnliches Templatprotein in seiner Struktur bekannt ist. Ist dies nicht der Fall, so muss die Struktur des Zielproteins *de novo*, d. h. ohne Vorlage, modelliert werden. Bis vor etwa 10 Jahren wurde dies ausschließlich mit naturwissenschaftlichen Methoden, d. h. mit Energieminimierung, versucht. Diese Versuche waren nicht erfolgreich. Vor etwa 10 Jahren wurde der ähnlichkeitsbasierte Ansatz auf die *De-novo*-Proteinstrukturvorhersage übertragen. Da in diesem Fall keine Vorlage für das gesamte Protein vorliegt, werden Teile des Proteins, d. h. kleine Sequenzabschnitte, ähnlichkeitsbasiert modelliert und die Modelle dann zusammengefügt. Eine geeignete, sorgfältig ausgeklügelte heuristische Bewertungsfunktion steuert den Prozess. Diese Innovation hat dazu geführt, dass heute auch die *De-novo*-Strukturvorhersage in den Bereich des Möglichen gerückt ist. Auch hier bestimmen relevante Charakteristiken des zu modellierenden Proteins den Erfolg der Methode. Insbesondere ist das Protein dann schwer zu modellieren, wenn seine Struktur viele Kontakte von Aminosäuren enthält, die in der Proteinkette weit voneinander entfernt sind, weil dies globale Bewegungen des Proteinrückgrates zur Formierung der Struktur erfordert (Bonneau 2007).

2.2.2 Proteinfunktionsvorhersage

Die Funktion eines Proteins liegt in seiner Struktur begründet: Die Form einer Maschine begründet ihre Funktion. Daher sollte man meinen, dass zum einen für die Ermittlung der Funktion eines Proteins die Kenntnis seiner Struktur Voraussetzung ist. Zum anderen wäre naheliegend, dass, wenn man die Struktur eines Proteins kennt, seine Funktion leicht ableitbar ist.

Beide Annahmen sind falsch. Zum einen lassen sich mit vergleichenden Methoden aus der Kenntnis der Proteinkette weitreichende Schlüsse über die Funktion des Proteins ziehen. Während die Evolution nämlich gern Proteinketten variiert, konserviert sie Proteinfunktionen wesentlich stärker. Vergleichende Analysen werden dadurch ermöglicht, dass man das zu untersuchende Protein, das wir auch hier Zielprotein nennen wollen, in einen evolutionären Stammbaum von Proteinen mit ähnlichen Sequenzen einordnet. Die Berechnung von evolutionären Stammbäumen ist auf der Basis der Sequenzen der beteiligten Proteine sowie eines multiplen Alignments dieser Sequenzen möglich. Funktionshypothesen können dann unter Umständen zwischen evolutionär eng verwandten Proteinen übertragen werden. Hier muss man mit besonderer Vorsicht vorgehen, denn eine Ähnlichkeit der Proteinketten allein sichert noch keine Gleichheit der Proteinfunktion. Funktionsübertragungen sind nur dann möglich, wenn die beiden beteiligten Proteine ortholog sind – d. h., wenn sie über einen gemeinsamen Vorfahren evolutionär miteinander verwandt sind, von dem die durch die Proteine ausgeübte Funktion von einer Spezies zu anderen weitergereicht wird. In der Sequenz ähnliche Proteine können dagegen auch über eine Genduplikation in ein- und demselben Organismus miteinander in Beziehung stehen. Eine solche Genduplikation eröffnet die Möglichkeit zur evolutionären Entwicklung einer neuen Funktion auf Basis derselben Proteinkette. Daher können zwei solche paraloge Proteine unterschiedliche Funktion haben. Es stehen heute auf der Basis von Vergleichsmethoden operierende Analysen zur Verfügung, um orthologe von paralogen Proteinen zu unterscheiden (Koonin 2005).

Neben der Proteinfunktionsanalyse auf der Basis von Stammbäumen ist auch die Suche nach funktionalen Sequenzmotiven eine erfolgreiche Methode zur Ermittlung von Information über Proteinfunktion. Wie schon erwähnt, üben Proteine ihre Funktion größtenteils durch Bindung an andere Moleküle aus. Eine solche Bindung geschieht in bestimmten Oberflächenbereichen des Proteins, den sogenannten Bindetaschen. Die Bindetaschen sind wiederum aus Aminosäuren aufgebaut, die zu ihrer Form beitragen. Und diese Aminosäuren sind natürlich in der Proteinkette zu finden. Jede Bindetasche hat eine spezifisch auf den molekularen Bindungspartner ausgerichtete Form und chemisches Profil. Damit finden sich in der Proteinkette Sequenzmuster, die für eine Bindetasche, die ein bestimmtes Molekül bindet, spezifisch sind. Die Suche nach solchen Mustern ermöglicht die Ermittlung von Information über die molekulare Funktion von Proteinen direkt aus der Proteinkette. Die Proteinkette kann also als wesentliche Quelle von Information über die Proteinfunktion benutzt werden (Brutlag 2007).

Natürlich gibt die Proteinstruktur wesentlich genauere Informationen über die Form von Bindetaschen als die Proteinkette. Die bioinformatische Technologie für die Ableitung von Information über die Proteinfunktion aus der Proteinstruktur hinkt jedoch der Technologie deutlich nach, die für Proteinsequenzen zur Verfügung steht. In der Tat ist der Vergleich etwa von Bindetaschen auf struktureller Ebene sehr schwierig und bis heute nicht wirklich bewältigt. Wir haben es hier mit einem aktiven und noch nicht ausgereiften Forschungsgebiet zu tun (Domingues und Lengauer 2007).

2.3 RNA

RNA ist das universelle biologische Makromolekül, das sowohl Information speichern als auch als molekulare Maschine dienen kann. DNA und Proteine übernehmen damit zueinander komplementäre und speziellere Aufgaben als das als evolutionär wesentlich älter angenommene RNA-Molekül. RNA erhält seine universellen Fähigkeiten mittels eines Aufbaus, der dem von DNA stark ähnelt. Allerdings wird in RNA als Zucker statt der Desoxyribose die Ribose verwendet. Durch sie ist das RNA-Molekül chemisch wesentlich weniger stabil als das von DNA. Die Natur verwendet vielfältigere Strukturen bei RNA als bei DNA. RNA kann z. B. Bindetaschen ausbilden, genau wie Proteine. Die katalytischen Möglichkeiten von RNA sind gegenüber denen von Proteinen aber eingeschränkt, da die chemisch aktiven und variablen Anteile des Moleküls nicht so effektiv an der Moleküloberfläche präsentiert werden können wie bei Proteinen. Ferner sind die vier zur Verfügung stehenden Nukleotide von RNA auch nicht ein so effektiver molekularer Bausteinkasten wie die 20 Aminosäuren der Proteine. Abbildung 10 zeigt die Struktur eines RNA-Moleküls, das katalytisch wirksam ist.

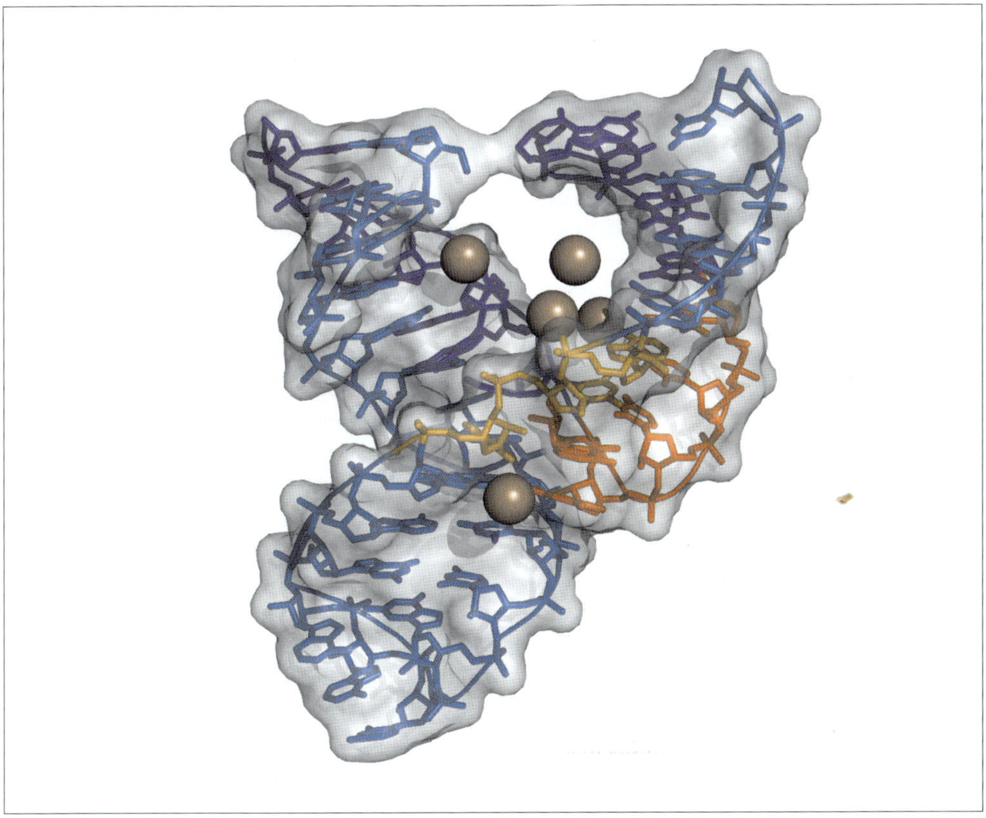

Abb. 10 Ein RNA-Molekül mit katalytischer Funktion (*Hammerhead*-Ribozym). Das Molekül besteht aus drei verschiedenen RNA-Ketten, die unterschiedlich gefärbt sind. Die chemisch reaktiven Stellen des Moleküls sind durch Kugeln markiert.

Das Problem der Strukturvorhersage ist bei RNA ähnlich gelagert wie bei Proteinen. Allerdings können die hierbei verwendeten vergleichenden Methoden auf wesentlich geringere Daten zurückgreifen und sind daher weniger effektiv. Die Struktur- und Funktionsvorhersage von (katalytischer) RNA ist auch weniger relevant als bei Proteinen (MAJOR und THIBAULT 2007).

Neben der katalytischen Funktion hat RNA, wie in den letzten 10 Jahren deutlich wurde, vor allem vielfältige Funktionen bei der Zellregulation, die durch das Stichwort „RNA-Interferenz" umschrieben werden. Um solche Funktionen aufzuklären, sind makromolekulare Bindungspartner von kurzen RNA-Sequenzen zu bestimmen. Das entsprechende Forschungsgebiet erfährt derzeit eine Blüte (MENDES et al. 2009). Die zugrundeliegenden Methoden bedienen sich hauptsächlich des Paradigmas der vergleichenden Analyse. Bei den bei dieser Forschung ebenfalls anfallenden Strukturanalysen der RNA-Moleküle findet jedoch auch das Paradigma der Energieminimierung Verwendung.

3. Die Wechselwirkungen

Bis jetzt haben wir nur einzelne Moleküle in unsere Analyse einbezogen. In diesem Abschnitt wollen wir Methoden diskutieren, die Bindevorgänge zwischen biologischen Molekülen modellieren. Die Modellierung der Bindung von zwei Molekülen im Computer wird auch als molekulares Docking bezeichnet. Wir unterscheiden wieder verschiedene Klassen des Problems, die für Modellierungsansätze verschiedene Voraussetzungen bieten.

– **Protein-Ligand-Docking**: Hierbei handelt es sich um ein Bindeereignis zwischen einem Protein und einem kleinen Molekül.[8] Dieses Problem hat besondere Relevanz, weil Kandidaten für Wirkstoffe (z. B. Medikamente) hauptsächlich kleine Moleküle sind. Methoden des Protein-Ligand-Dockings ermöglichen das schnelle Durchforsten von großen Datenbanken von Wirkstoffen zur Suche nach Kandidaten, die an ein bestimmtes Protein, das auch hier wieder „Zielprotein" genannt wird, fest binden. Die Beeinflussung, meistens Blockierung, eines bestimmten Zielproteins durch einen Wirkstoff ist die Basis für die meisten medikamentösen Therapien. Ist die Struktur des Zielproteins bekannt, so kann die Analyse der Bindungsstärke zwischen Wirkstoff und Protein auf der Basis der Strukturen der beiden Moleküle vorgenommen werden. Dabei muss das kleine Wirkstoffmolekül in der Regel als strukturell hochflexibel angesehen werden (ähnlich wie ein Mobile), während das Protein in erster Regel als strukturell starr betrachtet werden kann. Methoden, die das Protein-Ligand-Docking unter diesen Voraussetzungen in wenigen Sekunden pro Wirkstoffmolekül vornehmen können, sind seit gut 10 Jahren verfügbar. Die heutige Herausforderung des Gebietes ist, von der Annahme der Starrheit des Proteins abzugehen, denn das Protein verhält sich beim Bindevorgang eingeschränkt flexibel – etwa wie ein Schuh, in den ein Fuß schlüpft. Dieses Phänomen wird als *Induced Fit* bezeichnet.[9] Die Methoden des Protein-Ligand-Docking basieren auf Analysen von Bewertungsfunktionen, die versuchen, die energetischen

8 Der Begriff „Ligand" bezeichnet eigentlich einen beliebigen molekularen Bindungspartner, wird in der entsprechenden Literatur jedoch spezifisch auf kleine Bindungspartner eingeschränkt.

9 Ein Video des *Induced Fit* beim Protein Hexokinase ist zu finden bei http://www.chem.ucsb.edu/~molvisual/movies.html (vgl.: Clip auf DVD → LENGAUER→ Hexokinase).

Verhältnisse des Molekülkomplexes nachzubilden. Diese Bewertungsfunktionen sind bis heute noch unzureichend, was dazu führt, dass Dockingprogramme eine relativ hohe Fehlerquote von 20–30 % haben.[10] Die Verbesserung der Bewertungsfunktion bleibt eine große Herausforderung im Bereich des Protein-Ligand-Dockings. Sie ist eine spezielle Ausprägung des Skalierungsproblems naturwissenschaftlicher Methoden bei der Analyse biologischer Systeme, das im einführenden Abschnitt beschrieben wurde (Rarey et al. 2007).

– **Protein-Protein-Docking**: Hier sind beide Bindungspartner Proteine. Diese Variante des Problems kommt nicht bei der Wirkstoffsuche zum Einsatz, da Wirkstoffe vornehmlich kleine Moleküle sind. Die Kontaktflächen zwischen den beiden bindenden Molekülen sind hier in der Regel größer als beim Protein-Ligand-Docking. Die energetischen Verhältnisse sind delikater – Wirkstoffe binden in der Regel sehr fest an ihre Zielproteine, während Protein-Protein-Wechselwirkungen häufig transient sind und wieder aufgelöst werden können müssen. Die verwendeten Methoden sind auch hier wieder hauptsächlich eine heuristische Bewertung der energetischen Verhältnisse des molekularen Komplexes verbunden mit einer angemessenen Durchmusterung des (sehr großen) Raumes der strukturellen Möglichkeiten beider Moleküle. Der *Induced Fit* spielt beim Protein-Protein-Docking eine ganz wesentliche Rolle. Die entsprechenden Dockingprogramme dienen weniger der Wirkstoffsuche, sondern werden vor allem in der biologischen Grundlagenforschung eingesetzt. Sie sind daher nicht so weit verbreitet wie Protein-Ligand-Dockingprogramme. Ist der Bindungspartner des Proteins DNA oder RNA, so ergeben sich Modifikationen des Protein-Protein-Docking-Problems. Zum einen wird etwa die Struktur von Proteinen im Ribosom, die umfänglich von strukturell irregulärer RNA umgeben sind, durch diese RNA stark geprägt. Die entsprechenden Komplexstrukturen können bis heute nicht zuverlässig berechnet werden. Zum anderen kann die strukturelle Regularität von DNA als Bindungspartner zur Anpassung der Modellierungsmethoden ausgenutzt werden (Hildebrandt et al. 2007).

Bisher haben wir Methoden diskutiert, die versuchen, die Struktur des molekularen Komplexes zwischen dem Protein und seinem Bindungspartner möglichst genau zu berechnen und die freie Bindungsenergie möglichst genau abzuschätzen. Dabei lag beim Protein-Ligand-Docking der Fokus auf einer kurzen Laufzeit, um das Durchmustern großer Wirkstoff-Datenbanken zu ermöglichen. Beim Protein-Protein-Docking geht es in der Regel nur um einen Bindungspartner, und man kann mehr Zeit auf die Analyse eines einzelnen Liganden verwenden. In beiden Fällen wird jedoch nur das Resultat der Bindung, nämlich der entsprechende molekulare Komplex, berechnet. Der Bindungsvorgang selbst wird in seiner zeitlichen Entwicklung nicht simuliert.

Die Simulation der zeitlichen Entwicklung eines Bindungsvorganges oder einer durch ein Protein katalysierten chemischen Reaktion wird im Prinzip durch Molekulardynamikverfahren ermöglicht. Bei diesen Verfahren wird auf der Basis eines Modells der klassischen Physik (im Gegensatz zur Quantenmechanik) die Bewegung eines molekularen Ensembles auf der Basis von Kräftegleichungen simuliert. Die zugrundeliegenden numerischen Kräftemodelle heißen auch Kraftfelder. Molekulardynamikverfahren sind generell einsetzbar, um molekulare Bewegungen zu simulieren, so etwa auch die Permeation von Wasser durch eine Membran[11].

10 Dockingprogramme sind dennoch in der pharmazeutischen Industrie weit verbreitet, denn sie ermöglichen eine Anreicherung von relativ kleinen Mengen von Molekülen (und zwar solchen, denen das Dockingprogramm die größte Bindungsstärke zumisst) mit viel versprechenden Wirkstoffkandidaten (und zwar jenen, bei denen das Dockingprogramm Recht hat).

11 Siehe das Video von Helmut Grubmüller (Clip auf DVD → Lengauer → Permeabilität von Membranen).

Bei der Simulation von chemischen Reaktionen müssen zum Teil quantenmechanische Modelle angewendet werden. In diesem Fall wird in der Regel ein hybrides Modell konstruiert, das molekulare Teilbereiche, die für die Reaktion von Bedeutung sind, quantenmechanisch modelliert und den größeren molekularen Kontext klassisch modelliert. Ein Beispiel hierfür ist die molekulardynamische Simulation einer Konformationsänderung in dem Fluoreszenzprotein asFP595, das durch Beleuchten mit grünem Licht an- und mit blauem Licht ausgeschaltet werden kann (Abb. 11). Die Größe eines zu simulierenden molekularen Ensembles kann mehrere Millionen von Teilchen umfassen. Größere Schwierigkeiten gibt es bei der Überspannung von angemessenen Zeitintervallen. Aufgrund hochfrequenter molekularer Schwingungen kann ein einzelner Simulationsschritt im Allgemeinen nur eine äußerst kurze Zeitspanne im Femtosekundenbereich ($1\ \text{fs} = 10^{-15}\ \text{s}$) überstreichen. Damit sind auch bei großem Rechenaufwand nur Zeitspannen im Bereich von etwa bis zu 1 μs zu simulieren (Klepeis et al. 2009). Demgegenüber finden viele chemische Reaktionen im Zeitbereich von mehreren Mikrosekunden statt, und Proteine falten sich sogar im Sekundenbereich. Die Überspannung dieser großen Zeitskalen mit einem einzigen durchgängigen und genauen Simulationsmodell ist eine der großen Herausforderungen in diesem Bereich der Forschung.

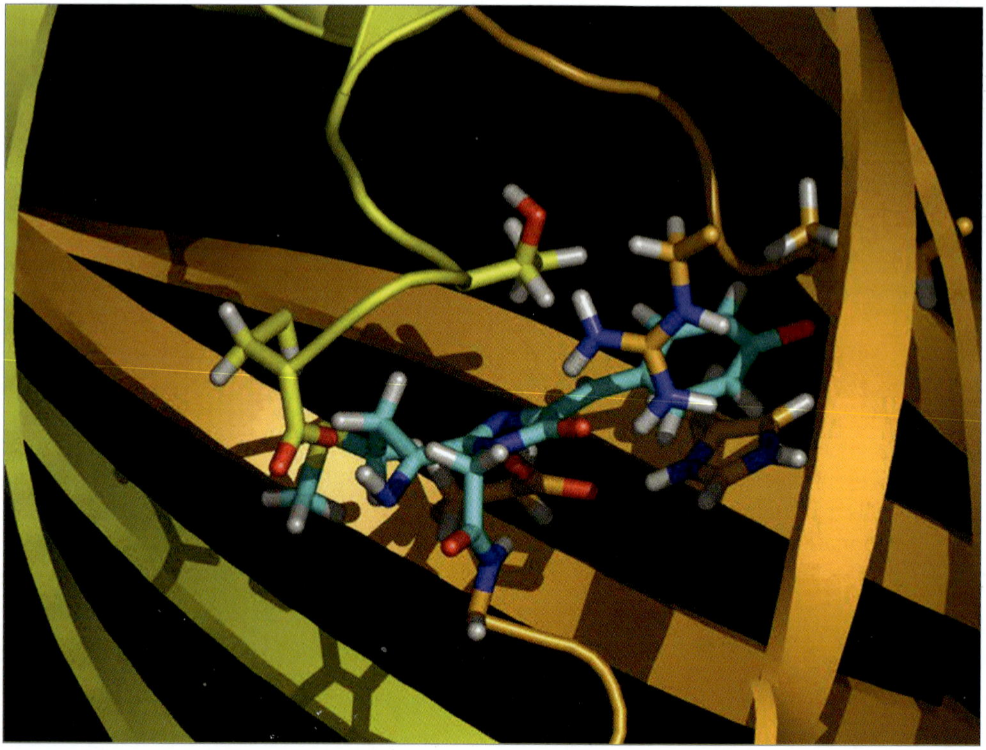

Abb. 11 Die Konformationsänderung des niedermolekularen Liganden in der Bindetasche des Proteins asFP595 ist mit Molekulardynamik-Simulationen modelliert worden.[12] Der Bereich des Liganden, dessen Konformation sich beim Schaltvorgang ändert, ist blau eingefärbt (mit freundlicher Genehmigung von Helmut Grubmüller).

12 Siehe das Video von Helmut Grubmüller (Clip auf DVD → Lengauer→ Konformationsänderung).

4. Die Netzwerke

Bindungen zwischen Molekülen und durch Proteine (und in selteneren Fällen RNA-Enzyme) katalysierte chemische Reaktionen sind die unteilbaren Basisoperationen, aus denen sich die Dynamik des Lebens zusammensetzt. Wie eine Vielzahl einzelner Transistoren komplexe elektronische Schaltkreise bilden, so werden durch vielfältige molekulare Bindungen hochkomplexe biochemische Netzwerke gebildet, die die Basis für alle Prozesse des Lebens sind. Grob können wir drei Ebenen solcher molekularer Netzwerke unterscheiden.

4.1 Metabolische Netze

Diese Netze bewerkstelligen den Stoffwechsel in der Zelle. Dies beinhaltet z. B. den Energiestoffwechsel sowie den Auf- und Abbau der molekularen Bausteine der Zelle. Damit bilden die metabolischen Netze den operativen Anteil der Zellfabrik. Hierbei handelt es sich um sehr homogene molekulare Netze, die als Graph dargestellt werden können. Die Knoten in diesem Graphen repräsentieren kleine Moleküle, die Kanten, die im Allgemeinen gerichtet sind, repräsentieren chemische Reaktionen, die die Moleküle ineinander überführen. Jede Kante ist mit einem Enzym annotiert, dass die entsprechende Reaktion katalysiert. Abbildung 12 zeigt eine Übersicht über eine ganze Reihe, aber bei weitem nicht alle metabolischen Verknüpfungen in lebenden Organismen. Aus der Abbildung wird die hohe Komplexität von biochemischen Netzwerken deutlich. Diese ist selbst bei simplen Organismen wie Bakterien zu verzeichnen. Abbildung 13 zeigt einen kleinen Ausschnitt aus Abbildung 12, nämlich einen metabolischen Zyklus, der zur Synthese der Aminosäure Arginin dient. Die Knoten im Netzwerk entsprechen kleinen Molekülen, den sogenannten Metaboliten. Sie sind in roter Schrift mit Namen benannt und durch ihre chemische Summenformel dargestellt. Kanten im Netz, dargestellt durch schwarze (zum Teil gestrichelte) Pfeile, bezeichnen die chemischen Reaktionen, die die Metabolite ineinander umsetzen. Jede Reaktion wird durch ein spezifisches Protein katalysiert, das in der Abbildung durch eine vierstellige Zahl repräsentiert ist. Diese Zahl, die sogenannte EC-Nummer, bezeichnet die Funktion des Enzyms nach der UIBMB-Enzymklassifikation. Die Nummer 4.3.2.1 am unteren Rand von Abbildung 13 steht z. B. für das Enzym Argininosuccinatlyase, das den letzten Schritt zur Synthese von Arginin katalysiert.

Aufgrund ihrer strukturellen Homogenität sind metabolische Netze einer mathematischen Analyse recht zugänglich. Es gibt grundsätzlich zwei Arten solcher Analysen. Zum einen können Gleichgewichtszustände der metabolischen Netze mit Methoden der linearen Algebra analysiert werden. Auf diese Weise können die Netze in Basiskomponenten zerlegt werden, die metabolischen Netzen einen modularen Aufbau verleihen. Ferner bilden lineare Modelle metabolischer Netze die Basis für Analysen, wie man solche Netze verändern müsste, um gewisse Optimierungen durchzuführen, z. B. das Synthesevolumen einer erwünschten Substanz zu maximieren. Solche Untersuchungen werden in der Biotechnologie angewandt, um Mikroorganismen, die erwünschte Substanzen produzieren, zu optimieren. Desgleichen kann man auf der Basis linearer Netzwerkmodelle die Effekte der Blockierung von Proteinen, die bestimmte Reaktionen katalysieren, modellieren. Damit können *Knock-out*-Experimente im Computer voranalysiert werden.

Die zweite – wesentlich komplexere – Art der Modellierung metabolischer Netze ist die dynamische Modellierung nichtstationärer Prozesse in solchen Netzen. Dazu werden zum

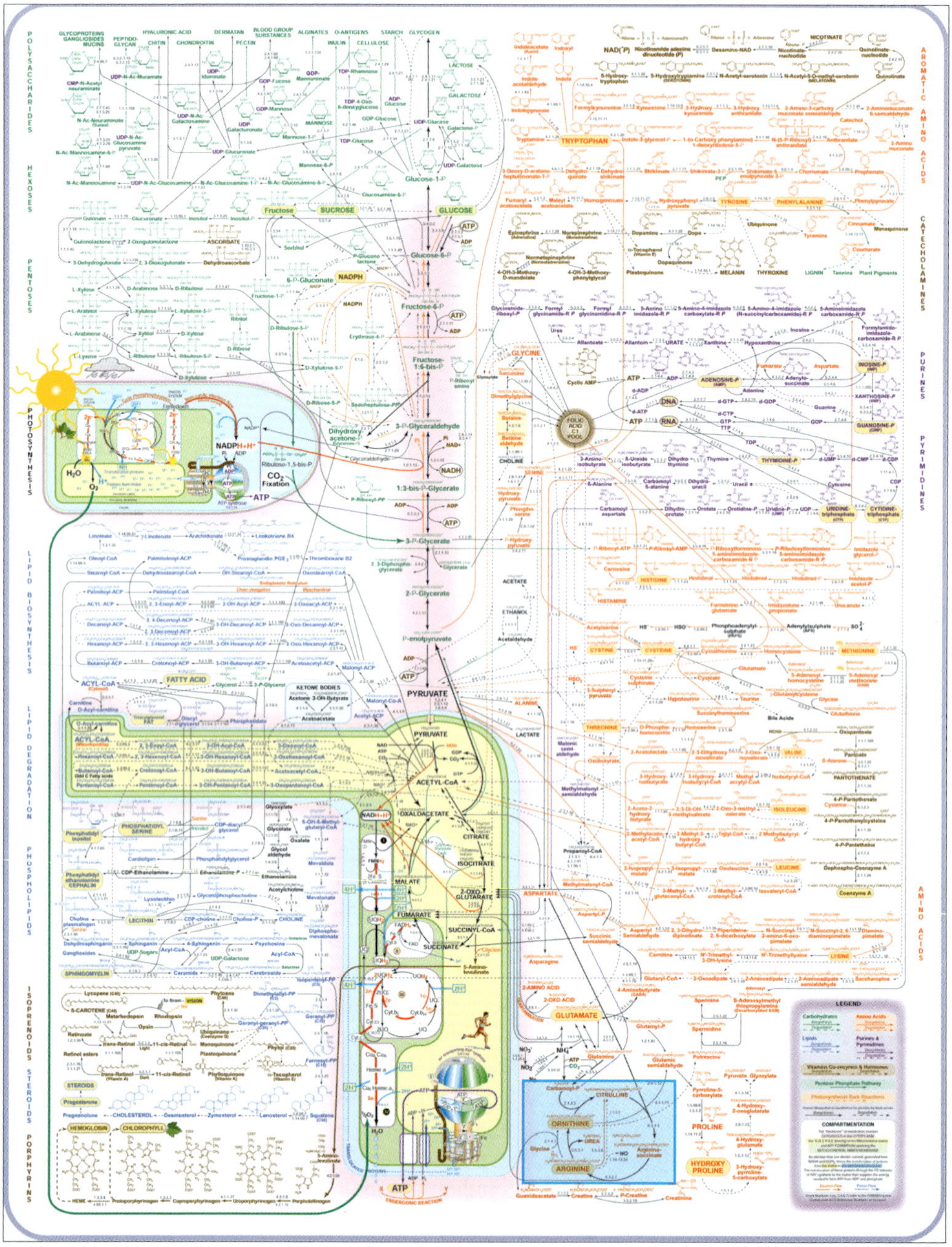

Abb. 12 Tafel, die einen Teil der metabolischen Verknüpfungen in lebenden Organismen darstellt (erstellt von Donald NICHOLSON – © 2003 International Union of Biochemistry and Molecular Biology). Der blau umrandete und schattierte kleine Teil am unteren Bildrand ist in Abbildung 13 vergrößert dargestellt.

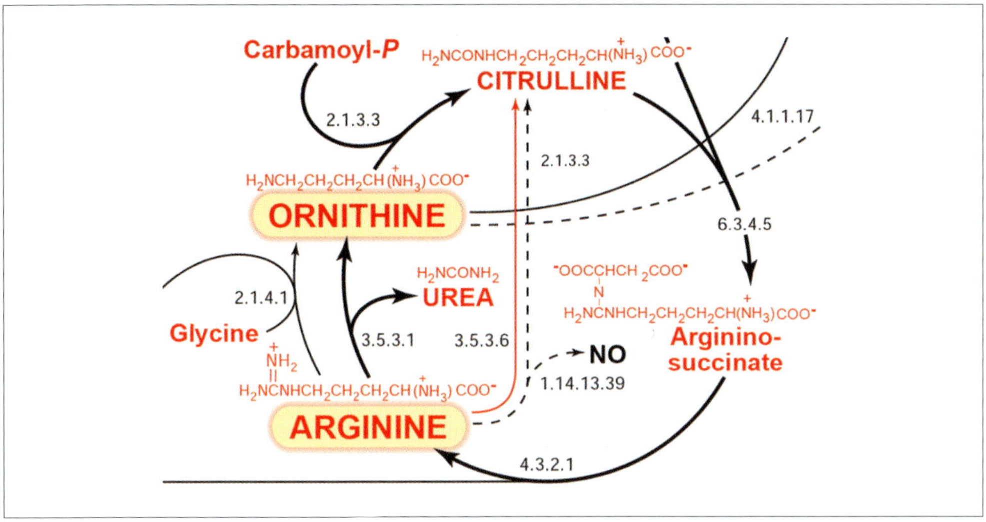

Abb. 13 Metabolischer Zyklus zur Synthese der Aminosäure Arginin (Detail aus Abb. 12, erstellt von Donald NICHOLSON – © 2003 International Union of Biochemistry and Molecular Biology)

einen zusätzliche Daten benötigt, die bisher nur in geringem Maße zur Verfügung stehen. Hierbei handelt es sich insbesondere um die Kinetiken der am metabolischen Netz beteiligten Enzyme. Zum anderen benötigen dynamische Modellierungen wesentlich komplexere mathematische Verfahren.

Es ist wichtig zu bemerken, dass auch die vergleichende Analyse metabolischer Netze in verschiedenen Organismen aufschlussreiche Einsichten über die Funktion solcher Netze zu Tage fördern kann (SCHUSTER und FELL 2007).

4.2 Regulatorische Netze

Stellen metabolische Netze den operativen Anteil der Zellfabrik dar, so bilden regulatorische Netze ihre Leitungsetage. Ihre Bausteine sind hauptsächlich Wechselwirkungen zwischen den Makromolekülen der Zelle. Wesentliche Aspekte der Zellregulation sind dynamische Organisation des Chromatins, Ablesen von Genen sowie Steuerung der Konzentration der jeweiligen molekularen Bausteine in der Zelle. Regulatorische Netze sind strukturell wesentlich heterogener als metabolische Netze. In ihnen verbinden sich sehr unterschiedliche Aspekte: Transkriptionsfaktoren binden an Promotoren von Genen, um das Ablesen der Gene zu initiieren. Vermehrtes Ablesen eines Gens führt zu vermehrter Produktion des entsprechenden Proteins (es sei denn, ein folgender regulatorischer Eingriff wirkt diesem Effekt entgegen). Das synthetisierte Protein selbst greift wiederum möglicherweise in die Zellregulation ein, und zwar dadurch, dass es das Ablesen anderer Gene fördert oder auch hemmt. RNA greift mittels des Mechanismus der RNA-Interferenz in die transkriptionelle Regulation von Genen ein. Spezifische Proteine methylieren und demethylieren DNA und modifizieren die Organisation des Chromatins. Auf der posttranslationellen Seite werden z. B. bereits synthetisierte Proteine durch Ubiquitinierung für ihren Abbau durch das Proteasom markiert. Es wird deutlich, dass die Arten der Interaktionen vielfältig und die Struktur der Netze heterogen ist.

Es ist deutlich schwieriger, regulatorische Netze zu modellieren als metabolische Netze. Das ist in der großen Diversität regulatorischer Netze begründet, sowie darin, dass wesentlich mehr Vorkenntnisse zu metabolischen als zu regulatorischen Interaktionen existieren. Computermodellierungen regulatorischer Netze betreffen in der Regel Teilaspekte wie die Präferenz bestimmter Transkriptionsfaktoren für die Bindung an bestimmte Promotoren – ein Protein-DNA-Docking-Problem, das vornehmlich mit vergleichenden Methoden gelöst wird. Auf derselben Ebene gibt es z. B. Software, die zu berechnen sucht, welche Abschnitte der DNA an wesentliche Proteine des Chromatins, die Histone, binden. Bioinformatikmethoden zur Analyse und Vorhersage von Phänomenen der RNA-Interferenz befinden sich heute in intensiver Entwicklung. Der Netzwerkaspekt der Thematik wird auf verschiedenen Ebenen modelliert – einschließlich Boolescher Netzwerke, Differenzialgleichungen und stochastischer Modellierung. Ein Problem bei solchen Modellen ist, dass sie im Allgemeinen dahingehend optimiert werden, die gegebenen experimentellen Daten möglichst genau wiederzugeben, und dass ihre interne Struktur daher nicht die (häufig unbekannten) molekularen Zusammenhänge widerspiegeln muss. Im besten Falle würde man hoffen, dass die interne Struktur des Modells sich in der Tat auf molekulare Träger abbilden lässt. In diesem Fall würde das Modell Hinweise auf die biologische Struktur geben und die Konfiguration weiterer Experimente nahelegen, diese Struktur aufzudecken. Leider steht die interne Struktur vieler Modelle der biologischen Realität nicht nahe. Es führen eben viele Wege nach Rom – die Wiedergabe der experimentellen Daten lässt sich mit Modellen verschiedenartiger Strukturen erreichen. Dabei sind alle bis heute erzeugten Modelle regulatorischer Netze lokaler Natur. Die Gewinnung eines zellweiten Überblicks über die Organisation regulatorischer Netze steht noch in weiter Ferne, d. h., ein umfassendes Bild, das etwa Abbildung 12 entspricht, ist für regulatorische Netze nicht verfügbar (Lee und Tzou 2009, Zhang 2007).

4.3 Signaltransduktionsnetze

Mit diesem Begriff bezeichnet man Proteininteraktionsnetze, die der Kommunikation innerhalb der Zelle und zwischen Zellen dienen. Sie werden manchmal als das Nervensystem der Zelle bezeichnet und häufig in den größeren Kontext regulatorischer Netze gestellt, weil die Kommunikation, die sie bewirken, oft regulatorische Aktionen nach sich zieht. Abbildung 1*B* zeigt ein solches Netz für den programmierten Zelltod. Natürlich greifen letztendlich alle drei Arten von biochemischen Netzwerken intensiv ineinander und bilden ein in sich verwobenes Ganzes. Die Methodik bei der dynamischen Modellierung von Signaltransduktionsnetzen ähnelt der bei regulatorischen Netzen. Darüber hinaus gibt es statische Analysemethoden, die die Struktur solcher Netzwerke untersuchen. Es wurden Module in ihnen identifiziert, die einen ähnlichen Charakter haben wie die Gatter in einem elektronischen Schaltkreis: Sie sammeln, operieren auf und verteilen Information. Ferner können Proteinnetze mit globalen Eigenschaften, wie der statistischen Verteilung der Größe von Knotennachbarschaften, charakterisiert werden (Hasseldine et al. 2007).

Die Modellierung biochemischer Netze ist heute in gewisser Weise der Schwerpunkt bei der Modellierung biologischer Systeme. Die Forschung ist über die Analyse der Bausteine biologischer Systeme hinausgegangen (obwohl diese Analyse natürlich bei weitem noch nicht abgeschlossen ist) und sucht, durch Analyse der biochemischen Netzwerke zu globaleren Einsichten in die Funktion der Systeme zu gelangen. Dieser theoretische Anspruch, zusammen mit der zellweiten Generierung entsprechender Daten, wird auch als Systembiologie bezeichnet.

5. Die Bilder

Jegliche Computermodellierung ist mit dem Problem konfrontiert, die berechneten Daten in geeigneter Form dem menschlichen Nutzer zu präsentieren. Diese Komponente eines Modells bezeichnet man als Visualisierung. In den Lebenswissenschaften geht es um verschiedene Arten von komplexen Strukturen, die zu visualisieren sind. Die anschaulichste Art der Visualisierung ist die von dreidimensionalen molekularen Strukturen. Viele Abbildungen dieses Aufsatzes zeigen derartige Visualisierungen. Abbildung 14 zeigt einen Ausschnitt eines dreidimensionalen Computermodells des Zellinneren. Die Abbildung ist ein gutes Beispiel dafür, wie eine Visualisierung die Grundvorstellung von dem Untersuchungsgegenstand prägt. Sie macht nämlich die Tatsache äußerst anschaulich, dass das Zellinnere ein ausgesprochen dicht besetztes Milieu ist. Dadurch wird deutlich, dass die Zelle molekulare Transportprozesse im Wesentlichen aktiv unterstützen muss und sich nicht darauf verlassen kann, dass die gewünschten Bindungspartner sich zufällig mittels Diffusion treffen. Diese Einsicht ist noch nicht sehr alt, und sie wurde durch Bilder wie Abbildung 15 befördert.

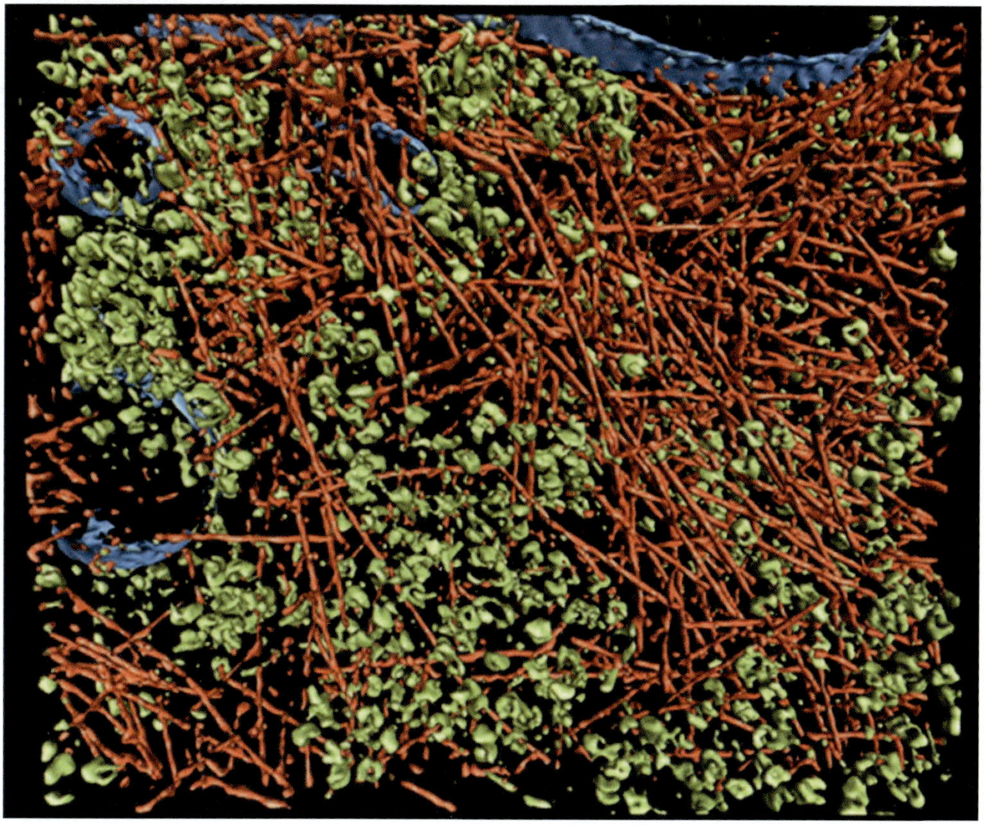

Abb. 14 Dreidimensionale Visualisierung des Zellinneren. Grün: molekulare Komplexe (vor allem Ribosomen); Braun: Komponenten des Zytoskeletts; Blau: Membranen, Abbildung aus MEDALIA et al. 2002[13].

13 Mit freundlicher Genehmigung des Verlages und von Wolfgang BAUMEISTER.

Zum anderen müssen molekulare Sequenzen visualisiert und zueinander visuell in Beziehung gebracht werden. Abbildung 15 zeigt die Darstellung eines bakteriellen Genoms zusammen mit verschiedenen Annotationen der in dem Genom enthaltenen Gene. Die Orte der Gene in jeder der beiden Leserichtungen sind angezeigt, die Gene sind mit Namen benannt und nach ihrer angenommenen Funktion eingefärbt.

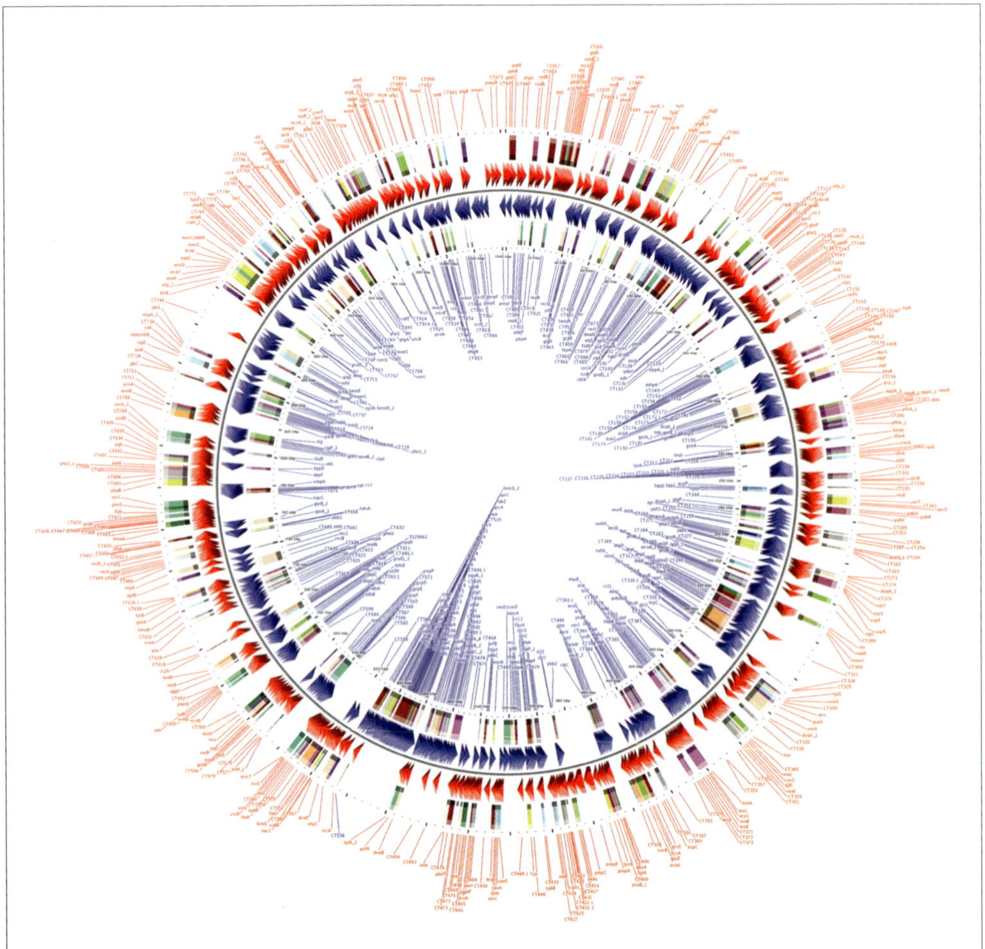

Abb. 15 Visualisierung des Genoms des Bakteriums *Chlamydia trachomatis* (Genomlänge etwa 1 Million Basenpaare) mit der Circular Genome Viewer Software [14]

Ein Beispiel für die Visualisierung von Beziehungen zwischen genomischen Sequenzen gibt Abbildung 16. Die in Andeutung zu sehenden fünf horizontalen Linien in diesem komplexen Bild repräsentieren die fünf Chromosomen der Ackerschmalwand (*Arabidopsis thaliana*), einer Modellpflanze in der botanischen Genetik. Die diagonalen Linien repräsentieren Duplikationen von DNA-Sequenzen innerhalb des Genoms. Auch diese Abbildung ist ein gutes Bei-

14 Von http://wishart.biology.ualberta.ca/cgview/gallery.html mit freundlicher Genehmigung von D. S. WISHART.

spiel dafür, wie eine effektive Visualisierung einen schnellen Überblick über hochkomplexe biologische Geschehen geben kann.

Weitere Strukturen, die in der biologischen Forschung häufig visualisiert werden müssen, sind evolutionäre Bäume. Abbildung 17 zeigt einen evolutionären Baum, der die Entwicklung menschlicher Grippeviren aus den letzten 20 Jahren darstellt. Die Viren sind nach dem Jahr ihres Auftretens eingefärbt. Die Längen der Kanten in dem Baum spiegeln die Unterschiede zwischen durch sie verbundenen Virengenomen dar. Die roten Kanten stellen die Hauptentwicklungsrichtung dar. Die blauen Kanten stellen kleinere Veränderungen entlang der Hauptentwicklungsrichtung dar.

Abb. 16 Duplikationen von DNA-Sequenzen innerhalb des Genoms der Ackerschmalwand, hergestellt mit der Software GenomePixelizer (Alexander KOZIK und Richard MICHELMORE, UC Davis, California)[15]

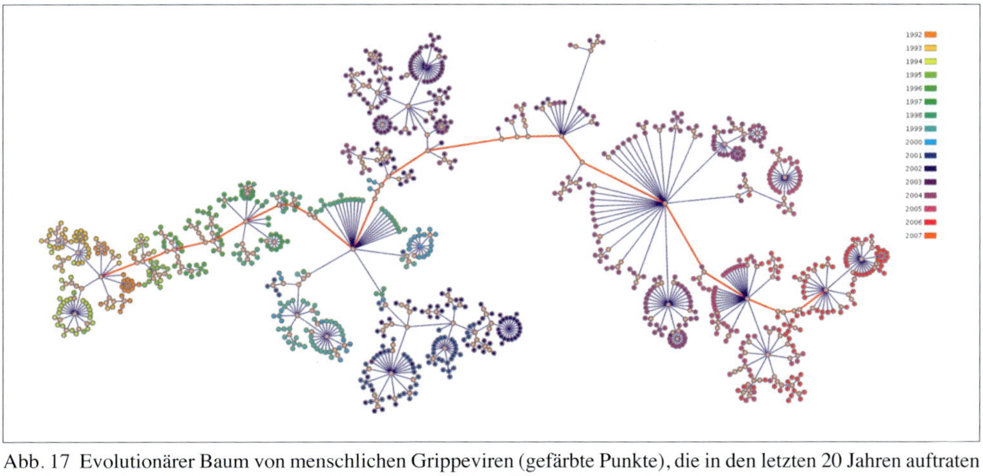

Abb. 17 Evolutionärer Baum von menschlichen Grippeviren (gefärbte Punkte), die in den letzten 20 Jahren auftraten (mit freundlicher Genehmigung von Alice MCHARDY, Max-Planck-Institut für Informatik).

15 Von http://www.atgc.org/GenomePixelizer/Duplications/Ath_Duplications.html.

Evolutionäre Bäume sind eine sehr intuitive Darstellung evolutionärer Verwandtschaftsverhältnisse. Allerdings vollzieht sich Evolution nicht immer baumartig. Selbst dort, wo die Evolution baumartig voranschreitet, sind die Daten häufig nicht ausreichend, um die Entwicklung entlang eines Baumes zweifelsfrei abzuleiten. Daher ist die Darstellung von aus genomischen Daten abgeleiteten evolutionären Beziehungen als Baum in hohem Maße suggestiv. Abbildung 18 zeigt eine Darstellung, die nach wie vor baumartig ist, aber dort, wo die Daten die eindeutige Ableitung eines Baumes nicht zulassen, komplexere Netze verwendet. Die zugrunde liegenden Daten sind die von verschiedenen Varianten von HI-Viren. Man sieht, dass besonders die zentralen Regionen der Abbildung die evolutionär distante Beziehungen darstellen, nicht eindeutig als Baum aufgelöst werden können.

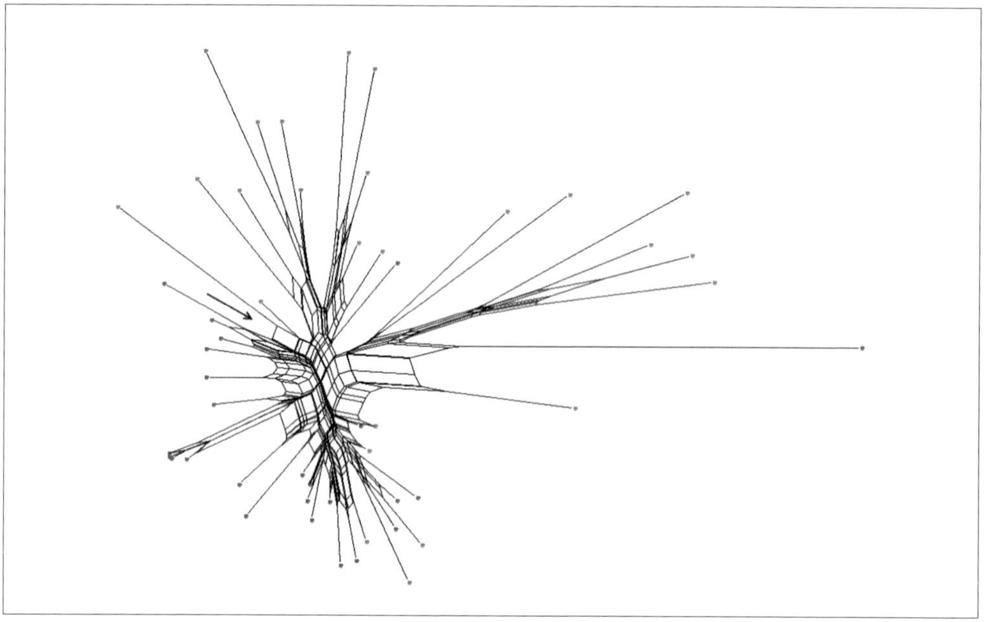

Abb. 18 Fast baumartige Darstellung der evolutionären Beziehungen von verschiedenen HI-Viren (gefärbte Punkte). Die Färbungen entsprechen der Zulässigkeit von bestimmten Therapien bei bestimmten Viren (aus BOZEK et al. 2009).

Eine der größten Herausforderungen bei der Visualisierung von Modellen in den Lebenswissenschaften ist in der Tatsache begründet, dass die meisten Datenmengen sehr hochdimensional sind. Wir haben dies schon im Zusammenhang mit Abbildung 8 diskutiert, die den eigentlich vieltausend-dimensionalen Raum der Proteinkonformationen aus darstellerischen Gründen auf zwei Dimensionen reduziert hat. Zur Analyse von hochdimensionalen Daten stehen zwar statistische Verfahren zur Verfügung. Deren Ergebnisse können wir uns jedoch in der Regel nicht anschaulich machen. Methoden zur Veranschaulichung hochdimensionaler Daten schließen deren Projektion in niedrige Dimensionen ein. Als Beispiel stellt Abbildung 19 Beziehungen zwischen Proteinen dar (SCHLICKER et al. 2007). Die eigentlichen Daten sind wieder in einem hochdimensionalen Raum angesiedelt. Jedes Protein ist ein Punkt in diesem Raum. Hier wurden die Daten mittels einer im Allgemeinen nichtlinearen Projektionsvorschrift in die zwei Dimensionen der Zeichenebene abgebildet. Der Abstand zwischen je zwei Proteinen, der deren Ähnlichkeit quantifiziert – ähnliche Proteine liegen in dem hochdimensionalen Raum nahe beieinander –, kann nach dieser Projektion natürlich nicht exakt wiedergegeben werden. Die Summe der (Quadrate der) Veränderungen der Abstände zwischen allen Proteinpaaren gibt ein Maß für die Verzerrung, die der Datensatz durch die Projektion erfährt. Sie wird auch als Stress bezeichnet. Der Stress kann leicht berechnet werden. Ist er klein, so ist das zweidimensionale Bild der Daten eine informative Darstellung des eigentlichen hochdimensionalen Datensatzes. In Abbildung 19 sind die Proteine nach ihrer Funktion gefärbt. Man sieht, dass ähnliche Proteine oft die gleiche Funktion haben.

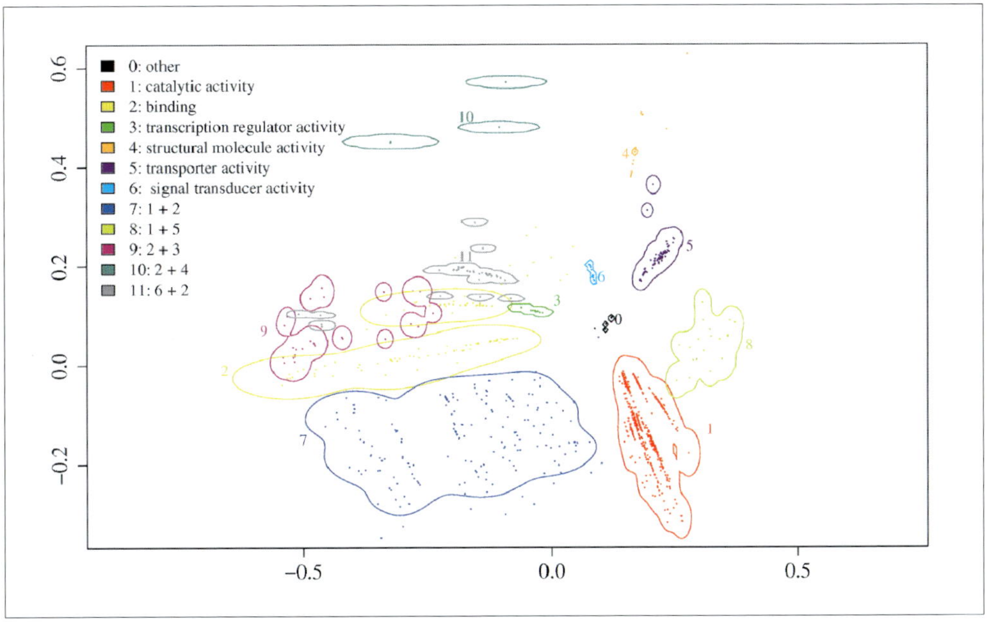

Abb. 19 Projektion eines hochdimensionalen Datensatzes von Proteinen in die zwei Dimensionen der Zeichenebene, aus Schlicker 2010.

Eine ausführliche Diskussion der Visualisierung von bioinformatischen Daten und Strukturen findet sich in Hochheiser 2007.

6. Die Prozesse

Wir haben in den vergangenen Abschnitten schon die Simulation von biologischen Prozessen erwähnt. Wir beschrieben die Möglichkeit, molekulare Bewegungen, Bindungsvorgänge und chemische Reaktionen mittels Molekulardynamik zu simulieren. Dabei gibt es jedoch das Problem, dass die heutigen Simulationsmethoden noch nicht in der Lage sind, in Zeitintervalle der Länge vorzudringen, in der viele biologisch relevante Prozesse ablaufen. Molekulardynamiksimulationen reichen heute etwa bis an den Mikrosekundenbereich heran. Komplexere molekulare Bewegungen, wie die Proteinsynthese[16] oder die strukturelle Reorganisation von DNA, finden jedoch im Millisekundenbereich statt. Die Proteinfaltung benötigt mehrere Sekunden. Je komplexer die biologischen Prozesse werden, desto mehr Zeit benötigen sie. Dies reicht bis zu Anpassungen des Organismus an seine Umwelt, oder Entwicklung von Krankheitsprozessen und Alterung, die viele Jahre in Anspruch nehmen können.

Auch im Raum ist das Skalenproblem fulminant. Biologische Prozesse fußen auf chemischen Reaktionen, die im submolekularen Bereich stattfinden und quantenmechanische Modellierung erfordern. Letztlich manifestieren sich biologische Prozesse bei komplexeren Organismen jedoch auch im makroskopischen Bereich. Die Physiologie von Organen reicht oft in diese Größenskalen hinein.

Eine weitere Stelle, an der wir auf die Modellierung biologischer Prozesse eingegangen sind, ist die Betrachtung der Dynamik von biochemischen Netzen. Hier haben wir es mit erheblich unterschiedlichen Größenskalen zu tun, da solche Netze häufig Module haben, die in Isolation betrachtet werden können (zum Beispiel die Regulierung des Tag-Nacht-Rhythmus in Zellen). Letztlich sind alle solche Komponenten jedoch eng miteinander verzahnt und ergeben ein hochkomplexes globales Netz. Dabei ist auch das Niveau der Modellierung ein entscheidender Faktor. Die Modellierung eines biochemischen Netzwerks auf dem Booleschen Schalterniveau kann in bestimmten Fällen, zum Beispiel wenn es um Netze geht, deren Komponenten den Charakter von Schaltern haben, hilfreich sein. Dies ist in Bereichen der Genregulation und Signaltransduktion der Fall. Im Allgemeinen haben biochemische Netze jedoch nicht einen rein digitalen, diskreten, sondern auch einen ausgeprägt analogen, kontinuierlichen Charakter und müssen auf detaillierteren Ebenen simuliert werden. Die Modellierung der Dynamik von biochemischen Netzen ist heute noch auf relativ kleine Systeme fokussiert. Komplexere Prozesse, die die ganze Zelle betreffen, zu simulieren, ist noch eine große Herausforderung. Dazu gehören vor allem auch Prozesse der Homöostase, also des aktiven Erreichens eines neuen intrazellulären Gleichgewichts bei der Änderung von Umwelteinflüssen, zum Beispiel bei der Antwort der Zelle auf Stress, wie eine Änderung der Temperatur, des pH-Wertes usw.

Auf den intrazellulären Prozessen bauen Prozesse auf, die ganze Generationsfolgen von Zellen betreffen, wie zum Beispiel Zelldifferenzierung und Wachstum sowie evolutionäre Prozesse der Veränderung von Zellen bei der Entstehung von Tumoren, aber auch die Entstehung von Resistenz bei Krankheitserregern. Insbesondere das letzte Phänomen kann allerdings modelliert werden, ohne sich auf intrazelluläre Details abzustützen. Hier ist ein rein vergleichendes Paradigma erfolgreich, dass aus vorhandenen klinischen Daten Muster bei der in der Vergangenheit erfolgten Entwicklung von Resistenz ableitet und diese Muster auf zukünftige Resistenzentwicklungen anwendet. Auf dieser Basis konnte Software entwickelt werden, die heute erfolgreich die Auswahl von medikamentösen Therapien für AIDS-Patienten unterstützt (LENGAUER und SING 2006).

---

16 Eine Animation der Proteinsynthese durch das Ribosom ist unter http://pubs.acs.org/cen/coverstory/85/8508cover.html zu finden (vgl.: Clip auf DVD → LENGAUER→ Proteinsynthese). Es handelt sich hierbei nicht um eine Molekulardynamiksimulation, sondern um eine Animation, die aufgeklärte Strukturen von Zwischenzuständen mit groben Bewegungssequenzen verbindet. Die Animation unter http://www.pnas.org/content/102/44/15854/suppl/DC1#M1 stellt eine Molekulardynamiksimulation wesentlicher Reaktionsschritte bei der Proteinsynthese dar (vgl.: Clip auf DVD → LENGAUER→ Proteinsynthese Molekulardynamik-Simulation).

Im Allgemeinen ist zu sagen, dass wir uns bei der Modellierung von biologischen Prozessen heute noch in den Anfangsstadien befinden, die gekennzeichnet sind durch enge Begrenztheit der betrachteten Systeme und starke Einschränkungen bei der Überdeckung von Raum- und Zeitskalen.

7. Ausblick

Wie aus dem Vorhergegangenen deutlich wird, ist die Modellierung und Simulation biologischer Systeme eine ausgesprochen große Herausforderung. Für praktisch keines der betrachteten Systeme sind wir in der Lage, Garantien für die Genauigkeit des Modells zu übernehmen. Deshalb gehört zu einem ausgereiften Modell nicht nur ein prädiktiver Algorithmus, sondern auch eine Methode zur Abschätzung der Zuverlässigkeit, die man dem berechneten Resultat beimessen kann. Wir können dies an einem Beispiel verdeutlichen. Wie in Abschnitt 2 erwähnt, beträgt die Genauigkeit der Vorhersage von Proteinfaltungen mit der ähnlichkeitsbasierten Methode etwa 70–80 %. Das heißt, dass mindestens ein Fünftel der vorhergesagten Strukturen falsch sind. Dabei wurde schon erwähnt, dass die Zuverlässigkeit einer Vorhersage sowohl von der Ähnlichkeit des Zielproteins zum Templatprotein als auch – bei geringer Ähnlichkeit zwischen beiden Proteinen – von der Anzahl der langreichweitigen Kontakte im Zielprotein abhängt. Das legt nahe, dass der Algorithmus zur Proteinstrukturvorhersage in der Lage sein sollte, die Zuverlässigkeit seiner eigenen Vorhersage abzuschätzen. In der Tat gibt es sowohl für Proteinsequenzalignments (Mitrophanov und Borodovsky 2006) als auch für Proteinstrukturvorhersagen entsprechende Methoden (Sommer 2007). Die meisten solchen Methoden beruhen auf einer statistischen Analyse der Bewertung des berechneten Modells vor einer neutralen Hintergrundverteilung. Je unwahrscheinlicher ein Modell nach dieser Bewertung ist, desto eher kann es als biologisch relevant angesehen werden. Allerdings gibt es auch viele Bereiche in der Bioinformatik, in denen solche Hintergrundverteilungen schwierig zu berechnen sind und deshalb eine genaue Berechnung der Zuverlässigkeit der Vorhersage noch nicht angeboten werden kann.

Obwohl also das Erreichte gegenüber der Schwierigkeit des noch Bevorstehenden den Zustand eines gereiften Gebietes nicht nahelegt, sind bereits beträchtliche Erfolge bei der Modellierung biologischer Strukturen, Systeme und Prozesse zu verzeichnen. So sind bereits mehrere Medikamente mit (mehr oder weniger umfangreicher) Analyse im Computer entwickelt beziehungsweise modelliert worden (Muegge und Oloff 2006). Ferner hält die Bioinformatik Einzug in die klinische Diagnostik. So haben statistische Modelle für das Profil der von der Zelle abgelesenen Gene von Tumorzellen die Feindiagnosen und Prognosen von einigen Arten von bösartigen Tumoren deutlich verbessert (He 2006, Zieger 2008). Auch bei der Therapieauswahl sind bioinformatische Verfahren teilweise von entscheidender Bedeutung. So haben Modelle zur Resistenzbewertung und viralen Evolution die Fehlerquote bei der Auswahl von Medikamenten für AIDS-Patienten signifikant gesenkt (Lengauer und Sing 2006). Dies alles sind Beispiele, bei denen die Computermodellierung über die wissenschaftliche Forschung hinaus in die pharmazeutische und klinische Praxis ausstrahlt. In der biologischen und medizinischen Forschung selbst wird die Bioinformatik heute breitflächig eingesetzt. So führen etwa die Modellierung von Proteinstrukturen, bioinformatisch abgeleitete Funktionshypothesen und rechnergestützter Analyse von molekularen Netzwerken häufig zur effektiven Priorisierung und Konfiguration von biologischen Experimenten.

Offene Probleme sind in den vergangenen Abschnitten reichhaltig angesprochen worden. Eine ausführliche Diskussion heute besonders aktiver Forschungsgebiete findet sich in LENGAUER 2007.

Doch schon identifiziert die Forschung eine Vision, gegenüber der die heutigen Forschungsergebnisse wie kleine erste Schritte anmuten, nämlich den „Virtual Physiological Human (VPH)" (KOHL und NOBLE 2009). Dabei handelt es sich um eine durchgängige skalenübergreifende Simulation biologischer Vorgänge im menschlichen Körper. Die zu überspannenden Skalen reichen hierbei von Molekül über Molekülkomplex, Zelle, Gewebe und Organe bis zum Organismus. Die Einflussgrößen, die bei der Simulation zu berücksichtigen sind, umfassend das Genom, das Transkriptom und Epigenom, Proteom und Metabolom, Umweltparameter chemischer und physikalischer Natur (etwa Temperatur und pH-Wert), symbiotische mikrobielle Gemeinden wie etwa die mikrobielle Besiedlung der verschiedenen Bereiche des Verdauungstraktes sowie Medikamente und Krankheitserreger. Es ist nur realistisch, offen zu bekennen, dass diese Vision etwas Utopisches an sich hat. Während eine solche Vision immer motiviert, tun wir gut daran, im internen und externen Umgang Bescheidenheit walten zu lassen, und uns der Fortschritte zu freuen, die zu erlangen wir in der Tat in der Lage sind.

Die größten Herausforderungen bei solchen Fortschritten liegen in folgenden Bereichen:

(*1.*) Die Erhebung zuverlässiger Daten ist ein wesentlicher Engpass. Zum einen sind solche Daten notorisch verrauscht. Das liegt nicht nur an den Grenzen der häufig jungen und noch unausgereiften experimentellen Technologie, sondern auch daran, dass die Evolution Varianz als Entwurfsprinzip verwendet. Rauschen in den Daten kann also sowohl technologischer als auch biologischer Herkunft sein.

(*2.*) Die Biologie ist ein Fach, in dem die verwendete Nomenklatur traditionell sehr heterogen ist. In einer Zeit, in der massiv und hoch verteilt Daten erhoben werden, fehlt es ebenfalls an anerkannten Standards für Datenqualität und Datenaustausch. Die verfügbaren Ontologien, die die Grundlage für die Annotationen biologischer Daten bilden, müssen weiterentwickelt werden, und Normen für „best practice" bei der Verwendung neuer Technologien müssen geschaffen, erweitert und durchgesetzt werden.

(*3.*) In vielen Bereichen fehlt es an quantitativ präzise beschriebenen Phänotypen. So sucht man zum Beispiel im Bereich der psychiatrischen Erkrankungen derzeit fieberhaft nach quantitativen Biomarkern für Art und Intensität einer Erkrankung, sogenannten Endophänotypen. Bisher wurden solche Erkrankungen hauptsächlich auf der Basis von Interviews mit den Patienten klassifiziert und bewertet, wohingegen entsprechende quantitative Biomarker zum Beispiel bei Infektionskrankheiten und einer Reihe von Tumoren bereits vorliegen.

(*4.*) Die Überbrückung von massiven Raum- und Zeitskalen ist eine der größten Herausforderungen des Gebietes.

(*5.*) Und schließlich muss mit der inhärenten Nicht-Exaktheit der berechneten Modelle geeignet umgegangen werden.

Angesichts dieses Überblicks kann man der Modellierung und Simulation von biologischen Systemen eine spannende und in großen Bereichen noch offene Zukunft in Aussicht stellen.

Dank

Ich danke Francisco DOMINGUES für eine ausführliche Kommentierung des Entwurfs dieser Arbeit, hilfreiche Diskussionen zu zahlreichen der angesprochenen Themen sowie die Bereitstellungen der Abbildungen 4, 6, und 10. Ferner danke ich Hagen BLANKENBURG, Christoph BOCK, Alejandro PIRONTI, Ingolf SOMMER und Alexander THIELEN für eine kritische Durchsicht des Manuskripts.

Literatur

ATKINS, J. F., and GESTELAND, R.: Biochemistry. The 22nd amino acid. Science *296*/5572, 1409–1410 (2002)

BOCK, C., and LENGAUER, T.: Computational epigenetics. Bioinformatics *24*/1, 1–10 (2008)

BONNEAU, R.: De novo structure prediction: Methods and applications. In: LENGAUER, T. (Ed.): Bioinformatics – From Genomes to Therapies; pp. 389–418. Weinheim: Wiley-VCH 2007

BOZEK, K., THIELEN, A., SIERRA, S., KAISER, R., and LENGAUER, T.: V3 Loop sequence space analysis suggests different evolutionary patterns of CCR5- and CXCR4-tropic HIV. PLoS ONE *4*/10, e7387 (2009)

BRUTLAG, D. L.: Inferring protein function from sequence. In: LENGAUER, T. (Ed.): Bioinformatics – From Genomes to Therapies; pp. 1087–1121. Weinheim: Wiley-VCH 2007

DOMINGUES, F. S., and LENGAUER, T.: Inferring protein function from protein structure. In: LENGAUER, T. (Ed.): Bioinformatics – From Genomes to Therapies; pp. 1211–1252. Weinheim: Wiley-VCH 2007

DUNBRACK, R. L. Jr.: Homology modeling in biology and medicine. In: LENGAUER, T. (Ed.): Bioinformatics – From Genomes to Therapies; pp. 297–350. Weinheim: Wiley-VCH 2007

FELSENFELD, G., and GROUDINE, M.: Controlling the double helix. Nature *421*/6921, 448–453 (2003)

GRANT, A., LEE, D., and ORENGO, C.: Progress towards mapping the universe of protein folds. Genome Biol. *5*/5, 107 (2004)

HANNENHALLI, S.: Eukaryotic transcription factor binding sites – modeling and integrative search methods. Bioinformatics *24*/11, 1325–1331 (2008)

HASSELDINE, A., LIPSHTAT, A., IYENGAR, R., and MÁAYAN, A.: Modeling cell signaling networks. In: LENGAUER, T. (Ed.): Bioinformatics – From Genomes to Therapies; pp. 829–860. Weinheim: Wiley-VCH 2007

HE, Y. D.: Genomic approach to biomarker identification and its recent applications. Cancer Biomark. *2*/3–4, 103–133 (2006)

HILDEBRANDT, A., KOHLBACHER, O., and LENHOF, H.-P.: Modeling protein-protein and protein-DNA docking. In: LENGAUER, T. (Ed.): Bioinformatics – From Genomes to Therapies; pp. 601–650. Weinheim: Wiley-VCH 2007

HOCHHEISER, H., ELICEIRI, K. W., and GOLDBERG, I. G.: Visualization of biological data. In: LENGAUER, T. (Ed.): Bioinformatics – From Genomes to Therapies; pp. 573–626. Weinheim: Wiley-VCH 2007

KLEPEIS, J. L., LINDORFF-LARSEN, K., DROR, R. O., and SHAW, D. E.: Long-timescale molecular dynamics simulations of protein structure and function. Curr. Opin. Struct. Biol. *19*/2, 120–127 (2009)

KOHL, P., and NOBLE, D.: Systems biology and the virtual physiological human. Mol. Syst. Biol. *5*, 292 (2009)

KOONIN, E. V.: Orthologs, paralogs, and evolutionary genomics. Annu. Rev. Genet. *39*, 309–338 (2005)

KOONIN, E. V., WOLF, Y. I., and KAREV, G. P.: The structure of the protein universe and genome evolution. Nature *420*/6912, 218–223 (2002)

LEE, W. P., and TZOU, W. S.: Computational methods for discovering gene networks from expression data. Brief Bioinform. *10*/4, 408–423 (2009)

LENGAUER, T.: Future trends. In: LENGAUER, T. (Ed.): Bioinformatics – From Genomes to Therapies; pp. 1651–1686. Weinheim: Wiley-VCH 2007

LENGAUER, T., and SING, T.: Bioinformatics-assisted anti-HIV therapy. Nature Rev. Microbiol. *4*/10, 790–797 (2006)

LIU, L. A., and BADER, J. S.: Structure-based ab initio prediction of transcription factor-binding sites. Methods Mol. Biol. *541*, 23–41 (2009)

MAJOR, F., and THIBAULT, P.: RNA tertiary structure prediction. In: LENGAUER, T. (Ed.): Bioinformatics – From Genomes to Therapies; pp. 491–539. Weinheim: Wiley-VCH 2007

MEDALIA, O., WEBER, I., FRANGAKIS, A. S., NICASTRO, D., GERISCH, G., and BAUMEISTER, W.: Macromolecular architecture in eukaryotic cells visualized by cryoelectron tomography. Science *298*/5596, 1209–1213 (2002)

MENDES, N. D., FREITAS, A. T., and SAGOT, M. F.: Current tools for the identification of miRNA genes and their targets. Nucleic Acids Res. *37*/8, 2419–2433 (2009)

MITROPHANOV, A. Y., and BORODOVSKY, M.: Statistical significance in biological sequence analysis. Brief Bioinform. *7*/1, 2–24 (2006)

MUEGGE, I., and OLOFF, S.: Advances in virtual screening. Drug Discovery Today: Technologies *3*/4, 405–411 (2006)

RAREY, M., DEGEN, J., and REULECKE, I.: Docking and scoring for structure-based drug design. In: LENGAUER, T. (Ed.): Bioinformatics – From Genomes to Therapies; pp. 541–600. Weinheim: Wiley-VCH 2007

SCHLICKER, A.: Ontology-based similarity measures and their application in bioinformatics. In: Computer Science Department. Saarbrücken: Saarland University 2010

SCHLICKER, A., RAHNENFÜHRER, J., ALBRECHT, M., LENGAUER, T., and DOMINGUES, F. S.: GOTax: investigating biological processes and biochemical activities along the taxonomic tree. Genome Biol. *8*/3, R33 (2007)

SCHUSTER, S., and FELL, D.: Modelling and simulating metabolic networks. In: LENGAUER, T. (Ed.): Bioinformatics – From Genomes to Therapies; pp. 755–806. Weinheim: Wiley-VCH 2007

SIPPL, M. J.: Boltzmann's principle, knowledge-based mean fields and protein folding. An approach to the computational determination of protein structures. J. Comput. Aided Mol. Des. *7*/4, 473–501 (1993)

SOMMER, I.: Protein fold recognition based on distant homologs. In: LENGAUER, T. (Ed.): Bioinformatics – From Genomes to Therapies; pp. 351–388. Weinheim: Wiley-VCH 2007

ZHANG, M. Q.: Inferring gene regulatory networks. In: LENGAUER, T. (Ed.): Bioinformatics – From Genomes to Therapies; pp. 807–828. Weinheim: Wiley-VCH 2007

ZIEGER, K.: High throughput molecular diagnostics in bladder cancer – on the brink of clinical utility. Mol. Oncol. *1*/4, 384–394 (2008)

Prof. Dr. Dr. Thomas LENGAUER
Max-Planck-Institut für Informatik
Campus E1 4
66123 Saarbrücken
Bundesrepublik Deutschland
Tel.: +49 681 9325300
Fax: +49 681 9325399
E-Mail: lengauer@mpi-inf.mpg.de

Wissenschaftliche Vorträge

Nova Acta Leopoldina NF *110*, Nr. 377, 47–64 (2011)

Causal Inference: Sense and Sensitivity *versus* Prior and Prejudice

Els GOETGHEBEUR (Gent)

With 5 Figures

Els Goetghebeur

Abstract

The age old quest for the golden grail of causal answers has been at the heart of science for centuries, yet fascinating methodological progress continues to be made. The more recent statistical framework of potential outcomes, for instance, considers a whole 'set of counterfactual responses under different exposures' when only one of them was actually observed. It helps highlight the precise meaning of a causal estimand and links the real with the counterfactual world when the goal is to predict outcomes after intervention. The new formalism generated a stream of research involving 'structural' models for potential outcomes and led to new insights into needed assumptions with corresponding study designs and inference. Causal questions evolved too, in epigenetics or plant breeding for instance, where one now learns about the causal effect of a changeable trait, such as obesity, on an important risk, relying on Mendelian randomization, or of a gene or SNP itself on a trait.

These breakthrough insights owe dues to the more sophisticated mathematical statistical models that cope with missing data, which were stimulated in turn by a growing digital and computing capacity. They also revealed the inevitable dangers of making highly complex models easy and fast to fit. The epidemiologic literature is flooded with regression models whose results are interpreted causally all too quickly. Mistakes are easily made when a model is fitted in seconds, while thinking through needed assumptions and justified interpretation requires important insight into causal pathways with direct and indirect effects, followed by abstract reasoning at different levels to decide for which variables one should and should not (!) adjust to avoid bias. Computer scientists have been instrumental in developing the tools of causal graphs for this purpose. Much more work is needed, however, to let this penetrate mainstream applied research. HECKMAN, MCFADDEN, NEWEY, PEARL, ROBINS, and RUBIN are among the many who made major contributions to the field.

We will discuss power and limitations of some of these new methods by drawing on recent studies on the effects of hormone replacement therapy (HRT), of selective COX-2 inhibitors (coxibs), of a hepatic pump implant for cancer patients, on the prevention of HIV and the impact of hospital infections on mortality.

Zusammenfassung

Die uralte Suche nach dem goldenen Gral von Kausalantworten war jahrhundertelang der Mittelpunkt der Wissenschaft. Dennoch wird immer noch ein faszinierender methodologischer Fortschritt erreicht. Der aktuelle statistische Rahmen möglicher Ergebnisse berücksichtigt z. B. eine ganze ‚Reihe von kontrafaktischen Antworten unter verschiedenen Maßstäben', wenn nur eines von ihnen tatsächlich beobachtet wurde. Er hilft, die genaue Bedeutung einer kausalen Schätzung aufzuzeigen, und verknüpft die reale mit der kontrafaktischen Welt, wenn es das Ziel ist, Folgewirkungen nach Intervention vorherzusagen. Der neue Formalismus rief einen Forschungsstrom mit ‚strukturellen' Modellen für mögliche Folgewirkungen hervor und führte zu neuen Erkenntnissen hinsichtlich erforderlicher Annahmen mit entsprechenden Forschungsdesigns und Schlussfolgerungen. Kausalfragen ergaben sich auch, z. B. in der Epigenetik oder Pflanzenzucht, wo man nun Aussagen über die kausale Wirkung eines veränderbaren Merkmals, wie z. B. Fettleibigkeit, auf ein entscheidendes Risiko, bei gleichzeitiger Berufung auf die Mendelsche Randomisierung, oder eines Gens oder von SNP selbst im Hinblick auf ein Merkmal, treffen kann.

Diese bahnbrechenden Erkenntnisse sind den komplizierten mathematisch-statistischen Modellen zu verdanken, die sich mit fehlenden Daten beschäftigen, die wiederum durch eine wachsende digitale und rechnerische Kapazität vorangebracht wurden. Sie deckten auch die unvermeidlichen Gefahren auf, wenn hoch komplexe Modelle leicht und schnell anpassbar gemacht werden. Die epidemiologische Literatur ist voll von Regressionsmodellen, deren Ergebnisse kausal alle zu schnell ausgelegt werden. Fehler werden leicht gemacht, wenn ein Modell in Sekunden angepasst wird, während das Denken notwendiger Annahmen und begründeter Auslegungen entsprechender Einsichten in kausale Verläufe mit direkten und indirekten Auswirkungen bedarf, gefolgt von der theoretischen Schlussfolgerung auf verschiedenen Ebenen, um zu entscheiden, für welche Variablen man eine Anpassung vornehmen oder nicht (!) vornehmen sollte, um Verzerrungen zu vermeiden. Computerwissenschaftler standen bei der Entwicklung des Handwerkszeugs in Form kausaler Graphen zu diesem Zweck Pate. Noch mehr Arbeit ist jedoch erforderlich, um dieses in der etablierten angewandten Forschung durchzusetzen. HECKMAN, MCFADDEN, NEWEY, PEARL, ROBINS und RUBIN sind unter den vielen, die wesentliche Beiträge für dieses Gebiet geleistet haben.

Wir werden Leistungen und Grenzen einiger dieser neuen Methoden diskutieren, indem wir auf jüngste Untersuchungen über die Auswirkungen einer Hormonersatztherapie (HET), selektiver COX-2-Hemmer und einer in die Leber eingepflanzten Pumpe für Krebspatienten eingehen sowie auf die HIV-Prävention und Auswirkungen von Krankenhausinfektionen auf die Sterblichkeitswahrscheinlichkeit zurückgreifen.

1. Introduction

The age old quest for the golden grail of causal answers has been at the heart of science for centuries (Cox and Wermuth 2004). Extracting causal answers from observed data, has time and again proven to be harder than anticipated. The key difficulty stems from the fact that observed exposure to a compound of interest tends to be correlated in realistic populations with a host of other factors which themselves affect outcome: confounders. Measured confounders, pre-exposure variables which are associated with outcome as well as exposure as illustrated in Figure 1, can be accounted for through regression models, but the existence of unmeasured confounders can rarely be excluded.

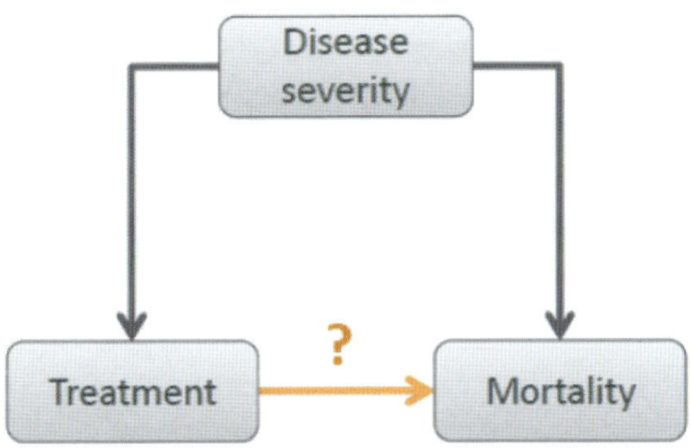

Fig. 1 Disease severity confounding the relationship between treatment and mortality

When important *un*measured confounders are suspected to play a role, an instrumental variables approach is an alternative. Due to the digital revolution and exploding computer capacity we have been able to incorporate ever more data in our evaluations of causal effects. But more data does not automatically mean better and more reliable answers. Pitfalls are many in this field and seriously misleading conclusions can result. Encouragingly, progress continues to be made, and over the past decades breakthrough insights into methods for extracting causal information from empirical data have emerged. This has lead to Nobel prizes in Economics (Heckman 2008) and a new area of statistics.

That progress is still possible after decades of hard thinking by the brightest minds we owe to ever more sophisticated insight into mathematical and statistical models, and in no lesser part to the development of computer technology that allows fitting complex models to data with relatively little time and effort. The latter encourages two things:

(*1.*) new theoretical developments and
(*2.*) new flexible implementation.

The ease of implementation is a great facilitator but not without danger. While causal models may seem relatively simple and reminiscent of (linear) association models, the abstract level of thinking needed and assumptions involved have an added dimension beyond standard statistical association analysis. At the heart of the causal question is the desire to transform the world and understand *how outcomes would change if the exposure of interest were changed.*

From there, we aim to predict outcomes not just in the natural world that continues to evolve under its current structure, but after intervening on exposure in this world. Thus raises the notion of *counterfactual* outcomes: what would have happened if exposure had been different.

In this paper we will start by developing the causal question as it is formally posed in terms of counterfactual outcomes. We illustrate the challenges of the field by referring to the infamous case of hormone replacement therapy, reminding ourselves of just how much causal inference can go wrong and with what dire (Euros and health misery) consequences. We then zoom in on two fundamentally different assumptions with corresponding estimating approaches leading to well understood causal effect parameters: the "No unmeasured confounders" and the "Instrumental variables" assumptions. We outline these approaches for the evaluation of effects of fixed treatment prescriptions.

More ambitiously and sophisticatedly newer research lines venture into causal inference on adaptive or dynamic treatment regimes (Lavori 2000, Murphy et al. 2001, Buyze et al. 2010) relying, for instance, on sequentially randomized designs. Finally, we see how the promise of this technology becomes big business. We end with a reflection on the popular perception and hopes and hazards for the future of computer intensive statistical methods under the flag of data mining.

2. The Causal Question

After centuries of searching for causal answers, there remains a surprising amount of confusion already at the level of formulating the causal question. Judea Pearl's (2009) "Myth, confusion, and science in causal inference ..." leaves no mystery about this point at least. For many scientists, expressing causal relationships through causal graphs, where arrows represent direct causal effects (Pearl 1995, 2000) or formally in a potential outcome framework (Rubin 1974, Holland 1986, Robins et al. 2000) helps clarify concepts, goals and assumptions. Some colleagues nevertheless object to a formalism that involves relationships between latent, i.e. unobserved outcomes (Dawid 2000). Below, we exploit the power of the potential outcomes framework to specify causal questions and explain the issues.

The "Potential Outcomes" Framework

Since we are not focusing on directly observable associations, what are we studying? In words, causal inference is concerned with a "what if" question and refers to the primary outcome Y_x which would have been realized had – possibly contrary to fact – exposure been set to fixed level x. We are hence concerned with potential outcomes that are observed only on those possibly rare occasions when randomly observed exposure X (typically indicated by capital letter) happens to coincide with the exposure level of interest, x, and not for the units of observation with $X \neq x$. There is therefore a huge missing data problem.

As a result, a simple target of inference may be unattainable, and a range of different *parameters*, causal estimands, is defined. We list some of the most common causal parameters.

– First and foremost there is the population average causal effect of exposure level x *versus* exposure level 0, where zero stands for some well defined and meaningful reference level.

This is the expected difference between counterfactual outcomes Y_x and Y_0:

$$E(Y_x) - E(Y_0) = E(Y_x - Y_0) \quad [1]$$

In public health settings, this indicates what to expect when an entire population receives x rather than the standard 0. Marginal Structural Mean Models are developed for estimating parameters like [1] through 'inverse probability weighting' (ROBINS et al. 2000). Under the assumption of 'no unmeasured confounders' this weighting standardizes the observed outcome by dividing by the probability of being exposed to the observed value of exposure, given observed confounders C. The estimator thus reconstructs the population distribution of confounders for each level of exposure and allows direct comparisons of weighted outcomes over different exposure levels to translate into causal contrasts.

- With fewer assumptions, staying closer to the data, the expected causal effect of exposure x in the subpopulation observed to receive $X = x$, may be targeted as the expected exposure effect among the exposed:

$$E(Y_x - Y_0 \mid X = x) \quad [2]$$

Parameter [2] will coincide with the population average effect [1] only in the event of "no current treatment interaction" (ROBINS 2001). That is, for [2] to equal [1], the expected additive effects of exposure level x should remain unaltered over population strata defined by different observed exposure levels $\{X=x^*\}$:

$$E(Y_x - Y_0 \mid X = x) = E(Y_x - Y_0 \mid X = x^*) \quad [3]$$

for all x^*. Of course, effect measures may further condition on measured confounders C or instrumental variables Z (see Section 5) and thus pertain to smaller subpopulations.

- One step beyond this are effect measures estimated in so-called 'principle strata' (FRANGAKIS and RUBIN 2002) which are defined by fixed values of 'potential exposure levels' under different possible treatment assignments. This approach is most developed for binary exposures (e.g. experimental *versus* standard treatment actually received) and binary instruments (e.g. experimental *versus* standard treatment assigned). The average causal effect confined to the principle stratum $X_{z=0}$, $X_{z=1}$ then equals:

$$E(Y_{x=1} - Y_{x=0} \mid X_{z=0} = 0,\ X_{z=1} = 1) \quad [4]$$

With X actually received treatment and Z treatment assigned, $(X_{z=0} = 0,\ X_{z=1} = 1)$ are called 'compliers' since received and assigned treatment coincide for either potential assignment. Unlike for the population average effect $E(Y_x - Y_0)$ [1] and the effect of exposure among the exposed, $E(Y_x - Y_0 \mid X = x)$ [2], the principle stratum effect $E(Y_{x=1} - Y_{x=0} \mid X_{z=1} = 1, X_{z=0} = 0)$ [4] no longer refers to an identifiable population since $X_{z=0}$ and $X_{z=1}$ are never jointly observed. This may limit the usefulness of this causal parameter. Of course, as a rule, additional assumptions on how expected potential outcome differences evolve over the parts in a partition of the population may allow to reconstruct [1] based on fitted models for [2] or [4].

- An all together different concept of causal effect parameters is concerned with direct and indirect causal effects where one wishes to infer what would happen when exposure X is changed while some other variable K, on the causal path from X to Y, is held constant. This may be relevant for instance when we wish to evaluate the effect of a treatment when an important side effect could be avoided. Controlled direct and indirect effects have been extensively studied over the past decade (Robins and Greenland 1992, Rubin 2004, Didelez et al. 2006, Goetgeluk et al. 2008) and come in different shapes. We mention two forms.

The population averaged controlled direct effect of setting exposure X to x (*versus* setting X to 0) when holding K fixed at value k, is defined in terms of potential outcomes Y_{xk} and Y_{0k}: $E(Y_{xk} - Y_{0k})$. The so-called natural direct effect is similar but compares outcomes Y after setting exposure to x *versus* 0 when holding K fixed at the value K_0, which is the intermediate variable that follows from reference exposure level 0 for the same subject.

In what follows we set out to estimate total effects of intervening on an exposure X, not attempting to stop certain natural consequences K from happening.

3. The Hazards of Observational Studies

The term "Stork epidemiology" has become an insult used to point at naive causal conclusions which are driven by confounding and "allow to prove anything". The name is taken from so called statistical "proof" that babies are delivered by storks. Not surprisingly, across nations and over time a declining density of storks is associated with declining birth rate. The association should not be seen as causal, however, since both phenomena are natural consequences of growing industrialization and increasing wealth, i.e. confounders.

A recent and costly example of how badly things can go wrong if observed associations are unjustly believed to be causal, came to light as a result of "The Women's Health Initiative": a randomized trial of combined "estrogen and progestin" *versus* placebo among postmenopausal women (Rossouw et al. 2002). The trial was motivated by "a large body of observational studies suggesting a 40 % to 50 % reduction in risk among users of either estrogen alone or, less frequently, estrogen and progestin". The hormones had been widely prescribed for symptom relief to menopausal women. Survival curves in Rossouw et al. (2002) show, however, that for most and the most detrimental outcomes time to occurrence came significantly sooner on the treatment arm. Results thus contradict the promising findings of previous association analyses of observational data. Could current state of the art methods help avoid these biases? The answer is positive as convincingly demonstrated by a careful analysis performed by Hernan et al. (2008) of data from the observational Nurses' Health Study.

Basic insights into the flow of causal effects have taught us to require proper adjustment for (time-varying) confounders, i.e. variables predicting both estrogen and progestin use and the harmful outcome, but NOT for intermediate variables on the causal pathway from estrogen and progestin to the harmful event under study. Since in the longitudinal setting some variables may be both, confounders and intermediate variables, this adjustment requires special methods. Hernan et al. (2008) conduct two types of analysis to evaluate the effect of HRT on coronary heart disease (CHD). First, they mimic an intention to treat analysis by choosing a particular time point and comparing subsequent event times for the groups of women who were newly treated *versus* not treated at that starting point, adjusting for a large set of confounders measured at the chosen starting time. They repeat this for several chosen starting times in a sequential analysis. Their second analysis acknowledges that HRT status at the starting time is often not maintained. An adherence adjusted analysis therefore accounts for time-varying treatment actually observed. Assuming no unmeasured time-varying confounders, but allowing for exposure variables to lie on the causal path form earlier exposure to outcome, G-estimation can be used for structural nested models, and Inverse Probability Weighting (IPW) with marginal models for current treatment effects estimation. The authors chose to censor women when they go off the treatment received at the starting point considered and used IPW under the assumption of no unmeasured confounders for the dropout. The latter technique reweighs per time point the different prognostic strata to reconstruct similar prognostic variables distributions in each treatment arm and thus render the arms comparable.

Both analyses of the observational cohort in the Nurses' Health Study now yielded results consistent with the randomized trial conclusions. And following causal logic, estimated harmful effects were more pronounced when accounting for treatments actually received over time. Important effect modifications were further discovered indicating harmful effects are most present during the first years following treatment initiation. Key differences left in results between observational and experimental studies were explained by differences in starting point acknowledged for HRT.

4. Marginal Estimators Following "No Unmeasured Time-Varying Confounders"

We explain the quite powerful marginal model mentioned above in some detail for a more general treatment strategy. A so called dynamic treatment strategy, d, is a decision rule that dictates over time t what treatment to prescribe in response to an observed history until then of treatment and response (Murphy et al. 2001). The treatments actually given are not fully determined *a priori* in as much as we cannot perfectly predict the covariate evolution. Suppose we wish to evaluate the effect of such a strategy d_l. Let then

- $\mu_{tk,dl}$ represent the mean outcome at time t_k for dynamic strategy d_l and
- $\pi_k\,(a_k \mid \bar{\alpha}_{k-1}, \bar{l}_{k-1})$ be the chance in the current study population of receiving treatment $A_k = a_k$ at t_k, given observed history of treatment, $\bar{\alpha}_{k-1}$, and observed covariate history $\bar{l}_{k-1}$ up to time t_k.
- $p_k\,(a^*_k \mid \bar{\alpha}_{k-1}, \bar{l}_{k-1})$ similarly expresses the conditional probability that $A^*_k = a^*_k$ but now under the new dynamic strategy we wish to evaluate. If the decision rule finds treatment action is *determined* in function of a given history, these p_k's will take on the value *0* or *1*. This is the case we will consider.
- $W_{k,dl}(\bar{\alpha}_k, \bar{l}_{k-1}) = \prod_{j\neq 1}^{k} p_j\,(a_j \mid \bar{\alpha}_{j-1}, \bar{l}_{j-1}) \,/\, \pi_j\,(a_j \mid \bar{\alpha}_{j-1}, \bar{l}_{j-1})$ [5]
  are weights that will help transform outcomes from the observed treatment sequence to those expected under the new treatment strategy studied.

Expectation of response Y^*_k at time t_k following decision rule d_l , $\mu_{tk,dl}$, can then be estimated by solving weighted estimating equation:

$$\sum_{i=1}^{n} [\mathrm{W}_{k,dl}\,(\bar{A}_{k,i\ldots}, \bar{L}_{k-1,i})\,(Y_{ik} - \mu_{tk,dl})\,] = 0 \qquad [6]$$

where i indexes observation units in a random sample $i = 1, \ldots, n$. Observed outcomes Y_k who in the dataset happened to follow an observed treatment path up until t_k coinciding with path d_l, the decision rule of interest, are weighted inversely with the probability of following that particular path in the dataset. In so doing, we reconstruct what would have happened had the entire population followed this decision rule. One thus obtains an unbiased estimating equation for $\mu_{tk,dl}$ provided there are no unmeasured time-varying confounders: all time-varying variables which affect simultaneously future exposure as well as future natural risk (independent of exposure) have been (accurately) measured in $\bar{L}_{k-1}$.

5. An Instrumental Variables Approach – Allowing for Unmeasured Confounders

To allow for the needed corrections using the above marginal structural model, one must (*i*) have measured all important confounders and (*ii*) model their impact well. Because this is hard to accomplish and guarantee completely alternative approaches have been sought and found under the quite different assumptions for 'instrumental variables'. An instrumental variable, for which we will use notation *Z*, is predictive of exposure but not otherwise of outcome and therefore it allows for an approach inspired by the causal effect measure resulting when unbiased comparisons are made between randomized arms (Angrist et al. 1996, Hernan and Robins 2006).

5.1 Instrumental Variables in the Experimental Setting

Standard Experimental designs for the evaluation of a new treatment will randomly assign patients to (experimental) treatment or control. The randomization indicator *R*, is the prime example of an instrument, *Z*: an observed vehicle that predicts treatment received, but is not otherwise predictive of outcome. It can be used to evaluate the causal effect of treatment actually received (as opposed to treatment assigned). As a rule, when treatment is (randomly) assigned one has higher chance of actually receiving it, while randomization per se, "the flip of the coin", is independent of the natural course of disease. Consider a trial (Kemeny et al. 2002) which randomizes colon cancer patients with liver metastases over the implant of a hepatic pump – or not. The aim is to find out whether direct delivery of chemotherapy to the liver through such pump increases survival chances. If all patients receive their assigned treatment (experimental or standard), treatment effect is straightforwardly evaluated by the so called Intention To Treat analysis (ITT): survival chances are simply compared between groups as randomized.

In practice, of the random half of patients assigned the implant, some did ultimately not receive it. The data revealed furthermore that non-receivers form a high risk subpopulation: even with a treatment similar to that of the subjects on the control arm (i. e. no pump) their estimated survival chances are lower. This points to a selection effect. Correspondingly, the remaining patients with implant are a low risk subset and hence no longer directly comparable to the control arm.

How then can we estimate the effect of the implant on the subpopulation who actually received it? Not by directly contrasting the survival rate of "receivers" with that of the randomized control group as a whole, since we expect the experimentally treated subpopulation to have lower death rate even if the implant has no causal effect. A general approach to IV methods, models an expected contrast between observed and potential treatment free outcomes in function of treatment received involving an unknown causal effect parameter, Ψ, say. This postulated effect is then taken away from observed outcomes to yield expected treatment free outcomes. For the true parameter, the obtained distribution of expected treatment free outcomes is independent of randomized arm by virtue of the randomization assumption. Therefore, the parameter value of Ψ that best achieves equality of survival curves as measured by the logrank test statistic for instance, will become the point estimate $\hat{\Psi}$.

Figures 2 – 4 below illustrate this approach. Figure 2 shows non-parametrically estimated survival probabilities over time in groups as randomized and finds estimated survival chances to be systematically higher on the Standard treatment arm which had no pump assigned (even though the observed difference is not statistically significant here). Figure 3 reports separate survival curves for observed receivers and non-receivers subgroups within the intervention arm. The curve for the non-receivers is duplicated in Figure 4 for the standard arm, where it represents the survival curve under control conditions for the corresponding latent subgroup of "potential non-receivers", i.e. those who would not get the implant if it had been assigned. It is complemented by the top curve in Figure 4 which is reconstructed to arrive at average survival chances on the control arm (averaging over both curves in the right proportions) which coincide with what the non-parametrically estimated Kaplan-Meier curve – shown in Figure 2 – finds in that arm as a whole. Note that, even though 'potential receivers' are not directly observed on the control arm, due to randomization this subgroup is expected to be present in the same proportion as on the intervention arm, where it is directly observed.

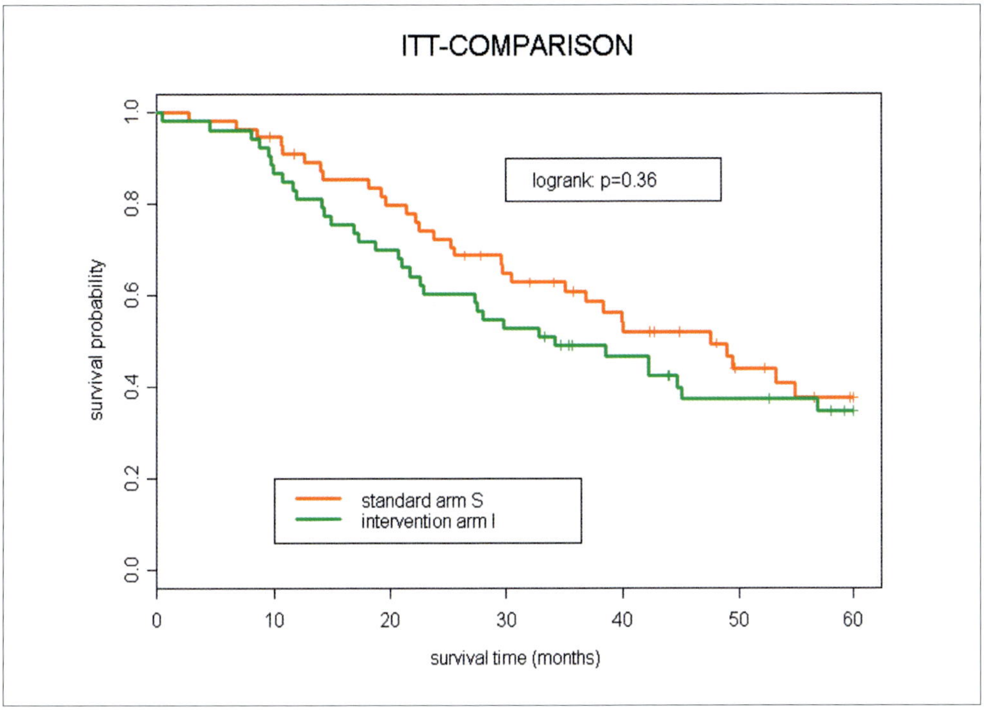

Fig. 2 Kaplan-Meier survival curves for both randomized arms of the pump implant trial.

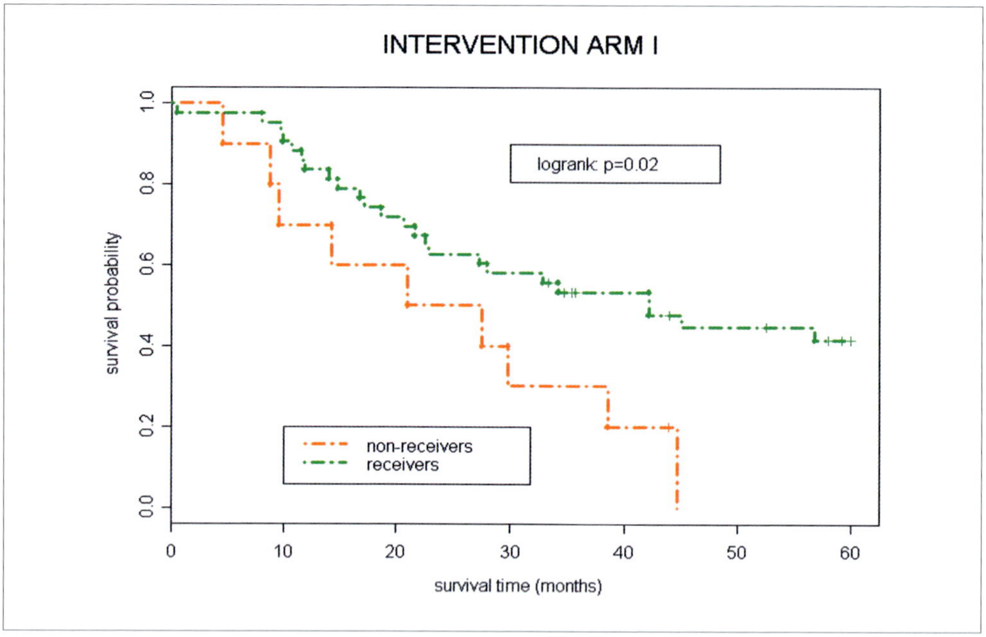

Fig. 3 Survival curves for receivers and non-receivers in the intervention arm.

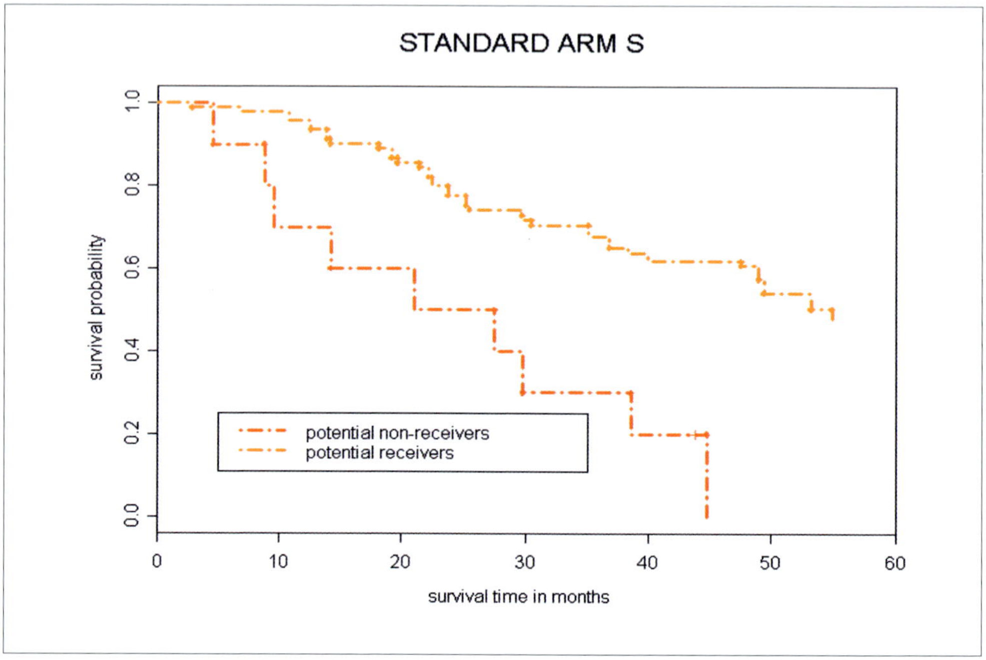

Fig. 4 Reconstructed survival curves for potential receivers and non-receivers on the Standard arm.

With non-parametric curves for the entire survival distribution, there is not a single obvious parameter summarizing the causal effect. To achieve this, one can propose a model for the structural relationship between survival time T_i and potential treatment-free survival time $T_{i0.}$ A simple semi-parametric accelerated failure time model is:

$$T_{i0}(\Psi) = exp(-\Psi X_i)\, T_i \qquad [7]$$

The procedure outlined above, then estimates that the pump implant has reduced survival time to 70 % times its original value with a 95 % confidence interval for $exp(\Psi)$ ranging from 0.35 to 2.06 (Loeys and Goetghebeur 2003).

5.2 Instrumental Variables in the Observational Setting

Since randomization enables such powerful and reliable causal conclusions in experimental designs, one has sought to identify instrumental variables that allow to mimic this approach in observational studies. A recent study of the effect of COX-2 inhibiting rather than non-selective non-steroidal anti-inflammatory drugs on the risk of gastro-intestinal (GI) bleeding for rheumatoid arthritis patients identified physician-specific prescribing preference for the COX-2 inhibitors (coxibs) as a candidate instrumental variable (Brookhart et al. 2006). We offer some background.

Randomized Clinical Trials found COX-2 inhibitors to reduce the risk of GI complications. Even so, several observational studies remained unable to find a significantly negative association between the use of COX-2 inhibitors and GI bleeding – even after adjustments. Because observational studies typically involve broader populations treated under less controlled circumstances, it is important to verify how benefits seen in trials stand up in the practical setting.

Since COX-2 inhibitors have a reputation of provoking fewer GI problems, they are likely prescribed more to patients deemed at higher risk. Adjusting the relationship between GI bleeds and COX-2 inhibitors for all confounders is then complicated, especially due to poor measurement of established confounders in databases typically available for pharmaco-epidemiology. Residual positive confounding could leave the group of observed users of COX-2 inhibitors at higher risk, even if this class of drugs effectively reduces natural risk. Lacking reliable adjustments, Rassen et al. (2008, 2009a, b) developed an instrumental variables approach.

Rassen et al. (2009b) see "physician prescription preference" as an instrument Z, satisfying the two conditions:

- the prescription of COX-2 inhibitors (exposure X) depends on individual physician preference (Z);
- a different physician preference (Z) does not come with a different patient population or reference risk mix (Y_0)

or: Z affects the outcome Y through X and only through X, often labeled "the exclusion restriction". Clearly, whether or not one's physician has a preference for the COX-2 inhibitors will change one's chance of receiving this drug; but the physician preference itself need not predict the natural GI risk levels of his or her patients. If the IV assumptions hold, no matter how selectively the drug has been prescribed, one can recover its causal effect as the effect that back-transforms observed risks to levels that are comparable for different values of the instrument. For their study of COX-2 inhibitors, Schneeweiss at al. (2009) considered a large population-based cohort of 37,842 new NSAID users, among Medicare beneficiaries eligible for a state-run pharmaceutical benefit plan in Pennsylvania. They wished specifically to infer the effect of prescribing a COX-2 *versus* non-selective NSAID on gastrointestinal (GI) bleeding within 60 days of initiating an NSAID.

Let therefore
- Z_i indicate the physician's prescribing preference for COX-2 inhibitors (1) *versus* non-selective NSAIDs (0) for subject i;
- Y_i stand for an observed gastrointestinal (GI) bleeding in subject i within 60 days of initiating an NSAID (1), or not (0);
- X_i indicate subject i receiving the prescription for COX-2 inhibitors (1) *versus* non-selective NSAIDs (0).

Rassen et al. (2008) applied linear and log linear causal models to define and estimate an expected causal effect of x for given Z and $X = x$ values. Both models have the drawback that they do not automatically respect the constraint that a risk lies between 0 and 100 %. Logistic regression models do obey the constraint but lead to more complicated causal model estimators. Recent evolutions in this field allow nevertheless to develop a causal or structural logistic regression model here. More details on this development can be found in Vansteelandt et al. (2010). The approach is outlined below.

5.3 The Logistic Structural Model

Let the odds of a bleed under observed treatment relative to the potential treatment free odds be modeled within subsets of given instrument and exposure value (X, Z) as

$$\frac{odds\left(Y_i = 1 \middle| X_i, Z_i\right)}{odds\left(Y_{i0} = 1 \middle| X_i, Z_i\right)} = \exp(\Psi^* X) \qquad [8]$$

or equivalently, assume:

$$logit\ E(Y_i | X_i, Z_i) - logit\ E(Y_{i0} | X_i, Z_i) = \Psi^* X_i, \qquad [9]$$

with $logit(p) = log\ \{p/(1-p)\}$.

To derive an exact estimating equation for Ψ in logistic structural or causal model [9] based on the IV assumptions, Vansteelandt and Goetghebeur (2003) added to structural model [9] an *association model* linking observed variables:

$$logit\ \{P(Y_i = 1 | X_i, Z_i)\} = \beta_0 + \beta_1 X_i + \beta_2 Z_i + \beta_3 X_i Z_i \qquad [10]$$

or more generally, of the form: $logit\ \{P(Y_i = 1 | X_i, Z_i)\} = m(X_i, Z_i; \beta^*)$ where $m(X_i, Z_i; \beta^*)$ is a known function, smooth in β, with β^* an unknown finite-dimensional parameter. An estimate $\hat{\beta}$ can be obtained using standard methods, e.g. Maximum Likelihood Estimation, so that causal model [9]+ association model [10] yield predicted Y_{i0} for given Ψ:

$$\hat{Y}_{i0}(\Psi, \hat{\beta}) = expit\ \{m(X_i, Z_i; \hat{\beta}) - \Psi X_i\} \qquad [11]$$

With $expit(a) = exp(a)/\{1+exp(a)\}$. Since the IV-assumptions imply: $E(Y_{i0}|Z_i) = E(Y_{i0})$ we let the estimator $\hat{\Psi}$ be the Ψ–value that makes this happen, after Y_{i0} has been replaced by $\hat{Y}_{i0}(\Psi, \hat{\beta})$.

5.4 Local Robustness Property

When the association model $E(Y|Z, X; \beta^*)$ includes an intercept and main effect in Z_i – as in [10] – and is fitted using standard maximum likelihood with standard generalized linear models software, the solution to a well chosen weighted estimating equation for Ψ is robust to misspecification of the association model when the true parameter value is $\Psi^* = 0$. Thus a valid test of the causal null hypothesis that $\Psi^* = 0$ results even when all models are misspecified. This "local" robustness property (VANSTEELANDT and GOETGHEBEUR 2003, VANSTEELANDT et al. 2005) also guarantees small bias under model misspecification when the true exposure effect is close to but not equal to zero.

5.5 COX-2 Data Analysis

VANSTEELANDT et al. (2010) re-analyzed the data using the causal logistic regression model described above. Fitting the logistic association model yields:

$$logit\ \hat{E}\,(Y_i\,|\,X_i, Z_i) = -4.89 + 0.11\ X_i - 0.33\ Z_i \qquad [12]$$

following which the causal treatment log odds ratio is estimated as $\hat{\Psi} = -2{,}508$ by requiring equal distributions of [11] over different levels of Z (*0* or *1* in this case).

Hence for the causal odds ratio $exp(\hat{\Psi}) = 0.081$ with 95 % CI *(0.010, 0.826)*. While the point estimate seems extreme, the confidence interval is wide but has an upper bound staying well below 1 indicating a significantly beneficial effect of COX-2 inhibitors on the risk of GI bleeds within 60 days. On the other hand, the unadjusted association logistic regression parameter gives an estimated association odds ratio $exp(\hat{\beta}) = exp(0.11) = 1.12$ with *95 % CI* (*0.849*, *1.495*) which goes strikingly in the opposite direction of the estimated causal odds ratio, be it that the association odds ratio is not significantly different from 1.

6. Great Expectations

Today's access to massive high quality electronic health records stirs the hope that more causal answers come within reach. Causal questions evolved too, in epigenetics or plant breeding for instance, where one now learns about the causal effect of a changeable trait, such as obesity, on an important risk (MINELLI et al. 2004, TIMPSON et al. 2009), relying on Mendelian randomization, or of a genetic marker or SNP itself on a trait (MOERKERKE et al. 2006).

While there is definitely added potential, there is also reason to stay cautious. Several fundamental problems are not resolved by simply having larger samples or more measured variables. Key elements of the structure involve:

- The timing of measurements which may still be event driven and the measurements therefore not representative of the generally evolving patient population. Hospital data suffer in particular from potential informative censoring and hence missing data due to discharge from a hospital unit.
- Accurate measurement may remain a problem.
- Some important confounders may be unavailable, that is, remain completely unmeasured.

When estimating the impact of hospital infections on (hospital) mortality, for instance, naive association analysis is wrought with problems even in this environment with particularly large streams of relatively high quality data (BEKAERT et al. 2010, VANSTEELANDT et al. 2009).

Still, under well understood assumptions the richer data structure and relevant practical needs justify addressing more ambitious questions, for instance, regarding dynamic treatment strategies.

Optimal Dynamic Treatment Strategies

Standard randomized clinical trials benefit from the perfect instrument (randomization) but have their limitations. They are typically designed to evaluate a single, continued prescription, which in routine implementation may require modification in response to events over time. Could experimental designs be exploited more directly to learn about the adaptive treatment strategies?

While well designed trials tend to be very expensive and time consuming there is a growing concern that they may still fail. This happens not just by not yielding the positive answers hoped for, but sometimes miserably: without even adding useful information in one direction or another. This was dramatically illustrated by a number of HIV prevention trials seeking to confirm the protective potential of microbicide vaginal gels, a product which could be administered by the woman for her own protection. Repeatedly inconclusive answers lead to a 2008 (US) Institute of Medicine report: "Methodological challenges in biomedical HIV prevention trials" (LAGAKOS and GABLES 2008). One big contributor to the trials failures was lack of compliance with assigned treatment, a feature which – more than missing data – hurts trial power. The p^2 rule reflects for instance how a 20 % immediate treatment dropout for a random population sample leaves just merely 68 % = $(1–20\ \%)^2$ effective sample size. The microbicide studies required women to go off treatment upon becoming pregnant. Even when women had denied any intentions of pregnancy on recruitment, many pregnancies occurred over the course of the trial. As long as the experimental drug is not guaranteed to be safe for the fetus, it is common practice to withdraw from treatment at this point out of precaution for the baby. This phenomenon contributed to several large scale phase III studies ending with inconclusive results due to lack of power.

Since HIV prevention trials are conducted in sexually active populations, one might better acknowledge the possibly changing status in child wish, considering too that women are unlikely compliant with spermicidal gel use in periods when a child is desired. A design exemplified in Figure 5 could provide explicitly for such situations and could allow to study what can be done for HIV prevention in sequence over the several stages of a woman's sexual life. Figure 5 shows how the impact of a range of interventions, including E = Education reinforcement, P = Pre-exposure prophylaxis, and M = microbicide gel, may be evaluated when adherence to condom use has dropped and how one may move to a range of other treatments once the child wish is expressed and accounted for. Offering continued trial participation and a choice of workable treatments at such time should help avoid unwanted non-adherence with the trial products and the corresponding dropout and reduced power. Similar designs have been developed for prevention of relapse in drug addicted adolescents (LAVORI 2000 and MURPHY et al. 2001) and for improved drug adherence in diabetes patients (BUYZE et al. 2010).

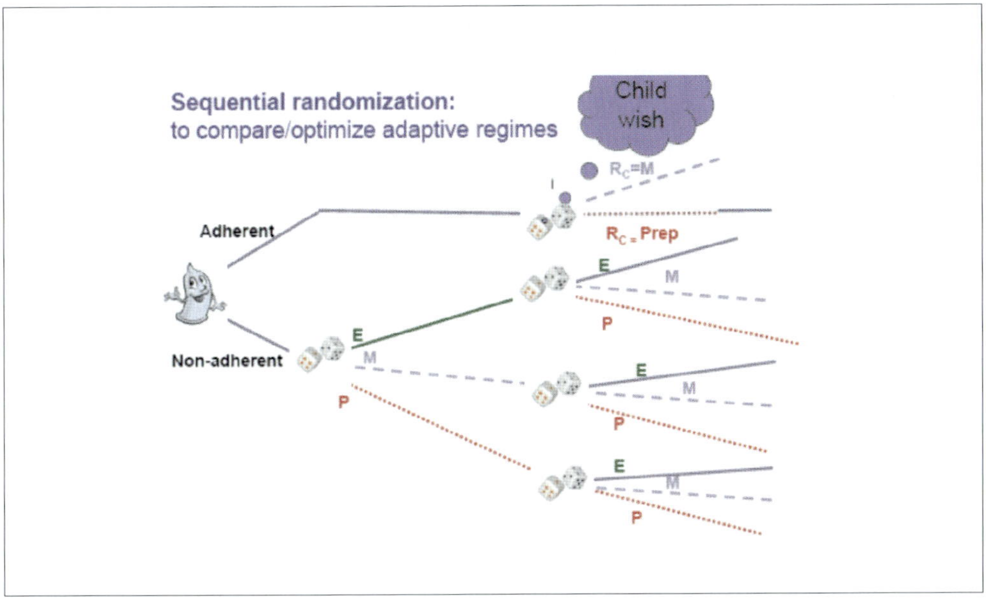

Fig. 5 Sequentially randomized trial

7. Big Business

Large scale data analysis has tremendous potential for monitoring complex systems and for predicting outcomes as structures evolve without major interventions. The knowledge obtained can help prevent problems and plan business logistics and marketing efficiently. State of the art methods allow to exploit past (longitudinal) information ever better for the prediction of what will happen under the current structure. An increasing number of predictors brings too, however, a higher chance of involving false positives. These are factors which appear associated with outcome (after adjusting for other factors in a model for the dataset) but are not reproduced as added value predictors when new data are presented. Methods to correct for the inflation of p-values after multiple testing have been heavily studied and allow now for improved detection of prognostic values or a better selection of contributors to a predictive model (Moerkerke et al. 2006).

Even more valuable is the ability to detect causal effects which suggest interventions which may in turn be evaluated and lead to insight into optimal action. Dynamic treatments allow in particular to intervene without delay and thus prevent unwanted evolutions and optimize outcomes. Recognizing sources of weakness and strength in a system and knowing where to best intervene and how is a potential gold mine.

It should then perhaps not come as a surprise that big companies get interested in statistics. In their 2009 press release on the occasion of the merger of IBM with SPSS a well established data analysis package, the following message was launched (http://www-03.ibm.com/press/us/en/pressrelease/27936.wss): "Predictive analytics can help clients move beyond the 'sense and respond' mode, which can leave blind spots for strategic information in today's fast paced environment – to 'predict and act' for improved business outcomes." With reference to a wide range of Applications: “customer acquisition and retention for financial services, patient care improvement for the healthcare industry, crime prevention for the public sector and ideal store location for retailers and manufacturers.”

Clearly, the power of statistical analysis has not escaped the attention of some industrial sectors. As the press release reveals, they consider the major advantage statistics can help realize not only through the evaluation of what works where, but also through the discovery of causal effects: bottlenecks and enhancers of better, healthier, more environmentally friendly, more sociable or cheaper outcomes. To produce these analyses a great number of data analysts will be needed. If any lessons have been learned from the HRT saga however, it is that complex models with many predictors and smaller residual error by no means guarantee a better or more reliable causal result. In fact, it can even launch one on a path in the opposite direction of progress. Careful thinking of scientists with a deep understanding of causal structure is what is needed to arrive at well justified/understood robust conclusions.

8. In Conclusion

Monitoring of results is essential to good governance and reliability of products or services. Understanding associations within one’s process is even better. It suggests where to look when things go wrong and allows for more accurate prediction and hence better planning. Sometimes, masses of data become a mountain in which the needle is to be found. Any pattern is more likely to show up if there are plenty of paths to walk on. Adjusting for multiplicity is one key necessity to avoid naïve conclusions when reproducibility and prediction is at stake. But there is more to gain than by prediction for stationary systems. Causal inference aims not merely to predict or explain what happens where, but to discover causes of improved or worse outcome. Such knowledge forms the key to unlocking interventions that may improve the system. Not surprisingly the art of causal inference has been at the center of scientific investigation for centuries. With the digital revolution statistical analysis under such fancy names as data mining, business analytics, and the like is seen as a gateway to greater wealth. Massive investments are being directed that way. While it seems wise to invest in such promising tool, it is equally unwise to suggest causal findings are easy and quick to reap. The complication with causal inference lies in the fact that new tools are concerned with causal parameters expressed in terms of latent variables and rely on untestable assumptions cast in those terms. Any statistical causal analysis therefore requires deeper thinking and more information than a standard (association) analysis would require.

Should an army of statistical data analysts be hired by large companies trading in ‘business intelligence’ then at least a sizeable regiment of highly and specifically trained statisticians and co-scientists will be needed to guide the thinking and the implementation process. Blind modeling is doomed to fail, as is the adagio ‘more is (automatically) better’ when it comes to correcting an observed association for covariates. The newly developed causal methods as outlined above form a great step forward in methodology. They require more sophisticated programming, but this is nothing compared to the sophistication of the causal modeling and inference per se. We will need people too who can bridge the gap between the few specialist forerunners and the large numbers of programmers and scientists. Without a large rollout in this sense, we are bound to see many more stork epidemiologists fly and many more dollars spent on (HRT) treatments that are actually harmful rather than helping.

References

Angrist, J. D., Imbens, G. W., and Rubin, D. B.: Identification of causal effects using instrumental variables. JASA *91*, 444–455 (1996)

Bekaert, M., Benoit, D., Decruyenaere, J., and Vansteelandt, S.: A note on statistical association and causality derived from epidemiological ICU data reply. Intensive Care Medicine *36*, 550 (2010)

Brookhart, M. A., Wang, P. S., Solomon, D. H., and Schneeweiss, S.: Evaluating short-term drug effects using a physician-specific prescribing preference as an instrumental variable. Epidemiology *17*, 268–275 (2006)

Buyze, J., Van Rompaye, B., and Goetghebeur, E.: Designing a sequentially randomized study with adherence enhancing interventions for diabetes patients. Stat. in Med. *29*, 1114–1126 (2010)

Cox, D. R., and Wermuth, N.: Causality: A statistical view. Int. Stat. Rev. *72*, 285–305 (2004)

Dawid, A. P.: Causal inference without counterfactuals. J. Amer. Statist. Assoc. *95*, 407–424 (2000)

Didelez, V., Dawid, A. P., and Geneletti, S.: Direct and Indirect Effects of Sequential Treatments. Proceedings of the 22nd Annual Conference on Uncertainty in Artifical Intelligence; pp. 138–146. 2006

Didelez, V., and Sheehan, N.: Mendelian randomization as an instrumental variable approach to causal inference. Stat. Meth. Med. Res. *16*, 309–330 (2007)

Frangakis, C. E., and Rubin, D. B.: Principal stratification in causal inference. Biometrics *58*, 21–29 (2002)

Goetgeluk, S., Vansteelandt, S., and Goetghebeur, E.: Estimation of controlled direct effects. JRSS-B *70*, 1049–1066 (2008)

Heckman, J. J.: Econometric causality. Int. Stat. Rev. *76*, 1–27 (2008)

Hernan, M. A., Alonso, A., Logan, R., Grodstein, F., Michels, K. B., Willett, W. C., Manson, J. E., and Robins, J. M.: Observational studies analyzed like randomized experiments. An application to postmenopausal hormone therapy and coronary heart disease. Epidemiology *19*, 766–779 (2008)

Hernan, M. A., and Robins, J. M.: Instruments for causal inference – An epidemiologist's dream? Epidemiology *17*, 360–372 (2006)

Holland, P. W.: Statistics and causal inference (with discussion). J. Amer. Statist. Assoc. *81*, 945–970 (1986)

Kemeny, M. M., Adak, S., Gray, B., Macdonald, J. S., Smith, T., Lipsitz, S., Sigurdson, E. R., O'Dwyer, P. J., and Benson, A. B. 3rd.: Combined-modality treatment for resectable metastatic colorectal carcinoma to the liver: Surgical resection of hepatic metastases in combination with continuous infusion of chemotherapy – An intergroup study. J. Clin. Oncol. *20*, 1499–1505 (2002)

Lagakos, S. W., and Gable, A. R.: Focus on research: Challenges to HIV prevention: Seeking effective measures in the absence of a vaccine. New Engl. J. Med. *358*/15, 1543–1545 (2008)

Lavori, P. W.: Flexible treatment strategies in chronic disease: Clinical and research implications. Biol. Psychiatry *48*, 605–614 (2000)

Loeys, T., and Goetghebeur, E.: A causal proportional hazards estimator for the effect of treatment actually received in a randomized trial with all-or-nothing compliance. Biometrics *59*, 100–105 (2003)

Minelli, C., Thompson, J. R., Tobin, M. D., and Abrams, K. R.: An integrated approach to the meta-analysis of genetic association studies using Mendelian randomization. Amer. J. Epidemiol. *160*, 445–452 (2004)

Moerkerke, B., and Goetghebeur, E.: Selecting "significant" differentially expressed genes from the combined perspective of the null and the alternative. J. Comp. Biol. *13*, 1513–1531 (2006)

Murphy, S. A., van der Laan, M. J., and Robins, J. M.: Marginal mean models for dynamic regimes. J. Amer. Stat. Assoc. *96*, 1410–1423 (2001)

Pearl, J.: Causal diagrams for empirical research (with discussion). Biometrika *82*, 669–710 (1995)

Pearl, J.: Causality: Models, Reasoning, and Inference. Cambridge University Press 2000

Pearl, J.: Myth, Confusion, and Science in Causal Analysis UCLA Cognitive Systems Laboratory, Technical Report (R-348), May 2009

Rassen, J. A., Brookhart, M. A., Glynn, R. J., Mittleman, M. A., and Schneeweiss, S.: Instrumental variables I: instrumental variables exploit natural variation in nonexperimental data to estimate causal relationships. J. Clin. Epidem. *62*, 1226–1232 (2009a)

Rassen, J. A., Brookhart, M. A., Glynn, R. J., Mittleman, M. A., and Schneeweiss, S.: Instrumental variables II: instrumental variable application-in 25 variations, the physician prescribing preference generally was strong and reduced covariate imbalance. J. Clin. Epidem. *62*, 1233–1241 (2009b)

Rassen, J. A., Schneeweiss, S., Glynn, R. J., et al.: Instrumental variable analysis for estimation of absolute and relative treatment effects with binary outcomes. Pharmacoepidemiology and Drug Safety *17*, S202–S202 (2008)

Robins, J. M.: Data, design, and background knowledge in etiologic inference. Epidemiology *12*, 313–320 (2001)

Robins, J. M., and Greenland, S.: Identifiability and exchangeability for direct and indirect effects. Epidemiology *3*, 143–155 (1992)

Robins, J. M., Hernan, M. A., and Brumback, B.: Marginal structural models and causal inference in epidemiology. Epidemiology *11*, 550–560 (2000)

Rossouw, J. E., Anderson, G. L., Prentice, R. L., LaCroix, A. Z., Kooperberg, C., Stefanick, M. L., Jackson, R. D., Beresford, S. A., Howard, B. V., Johnson, K. C., Kotchen, J. M., Ockene, J., and *Writing Group for the Women's Health Initiative Investigators*: Risks and benefits of estrogen plus progestin in healthy postmenopausal women – Principal results from the Women's Health Initiative randomized controlled trial. JAMA *288*, 321–333 (2002)

Rubin, D. B.: Estimating causal effects of treatments in randomized and non-randomized studies. J. Educat. Psychol. *66*, 688–701 (1974)

Rubin, D. B.: Direct and indirect causal effects via potential outcomes. Scand. J. Statist. *31*, 161–170 (2004)

Schneeweiss, S., Solomon, D. H., Wang, P. S., Rassen, J., and Brookhart, M. A.: Simultaneous assessment of short-term gastrointestinal benefits and cardiovascular risks of selective cyclooxygenase 2 inhibitors and nonselective nonsteroidal antiinflammatory drugs – An instrumental variable analysis. Arthritis and Rheumatism *54*, 3390–3398 (2006)

Timpson, N. J., Sayers, A., Davey-Smith, G., and Tobias, J. H.: How does body fat influence bone mass in childhood? A Mendelian randomization approach. J. Bone Min. Res. *24*, 522–533 (2009)

Vansteelandt, S., and Goetghebeur, E.: Causal inference with generalized structural mean models. JRSS-B. *65*, 817–835 (2003)

Vansteelandt, S., and Goetghebeur, E.: Sense and sensitivity when correcting for observed exposures in randomized clinical trials. Statistics in Medicine *24*, 191–210 (2005)

Vansteelandt, S., Mertens, K., Suetens, C., and Goetghebeur, E.: Marginal structural models for partial exposure regimes. Biostatistics *10*, 46–59 (2009)

Vansteelandt, S., Bowden, J., Babanezhad, M., and Goetghebeur, E.: On instrumental variables estimation of causal odds ratios. (submitted, 2010)

Prof. Dr. Els Goetghebeur
Universiteit Gent
Krijgslaan 281 – S9
9000 Gent
Belgium
Tel.: +32 09 264 4811
Fax: +32 09 264 4995
E-Mail: Els.Goetghebeur@UGent.be

Nova Acta Leopoldina NF *110*, Nr. 377, 65–81 (2011)

Was auch Einstein sicher gern gesehen hätte – Visualisierung relativistischer Effekte

Hanns Ruder und Hans-Peter Nollert (Tübingen)

Mit 16 Abbildungen

Hanns Ruder und Hans-Peter Nollert

Zusammenfassung

Manchem mag die Einsteinsche Relativitätstheorie als der Inbegriff einer abstrakten, unanschaulichen Theorie erscheinen. Dabei haben sowohl die Spezielle als auch die Allgemeine Relativitätstheorie höchst anschauliche Auswirkungen. Besser gesagt, sie hätten – wenn wir jeden Tag mit 90 % der Lichtgeschwindigkeit zu unserem Arbeitsplatz in der Nähe eines Schwarzen Loches pendeln würden, wobei vielleicht noch ein Wurmloch zu passieren wäre. Dies ist heute leider genauso wenig möglich wie zu Zeiten EINSTEINS. Zum Glück gibt es inzwischen aber leistungsfähige Computer, die es uns wenigstens erlauben, die visuellen Effekte sichtbar und sogar erfahrbar zu machen.

Abstract

To many people EINSTEIN's theory of relativity may appear to be the epitome of an abstract, unclear theory. However, both the special and the general theories of relativity have very clear effects. Rather, they would have, if we would commute every day to our job near a black hole at 90 % of the speed of light, possibly passing by a worm hole as we go. This is just as unlikely today as it was during EINSTEIN's time. Luckily there are now high-performance computers that at least allow us to see and even experience these visual effects.

1. Effekte der Speziellen Relativitätstheorie[1]

Als sichtbarer Effekt der Speziellen Relativitätstheorie fällt einem als Erstes wohl die Längenkontraktion ein: Ein bewegtes Objekt erscheint in Bewegungsrichtung um den Faktor

$$\sqrt{1 - \frac{v^2}{c^2}} \qquad [1]$$

verkürzt; hier ist v die Geschwindigkeit des Objekts relativ zum Beobachter, c bezeichnet die Lichtgeschwindigkeit im Vakuum. Senkrecht zur Bewegungsrichtung bleiben alle Längen unverändert.[2]

Man muss nicht allzu kühn sein, um zu vermuten, dass man die Längenkontraktion nicht nur messen, sondern bei sehr hohen Geschwindigkeiten auch unmittelbar sehen kann. Abbildung 1 zeigt die Erde mit einem Teleskop aus der Entfernung der Mondbahn betrachtet. Abbildung 1*A* ist das gewohnte Bild, das entsteht, wenn Erde und Betrachter zueinander ruhen; es verändert sich nur unmerklich, solange die Geschwindigkeit einer Relativbewegung sehr viel niedriger als die Lichtgeschwindigkeit ist. Abbildung 1*B* zeigt die längenkontrahierte Erde, wie wir sie sehen könnten, wenn die Lorentz-Kontraktion unmittelbar sichtbar wäre. Die Bewegung verläuft in Richtung der Polachse mit einer Geschwindigkeit von 95 % der Lichtgeschwindigkeit.

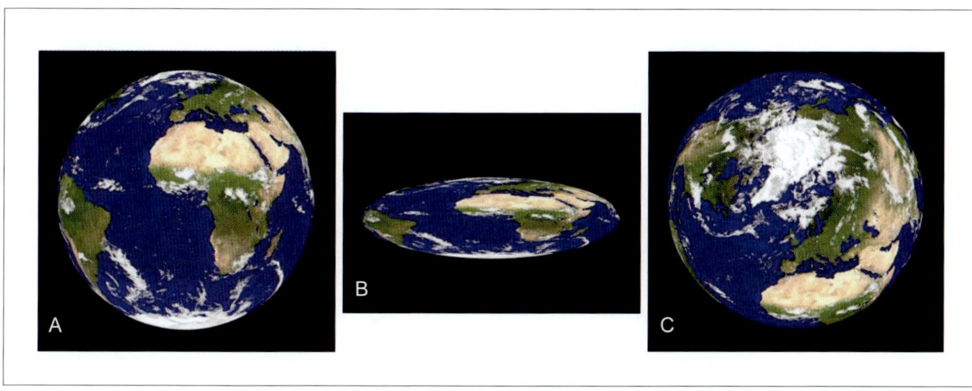

Abb. 1 (*A*) Das gewohnte Bild der Erde, mit einem starken Teleskop aus der Entfernung der Mondumlaufbahn betrachtet. Der Beobachter bewegt sich relativ zur Erde nicht. (*B*) Die längenkontrahierte Erde, wie wir sie sehen könnten, wenn die Lorentz-Kontraktion unmittelbar sichtbar wäre. Die Bewegung verläuft in Richtung der Polachse mit einer Geschwindigkeit von 95 % der Lichtgeschwindigkeit. (*C*) Die Erde, wie sie sich tatsächlich zeigt, wenn der Beobachter sich mit 95 % der Lichtgeschwindigkeit an ihr vorbei bewegt. Die Auswirkungen der endlichen Lichtlaufzeit kompensieren weitgehend den Einfluss der Längenkontraktion auf das Bild, so dass der Umriss der Erde wieder genau kreisförmig erscheint.

1 Auf der dem Jahresversammlungsband beigegebenen DVD finden sich Videoclips aus der DVD „Wissenschaft für jedermann Nr. 4" des Deutschen Museums, die die Aussagen des Vortrags durch ausgewählte visuelle Beiträge zum Thema Relativitätstheorie unterstützen.

2 Vgl.: DVD → Ruder und Nollert → Längenkontraktion.

Dabei kommt es nur auf die relative Bewegung an: Das Relativitätsprinzip besagt, dass es keinen absoluten Bezug für Bewegung an sich gibt; es kommt immer nur auf die relative Bewegung von Objekten oder Bezugssystemen an.[3] Dieses Relativitätsprinzip war auch schon durch die Galilei-Invarianz der klassischen Mechanik realisiert. Als neues Element der Speziellen Relativitätstheorie kommt hinzu, dass die Geschwindigkeit eines Lichtstrahls im Vakuum – genauer gesagt: jeder physikalischen Erscheinung, die keine Ruhemasse aufweist, und die sich im Vakuum ausbreiten kann – in jedem Bezugssystem die gleiche ist, auch wenn sich verschiedene Bezugssysteme ihrerseits gegeneinander bewegen. Geschwindigkeiten können daher nicht mehr, wie gewohnt, einfach zueinander addiert werden.

In Abbildung 1*B* spielt es dank des Relativitätsprinzips keine Rolle, ob wir uns vorstellen, dass die Erde am Beobachter vorbeifliegt, oder umgekehrt. Abbildung 1*B* ist jedoch fiktiv: Ein realistisches Bild kommt selbst durch Lichtstrahlen zustande. Dabei spielt ein sehr elementarer Effekt, nämlich die endliche Geschwindigkeit des Lichts, eine wichtige Rolle. Abbildung 1*C* berücksichtigt die dadurch bedingte endliche Lichtlaufzeit und zeigt daher, was wir bei der genannten Geschwindigkeit tatsächlich sehen.[4] Das Resultat erstaunt: Man hätte wohl erwartet, dass das Bild noch kurioser aussieht als Abbildung 1*B*. In Wirklichkeit kompensiert der Effekt der Lichtlaufzeit aber einen erheblichen Teil der Veränderungen, die die Längenkontraktion verursacht hat. Der Umriss der Erde ist wieder genau kreisförmig, auf den ersten Blick erkennt man hauptsächlich eine Drehung des gewohnten Bildes.

So simpel dieser Effekt also ist, so hat die Endlichkeit der Lichtgeschwindigkeit dennoch einen genauso großen Einfluss auf das endgültige Bild wie die Längenkontraktion. Spätestens seit den Arbeiten von Olaf RÖMER ist aber bekannt, dass Licht sich mit endlicher Geschwindigkeit ausbreitet; sogar den Wert dieser Geschwindigkeit hatte RÖMER recht gut bestimmen können. Hat sich also jemals ein Physiker vor EINSTEIN überlegt, welche Auswirkungen das bei einem Blick aus dem Fenster während einer sehr schnellen Reise hat? Anscheinend nicht. Dabei wäre er nämlich auf interessante Ergebnisse gestoßen: Entsprechend dem Stand der Physik vor 1900 muss er sich zunächst entscheiden, ob er die Maxwell-Gleichungen im Bezugssystem der Erde oder im Bezugssystem des Beobachters lösen will. Die Maxwell-Gleichungen sind die Grundgleichungen der Elektrodynamik und bestimmen daher auch die Ausbreitung des Lichts als elektromagnetische Welle. In der Sprache der Physik des 19. Jahrhunderts kann man diese Unterscheidung auch als die Frage formulieren, ob die Erde sich relativ zum Äther bewegt, oder aber der Beobachter, oder möglicherweise beide.

Das Ergebnis ist unterschiedlich, je nachdem, ob wir die Erde oder den Beobachter als bewegt ansehen. So etwas galt bei den Physikern auch schon vor der Einsteinschen Relativitätstheorie als problematisch. Die Gleichungen der Newtonschen Mechanik sind nämlich invariant gegenüber einem Wechsel von einem Inertialsystem zu einem anderen. Auch hier sollte also nur die relative Bewegung eine Rolle beim Ausgang eines Experiments spielen.

Was wir in Abbildung 2 anschaulich dargestellt sehen, ist eines der Hauptprobleme der Physik im ausgehenden 19. Jahrhundert: Die Maxwellgleichungen gehorchen einer anderen Art von Invarianz als die Newtonsche Mechanik. Die beiden sind also gewissermaßen nicht miteinander verträglich. Nicht von ungefähr gab EINSTEIN seiner grundlegenden Arbeit zur Speziellen Relativitätstheorie den Titel: „Zur Elektrodynamik bewegter Körper".

---

3 Vgl.: DVD → RUDER und NOLLERT → Bewegung.

4 Vgl.: DVD → RUDER und NOLLERT → Weg, Zeit, Geschwindigkeit.

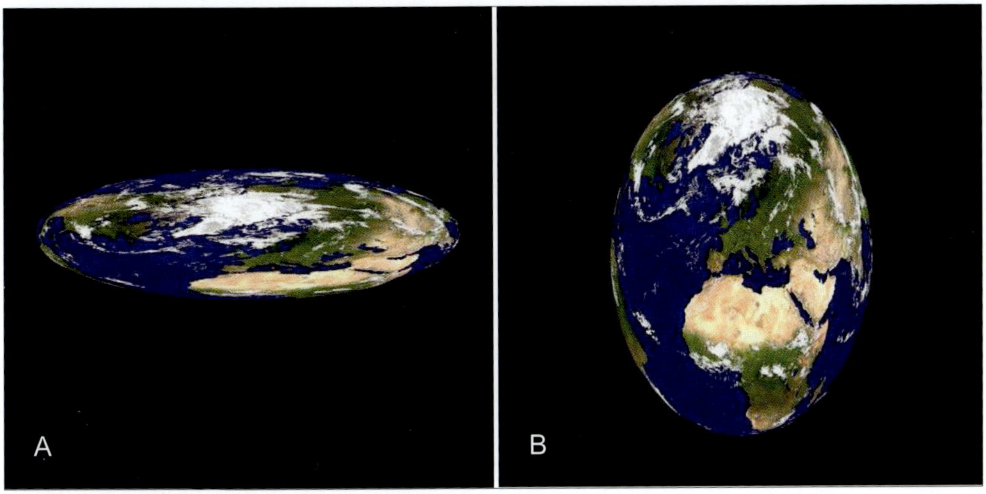

Abb. 2 (*A*) Dieses Bild der Erde hätte ein Physiker vor Entwicklung der Speziellen Relativitätstheorie erwartet, und zwar für den Fall, dass die Erde im absoluten Raum ruht und der Beobachter sich mit 95 % der Lichtgeschwindigkeit relativ dazu bewegt. (*B*) Der gleiche Physiker müsste dieses Bild vorhersagen für den Fall, dass die Erde sich gegen den Äther bewegt und der Beobachter ruht.

Kehren wir also ins beginnende 21. Jahrhundert zurück, in dem diese Probleme gelöst sind, die Spezielle Relativitätstheorie hervorragend experimentell bestätigt ist und ihren festen Platz in der Physik hat. Wir haben in Abbildung 1*C* bereits gesehen, dass der Umriss der Erde kreisförmig bleibt, auch wenn sich der Betrachter mit hoher Geschwindigkeit an ihr vorbei bewegt; die Längenkontraktion wird durch den Lichtlaufzeiteffekt[5] in dieser Hinsicht ausgeglichen. Dennoch wird das Bild gegenüber dem Fall ohne relative Bewegung verändert, was in Abbildung 1*C* nicht so deutlich zu erkennen ist. In Abbildung 3 wurde daher ein Netz aus Längen- und Breitenkreisen über die Erde gelegt; die Verzerrung ist hier deutlich zu sehen.

Bisher haben wir nur die geometrischen Veränderungen gezeigt, die das Bild eines schnell bewegten Gegenstandes erfährt. Zwei weitere Effekte sind der Doppler-Effekt und der *Searchlight*-Effekt. Der Doppler-Effekt ist uns in seiner akustischen Variante vertraut: Nähert sich ein Einsatzfahrzeug mit großer Geschwindigkeit, ist der Ton seiner Sirene zu höheren Frequenzen verschoben, entfernt es sich wieder, wird der Ton sehr viel tiefer. Das gleiche passiert mit der Frequenz des Lichts, das von einem Objekt stammt, das sich mit relativistischer Geschwindigkeit auf uns zubewegt: Vor allem in der Mitte des Bildes erkennen wir eine starke Verschiebung zu blauen Farben hin. Entfernt sich das Objekt von uns, sehen wir es dagegen stark nach Rot verschoben (Abb. 4).[6]

Der *Searchlight*-Effekt beruht teilweise auf der Aberration der Lichtstrahlen. Aberration bedeutet, dass Lichtstrahlen bei schneller Bewegung bevorzugt von vorne zu kommen scheinen. Auch dieser Effekt hat eine Analogie im Alltag: Fährt man schnell durch fallenden Schnee,

5 Vgl.: DVD → Ruder und Nollert → Lichtlaufzeiteffekt, Lichtlaufzeiteffekt und Längenkontraktion.
6 Vgl.: DVD → Ruder und Nollert → Flug mit 99 % Lichtgeschwindikeit, Fahrt durch den Eiffelturm bei 1 %, 90 %, 99 % Lichtgeschwindigkeit.

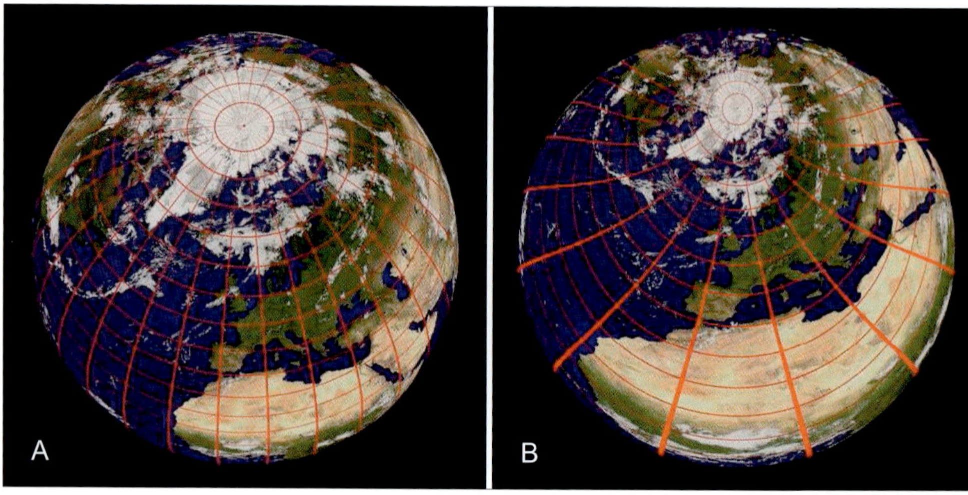

Abb. 3 (*A*) Zur Verdeutlichung der Verzerrung bei relativistischer Bewegung ist hier ein Netz von Längen- und Breitenkreisen über die Erde gelegt. In diesem Referenzbild ruht der Beobachter relativ zur Erde; der Standpunkt liegt diesmal 1/3 des Erdradius über der Erdoberfläche. (*B*) Hier bewegt sich der Betrachter mit 99,9 % der Lichtgeschwindigkeit relativ zur Erde. Der Abstand zur Erdoberfläche ist der gleiche wie in (*A*).

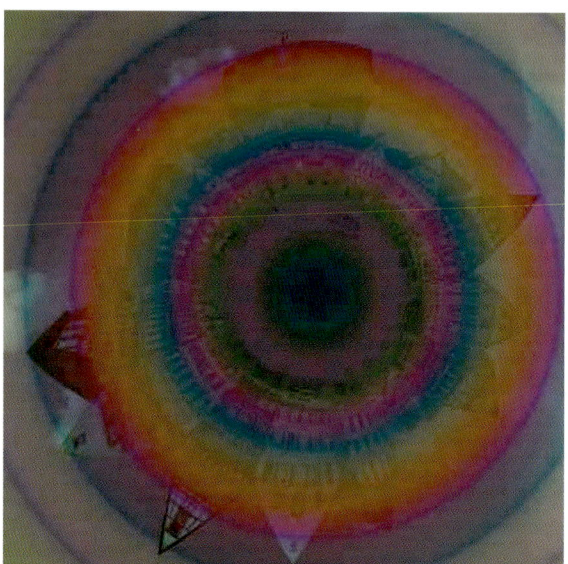

Abb. 4 Doppler-Effekt

so scheinen die Schneeflocken hauptsächlich von vorne zu kommen, obwohl sie tatsächlich (bei Windstille) gleichmäßig von oben nach unten sinken. Da die Lichtstrahlen also gewissermaßen gebündelt werden, ist der unmittelbar vor einem liegende Teil des Bildes erheblich heller als seitliche Teile, oder gar das Bild bei einem Blick nach hinten (Abb. 5).

Abb. 5 *Searchlight*-Effekt

Nicht nur der Raum, auch die Zeit ist bei EINSTEIN nicht mehr, was sie bei NEWTON einmal war. Was die Längenkontraktion für den Raum das ist die Zeitdilatation für die Zeitdimension der vierdimensionalen Raumzeit: Der Zeitablauf in einem bewegten System erscheint um den gleichen Faktor (siehe Gleichung [1]) verlangsamt. Dies sieht man sehr schön an Myonen, die in ca. 10 km Höhe durch die kosmische Höhenstrahlung erzeugt werden. Diese Myonen bewegen sich fast mit Lichtgeschwindigkeit. Da sie eine mittlere Lebensdauer von ca. 2,2 μs (1 μs ist ein Millionstel einer Sekunde) haben, würde man vielleicht erwarten, dass sie im Mittel ca. 660 m weit kommen, bevor sie wieder zerfallen. Trotzdem weist man aber noch am Erdboden eine relativ große Zahl von Myonen nach. Tatsächlich ist die Flugzeit des Myons, würde sie im Bezugssystem der Erde gemessen, erheblich länger; im bewegten Bezugssystem des Myons dagegen ist dank der Zeitdilatation nur so viel Zeit vergangen, wie es der Lebensdauer des Myons entspricht.

Dennoch wird im Bezugssystem des Myons die gleiche Geschwindigkeit relativ zur Erde gemessen. Zwar ist die verstrichene Zeitspanne kürzer; vom System des Myons aus ist jedoch die Erde bewegt, so dass die Entfernung vom Entstehungsort zum Erdboden längenkontrahiert ist und damit um den gleichen Faktor kürzer erscheint wie die verstrichene Zeit.

Dabei ist wichtig, dass man die Bezugssysteme nicht unzulässig kombiniert; dies führt unweigerlich zu widersprüchlichen Ergebnissen. Bestimmt man etwa im obigen Beispiel die Länge der vom Myon zurückgelegten Strecke im Ruhesystem der Erde (wie man das normalerweise tun wird) und nimmt die Lebensdauer als Obergrenze für die Flugzeit, so folgert man irrtümlich, dass das Myon erheblich schneller als mit Lichtgeschwindigkeit unterwegs war. Ein gleichermaßen falsches Ergebnis erhält man, wenn man für einen Raumflug beispielsweise zum Zentrum unserer Milchstraße die von der Erde ausgemessene Entfernung, ca. 30 000 Lichtjahre, durch die im Raumschiff gemessene Reisezeit dividiert.

Abbildung 6 zeigt den Tübinger Marktplatz von oben aus der Sicht eines Myons, kurz bevor es mit knapp Lichtgeschwindigkeit den Erdboden erreicht.

Abb. 6 Ausblick beim senkrechten Sturz auf den Tübinger Marktplatz mit 90 % der Lichtgeschwindigkeit

2. Allgemeine Relativitätstheorie

Bisher haben wir uns mit den visuellen Effekten der Speziellen Relativitätstheorie beschäftigt. Auch die Allgemeine Relativitätstheorie hält eine erstaunliche Fülle von optisch eindrucksvollen Kuriositäten bereit. Eine Bewegung des Objekts relativ zum Beobachter ist dabei nicht erforderlich. Ursache der Verzerrungen ist vielmehr die relativistische Lichtablenkung[7], also

7 Vgl.: DVD → Ruder und Nollert → Raumzeit und Lichtablenkung.

die Tatsache, dass sich Photonen nicht mehr auf Geraden im Raum bewegen. Im Rahmen der Allgemeinen Relativitätstheorie werden nämlich nicht nur die Bahnen massiver Körper durch andere Massen beeinflusst, sondern auch die Bahnen von Photonen, d. h. also Lichtstrahlen.

Formal kommt dies daher, dass sich Photonen, ebenso wie massive Körper, auf sogenannten Geodäten der Raumzeit bewegen. In einer gekrümmten Raumzeit spielen Geodäten die gleiche Rolle wie Geraden in einer euklidischen Raumzeit (also einem flachen Raum mit einer unabhängigen, überall gleich ablaufenden Zeit): Sie sind die kürzesten Verbindungen zwischen zwei Punkten. Die Krümmung der Raumzeit wird ihrerseits von allen vorhandenen Massen erzeugt.

Anschaulich kann man diese Lichtablenkung verstehen, indem man sich an die berühmte Formel: $E = mc^2$ erinnert: Da Photonen Energie besitzen, kann man ihnen eine Masse (wenn auch keine Ruhemasse) zuordnen. Auf diesem Wege kann man sogar im Rahmen der Newtonschen Gravitationstheorie die Bahn eines Photons berechnen. Das Ergebnis ist qualitativ ähnlich, als Ablenkung kommt aber nur die Hälfte des korrekten relativistischen Wertes heraus. Der Unterschied lässt sich auf die allgemein relativistische Zeitdilatation zurückführen: In der Nähe großer Massen vergeht die Zeit langsamer als weit davon entfernt.

Historisch lieferte die Ablenkung von Lichtstrahlen, die nahe an der Sonne vorbeilaufen, eine der ersten Möglichkeiten, die Vorhersagen der Allgemeinen Relativitätstheorie zu überprüfen. Die Gelegenheit dazu bot sich bei der Sonnenfinsternis von 1919; der theoretisch vorhergesagte Wert von 1,75" konnte eindrucksvoll bestätigt werden. Mittlerweile lässt sich mit hochgenauen Radioteleskopmessungen sogar die Lichtablenkung am Rand der Erde nachweisen, obwohl diese nur 0,575 Tausendstel einer Bogensekunde beträgt!

Mit bloßem Auge lassen sich solche geringen Ablenkungen natürlich nicht erkennen. Deutlich sichtbar wird der Effekt aber, wenn wir die Ablenkung des Lichts an einem sehr kompakten Objekt, etwa einem Schwarzen Loch oder einem Neutronenstern, betrachten.

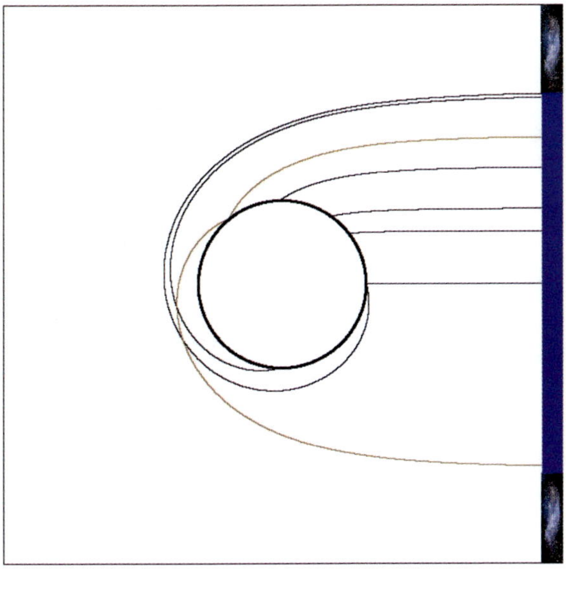

Abb. 7 Lichtstrahlen in der Umgebung eines sehr kompakten Neutronensterns

Schauen wir also wieder auf unsere wohlbekannte Erde, wobei wir ein Schwarzes Loch – mit ausreichendem Sicherheitsabstand – vor der Erde vorbeiziehen lassen[8]. Nähert sich das Schwarze Loch, wie in der Sequenz Abbildung 8 gezeigt, der Sichtlinie, wird das Bild zunächst in ähnlicher Weise verzerrt, wie dies der Fall wäre, wenn sich eine Linse zwischen Erde und Betrachter befände. Nicht von ungefähr spricht man ja von Gravitationslinsen – wobei nicht nur Schwarze Löcher, sondern auch Sterne, Galaxien oder ganze Galaxienhaufen als Gravitationslinsen wirken können. Befindet sich das Schwarze Loch schließlich genau auf der Linie zwischen Erde und Betrachter, so entsteht eine ringförmige Struktur, da nun Lichtstrahlen auf allen Seiten um das Schwarze Loch herum zum Betrachter gelenkt werden können. Abbildung 9 zeigt das Phänomen des Einsteinrings für Schwarze Löcher mit unterschiedlichen Massen, bei gleichen Abständen zwischen Erde, Schwarzem Loch und Betrachter.

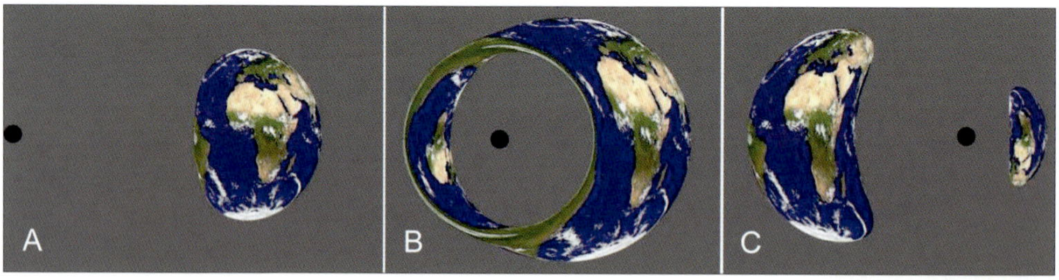

Abb. 8 (*A*) Ein Schwarzes Loch durchquert den Bereich zwischen der Erde und dem Betrachter. Der Betrachter ist ca. 830 000 km von der Erde entfernt, also knapp das Dreifache der Entfernung zwischen Erde und Mond. Das Schwarze Loch zieht mit einem Abstand von ca. 240 000 km an der Erde vorbei, seine Masse beträgt das 326-fache der Masse unserer Sonne. (*B*) Ist das Schwarze Loch nahe genug an der Sichtlinie, dann wird die Ablenkung stark genug, so dass Lichtstrahlen nicht nur rechts, sondern auch links um das Schwarze Loch herum den Betrachter erreichen können. Es erscheint daher ein zweites Abbild der Erde auf der anderen Seite des Schwarzen Loches. (*C*) Dieses zweite Abbild ist spiegelbildlich zum Hauptbild; man erkennt dies besonders schön am Umriss von Afrika auf dem letzten Bild.

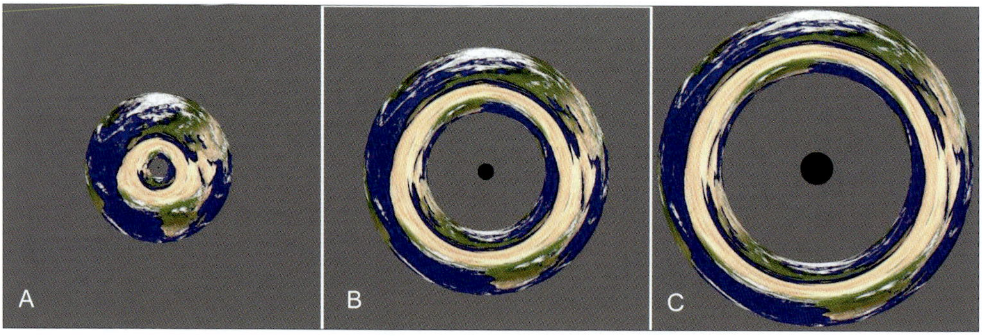

Abb. 9 (*A*) Ein Schwarzes Loch befindet sich genau auf der Linie zwischen der Erde und dem Betrachter. Infolge der Symmetrie dieser Situation können Lichtstrahlen auf allen Seiten um das Schwarze Loch herum gelenkt werden. Die entstehende ringförmige Struktur bezeichnet man als Einsteinring. Im linken Bild beträgt die Masse des Schwarzen Loches das 16,3-fache der Masse unserer Sonne (*A*), im mittleren Bild das 163-fache (*B*) und im rechten das 326-fache (*C*). Die Abstände sind die gleichen wie in Abb. 8.

8 Vgl.: DVD → Ruder und Nollert → Ein Schwarzes Loch bewegt sich vor der Erde vorbei.

Nicht nur die Erde rotiert um ihre eigene Achse, alle Sterne im Universum, selbst Schwarze Löcher, tun dies ebenso. In der Newtonschen Gravitationstheorie hat die Rotation keinen Einfluss auf das Gravitationsfeld, das von einem Stern erzeugt wird. Anders in der Einsteinschen Relativitätstheorie: Hier entsteht ein Mitführungseffekt, der sogenannte Lense-Thirring-Effekt, der die Bahnen von massiven Objekten wie auch von Photonen beeinflusst. Je nach Rotationsgeschwindigkeit und -richtung entsteht also beim Betrachter ein anderes Bild als ohne Rotation, wenn die Lichtstrahlen, die das Bild aufbauen, nahe an einem kompakten rotierenden Objekt vorbei gelaufen sind. Abbildung 10*A* zeigt erneut einen Einsteinring, diesmal verursacht durch ein rotierendes Schwarzes Loch. Der Unterschied zum nicht rotierenden Fall ist recht gering; am ehesten erkennt man ihn im Vergleich mit Abbildung 10*B*; hier rotiert das Schwarze Loch mit der gleichen Geschwindigkeit, aber entgegengesetzt zu dem von Abbildung 10*A*.

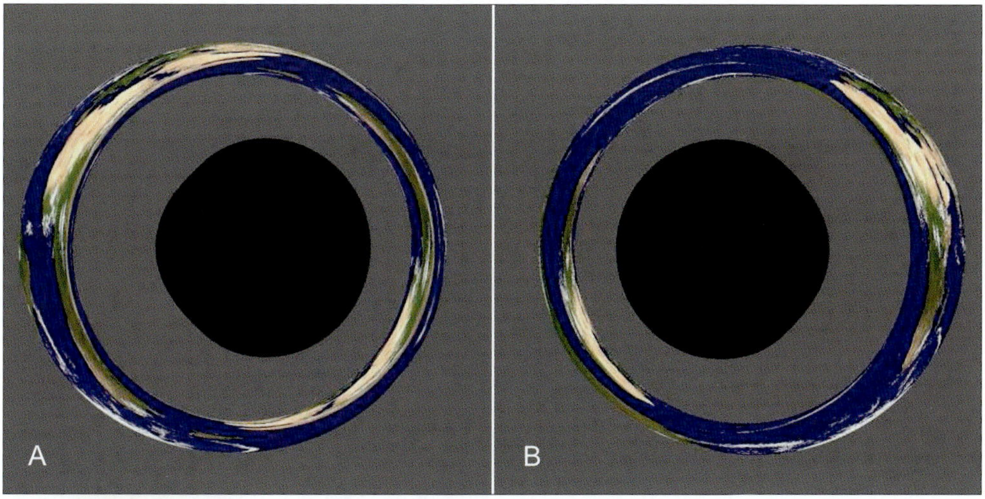

Abb. 10 (*A*) Hier wirkt ein rotierendes Schwarzes Loch als Gravitationslinse und erzeugt einen Einsteinring, der infolge der Rotation asymmetrisch erscheint. Das Schwarze Loch rotiert mit der maximalen Geschwindigkeit, die die Relativitätstheorie erlaubt. (*B*) Hier rotiert das Schwarze Loch entgegengesetzt zu dem im Bild *A*.

Da ein Schwarzes Loch selbst kein Licht emittiert, kann man es nicht „sehen“: Beim Beobachter kommen nur Lichtstrahlen an, die von anderen Objekten emittiert worden und am Schwarzen Loch vorbei gelaufen sind, aber keine, die den Horizont durchquert hätten, also aus dem Loch selbst herausgekommen wären. Bei einem Neutronenstern ist dies anders: Lichtstrahlen können sehr wohl von der Oberfläche des Sterns emittiert werden und einen entfernten Beobachter erreichen. Dies ist zwar astrophysikalisch sehr interessant, visuell aber eher langweilig, da die Oberfläche eines Neutronensterns kaum strukturiert ist.

Wir verabschieden uns daher von der real existierenden Erde als Anschauungsobjekt und wenden uns einer fiktiven Erde zu, die zwar noch die bekannten Kontinente zeigt, dabei aber Masse und Radius eines Neutronensterns aufweist. Ein realer Neutronenstern entsteht als eine mögliche Existenzform eines Sterns am Ende seiner Entwicklung; er stellt die kompakteste Form eines Objekts aus Materie dar, die in der Natur möglich ist. Ein solcher Neutronenstern weist ungefähr das 1,4-fache der Masse unserer Sonne auf; diese Masse ist aber auf eine Kugel von nur ca. 20 km Durchmesser komprimiert![9]

An der Oberfläche eines solchen extremen Objekts herrscht eine enorm starke Gravitation, die dafür sorgt, dass die Oberfläche praktisch völlig glatt ist, da jegliche Unebenheit sofort von der übermächtigen Gravitation „geplättet" wird. Ein Neutronenstern weist also keine Struktur auf, die sich für eine Visualisierung eignen würde. Wir versehen daher einen solchen Neutronenstern künstlich mit der vertrauten Oberflächenstruktur der Erde – gewissermaßen ein Neutronenstern, der in der Haut der Erde steckt.

Wie man an der Zeichnung in Abbildung 7 erkennen kann, werden die Lichtstrahlen durch die Lichtablenkung gewissermaßen um den Stern herum gelenkt. Es erreichen daher auch Strahlen von Teilen der Rückseite des Sterns den Beobachter – ohne Lichtablenkung wäre dies nicht möglich. So ist in Abbildung 11*A* etwa Australien zu sehen, das auf dem Referenzbild Abbildung 1*A* nicht sichtbar war.[10]

In Abbildung 11*B* treiben wir dieses Spiel noch ein wenig weiter. Hier ist die Masse des Sterns soweit erhöht und der Radius gleichzeitig soweit verringert worden, wie es im Rahmen der Allgemeinen Relativitätstheorie überhaupt möglich ist, ohne dass im Inneren des Sterns ein unendlich hoher Druck entsteht. In der Natur kann ein solcher Stern jedoch nicht existieren,

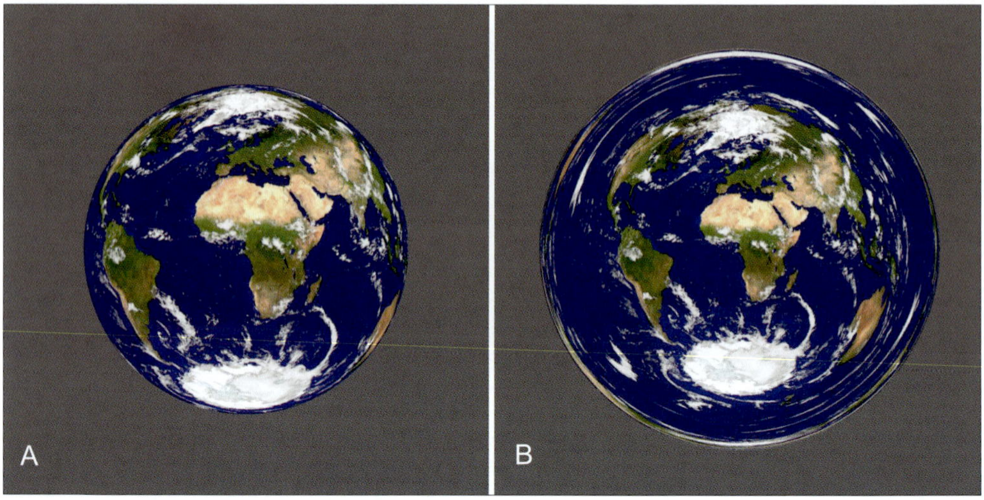

Abb. 11 (*A*) Hier sehen wir einen Neutronenstern mit einer Masse von ca. 1,4 Sonnenmassen, wie er in der Natur tatsächlich vorkommt. Dieser Neutronenstern wurde allerdings als Erde „verkleidet", um die Effekte der Lichtablenkung besser sichtbar zu machen. Da die Lichtstrahlen teilweise um den Stern herum gebogen werden, sind auch Teile der Sternoberfläche zu sehen, die dem Betrachter anderenfalls verborgen blieben. Besonders deutlich sieht man dies am Beispiel von Australien, das nun am rechten unteren Rand sichtbar wird, ohne Lichtablenkung (siehe Abbildung 1*A*) dagegen verdeckt war. (*B*) Hier sehen wir ein fiktives Objekt mit der gleichen Masse wie oben, aber einem Durchmesser von nur gut 9 km. Damit handelt es sich um das kompakteste Objekt, das gemäß der Allgemeinen Relativitätstheorie zulässig ist, ohne dass der Druck im Zentrum unendlich groß wird. In der Natur kann ein solches Objekt jedoch nicht existieren, da es keine Materieform gibt, die seine stabile Existenz ermöglichen würde. Die Lichtablenkung wird hier noch stärker als in Abb. 11*A*: Es ist nun die gesamte Oberfläche sichtbar, und zwar sogar mehrfach. So ist Australien nun einmal am rechten unteren und einmal am linken oberen Rand zu erkennen.

---

9 Vgl.: DVD → Ruder und Nollert → Das schwarze Loch im Zentrum unserer Milchstraße.

10 Vgl.: DVD → Ruder und Nollert → Unerwartet sichtbare Rückseite.

 Nova Acta Leopoldina NF *110*, Nr. 377, 65–81 (2011)

da es keine realistische Materieform gibt, die eine stabile Existenz eines solchen Objekts erlaubt. Abbildung 7 zeigt, dass Lichtstrahlen den Stern nun komplett umrunden können; ebenso können Lichtstrahlen von der Rückseite des Sterns sowohl „rechts" als auch „links" herum den Betrachter erreichen. Dies wird in Abbildung 11*B* wiederum an Australien deutlich, das einerseits rechts unten und andererseits, stark verzerrt, links oben am Rand zu erkennen ist.

3. Science Fiction, relativistisch

Neutronensterne und Schwarze Löcher mögen uns als fantastische Gebilde erscheinen, und doch ist inzwischen so gut wie sicher, dass sie in unserem Universum existieren – und nicht einmal als besondere Ausnahmeerscheinung. Darüber hinaus haben sich Science-Fiction-Autoren immer wieder von der Einsteinschen Relativitätstheorie zu noch ausgefalleneren Phantasien inspirieren lassen; manchmal mehr, manchmal weniger in der Übereinstimmung mit der korrekten Theorie. Zwei dieser Konstrukte wollen wir nun betrachten: Wurmlöcher und Warp-Antriebe. Beide dürften zwar auch in ferner Zukunft nicht realisierbar sein, sie sind aber durch die Allgemeine Relativitätstheorie zumindest nicht grundsätzlich ausgeschlossen.

Will man als Science-Fiction-Autor eine Zivilisation beschreiben, die sich über einen größeren Bereich erstreckt als beispielsweise ein Sonnensystem, stößt man sofort auf das Problem der großen Entfernungen und damit der langen Zeitspannen, die für Reisen wie auch die Übertragung von Nachrichten benötigt werden. Mit Zeitspannen im Bereich von Wochen sind zwar die alten Römer durchaus klar gekommen; hier sprechen wir jedoch von Jahren bis Jahrtausenden!

Dies gilt zwar zunächst nur für die Daheimgebliebenen: Für die Reisenden im Raumschiff ist eine Reise zum Zentrum unserer Milchstraße und zurück dank der speziell-relativistischen Zeitdilatation grundsätzlich durchaus in gut 40 Jahren zu bewältigen – während dessen sind aber auf der Erde ungefähr 60 000 Jahre vergangen! Dieses Synchronizitätsproblem dürfte den Aufbau einer interstellaren Zivilisation vor große organisatorische Probleme stellen – man stelle sich nur einmal die Auswirkungen auf ein Rentenversicherungssystem vor!

Kein Grund zum Verzagen, die Allgemeine Relativitätstheorie hält Alternativen bereit! Sehr beliebt im Katalog futuristischer Reiseveranstalter sind Wurmlöcher, die als eine Art Abkürzung zwischen weit entfernten Punkten unseres Universums dienen oder sogar zwei ansonsten vollkommen getrennte Universen verbinden können. Der Begriff ‚Wurmloch' ist dabei leider etwas irreführend: Ein Wurmloch ist nämlich keine röhrenartige Konstruktion. Es besteht eher aus zwei kugelförmigen Gebilden – eines in jeder der beiden Welten – die von außen zunächst die gleiche räumliche Geometrie aufweisen wie ein Schwarzes Loch. Diese Gebilde hängen so ineinander, dass man, wenn man sich auf das vermeintliche Schwarze Loch zu bewegt, irgendwann nicht mehr weiter nach innen gelangt, sondern sich vielmehr in der anderen Welt wieder nach außen bewegt. Die beiden Umgebungen um das Wurmloch herum können dabei an verschiedenen Orten im gleichen Universum liegen, oder sie können sich in zwei ansonsten völlig getrennten Universen befinden. Das Durchqueren eines Wurmlochs erfordert keine besonders lange Zeit, und auch außerhalb des Wurmlochs vergeht nicht mehr Zeit als für den Reisenden (die Details sind allerdings von der genauen Struktur des Wurmlochs abhängig; so könnten Wurmlöcher möglicherweise sogar für eine Reise in die Vergangenheit dienen). Man wird hier also nicht nur das Problem der langen Reisezeit, sondern auch das der Synchronizität los!

Die Abbildungen 12 und 13 zeigen ein solches Wurmloch mitten auf dem Tübinger Marktplatz; das andere Ende befindet sich im Weltall, von der Erde genauso weit entfernt wie der Mond. Das Bild vermittelt einen guten Eindruck von der kugelförmigen Gestalt des Wurmloches. Man kann dieses Wurmloch aus allen Raumrichtungen gleichermaßen „betreten". Dies erkennt man noch einmal deutlich an Abbildung 13, bei der wir ein Stück um das Wurmloch herum gehen; die Position des Wurmlochs selbst verändert sich dabei nicht. Das letzte Bild zeigt das Wurmloch von oben; außer Pflastersteinen sieht man hier zwar nicht viel, man erkennt aber wieder deutlich, dass das Wurmloch nicht eine in irgendeine bestimmte Richtung führende Röhre ist.

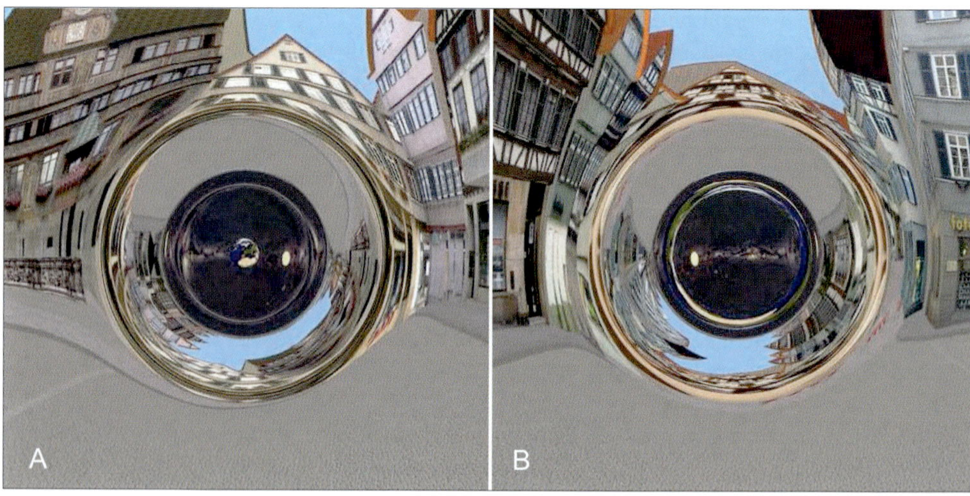

Abb. 12 Ein Wurmloch auf dem Tübinger Marktplatz. (*A*) Wir sehen links am Wurmloch vorbei einen Teil des Rathauses. Im Bild (*B*) stehen wir zwischen Rathaus und Wurmloch und blicken in die entgegengesetzte Richtung. Dadurch ändert sich in gleicher Weise die Blickrichtung im inneren Teil, wo der Blick von der anderen Seite des Wurmlochs ins Universum hinaus geht: Im linken Bild blicken wir auf die Erde, dahinter ist die Milchstraße zu sehen. Im rechten Bild schauen wir von der Erde weg, sehen die Erde aber noch als Ring, der das gesamte Universum einschließt.

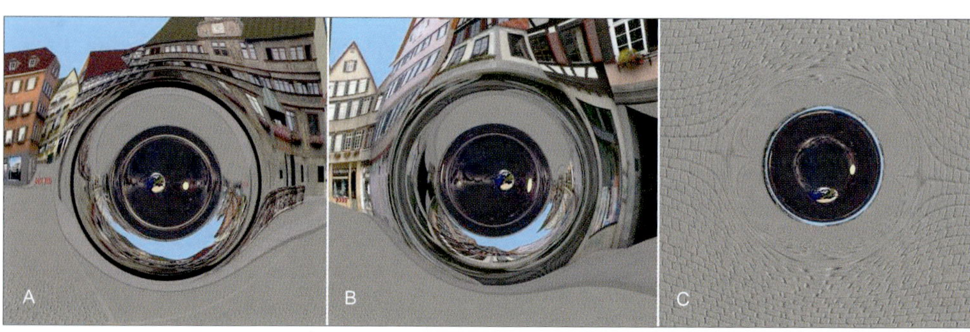

Abb. 13 Wir gehen um das Wurmloch herum und betrachten es aus zwei weiteren Richtungen (*A*, *B*), im Bild (*C*) direkt von oben. Das Wurmloch verändert dabei seine Position nicht. Es gibt keine „Rückseite"; aus allen Richtungen erkennt man die kugelförmige Gestalt.

Abb. 14 Wir haben das Wurmloch durchquert und befinden uns nun auf der anderen Seite im Weltall. Wir haben uns herumgedreht und blicken durch das Wurmloch zurück zum Tübinger Marktplatz.

Das Wurmloch weist in seiner Umgebung die gleiche räumliche Struktur wie ein Schwarzes Loch auf, daher werden Lichtstrahlen in ähnlicher Weise „verbogen“ wie in der Umgebung eines Schwarzen Loches. Der geneigte Leser ist daher sicher auch nicht mehr sonderlich überrascht, dass er in einem ringförmigen Bereich um das Wurmloch herum wieder das Bild seines gesamten Universums sieht. Anders als beim Schwarzen Loch gibt es hier aber keinen Horizont, vielmehr sieht man im inneren Bereich die Umgebung auf der anderen Seite des Wurmlochs. Auch hier hat man einen umfassenden, nichts auslassenden Rundumblick!

Wurmlöcher eignen sich zwar gut für Reisen zu vorher bestimmten Punkten – ungeeignet sind sie aber für den Individualreisenden, der seine Reiseroute spontan entscheidet, oder gar für eine Forschungsmission „to boldly go where no man has gone before“. Zum Glück gibt es da noch das Warp-Triebwerk: Hier wird nicht das Raumschiff relativ zu seiner Umgebung beschleunigt, vielmehr wird ein Teil dieser Umgebung mit dem Raumschiff darin innerhalb der gesamten Raumzeit verschoben. In Vorwärtsrichtung wird der Raum gestaucht, hinter dem Raumschiff gedehnt, wie man dies beispielsweise mit einem Gummituch ausprobieren könnte. Hier können beliebig hohe Geschwindigkeiten erreicht werden, da die Beschränkung auf die Lichtgeschwindigkeit nur für eine Bewegung relativ zur Umgebung gilt, nicht aber für Verzerrungen der Raumzeit selbst. Die Reise benötigt zwar noch einige Zeit, die von der Geschwindigkeit der Verzerrung abhängig ist, aber immerhin vergeht die Zeit innerhalb der Warp-Blase genauso schnell wie außerhalb. Als Bonus ist die Besatzung des Raumschiffs keinen Trägheitskräften als Folge hoher Beschleunigung ausgesetzt.

Die technischen Probleme bei der Realisierung solcher Reisepläne sollen nicht verschwiegen werden: Bei der mittlerweile wohl eher konventionell anmutenden Variante einer speziell-relativistischen, fast lichtschnellen Reise stößt man vor allem auf das Treibstoffproblem: Bei einem Materie-Antimaterie-Triebwerk, das die denkbar günstigste Ausnutzung des Treibstoffs erlaubt, benötigt man für die oben erwähnte Reise zum Zentrum der Milchstraße das

30000-fache der Masse von Raumschiff plus Ladung allein während der Beschleunigungsphase beim Hinflug. Beim Abbremsen am Zielort ist erneut ein entsprechender Treibstoffaufwand nötig. Man beachte, dass der beim Abbremsen benötigte Treibstoff zunächst mit beschleunigt werden musste – damit braucht man insgesamt eine Menge an Materie-Antimaterie-Treibstoff, die fast eine Milliarde mal so schwer ist wie die Masse des Raumschiffs und seiner Ladung!

So gewaltig diese Anforderungen sind, so erscheinen sie doch fast banal im Vergleich zu der Herausforderung, ein stabiles Wurmloch zu betreiben, das einem Raumschiff als Abkürzung auf dem Weg zu fernen Welten dienen könnte. Es ist durchaus denkbar, dass Wurmlöcher auf natürlichem Wege entstehen, beispielsweise während des Urknalls. Ein solches natürliches Wurmloch ist jedoch nicht stabil; es zieht sich so schnell zusammen, dass ein Raumschiff keine Chance hätte, es zu durchqueren. Wer es dennoch probiert, wird unweigerlich von dem kollabierenden Wurmloch in der Singularität zerquetscht.

Andererseits bietet die Allgemeine Relativitätstheorie die Möglichkeit, ein stabiles Wurmloch zunächst zu postulieren und dann die Feldgleichungen gewissermaßen rückwärts zu benutzen, um herauszufinden, welche Verteilung von Materie man bereitstellen müsste, um die Existenz eines solchen Wurmlochs zu sichern. Das Ergebnis einer solchen Rechnung enthält aber eine unangenehme Überraschung: Erforderlich ist Materie mit negativer Energie (oder negativer Masse). Solche Materie ist in unserer Alltagswelt vollkommen unbekannt. In dem nach wie vor recht dunklen Bereich, indem sich Relativitätstheorie und Quantentheorie treffen, kann solche Materie aber wahrscheinlich vorkommen. Dummerweise allerdings nur in Verbindung mit riesigen Mengen an Materie mit positiver Energie: Für unser gewünschtes Wurmloch wäre insgesamt ungefähr so viel Materie nötig, wie das gesamte bekannte Universum enthält! Von den technischen Schwierigkeiten, solche ungeheuren Mengen in die erforderliche Form zu bringen, wollen wir hier erst gar nicht reden …

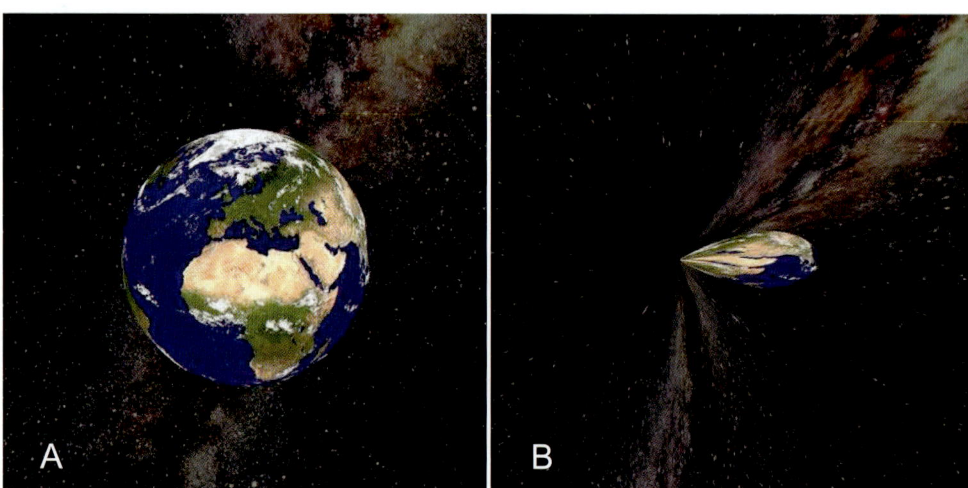

Abb. 15 (*A*) Wir befinden uns in einem Raumschiff, dass von einer Warp-Blase eingeschlossen ist, die sich mit Warp 1,1 genau auf die Erde zu bewegt. Die Blickrichtung ist in Flugrichtung nach vorne. (*B*) Wieder befinden wir uns in einem Raumschiff, das von einer Warp-Blase eingeschlossen ist. Diesmal bewegt sich die Blase mit dem Raumschiff von der Erde weg, und wir schauen in Flugrichtung nach hinten auf die Erde. Die Geschwindigkeit ist wieder Warp 1,1.

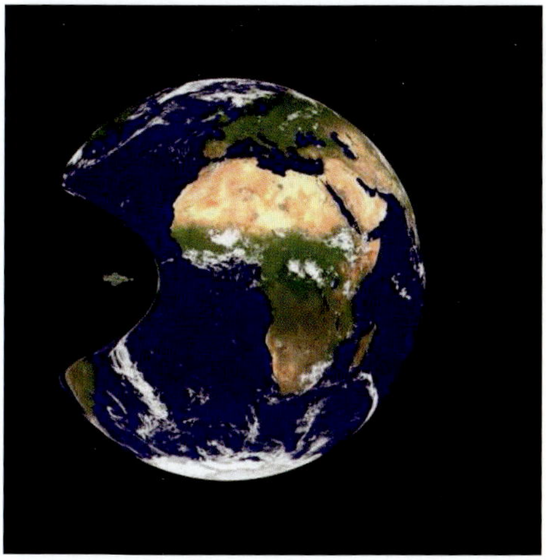

Abb. 16 Wir befinden uns außerhalb der Warp-Blase und schauen auf die Erde, während sich die Warp-Blase mitsamt einem Raumschiff darin mit Warp 1,1 zwischen uns und der Erde hindurch bewegt.

Der Warp-Antrieb bietet hier leider keinen Ausweg: Auch dafür ist Materie mit negativer Energie nötig. Darüber hinaus könnte ein solcher Antrieb möglicherweise gar nicht von dem Raumschiff selbst gesteuert werden, und vielleicht könnte das Raumschiff nicht einmal selbständig in die Warp-Blase eintreten oder sie verlassen.

Die letzten Bemerkungen haben uns nun auf den harten Boden der Tatsachen zurückgeführt. So schade es auch sein mag, dass die von der Relativitätstheorie grundsätzlich erlaubten, phantastischen Möglichkeiten für Reisen durchs Weltall wohl nie Realität werden können – umso erfreulicher ist es doch, dass uns moderne Computer und leistungsstarke Teleskope die Möglichkeit geben, wenigstens die visuellen Eindrücke einer solchen Reise zu genießen. Dabei ist nicht nur der erforderliche Aufwand unvergleichlich geringer, diese Möglichkeit steht zudem allen zur Verfügung und ist nicht auf die wenigen Besatzungsmitglieder beschränkt.

Literatur

Ruder, H., Weiskopf, D., Nollert, H. P., and Müller, T.: How computers can help us in creating an intuitive access to relativity. New J. Phys. *10*, 125014 (2008)

Weiskopf, D., Borchers, M., Ertl, T., Falk, M., Fechtig, O., Frank, R., Grave, F., King, A., Kraus, U., Muller, T., Nollert, H. P., Rica Mendez, I., Ruder, H., Schafhitzel, T., Schar, S., Zahn, C., and Zatloukal, M.: Explanatory and illustrative visualization of special and general relativity. IEEE Trans. Vis. Comput. Graph *12*/4, 522–534 (2006)

Prof. Dr. Hanns Ruder
Astrophysik
Hintere Grabenstraße 30
72070 Tübingen
Bundesrepublik Deutschland
Tel.: +49 7071 253294
Fax: +49 7071 2565856
E-Mail: ruder@uni-tuebingen.de

Nova Acta Leopoldina NF *110*, Nr. 377, 83–97 (2011)

Von der Arrheniusschen Energiebilanz zum Erdsystemmodell – Gedankenmodelle und quasi-realistische numerische Klimalabore[1]

Martin CLAUSSEN ML (Hamburg)

Mit 4 Abbildungen

1 Da Martin CLAUSSEN kurzfristig verhindert war, an der Konferenz teilzunehmen, hat dankenswerterweise Jochem MAROTZKE ML (Hamburg) den Vortrag für ihn übernommen.

Zusammenfassung

In diesem Beitrag werden die Begriffe Klima, Klima- und Erdsystem sowie Klimavorhersage erläutert. Dabei wird auf die in der Klimaphysik übliche Definition des Klimas über Zustand und Statistik des Klimasystems oder Erdsystems eingegangen. Die Begriffe Klimasystem und Erdsystem werden oft synonym gebraucht, wobei der Begriff Erdsystem die Wechselwirkung zwischen unbelebter und belebter Welt, einschließlich des Menschen, betont. Die Werkzeuge der Klima- und Erdsystemanalyse werden vorgestellt, wobei der Schwerpunkt auf den mathematischen Modellen liegt, deren Entwicklung ohne den Einsatz von Höchstleistungsrechnern undenkbar ist.

Komplexe Klimamodelle werden oft als quasi-realistische numerische Labore genutzt. Deswegen wird hier insbesondere auf die Herausforderung der Validierung solcher Modelle eingegangen. Die realitätsnahe Beschreibung des gegenwärtigen Klimas reicht als Kriterium nicht aus, wenn mögliche Klimaentwicklungen berechnet werden sollen, die das Spektrum gegenwärtiger Klimaschwankungen verlassen oder die durch relativ langsam ablaufende interne Prozesse bestimmt werden. Hier gelingt mit zunehmendem Erfolg die qualitative Überprüfung der Modelle anhand einer Vielzahl paläoklimatologischer Archive aus verschiedenen Klimaepochen.

Abstract

In this contribution, the terms "climate", "climate system", "Earth system" and "climate prediction" are explained. This includes the definition of climate in a wider sense in terms of state and statistics of the climate system or Earth system. The latter terms are often used synonymously where the term Earth system is used to highlight the interaction between the abiotic, physical and the living world including humankind. The tools of climate system and Earth system analysis are presented with a focus on mathematical models which could not have been developed without the use of supercomputers.

Comprehensive climate system models are often used as quasi-realistic numerical laboratories. Therefore, the challenge of validating such models is discussed. The realistic description of contemporary climate will not suffice as a determining criterion if possible climate developments which go beyond the actual climate range, or which are caused by relatively slow-running internal processes are to be calculated. In this case, the qualitative comparison of models with an increasing number of data from palaeo-climate archives seems to be a promising approach.

1. Einleitende Bemerkung

„Klimakatastrophe", „Klimachaos", „der Nordpol ist weg", ... solche oder ähnliche Schlagzeilen sind aus manchen Medien nur allzu bekannt. Sie reflektieren letztlich – teils ins Skurrile übersteigert – Ergebnisse der Klimaforschung über mögliche künftige Entwicklungen des vom Menschen beeinflussten Klimas. Die moderne Klimaforschung stützt sich bei der Analyse des gegenwärtigen Klimas und der Abschätzung möglicher Klimaänderungen auf ein Spektrum von Klimamodellen verschiedener Komplexität. Gerade die Entwicklung hoch komplexer Klimamodelle als computergestützte, quasi-realistische Klimalabore hat die Klimaforschung sehr weit vorangebracht, sodass Aussagen über mögliche künftige Klimaänderungen heute so vertrauenswürdig erscheinen, dass sie die Grundlage für globale politische Entscheidungen bilden. Daher werden in diesem Beitrag die wissenschaftlichen Grundlagen der Klimasimulationen skizziert und diskutiert.

Zunächst wird der Gegenstand der Forschung, das Klima, definiert. Sodann werden die Werkzeuge zur Untersuchung des Klimas vorgestellt, wobei sich dieser Beitrag auf die computergestützte, mathematisch-physikalische Klimamodellierung beschränkt. Nach einer kurzen Vorstellung verschiedener Anwendungen komplexer Klimasimulationen, wird abschließend das Problem der Klimavorhersage kritisch analysiert.

2. Was ist Klima?

In der älteren Literatur wird Klima als „die Gesamtheit aller meteorologischen Erscheinungen" definiert, „die den mittleren Zustand der Atmosphäre an irgend einer Stelle der Erdoberfläche charakterisieren" (Hann 1883). Wenn der Zustand der Atmosphäre im Verlauf weniger Stunden oder eines Tages an einem Ort als Wetter bezeichnet wird, dann ist Klima nach dieser Definition gleichbedeutend mit mittlerem Wetter. Die *World Meteorological Organization* (WMO) hat für die Zeitspanne, über die der Mittelwert des Wetters berechnet werden sollte, auf 30 Jahre festgelegt. Daher werden für Klimavergleiche häufig die Zeiträume 1931–1960 bzw. 1961–1990 gewählt. Man findet in der Literatur aber auch andere Mittelungszeiträume.

Im Laufe des letzten Jahrhunderts wurde der Klimabegriff dahingehend erweitert, dass neben dem Mittelwert auch die höheren statistischen Momente in die Klimadefinition einbezogen werden. Nach der neueren Definition beschreibt Klima das „statistische Verhalten der Atmosphäre, das für eine relativ große zeitliche Größenordnung charakteristisch ist" (Hantel et al. 1987). Die Klimavariablen, manchmal auch Klimaelemente genannt, werden als statistische Kenngrößen angegeben wie z. B. Jahres- oder Monatsmittel (Jahresmitteltemperatur, mittlere Jahresniederschlagssumme, ...) oder als Eintrittswahrscheinlichkeit und Häufigkeit von Ereignissen (mittlere Andauer von Dürren, Sturmhäufigkeit, Häufigkeit von Starkniederschlägen, ...). Da Klima sich sowohl räumlich wie auch zeitlich ändert, gehören zur Angabe der Klimaelemente auch Ort und Mittelungszeitraum, für welche die statistischen Kenngrößen gelten.

Die meteorologische Klimadefinition – „meteorologisch", weil sie sich auf meteorologische Kenngrößen bezieht – hat sich in der Klimatologie, der eher beschreibenden Wissenschaft des Klimas, bewährt. Zum Verständnis der Klimadynamik, also der Prozesse, die den mittleren Zustand und die Variabilität der Atmosphäre über längere Zeiträume bestimmen, reicht die meteorologische Definition nicht aus, denn die längerfristigen Veränderungen der Atmosphäre werden wesentlich durch die Wechselwirkung der Atmosphäre mit dem Ozean, der Vegetation und den Eismassen geprägt. Aus diesem Grunde wird in der Klimadynamik, wie in den modernen Lehrbüchern der Meteorologie und der Klimaphysik nachzulesen ist (z. B. KRAUS 2000, PEIXOTO und OORT 1992), das Klima über den Zustand und das statistische Verhalten des Klimasystems definiert.

Das Klimasystem (Abb. 1) besteht aus verschiedenen Untersystemen: der Atmosphäre, der Hydrosphäre (dazu gehören Ozean, Flüsse, Seen, Regen, Grundwasser), der Kryosphäre (Inlandeismassen, Meereis, Schnee, Permafrost), der marinen und terrestrischen Biosphäre, dem Erdreich, und, wenn die Klimaentwicklung über viele Jahrtausende betrachtet wird, der Erdkruste und dem oberen Erdmantel. Diese Unterteilung erfolgt im Wesentlichen aufgrund der beteiligten Medien (gasförmig, flüssig, fest) und der Zeitskalen, die für typische Änderungen in den Untersystemen beobachtet werden können. Die Untersysteme sind über Energie-, Impuls- und Stoffflüsse miteinander gekoppelt. Zu den Stoffflüssen muss auch der Transport chemischer Substanzen und deren Umwandlungsprozesse hinzugerechnet werden, soweit diese Substanzen – wie z. B. Treibhausgase oder Nährstoffe der Biosphäre – direkt oder indirekt mit dem Energiekreislauf in Verbindung stehen.

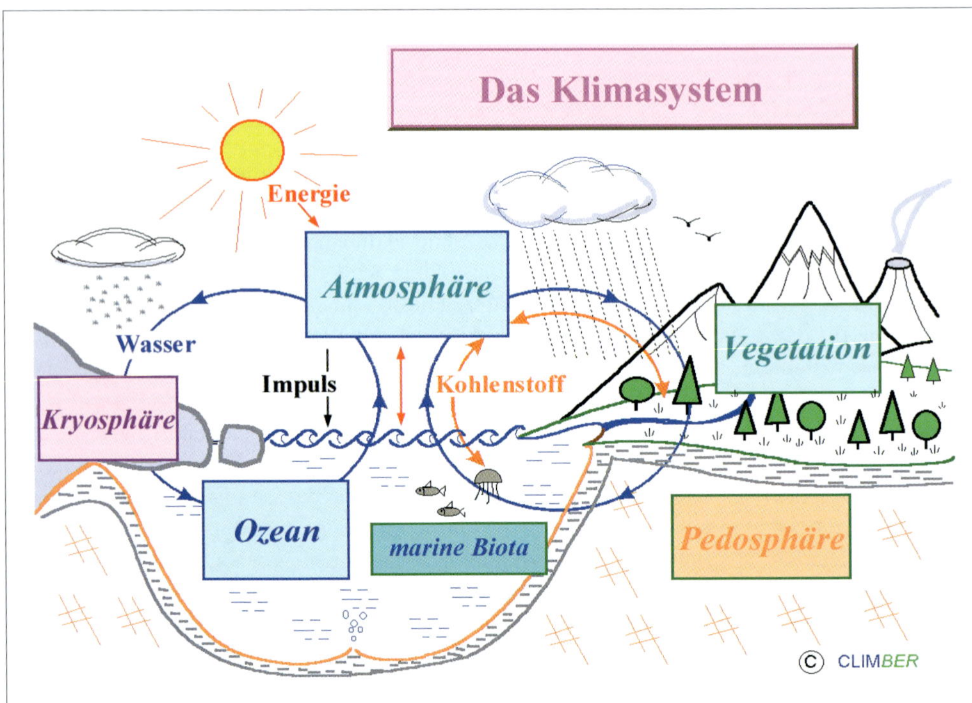

Abb. 1 Schematische Darstellung des Klimasystems und seiner Untersysteme sowie der die Untersysteme verbindenden Flüsse nach GANOPOLSKI und CLAUSSEN in CLAUSSEN (2003). (Nachdruck mit Genehmigung des Springer-Verlags, Heidelberg.)

In anderen Definitionen wird das Klimasystem in die Komponenten Atmosphäre, Ozean und Land eingeteilt (siehe z. B. SALTZMAN 2002). Eine solche Einteilung spiegelt den technischen

Aufbau von Modellen des Klimasystems wider, die eher aus teils sogar separat entwickelten Modulen der atmosphärischen Zirkulation, der ozeanischen Zirkulation und der Landoberflächenprozesse und Vegetationsdynamik bestehen.

In der neueren Literatur wird neben dem Begriff des Klimasystems auch der Begriff des Erdsystems verwendet, um die Wechselwirkung der unbelebten, physischen Welt mit der belebten Welt zu betonen. Dies schließt insbesondere den Einfluss des Menschen auf das Klima und die Wechselwirkung des Menschen mit seiner Umwelt ein (SCHELLNHUBER 1999, CLAUSSEN 1998, 2001). In der älteren russischen Literatur wird das belebte Klima- oder Erdsystem auch als Biosphäre, als mit Leben erfüllter Raum der Erde bezeichnet (VERNADSKY 1926, 1997). Oft werden die Begriffe Klimasystem und Erdsystem synonym benutzt. In der Tat wird die Definition des Klimasystems oder des Erdsystems nicht aus übergeordneten Prinzipien abgeleitet, sondern ist als eine vorempirische Relevanzentscheidung zu interpretieren. Im Folgenden werden Modelle des Klima- oder Erdsystems einfach als Klimamodelle bezeichnet.

3. Klimamodelle – eine kleine Typologie

Modelle beschreiben, um STACHOWIAK (1973) sinngemäß zu zitieren, die Natur mit *ad hoc* vorgegebener, am Untersuchungsziel orientierter Reduktion der Komplexität des Originals. Um die Natur des Klima- oder Erdsystems modelltheoretisch zu erfassen, werden in der Klimaforschung konzeptionelle Gedankenmodelle, physikalische und mathematische Modelle genutzt.

ARISTOTELES' (350 v. Chr.) *Meteorologia* oder VON HUMBOLDTS (1845) *Kosmos – Entwurf einer physischen Weltbeschreibung* können als vermutlich bekannteste, umfassendste Gedankenmodelle des Klimasystems gelten. Gedankenmodelle zeichnen sich dadurch aus, dass kausale Beziehungen zwischen verschiedenen Beobachtungen qualitativ in Worten und/oder geografischen Karten (z. B. die Berghausschen Atlanten zum Kosmos) beschrieben werden. Gedankenmodelle werden heute oft im Zusammenhang mit der Interpretation paläoklimatologischer Befunde verwendet (siehe z. B. HAUG und TIEDEMANN 1998).

Als Beispiele physikalischer Modelle lassen sich rotierende Bassins oder Tanks (siehe z. B. GREENSPAN 1969) anführen, in denen die Zirkulation einer Flüssigkeit als Näherung für atmosphärische und ozeanische Strömungen untersucht wird, oder Windtunnel, welche die Grenzschichtströmung in der Atmosphäre simulieren. Physikalische Modelle erlauben unter Berücksichtigung bestimmter Skalierungsgesetze die Durchführung klar definierter, kontrollierter Experimente, die in der Natur nicht möglich sind.

In diesem Beitrag werden mathematische Modelle des Klima- oder Erdsystems – kurz: Klimamodelle – diskutiert. Mathematische Klimamodelle bestehen aus dynamischen und diagnostischen Differentialgleichungen. Diese Gleichungen können im Allgemeinen aus physikalischen Gesetzen der Erhaltung von Energie, Impuls und Masse gasförmiger, flüssiger und zäher, fließbarer Medien abgeleitet werden (z. B. PEIXOTO und OORT 1992). Neben den deduktiven Gleichungen gibt es auch induktive Elemente, z. B. in den ökosystemaren Komponenten der Klimamodelle, die aus empirischen Beziehungen hergeleitet werden.

Aufgrund der Komplexität der mathematischen Gleichungen werden die Modellgleichungen numerisch gelöst. Dazu werden die Gleichungen diskretisiert, d. h., die kontinuierlichen Räume des Klima- oder Erdsystems (wie Atmosphäre, Ozeane, Vegetationsdecke, ...) werden durch abzählbar viele Unterräume oder Volumina oder vernetzte Gitterpunkte ersetzt. Dies ermöglicht das kompakte System in endlicher Zeit und mit endlichem Speicherplatz im Computer bearbeiten zu können.

Doch die Diskretisierung der Gleichungen in den Klimamodellen birgt Probleme in sich: Der Zustand und die dynamischen Prozesse des Klimasystems sind, je nach Verfahren, nur auf den Punkten des numerischen Gitternetzes oder nur als Mittelwert über diskrete Flächen oder Volumina definiert. Kleinräumigere Prozesse, die sogenannten subskaligen Prozesse, können nicht explizit dargestellt werden, sondern müssen als Funktion der explizit darstellbaren oder skaligen Variablen „parameterisiert" werden.

Komplexität und Approximationsgrad von Klimamodellen werden unterschiedlich klassifiziert. So wählen z. B. McGuffie und Hendersson-Sellers (1997) das Bild einer Pyramide, in dem die Seitenstücke der Pyramide hauptsächlich atmosphärische Teilmodule (Modelle des Strahlungstransfers, der Energiebilanz und der atmosphärischen Strömung) darstellen, die dann miteinander gekoppelt werden, um als Spitze der Pyramide zu einem komplexen Modell atmosphärischer und ozeanischer Zirkulation zusammenzuwachsen. Eine ähnliche Modellpyramide entwerfen die Autoren für Modelle menschlichen Handelns (Ökonomiemodelle, Modelle des Bevölkerungswachstums usw.). Die Kopplung beider Modellwelten wird als Verknüpfung beider Pyramiden an deren Spitzen in der Form eines Stundenglases symbolisiert. Claussen et al. (2002) schlagen eine alternative, weniger symbolhafte Betrachtung der „klassischen" Modellhierarchie vor, indem sie ein „Spektrum von Klimamodellen" einführen. Dieses Spektrum schließt explizit einen Indikator ein, der die Anzahl miteinander wechselwirkender Komponenten des Klimasystems charakterisiert, die als Module im Klimamodell explizit beschrieben werden.

An dem einen Ende des Spektrums (siehe Abb. 2) befinden sich die konzeptionellen oder stark aggregierten Modelle, in denen bei stärkster Reduktion der Komplexität das gesamte Klima- oder Erdsystem oder bei weniger reduzierten Modellen jeweils die einzelnen Komponenten des Systems als ein Gitterpunkt dargestellt werden. Solche Modelle können zum einen rein induktive Modelle sein, welche lediglich die Plausibilität von Prozessen demonstrieren, ohne dass physikalische Gesetze wie Massen-, Energie- und Impulserhaltung explizit in die Modelle einfließen. Das Modell von Paillard (1998), das den Wechsel zwischen Warmphasen und Eiszeiten der letzten 2 Millionen Jahre als abrupte Sprünge zwischen verschiedenen *ad hoc* definierten Klimazuständen beschreibt, mag als typisches Beispiel dienen. Zu den in ihrer Komplexität stark reduzierten Modellen gehören auch die Energiebilanzmodelle, die aus der Forderung einer geschlossenen Energiebilanz des Erdsystems zwischen solarer Einstrahlung und der Abgabe von Wärmestrahlung der Erde abgeleitet werden. Das Arrheniussche Energiebilanzmodell (Arrhenius 1896) ist vermutlich das erste Modell dieser Art überhaupt. Arrhenius nutzte dieses Modell, um die Frage zu klären, ob Eiszeiten durch eine Reduktion von Treibhausgasen verursacht werden könnten. Gleichsam als Randnotiz bemerkte Arrhenius, dass bei einem durch menschliche Aktivität verdoppelten Gehalt des Kohlendioxids in der Atmosphäre sich die globale Mitteltemperatur um 5–6 K erwärmen könnte. (Heutige Klimamodelle geben als beste Schätzung etwa 3 K an, mit einer Spannweite von etwa 2,1 bis 4,4 K, Randall et al. 2007.)

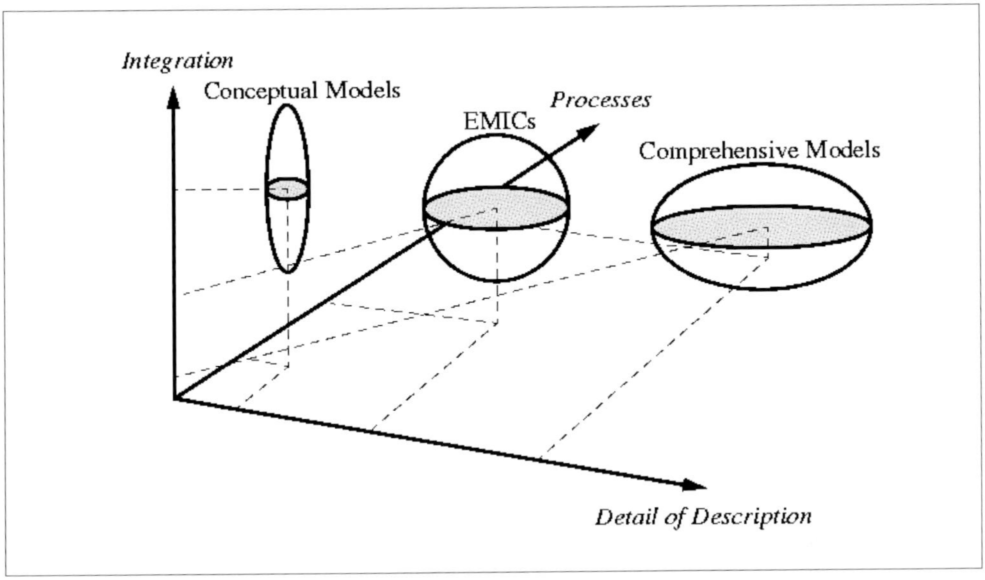

Abb. 2 Schematische Darstellung des Komplexitätspektrums der Klimamodelle aus CLAUSSEN in EHLERS und KRAFFT (2001). (Nachdruck mit Genehmigung des Springer Verlags, Heidelberg.)

An die von ihrem Rechenaufwand her einfachen, hochaggregierten Modelle schließen sich die Modelle mittlerer Komplexität oder EMICs (*Earth system Models of Intermediate Complexity*) an. Diese Modelle sind meist im Hinblick auf die Einbindung möglichst vieler Komponenten des Erdsystems und für Simulationen sehr langer paläoklimatischer Änderungen konzipiert. Als Beispiel sei hier die Simulation des Beginns der quartären Eiszeit erwähnt (HAUG et al. 2005), die den Zeitabschnitt von 3,1 bis 2,5 Millionen Jahren vor heute überdeckt. Die geografische Darstellung der Erdoberfläche wird in EMICs stark vereinfacht, sodass viele Prozesse als subskalige Phänomene parameterisiert werden müssen.

Am anderen Ende des Modellspektrums befinden sich die komplexen Klimamodelle (Abb. 3), welche die atmosphärische und ozeanische Zirkulation zusammen mit der Migration der Vegetationszonen sowie die sämtliche Klimasystemkomponenten verbindenden Energie-, Impuls- und Stoffkreisläufe beschreiben. Diese sogenannten „state-of-the-art"-Modelle gelten als quasi-realistische numerische Klimalabore mit technisch höchstmöglicher räumlicher und zeitlicher Auflösung. Solche Modelle arbeiten mit einer Anzahl von der Größenordnung nach 10^5 bis 10^7 Gitterpunkten jeweils in der Atmosphäre und im Ozean (ROECKNER et al. 2006a, b, JUNGCLAUS et al. 2006). Die Bewegungsgleichungen werden an diesen Gitterpunkten mit einer Taktfrequenz von wenigen Minuten berechnet; also wird für eine Simulation des Klimas der letzten etwa 1000 Jahre (PONGRATZ et al. 2009) das System sämtlicher Bewegungsgleichungen etwa 10^{14}-mal gelöst. Ohne den Einsatz von Höchstleistungsrechnern ist der Einsatz komplexer Klimamodelle daher nicht denkbar.

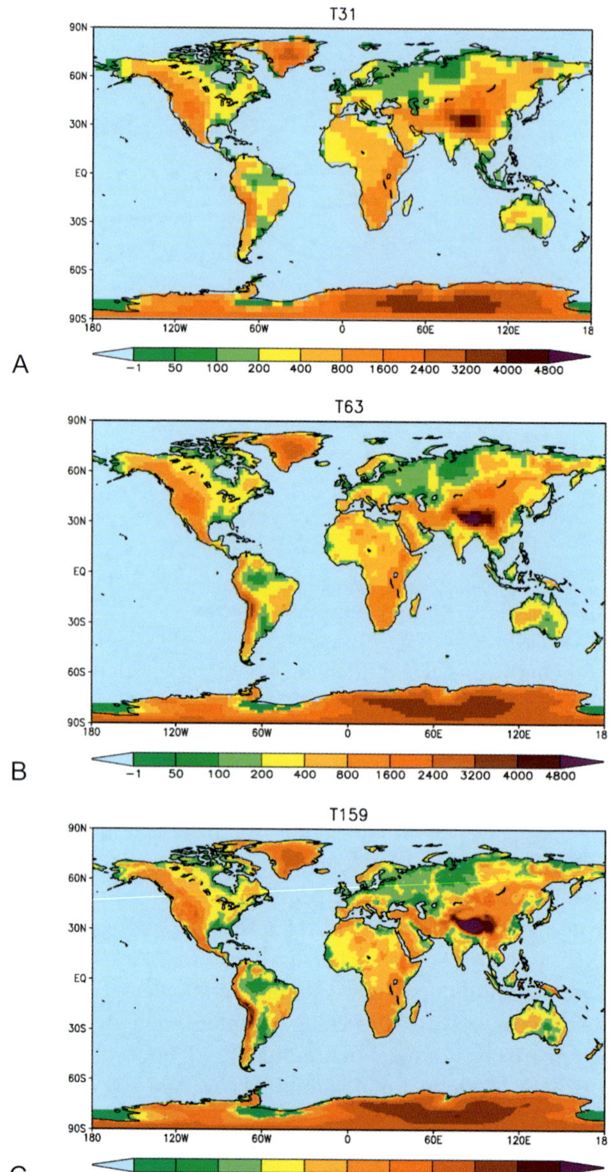

Abb. 3 Darstellung der Orographie der Kontinente in einem komplexen Klimamodell. Die Angaben „T31" (*A*), „T63" (*B*), „T159" (*C*) beziehen sich auf den Approximationsgrad von Kugelflächenfunktionen, in denen die großräumige Zirkulation der Atmosphäre dargestellt ist. Auf ein geografisches Gitternetz übertragen, bedeutet T31 eine räumliche Auflösung von 3,75° × 3,75° in Länge und Breite, entsprechend einer Kantenlänge von 416 km × 416 km am Äquator. T63: 1.875° × 1,875° entsprechend 200 km × 200 km und T159: 0,75° × 0,75° entsprechend 83 km × 83 km.

Eine weitere Einteilung der Klimamodelle hinsichtlich der Wiedergabe von Klimadaten mag zur Bewertung dieser Modelle nützlich sein. Zum einen werden Klimamodelle im prognostischen Modus oder Vorhersagemodus genutzt. Dabei werden die Modelle durch ändernde Randwerte angetrieben (z. B. durch sich ändernde geografische Verteilung des solaren Energieflusses, oder durch Eintrag von chemischen und partikulären Substanzen, die mit einem Vulkanausbruch einhergehen). Die Ergebnisse einer solchen Vorhersage können dann – im Prinzip – mit Klimadaten verglichen werden, um die Modelle zu validieren. In einem zweiten, sogenannten Assimilationsmodus werden die Modelle an Klimadaten herangeführt, um den vergangenen Klimazustand in Raum und Zeit so vollständig und so realitätsnah wie möglich wiederzugeben. Bei der Datenassimilation steht also zunächst nicht die Vorhersage im Vordergrund, sondern die physikalisch konsistente Interpolation und Interpretation von Klimadaten, welche nur an relativ wenigen Punkten der Erde und nur zu bestimmten Zeitabschnitten bekannt sind. Assimilation und Vorhersage sind miteinander verbunden, da die Güte einer Vorhersage auch davon abhängt, wie gut der Ausgangspunkt der Vorhersage bekannt, also in das Vorhersagemodell assimiliert ist.

4. Gedankenexperimente und Klimavorhersagen

Bevor die Frage nach der Validierbarkeit komplexer Klimamodelle diskutiert wird, sollen in diesem Abschnitt einige Beispiele für verschiedene Anwendungen komplexer Klimamodelle stichwortartig skizziert werden.

Aus der Untersuchung einfacher Energiebilanzmodelle ist bekannt, dass die Erde bei heutiger solarer Einstrahlung und Konzentration der Treibhausgase vollständig mit Eis bedeckt sein könnte, wenn als Anfangsbedingung der Simulation eine eisbedeckte Erde gewählt wird. Umgekehrt kann das (Modell-)Klimasystem in eine sogenannte „Schneeballerde“ hineinkippen, wenn der solare Energiefluss für eine kurze Zeit unterbrochen würde (North et al. 1981). Bisher war unbekannt, ob dieses Phänomen auch in komplexen, quasi-realistischen Modellen auftreten würde. Dies konnte erst von Marotzke und Bozet (2007) gezeigt werden. In ihren numerischen Experimenten entdeckten die Autoren, dass die vollständig mit Schnee bedeckte (Modell-)Erde erst durch eine Zunahme der atmosphärischen CO_2-Konzentration um den Faktor 100 gegenüber dem heutigen Wert auftaut. Der Wert dieser Arbeit liegt nicht in der Vorhersage einer möglichen globalen Klimakatastrophe bei relativ kurzzeitiger Verdunklung der Erde. Vielmehr bietet diese Studie einen weiteren Einblick in die Dynamik des Klimasystems außerhalb des Erfahrungsbereiches des rezenten Klimas. Insbesondere wird gezeigt, dass das betreffende komplexe Klimamodell Prozesse nachbilden kann, die aus einfachen, einer analytischen Lösung zugänglichen Modellen bekannt waren. Insofern könnte man von einer strukturellen Verifizierung des komplexen Modells sprechen.

Große Vulkanausbrüche führen nicht nur zu regionalen bis kontinentalen katastrophalen Umbrüchen der Landoberfläche, sie beeinflussen auch das regionale und globale Klima über mehrere Jahre. Während die Effekte jüngerer Vulkanausbrüche, wie z. B. der des Pinatubo im Jahre 1991 oder des Mt. St. Helens im Jahre 1982, gut dokumentiert sind, ist relativ wenig über die sehr viel stärkeren Ausbrüche in der Yellowstone-Region vor etwa 600 000 und 2 200 000 Jahren oder des Toba vor 73 000 Jahren bekannt. Letzterer übertraf die geschätzte Auswurfmenge des Mt. St. Helens um den Faktor 2800. Während Klimamodelle hinsichtlich ihrer Antwort auf heutige Vulkanausbrüche validiert werden können, bleiben nur Plausibilitätsabschätzungen für die großen Ausbrüche der Vergangenheit. Dennoch sind solche Abschätzungen nützlich. Zum einen kann die numerische Stabilität eines Klimamodells hinsichtlich starker Störungen geprüft werden. Zweitens können Hypothesen hinsichtlich der Skalierbarkeit des Effektes von Vulkanausbrüchen aufgestellt werden (TIMMRECK et al. 2009).

Klimavorhersagen (der Begriff der Klimavorhersage wird im Abschnitt 5.1 erläutert) werden prominent für das rezente Klima der letzten gut 100 Jahre und mögliche Klimaentwicklungen der nächsten 100 Jahre durchgeführt. Als Beispiel werden hier die numerischen Abschätzungen der globalen Mitteltemperatur von ROECKNER et al. (2006a) vorgestellt. In der Abbildung 4 sind globale Mitteltemperaturen, berechnet aus Ensemblesimulationen des Klimas in der Zeitspanne von 1860 bis 2000, abgebildet. Zu erkennen ist, dass die Beobachtung innerhalb der Variationsbreite des Ensembles der Simulationen liegt und einen ähnlichen Verlauf aufweist. Nachgewiesen werden kann sogar, dass die Erwärmung der letzten Dekaden des vergangenen Jahrhunderts mit hoher Wahrscheinlichkeit nicht durch Änderungen der natürlichen Klimaantriebe oder durch interne Variabilität des (Modell-)Klimasystems hervorgerufen wird, sondern im Wesentlichen durch die anthropogene Emission von Treibhausgasen. Die Ensemblesimulationen für drei verschiedene Szenarien der Treibhausgasemissionen, die auf verschiedenen Annahmen globaler wirtschaftlicher Entwicklung beruhen, zeigen deutlich, dass die möglichen künftigen Klimaentwicklungen der nächsten Jahrzehnte nahezu unabhängig von der Wahl der Emissionsszenarien sind. Erst in der zweiten Hälfte dieses Jahrhunderts wirkt sich die spezifische Ausprägung der Treibhausgasemission auf die Klimaentwicklung aus.

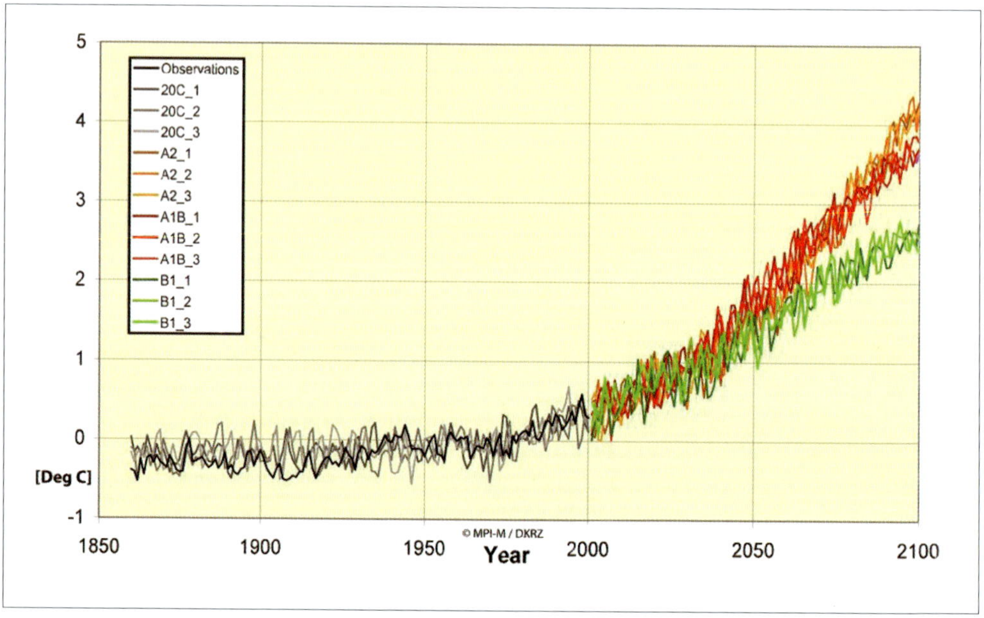

Abb. 4 Globale Jahresmitteltemperatur berechnet mit dem Modell ECHAM5/MPIOM des Max-Planck-Instituts für Meteorologie. Die schwarze Kurve kennzeichnet die rekonstruierte globale Jahresmitteltemperatur der letzten etwa 140 Jahre. Grau eingezeichnet sind Berechnungen des vergangenen Klimas. Die farbigen Kurven zeigen die Ergebnisse möglicher künftiger Klimaentwicklungen für verschiedene Szenarien der Treibhausgas- und Schwefeldioxidemissionen (nach ROECKNER et al. 2006a).

5. Konzeptionelle Probleme der Klimavorhersagen

Die Frage, warum wir der Wettervorhersage „glauben", beantwortete Bjorn STEVENS (Direktor am Max-Planck-Institut für Meteorologie in Hamburg) in einem Vortrag am 23. 11. 2008 mit: „10708". Dies ist die Zahl der Vorhersagen, die das Europäische Zentrum für mittelfristige Wettervorhersage bis dato herausgegeben hatte. Damit bringt Bjorn STEVENS folgendes zum Ausdruck: Wettervorhersagemodelle haben den Zweck, den aktuellen Zustand der Atmosphäre und die Wahrscheinlichkeit seines Eintretens für einige Tage im Voraus zu berechnen. Die Erfüllung dieser Aufgabe lässt sich wohl definiert prüfen. Unter Vorgabe ausgewählter meteorologischer Parameter wird der Abstand der Wettervorhersage von dem tatsächlich eingetretenen Wetter bestimmt und damit die Güte der Vorhersage und letztlich des Modells quantifiziert. Bei Klimamodellen ist das Vorhersage- und Validierungsproblem erheblich komplexer.

5.1 Klimavorhersagen erster und zweiter Art

Zum einen muss der Begriff der Klimavorhersage im Vergleich zur Wettervorhersage weiter gefasst werden. Dazu unterscheidet die Klimaphysik zwei Arten der Klimavorhersage. Nach LORENZ (1979) wird als *Klimavorhersage erster Art* eine Vorhersage des Klimasystems in Abhängigkeit von verschiedenen Anfangsbedingungen bei bekannten Randbedingungen bzw. Klimaantrieben verstanden. Klimavorhersage erster Art und Wettervorhersage sind ähnlich – sie unterscheiden sich dadurch, dass bei der Wettervorhersage die Entwicklung des aktuellen Zustandes der Atmosphäre, bei der Klimavorhersage hingegen die Entwicklung der Statistik des Zustandes der Atmosphäre und der anderen Komponenten des Klimasystems vorhergesagt werden. Die Berechnung der vergangenen Klimaentwicklung unter Vorgabe der Änderung bekannter Klimaantriebe, die im vorigen Kapitel skizziert wurde, ist ein Beispiel für eine Vorhersage, oder besser: Nachhersage, erster Art.

Eine Vorhersage (erster Art) der künftigen Klimaentwicklung ist vermutlich nur über einen sehr kurzen Zeitraum von wenigen Dekaden möglich, da in diesem Zeitbereich zumindest die globale Temperaturentwicklung sich kaum mit dem spezifischen Szenarium menschlichen Eingriffes in das Klimasystem ändert (siehe Abb. 4). Erst die langfristige Klimaentwicklung hängt entscheidend von der Stärke der Emission von Treibhausgasen und damit letztlich von noch unbekannten politischen Entscheidungen des Menschen ab. In diesem Fall können nur bedingte Vorhersagen, also verschiedene mögliche Klimaentwicklungen unter verschiedenen Klimaantriebsszenarien berechnet werden. In der Klimaphysik wird diese Vorhersage als *Klimavorhersage zweiter Art* bezeichnet (LORENZ 1979). In der Literatur werden für die Vorhersage (zweiter Art) möglicher künftiger Klimaentwicklungen auch die Begriffe Klimaprojektionen oder Klimaszenarien verwendet.

5.2 Vorhersage des Klimas als einmalige Realisation eines stochastischen Prozesses

Ähnlich wie bei der Wettervorhersage, lässt sich die Güte von Klimamodellen hinsichtlich der Beschreibung des gegenwärtigen Klimas quantitativ überprüfen (REICHLER und KIM 2008). Dies zeigt nur, dass viele der schnellen Klimaprozesse (z. B. Treibhauseffekt, ...) hinreichend gut verstanden sind. Die Modellierung langsamer Prozesse, wie etwa der Aufbau oder das Abschmelzen kontinentaler Eismassen oder die Migration von Vegetationszonen, kann nur anhand paläoklimatologischer Daten geprüft werden.

Paläoklimatologische Daten liegen im Allgemeinen nur in indirekter Form als sogenannte Stellvertreter- oder Proxydaten vor, also etwa in Form verschiedener Isotope des Sauerstoffs oder als variierende Weite der Jahrringe des Stammholzes von Bäumen, aus denen unter bestimmten Annahmen die Variation der Lufttemperatur abgeleitet werden kann. Zudem ist es oft schwierig zu beurteilen, wie repräsentativ ein Klimaarchiv ist, ob ein regionales oder nur ein lokales Klimasignal gespeichert ist. Doch auch wenn die paläoklimatologische Information vollständig wäre, bleibt ein prinzipielles Problem der Validierung von Klimamodellen.

Klima muss modelltheoretisch als stochastischer Prozess interpretiert werden. Die Bewegung im Klimasystem umfasst einen weiten räumlichen Skalenbereich von der Bildung von Wolkentröpfchen, Windböen, Drift der Pflanzenpollen bis hin zu Ozeanwirbeln und -strömungen und dem Vordringen und Abschmelzen großer Eisschilde. Daher ist es technisch nicht möglich, sämtliche Bewegungen deterministisch zu beschreiben. Stattdessen wird die Komplexität des Problems dadurch reduziert, dass die meteorologischen Variablen, die den Zustand des Systems charakterisieren (wie z. B. Windgeschwindigkeit, Temperatur, Konzentration des Kohlenstoffs in Böden, den Ozeanen und der Luft, ...), räumlich und zeitlich gemittelt werden. Die Unterteilung der Zustandsvariablen in raum-zeitliche Mittelwerte und Abweichungen vom Mittelwert werden im Klimamodell im Allgemeinen durch die im Kapitel 2 erwähnte Diskretisierung der kontinuierlichen Gleichungen in skalige und subskalige Anteile vorgenommen. Die subskaligen Variablen und Prozesse werden als unbekannte, zufällige Größen betrachtet, deren Effekt auf die skaligen Prozesse parameterisiert wird.

Die skaligen Variablen des Klimasystems könnten im Prinzip deterministisch berechnet werden, wenn die Anfangs- und Randbedingungen in beliebig hoher zeitlicher und räumlicher Genauigkeit bekannt wären. Doch dies ist selbst im heutigen Klima nicht möglich. Um der Unsicherheit der Messdaten Rechnung zu tragen, wird ein Ensemble von Simulationen mit geringfügig unterschiedlichen, aber gleich wahrscheinlichen Anfangs- und Randwerten erstellt. Modelltheoretisch betrachtet ist Klima also durch die statistischen Momente des Ensembles der Zustandsvariablen des Klimasystems definiert.

Die Natur liefert kein Ensemble von Klimaentwicklungen, sondern nur eine Realisation. Dies wäre kein Problem, wenn diese Realisation stationär wäre. Dann könnten die statistischen Momente des Ensembles durch die zeitlichen statistischen Momente (Mittelwert über eine Zeitperiode, Varianz innerhalb dieser Periode, ...) berechnet werden. Tatsächlich ändern sich die Klimaantriebe und Randbedingungen, wie z. B. die Lage der Kontinente oder die Häufigkeit der Vulkanausbrüche, fortwährend, sodass sich Klima unter stets anderen Bedingungen entwickelt.

Streng genommen, lässt sich also ein Klimamodell nicht validieren, da aus der einen Realisation des Klimas, welche die Natur bietet, keine Ensemblestatistik abgeleitet werden kann, die mit der vom Klimamodell berechneten verglichen werden könnte. Ferner folgt für die Praxis der Klimamodellierung, dass eine exakte Übereinstimmung zwischen Klimadaten einer bestimmten Klimaperiode und den Ergebnissen einer einzelnen Klimasimulation nicht erwartet werden kann.

Ein Ausweg aus diesem grundsätzlichen Dilemma bietet die Konstruktion von Paläoensembles. Schließlich finden sich in der Klimageschichte Abschnitte mit durchaus ähnlichen Randbedingungen. Als anschauliches Beispiel für ein Paläoensemble seien die sogenannten Dansgaard-Oeschger-Ereignisse genannt. Als Dansgaard-Oeschger-Ereignisse werden abrupte Erwärmungen während einer Eiszeit bezeichnet. Diese Ereignisse traten während der letzten Eiszeit (und vermutlich ebenfalls in den älteren Eiszeiten) häufig auf und weisen eine ähnliche,

„typische" räumliche und zeitliche Struktur auf, die sich modelltheoretisch interpretieren lässt (GANOPOLSKI und RAHMSTORF 2001). Gleiches gilt für die Interglaziale, die während der letzten 800000 Jahre einen zumindest qualitativ ähnlichen Verlauf nahmen.

6. Können wir den Klimavorhersagen glauben? Eine zusammenfassende Antwort

Klimamodellierung dient dem Verständnis der Dynamik des Klima- oder Erdsystems und bietet damit letztlich die Grundlage für die Vorhersage von auf plausiblen wirtschaftlichen Entwicklungsszenarien basierenden, möglichen künftigen Klimaänderungen. Eine solche bedingte Vorhersage, auch Klimavorhersage zweiter Art genannt, unterscheidet sich deutlich von einer Wettervorhersage. Während bei der letzteren die Vorhersage mit der Erwartung einer gewissen Eintrittswahrscheinlichkeit verknüpft ist, macht erstere *a priori* keine Aussage zur Eintrittswahrscheinlichkeit. Die ihrer Struktur nach den Wettervorhersagen ähnlichen Klimavorhersagen erster Art lassen sich daher nur für vergangene Klimaperioden, gleichsam als „Nachhersage", und für wenige Dekaden in die Zukunft durchführen. Für die nähere Zukunft hängt die Klimaentwicklung nur marginal vom bisher noch nicht vorhersagbaren spezifischen Handeln der Menschen ab. Das anthropogene Antriebssignal der letzten Dekaden hat sich bereits dem Klima hinreichend stark aufgeprägt.

Klimamodellierung wird mit einem Spektrum verschieden komplexer Klimamodelle durchgeführt, wobei die komplexen Klimamodelle eine besondere Rolle spielen. Diese räumlich und zeitlich hochaufgelösten Modelle geben die Bewegung der Atmosphäre und des Ozeans sowie die Änderung der Vegetationsdecke in quasi-realistischem Detail wieder und dienen daher als quasi-realistische Labore für Klimaexperimente.

Schnelle Klimaprozesse, wie z. B. die Wetterentwicklung und der Treibhauseffekt, sind bereits gut verstanden. Bei vielen Klimamodellen ist die Simulation der Entwicklung eines typischen Tiefdruckgebiets von der eines natürlichen Tiefs kaum zu unterscheiden. Insofern können die numerischen Simulationen für mögliche Klimaentwicklungen in der Nähe des gegenwärtigen Klimas als robust und gewissermaßen vertrauenswürdig eingestuft werden. Die Validierung langsamer Klimaprozesse stößt an prinzipielle Grenzen. Die Natur liefert nur eine Realisation des Klimas, und diese ist nur bruchstückhaft und zumeist nur indirekt rekonstruierbar. Andererseits gelingt mit zunehmendem Erfolg die qualitative Überprüfung der Modelle anhand einer Vielzahl paläoklimatologischer Archive aus verschiedenen Klimaepochen. Somit wird auch die Beschreibung möglicher Klimaentwicklungen, die sich von dem jetzigen Klimazustand deutlich entfernen, zunehmend belastbarer. Da der Mensch sein Handeln nicht an der aktuellen Klimaentwicklung ausrichtet, sondern sich durch die Vorstellung möglicher starker Klimaänderungen leiten lässt, erlangt die Simulation starker Klimaänderungen zunehmend an Bedeutung.

Dank

Der Autor dankt Barbara ZINECKER, Max-Planck-Institut für Meteorologie, für editorische Hilfe. Dank gebührt ebenfalls Thomas RADDATZ und Erich ROECKNER, Max-Planck-Institut für Meteorologie, für die Grundlagen und die Erstellung der Abbildungen 3 und 4.

Literatur

Aristoteles: 350 BC: Meteorologia. In: Grumach, E., und Flashar, H.: *Aristoteles*, Werke, in deutscher Übersetzung. Band *12*, Teil I. Berlin: Akademie-Verlag 1984

Arrhenius, S.: On the influence of carbonic acid in the air upon the temperature of the ground. Philos. Mag. J. Sci. *41*, 237–276 (1896)

Claussen, M.: Von der Klimamodellierung zur Erdsystemmodellierung: Konzepte und erste Versuche. Ann. Meteorol. NF *36*, 119–130 (1998)

Claussen, M.: Earth system models. In: Ehlers, E., and Krafft, T. (Eds.): Understanding the Earth System: Compartments, Processes and Interactions. Heidelberg: Springer 2001

Claussen, M.: Klimaänderungen: Mögliche Ursachen in der Vergangenheit und Zukunft. UWSF – Z. Umweltchem. Ökotox. *15*/1, 21–30 (2003)

Claussen, M., Mysak, L. A., Weaver, A. J., Crucifix, M., Fichefet, T., Loutre, M.-F., Weber, S. L., Alcamo, J., Alexeev, V. A., Berger, A., Calov, R., Ganopolski, A., Goosse, H., Lohman, G., Lunkeit, F., Mokhov, I. I., Petoukhov, V., Stone, P., and Wang, Z.: Earth System Models of Intermediate Complexity: Closing the Gap in the Spectrum of Climate System Models. Climate Dyn. *18*, 579–586 (2002)

Ganopolski, A., and Rahmstorf, S.: Simulation of rapid glacial climate changes in a coupled climate model. Nature *409*, 153–158 (2001)

Greenspan, H. P.: The Theory of Rotating Fluids. Paperback Edition 1980. Cambridge: University Press 1969

Hann, J.: Handbuch der Klimatologie. Stuttgart: Engelhorn 1883

Hantel, M., Kraus, H., and Schönwiese, C.-D.: Climate definition. In: Fischer, G. (Ed.): Climatology. Landolt-Börnstein, Functional Relationships in Science and Technology V/4/c1. Berlin: Springer 1987

Haug, G. H., and Tiedemann, R.: Effect of the formation of the isthmus of Panama on Atlantic Ocean thermohaline circulation. Nature *393*, 673–676 (1998)

Haug, G. H., Ganopolski, A., Sigman, D. M., Rosell-Mele, A., Swann, G. E. A., Tiedemann, R., Jaccard, S. L., Bollmann, J., Maslin, M. A., Leng, M. J., and Eglinton, G.: North Pacific seasonality and the glaciation of North America 2.7 million years ago. Nature *433*, 821–825 (2005)

Humboldt, A. von: Kosmos, Entwurf einer physischen Weltbeschreibung. Band *I*. Stuttgart, Tübingen: J. G. Cotta 1845

Jungclaus, J. H., Keenlyside, N., Bozet, M., Haak, H., Luo, J.-J., Latif, M., and Marotzke, J.: Ocean circulation and tropical variability in the coupled model ECHAM5/MPI-OM. J. Climate *19*/16, 3952–3972 (2006)

Kraus, H.: Die Atmosphäre der Erde. Eine Einführung in die Meteorologie. Braunschweig, Wiesbaden: Vieweg 2000

Lorenz, E. N.: Forced and free variations of weather and climate. J. Atmos. Sci. *36*, 1367–1376 (1979)

Marotzke, J., and Bozet, M.: Present-day and ice-covered equilibrium states in a comprehensive climate model. Geophys. Rev. Lett. *34*, L 16704 (2007)

McGuffie, K., and Henderson-Sellers, A.: A Climate Modelling Primer. 2nd ed. Chichester, New York, Weinheim, Brisbane, Singapore, Toronto: J. Wiley & Sons 1997

North, G. R., Cahalan, R. F., and Coakley, J. A. Jr.: Energy balance climate models. Rev. Geophys. Space Phys. *19*, 91–121 (1981)

Paillard, D.: The timing of Pleistocene glaciations from a simple multiple-state climate model. Nature *391*, 378–381 (1998)

Peixoto, J. P., and Oort, A. H.: Physics of Climate. New York: American Institute of Physics 1992

Pongratz, J., Reick, C. H., Raddatz, T., and Claussen, M.: Effects of anthropogenic land cover change on the carbon cycle of the last millennium. Global Biogeochem. Cycles *23*, GB4001, doi:10.1029/2009GB003488 (2009)

Randall, D. A., Wood, R. A., Bony, S., Colman, R., Fichefet, T., Fyfe, J., Kattsov, V., Pitman, A., Shukla, J., Srinivasan, J., Stouffer, R. J., Sumi, A., and Taylor, K. E.: Climate models and their evaluation. In: Solomon, S., Qin, D., Manning, M., Chen, Z., Marquis, M., Averyt, K. B., Tignor, M., and Miller, H. L. (Eds.): Climate Change 2007: The Physical Science Basis. Contribution of Working Group I to the Fourth Assessment Report of the Intergovernmental Panel on Climate Change. Cambridge: Cambridge University Press 2007

Reichler, T., and Kim, J.: How well do coupled models simulate today's climate? Bull. Amer. Met. Soc. *89*, 303–311. doi:10.1175/BAMS-89-3-303 (2008)

Roeckner, E., Brasseur, G. P., Giorgetta, M., Jacob, D., Jungclaus, J., Reick, C., and Sillmann, J.: Climate projections of the 21st century. MPI Internal Report, 28 pp. Hamburg, Max Planck Institute for Meteorology, Germany. 2006a.
Available at http://www.mpimet.mpg.de/ fileadmin/grafik/presse/ClimateProjections2006.pdf

ROECKNER, E., BROKOPF, R., ESCH, M., GIORGETTA, M., HAGEMANN, S., KORNBLUEH, L., and MANZINI, E.: Sensitivity of simulated climate to horizontal and vertical resolution in the ECHAM5 atmosphere model. J. Climate *19*/16, 3771–3791 (2006)
SALTZMAN, B.: Dynamical Paleoclimatology: Generalized Theory of Global Climate Change. International Geophysics Series, Vol. *80*. San Diego: Academic Press 2002
SCHELLNHUBER, H.-J.: Earth system' analysis and the second Copernican revolution. Nature *402*, C19–C26 (1999)
STACHOWIAK, H.: Allgemeine Modelltheorie. Wien, New York: Springer 1973
TIMMRECK, C., LORENZ, S., NIEMEIER, U., and GROUP, S. V.: The Climate Impact of a Yellowstone Super Eruption: An Earth System Model Approach. Vienna: EGU General Assembly 2009
VERNANDSKY, V. I.: The Biosphere. New York: Springer 1997 (Originalveröffentlichung: 1926 in Russisch)

Prof. Dr. Martin CLAUSSEN
Max-Planck-Institut für Meteorologie
Meteorologisches Institut der Universität Hamburg
KlimaCampus Hamburg
Bundesstraße 53
20146 Hamburg
Bundesrepublik Deutschland
Tel.: +49 40 41173225
Fax: +49 40 41173350
E-Mail: martin.claussen@zmaw.de

Nova Acta Leopoldina NF *110*, Nr. 377, 99–117 (2011)

Quantenmechanische Modellierung – Einblicke in die atomaren Details chemischer Systeme[1]

Joachim Sauer ML (Berlin)

Mit 8 Abbildungen und 1 Tabelle

1 Hans-Georg von Schnering gewidmet (von Schnering 1991)

Zusammenfassung

WATSON und CRICK ließen mechanische Modelle bauen, um die berühmte Doppelhelix-Struktur der DNS zu finden. Heute stehen leistungsfähige Computerprogramme für die Modellierung chemischer Strukturen auf atomarem Niveau zur Verfügung. Die Energiehyperfläche ist das zentrale Objekt (quanten-)chemischer Modellierung. Sie enthält die Information über alle stabilen Strukturen und alle Elementarreaktionen für ein chemisches System bestimmter Summenformel (Beispiel C_4H_4). Modellierungs- und Simulationsverfahren bestehen aus einer Methode zur Berechnung dieser Fläche (Kraftfelder, Quantenchemie) und einer Methode zur Bewegung auf der Fläche (Optimierungsverfahren). Die Probleme beim Auffinden globaler Minimumstrukturen und das fruchtbare Zusammenwirken von Experiment und Modellierung werden für Metalloxide besprochen, die bei reduzierter Dimension (Cluster in der Gasphase, dünne Filme auf Metallunterlagen) ungewöhnliche Strukturen annehmen. Zur Berechnung der Energiehyperfläche stehen verschiedene Modelle der Quantenchemie zur Verfügung, wobei die genauesten nur auf Systeme mit einer begrenzten Zahl von Atomen anwendbar sind. Hybridmethoden (Teile und Herrsche) ermöglichen eine Beschreibung auch komplexer Reaktionssysteme (Enzyme, Festkörperkatalysatoren) mit chemischer Genauigkeit (Zeolithkatalysator als Beispiel).

Abstract

WATSON and CRICK had to build mechanical models to find the famous double helix structure of DNA. Today powerful software is available for modeling structures at the atomic level. The energy hypersurface is the central object of (quantum) chemical modeling. It includes the information about all stable structures and all reaction pathways of a chemical system of given composition (example C_4H_4). Modeling and simulation methods consist of techniques to calculate the energy hypersurface (force fields, quantum chemical methods) and of techniques to move on the surface (structure optimization). The problem of locating global minimum structures is considered for metal oxides which in states of reduced dimensionality (gas phase clusters, thin films on metal substrates) assume unusual structures. For computing the energy hypersurface, different quantum chemical models are available, but the most accurate ones are applicable to systems with a limited number of atoms only. Hybrid methods (divide-and-conquer) permit to tackle complex reaction systems (enzymes, solid catalysts) with chemical accuracy as shown for a zeolite catalyst.

Nova Acta Leopoldina NF *110*, Nr. 377, 99–117 (2011)

1. Modelle bei der Strukturaufklärung – die Doppelhelix

Als Chemiker wollen wir wissen, wie die Atome in einem Molekül angeordnet sind. Wir sind davon überzeugt, dass wir nur dann verstehen können, warum ein Molekül in bestimmter Weise reagiert, wenn wir seine Struktur kennen. Eines der bekanntesten Moleküle ist die Desoxyribonukleinsäure, DNS. Ihre Doppelhelixstruktur, in der die Erbinformation kodiert ist, kennt heute jedes Schulkind. Woher kennen wir die atomare Struktur dieses Moleküls? Woher wissen wir, wie die Phosphat- und Zucker-Bausteine sowie die Basen Adenin, Cytosin, Guanin und Thymin in der Doppelhelix angeordnet sind? Die faszinierende Geschichte der Aufklärung dieser Struktur durch James D. Watson und Francis H. C. Crick im Jahre 1953, die zusammen mit Maurice H. F. Wilkins dafür 1962 den Nobelpreis erhielten, hat Watson in seinem Buch *Die Doppelhelix* beschrieben (Watson 2001). Seit Bragg ist die Beugung von Röntgenstrahlen *die* Methode zur Strukturbestimmung kristalliner Materialien. Sieht man sich jedoch das Beugungsbild einer DNS an (Wilkins 1963), ist offenkundig, dass man daraus nicht ohne weiteres die Anordnung der Atome ableiten kann. Man muss zunächst einen Strukturvorschlag haben, für den man ein Beugungsbild berechnen und mit dem experimentellen vergleichen kann. Zwar war schnell klar, dass es sich um eine helikale Struktur handeln muss, aber um zu dem überzeugenden Strukturvorschlag einer doppelten Helix mit den Basenpaaren zu gelangen, haben Watson und Crick viele Strukturmodelle entworfen, zunächst mit Papier und Bleistift. Um zu erkennen, ob die Teile wirklich zusammenpassten, wurden nach den aussichtsreichsten Ideen mannshohe Metallmodelle in der Werkstatt gefertigt. Mit Lot und Metermaß wurden dann die x, y, z-Koordinaten der Atome bestimmt und daraus das Beugungsbild berechnet. In seinem Nobelvortrag sagte Wilkins (1964): „It was clear that the X-ray studies of DNA needed to be completed by precise molecular model-building. In our laboratory we concentrated on amplifying the X-ray data. In Cambridge, Watson and Crick built molecular models.“[2]

Der Bau von Strukturmodellen ist bis heute ein unverzichtbarer Teil aller Methoden zur Strukturbestimmung geblieben, die der Chemiker zur Verfügung hat, nur dass die von Watson und Crick benutzte „hardware“ inzwischen durch „software“, Computerprogramme, ersetzt worden ist: Das ist das Thema dieses Beitrages.

2. Molekülmechanik

Eines dieser Computerprogramme, Tinker (Ponder 2010), leitet seinen Namen von den *Tinkertoys* ab, einem Baukasten mit verschiedenen Elementen und Stäben zur Verknüpfung. In den auch noch heute benutzten Molekülbaukästen sind Bindungen gerade Stäbe fester Länge und Atome Kugeln mit Ansätzen für die Stäbe in festen Winkeln. Die Längen und Winkel sind Mittelwerte der gemessenen Werte für Bindungstypen und Atomtypen. Manche Strukturen lassen sich aber nur zusammenfügen, wenn man die Bindungen dehnt oder staucht, und die Bindungswinkel verkleinert oder vergrößert. Man müsste deshalb die Bindungen eigentlich durch Schraubfedern ersetzen, die man dehnen, stauchen und biegen kann. Das ist mit Computerprogrammen einfach zu realisieren. Jede Abweichung vom Standardwert der Bindungs-

2 Es war klar, dass die Röntgenanalyse durch die Entwicklung eines Molekülmodells ergänzt werden musste. Wir konzentrierten uns auf eine Erweiterung der Röntgenanalyse, während Watson und Crick in Cambridge an der Konstruktion eines Modells arbeiteten (Wilkins 1963).

länge r_0 oder des Bindungswinkels führt zu einem quadratischen Anstieg der Energie, analog zum Hookeschen Gesetz der Mechanik für Federn:

$$E_b = k_b(r_b - r_0)^2 \qquad [1]$$

Die Kraftkonstante k_b ist ein Parameter für jeden Bindungstyp und entspricht der Federkonstante. Die Energie des Moleküls ergibt sich in diesen „Kraftfeldern" als Summe solcher Terme für alle Bindungslängen und Bindungswinkel. Für Torsionen um eine zentrale Bindung verwendet man eine periodische Funktion, die Minima aufweist, wenn die Endatome auf Lücke stehen, und Maxima, wenn die Endatome überlappen.

In der „Molekülmechanik" werden nun die x, y, z-Koordinaten aller Atome so angepasst, dass die Gesamtenergie (Summe aller Terme) möglichst niedrig ist. Innere Koordinaten mit kleinen Kraftkonstanten, „weiche Freiheitsgrade", verändern sich dabei stärker als solche mit großen Kraftkonstanten, „harte" Freiheitsgrade. Kopplungsterme in den Kraftfeldern sorgen z. B. dafür, dass nicht alle von einem Atom ausgehenden Bindungen zugleich länger oder kürzer werden, ohne dass die Energie ansteigt. Mathematisch gesehen ist diese Strukturoptimierung eine Extremwertaufgabe, die Bestimmung des Minimums einer Funktion (Energie) mehrerer Variabler (Koordinaten). Für ein zweiatomiges Molekül, dessen Struktur mit nur einer Bindungslänge vollständig beschrieben wird, kann das jeder durchführen. Für ein Cycloheptanmolekül mit 21 Atomen führt diese Extremwertaufgabe auf ein System mit 21 × 3–6 = 57 Gleichungen. Hendrickson (1961) hat mehrere Lösungen des Gleichungssystems gefunden, die den unterschiedlichen Isomeren entsprechen, darunter die Sessel- und Wannenform, die wir vom Cyclohexan gut kennen. Das war erst möglich, als Computer zur Verfügung standen: „The IBM709 computer [...] is capable of [...] 4000 multiplications or divisions [...] per second. The FORTRAN adaption makes possible the submission to the computer of programs set out virtually in plain algebraic language."[3] Heute sind Computer ungleich leistungsfähiger, statt der 4 Kilo-FLOPS (*floating point operations per second*) sprechen wir heute von 40 Giga-FLOPS. Die Programmiersprache FORTRAN wird noch immer benutzt, hat aber ebenfalls eine eindrucksvolle Entwicklung erfahren.

3. Energiehyperfläche

Die vollständige Beschreibung einer Molekülstruktur erfordert die Kenntnis der x, y, z-Koordinaten eines jeden Atoms. Für ein Molekül, das aus M Atomen besteht, sind das 3M Zahlen. Da die Verschiebung des gesamten Moleküls entlang der drei Raumrichtungen oder dessen Drehung um eine der drei Trägheitsachsen nichts an der Anordnung der Atome relativ zu einander ändert, sind nur 3M–6 Zahlen („Freiheitsgrade") zur eindeutigen Strukturbeschreibung erforderlich. Dafür kann man innere Koordinaten, also Bindungslängen, Bindungswinkel und Torsionswinkel benutzen. Die Struktur des Wassermoleküls ist eindeutig durch die beiden OH-Bindungslängen r_{OH} und den HOH-Bindungswinkel Θ_{HOH} gegeben, und seine Energie E ist eine Funktion dieser Variablen:

$$E = f(r_{OH1}, r_{OH2}, \Theta_{HOH}) \qquad [2]$$

3 Der Computer IBM790 kann in einer Sekunde 4000 Multiplikationen oder Divisionen durchführen. Die FORTRAN-Sprache ermöglicht es, die entsprechenden algebraischen Gleichungen fast unverändert als Computerprogramm zu nutzen.

 Nova Acta Leopoldina NF *110*, Nr. 377, 99–117 (2011)

Die Funktion

$$E = f(r_1, r_2, \dots r_{3M-6}), \qquad [3]$$

die die Änderung der Energie eines Moleküls in Abhängigkeit von der Änderung der 3M–6 Koordinaten (Variablen) beschreibt, heißt *Potentialenergiefläche*, da sie das Potential für die Bewegung der Atome eines Moleküls darstellt. Mathematisch handelt es sich um eine Hyperfläche im 3M–6+1-dimensionalen Raum.

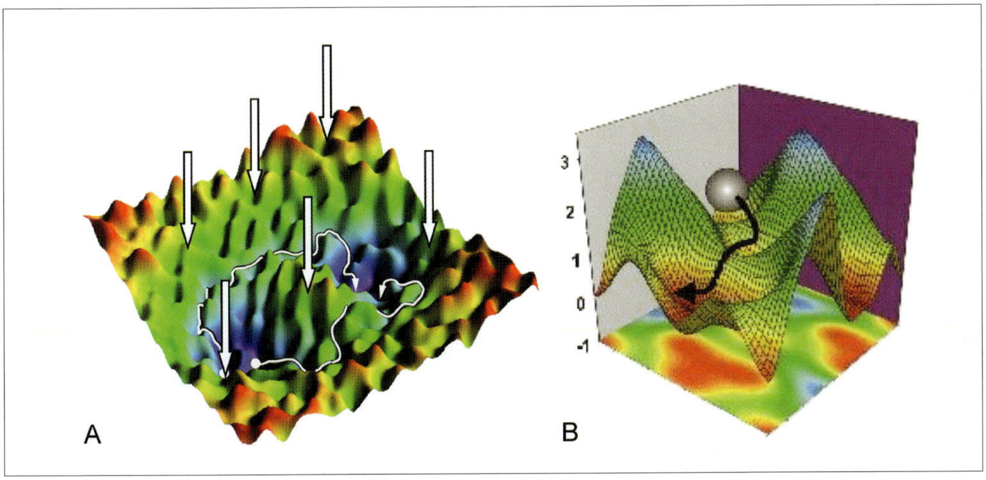

Abb. 1 Energiehyperfläche als Funktion von zwei Koordinaten als Reliefkarte (*A*, Quelle: Christoph DELLAGO, Wien) und als Relief und Höhenliniendarstellung (*B*, Quelle: Fritz-Haber-Institut der MPG, Berlin)

In unserem dreidimensionalen Anschauungsraum kann man eine Funktion von höchstens zwei Variablen darstellen, und zwar als nicht-ebene „Energie"-Fläche (zweidimensionales Gebilde) im dreidimensionalen Raum, wie wir sie als Reliefkarte eines Gebirges kennen (siehe Abb. 1). Auch für mehratomige Moleküle kann anschaulich immer nur die Änderung der Energie in Abhängigkeit von zwei Koordinaten dargestellt werden, zwei ausgewählte Bindungslängen oder zwei Rotationswinkel.[4] Anstelle der perspektivischen Darstellung der Reliefkarte ist auch die Höhenliniendarstellung üblich.

Die Minima auf dieser Fläche entsprechen stabilen Strukturen, die Sattelpunkte (Maximum bezüglich einer Koordinate, Minimum bezüglich aller anderen) sind die Übergangsstrukturen für chemische Reaktionen, d. h. die Umwandlung einer stabilen Struktur in eine andere. Diese Energiehyperfläche enthält die vollständige Information für alle isomeren Strukturen einer bestimmten Zusammensetzung (gleiche Summenformel), man spricht deshalb auch von Energielandschaften (WALES 2003). Abbildung 2 zeigt die Vielfalt der stabilen C_4H_4-Strukturen (KOLLMAR et al. 1981), die alle Minima der gleichen Potentialenergiefläche sind, und die Pfeile repräsentieren Reaktionspfade mit den Energien der Übergangsstrukturen. Die Potentialenergiefläche enthält alle Informationen, um mittels statistischer Thermodynamik für jedes Minimum die Eigenschaften der entsprechenden Verbindung (als ideales Gas) zu berechnen und

4 Ein Beispiel sind Auftragungen der Energie von Peptidkonformationen als Funktion der beiden Torsionswinkel der Peptidbindung in Analogie zu den bekannten Ramachandran-Plots (RAMACHANDRAN et al. 1963)

um mittels Theorie des Übergangszustandes die Geschwindigkeit der Umwandlung einer in die andere Verbindung zu bestimmen.

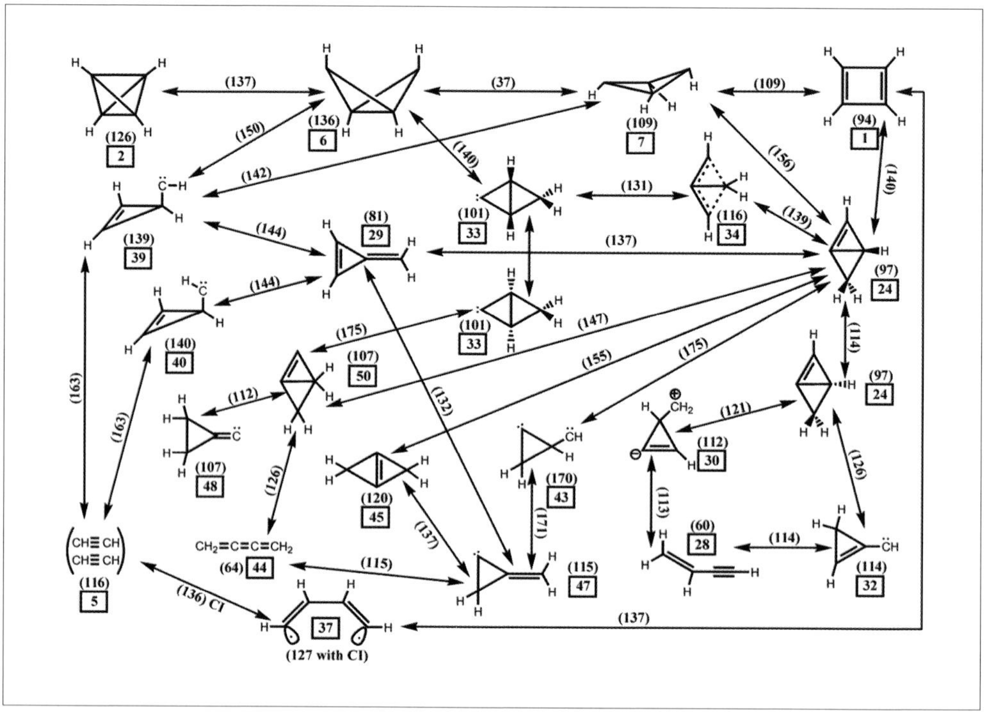

Abb. 2 C_4H_4-Isomere und Übergangsstrukturen (Pfeile) mit ihren relativen Energien (kcal/mol), nach KOLLMAR et al. 1981

4. Molekulare Modellierung und Computersimulation

Die Methoden der molekularen Modellierung bzw. der Computersimulation sind charakterisiert durch

- eine Methode zur Berechnung der Energiehyperfläche, d. h. zur Bestimmung von $E = f(\mathbf{R})|_{\mathbf{R}=\mathbf{R}_i}$ für einen Satz $\mathbf{R}_i = R_{1i}, R_{2i}, \dots R_{ni}$ von Koordinaten ($n = 3M–6$) und zur Berechnung der Kräfte auf die Atome an diesem Punkt, $-f_k = \partial E/\partial R_k$.
- eine Methode zur Bewegung auf der hochdimensionalen Hyperfläche, z. B. um Minima oder Sattelpunkte aufzufinden (Strukturoptimierung).

Es geht nicht mehr nur darum, mittels Computer ein Strukturmodell zu bauen, das realistisch genug ist, um als Ausgangspunkt für eine Anpassung an ein Röntgenbeugungsbild zu dienen. Es geht auch darum, direkte Strukturvoraussagen zu treffen. Diese lassen sich verifizieren, indem man strukturempfindliche experimentelle Informationen (Spektren) mit Berechnungen dieser Spektren für die vorausgesagten Strukturen vergleicht.

In Abwandlung des FIFO-Prinzips der Informatik „*first in – first out*“ gilt bei der molekularen Modellierung in Bezug auf die **Methode zur Berechnung der Potentialenergie-**

fläche das GIGO-Prinzip, „*garbage in – garbage out*". Die Strukturen und die relativen Energien, die wir voraussagen, können nur so gut sein, wie die Methode, die wir zur Berechnung der Energiehyperfläche benutzen. Die Aufgabe lautet, für ein chemisches System mit einer Vielzahl von Atomen die Energien zahlreicher isomerer Minimum- und Übergangsstrukturen mit „chemischer Genauigkeit" (1 kcal/mol oder 5 kJ/mol), ohne zu großen Computeraufwand zu berechnen. Wir fragen also nach einem Modell zur quantitativen Beschreibung der chemischen Bindung. Eines, welches mit begrenztem Aufwand auf sehr große Systeme angewendet werden kann, haben wir schon kennen gelernt, die sogenannten Kraftfelder, die in der Molekülmechanik benutzt werden. Deren Genauigkeit hängt von den Kraftkonstanten ab, die meist durch Vergleich mit experimentellen Strukturen und Energien parametrisiert werden. Kraftfelder (empirische Potentiale) sind ideal für biomolekulare Systeme mit wenigen Atomtypen in wohldefinierten Valenzzuständen und Simulationen in einem engem (Umgebungs-) Druck und Temperaturbereich. Problematisch für Kraftfelder ist das Knüpfen und Brechen chemischer Bindungen und die Änderung von Koordinationszahlen.

Die eigentliche Theorie der chemischen Bindung, die ohne Parameteranpassung auskommt, ist die Quantenmechanik. Diese beschreibt ein chemisches System (Molekül) durch den Hamiltonoperator:

$$\hat{H}_N(r_1, \ldots r_n) = \sum_{p=1}^{N} -\frac{\hbar^2}{2m}\left[\frac{\partial^2}{\partial x_p^{\,2}} + \frac{\partial^2}{\partial y_p^{\,2}} + \frac{\partial^2}{\partial z_p^{\,2}}\right] + \sum_{i>j}^{N,M} \frac{q_i \cdot q_j}{r_{ij}} . \qquad [4]$$

Um ihn aufzuschreiben, brauchen wir nur die Summenformel des Moleküls zu kennen, die die Anzahl der Atome jedes im Molekül vorkommenden Elements angibt (C_4H_4 für das obige Beispiel). Dann kennen wir nämlich Zahl und Art der Atomkerne sowie die Gesamtzahl der Elektronen. Der (elektronische) Hamiltonoperator enthält als potentielle Energie die Wechselwirkung zwischen den Elektronen und zwischen Elektronen und Kernen nach dem Coulombschen Gesetz, und als kinetische Energie jedes Elektrons einen Ausdruck, bei dem in der bekannten Formel $p^2/2m$ (m – Elektronenmasse) der Impuls p durch den Impulsoperator ersetzt wurde. Um den Hamiltonoperator für einen Punkt $\mathbf{R}_i$ der Energiehyperfläche zu erhalten, muss man lediglich die konkreten Werte für die Koordinaten und die Kernladungszahlen der Atome in den Coulomb-Term für die Wechselwirkungen zwischen den geladenen Teilchen einsetzen. Nur die Elektronenkoordinaten bleiben als Variable übrig, und die Bestimmung der Energie erfolgt durch Lösung der Schrödingergleichung

$$\hat{H}_n(r_1, \ldots r_n)_{\mathbf{R}_i} \Psi(r_1, \ldots r_n) = E(\mathbf{R}_i)\Psi(r_1, \ldots r_n). \qquad [5]$$

Es ist einfach, den Hamiltonoperator für ein Molekül mit einer Vielzahl von Atomen und Elektronen aufzuschreiben, aber die Schrödingergleichung ist so kompliziert, dass sie ohne gravierende Näherungen nicht lösbar ist. Der vielzitierte Satz von Dirac (1929; „The general theory of quantum mechanics is now almost complete [...] The underlying physical laws necessary for the mathematical theory of [...] the whole of chemistry are thus completely known, and the difficulty is only that the exact application of these laws leads to equations that are much too complicated to be soluble.")[5] ist auch heute noch gültig.

5 Die allgemeine Theorie der Quantenmechanik ist nun fast vollständig. Die grundlegenden physikalischen Gesetze, die man für die mathematische Theorie der gesamten Chemie braucht, sind damit vollständig bekannt, die Schwierigkeit ist nur, dass die Anwendung dieser Gesetze auf Gleichungen führt, die viel zu kompliziert sind, um sie lösen zu können.

Ebenso gilt noch heute der zweite Teil der Bemerkung DIRACS: „It therefore becomes desirable that **approximate methods** of applying quantum mechanics should be developed, which can lead to an explanation of the main features of complex atomic systems **without too much computation**."[6] Mit der Entwicklung von Näherungsverfahren, die einen vertretbaren Kompromiss zwischen Genauigkeit und Rechenaufwand darstellen, sind die Quantenchemiker bis heute beschäftigt. Die Erfolge auf diesem Weg, der eng mit der Entwicklung der Computer verknüpft ist und an dem viele Anteil haben (SAUER 1998, 1999), wurden 1998 durch die Verleihung des Nobelpreises gewürdigt: „to Walter KOHN for his development of the density-functional theory and to John POPLE for his development of computational methods in quantum chemistry." Mehr über die Hierarchie von Methoden abgestufter Genauigkeit, mit der die Energiehyperflächen auch sehr großer Systeme berechnet werden können, wird im Abschnitt 7 berichtet.

Die **Bewegung auf der Potentialfläche** kann räumlich erfolgen (Auffinden von Minima und Sattelpunkten durch Optimierungsverfahren), räumlich-statistisch (Monte-Carlo-Methoden) oder raum-zeitlich (Molekulardynamik). Herausforderungen resultieren hier aus der Vielzahl von Dimensionen (Freiheitsgraden), in denen die Bewegung erfolgen kann, und der oft damit verbundenen komplexen Energielandschaften (WALES 2003) mit zahlreichen Minima und Sattelpunkten, wobei der oben betrachtete C_4H_4-Fall noch relativ übersichtlich ist. Zu den klassischen Problemen der Bewegung auf der Potentialfläche von Biomolekülen (CHRISTEN und VAN GUNSTEREN 2008) gehört die Proteinfaltung.

Die Methoden zur Bestimmung von Energieminimum-Strukturen sind lokale Optimierungsmethoden. Ausgehend von einer Startstruktur, finden sie in der komplexen Energielandschaft das nächstgelegene Minimum. Das kann einem Isomer entsprechen, welches eine so hohe relative Energie hat, dass es chemisch keine Rolle spielt. Will ich die Struktur des stabilsten Isomers finden, muss ich in der Nähe des *globalen* Energieminimums starten, d. h., ich muss bereits eine ungefähre Vorstellung davon haben, wie die Baueinheiten verknüpft sind. WATSON erzählt in seinem Buch, wie schwer das sein kann. Im folgenden Abschnitt wird eine erfolgreiche Strategie an einem anderen Beispiel erläutert.

5. Struktur von Nanoclustern – Chemisches Wissen oder Evolution?

Unter Umgebungsbedingungen sind Metalloxide feste Substanzen mit einer hochgeordneten kristallinen Struktur. Wir haben uns die Frage gestellt, welche Struktur ein Gasphasencluster der gleichen stöchiometrischen Zusammensetzung M_aO_b annimmt, also $(M_aO_b)_n$ mit z. B. $n = 2$–240 anstatt $n = \infty$. An solchen Strukturen im Nanometer-Bereich besteht großes Interesse. Vanadiumpentoxid, V_2O_5, kristallisiert in Schichten. Innerhalb der Schichten ist jedes Vanadiumatom von fünf Sauerstoffatomen umgeben, die zu drei verschiedenen Typen gehören: terminale doppelt gebundene O(1)-Atome (Vanadylbindung), verbrückende O(2)-Atome und dreifach-koordinierte O(3)-Atome (Abb. 3). Für $(V_2O_5)_n$-Cluster in der Gasphase haben wir die Energiehyperfläche mit einer Dichtefunktionalmethode berechnet und ausgehend von unterschiedlichen Startstrukturen die Energieminimum-Struktur durch lokale Optimierung bestimmt. Unter einer Vielzahl von Minimumstrukturen erwiesen sich reguläre Polyeder aus $O{=}V(O\text{-})_4$-Tetraedern ($n = 2$–$5, 8, 10, 12$) als die stabilsten (globale Minima) (VYBOISHCHIKOV

6 Es ist deshalb wünschenswert, Näherungsmethoden für die Anwendung der Quantenmechanik zu entwickeln, die zu einer Erklärung der Haupteigenschaften komplexer atomarer Systeme ohne allzu viel Rechenaufwand führen.

und SAUER 2001). Alle Vanadiumatome sind symmetrie-äquivalent, und es gibt nur zwei verschiedene Typen von Sauerstoffatomen, terminale O(1)-Atome und verbrückende O(2)-Atome, die die Ecken bzw. Kanten der Polyeder bilden. Experimentell kann die Struktur derartiger Gasphasencluster mit der Infrarotspektroskopie untersucht werden, und die gemessenen Spektren haben unsere Voraussagen bestätigt (Abb. 3). Während das Spektrum des kristallinen V_2O_5 drei Banden aufweist, die den Typen O(1), O(2) und O(3) zugeordnet werden können, zeigt das des $(V_2O_5)_4$-Clusters in der Gasphase nur zwei Banden, die den O(1)- und O(2)-Typen entsprechen (ASMIS et al. 2005). Die unterschiedliche Reaktivität dieser Cluster im Vergleich zu der von Mikrokristalliten (SAUER und DÖBLER 2004) ist Schlüssel zum Verständnis der Reaktivität von industriell genutzten V_2O_5-Katalysatoren, die je nach Präparationsbedingungen variierende Anteile dieser unterschiedlichen Strukturen enthalten.

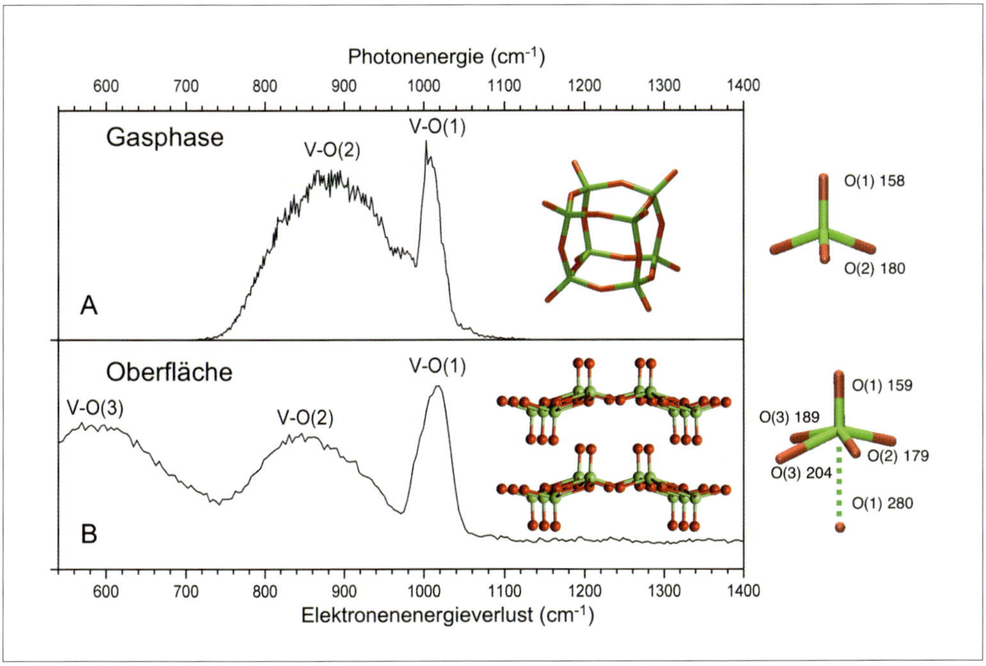

Abb. 3 (*A*) Infrarot-Schwingungsspektrum des $(V_2O_5)_4$-Gasphasenclusters (ASMIS et al. 2005) und (*B*) des V_2O_5-Kristalls (TEPPER et al. 2002)

Die stabilste der zahlreichen Modifikationen des festen Aluminiumoxids, die Korundstruktur (α-Al_2O_3), ist hochsymmetrisch (Raumgruppe R$\bar{3}$C). Die „Gesetzeskraft des Kollektivs" (VON SCHNERING 1991) sorgt dafür, dass alle Individuen gleich sind: Jedes Aluminiumatom ist von sechs Sauerstoffatomen und jedes Sauerstoffatom von drei Aluminiumatomen umgeben.[7] Wie ändert sich die Struktur, wenn wir einen Nanocluster gleicher Zusammensetzung, z. B. $(Al_2O_3)_4$, betrachten? Als Startstruktur haben wir einen symmetrischen Ausschnitt aus dem Korundkristallgitter gewählt (Abb. 4). Die Energiehyperfläche wurde auch hier mit eine Dichtefunktional-

7 Ob wir uns auf Atome oder Ionen beziehen, ist hier unerheblich, da es um die Anordnung im Raum geht, nicht um die Elektronenstruktur.

methode berechnet und die Energieminimumstruktur durch lokale Optimierung bestimmt (SIERKA et al. 2007). In der resultierenden D_{3d}-Struktur (Abb. 4) sind noch immer alle O-Atome und alle Al-Atome gleich, letztere sind jedoch nicht mehr sechsfach, sondern dreifach koordiniert.

Für die experimentelle Untersuchung der Struktur derartiger Gasphasencluster mittels Infrarotspektroskopie sind elektrisch geladene Cluster, Molekülionen, besonders geeignet. Wir haben deshalb die Energieminimierung auch für das $Al_8O_{12}^+$-Kation durchgeführt und ebenfalls eine D_{3d}-Struktur erhalten. Der Vergleich des berechneten mit dem gemessenen Spektrum in Abbildung 4 zeigt, dass die gefundene D_{3d}-Struktur das Spektrum nicht erklären kann und deshalb nicht dem stabilsten Isomer entspricht. Alle folgenden Versuche, mittels chemischer Strukturprinzipien Startstrukturen zu entwerfen, deren Optimierung zu tieferen Energien führt, schlugen fehl. Marek SIERKA hat deshalb einen genetischen Algorithmus implementiert (SIERKA 2010), mit dem es möglich wurde, chemisches Wissen durch Evolution zu ersetzen. Die globale Energieminimumstruktur, die keinerlei Symmetrie aufweist, ist 20 kJ/mol stabiler als die hochsymmetrische Struktur. Fällt die Gesetzeskraft des Kollektivs weg (Translationssymmetrie im Festkörper) (VON SCHNERING 1991), kann Ungleichheit der Individuen die Stabilität des kleinen Kollektivs erhöhen: Drei der acht Al-Atome sind von vier statt von drei O-Atomen umgeben, dafür sind neun der zwölf O-Atome nur noch von zwei anstatt von drei Al-Atomen umgeben.

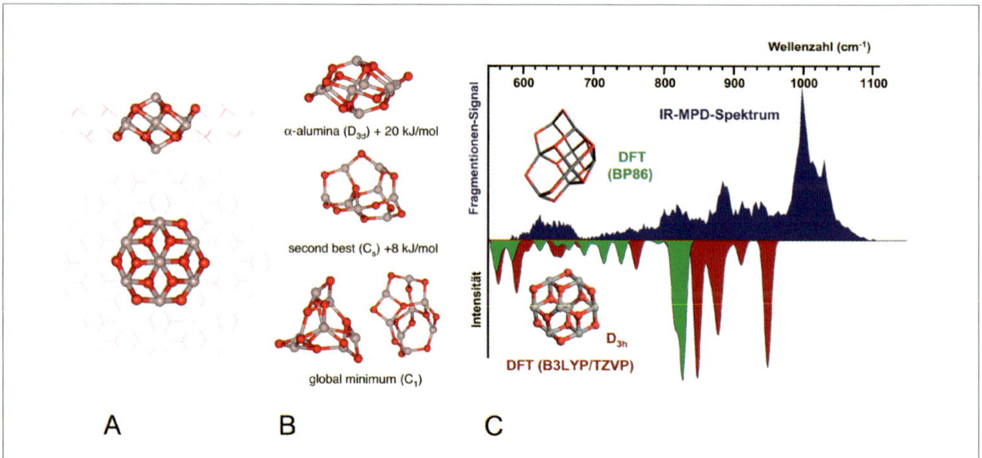

Abb. 4 Korundstruktur des kristallinen α-Al_2O_3 (*A*) und verschiedene Energieminimumstrukturen des $(Al_2O_3)_4$-Clusters mit relativen Energien (*B*). (*C*): Vergleich des für lokal optimierte D_{3d}-Struktur von $[(Al_2O_3)_4]^+$ berechneten Infrarot-Spektrums (rot) mit dem gemessenen (blau) (SIERKA et al. 2007). Grün dargestellt ist das Spektrum einer Struktur, die durch den genetischen Algorithmus gefunden wurde, allerdings wurde die Potentialenergiefläche mit einem Dichtefunktional geringerer Qualität (BP86) berechnet.

Für das $Al_8O_{12}^+$-Clusterion ergab der genetische Algorithmus eine noch ungewöhnlichere „Pfeilspitzen"-Struktur, die durch Übereinstimmung mit dem experimentellen Spektrum bestätigt wurde (Abb. 5). Das Entfernen eines Elektrons aus dem Al_8O_{12}-Cluster führt im $Al_8O_{12}^+$-Clusterkation zu noch größerer Ungleichheit. Der Verlust des Elektrons wird nicht von allen O-Atomen kollektiv getragen, sondern einem O-Atom allein zugewiesen, das dadurch im Wortsinne zu einem Außenseiter wird. Aus den neun zweifach und drei dreifach koordinierten O-Atomen im neutralen Al_8O_{12}-Cluster werden sieben zweifach, vier dreifach und ein einfach koordiniertes (terminales) O-Atom. An diesem terminalen O-Atom ist sowohl die Spindichte als auch die Ladung lokalisiert. Im ionischen Bild handelt es sich um ein O^--Radikalion, während alle anderen Sauerstoffanionen O^{2-}-Ionen sind. Das legt die Vermutung nahe, dass dieses Zentrum besonders reaktiv ist und Methan durch Wasserstoffabstraktion aktiviert, was tatsächlich durch Rechnungen vorausgesagt wurde und durch ein massenspektrometrisches Experiment nachgewiesen werden konnte (Feyel et al. 2008). Diese O^--Ionen werden auch als aktive Zentren für die oxidative Kopplung von Methan zu Äthylen vermutet,

$$2\,CH_4 + O_2 \rightarrow C_2H_4 + 2\,H_2O,$$

eine Reaktion, die für die Nutzung der Ressource Erdgas von erheblichem industriellen Interesse ist (Kondratenko und Baerns 2008).

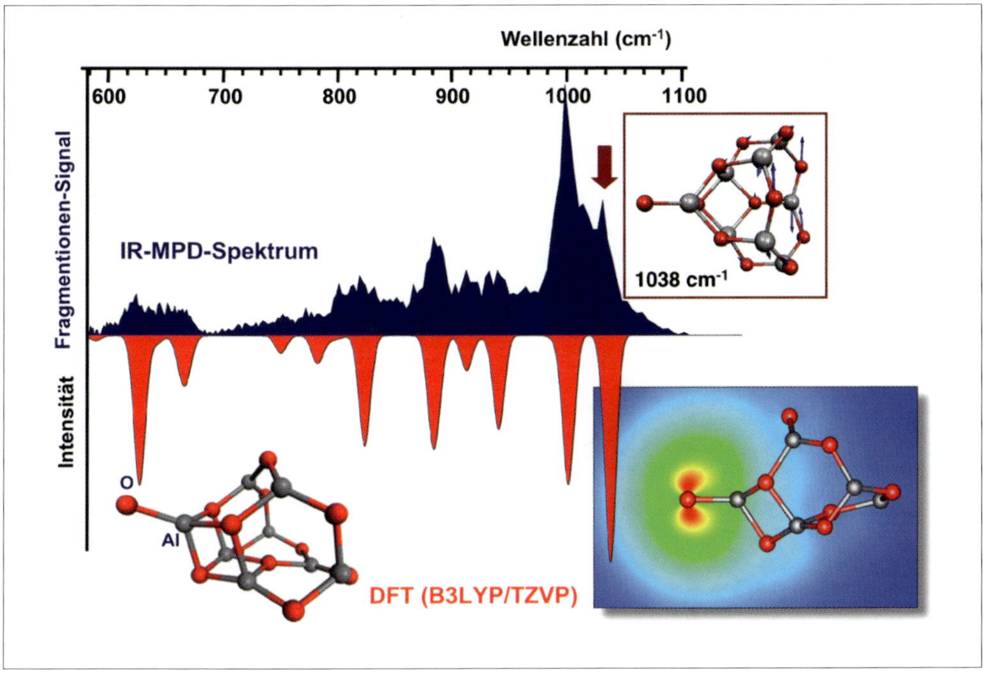

Abb. 5 Erfolgreicher Test der „Pfeilspitzen“-Struktur für $[(Al_2O_3)_4]^+$ (globales Energieminimum) durch Vergleich des gemessenen Infrarot-Spektrums mit dem berechneten (Sierka et al. 2007). Oben rechts ist die Normalmode der Schwingung bei 1038 cm^{-1} zu sehen, unten rechts das elektrostatische Potential.

6. Zweidimensionales Siliziumdioxid

Die Aluminiumoxidcluster sind Beleg dafür, dass Systeme mit reduzierter Dimension unerwartete Strukturen und Eigenschaften aufweisen können. Das gilt auch für atomar dünne Filme von Oxiden. In der Abteilung von Hans-Joachim Freund werden Modellkatalysatoren mit den Mitteln der Oberflächenphysik untersucht (Freund 2002). Diese bestehen aus einer Metallunterlage, einem Trägeroxidfilm und darauf deponierten Clustern eines katalytisch aktiven Materials, einem Metall oder einem (Übergangs-)Metalloxid. Zunächst ging es darum, die Struktur des atomar dünnen Siliciumdioxid-Films auf der Molybdän-Unterlage aufzuklären. Langsame Elektronen (LEED) lieferten Beugungsbilder, aus denen die Größe der Oberflächenzelle bestimmt werden konnte. Das gemessene einfache Infrarotspektrum deutete auf eine hoch-symmetrische Struktur hin, und die Rastertunnelmikroskopie bildete eine hexagonale Struktur ab (Weissenrieder et al. 2005). Die Frage war nun: welches Strukturmodell erklärt diese Befunde?

Der primäre Baustein des SiO_2 sind SiO_4-Tetraeder, die über gemeinsame Ecken zu dreidimensionalen Netzen verknüpft sind (Abb. 6). Da der Si-O-Si-Winkel dieser Verbindung sehr leicht veränderbar ist, ergibt sich eine große strukturelle Vielfalt (Liebau 1985). Die stabilste dreidimensionale Struktur ist α-Quarz, daneben existieren zahlreiche mikroporöse SiO_2-Strukturen (Zeolithgerüste), die als Adsorbentien und gestaltselektive Katalysatoren verwendet werden. Unter den Schichtstrukturen (Liebau 1985) findet man hexagonale Mono- und Doppelschichten, die als Startstrukturen für lokale Strukturoptimierungen unter Verwendung periodischer Randbedingungen eingesetzt wurden.

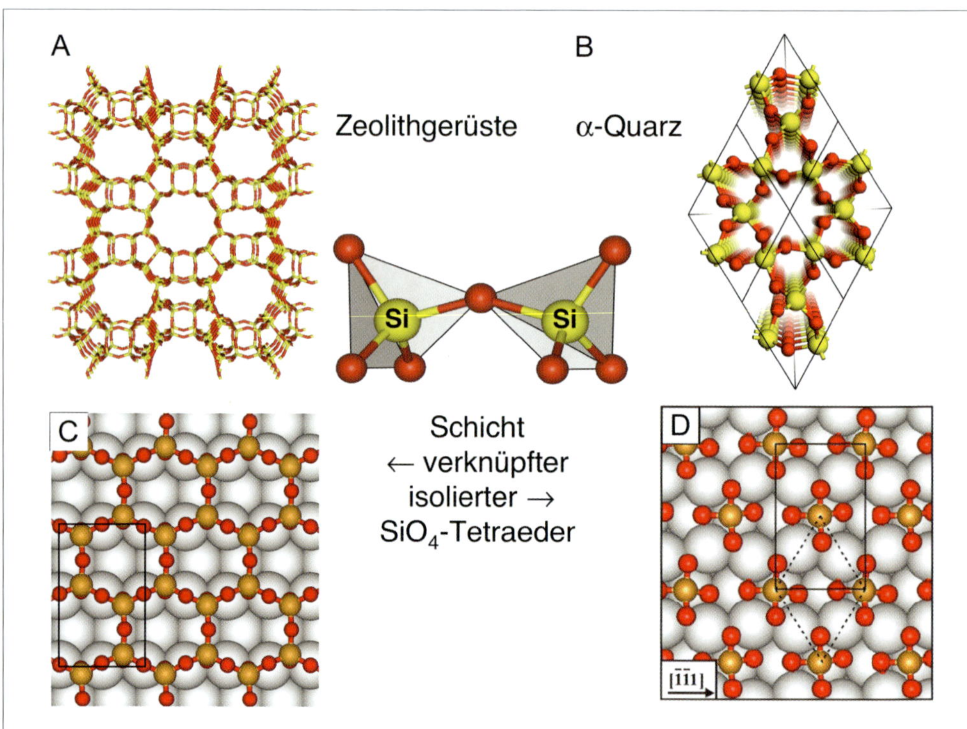

Abb. 6 Eckenverknüpfte SiO_4-Tetraeder (*A*) in drei-dimensionalen Zeolith-Gerüststrukturen und (*B*) in drei-dimensionalen α-Quarz sowie in einer zwei-dimensionalen hexagonalen Schichtstruktur (*C*). Rechts daneben ist eine Schicht isolierter SiO_4-Tetraeder dargestellt (*D*).

Sowohl eine Monoschicht isolierter Tetraeder (Zusammensetzung SiO_4) als auch eine Monoschicht verknüpfter Tetraeder (Zusammensetzung Si_2O_5) erwiesen sich als lokale Minima (Abb. 6), jedoch stimmten Schwingungsspektren und XPS-Signale nur für letztere überein. Das gilt auch für die Rastertunnelabbildungen, die für zwei verschiedene Tunnelbedingungen aufgenommen wurden (Abb. 7). Trotz atomarer Auflösung ist nicht von vornherein klar, welche Atome bzw. Elektronenzustände abgebildet werden. Rechnungen mit Hilfe der Dichtefunktionaltheorie zeigten, dass in einem Fall die hellen Punkte die Si-Atome sind (die sich alle in einer Ebene befinden), während in dem anderen Fall die vier hellen Punkte O-Atome sind. Diese befinden sich weiter außen als die anderen beiden O-Atome der Schicht. Die relative Stabilität dieser beiden Filme hängt vom Sauerstoffpartialdruck ab, da sie unterschiedliche Zusammensetzung aufweisen. Aus der berechneten Freien Enthalpie folgt, dass die sauerstoffreicheren isolierten SiO_4-Tetraeder zwar bei hohem Druck stabiler sind, im experimentell relevanten UHV-Bereich (etwa 10^{-10} bis 10^{-8} mbar) jedoch die hexagonale Schicht verknüpfter Tetraeder (Todorova et al. 2006). Stabilitätsbetrachtungen und Zuordnungen spektroskopischer Signaturen lassen somit keinen Zweifel daran, dass das Modell verknüpfter Tetraeder das richtige ist.

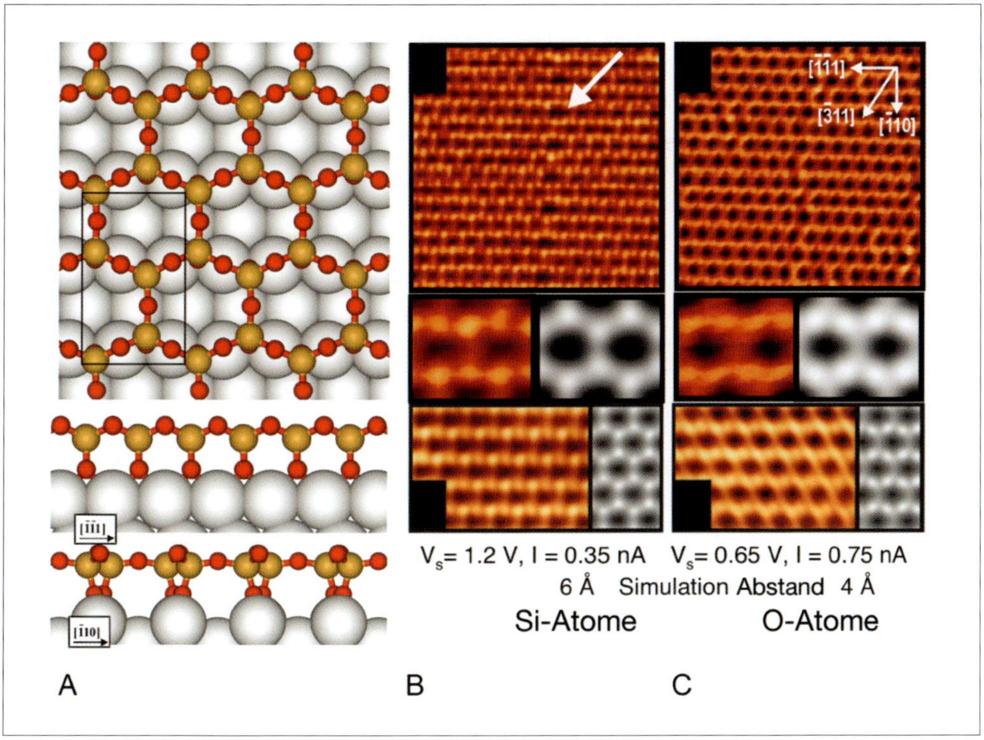

Abb. 7 Verschiedene Ansichten der hexagonalen Schichtstruktur (*A*) und Vergleich der Rastertunnelabbildung mit dem simulierten Bild für zwei verschiedene Tunnelbedingungen: (*B*) man sieht sechs helle Punkte, die den Si-Atomen entsprechen, (*C*) man sieht vier helle Punkte, die den vier O-Atomen entsprechen, die am weitesten aus der Oberfläche herausragen (Weissenrieder et al. 2005).

Auch im Falle der SiO_2-Filme wurde ein für Oberflächen entwickelter genetischer Algorithmus angewendet (Sierka 2010), in dem nicht nur die Struktur, sondern auch die Zusammensetzung der Oberflächenschicht variiert wird. Das Resultat ist ein zweidimensionales Phasendiagramm (Sierka et al. 2006), welches die Stabilität verschiedener Oberflächenstrukturen mit unterschiedlicher Zusammensetzung als Funktion von Sauerstoffpartialdruck und Beladung der Oberfläche wiedergibt. Das führte zu der Voraussage, dass bei Erhöhung des Sauerstoffpartialdrucks ein sauerstoffreicherer hexagonaler Film verknüpfter Tetraeder vorkommen sollte. Es gelang dann im Experiment tatsächlich, die Bedingungen so zu variieren, dass diese Phase identifiziert werden konnte, und zwar durch eine Verschiebung der Infrarotbanden und das Auftreten einer dritten Komponente im Röntgen-Photoelektronenspektrum (XPS), die den vorausgesagten Sauerstoffpositionen in den Gräben der Mo(112)-Oberfläche unterhalb der SiO_2-Schicht entspricht.

7. Modelle der Quantenchemie

Die Zuverlässigkeit quantenchemischer Struktur- und Reaktivitätsvoraussagen hängt von den Näherungen ab, die bei der Lösung der Schrödingergleichung notwendigerweise angewendet werden. Dem Nobelpreisträger Pople gelang mit dem Begriff „Quantenchemische Modelle" (Pople 1999) eine Klassifizierung der quantenchemischen Näherungsmethoden und ihrer Leistungsfähigkeit für verschiedene Klassen chemischer Verbindungen. Durch Anwendung auf Fälle, in denen die genaue Antwort bekannt ist, entweder aus zuverlässigen Experimenten oder aus hochgenauen Rechnungen, wird empirisches Wissen über diese Leistungsfähigkeit gewonnen.

Grob kann man die Modelle der Quantenchemie[8] wie folgt kategorisieren:

- *Semiempirische* quantenchemische *Verfahren* (enthalten neben Näherungen empirisch bestimmte Parameter), z. B. AM1, PM5, MNDO.
- Modelle der *Dichtefunktionaltheorie* (DFT), spezifiziert durch Funktional/Basissatz. Wichtigste Klassen von Funktionalen sind GGA-Funktionale („Generalized Gradient Approximation"), z. B. BP86, BLYP, PBE, und Hybridfunktionale, z. B. B3LYP. Als Basisfunktionen kommen Gaußfunktionen (6-31G*, TZVP) oder ebene Wellen in Frage. Das für die Rechnungen an den SiO_2-Filmen (Abschnitt 6) verwendete Modell wäre durch „PW91/plane wave(PAW, 400 eV)" zu beschreiben (Todorova et al. 2006), das für die Rechnungen am $[(Al_2O_3)_4]^+$ durch „B3LYP/TZVP".[9]
- Modelle der *Ab-initio-Quantenchemie*, die eine Wellenfunktion verwenden und Elektronenkorrelation einbeziehen, spezifiziert durch Methode/Basissatz, z. B. MP2/6-31G**, MP2/TZVP, CCSD(T)/cbs (cbs – *complete basis set*), Gaussian-3. Diese Modelle unter-

8 Eine anwendungsorientierte Diskussion der Methoden und eine Erklärung der Akronyme findet man in Cramer 2002.

9 Das $[(Al_2O_3)_4]$+-Clusterion ist ein Beispiel dafür, dass sich berechnete Potentialenergieflächen selbst dann qualitativ unterscheiden, wenn die zur Berechnung verwendeten quantenchemischen Modelle wenig verschieden sind. Der Übergang vom Hybridfunktional zu einem GGA-Funktional BP86 und zu dem kleineren SVP-Basissatz, um bei der Vielzahl lokaler Optimierungen im genetischen Algorithmus Rechenzeit zu sparen, führt zu einem globalen Minimum auf der „BP86/SVP"-Potentialfläche, welches nicht der beobachteten Struktur entspricht. Das belegt der Vergleich des berechneten Infrarotspektrums dieser Struktur (Abbildung 4, grün) mit dem experimentellen Spektrum (blau): Es stimmt noch schlechter überein, als das Spektrum der $D3_d$-Struktur.

scheiden sich grundsätzlich von den anderen; denn sie sind systematisch verbesserbar. Man weiß genau, welche Methode als nächste anzuwenden ist, und wie der Basissatz zu vergrößern ist, um eine bessere Annäherung an den wahren Wert zu erreichen. Das große Problem ist, dass dabei der Aufwand für ein Molekül bestimmter Größe erheblich steigt. Noch gravierender ist, dass auch der Anstieg der Rechenzeit bei Vergrößerung des Moleküls zunimmt.

Die Rechenzeit quantenchemischer Verfahren steigt exponentiell mit der Systemgröße (Zahl der Atome bzw. der Elektronen im Molekül) an. Während bei DFT-Rechnungen eine Verdoppelung der Molekülgröße zu vier- bis achtfacher Rechenzeit führt, steigt die Rechenzeit bei der CCSD(T)-Methode, die für eine breite Klasse von Problemen Ergebnisse mit chemischer Genauigkeit liefert, etwa um den Faktor 100 (außerdem steigen auch die Ansprüche an andere Rechnerressourcen). Die Überwindung dieses Skalierungsproblems, insbesondere die Entwicklung linear-skalierender Methoden (CLAEYSSENS et al. 2006), ist ein aktuelles Forschungsziel. Aus dem Skalierungsverhalten und den unterschiedlichen Rechenzeiten für ein System bestimmter Größe ergeben sich grob folgende Größenbereiche für die Anwendung der verschiedenen Modelle

Genaue *Ab-initio*-Rechnungen, CCSD(T)	10–100 Atome
Dichtefunktionaltheorie, MP2	100–1000 Atome
Semiempirisch (MNDO, AM1, ...)	1000–10000 Atome
Kraftfelder	10000–100000 Atome

Je größer die Systeme sind, umso geringer sind Genauigkeit und Zuverlässigkeit der anwendbaren Methoden. Kraftfelder können zwar für einen kleinen Bereich von Systemen, für den sie parametrisiert sind, genau sein, es mangelt aber an Übertragbarkeit der Potentiale und an der Anwendbarkeit auf chemische Reaktionen. Ein weiterer gravierender Nachteil ist, dass man keine Wellenfunktion erhält, mit der Eigenschaften des Systems berechnet werden können.

Einen Ausweg aus dem Größen-Genauigkeits-Dilemma bieten Teile-und-Herrsche-Strategien, die auf folgenden Beobachtungen beruhen:

(*1.*) Die höchste Genauigkeit („high level"-Modell) ist nicht für alle Punkte einer Potentialenergiefläche erforderlich.

(*2.*) Die höchste Genauigkeit ist oft nur für einen Teil des Systems erforderlich, z. B. für das Reaktionszentrum, an dem chemische Bindungen geknüpft oder gebrochen werden.

Die erste Beobachtung wird in *Multilevel-Methoden*, für die das G(aussian)3-Modell (POPLE 1999) ein Beispiel ist, genutzt. Die Lokalisierung von Minima und Sattelpunkten, die eine Berechnung von Energie und Kräften für viele Punkte der Fläche erfordert, erfolgt mit einem weniger anspruchsvollen „low level"-Modell. Für die so bestimmte Struktur, d. h. für einen einzelnen stationären Punkt der Potentialfläche, wird dann eine Energieberechnung mit dem „high level"-Modell durchgeführt.

Die zweite Beobachtung führt zu „high-level":„low-level"-Hybridverfahren (SAUER und SIERKA 2000). Man führt eine Rechnung für das Clustermodell C mit der „high-level"-Methode durch und definiert eine „high-level"-Korrektur, $\Delta E_{HL\text{-}cor}$, als Differenz der Ergebnisse einer „high-level"- und einer „low-level"-Rechnung für diesen Cluster,

$$\Delta E_{HL\text{-}corr}(C) = E_{high}(C) - E_{low}(C). \quad [6]$$

Man erhält das Hybridergebnis für das Gesamtsystem S, in dem man diese Korrektur zum „low-level"-Ergebnis für das Gesamtsystem addiert,

$$E_{Hybrid}(S) = E_{low}(S) + \Delta E_{HL-corr}(C). \quad [7]$$

Entsprechende Gleichungen gelten für die Kräfte auf die Atome, und die Strukturoptimierung wird dann auf der durch Gleichung [7] definierten Hybrid-Energiehyperfläche durchgeführt. Werden als „low-level"-Methode Kraftfelder benutzt (MM – Molekülmechanik), und als „high-level"-Methode quantenmechanische Methoden (QM), spricht man von QM:MM-Hybridverfahren, werden zwei verschiedene quantenmechanische Modelle genutzt, spricht man von QM:QM-Hybridverfahren (Tuma und Sauer 2004).

8. Chemische Genauigkeit für Reaktionen: Hybridmodelle

Mit Hilfe von QM:MM- oder QM:QM-Hybridverfahren, gekoppelt mit Multilevel-Methoden, lässt sich chemische Genauigkeit bei der Behandlung chemischer Reaktionen auch in sehr großen Systemen erreichen. Genaue Energiebarrieren für Enzyme sind durch Lokalisierung von Übergangsstrukturen auf einer DFT:MM-Hybridpotentialfläche und anschließenden Einzelpunktrechnungen mit quantenchemischen *Ab-initio*-Modellen (MP2, CCSD(T)) erhalten worden (Claeyssens et al. 2006).

Wir betrachten das Beispiel eines Zeolithkatalysators für die Methylierung von Alkenen wachsender Länge (Svelle et al. 2009). Diese Reaktionen sind wesentlicher Teil des „Hydrocarbon Pool"-Mechanismus der Synthese von Kohlenwasserstoffen aus Methanol, die durch die Notwendigkeit motiviert ist, Erdöl durch Erdgas als Rohstoff für Chemieprodukte zu ersetzen. Abbildung 8 zeigt die Strukturmodelle typischer Größe, für die Rechnungen mit quantenchemischen Modellen unterschiedlicher Genauigkeit durchgeführt wurden. In der Tabelle sind die experimentellen Enthalpiebarrieren, die sich von Ethen zu Propen um 40 kJ/mol und von Propen zu Buten um 24 kJ/mol erniedrigen, mit den Ergebnissen der quantenchemischen Rechnungen verglichen. Die DFT-Rechnungen für die vollständige periodische Struktur geben die Änderung mit der Kettenlänge nicht wieder. Das liegt daran, dass diese Funktionale Dispersionskräfte nicht explizit, und implizit nur unzureichend, berücksichtigen. Das MP2/CBS-Modell behebt diesen Mangel, und die sehr kleinen CCSD(T)-Korrekturen belegen, dass das MP2/CBS-Modell für diese Reaktion eine hervorragende Näherung ist. Insgesamt liegt die Abweichung vom Experiment zwischen 0 und 13 kJ/mol; chemische Genauigkeit ist also fast erreicht.

Tab. 1 Verschiedene Beiträge zur Enthalpiebarriere der zeolithkatalysierten Reaktion von Methanol mit Alkenen wachsender Kettenlänge (kJ/mol).[1]

Reaktion von Methanol mit	Ethen	Propen	Buten
DFT, periodisch	109	89	86
MP2/CBS-Beitrag	–17	–23	–48
CCSD(T)-Beitrag	+2,2	+0,4	+0,4
Thermische Beiträge	+10	+10	+10
Enthalpiebarriere, berechnet	104	77	48
Enthalpiebarriere, Experiment	104	64	40

[1] Scheinbare Barriere in Bezug auf das Alken (Svelle et al. 2009).

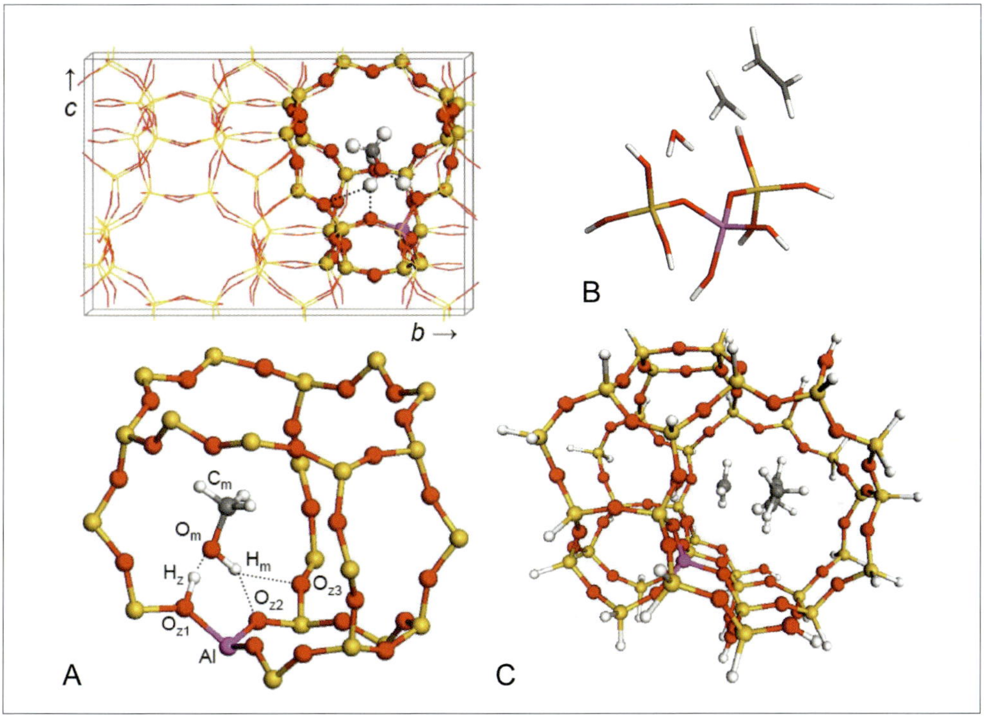

Abb. 8 Verschiedene Strukturen für das System Alken/Methanol/H-ZSM-5-Zeolith (SVELLE et al. 2009). (*A*): Periodisches Modell, Einheitszelle für DFT/ebene Wellen-Rechnungen (291 Atome): 20,2 × 20,0 × 13,5 Å. (*B*): Modell für CCSD(T)-Rechnungen (34 Atome): $C_2H_4/CH_3OH/Si_2AlO_{10}H_9$. (*C*): Größtes Modell für MP2/TZVP-Rechnungen (163 Atome): $C_4H_8/CH_3OH/Si_{37}AlO_{58}H_{49}$.

9. Ausblick

Die Struktur und Reaktivität chemischer Systeme, auch sehr großer, kann heute mit einer Genauigkeit modelliert werden, die mit der Genauigkeit experimenteller Methoden vergleichbar ist. Am fruchtbarsten ist eine enge Kopplung von Experiment und Modellierung. Die quantenchemische Modellierung ist für die Zuordnung beobachteter Signaturen zu atomaren Strukturen oft unverzichtbar, durch globale Optimierungsverfahren vorhergesagte Strukturen bedürfen der Verifizierung durch Vergleich berechneter mit beobachteten Spektren. Ein ungelöstes Problem stellen sogenannte Multireferenzfälle dar, chemische Systeme mit einer Vielzahl energetisch eng beieinander liegender Zustände, deren Elektronenstruktur auch qualitativ nur durch mehrere Determinanten-Wellenfunktionen beschrieben werden kann. Wichtige Beispiele sind Übergangsmetallverbindungen, insbesondere mehrkernige, wozu die Metallenzyme gehören (YE und NEESE 2009), aber auch industriell eingesetzte Katalysatoren, die Übergangsmetalloxidcluster auf einem Trägeroxid enthalten (DÖBLER et al. 2005). Unterschiedliche Dichtefunktionale können qualitativ verschiedene Resultate liefern und quantenchemische *Ab-initio*-Rechnungen mit Multireferenzmethoden sind nur eingeschränkt möglich (AZIZI et al. 2006).

Dank

Ich danke Radoslaw WLODARCZYK für die Anfertigung von Abbildung 2, Torsten KERBER für die Durchsicht des Manuskriptes sowie allen Mitarbeitern und Kooperationspartnern, die zu den zitierten Arbeiten beigetragen haben.

Literatur

ASMIS, K. R., SANTAMBROGIO, G., BRÜMMER, M., and SAUER, J.: Polyhedral vanadium oxide cages: Infrared spectra of cluster anions and size-induces d-electron localization. Angew. Chem. *117*, 3182–3185 (2005)

AZIZI, Z., ROOS, B. O., and VERYAZOV, V.: How accurate is the CASPT2 method? Phys. Chem. Chem. Phys. *8*, 2727–2732 (2006)

CHRISTEN, M., and VAN GUNSTEREN, W. F.: On searching in, sampling of, and dynamically moving through conformational space of biomolecular systems: A review. J. Comput. Chem. *29*, 157–166 (2008)

CLAEYSSENS, F., HARVEY, J. N., MANBY, F. R., MATA, R. A., MULHOLLAND, A. J., RANAGHAN, K. E., SCHÜTZ, M., THIEL, S., THIEL, W., and WERNER, H. J.: High-accuracy computation of reaction barriers in enzymes. Angew. Chem. Int. Ed. *45*, 6856–6859 (2006)

CRAMER, C. J.: Essentials of Computational Chemistry – Theory and Models. Chicester: Wiley 2002

DIRAC, P. A. M.: Quantum Mechanics of Many Electron Systems. Proc. Roy. Soc. London A *123*, 714–733 (1929)

DÖBLER, J., PRITZSCHE, M., and SAUER, J.: Oxidation of methanol to formaldehyde on supported vanadium oxide catalysts compared to gas phase molecules. J. Amer. Chem. Soc. *127*, 10861–10868 (2005)

FEYEL, S., DÖBLER, J., HÖCKENDORF, R., BEYER, M. K., SAUER, J., und SCHWARZ, H.: Methanaktivierung durch $(Al_2O_3)_x$+ (x = 3,4,5) – die Rolle von sauerstoffzentrierten Radikalen bei thermischer Abstraktion eines Wasserstoffatoms von Methan. Angew. Chem. *120*, 1972–1976 (2008)

FREUND, H. J.: Clusters and islands on oxides: From catalysis via electronics and magnetism to optics. Surf. Sci. *500*, 271–299 (2002)

HENDRICKSON, J. B.: Molecular geometry. I. Machine computation of the common rings. J. Amer. Chem. Soc. *83*, 4537–4547 (1961)

KOLLMAR, H., CARRION, F., DEWAR, M. J. S., and BINGHAM, R. C.: Ground-states of molecules. 58. The C_4H_4 potential surface. J. Amer. Chem. Soc. *103*, 5292–5303 (1981)

KONDRATENKO, E. V., and BAERNS, M.: In: ERTL, G., KNÖZINGER, H., SCHÜTH, F., and WEITKAMP, J. (Eds.): Handbook of Heterogeneous Catalysis. Vol. *6*. Weinheim: Wiley-VCH 2008

LIEBAU, F.: Structural Chemistry of Silicates. Berlin: Springer 1985

PONDER, J.: TINKER – Software Tools for Molecular Design, 5.1. Washington University: Saint Louis 2010 (http://dasher.wustl.edu/tinker/)

POPLE, J. A.: Quantum chemical models (Nobel lecture). Angew. Chem. Int. Ed. *38*, 1894–1902 (1999)

RAMACHANDRAN, G. N., RAMAKRISHNAN, C., and SASISEKHARAN, V.: Stereochemistry of polypeptide chain configurations. J. Mol. Biol. *7*, 95–99 (1963)

SAUER, J.: Chemie aus dem Computer. Spektrum der Wissenschaft *12*, 24–30 (1998)

SAUER, J.: Nobelpreis für Chemie. Bunsenmagazin *1*, 3–6 (1999)

SAUER, J., and DÖBLER, J.: Structure and reactivity of V_2O_5: Bulk solid, nanosized clusters, species supported on silica and alumina, cluster cations and anions. Dalton Trans. *19*, 3116–3121 (2004)

SAUER, J., and SIERKA, M.: Combining quantum mechanics and intermolecular potential functions in ab initio studies of extended systems. J. Comput. Chem. *21*, 1470–1493 (2000)

SCHNERING, H.-G. VON: Die Krümmung chemischer Strukturen. Nova Acta Leopoldina NF Bd. *65*, Nr. 277, 89–103 (1991)

SIERKA, M.: Synergy between theory and experiment in structure resolution of low dimensional oxides. Progr. Surf. Sci. *85*, 398–434 (2010)

SIERKA, M., DÖBLER, J., SAUER, J., SANTAMBROGIO, G., BRÜMMER, M., WÖSTE, L., JANSSENS, E., MEIJER, G., and ASMIS, K. R.: Unexpected structures of gas phase aluminium oxide clusters. Angew. Chem. Int. Ed. *46*, 3372–3375 (2007), Angew. Chem. *119*, 3437–3440 (2007)

SIERKA, M., TODOROVA, T. K., KAYA, S., STACCHIOLA, D., WEISSENRIEDER, J., LU, J., GAO, H., SHAIKHUTDINOV, S., FREUND, H.-J., and SAUER, J.: Interplay between theory and experiment in the quest for silica with reduced dimensionality grown on a Mo(112) surface. Chem. Phys. Lett. *424*, 115–119 (2006)

Svelle, S., Tuma, C., Rozanska, X., Kerber, T., and Sauer, J.: Quantum chemical modeling of zeolite-catalyzed methylation reactions: Toward chemical accuracy for barriers. J. Amer. Chem. Soc. *131*, 816–825 (2009)

Tepper, B., Richter, B., Dupuis, A. C., Kuhlenbeck, H., Hucho, C., Schilbe, P., Bin Yarmo, M. A., and Freund, H. J.: Adsorption of molecular and atomic hydrogen on vacuum-cleaved V_2O_5(001). Surf. Sci. *496*, 64–72 (2002)

Todorova, T. K., Sierka, M., Sauer, J., Kaya, S., Weissenrieder, J., Lu, J.-L., Gao, H.-J., Shaikhutdinov, S., and Freund, H.-J.: Atomic structure of a thin silica film on a Mo(112) substrate: A combined experimental and theoretical study. Phys. Rev. B *73*, 165414 (2006)

Tuma, C., and Sauer, J.: A hybrid MP2/plane wave-DFT scheme for large chemical systems: Proton jumps in zeolites. Chem. Phys. Lett. *387*, 388–394 (2004)

Vyboishchikov, S. F., and Sauer, J.: (V_2O_5)n gas-phase clusters (n = 1–12) compared to V_2O_5 crystal: DFT calculations. J. Phys. Chem. A *105*, 8588–8598 (2001)

Wales, D. J.: Energy Landscapes: Applications to Clusters, Biomolecules and Glasses Cambridge: Cambridge University Press 2003

Watson, J. D.: Die Doppelhelix. Reinbek bei Hamburg: Rowohlt Taschenbuch Verlag 2001

Weissenrieder, J., Kaya, S., Lu, J. L., Gao, H. J., Shaikhutdinov, S., Freund, H. J., Sierka, M., Todorova, T. K., and Sauer, J.: Atomic structure of a thin silica film on a Mo(112) substrate: A two-dimensional network of SiO_4 tetrahedra. Phys. Rev. Lett. *95*, 076103 (2005)

Wilkins, M. H. F.: Die Molekulare Konfiguration der Nucleinsäuren. Angew. Chem. *75*, 429–439 (1963)

Wilkins, M. H. F.: The molecular configuration of nucleic acids. In: Nobel Lectures, Physiology or Medicine 1942–1962; pp. 754–781. Amsterdam: Elsevier 1964

Ye, S. F., and Neese, F.: Quantum chemical studies of C-H activation reactions by high-valent nonheme iron centers. Curr. Opinion Chem. Bio. *13*, 89–98 (2009)

Prof. Dr. Joachim Sauer
Humboldt-Universität, Institut für Chemie
Unter den Linden 6
10099 Berlin
Bundesrepublik Deutschland
Tel.: +49 30 20937135
Fax: +49 30 20937136
E-Mail: js@chemie.hu-berlin.de

Nova Acta Leopoldina NF *110*, Nr. 377, 119–141 (2011)

Mit den Dingen sprechen: Autos, Roboter und Weinflaschen als Dialogpartner?[1]

Wolfgang WAHLSTER ML (Saarbrücken)

Mit 19 Abbildungen

1 Die multimediale Präsentation mit Videodemonstrationen zu dem Vortrag kann auf der beigelegten DVD bzw. in der Online-Publikation des Bandes auf der Homepage der Akademie betrachtet werden.

Zusammenfassung

Die Computersimulation des menschlichen Sprachverhaltens ist eines der ehrgeizigsten wissenschaftlichen Ziele unseres Zeitalters. Sie setzt die multidisziplinäre Zusammenarbeit von Informatikern, Linguisten und Sprachpsychologen sowie Spezialisten der Computerlinguistik und der Künstlichen Intelligenz voraus. In den letzten 30 Jahren ist es uns gelungen, die komplexen Prozesse des Sprachverstehens, der Sprachproduktion und des menschlichen Dialogverhaltens immer exakter zu simulieren, so dass man zum Dialog mit Computersystemen verstärkt die natürliche Spracheingabe anstatt umständlich Tastatur und Maus verwenden kann. Die wissenschaftlichen Durchbrüche haben zu einer Sprachtechnologie geführt, mit der heute robuste Sprachdialogsysteme für maschinelle Auskunfts-, Buchungs-, Bestell- und Beratungssysteme realisiert werden können – allerdings stets eingeschränkt auf einen bestimmten Diskursbereich. Durch die Einbettung von Sprachtechnologie in Alltagsgegenstände wird es möglich, beispielsweise Fahrerassistenzsysteme im Auto sprachlich zu steuern oder entsprechend instrumentierte Weinflaschen im Verkaufsregal anzusprechen. Damit wird der uralte Menschheitstraum, mit den Dingen sprechen zu können, in greifbare Nähe gerückt. Zunächst wird motiviert, warum Sprachverstehen durch Computer so extrem schwierig ist: Wie kann Sprachverhalten algorithmisch beschrieben werden? Welche kognitiven Leistungen müssen simuliert werden, um natürliches Sprachverhalten zu reproduzieren? Der Beitrag erläutert die komplexen Verarbeitungsprozesse in aktuellen Sprachdialogsystemen und macht die derzeitigen Grenzen bei der Simulation von Sprachverhalten deutlich. Es wird gezeigt, wie Mehrdeutigkeiten der Sprache im Dialogkontext aufgelöst werden können und wie Sprache mit Gestik und Mimik in multimodalen Dialogen integriert werden kann. Es wird die Entwicklung der Forschung zur Sprachtechnologie in Deutschland in vier Dekaden bis hin zur kommerziellen Nutzung aufgezeigt. Schließlich wird auch gezeigt, wo der weitere massive Forschungsbedarf liegt, um Computer zu echten Dialogpartnern machen zu können.

Abstract

The computer simulation of human language behavior is one of the most ambitious scientific goals of this century. It requires multidisciplinary collaboration of computer scientists, linguists and psycholinguists as well as specialists in computational linguistics and artificial intelligence. During the last 30 years, our simulations of the complex processes underlying language understanding, language production and human dialog behavior became more and more precise, so that today we can increasingly use speech input instead of the cumbersome keyboard and mouse for the interaction with computer systems. Scientific breakthroughs have lead to quite mature language technology that enables us to realize spoken dialog systems for automated help, booking, ordering and consulting systems – however always restricted to a limited discourse domain. Embedding language technology into everyday items allows us, for example, to control driving assistance systems in cars by speech or to talk to wine bottles in instrumented shopping shelves. Thus the ancient dream of mankind, to be able to converse with things, is coming into reach. First, we motivate why language understanding is so extremely difficult for computer systems: How can we describe language behavior computationally? Which cognitive abilities must be simulated to reproduce natural language behavior? This paper discusses the complex processing schemes of current spoken dialog systems and presents today's limits of these simulations. We show how ambiguity can be resolved in the dialog context and how we can combine speech with gestures and facial expressions in multimodal dialogs. We present the development of human language technology in Germany during four decades up to the commercial deployment. Finally, we discuss the massive need for further research, if we want to use computers as real dialog partners.

1. Die Computermodellierung von Sprachverhalten als Schlüsselproblem

Sprachverhalten ist eine definierende Eigenschaft unserer Spezies. Seit etwa 60 Jahren beschäftigen sich Informatiker mit den Fragen:

(*1.*) Können Computermodelle natürliches Sprachverhalten analysieren, vorhersagen und simulieren?
(*2.*) Können Computersysteme zu echten Dialogpartnern des Menschen werden?

Die Fortschritte im Bereich der Computerlinguistik (vgl. ALLEN 1994, COLE et al. 1997, JURAFSY und MARTIN 2000) und der Künstlichen Intelligenz (vgl. RUSSEL und NORVIG 2009) haben uns in den letzten 30 Jahren einer positiven Beantwortung dieser Fragen näher gebracht. Damit erscheint der uralte Menschheitstraum, mit den Dingen sprechen zu können, realisierbar zu werden. Dieser Beitrag zeigt, wie es durch die Computermodellierung von Sprachverhalten schon heute möglich wird, mit Autos, Robotern und Weinflaschen einfache Dialoge in Umgangssprache zu führen, wie dies im Titel suggeriert wird. Da die menschliche Sprachfähigkeit eine Vielfalt von Wechselwirkungen mit anderen kognitiven Fähigkeiten wie Bildverstehen, Problemlösen, Schlussfolgern, Lernen und Planen aufweist, wird die Computermodellierung von Sprachverhalten als eines der Schlüsselprobleme der Künstlichen Intelligenz (KI) und Kognitionswissenschaft angesehen. Um eines der ehrgeizigsten wissenschaftlichen Ziele unseres Zeitalters zu erreichen, werden in interdisziplinärer Zusammenarbeit folgende Fragen erforscht:

(*1.*) Wie wird Sprache vom Menschen verstanden, erlernt und generiert? (zusammen mit Psycho- und Neurolinguistik)
(*2.*) Wie können Sprach-, Bedeutungs- und Dialogstrukturen mathematisch-logisch beschrieben werden? (zusammen mit Linguistik, Sprachphilosophie, Semiotik und Kommunikationswissenschaft)
(*3.*) Wie können die für intelligentes Sprachverhalten benötigten kognitiven Leistungen maschinell verfügbar gemacht werden? (zusammen mit anderen Teilgebieten der Künstlichen Intelligenz und Kognitionswissenschaft)
(*4.*) Wie können effiziente sprachverstehende und -generierende Softwaresysteme realisiert werden? (zusammen mit Computerlinguistik und Softwaretechnik)

Sprache ist nicht nur das Hauptmedium für Information und Kommunikation, sondern auch Werkzeug bei der Arbeit und sozialem Handeln. Daher kommt der maschinellen Analyse von Sprache und Sprachdialogsystemen in der Informations- und Internetgesellschaft eine Schlüsselrolle zu, weil nur so die Mehrzahl der sprachlich codierten Inhalte einer automatisierten Weiterverarbeitung zugeführt werden können. Sprache kann nicht nur akustisch und schriftlich, sondern auch gestisch (z. B. Gebärdensprache für Gehörlose) und haptisch (z. B. Blindenschrift) codiert werden, wobei bis auf den Fall der Tastatureingabe zunächst immer eine akustische oder visuelle Signalverarbeitung stattfinden muss, bevor die Struktur und Bedeutung einer Äußerung durch Symbolverarbeitung auf dem Computer verarbeitet werden kann. Mit der heute verfügbaren Sprachtechnologie können prinzipiell all diese Modalitäten der Sprache mit Computersystemen analysiert und generiert werden, wobei die maschinellen Systeme auf der Analyseseite hauptsächlich aufgrund der Unsicherheiten bei der Signal-Symbol-Transformation und des Umfangs an erforderlichem Kontext- und Weltwissen allerdings bei weitem noch nicht die Robustheit und Qualität menschlichen Verstehens erreichen.

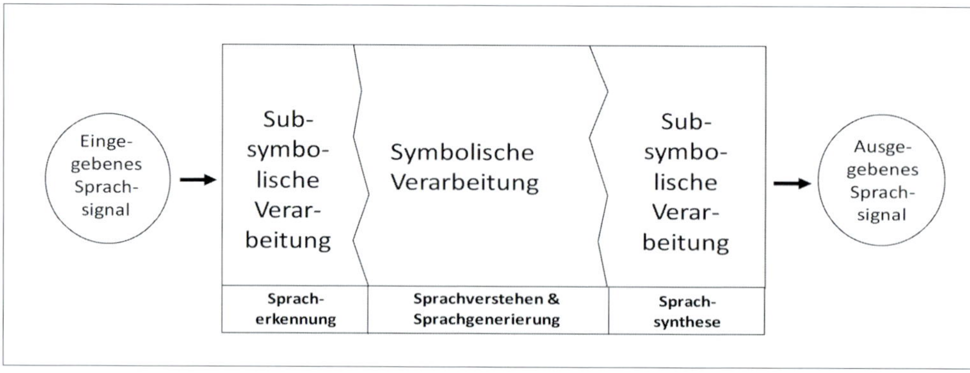

Abb. 1 Die Signal-Symbol-Signal-Transformation in Sprachdialogsystemen

Abbildung 1 zeigt den stark vereinfachten Verarbeitungsablauf in einem Sprachdialogsystem, das auf gesprochene Spracheingaben mit gesprochenen Sprachausgaben reagiert, etwa wenn eine Anfrage eines Benutzers über sein SmartPhone mit GPS-Ortung wie „Wo finde ich den nächsten Briefkasten mit Sonntagsleerung?“ mit „In der Saargemünder Str. 25. 350 m entfernt von hier.“ von einer synthetischen Stimme beantwortet wird. Nach der Spracherkennung, welche das akustische Eingabesignal in symbolische Worthypothesengraphen transformiert, erfolgt das symbolische Sprachverstehen mit dem Ziel der formalen Bedeutungsrepräsentation für die Eingabe. Diese wird dann zur Berechung einer Dialogreaktion verwendet, die danach durch Sprachgenerierung verbalisiert wird. Schließlich erfolgt über die Sprachsynthese die Ausgabe des Sprachdialogsystems. Oft wird eine verbale Antwort des Systems auch mit einer graphischen Ausgabe kombiniert, wie dies in Abbildung 2 mit unserem Dialogsystem Smart-Web illustriert wird (vgl. auch WAHLSTER 2008).

Abb. 2 Mobile Fragebeantwortung als Webdienst

Die einzelnen Subprozesse in solchen Sprachdialogmodellen sind äußerst komplex und führen auf vielen Ebenen an die technologischen Grenzen der Computermodellierung. Woher diese Komplexität kommt, soll im folgenden Abschnitt gezeigt werden.

2. Warum ist Sprachverstehen für den Computer so schwer?

Bei der Computermodellierung von Sprachverstehen stellt die schrittweise Reduktion von Unsicherheiten bei der Interpretation von sprachlichen Äußerungen die größte Herausforderung dar. Dies zeigt sich bereits bei der Abbildung von Schallwellen auf Wörter, da es dafür keine eineindeutige Funktion gibt. Die Äußerung „Urlauber wollen wieder me:r ans me:r" enthält in der phonetischen Umschrift zweimal „me:r" mit langem „e", muss aber im Kontext richtig als die Aussage „Urlauber wollen wieder mehr ans Meer" interpretiert werden. Wie Abbildung 3 im Spektrogramm für den zeitlichen Verlauf des Schallsignals in einer Darstellung der Frequenzverteilung deutlich zeigt, sind die Muster für „mehr" und „Meer" in dieser Äußerung nahezu identisch.

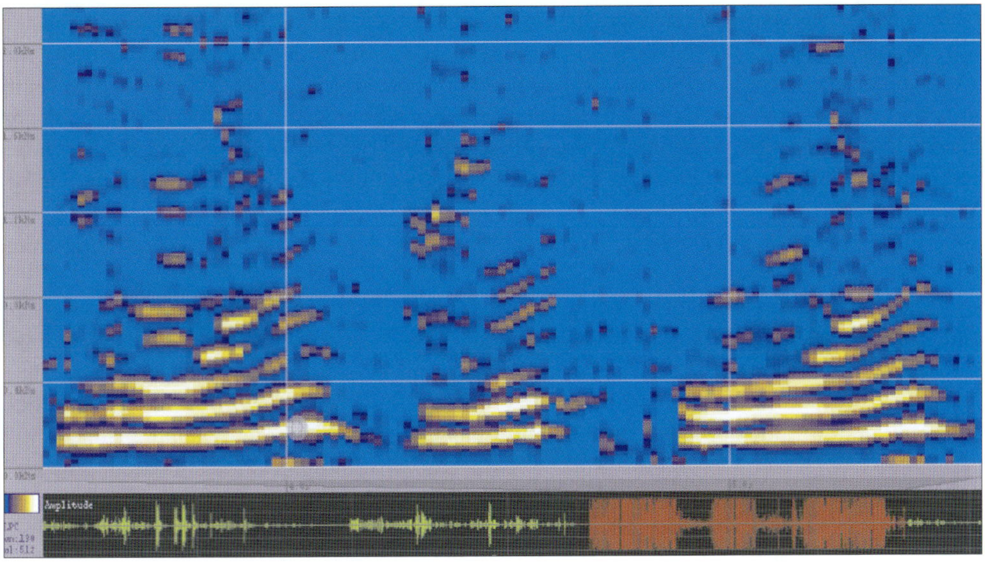

Abb. 3 Spektrogramm mit der Frequenzverteilung für „me:r ans me:r"

Der naive Ansatz, einfach eine Datenbank aller Spektren für alle Wörter einer Sprache anzulegen und danach einen Musterabgleich mit den Eingabespektren durchzuführen, ist zum Scheitern verurteilt und kann für eine Computermodellierung des Sprachverstehens nicht verwendet werden. Ein und dasselbe Wort kann, auch wenn es vom selben Menschen gesprochen wird – z. B. je nach dem emotionalem Zustand des Sprechers und der Situation – unterschiedlich laut, in verschiedenen Tonlagen und Geschwindigkeiten ausgesprochen werden. Hinzu kommen die großen Ausspracheunterschiede von Person zu Person, u. a. auch in Abhängigkeit vom Geschlecht und Alter sowie der Muttersprache des Gesprächspartners. Diese hohe phonetische Variabilität lautsprachlicher Äußerungen muss daher bei der Computermodellierung in statistischen Modellen berücksichtigt werden. Erschwerend wirkt, dass viele Menschen einen Dialekt sprechen und damit eine Vielzahl weiterer Aussprachevarianten entstehen, die zu Interpretationsunsicherheiten führen. So kann die Äußerung „Ich find das nätt." je nach Heimat des Sprechers als „Ich finde das nett" oder „Ich finde das nicht" interpretiert werden.

Eine weitere Schwierigkeit bei der Computermodellierung von Sprachverstehen besteht darin, dass Wortgrenzen oft im Sprachfluss untergehen und damit eine automatische Segmentierung einer Äußerung keine triviale Aufgabe ist. So muss die durch Koartikulation entstandene Lautfolge „amontag" zunächst auf Wortebene zu „am Montag" segmentiert werden, bevor eine weitere Verarbeitung der Eingabe erfolgen kann. Der Mensch spricht auch „ohne Punkt und Komma", so dass neben der Segmentierung auf Wortebene auch die Segmentierung auf Satzebene und die Erkennung des Satzmodus beim automatischen Sprachverstehen oftmals weitere Interpretationsunsicherheiten erzeugt.

So kann die Wortfolge „So machen wir das vielleicht klappt es" nach einer Satzsegmentierung beispielsweise in die beiden Aussagesätze „So machen wir das. Vielleicht klappt es." oder einer Aussage mit nachfolgender Frage „So machen wir das vielleicht. Klappt es?" transformiert werden. Bei der automatischen Segmentierung auf Satzebene spielen die Satzmelodie, die Akzentuierung und der Sprechrhythmus als prosodische Merkmale eine wesentliche Rolle.

Für praktische Alltagsanwendungen der Sprachtechnologie wie mobile Auskunftsdialoge über Mobilfunk oder Sprachdialoge mit dem Auto ist es notwendig, auch spontansprachliche Äußerungen bearbeiten zu können. Bei spontaner Rede, in der die Gedanken des Sprechers unvorbereitet und inkrementell in frei formulierte Sprache überführt werden, entstehen sehr häufig ungrammatische Äußerungen, Versprecher, Selbstkorrekturen, Wort- und Satzabbrüche sowie eine Fülle von Häsitationspartikeln wie „äh" und „ähm". Ein Sprachdialogsystem muss Spontansprache wie in „Wir treffen uns dann am Mon, äh, am Dienstag" letztlich intern auf „Wir treffen uns dann am Dienstag" abbilden, bevor eine weitere inhaltliche Verarbeitung des Dialogbeitrages erfolgen kann.

Eine weitere Schwierigkeit bei der Computermodellierung von Dialogverstehen ergibt sich dadurch, dass sich Dialogpartner oft wechselseitig „ins Wort fallen", sich Sprachsignale also überlappen (vgl. Abb. 4). Typisch ist bei Telefonauskunftssystemen, dass der Nutzer etwa eine lange Ansage des Systems, welche beispielsweise die Dialogoptionen mit einer synthetischen Stimme vorstellt, mit der Auswahl einer ihm passenden Option wie „Buchungsübersicht" sprachlich unterbricht, bevor das System seinen Text vollständig gesprochen hat. Solche Unterbrechungen eines Sprechers durch einen Dialogpartner sind in der Alltagskommunikation sehr häufig und führen meist zu effizienterer Dialogführung, auch wenn sie in bestimmten Situationen als unhöflich gelten.

Abb. 4 Überlappende Sprachäußerungen in spontansprachlichen Dialogen

Um selbst einen menschlichen Dialogpartner jederzeit unterbrechen zu können, muss ein Computersystem dessen Eingaben schritthaltend analysieren und zu jedem Zeitpunkt einer Äußerung eine zumindest partielle Interpretation bereithalten. Diese sogenannte Inkrementelle Analyse stellt eine besondere Herausforderung bei der Modellierung dar, weil der Redefluss zunächst häufig syntaktisch und semantisch in die Irre leiten kann. Wenn wir das Segment „Die Staatssekretärin lobt" gehört haben, gehen wir aufgrund der Wahrscheinlichkeiten von Satzkonstruktionen im Deutschen zunächst davon aus, dass die Staatssekretärin als Subjekt des Satzes fungiert und erwarten als Nächstes die Angabe, wer von ihr gelobt wird. Wenn der Satz dann aber als „Die Staatssekretärin lobt der Ministerpräsident" fortgesetzt wird, müssen wir „umdenken" und nun den Ministerpräsidenten als Subjekt und die Staatssekretärin als Objekt des Satzes interpretieren. Die Notwendigkeit der Korrektur fehlerhafter Erstinterpretationen bei einer inkrementellen Sprachverarbeitung ergibt sich oft bei ungewöhnlichen Satzstellungen, die – wie im obigen Beispiel – zur besonderen Fokussierung eines Aussageteils durch Topikalisierung verwendet werden.

Die größte Interpretationsunsicherheit bei der Computermodellierung von Sprachverhalten ergibt sich durch die vielfältigen Arten der Mehrdeutigkeit natürlicher Sprache (Abb. 5). So bleibt ohne weiteren Kontext bei einer Aussage wie „Wir telefonierten mit Freunden in Japan" mehrdeutig, ob damit gemeint ist, dass wir in Japan mit Freunden telefonierten oder ob wir Freunde in Japan aus einem anderen Land angerufen haben. Eine solche Mehrdeutigkeit der Anbindung einer Präpositionalphrase wie „in Japan" ist eine typische Form der syntaktischen Ambiguität, die nur unter Hinzuziehung weiterer Wissensquellen beim maschinellen Verstehen aufgelöst werden kann.

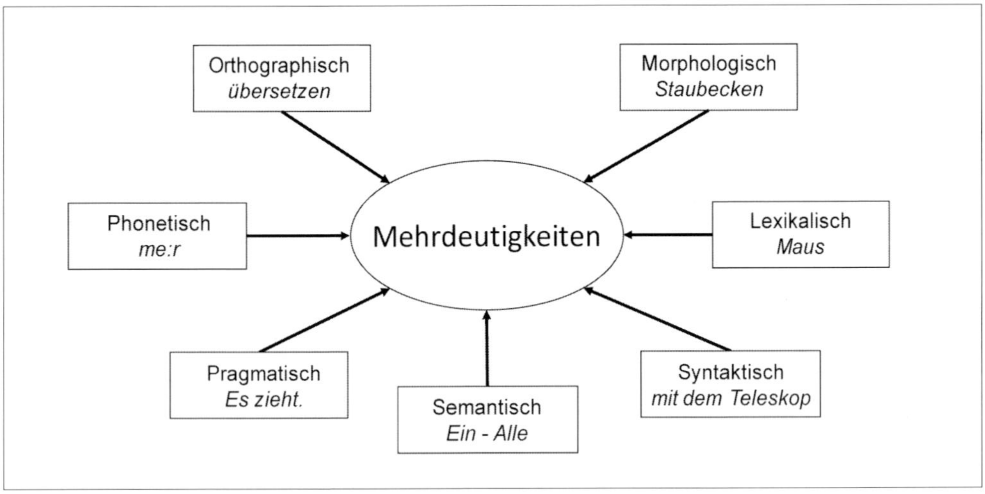

Abb. 5 Übersicht zu wichtigen Formen der Mehrdeutigkeit natürlicher Sprache

Abbildung 5 zeigt, dass es u. a. auch pragmatische Mehrdeutigkeiten wie bei der Äußerung „Es zieht" gibt, wo ohne Kontext unklar ist, ob es sich um eine Aufforderung, die Zugluft zu verhindern, oder um eine reine Tatsachenbeschreibung handelt. Besonders schwierig und ohne zusätzliches Weltwissen meist unmöglich ist die Auflösung von semantischen Mehrdeutigkeiten im Bereich der natürlichsprachlichen Quantoren und ihrer Gültigkeitsbereiche, wie das in der Äußerung „Allen Studenten gehört ein Computer" deutlich wird, wo unklar ist, ob ein einziger Computer allen Studenten gehört oder ob jeder Student einen eigenen Computer hat.

Da sich die alternativen Interpretationen durch Mehrdeutigkeiten über alle Verarbeitungsebenen kumulieren, entsteht bei der Computermodellierung die Gefahr einer kombinatorischen Explosion von Lesarten. Diese muss durch die Ausfilterung unsinniger Kombinationen im jeweiligen Kontext während des Sprachverstehensprozesses frühzeitig eingedämmt werden. Nimmt man die oben skizzierten Unsicherheiten bei der Worterkennung und der Satzsegmentierung während der Spracherkennung hinzu, so ergibt sich insgesamt eine Hypothesenflut, die letztlich auf eine einzige Bedeutungsrepräsentation reduziert werden muss, um Sprachverhalten sinnvoll zu modellieren. Im nächsten Abschnitt werden Verarbeitungsprozesse aktueller Sprachverarbeitungssysteme erläutert, die eine schrittweise Unsicherheitsreduktion ermöglichen.

3. Die Reduktion der Interpretationsunsicherheit beim Sprachverstehen

Grob werden in aktuellen Computermodellen des Sprachverstehens drei Verarbeitungsstufen unterschieden, die eine schrittweise Reduktion von Interpretationsunsicherheiten vornehmen (vgl. Abb. 6).

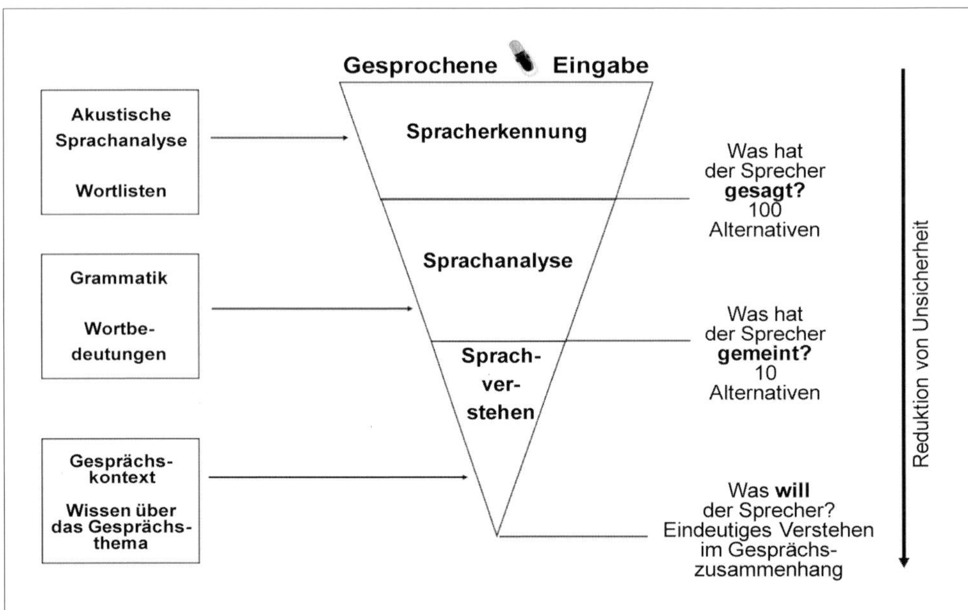

Abb. 6 Die drei Stufen der Sprachverarbeitung

Bei der Spracherkennung geht es zunächst darum, was der Sprecher mit seiner Äußerung gesagt haben könnte, in der Sprachanalyse darum, was er gemeint haben könnte, und schließlich beim Sprachverstehen darum, was er mit seiner Äußerung eigentlich wollte. Hierbei werden alle semiotischen Ebenen der Zeicheninterpretation von der syntaktischen über die semantischen bis hin zu den pragmatischen Aspekten einer Äußerung durchlaufen. Auf jeder Ebene wird die Flut der Interpretationshypothesen durch die Auswertung von zusätzlichen Wissensquellen wie Grammatiken und Wissensbasen zum Gesprächsthema um eine Größenordnung verringert, um schließlich zu einem eindeutigen Verstehen im Gesprächszusammenhang zu kommen (vgl. Abb. 6).

Die Berücksichtigung des Kontextes beim Sprachverstehen ist eine der wesentlichen Voraussetzungen für anspruchsvolle Anwendungen der Sprachtechnologie. Besonders deutlich wird dies beim automatischen Dolmetschen von Telefongesprächen, wie dies in einem Anwendungsszenario des Verbmobil-Systems für die Domäne der Reiseplanung realisiert wurde (vgl. WAHLSTER 2000). Das Wort „nächste" muss bei der Übersetzung ins Englische für die Eingaben „Wann fährt der nächste Zug nach Halle ab?" und „Wo befindet sich das nächste Hotel?" im ersten Falle mit „next" und im zweiten Kontext mit „nearest" wiedergegeben werden, je nachdem, ob ein zeitlicher oder räumlicher Bezug besteht. Bei einer Wort-für-Wort-Übersetzung wäre dagegen kaum eine Verständigung möglich. Es muss zunächst die Eingabe inhaltlich im Diskurskontext verstanden werden, bevor in der jeweiligen Zielsprache versucht wird, die intendierte Bedeutung und das Äußerungsziel sprachlich umzusetzen. In Verbmobil werden mehrere Übersetzungsstränge parallel ausgewertet, wobei die Übersetzung aufgrund einer expliziten Bedeutungsrepräsentation im Sinne einer Dialogsemantik der quellsprachlichen Eingabe die anspruchvollste, aber auch aufwendigste Methode ist.

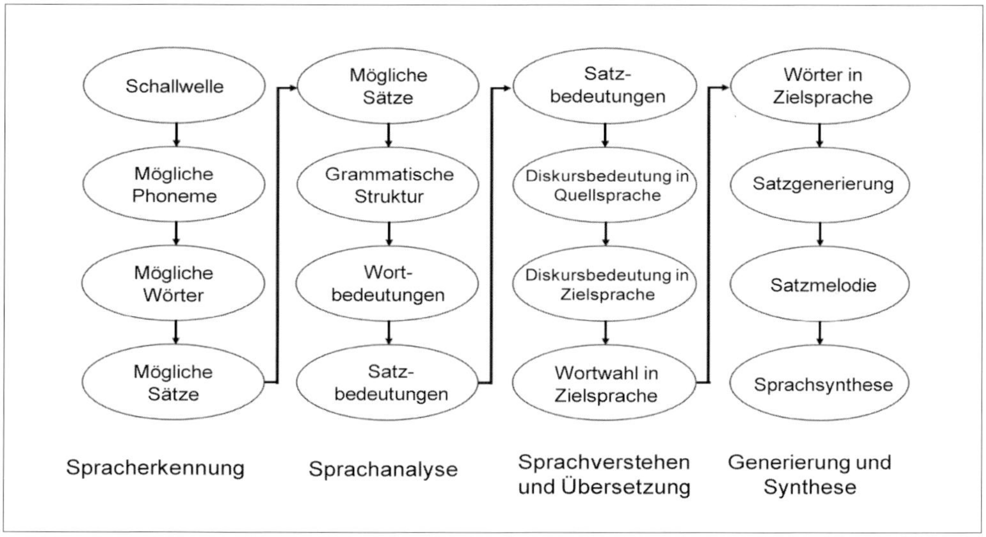

Abb. 7 Von der Spracheingabe zur Sprachausgabe in einem Dolmetschsystem

Die Verarbeitungskaskade in Abbildung 7 ist eine starke Abstraktion von den real verwendeten Computermodellen, weil der Kontrollfluss nicht einfach linear verläuft, sondern in der Künstlichen Intelligenz und Computerlinguistik komplexe Softwarearchitekturen entwickelt wurden, um effiziente Sprachdialogsysteme durch die wechselseitige Disambiguierung verschiedener Verarbeitungshypothesen zu realisieren. Bewährt hat sich z. B. eine sogenannte Multi-Nachrichtentafel-Architektur (vgl. Abb. 8), in der verschiedene Verarbeitungskomponenten lesend und schreibend auf gemeinsam verwendete Datenstrukturen unterschiedlicher Nachrichtentafeln zugreifen können.

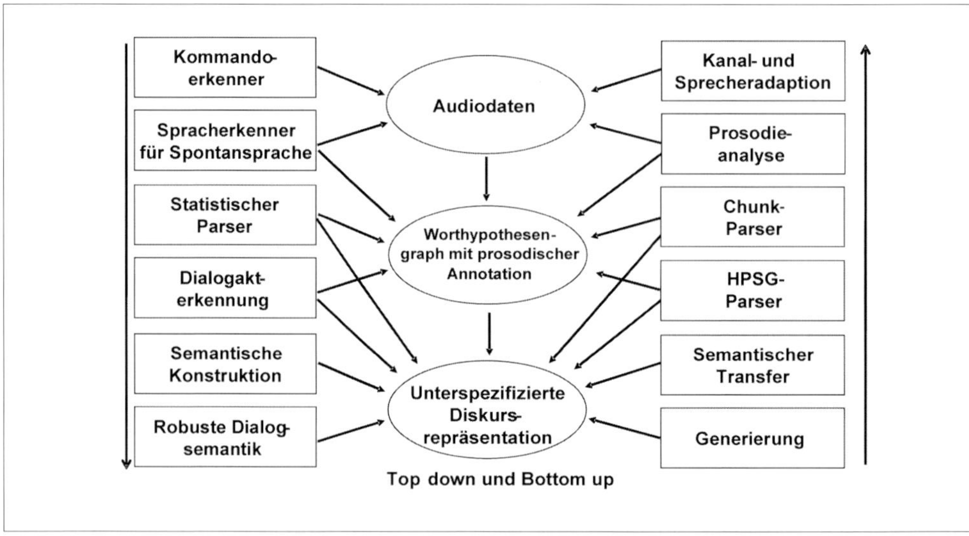

Abb. 8 Multi-Nachrichtentafel-Architektur für ein Sprachdialogsystem

In Abbildung 8 werden drei Nachrichtentafeln (als Ellipsen dargestellt) verwendet, wobei Information zwischen den Komponenten von oben nach unten (*top down*) und von unten nach oben (*bottom up*) fließen kann. Dieses Beispiel aus dem Verbmobil-System zeigt, dass drei verschiedene Parser an der syntaktischen Analyse über dem Worthypothesengraphen beteiligt sind, um eine Diskursrepräsentation zu erzeugen. Es ergibt sich eine enge Verzahnung von probabilistischen und wissensbasierten Verarbeitungsmethoden in einem hybriden und über die Nachrichtentafeln eng vernetzten Gesamtsystem.

Aktuelle Sprachdialogsysteme können auch die jeweils gesprochene Sprache anhand von statistischen Sprachmodellen (vgl. Manning und Schütze 2000) erkennen. So haben wir in unserem Dolmetschsystem Verbmobil (vgl. Wahlster 2000) die Möglichkeit, nach 3 s Spracheingabe zu entscheiden, ob der Sprecher eine der Sprachen Deutsch, Japanisch oder Englisch spricht. Dabei werden zwei Spracherkenner für Deutsch und Englisch parallel benutzt und über Schwellwerte der Erkennungskonfidenzen für die Wörter in dem betrachteten kurzen Zeitintervall wird dann eine Entscheidung getroffen, wobei in 87 % der Fälle im Testkorpus schon mit diesem einfachen Ansatz die richtige Sprache automatisch korrekt identifiziert werden kann.

Häufig wird ein Worthypothesengraph als Ausgabe der Spracherkennung und als Eingabe für die Sprachanalyse verwendet. Dabei werden unterschiedliche Worthypothesen den jeweiligen Zeitintervallen zugeordnet und mit einem Wahrscheinlichkeitswert versehen.

Jeder Pfad durch den Graphen, der das gesamte Eingabesignal zeitlich überspannt, stellt dann eine mögliche Interpretation der akustischen Eingabe dar. Die Unsicherheit bei der Interpretation wird durch die Anzahl der verschiedenen Pfade in dem Graphen visualisiert, wie Abbildung 9 für die intendierte Lesart „Dann möchte ich doch lieber ins Kino gehen“ zeigt. Hier wurden z. B. statt „dann“ auch „da“ und statt „möchte“ auch „werde“, „will“ und „würde“ als Worthypothesen generiert.

Erfolgreiche sprecherunabhängige Spracherkennung mit geringer Wortfehlerrate basiert heute fast ausschließlich auf Hidden-Markov-Modellen (HMM), die mit Hilfe maschineller

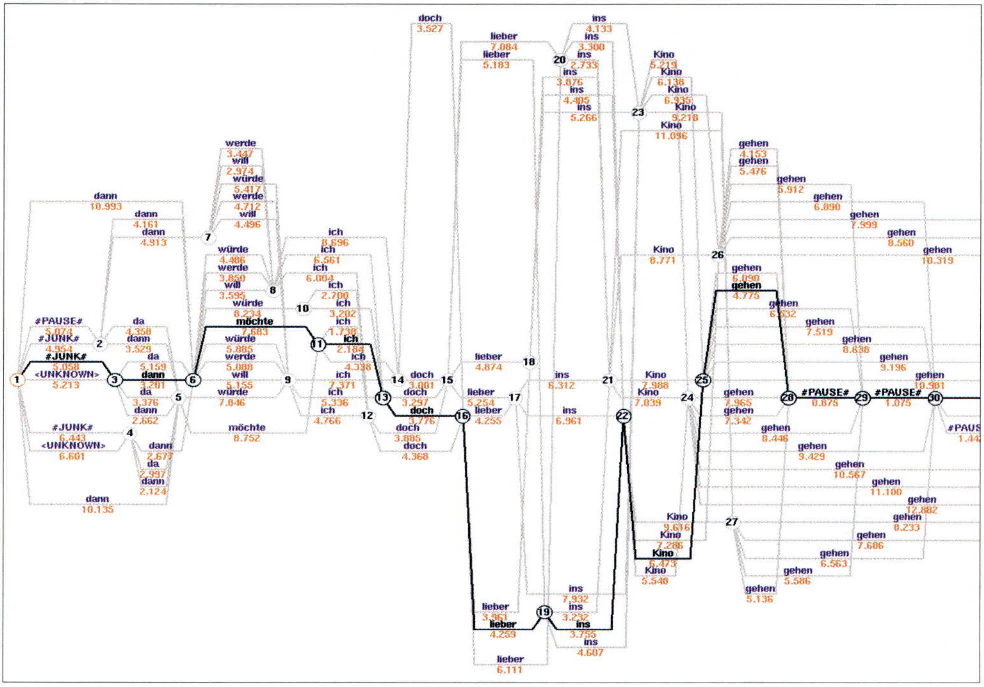

Abb. 9 Worthypothesengraph für „Dann möchte ich doch lieber ins Kino gehen“

Lernverfahren trainiert werden. Dabei entscheiden heute hauptsächlich der Umfang und die Güte der Annotationen der zum Training verwendeten Datensammlungen über die Qualität des Spracherkenners. Diese Datensammlungen enthalten vielfältig annotierte Sprachsignale, um u. a. die prosodisch markierten Satzgrenzen und Dialogakte auf der Basis gelernter probabilistischer Verfahren erkennen zu können. In Verbmobil haben wir eine der weltweit größten und sehr feingranular annotierten Datensammlungen von 21,5 GB mit 1685 Sprechern und 3200 Dialogen erstellt. Bisher stellen solche Datensammlungen als Grundlage der maschinellen Lernverfahren hohe Arbeitsaufwände dar, da die meisten Annotationen im besten Falle semi-automatisch erstellt werden können.

Für die Sprachanalyse kann man heute auf eine große Auswahl von formalen Grammatiken weitverbreiteter Sprachen wie Englisch, Deutsch und Französisch zurückgreifen, die mithilfe von für den jeweiligen Grammatikformalismus geeigneten Parsern für die syntaktische Analyse der wahrscheinlichsten Pfade in Worthypothesen benutzt werden.

Dabei entstehen im Gegensatz zur sehr einfachen Syntaxanalyse von künstlichen Sprachen wie den Programmiersprachen für Computer allerdings durch die große Variabilität in der Syntax natürlicher Sprachen, deren Kontextsensitivität sowie durch die Vielzahl elliptischer Konstruktionen, Selbsteinbettungen, lokaler Umstellungen und Fernabhängigkeiten herausfordernde Komplexitätsprobleme (vgl. Abb. 10). Während ein Parser für kontextfreie Sprachen nur $O(n^3)$ Verarbeitungsschritte für eine Syntaxanalyse benötigt, muss man für die schwach kontextfreien Baumadjunktionssprachen, die als einer der ausdrucksstärkeren Grammatikformalismen für natürliche Sprachen geeignet sind, bereits $O(n^5)$ Rechenschritte bei der Syntaxanalyse aufwenden, wobei n die Länge des eingegebenen Satzes ist.

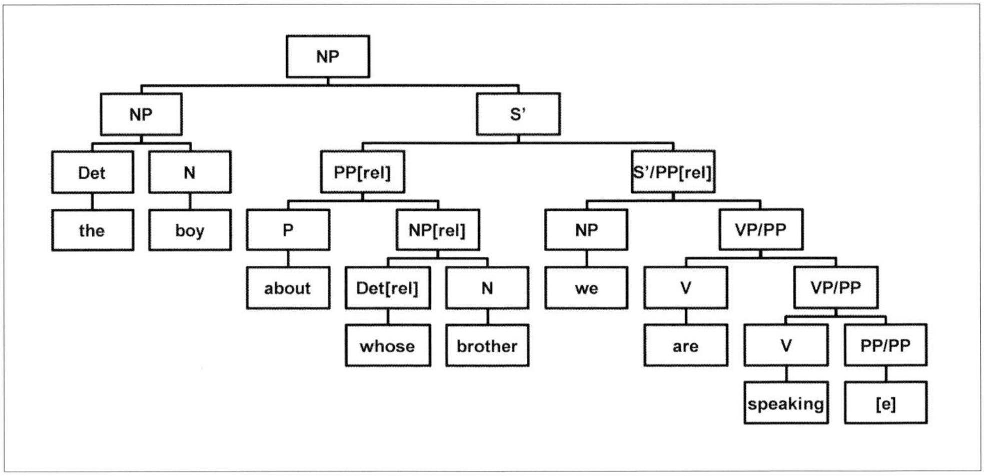

Abb. 10 Von einem Parser erstellte Syntaxanalyse mit rekursiven Einbettungen und Elision

Da sich die Bedeutung komplexer sprachlicher Äußerungen – von idiomatischen Wendungen abgesehen – kompositionell und geleitet durch die syntaktische Struktur bestimmen lässt, ist das Ergebnis der Syntaxanalyse entscheidend für die Konstruktion einer semantischen Repräsentation einer Äußerung. Allerdings gibt es heute weltweit noch kein System, das alle (zumindest wohlgeformten) Äußerungen einer Person mithilfe von formalen Grammatiken bis ins Detail linguistisch korrekt analysieren kann. Man behilft sich in praktischen Anwendungen damit, in den Segmenten des Worthypothesengraphen, wo die detailgenaue grammatische Analyse z. B. mit einer HPSG-Grammatik versagt, eine grobe Phrasenstruktur zumindest approximativ etwa mit einem Chunk-Parser oder statistischen Parser zu ermitteln (vgl. Abb. 8). Man spricht dann von hybrider Verarbeitung, in welcher eine tiefe syntaktische Analyse von Fragmenten einer Äußerung mit einer flachen Analyse der restlichen Segmente mithilfe approximativer Verfahren kombiniert wird.

Eine der klassischen Methoden zur Disambiguierung ist die Verwendung von Selektionsrestriktionen und Weltwissen, wie folgendes einfache Beispiel veranschaulicht. Wenn ein Vater im künftigen Cyber-Restaurant dem Service-Roboter sagt: „Die Apfelschorle trinkt meine Tochter, die Weinschorle meine Frau", dann führt die syntaktische Präferenz zunächst zu einer nicht sinnvollen Lesart wie *trinkt* (*Agens: Apfelschorle*, *Objekt: Tochter*) ∧ *trinkt* (*Agens: Weinschorle, Objekt: Frau*). Wenn das System die Selektionsrestriktion *trinkt* (*Agens: Mensch, Objekt: Getränk*) auf das ontologische Weltwissen Apfelschorle, Weinschorle ⊂ Getränk und Tochter, Frau ⊂ Mensch anwendet, wird die richtige Lesart des Eingabesatzes als *trinkt* (*Agens: Tochter, Objekt: Apfelschorle*) ∧ *trinkt* (*Agens: Frau, Objekt: Weinschorle*) selektiert. Verbmobil war das erste Dialogübersetzungssystem, das neben Weltwissen auch den Kontext des vorausgehenden Satzes zur lexikalischen Disambiguierung und adäquaten Übersetzung nutzt. So wird nach „Nehmen wir dieses Hotel, ja?" das Wort Platz in „Ich reserviere einen Platz" mit *room* übersetzt, während nach „Gehen wir zum Abendessen" das englische Wort *table* für Platz verwendet wird. Im Extremfall wird sogar die interne Systemuhr zur Äußerungszeit herangezogen, wenn vor 13 Uhr der Eingabesatz „Lassen Sie uns zusammen Essen gehen" mit „Let's have lunch together" und nach 17 Uhr als „Let's have dinner together" übersetzt werden muss. Ein wesentliches Ergebnis der Forschung im Bereich Computerlinguistik ist, dass kein universeller Disambiguierungsalgorithmus existiert, sondern nur mithilfe der Kombination von Evidenzen aus verschiedenen Wissensquellen und durch die Fusion von Ergebnissen konkurrierender Verarbeitungspfade eine eindeutige Interpretation natürlichsprachlicher Dialogbeiträge erreicht werden kann.

Große Fortschritte hat es in der letzten Dekade auch auf dem Gebiet der Dialogmodellierung gegeben. Nur auf der Basis der von Sprachdialogsystemen schrittweise aufgebauten Diskursmodelle ist es möglich, komplexe Diskursphänomene wie die Verwendung von elliptischen Äußerungen und pronominalen Referenzen, Klärungsfragen, die Steuerung des Rednerwechsels oder metakommunikatives Verhalten maschinell zu bearbeiten. Um sich an einen einzelnen Benutzer anpassen zu können, verwenden viele Sprachdialogsysteme auch sogenannte Benutzermodelle (vgl. WAHLSTER und KOBSA 1989), die dynamisch aufgebaut werden, um anschließend bei der Sprachanalyse und der Sprachgenerierung verwendet zu werden. Damit kann sich das Sprachdialogsystem während eines Gesprächs an einen speziellen Benutzer anpassen, wobei nicht nur der Sprechstil, das geschätzte Alter und das Geschlecht, sondern auch dessen vermutete Ziele, Vorlieben und Vorkenntnisse das Dialogverhalten des Systems bestimmen.

Als sehr fruchtbar hat sich auch die Idee erwiesen, die Dialogführung als planbasiertes Verhalten (vgl. WAHLSTER et al. 1993) zu modellieren, wobei eine Sequenz von Dialogakten abhängig vom Verhalten des Dialogpartners so geplant wird, dass letztlich das eigene Gesprächsziel erreicht wird. Dabei werden in den am weitesten entwickelten Computermodellen Algorithmen aus dem Bereich der Künstlichen Intelligenz für die Planerkennung, die Plangenerierung und die Überwachung der Planausführung eingesetzt.

Komplexes Sprachverhalten mit emotionalen, ironischen, humoristischen oder persuasiven Dialogbeiträgen kann heute nur sehr begrenzt in Laborsystemen modelliert werden. Hier zeigt sich, dass die Interpretationsunsicherheit über längere Segmente eines Dialoges bestehen bleibt und im Extremfall erst nach Ende des Gesprächs durch zusätzliche Wissensquellen aufgehoben werden kann.

Nach der Planung einer angemessenen Systemreaktion erfolgt zunächst die Sprachgenerierung ausgehend von einer semantischen Repräsentation des geplanten Dialogbeitrages.

Hierzu werden in Dialogsystemen häufig schablonenbasierte Ansätze oder lexikalisierte Baumadjunktionsgrammatiken verwendet. Eine besondere Herausforderung liegt dabei in der inkrementellen Sprachgenerierung. Oft erfordert es der situative Zeitdruck, bereits ein Fragment zu äußern, obwohl der gesamte Inhalt einer Äußerung noch nicht feststeht. Typisch hierfür sind z. B. alle Arten von Warn-, Alarmierungs- und Steuerungssystemen, in denen der Hörer unter Realzeitbedingungen auf sprachliche Systemausgaben reagieren muss oder eine zu einem laufenden Prozess schritthaltende Verbalisierung erfolgen muss (etwa in der Funktion eines Sportreporters). Ein Äußerungsanfang, der wegen Zeitdrucks schon artikuliert wurde, obwohl er auf der Basis unvollständiger und damit nachträglich änderbarer Eingabeinformation erzeugt worden war, kann nicht immer ohne Revision in Form von Selbstkorrekturen des Systems fortgesetzt werden. Dazu wurden in Laborsystemen Rechtfertigungsnetze implementiert, welche die bei der inkrementellen Sprachgenerierung notwendigen nicht-monotonen Verarbeitungsverfahren effizient unterstützen.

Schließlich muss eine geplante Äußerung des Systems noch akustisch realisiert werden. Hierzu werden heute bei der Computermodellierung konkatenative Sprachsyntheseverfahren verwendet.

Bei der konkatenativen Sprachsynthese werden aus großen annotierten Sprachdatenbanken zur Laufzeit die im Aussprachekontext geeignetsten Bausteine ausgewählt und zusammengesetzt.

Dabei werden für jedes Wort eine Vielzahl von Sprachaufnahmen des gleichen Sprechers in ganz unterschiedlichen Betonungen und Satzpositionen benötigt. Dabei soll das originale Sprachsignal so wenig wie möglich manipuliert werden, indem das am besten passende Synthesesegment verwendet wird (vgl. Abb. 11). Bei einer solchen korpusbasierten Sprachsynthese, wie sie heute in den meisten kommerziellen TTS-Systemen (*Text-to-Speech*-Systemen) angeboten wird, kann natürlich nur dann auf Wortebene konkateniert werden, wenn das zu sprechende Wort in der passenden Kontextvariante im Korpus gefunden wird. Sonst muss auf Subwort-Einheiten (z. B. Silben oder Phoneme) ausgewichen werden. Bei sehr großem Korpus und entsprechend viel verfügbarem schnellem Hauptspeicher zur Korpussuche ergibt sich eine hohe Natürlichkeit und eine gute Sprachqualität, die fast kaum noch von menschlichen Sprechern zu unterscheiden ist.

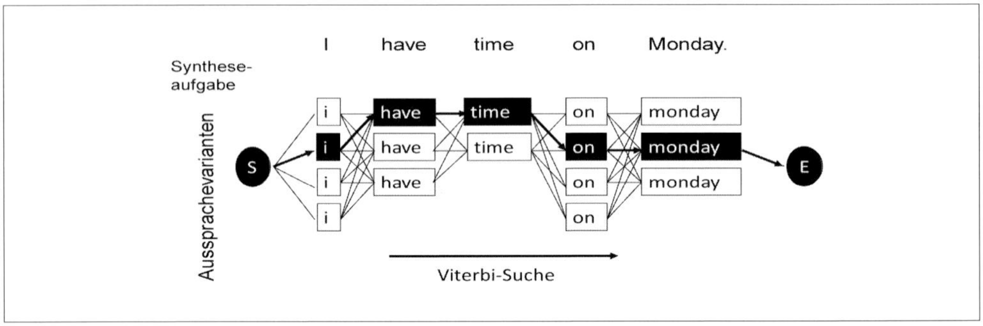

Abb. 11 Konkatenative Sprachsynthese als Selektion von Aussprachevarianten

Da natürliche Sprachdialoge immer von anderen Kommunikationsmodalitäten wie Gestik, Mimik, Körperhaltung und oft auch von physischen Aktionen begleitet werden, wurde die Computermodellierung in den letzten 20 Jahren auch verstärkt auf multimodalen Dialog verallgemeinert. Dabei hat sich gezeigt, dass oft eine wechselseitige Disambiguierung multipler Eingabe- und Ausgabemodalitäten bei der Reduktion von Interpretationsunsicherheiten große Vorteile bietet. Im nächsten Abschnitt werden daher multimodale Dialogsysteme präsentiert.

4. Multimodale Mensch-Computer-Interaktion: Sprache, Gestik, Mimik und Agieren

Bei der Computermodellierung multimodalen Dialogverhaltens müssen die Ergebnisse der akustischen und visuellen Analyse zur Sprach-, Gestik- und Mimikerkennung zu einer gemeinsamen Bedeutungsrepräsentation zusammengeführt werden. Diesen Prozess nennt man multimodale Fusion (vgl. Bunt et al. 2005). Wichtig für die Fusionsverfahren ist, dass alle unimodalen Erkenner Konfidenzwerte für ihre Erkennungsresultate liefern.

Die multimodale Fission bietet die inverse Funktionalität auf der Ausgabeseite, wobei zunächst für eine semantischen Repräsentation des vom System geplanten Dialogbeitrags eine Allokation der Informationseinheiten auf die verschiedenen Modalitäten und danach eine synchronisierte Ausgabe koordinierter Sprache, Gestik und Mimik realisiert werden muss. Man

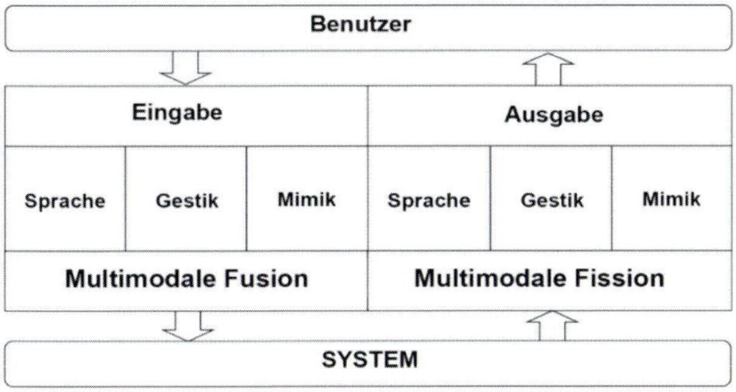

Abb. 12 Multimodale Fusion und Fission

spricht von symmetrischer Multimodalität, wenn alle Eingabemodalitäten auch für die Ausgabe verfügbar sind und umgekehrt (vgl. Abb. 12).

Um auf der Ausgabeseite Sprache mit Gestik und Mimik zu koordinieren, werden oft virtuelle Charaktere eingesetzt (vgl. NDIAYE et al. 2005). Dabei handelt es sich um autoanimierte graphische Figuren, die mit modernen Verfahren der Computergraphik oft eine fotorealistische Anmutung haben. Beispielsweise nutzt das System Ligabot (vgl. Abb. 13) einen solchen virtuellen Charakter zur multimodalen Ausgabe von Dialogbeiträgen. Der Ligabot ist ein virtueller Fußballreporter und ermöglicht es, mit gesprochener Sprache aktuelle Information über Spielergebnisse, Spielorte, nächste Begegnungen und die Tabellensituation der laufenden Fußballbundesliga-Saison zu erfragen.

Abb. 13 Ligabot: Dialoge mit einem virtuellen Fußballreporter

Das System wird seit 2006 als Dauerexponat des Deutschen Museums in München im Zusammenhang mit dem Deutschen Zukunftspreis von den Museumsbesuchern benutzt. Ligabot greift über Internet auf die neuesten Ergebnisse und den Spielplan der Bundesliga zu und setzt diese in umgangssprachlich formulierte Antworten um. Das Dialogsystem kann in der beschränkten Diskursdomäne auch auf viele idiomatische Formulierungen wie „Wer hat die rote Laterne?" oder „Wie haben die Königsblauen gespielt?" korrekt antworten. Hierbei werden die Dialogbeiträge des virtuellen Gesprächspartners durch passende Mimik und Gestik unterstützt, und eine intelligente Kameraführung in einem 3D-Modell des Münchner Fußballstadions erhöht die Natürlichkeit der Gesprächssituation. Ligabot zeigt, dass natürliche Dialoge mit virtuellen Gesprächspartnern mit den aktuellen Computermodellen über ein eingeschränktes Themenfeld in hoher Qualität und Robustheit möglich sind. Ligabot versteht aber überhaupt nichts außerhalb der Fußballdomäne. Die Beschränkung der Domäne wird im Gegenteil beim Sprachverstehen genutzt, um die Interpretationsunsicherheiten drastisch zu reduzieren.

Es hat sich herausgestellt, dass eine kombinierte Sprach- und Gestikverarbeitung die Robustheit von Dialogsystemen erhöht. Wenn man den akustischen Kanal mit einem Videokanal verbindet und die Analyseergebnisse einer Fusion unterwirft, wird die Disambiguierung oftmals erheblich vereinfacht. So erhöht sich die Robustheit von Spracherkennern bei gestörtem Sprachsignal und niedriger Worterkennungsrate durch gleichzeitiges Lippenlesen. Durch eine Kombination von Spracherkennung und Prosodieanalyse konnte im Verbmobil-System sowohl eine verbesserte lexikalische als auch syntaktische Disambiguierung von Dialogbeiträgen erreicht werden. Im SmartKom-System (vgl. WAHLSTER 2006) wurden die referenzsemantische Disambiguierung und die Aufmerksamkeitssteuerung durch die kombinierte Sprach- und Gestikerkennung wesentlich verbessert.

Durch die Kombination von Spracherkennung und Mimikerkennung wurde im SmartKom-System erstmals sogar die Erkennung von Ironie möglich. Dort kann die gleiche Spracheingabe des Benutzers je nach dem klassifizierten Gesichtsausdruck (ärgerlich *versus* neutral), der über ein Mustererkennungsverfahren aus den Daten einer Gesichtskamera analysiert wird, zu einer ironischen oder nicht-ironischen Interpretation einer Äußerung führen.

Wichtig ist die Erkenntnis, dass nicht nur die Sprache durch die Gestik und Mimik disambiguiert werden kann, sondern auch umgekehrt eine mehrdeutige Geste oder ein unklarer Gesichtsausdruck durch die damit kombinierte sprachliche Äußerung auf eine eindeutige Bedeutungsrepräsentation abgebildet werden kann. Deiktische Referenzen durch sprachbegleitende Gesten, die über eine Kamera erfasst werden, können sich beispielsweise im SmartKom-System auf dynamisch generierte Visualisierungen beziehen (vgl. Abb. 14).

Dabei kann die Geste selbst keine eindeutige Objektreferenz liefern, sondern nur die sprachliche Formulierung „Den Film" versetzt das System in die Lage „Matrix: Reloaded" als intendiertes Diskursobjekt zu identifizieren (es könnte ja u. a. auch der Buchstabe „d" gewesen sein). Beim Beispiel der Sitzplatzauswahl in Abbildung 14 wird die vage Referenz einer umkreisenden Geste erst durch die Formulierung „drei Sitze" eindeutig und durch eine visuelle Rückkopplung an den Benutzer durch grüne Kreuze vom System bestätigt. In etwas vereinfachter Form können solche mit Spracheingaben kombinierten Gesten auch ohne Bildauswertung einfach durch Fingerberührung kapazitiver Tastbildschirme von modernen Mobiltelefonen erfolgen.

Wenn Hände des Benutzers durch direktes Greifen und Ablegen von RFID-instrumentierten Objekten in ihrer Umgebung (z. B. ein intelligentes Regal mit Leseantennen, die feststellen, wann ein Objekt mit einem *Radio Frequency Identification* (RFID)-Chip entfernt wird) eine

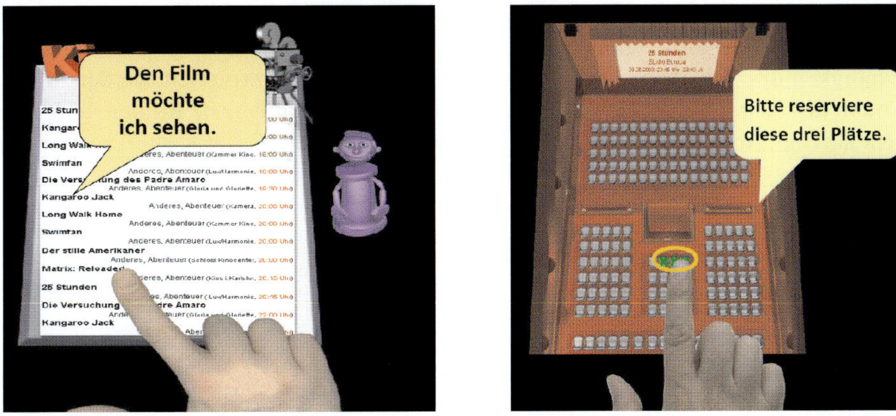

Abb. 14 Die multimodale Kombination von Sprach- und Gestikeingabe

referentielle Geste auslösen können, kann das einen sprachlichen Dialog mit dem Produkt initiieren, wie dies in Abbildung 15 illustriert wird. Die direkte Interaktion mit anthropomorphisierten Produkten (vgl. WAHLSTER et al. 2010), die aufgrund physischer Aktionen des Benutzers scheinbar selbst die Dialoginitiative ergreifen und sich sprachlich vorstellen, führt in diesem Fall zum Eindruck eines sprechenden Produktes in Form einer Weinflasche. Mit den aktuellen Verfahren zur Sprachsynthese lässt sich erreichen, dass ein französischer Rotwein die Fragen des Kunden scheinbar mit französischem Akzent beantwortet, während sich eine Canon-Digitalkamera mit dem typischen japanischen Tonfall präsentiert. Die digital veredelte Weinflasche enthält in unserer Installation des digitalen Sommeliers auch einen Funksensor, der laufend die Temperatur und Helligkeit erfasst, so dass auch Fragen über das „digitale Tagebuch" einer einzelnen Weinflasche beantwortet werden können.

Abb. 15 Sprechende Produkte als anthropomorphisierte Alltagsobjekte

Durch die Kombination von physischen Handlungen mit Spracheingaben lässt sich eine semantisch-pragmatische Disambiguierung im situativen Kontext durchführen. So kann z. B. im Auto das Kommando „Schneller“ als Aufforderung zur Einstellung einer höheren Geschwindigkeit des Scheibenwischers oder des Tempomaten interpretiert werden, abhängig davon, ob der Fahrer gerade den Scheibenwischerhebel oder die Taste für den Tempomaten bedient hat (vgl. Abb. 16).

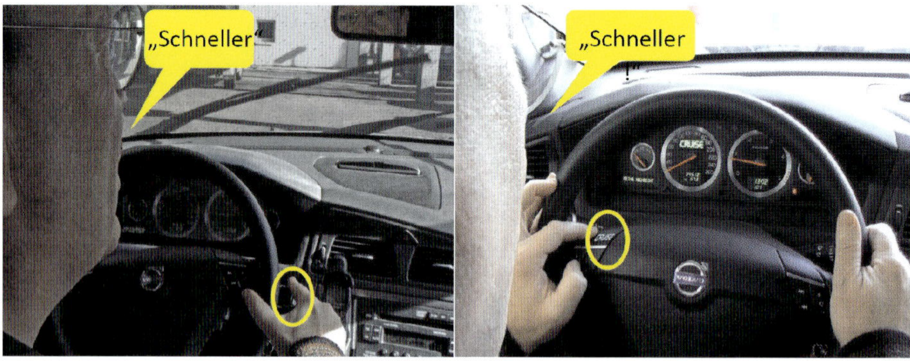

Abb. 16 Disambiguierung der Spracheingabe durch Bedienaktionen

Während solche komplexen Computermodelle für die sprachliche Interaktion in instrumentierten Umgebungen mit ambienter Intelligenz heute erst in Forschungslaboren erprobt werden, haben einfachere Sprachdialogsysteme den Weg in den Alltag gefunden. Dadurch haben sich Anwendungen der Sprachtechnologie als ein neuer Wirtschaftszweig etabliert.

5. Sprachtechnologie im Alltag

Sprachtechnologie begegnet uns heute bereits überall im Alltag. Telefonbasierte Auskunfts- und Kundendienstzentren setzen Sprachdialogsysteme verstärkt ein, zumindest um das Gespräch mit dem persönlichen Kundenberater schon durch eine automatisierte Vorqualifikation des Anrufenden vorzubereiten und zu verkürzen. Die neueste Generation von SmartPhones, wie das iPhone oder das Nexus One von Google, bieten das sprachgesteuerte Wählen, die Suche in Kontaktlisten, die Stichworteingabe per Sprache sowie das Diktieren von SMS- und E-Mail-Nachrichten in mehreren Sprachen an.

Viele Banken bieten heute ein Sprachdialogsystem zur automatisierten Abwicklung einfacher Finanztransaktionen über Telefon an. Die Systeme der ersten Generation mit geringer Kundenakzeptanz durch Einzelworterkennung, schlecht verständlicher Sprachsynthese und rudimentärem Sprachverständnis wurden inzwischen fast vollständig durch Systeme der zweiten Generation mit akzeptablem Dialogverhalten sowie hochwertiger Erkennung und Synthese kontinuierlicher Spontansprache abgelöst. Durch die rasche Verbreitung fortgeschrittener Sprachapplikationen außerhalb der telefonbasierten Anwendungen – beispielsweise im Bereich der Adresseingabe für Navigationssysteme – haben immer mehr Kunden bereits Erfahrungen mit der Bedienerfreundlichkeit von aufgabenorientierten Sprachdialogsystemen und lehnen daher die umständlichen Auswahlmenüs und unkooperative Dialogführung von Systemen der ersten Generation vermehrt ab. Das Erkennungsvokabular ist in den besten Systemen von wenigen hundert auf mehrere zehntausend Wörter angewachsen. Die Eingabe mehrerer Zielparameter in einer einzigen Formulierung und die Möglichkeit zum spontanen Wechsel der Dialoginitiative zwischen Nutzer und System werden daher zur Grundvoraussetzung für kommerziell erfolgreiche Sprachdialogsysteme.

Vermehrt wird auch die Datenerfassung vor Ort über Mobilfunk in Sprachdialogen möglich. So ermöglicht beispielsweise E.ON seinen Strom- und Gaskunden rund um die Uhr die jährliche Zählerstandserfassung im Selbstservice per Sprachdialogsystem mit der vollständigen Erfassung von Kundennummer, Zählernummer, Ablesedatum und Zählerstand sowie mit einer Plausibilisierung des Zählerstandes durch Datenbankabgleich. Das System versteht auch gruppierte Ziffern (z. B. „zehn, zwölf“ als Alternative zu „eins, null, eins, zwei“) und kann relative Datumsangaben (z. B. „am Sonntag“) in konkrete Datenbankeinträge umsetzen. Viele nützliche Serviceangebote werden heute über Sprachdialogsysteme angeboten. So bietet die Bundesvereinigung der Apotheker eine lokale Suche nach Apotheken mit Notdienst an, die über 15000 deutsche Ortsnamen versteht, und bei IKEA kann man über ein Sprachdialogsystem feststellen, ob ein gewünschtes Produkt in einem bestimmten Einrichtungshaus im Lager vorhanden ist. Durch biometrische Stimmidentifikation können Sprachdialogsysteme auch in sicherheitskritischen Anwendungen eingesetzt werden, beispielsweise zur automatisierten Rücksetzung eines Zugangspasswortes.

Im Fahrzeug können immer mehr sicherheitsunkritische Funktionen über Sprachdialoge gesteuert werden. In einem R-Klasse-Mercedes-Testfahrzeug des Deutschen Forschungszentrums für Künstliche Intelligenz (DFKI) können alle Komfortfunktionen, die über den sogenannten CAN-Bus (*Controller Area Network*) in Realzeit gesteuert werden können, vom Fahrer per Sprache über die Freisprechanlage des Fahrzeuges ausgelöst werden (vgl. Abb. 17). Durch die Verwendung von natürlichsprachlichen Quantoren („öffne alle Fenster“) und sprachlichen Raumreferenzen („die vorderen Fenster“, „das Fenster hinten links“) wird eine

Abb. 17 Sprachsteuerung von Komfortfunktionen eines Automobils

intuitive Bedienung ohne Zugriff auf Handbücher und ohne komplexe Bedienoperationen möglich, so dass sich der Fahrer voll auf das Fahrgeschehen konzentrieren kann.

Natürlich bietet es sich in vielen Situationen an, auch mit Robotern sprachlich zu interagieren. Obwohl es sehr viele Forschungsprojekte zu dieser Aufgabenstellung gibt, existieren sprachgesteuerte Roboter auf dem Markt fast ausschließlich im Bereich der Unterhaltungsroboter.

Da in diesem Fall die gesamte Sprachverarbeitungssoftware auf dem eingebetteten Prozessor des Spielroboters zusätzlich zur Bilderkennung und Bewegungsplanung laufen muss, sind die Sprachdialoge bei diesen Systemen allerdings sehr eingeschränkt. Den kommerziellen AIBO-Roboterhund (vgl. Abb. 18) kann man nach seinem Namen und Alter fragen, ihn loben, ermahnen und einfache Anweisungen wie „Gib Pfötchen", „Steh auf", „Suche den Ball" und „Lass uns tanzen" geben. In der einfachen Grundversion versteht AIBO nur 180 Eingabevarianten und reagiert darauf kontextabhängig mit leuchtenden Augen, Schwanzwedeln und den befohlenen Bewegungen.

Der humanoide QRIO-Roboter, der wie AIBO ebenfalls von Sony entwickelt wurde, aber nicht kommerziell angeboten wird, kann einfache Gespräche mit simplen Dialogmustern mit seinen menschlichen Mitspielern führen und wendet sich dabei bei Antworten in Richtung des Fragenden, weil er über eine einfache akustische Erkennung der Position von Sprechern im Raum verfügt.

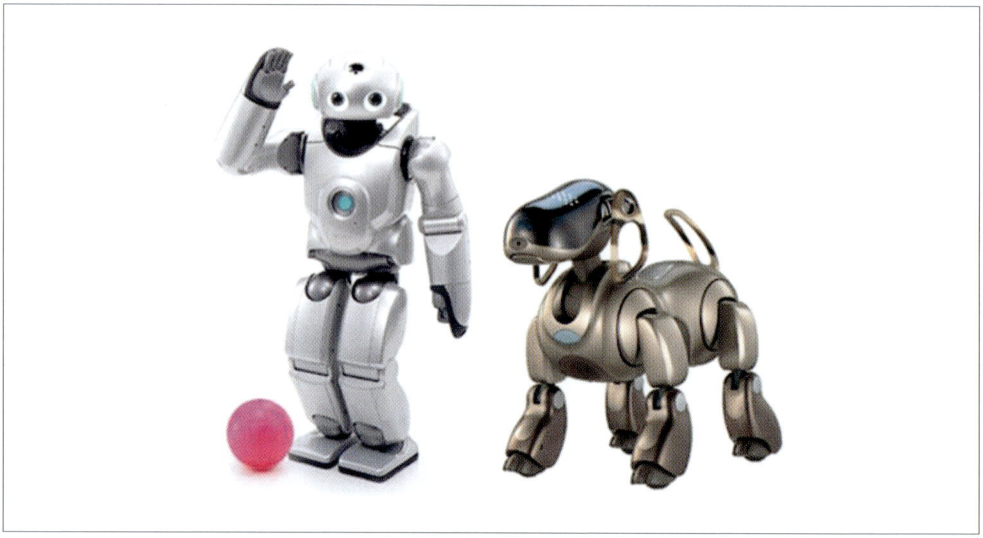

Abb. 18 Sprachgesteuerte Unterhaltungsroboter QRIO und AIBO

6. Rückblick und Ausblick: Vier Dekaden der deutschen Sprachtechnologieforschung

Die Forschung zur Computermodellierung von Sprachverhalten wurde in Deutschland seit Mitte der 1970er Jahre intensiv gefördert (vgl. Reuse und Vollmar 2008). Man hatte erkannt, dass die maschinelle Verarbeitung der deutschen Sprache überwiegend in Deutschland vorangetrieben werden muss, wenn man bei der weiteren Entwicklung der Informations- und

Internetgesellschaft nicht vom englischsprachigen Sprachraum dominiert werden möchte. Außerdem gab es durch die lange Tradition exzellenter deutscher Forscher in der Sprachwissenschaft, der Sprachpsychologie, der Sprachphilosophie und durch interdisziplinäre Zusammenarbeit mit der aufblühenden neuen Disziplin der Informatik beste Voraussetzungen für eine erfolgreiche „elektronische Sprachforschung“, wie der erste DFG-Sonderforschungsbereich (1972–1986) zu diesem Thema am Standort Saarbrücken hieß.

Man kann die Forschungen zur Sprachtechnologie in Deutschland grob in vier Dekaden einteilen, die jeweils durch große Verbundvorhaben geprägt wurden (vgl. Abb. 19). Die ersten vollständig implementierten Dialogpartnermodelle wurden mit HAM-RPM (vgl. von Hahn et al. 1980) und HAM-ANS an der Universität Hamburg entwickelt, konnten aber nur einfache Frage-Antwort-Dialoge in Miniwelten (z. B. Hotelbeschreibung, Verkehr an einer Kreuzung) führen. Anschließend wurden in weiteren DFG-Sonderforschungsbereichen wie „Künstliche Intelligenz – Wissensbasierte Systeme“ (1985–1995) und „Ressourcenadaptive kognitive Prozesse“ (1996–2007) speziell in Saarbrücken die Grundlagen der natürlichsprachlichen Systeme weiterentwickelt. Während bis Mitte der 1980er Jahre noch reine Grundlagenforschung betrieben wurde, begannen danach auch Forschungsgruppen in großen Unternehmen wie Siemens, Philips, AEG, Daimler und SEL anwendungsorientiert an der Computermodellierung von Sprachverhalten zu arbeiten. Gleichzeitig wurden in der Grundlagenforschung von Deutschland aus die neuen Themen des wissensbasierten Textverstehens (vgl. Herzog und Rollinger 1991), der Benutzermodellierung und der sprachlichen Bildbeschreibung (vgl. Herzog et al. 1989) vorangetrieben, mit denen deutsche Forscher als Pioniere weltweit bekannt wurden. Durch die großen und langfristig angelegten BMBF-Verbundprojekte Verbmobil und SmartKom wurden dann die Dialogübersetzung und die multimodale Interaktion stark vorangetrieben.

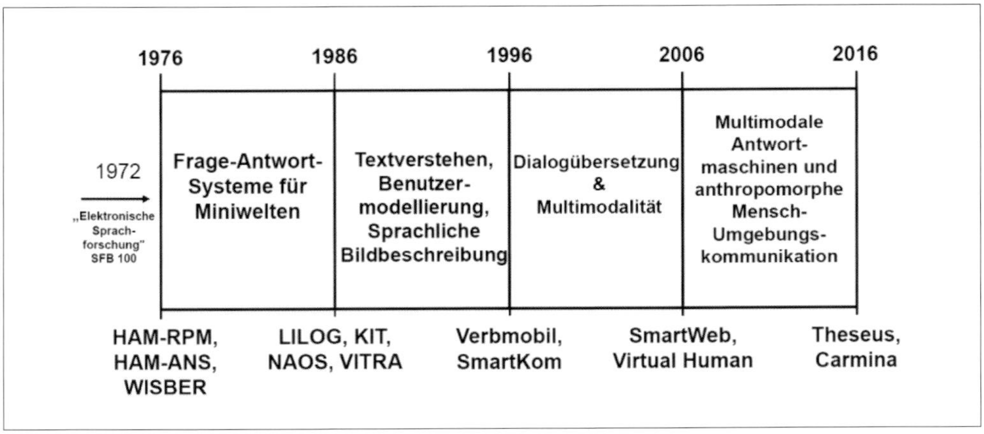

Abb. 19 Vier Dekaden der Forschung zur Sprachtechnologie in Deutschland

Zunächst mit dem BMBF-Verbundprojekt SmartWeb und derzeit in dem BMWi-Konsortium Theseus wurde der Übergang der Forschung von abgeschlossenen Diskursbereichen zu offenen Anfragen an das Web in Form von semantischen Antwortmaschinen (vgl. Fensel et al. 2003) geschaffen. In den letzten 20 Jahren wurde es analog zur Experimentalphysik notwendig, immer größere Forschungsteams in Verbundvorhaben arbeiten zu lassen, wobei zur Realisierung von komplexen Systemen wie Verbmobil bis zu 400 Forscher zu koordinieren waren. Das BMBF-Projekt Virtual Human (vgl. REITHINGER et al. 2006) erreichte einen Durchbruch bei der Mehrpersonenkommunikationen mit virtuellen Charakteren und legte die Basis für heute laufende Forschungen im Bereich der anthropomorphen Mensch-Umgebungskommunikation. Inzwischen sind in Deutschland aus den großen Verbundprojekten des BMBF zahlreiche Firmenneugründungen wie Sympalog, SemanticEdge, SemVox und Yocoy im Bereich der deutschen Sprachdialogsysteme entstanden, die kommerzielle Lösungen für den rasch wachsenden Markt der Sprachtechnologie anbieten. Die Grundlagenforschung wird heute besonders im Bereich der multimodalen Dialogsysteme in den beiden DFG-Exzellenzclustern „Multimodal Computing and Interaction" in Saarbrücken und „Cognitive Interaction Technology" in Bielefeld vorangetrieben.

Ein aktueller Forschungstrend in der Sprachtechnologie entsteht durch den Übergang von Nahbesprechungsmikrophonen zu Raummikrophonen, die häufig als Mikrophonarrays realisiert werden, um Anwendungen mobiler Sprecher ohne eigenes Mikrophon (z. B. Besprechungssituationen, Fernsehbedienung vom Sofa aus) realisieren zu können. Im Dialogbereich wird verstärkt an der Verallgemeinerung der Ansätze für dyadische Dialoge auf Mehrpersonengespräche geforscht. Statt dem sprachlichen Zugang zum Web der Information steht derzeit der Sprachdialog im zukünftigen Internet der Dienste und der Dinge im Vordergrund zahlreicher Forschungsvorhaben. Erfolgreiche monolinguale Ansätze für die wichtigsten internationalen Verkehrssprachen werden immer mehr für multilinguale Systeme auch auf weniger verbreitete Sprachen adaptiert.

Die Frage im Titel dieses Beitrages „Autos, Roboter und Weinflaschen als Dialogpartner?" kann heute mit „Ja, aber …" beantwortet werden. Die Dialogfähigkeiten sind im Vergleich zu menschlichen Gesprächspartnern immer noch stark eingeschränkt. Ein angemessenes und robustes Verstehen natürlicher Spontansprache durch virtuelle Dialogpartner ist derzeit nur für eng begrenzte Themenbereiche möglich. Trotzdem werden bereits heute alleine in Deutschland mit Sprachcomputern pro Tag über 400000 Gespräche mit einer Fallabschlussquote von 80 % geführt.

Literatur

ALLEN, J.: Natural Language Understanding. Addison-Wesley 1994

BUNT, H., KIPP, M., MAYBURY, M., and WAHLSTER, W.: Fusion and coordination for multimodal interactive information presentation. In: STOCK, O., and ZANCANARO, M. (Eds.): Multimodal Intelligent Information Presentation; pp. 325–340. Dordrecht: Kluwer 2005

COLE, R. A., MARIANI, J., USZKOREIT, H., ZAENEN, A., and ZUE, V. (Eds.): Survey of the State of the Art in Human Language Technology. Cambridge: Cambridge University Press 1997

FENSEL, D., HENDLER, J., LIEBERMAN, H., and WAHLSTER, W. (Eds.): Spinning the Semantic Web. Bringing the World Wide Web to Its Full Potential. Cambridge: MIT Press 2003

HAHN, W. VON, HOEPPNER, W., JAMESON, A., and WAHLSTER, W.: The anatomy of the natural language dialogue system HAM-RPM. In: BOLC, L. (Ed.): Natural Language Based Computer Systems; pp. 119–253. München: Hanser/Macmillan 1980

HERZOG, O., and ROLLINGER, C.-R. (Eds.): Text Understanding in LILOG: Integrating Computational Linguistics and Artificial Intelligence. Berlin, Heidelberg, New York: Springer 1991

HERZOG, G., SUNG, C.-K., ANDRÉ, E., ENKELMANN, W., NAGEL, H.-H., RIST, T., WAHLSTER, W., and ZIMMERMANN, G.: Incremental natural language description of dynamic imagery. In: FREKSA, C., und BRAUER W. (Eds.): Wissensbasierte Systeme. S. 153–162. Berlin, Heidelberg, New York: Springer 1989

JURAFSKY, D., and MARTIN, H. H.: Speech and Language Processing. Upper Saddle River, NJ: Prentice Hall 2000

MANNING, C. D., and SCHÜTZE, H.: Foundations of Statistical Natural Language Processing. Cambridge: MIT Press 1999

MÜLLER, C. (Ed.): Speaker Classification – Fundamentals, Features, and Methods. Berlin, Heidelberg, New York: Springer 2007

NDIAYE, A., GEBHARD, P., KIPP, M., KLESEN, M., SCHNEIDER, M., and WAHLSTER, W.: Ambient intelligence in edutainment: Tangible interaction with life-like exhibit guides. In: MAYBURY, M., STOCK, O., and WAHLSTER, W. (Eds.): Intelligent Technologies for Interactive Entertainment. Lecture Notes in Artificial Intelligence Vol. 3814, pp. 104–113. Berlin, Heidelberg, New York: Springer 2005

REITHINGER, N., GEBHARD, P., LÖCKELT, M., NDIAYE, A., PFLEGER, N., RUMPLER, M., KIPP, M., BLOCHER, A., and WAHLSTER, W.: Dialogic and affective interaction with VirtualHuman. In: Proc. of the 29th Annual German Conference on Artificial Intelligence; pp. 45–48. Berlin, Heidelberg, New York: Springer 2006

REUSE, B., und VOLLMAR, R. (Eds.): Informatikforschung in Deutschland. Berlin, Heidelberg, New York: Springer 2008

RUSSELL, S., and NORVIG, P.: Artificial Intelligence: A Modern Approach. Prentice Hall 2009

WAHLSTER, W. (Ed.): Verbmobil: Foundations of Speech-to-Speech Translation. Berlin, Heidelberg, New York: Springer 2000

WAHLSTER, W. (Ed.): SmartKom: Foundations of Multimodal Dialogue Systems. Berlin, Heidelberg, New York: Springer 2006

WAHLSTER, W.: SmartWeb: Ein multimodales Dialogsystem für das semantische Web. In: REUSE, B., und VOLLMAR, R. (Eds.): Informatikforschung in Deutschland. S. 300–311. Heidelberg, Berlin, New York: Springer 2008

WAHLSTER, W., ANDRÉ, E., FINKLER, W., PROFITLICH, H.-J., and RIST, T.: Plan-based integration of natural language and graphics generation. Artificial Intelligence *63*, 387–427 (1993)

WAHLSTER, W., FELD, M., GEBHARD, P., HECKMANN, D., JUNG, R., KRUPPA, M., SCHMITZ, M., SPASSOVA, L., and WASINGER, R.: The shopping experience of tomorrow: Human-centered and resource-adaptive. In: CROCKER, M. W., and SIEKMANN, J. (Eds.): Resource-Adaptive Cognitive Processes; pp. 205–237. Berlin, Heidelberg, New York: Springer 2010

WAHLSTER, W., and KOBSA, A.: User models in dialog systems. In: KOBSA, A., and WAHLSTER, W. (Eds.): User Models in Dialog Systems; pp. 4–34. Berlin, Heidelberg, New York: Springer 1989

Prof. Dr. Dr. h.c. mult. Wolfgang WAHLSTER
Deutsches Forschungszentrum für Künstliche Intelligenz
und Fachrichtung Informatik der Universität des Saarlandes
Stuhlsatzenhausweg 3, Campus D3 2
66123 Saarbrücken
Bundesrepublik Deutschland
Tel.: +49 681 3025252
Fax: +49 681 3025383
E-Mail: wahlster@dfki.de

Nova Acta Leopoldina NF *110*, Nr. 377, 143–165 (2011)

Von der Proteomanalyse zur Systembiologie bakterieller Modellorganismen

Michael HECKER ML (Greifswald)

Mit 12 Abbildungen

Zusammenfassung

Mit der Publikation der ersten Genomsequenz eines lebenden Organismus im Jahre 1995 ist ein neues Zeitalter, das der funktionellen Genomforschung, eröffnet worden. Dabei bietet die Genomsequenz nur den Bauplan des Lebens, nicht das Leben selbst. Jetzt ist die funktionelle Genomforschung gefragt, diesen Bauplan des Lebens in das reale Leben umzuschreiben, wobei der Proteomanalyse eine besondere Rolle zukommt, da nur sie sich mit den eigentlichen Spielern des Lebens, den Proteinen beschäftigt. Der Beitrag zeigt, wie mit Hilfe der Proteomanalyse von Modellbakterien grundlegende Lebensprozesse in einer neuen Dimension verstanden werden können, womit auch die Grundlage für eine systembiologische Perspektive bakterieller Wachstumsprozesse gelegt wird.

Abstract

By the publication of the first entire genome sequence of a living organism in 1995 a new era in biology was opened. The genome sequence, however, only provides the "blueprint of life", not life itself. Functional genomics is required to transfer the blueprint of life into real life. In this process proteomics plays a privileged role because only proteomics deals with the "main players of life". In this article it is shown how physiological proteomics can help to understand fundamental life processes of simple model organisms in a comprehensive way to achieve a systems biology perspective.

Nova Acta Leopoldina NF *110*, Nr. 377, 143–165 (2011)

1. Einführung

Lassen Sie mich meinen Vortrag mit einer Erinnerung an zwei bedeutende Ereignisse beginnen: Heute ist der 3. Oktober, ein Tag, der nicht nur für diejenigen, die ihre wissenschaftliche Karriere im östlichen Teil Deutschlands begonnen haben, unvergesslich bleiben wird. Er markiert das Ende einer Periode, wo Wissenschaftlern gleichsam „draußen vor der Tür", streng abgeschirmt, der Zugang zur internationalen Community verwehrt wurde.

Das zweite Jahr, das hier Erwähnung finden soll und nun direkt zu meinem Thema überleitet, ist das Jahr 1995, das als solches bereits in die Wissenschaftsgeschichte eingegangen ist, ein Jahr, mit dem ein neues Zeitalter der Wissenschaft, das der funktionellen Genomforschung eröffnet wurde. Mit der Veröffentlichung der Genomsequenz des ersten lebenden Organismus, des Bakteriums *Haemophilus influenzae*, wurde erstmalig der vollständige Bauplan eines Lebewesens entschlüsselt. Und nur sechs Jahre später, im Jahre 2001, wird der unendlich komplexere Bauplan des Menschen vorgelegt, ein Ereignis, das seinerzeit auf einer Videokonferenz von Politikern weltweit stürmisch gefeiert wurde. Wenn bisher nur kleine Ausschnitte aus dem Leben von Organismen erforscht werden konnten, eröffnet sich mit der Vorlage des gesamten Bauplanes die Chance, Leben in seiner Vollständigkeit zu beschreiben und später zu begreifen.

Es besteht überhaupt kein Zweifel daran, dass die Wissenschaftler in den vergangenen 15 Jahren aus der vergleichenden Genomics ungemein wichtige, neue Erkenntnisse gewonnen haben, dennoch sind sich alle Experten darin einig: Mit der Vorlage der Genominformation ist lediglich der erste Schritt getan, ist erst der Bauplan des Lebens, noch nicht das Leben selbst beschrieben. Im nächsten Schritt geht es darum, diesen Bauplan des Lebens umzuschreiben in das reale Leben, aus der Bauzeichnung des Lebens das eigentliche Gebäude des Lebens zu erstellen, eine riesige Herausforderung, die die Lebenswissenschaften in den kommenden Jahrzehnten prägen wird.

Lassen Sie mich mit einem kurzen Blick in die Geschichte beginnen. Mit einem wichtigen Experiment der Gebrüder Buchner im Jahre 1897 begann das Zeitalter der experimentellen Enzymologie. Die Gebrüder Buchner versuchten, einen Hefeextrakt, der keine lebenden Zellen mehr enthielt, mit Hilfe von Saccharose zu konservieren. Nach einiger Zeit stellten sie fest, dass ein Teil der Saccharose in Ethanol umgewandelt wurde, und interpretierten diese Beobachtung völlig zu recht: Enzymreaktionen als die wichtigsten Lebensprozesse sind nicht an die Integrität der lebenden Zelle gebunden, sondern wirken auch außerhalb des Lebens. Die sich unmittelbar daran anschließende erste Hälfte des 20. Jahrhunderts kann als Zeitalter der Enzymologie verstanden werden, damit verbunden war die Beschreibung der großen metabolischen Routen wie Glykolyse oder Tricarbonsäurezyklus. Das ATP, der für die Zellen notwendige Energieträger, wurde in Berlin entdeckt, und bald konnte das Leben als Netzwerk von Enzymen in Form komplexer Stoffwechselwege verstanden werden, ein Netzwerk miteinander agierender Enzyme, die all die unterschiedlichen Metabolite der lebenden Zelle in ihre metabolischen Bahnen lenken. In der Mitte des 20. Jahrhunderts rückten dann mehr und mehr die Strukturen, die diese Prozesse steuern, in den Mittelpunkt des Interesses. Nach der Aufklärung der räumlichen Struktur der DNA durch Watson und Crick setzten die „wilden 60er und 70er Jahre" ein, das Zeitalter der Molekularbiologie beginnt: Die älteste Sprache des Lebens, die Sprache der Gene und mit ihr der genetische Code, wurden aufgeklärt. Es wurde gezeigt, wie die Sprache der Gene über die Messenger-RNA- Moleküle in die der Proteine umgeschrieben werden kann. Die grundlegenden, neuen Erkenntnisse über das Leben wurden in der Öffentlichkeit verfolgt und gefeiert, eine öffentliche Diskussion setzte ein, an der neben Naturwissenschaftlern und Medizinern auch Philosophen oder Theologen teilnahmen. Nur selten hat die Öffentlichkeit solch fundamentale neue Erkenntnisse so euphorisch verfolgt und positiv begleitet. *Escherichia coli*, der einfache Modellorganismus des Lebens, an dem diese grundlegenden Lebensprozesse entdeckt wurden, „gewann Nobelpreis um Nobelpreis". Wenig später erfolgte die Entdeckung der Restriktionsendonucleasen, unter anderem auch am Biozentrum in Basel. Und mit dieser Entdeckung entstand die Möglichkeit, eine Technologie zu entwickeln, mit der man die DNA in definierte Bruchstücke zerschneiden kann, die eigentliche Geburtsstunde der Gentechnologie. Und nun begann eine für viele nach wie vor schwer zu verstehende, verhängnisvolle Diskussion, die sich an einem möglichen Fluch der Gentechnik aufrieb und die den unermesslichen Segen, den uns diese Technik brachte, einfach ignorierte, eine Technik, die uns die Möglichkeiten bescherte und auch weiterhin beschert, etwa die Mechanismen maligner Entartung zu verstehen oder irgendwann einmal HIV-Infektionen und andere tödliche Krankheiten kausal bekämpfen zu können. Diese wissenschaftsfeindliche Diskussion, die bis in die Parteienpolitik Eingang gefunden hat und sehr häufig einer vernünftigen Logik entbehrte, hält bis in die heutigen Tage an. Die Gentechnik wird „zum Werk des Teufels" wie die großen Schreckensszenarien der modernen Menschheit wie Kriege, Krankheiten oder Hungersnöte. Vor wenigen Monaten schmückte sich auch meine Heimatstadt Greifswald damit, eine „gentechnikfreie Zone" zu sein.

Sehr bald wurde deutlich, dass nicht die Gene, sondern die Proteine die eigentlichen Spieler des Lebens sind. Jedes Protein hat aufgrund seiner charakteristischen Reihenfolge von insgesamt 20 Aminosäuren seine unverwechselbare Struktur. Die Reihenfolge der 20 Aminosäuren wird wiederum durch die Folge von nur 4 Basen in der Erbsubstanz (3er-Code für jede Aminosäure) determiniert, woraus eine enorme Vielfalt der Proteinstruktur resultiert. Und diese unverwechselbare Struktur jedes einzelnen Proteins macht wiederum seine unverwechselbare Funktion aus, welche ihm seine genau festgelegte Rolle in dem Prozess des Lebens zuordnet (Abb. 1).

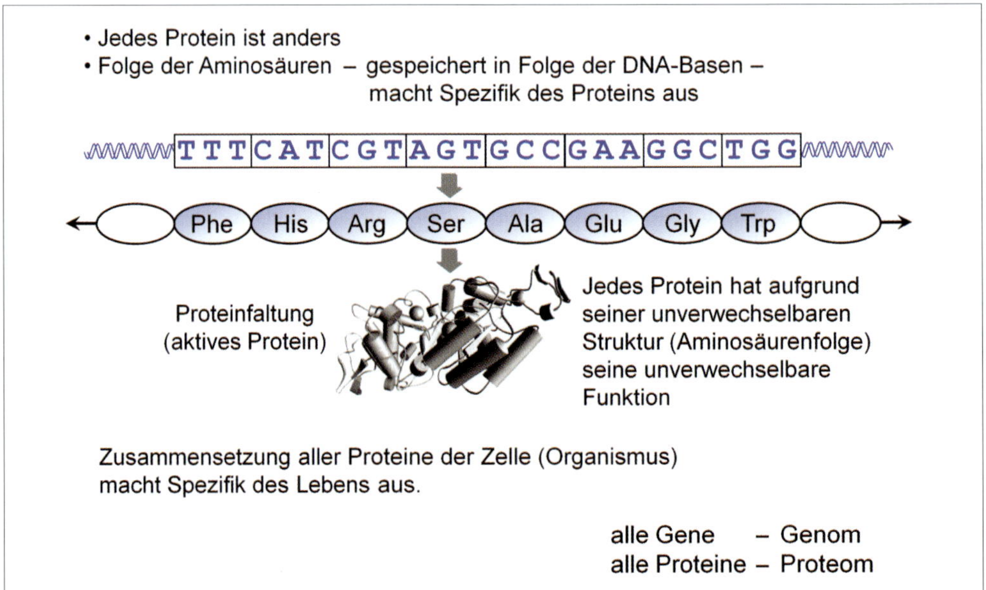

Abb. 1 Proteine sind die Spieler des Lebens.

Wenn damit jedem Protein seine charakteristische Aufgabe im Lebensprozess zukommt, macht erst das Zusammenspiel aller Proteine die eigentliche Spezifik des Lebens aus. Damit wird die Natur des Lebens lediglich durch die Gene vorgegeben, realisiert wird sie erst durch das Miteinander der Proteine. Dieses Wechselspiel der Proteine findet im Proteom seinen Niederschlag: So, wie die Gene im Genom organisiert sind, bilden alle Proteine eines lebenden Systems das Proteom (siehe auch HECKER 2004).

Bis zum Jahr 1995 war selbst von den „Modellorganismen des Lebens“ wie *E. coli* oder *Bacillus subtilis* nur ein Teil der Gene bekannt. Doch dann kam das Jahr 1995: Mit der vollständigen Entschlüsselung des Genoms des ersten lebenden Organismus, *Hämophilus influenzae*, wurde das Zeitalter der funktionellen Genomforschung eingeläutet (Abb. 2). Damit war der Bauplan des Lebens, der Bauplan des Organismus *H. influenzae*, vollständig entschlüsselt (FLEISCHMANN et al. 1995). Der Beginn einer dramatischen Entwicklung, die bis in die Gegenwart reicht, wurde eingeleitet. Im Jahre 1997 wurde das Genom der Modellbakterien *E. coli* und *B. subtilis* aufgeklärt, bereits ein Jahr davor die Genomsequenz des ersten zellkernhaltigen Organismus, der Bäckerhefe *Saccharomyces cerevisiae*. Im Jahre 2000 folgten die Genome der Fruchtfliege (*Drosophila melanogaster*) bzw. der Ackerschmalwand (*Arabidopsis thaliana*) und im Jahre 2001, nur sechs Jahre nach der Publikation der ersten Genom-

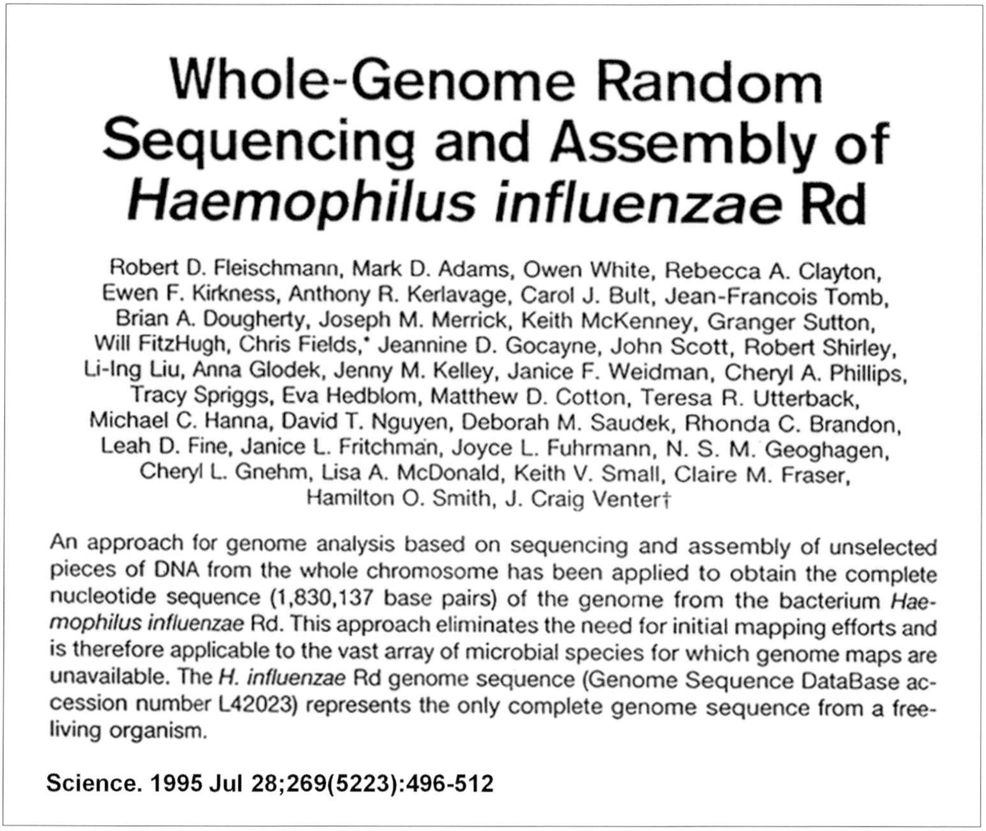

Whole-Genome Random Sequencing and Assembly of *Haemophilus influenzae* Rd

Robert D. Fleischmann, Mark D. Adams, Owen White, Rebecca A. Clayton, Ewen F. Kirkness, Anthony R. Kerlavage, Carol J. Bult, Jean-Francois Tomb, Brian A. Dougherty, Joseph M. Merrick, Keith McKenney, Granger Sutton, Will FitzHugh, Chris Fields,* Jeannine D. Gocayne, John Scott, Robert Shirley, Li-Ing Liu, Anna Glodek, Jenny M. Kelley, Janice F. Weidman, Cheryl A. Phillips, Tracy Spriggs, Eva Hedblom, Matthew D. Cotton, Teresa R. Utterback, Michael C. Hanna, David T. Nguyen, Deborah M. Saudek, Rhonda C. Brandon, Leah D. Fine, Janice L. Fritchman, Joyce L. Fuhrmann, N. S. M. Geoghagen, Cheryl L. Gnehm, Lisa A. McDonald, Keith V. Small, Claire M. Fraser, Hamilton O. Smith, J. Craig Venter†

An approach for genome analysis based on sequencing and assembly of unselected pieces of DNA from the whole chromosome has been applied to obtain the complete nucleotide sequence (1,830,137 base pairs) of the genome from the bacterium *Haemophilus influenzae* Rd. This approach eliminates the need for initial mapping efforts and is therefore applicable to the vast array of microbial species for which genome maps are unavailable. The *H. influenzae* Rd genome sequence (Genome Sequence DataBase accession number L42023) represents the only complete genome sequence from a free-living organism.

Science. 1995 Jul 28;269(5223):496-512

Abb. 2 Im Jahre 1995 wurde das Zeitalter der Genomforschung eröffnet: Der erste vollständige Bauplan eines lebenden Organismus wurde vorgelegt.

sequenz eines Bakteriums, die Genomsequenz des Menschen. Allerdings wurde der Hochmut des Menschen, der sich gern als Krone der Schöpfung wähnte, empfindlich verletzt: Der Mensch hat nur etwa 25000 Gene, nicht viel mehr als das eben genannte Ackerunkraut *A. thaliana*, und vom Genom des Menschenaffen unterschiedet sich sein Bauplan nur ganz geringfügig.

Auch wenn wir in den Jahren nach 1995 unendlich viel über das Leben aus der vergleichenden Genomics gelernt haben, wurde, wie eingangs schon erwähnt, doch deutlich: Die Genomsequenz stellt nur den Bauplan des Lebens dar, nicht das Leben selbst. Jetzt ist die sogenannte funktionelle Genomforschung gefragt, das „virtuelle Leben der Gene in das reale Leben der Proteine" umzuschreiben, denn die Proteine, nicht die Gene, sind die eigentlichen Spieler des Lebens. Damit kann das Genom mit einer Partitur einer Bach-Kantate verglichen werden, während das Proteom diese Partitur zum Klingen bringt. Wenn das Genom eines Organismus relativ stabil ist, ist das Proteom hochgradig flexibel. Die auf die Organismen einwirkenden Umweltsignale oder das Differenzierungsprogramm eines höheren Organismus legen fest, welche Gene zum jeweiligen Zeitpunkt am jeweiligen Ort aktiv sind und welche nicht. Wir sprechen von differentieller Genexpression, die bei gleichem Genom ganz unterschiedliche Gene aktivieren kann und damit unterschiedliche Proteine zur Verfügung stellt. Diese verschiedenartigen Proteome bestimmen so unterschiedliche Gestaltungsformen des Lebens wie eine bakterielle Zelle oder eine Spore, einen Schmetterling oder eine Raupe oder eine Hirn- bzw. eine Leberzelle. In all diesen Fällen ist das Genom nahezu gleichartig. Die unterschiedlichen Phänotypen werden durch das Spektrum unterschiedlicher Proteine realisiert. Die Gene, die im Genom angeordnet sind, sagen uns nur, was prinzipiell passieren könnte, die Proteine lehren uns, was wirklich in der Zelle passiert. Damit rückte die Analyse der Mechanismen der Regulation der Genexpression, die darüber entscheiden, welche Gene letzten Endes in Proteine umgeschrieben werden, in den Mittelpunkt des Interesses.

Wenn man Lebensprozesse in ihrer Vielfalt begreifen will, muss man folglich verstehen, welche Proteine in einer Zelle in welcher Konzentration vorkommen, welche Rolle sie im Lebensprozess spielen, wo sie sich innerhalb oder außerhalb der Zelle anordnen, wie sie miteinander agieren, sich stimulieren, sich hemmen oder gar zerstören. Das war die Motivation für die Entwicklung der Proteomics mit dem Ziel, alle Proteine einer Zelle, eines Organismus zu identifizieren, zu quantifizieren und ihr Spiel innerhalb und außerhalb der Zelle zu verfolgen als Basis für das Verständnis von komplexen Lebensprozessen. Man kann das Studium der Umschreibung des Bauplans des Lebens in das reale Leben natürlich mit menschlichen Zellen beginnen, die zweifellos im Fokus auch solcher Analysen stehen. Der Mensch mit nur 25000 Genen, aber viel, viel mehr Proteinen ist für ein solches Unterfangen jedoch hoffnungslos zu komplex. Einzellige Bakterien sind wegen ihrer geringen Komplexität geradezu ideale Organismen, um diesen Umschreibungsprozess exemplarisch zu studieren und zu verstehen. Nur einige Hundert verschiedene Proteine können das Leben einfacher Organismen ausmachen. Bevor wir auf die Bakterien zurückkommen, sollen zunächst die Methoden der Proteomanalyse erläutert werden.

2. Methoden der Proteomanalyse

Die Abbildung 3 zeigt die prinzipiellen Schritte, die bei der Proteomanalyse erforderlich sind. Sie beginnen mit der Proteinextraktion, im zweiten Schritt werden die einzelnen Proteine aufgetrennt, um im dritten Schritt schließlich mit Hilfe moderner massenspektrometrischer Verfahren identifiziert zu werden. Die Basistechnik für die Proteomanalyse ist seit vielen Jahren die 1975 von O'Farrell (1975) und Klose (1975) erstmalig beschriebene hochauflösende zweidimensionale Polyacrylamidgelelektrophorese (Abb. 4). Auf einer Fläche von nur 20 × 20 cm findet jedes einzelne Protein aufgrund seiner unverwechselbaren Markenzeichen, der Ladung, die durch die Aminosäurefolge bestimmt wird, und der Größe seinen genau definierten Platz. Bis zu 10000 Proteinspots können damit aufgetrennt werden.

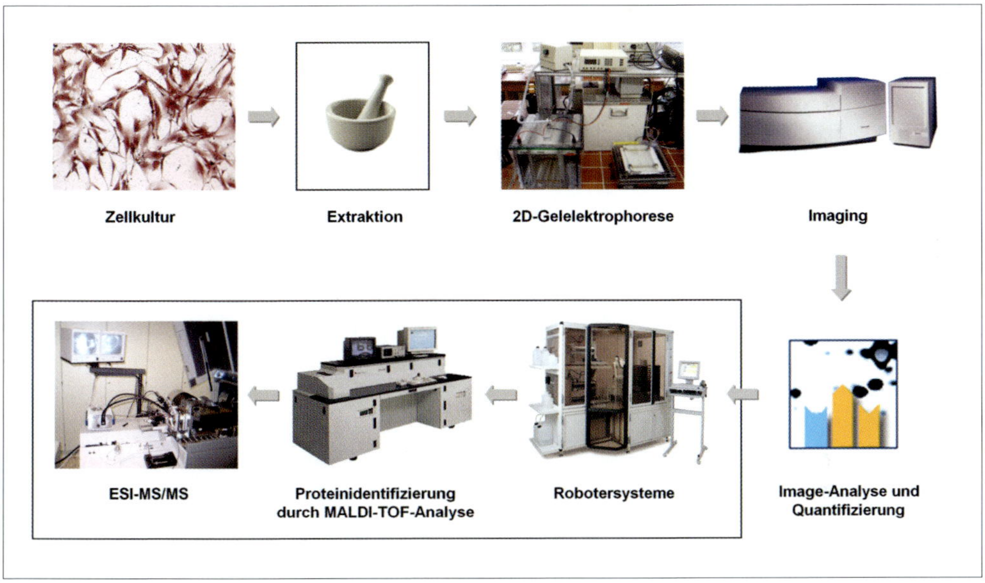

Abb. 3 Die einzelnen Schritte der Proteomanalyse (nach U. Völker)

Im zweiten Schritt geht es darum, diese Proteine, die zunächst nur als „Spots" auf den Gelen zu sehen sind, zu identifizieren. Auch hier hat die Genomsequenzierung die Proteomanalyse geradezu revolutioniert. Erst mit Hilfe der Genomsequenz ist es möglich, jedes einzelne Protein auf den zweidimensionalen Gelen sehr schnell seinem Gen zuzuordnen. Dafür sind folgende Schritte erforderlich:

Zunächst wird das Protein aus dem Gel ausgeschnitten, anschließend wird es mit einer Protease verdaut, die an ganz bestimmten Stellen in der Aminosäurefolge schneidet (Trypsin schneidet hinter Arginin und Lysin). Infolge dieses Proteaseverdaus entsteht ein charakteristisches Muster unterschiedlicher Peptide, dessen molekulare Massen im Massenspektrometer exakt bestimmt werden. Dieses Peptidmuster ist der charakteristische Fingerabdruck des Proteins.

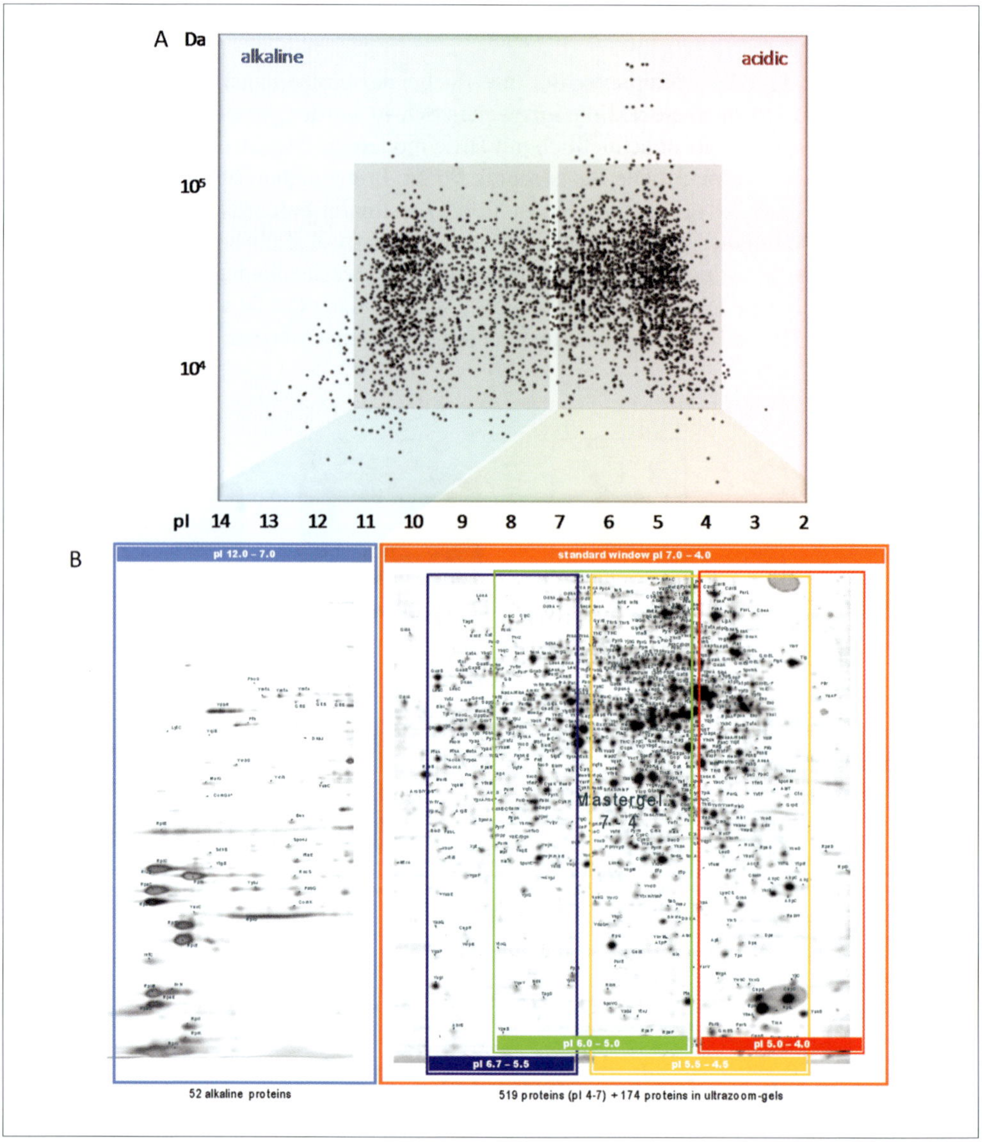

Abb. 4 Proteine werden durch die zweidimensionale Polyacrylamidgelektrophorese aufgetrennt. Oben ein virtuelles Gel (berechnet aus der Größe und Ladung der einzelnen Proteine), darunter die Auftrennung eines bakteriellen Proteingemisches. Jeder Punkt auf dem Gel entspricht meist einem Protein.

Der folgende Schritt gehört der Bioinformatik. Zunächst wird vorausgesetzt, dass die Genomsequenz des Organismus bekannt ist. Damit können aus der Basensequenz der einzelnen Gene die Aminosäuresequenzen aller Proteine abgeleitet werden. Alle diese Proteine, die in Datenbanken abgelegt sind, werden jetzt mit der gleichen Protease virtuell verdaut. Aus der Aminosäurefolge können dann die Peptid-Fingerabdrücke, d. h. die Peptidmuster sowie die molekularen Massen eines jeden Peptids, virtuell ermittelt werden.

Im letzten Schritt wird das experimentell erhaltene Peptidmuster, das wegen der spezifischen Aminosäurefolge jedes einzelnen Proteins mit nur einem der theoretisch abgeleiteten übereinstimmen wird, mit all den theoretisch abgeleiteten verglichen. Damit ist mit Hilfe des Fingerabdrucks das gesuchte Protein identifiziert.

Im sogenanten Proteomhochdurchsatzverfahren werden heute mit Hilfe eines automatischen Robotersystems solche Proteine aus Gelen automatisch ausgeschnitten, verdaut und für die Massenspektrometrie vorbereitet. Mit derartigen Hochdurchsatzverfahren kann man mehrere hundert Proteine am Tag identifizieren. Damit wird sehr anschaulich deutlich, dass erst die Genomsequenzierung die Proteomanalyse von heute ermöglicht hat.

Neben der gelbasierten Proteomics hat sich in den vergangenen zwanzig Jahren insbesondere die gelfreie Proteomanalyse entwickelt. Nehmen wir an, dass die Spaltung eines Proteins 10 Peptide liefert, so würde die Spaltung von 100 Proteinen im Gemisch 1000 Peptide liefern. Mit der Entwicklung der Massenspektrometrie ist es nun möglich geworden, einzelne Peptide nach Auftrennung großer Peptidgemische über die sogenannte multidimensionale Chromatographie zu analysieren und ihre Masse bzw. auch in einem zweiten Schritt ihre Sequenz zu bestimmen. Damit gelingt die Identifizierung von Proteinen aus großen Proteingemischen, ohne dass sie vorher durch gelelektrophoretische Verfahren aufgetrennt werden müssen. Heute müssen wir feststellen, dass die gelfreie Proteomanalyse nicht nur wesentlich empfindlicher ist als die gelbasierte, sondern zudem bestimmte Klassen wie Membranproteine ausschließlich gelfrei analysiert werden können. Damit gehört zweifellos der gelfreien Proteomanalyse die Zukunft. Dennoch gilt gerade für bakterielle Systeme, dass für physiologische Proteomanalysen heute noch eine geschickte Kopplung gelfreier und gelbasierter Verfahren die Methode der Wahl bildet (siehe Übersicht bei HECKER et al. 2008).

3. Proteomics der Bakterien – Auf dem Wege zum Gesamtproteom einfacher Organismen

Wegen ihrer geringen Komplexität – nur einige wenige Hundert verschiedene Proteine machen ihr Leben aus – sind Bakterien ideale Modellorganismen für die physiologische Proteomanalyse, um den Weg von der Genomsequenz über die Proteine schließlich bis zur Beschreibung und zum Verstehen grundlegender Lebensprozesse zu beschreiten. Dabei haben wir unsere umfassendste physiologische Proteomanalyse bei *B. subtilis*, dem Modellorganismus Gram-positiver Bakterien, durchgeführt. In jüngster Zeit haben wir versucht, unsere Proteomexpertise von *B. subtilis* auf einen verwandten Organismus, *Staphylococcus aureus*, zu übertragen. *Staphylococcus aureus* ist ein in den Kliniken höchst gefürchtetes Bakterium als Erreger von einem Drittel der sogenannten Krankenhausinfektionen, bis hin zu sehr ernsten, lebensbedrohlichen Erkrankungen, etwa Endokarditis oder Sepsis. Dabei ist die drastische Entwicklung der Antibiotikaresistenzen gerade bei *S. aureus* eine wirkliche Bedrohung der Menschheit. Unsere Motivation oder Vision für diese Analysen besteht darin, mit Hilfe des Panoramablicks der Proteomanalyse zu einem umfassenden Verständnis grundlegender Lebensprozesse des untersuchten Organismus zu gelangen, um ihn am Ende besser bekämpfen zu können.

Wie bereits beschrieben, wird durch gelbasierte Proteomanalyse nur ein Teil der Proteome von Bakterien abgedeckt. Insbesondere hydrophobe Membranproteine – immerhin entfallen auf diese Klasse bis zu 30 % bakterieller Proteine – sowie Proteine, die in sehr geringen Konzentrationen vorkommen, lassen sich durch gelbasierte Proteomanalyse nicht darstellen. Daher ist, wenn man das Gesamtproteom eines Bakteriums sichtbar machen will, eine geschickte Kopplung gelbasierter und gelfreier Verfahren erforderlich. Mit Hilfe dieser Kopplung war es uns möglich, für unser Modellbakterium *S. aureus* etwa 80 % der exprimierten Gene auf Proteomebene nicht nur darzustellen, sondern auch zu quantifizieren (BECHER et al. 2009).

Es ist sicher sehr schwierig, bakterielle Proteome in einer einzelnen Fraktion abzubilden, eher sollte man gezielt definierte Subproteome getrennt analysieren, eine Verfahrensweise, die gleichzeitig eine erste Sortierung der Proteine ermöglicht (Abb. 5). Die Mehrzahl der durch gelbasierte Verfahren gefundenen zytosolischen Proteine lässt sich auch durch gelfreie Verfahren identifizieren, allerdings kommen dann noch einmal so viele hinzu, die sich bisher einem gelbasierten Nachweis entzogen haben, insbesondere solche, die nur in geringen Mengen in der Zelle vorkommen. Bei der Darstellung des Membranproteoms, zumindest der Proteine mit mehr als einer Membranspannungsdomäne, ist man völlig auf gelfreie Verfahren angewiesen. Eine wichtige Fraktion, besonders für pathogene Bakterien, stellen die oberflächenassoziierten Proteine dar, die über verschiedene Mechanismen in der Membran (Lipoproteine) oder der Zellwand (Sortase-verbunden, zellwandassoziiert) verankert sind. In dieser Fraktion finden wir viele Proteine, die als erste mit der Wirtszelle Kontakt aufnehmen und für die Kolonisierung, für die Biofilmbildung oder gar für die Invasion in menschliche Zellen verantwortlich sind. Viele bekannte Virulenzfaktoren sind in dieser Fraktion vorhanden. Die zweite große Gruppe von Virulenzfaktoren wird in den extrazellulären Raum (bei Gram-negativen Bakterien auch oft direkt in die Wirtszelle) sezerniert. Auch diese Proteine, unter denen eine Reihe bekannter, aber auch viele noch unbekannte Virulenzfaktoren zu finden sind, lassen sich durch gelbasierte oder gelfreie Proteomtechniken leicht darstellen. Am Ende muss das

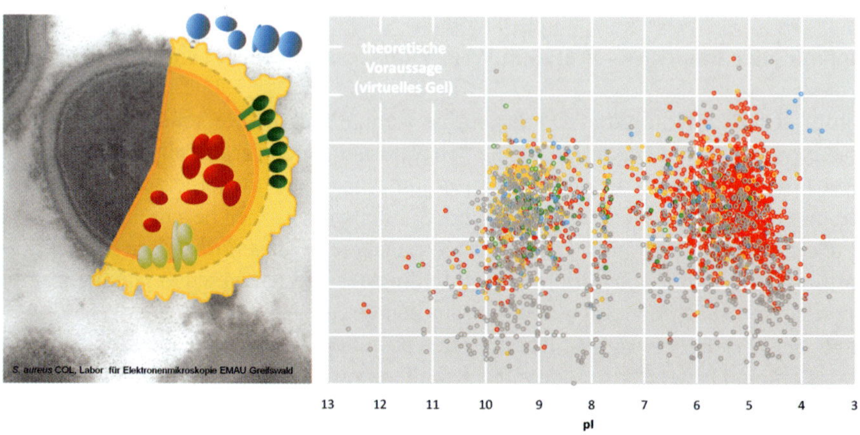

Lokalisation	vorausgesagt	exprimiert	identifiziert	%
cytosolische Proteine	1796	1384	1110	80
Membranproteine	579	414	285	69
Lipoproteine	66	44	39	89
Sortasesubstrate	20	9	6	67
Zellwand-assoziierte	35	30	27	90
Extrazellulare Proteine	122	73	57	78
Gesamt	**2618**	**1954**	**1524**	**78**

Abb. 5 Auf dem Weg zum Gesamtproteom eines Modellbakteriums – *Staphylococcus aureus* (aus BECHER et al. 2009)

Gesamtproteom einer Gram-positiven Bakterienzelle aus diesen vier Subproteomen zusammengesetzt werden. Wenn die Publikationen der ersten vollständigen bakteriellen Genomsequenzen eine große Euphorie auslöste, so ist die vollständige Darstellung der „Spieler des Lebens“, der Proteine, der logische nächste Schritt, um einfache Lebensprozesse in ihrer Vollständigkeit zu begreifen.

Damit sollte deutlich gemacht werden, dass man das Leben der Zellen mit all ihren Proteinen in einer nie vorher da gewesenen Vollständigkeit abbilden und verstehen kann (siehe BECHER et al. 2009, DE GODOY et al. 2008, MALSTRÖM et al. 2009).

Mit der Beantwortung der Frage, welche Proteine in welcher Menge in der Zelle vorkommen, ist allerdings nur der erste Schritt getan. Leben ist mehr als „die Summe der Proteine“. Nach der Synthese am Ribosom beginnt das eigentliche Leben in der Zelle erst mit dem „Tanz der Proteine“: Die Proteine finden zueinander, indem sie zu Komplexen aggregieren und molekulare Maschinen oder ganze Stoffwechselaggregate bilden (siehe unter 6.), Proteine werden modifiziert und damit erst aktiv (beispielsweise phosphoryliert), sie werden vor schädigenden Agenzien geschützt (beispielsweise werden die reaktiven SH-Gruppen der Cysteine mit Glutathion oder Cystein verbunden), sie werden geschädigt und später repariert oder in hoffnungslosen Fällen gezielt abgebaut und damit nicht nur entsorgt, sondern „recycled“. Proteine enthalten auch alle Informationen, die ihnen vorgeben, in welche Kompartimente sie transportiert werden, von der Membran über die Zellwand bis in den extrazellulären Raum. Dabei ist man mit der Proteomanalyse auch in der Lage, das Schicksal der Proteine von der Geburt am Ribosom bis zum Tode, etwa in der Clp-Maschinerie, proteomweit zu verfolgen.

Wenn man diese Proteomdaten noch durch die Gesamtheit der Genexpressionen, die man durch DNA-Chip-Technologien messen kann, oder durch die Gesamtheit der Metabolite, die im Metabolom zusammengefasst werden, komplettiert, dann wird man letzten Endes zu einer vollständigen Beschreibung und Abbildung der konkreten Lebensprozesse auf molekularer Ebene kommen können, die von dem Genom lediglich ihren Ausgang nehmen und die über das Transkriptom zum Proteom und Metabolom die konkreten Lebensprozesse sichtbar machen. Alle diese Daten werden mit bioinformatischen und später auch mathematischen Methoden zu einer systembiologischen Gesamtbetrachtung der Zelle geführt. Allerdings wird unter den „-omics“ die Proteomanalyse immer eine Schlüsselstellung behalten, weil nur sie sich mit den eigentlichen Hauptspielern des Lebens, den Proteinen, beschäftigt.

4. Computergestützte Auswertung gelbasierter Proteomanalyse

Bei der gelbasierten Proteomics ist die Identifizierung der einzelnen Proteine nur der erste Schritt. Um physiologische Analysen durchführen zu können, muss man verschiedene Varianten untersuchen, seien es Wildtypen und Mutanten, sei es die Einwirkung von umweltrelevanten Stimuli auf den Organismus (Kontrolle und Variante) oder seien es Zeitreihen, die eine kinetische Analyse erlauben. Hier müssen die Proteinmuster auf ganz verschiedenen Gelen miteinander verglichen werden, wofür eine Reihe von Firmen entsprechende Software-Pakete entwickelt hat.

Im ersten Schritt kann man neu synthetisierte von bereits vorhandenen Proteinen getrennt analysieren. Das ist immer dann wichtig, wenn z. B. die schnelle Antwort der Zelle auf die Einwirkung verschiedener Stimuli (z. B. Hunger- oder Stressfaktoren, Antibiotika und dergleichen mehr) studiert werden soll. Hierzu ist es erforderlich, die Zellen vor oder nach Einwirkung des externen Faktors mit radioaktiv markiertem (meist ^{35}S) Methionin für wenige Minuten zu markieren. Danach werden die Proteine extrahiert und auf dem Gel aufgetrennt. Im Anschluss daran werden die radioaktiv markierten, d. h. während der Pulsmarkierung neu synthetisierten, Proteine durch autoradiographische Verfahren (Phosphoimaging) detektiert. Schließlich werden die bereits vorhandenen Proteine auf demselben Gel mit Hilfe sensitiver Proteinfärbetechniken (z. B. Cypro-Ruby, Flamingo usw.) sichtbar gemacht. Wenn man jetzt mit Hilfe der von der aus unserer Arbeitsgruppe heraus gegründeten Greifswalder Firma Decodon entwickelten Software beide Gelimages übereinanderlegt (da es sich nur um ein Gel handelt, ist das „Warpen" von mehreren Gelen nicht erforderlich), dann sind alle die Proteine, die vor der Einwirkung der Stressfaktoren noch nicht vorhanden sind, durch den Stressstimulus aber massiv induziert (d. h. neu synthetisiert) werden, bereits radioaktiv markiert, aber – da die Akkumulation der neu synthetisierten eine gewisse Zeit dauert – noch nicht anzufärben. Wenn die radioaktiv markierten Proteine eine Falschfarbe Rot und die akkumulierten eine Falschfarbe Grün erhalten, fallen alle die neu induzierten Proteine durch ihre rote Farbe auf. Jetzt wird man die roten Proteine identifizieren und erhält eine Übersicht, wie sich die Zelle beispielsweise vor Einwirkung von Hitzestress schützt (Abb. 6). Mit der gleichen Pro-

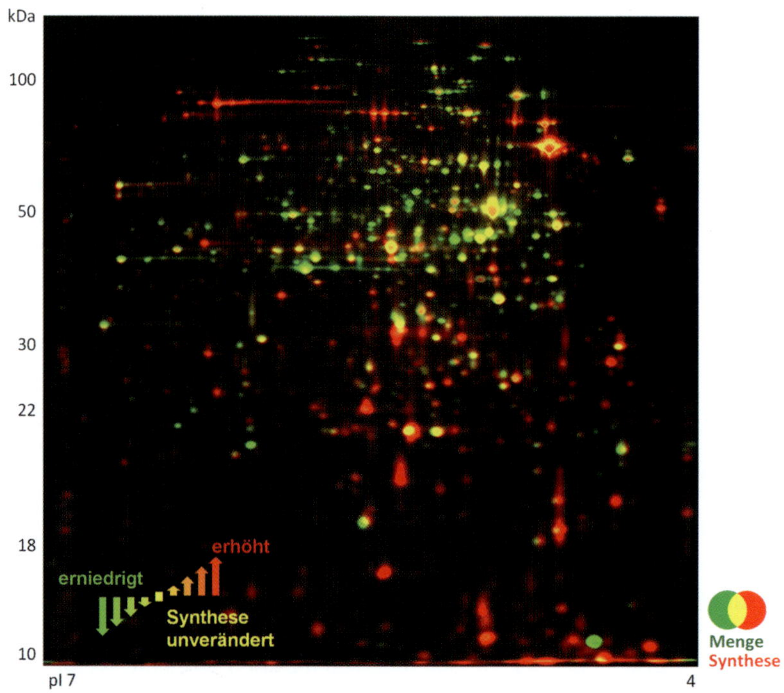

Abb. 6 Nachweis stressinduzierter Proteine in *B. subtilis* mit Hilfe der „dual channel imaging technique". Rot markierte Proteine werden in *B. subtilis* nach einer Hitzeschockbehandlung neu synthetisiert und bilden das Hitzeschockstimulon.

zedur kann man eine sogenannte Stress- oder Hunger-Proteomsignatur-Bibliothek etablieren, ein wertvolles Hilfsmittel zur Beurteilung des physiologischen Zustandes von Zellen, die im Bioreaktor, in einem Biofilm oder unter infektionsrelevanten Bedingungen gewachsen sind. Im nächsten Schritt kann man diese durch einzelne Umweltstimuli induzierten Proteine bestimmten Regulationsgruppen, sogenannten Regulons, zuordnen, indem man den Wildtyp mit einer Mutante im entsprechenden Regulatorgen vergleicht. Und schließlich kann man mit ähnlichen Techniken zur Visualisierung komplex regulierter Netzwerke gelangen (Hecker et al. 2009).

Für den Vergleich von Gelen (also z. B. Wildtyp mit einer Mutante) hat Decodon ebenfalls ein Software-Paket entwickelt, mit dessen Hilfe vergleichbare Proteinmuster zweier Gele zur Übereinstimmung gebracht werden können, um unterschiedliche Laufeigenschaften der Gele auszugleichen (Warping). Sind die Proteine des Wildtypes wieder rot und die der Mutante grün gefärbt, lassen sich sehr einfach die Proteine sichtbar machen, die in der Mutante nicht mehr auftreten bzw. sogar neu hinzukommen, während Proteine in beiden Varianten durch ihre gelbe Farbe gekennzeichnet sind. Hiermit kann man auch Zeitreihen aufnehmen, bei der Momentaufnahme hinter Momentaufnahme geschaltet ist, wodurch das Leben auf der Ebene der Proteine wie in einem Film auf einer „Leinwand von 20 × 20 cm" abläuft (Abb. 7).

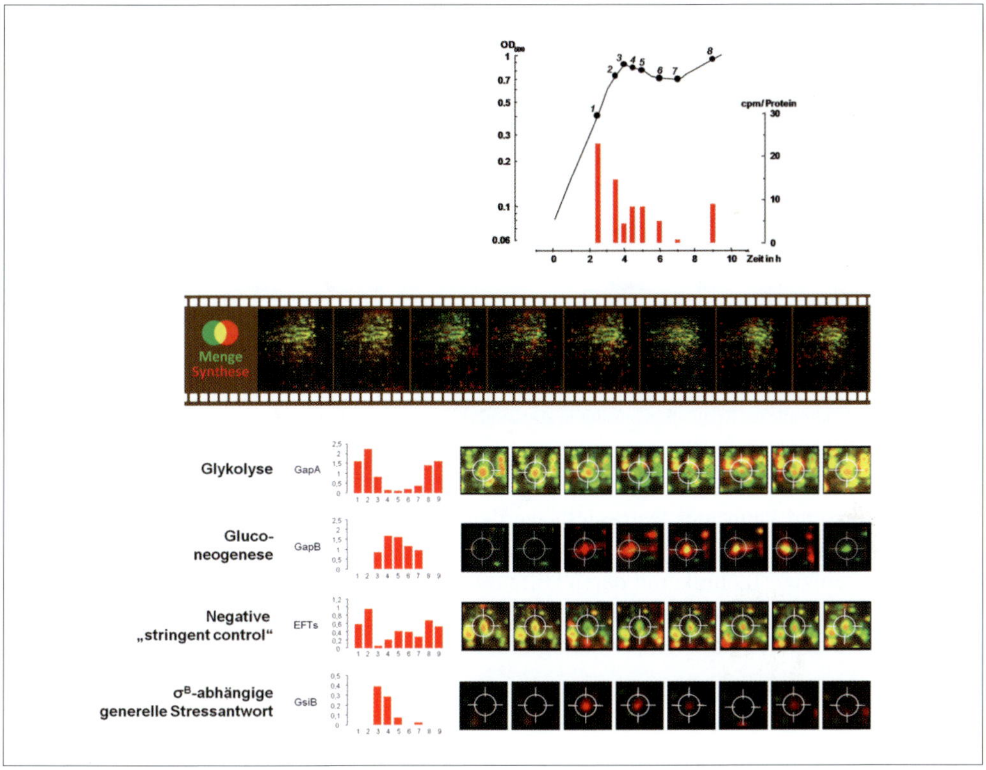

Abb. 7 „A movie of life" zeigt die Kinetik bakterieller Wachstumsprozesse auf Proteomebene in der wachsenden und nicht-wachsenden *B. subtilis*-Zelle (siehe Wachstumskurve). Im unteren Teil der Abbildung ist die Kinetik der Synthese einzelner Proteine nach Eintritt in den Nichtwachstumszustand gezeigt.

Zur Visualisierung von Proteinen, deren Synthese durch mehr als einen Umweltfaktor reguliert wird, hat die Firma ein Programm „Color coding“ entwickelt, bei dem einzelne Gelimages (Kontrolle, verschiedene Stress- und Hungerstimuli usw.) miteinander fusioniert werden. Proteine, die durch nur einen, durch zwei, drei oder gar vier Stimuli induziert werden, lassen sich durch einen Farbcode erkennen (Abb. 8). Damit ist es möglich, Gene aus einem komplexen Genexpressionsnetzwerk herauszufiltern, die durch mehr als einen Umweltfaktor induziert werden. Meist wird die Expression dieser komplex regulierten Gene durch mehr als einen globalen Regulator kontrolliert, womit Überlappungen bzw. Schnittstellen im Genexpressionsnetzwerk zwischen einzelnen Regulons identifiziert werden können.

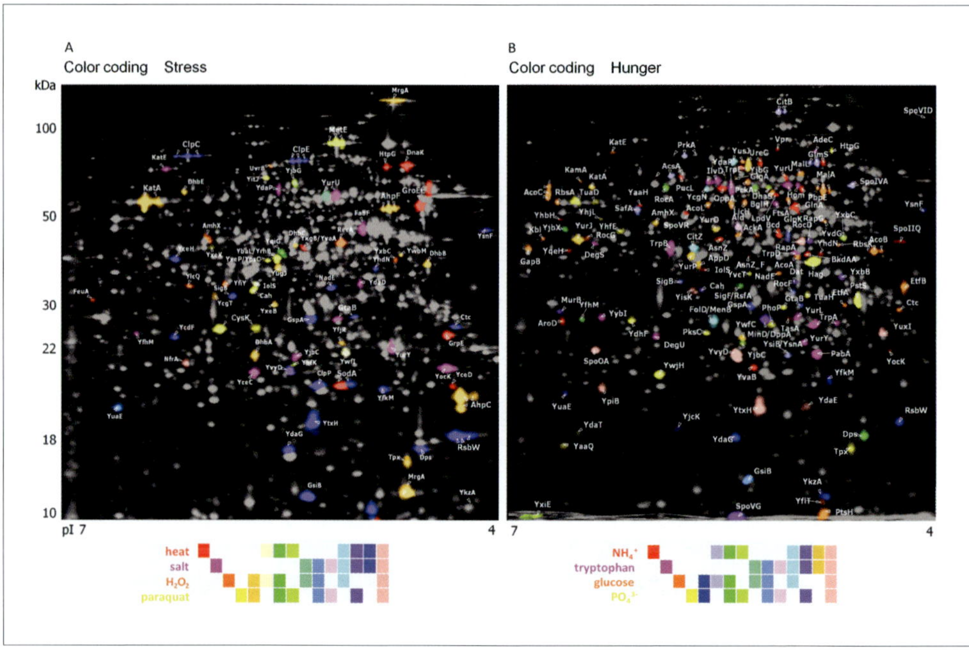

Abb. 8 Nachweis komplexer Regulationsmuster in stressinduzierten oder gehungerten *B. subtilis*-Zellen durch „color coding“ (siehe HECKER et al. 2009).

Zusammenfassend kann hier festgestellt werden, dass mit der gelbasierten Proteomanalyse zwar nur ein Ausschnitt aus dem Proteom sichtbar gemacht werden kann, dennoch ist sie zurzeit noch die einzige Technik, mit deren Hilfe man neu synthetisierte von bereits vorhandenen Proteinen trennen kann. Gerade mit dieser Leistungsbeschreibung ist diese Technik für die Bearbeitung wichtiger bakterienphysiologischer Fragen unersetzlich.

 Nova Acta Leopoldina NF *110*, Nr. 377, 143–165 (2011)

5. Einige Anwendungen bakterieller Proteomanalyse

Wie eben betont, werden mit Hilfe der gelbasierten Proteomanalyse keinesfalls alle Proteine der Zelle sichtbar gemacht, dennoch ist es mit dieser Technik möglich, die wichtigsten zellulären Leistungen wie Stoffwechsel oder Stress- und Hungerantworten direkt abzubilden und zu verfolgen. Wenige Beispiele sollen die Leistungsfähigkeit der Technik illustrieren.

Der Panoramablick der Proteomanalyse macht grundsätzliche Lebensstile bereits bekannter oder auch unbekannter Bakterien sichtbar. So haben chemolithotrophe Bakterien, wie das in Göttingen von Hans Günter SCHLEGEL und seinen Schülern sehr intensiv bearbeitete Bakterium *Ralstonia eutropha*, zwei Gesichter, eines, das allein von „Luft und Liebe“ lebt (d. h. mit ausschließlich anorganischen C-Quellen wie Kohlendioxid und anorganischen Elektronendonatoren wie Wasserstoff), und ein anderes, das auf herkömmliche organische C- und Energiequellen wie beispielsweise Succinat zurückgreift. In Zusammenarbeit mit Bärbel FRIEDRICH haben wir die Proteome beider Lebensstile miteinander verglichen. Legt man die Proteome beider Facetten des Lebens übereinander, so kann man die Proteine, die für den lithotrophen Stil typisch sind (grüne Farbe), sehr einfach von denen, die für den organotrophen Stil charakteristisch sind, unterscheiden (rote Farbe, gelb oder orange sind die Proteine gefärbt, die in beiden Lebensformen benötigt werden) (siehe Abb. 9, SCHWARTZ et al. 2009).

Neben Bakterien, deren Lebensweise man prinzipiell kennt, die man aber mit der Proteomanalyse in einer nie vorher dagewesenen Komplexität visualisieren kann, lassen sich auch Lebensprozesse von Bakterien voraussagen, über die man so gut wie nichts weiß. Der Endosymbiont von *Riftiy pachoptyla*, ein in 3000 m Tiefe im Pazifik lebender Wurm, ist ein chemolithotrophes Bakterium, das seine Energie aus der Oxidation reduzierter Schwefelverbindungen bezieht und damit im sogenannten Trophosom den Wurm mit ernähren kann. Das Bakterium ist bisher im Laboratorium nicht zu kultivieren. Die einzige Chance, die Geheimnisse dieses „verborgenen Lebens“ in 3000 m Tiefe aufzuklären, besteht darin, im Pazifik mit einem Unterseeboot Proben zu entnehmen, diese in ein Proteomlaboratorium wie unseres in Greifswald zu transportieren und hier mit der Proteomanalyse die Lebensweise dieser exotischen Bakterien zu erforschen. Auch hier macht das Proteom grundsätzliche Lebensprozesse sichtbar wie das parallele Vorkommen völlig unterschiedlicher CO_2-Assimilierungswege oder die Tatsache, dass ein deutlicher Teil des zytosolischen Proteoms in die Schwefeloxidation von H_2S bis zum Sulfat investiert wird (MARKERT et al. 2007). Zurzeit arbeiten wir (Thomas SCHWEDER, Manuel KLEINER) mit dem Max-Planck-Institut für Marine Mikrobiologie in Bremen (Nicole DUBILIER) darüber, Metaproteome von den fünf wichtigsten Symbionten des Meereswurmes *Olavius algarvensis* zu analysieren, um deren Interaktion mit dem Wirt zu verstehen (WOYKE et al. 2006).

Ein zweites Anwendungsbeispiel ist der Infektionsbiologie entnommen. *S. aureus* ist ein pathogenes Bakterium, das mehr und mehr zur Bedrohung für die Menschheit wird, da es uns in eine präantibiotische Ära zurückfallen lassen kann, wie weiter oben beschrieben. Der Panoramablick der Proteomanalyse macht auch hier nicht nur wesentliche Stoffwechselleistungen sichtbar (siehe BECHER et al. 2009), sondern bildet in einer nie vorher dagewesenen Vollständigkeit die in das extrazelluläre Milieu sekretieren Proteine ab, unter denen die wichtigsten Virulenzfaktoren zu finden sind, darunter nicht nur in der Literatur lang bekannte, sondern auch neue, die noch keiner gesehen hat. Damit besteht die reale Chance, Pathogenität von *S. aureus* in einer neuen, umfassenden Dimension zu verstehen.

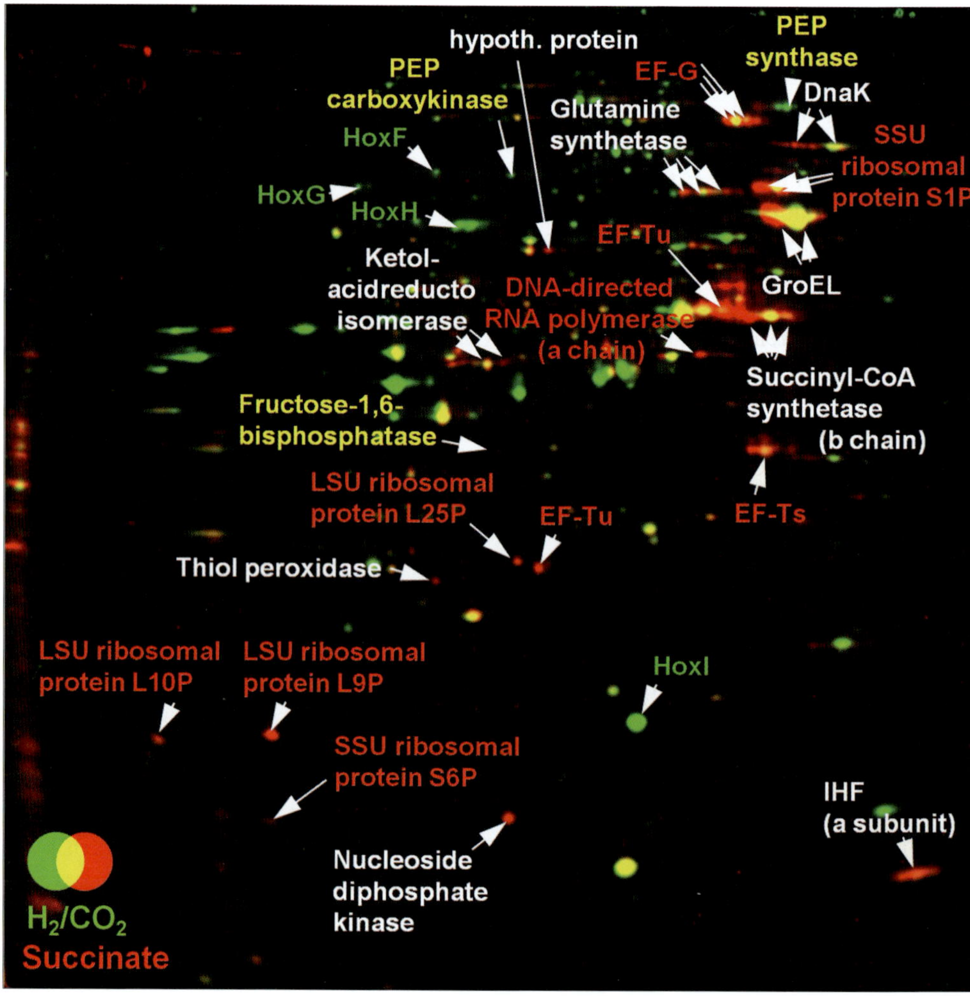

Abb. 9 Die „zwei Gesichter von *R. eutropha* – rote Proteine sind für den organotrophen, grüne für den lithotrophen Lebensstil charakteristisch.

Ein drittes Beispiel betrifft die weiter oben beschriebene Proteomsignaturbibliothek für Stress- und Hungerfaktoren, ein wichtiges Werkzeug, um beispielsweise den Lebensstil von Bakterien, die in einem Biofilm auf Oberflächen (eine für Infektionsbedingungen häufige Lebensform) oder in einem großen Bioreaktor gewachsen sind, vorauszusagen. In Zusammenarbeit mit der Firma Henkel, die Waschmittelenzyme mit Hilfe von Vertretern der Gattung *Bacillus* herstellt, nutzen wir die Signaturbibiothek, um Fermentationsprozesse zu verfolgen und sogar zu kontrollieren. Die Proteomsignaturen verraten uns, ob irgendwelche Flaschenhälse wie Stressfaktoren, Phosphat oder Sauerstoffhunger den Fermentationsprozess negativ beeinflussen können (Voigt et al. 2009). Dabei wurden diese prozesskritischen Markerproteine als Markergene auf einen DNA-Chip gebracht, mit dem man sehr schnell solche Änderungen erfassen kann, um von einem reinen Fermentationsmonitoring zu einer Fermentationskontrolle zu gelangen. Auf der anderen Seite wird die Proteomsignaturbibliothek für infektionsrelevante Stimuli zurzeit von uns genutzt, um den intrazellulären Lebensstil von *S. aureus*-Zellen, die menschliche Zellen infiziert haben, vorauszusagen, womit das Krankheitsgeschehen besser verstanden werden kann.

Ein letztes Beispiel ist für die Pharmaindustrie von Interesse. Als sich die Firma Bayer noch für bakterielle Antiinfektiva interessierte, hatten wir eine sehr stimulierende Zusammenarbeit, die darauf beruhte, dass wir aus Proteomsignaturen von neuen Antibiotika auf deren molekulare Wirkungsweise schließen konnten. Die Zugabe von Antibiotika führte sehr oft zu einer sehr schnellen Änderung grundsätzlicher Lebensprozesse, die durch den meist letal wirkenden Wirkstoff ausgelöst wurde und mit Hilfe des Panoramablicks der Proteomanalyse sichtbar gemacht wurde, woraus grundsätzliche Aussagen über seine molekulare Wirkungsweise möglich waren (siehe Bandow et al. 2003, Abb. 10).

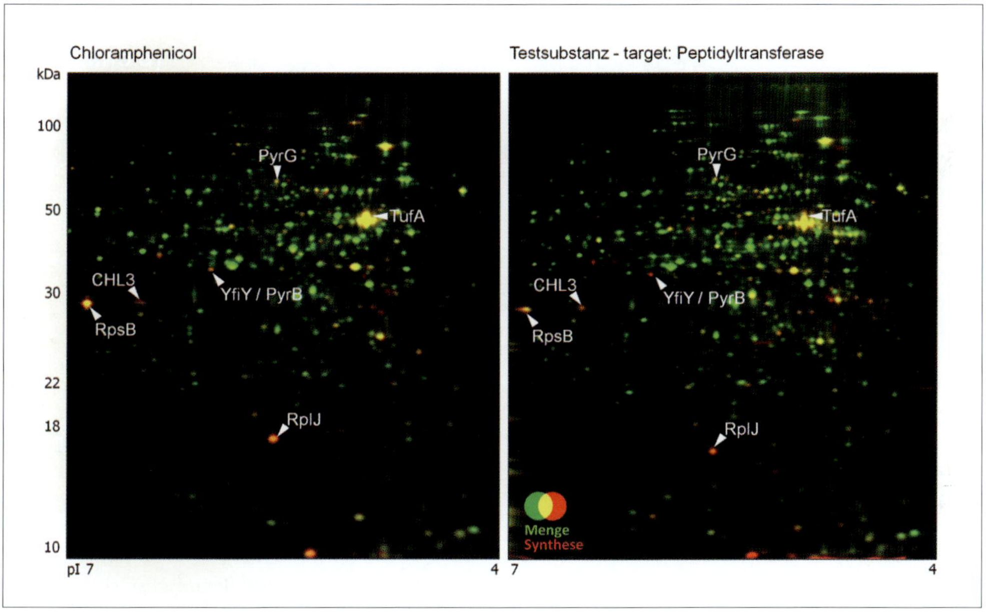

Abb. 10 Proteomsignaturen verraten die molekulare Wirkungsweise von Antibiotika – eine Testsubstanz der Firma Bayer führte zur gleichen Proteomsignatur wie nach Gabe von Chloramphenicol, ein Befund, der zeigt, dass die Peptidyltransferase die Zielstruktur des neuen Wirkstoffes ist.

6. Von Proteomics zur Systembiologie – quantitative Proteomanalyse als Treibstoff für die Systembiologie

Die OMICS-Technologien, mit deren Hilfe man nahezu die Gesamtheit der RNA-Moleküle, der Proteine sowie der Intermediate des Stoffwechsels und andere niedermolekulare Substanzen darzustellen in der Lage ist, führt zu einer neuen, umfassenden Betrachtung einfacher Lebensprozesse, die oft nach einer „systembiologischen Perspektive“ verlangt. In einer mehr fokussierten Definition ist Systembiologie die mathematische Modellierung dynamischer, biologischer Prozesse, ausgehend von exakt quantitativen (OMICS-) Daten, die unter genau standardisierten Bedingungen erhoben worden sind. Man erhält ein System von Differentialgleichungen, die die Dynamik des Systems beschreiben sollen. Dabei hat die Systembiologie das Verhalten der Zelle an sich und seine Funktionen als dynamischen Prozess, damit schließlich die Übertragung des Genotyps in den Phänotyp auf genomweiter Ebene im Fokus. Die prinzipielle Herangehensweise der Systembiologie ist mit einem iterativen Zyklus in Abbildung 11 beschrieben.

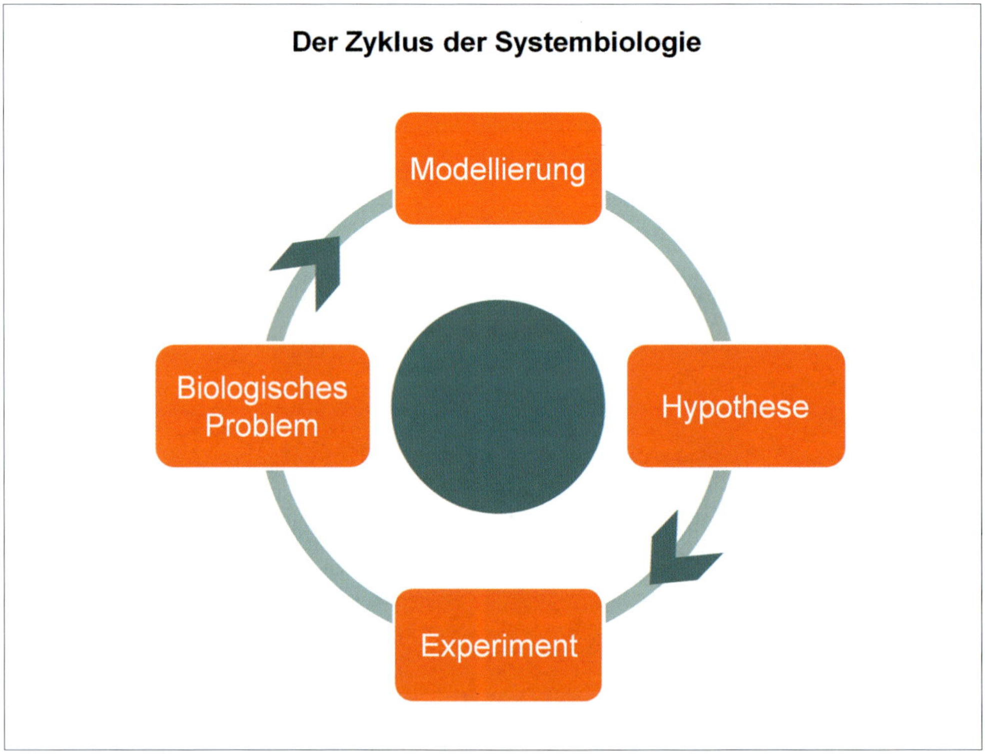

Abb. 11 Der iterative Zyklus der Systembiologie. Der Experimentator liefert zu einem Teilprozess der lebenden Zelle unter standardisierten Bedingungen exakte quantitative Daten (z. B. Proteinmengen, Metabolitkonzentrationen usw.). Mit Hilfe der Daten kommt der Modellierer in einer zweiten Stufe zu einem mathematischen Modell des Prozesses, mit dessen Hilfe neue Hypothesen abgeleitet werden sollen, die der Experimentator bisher übersehen hat und die erst durch die Modellbildung zu Tage traten. Mit neuen, gezielten experimentellen Ansätzen ist der Experimentator bestrebt, die aus der Modellbildung gemachten Voraussagen zu beweisen oder, was sicher auch häufig vorkommt, zu widerlegen.

Ein systembiologischer Ansatz wird zurzeit in einer Reihe von nationalen und internationalen Konsortien verfolgt, die von der EU im 6./7. Rahmenprogramm oder transnational, etwa im SysMO-Programm (Systembiologie der Mikroorganismen) des Bundesministeriums für Bildung und Forschung (BMBF), finanziert werden. In diesen Projekten besteht unsere Aufgabe darin, den Treibstoff für die Systembiologie, die quantitativen OMICS-Daten bereit zu stellen. Eine wichtige Umstellung für eine Bakterienzelle ist es beispielsweise, wenn sie in ihrem Wachstumsmedium lebenswichtige Nährstoffe (etwa Glucose) verbraucht hat und damit in einen Nichtwachstumszustand gezwungen wird, in dem sie ihren gesamten Stoffwechsel an die neuen Bedingungen anzupassen hat (Projekt Systembiologie von *Bacillus subtilis* im Rahmen des SysMO-Programms des BMBF, koordiniert von Uwe Völker, Greifswald). In einem anderen Projekt steht die systembiologische Betrachtung des Übergangs von Glucose zu einer alternativen C-Quelle, in diesem Fall Malat, im Zentrum des Interesses (BaSysBio, Projekt im 6. Rahmenprogramm der EU, koordiniert von Philippe Noirot, Paris). Mit Hilfe der Proteomanalyse sind wir in der Lage, die Mehrzahl der Proteine, die an den für eine systembiologische Analyse ausgewählten Prozessen beteiligt sind, zu identifizieren und auch zu quantifizieren, wobei sich die zu messenden Prozesse meist auf ausgewählte zentrale Stoffwechselleistungen beschränken, um die Komplexizität des Systems in überschaubaren Grenzen zu halten. Mit Hilfe der sogenannten AQUA-Technologie (*absolute quantification*) können wir sogar die Anzahl der Enzymmoleküle in der Zelle berechnen. Zu diesem Zweck werden von ausgewählten „Eichproteinen" Peptide abgeleitet und mit Hilfe von ^{15}N-markierten Aminosäuren synthetisiert. Die genau dosierten „schweren Eichpeptide" werden gemischt mit einem nach Trypsinverdau erhaltenen Peptidgemisch, das das zum schweren Eichpeptid gehörende leichte Peptid enthält. Anhand der Peakintensitäten beider kann man aus der Menge des Eichpeptides die genaue Menge des leichten Peptids bestimmen. Mit dieser Technik lässt sich die absolute Menge der ausgewählten Eichproteine im Proteingemisch quantifizieren, wenn pro Eichprotein nicht nur ein Peptid, sondern möglichst mehrere vermessen worden sind. Parallel kann man das Proteingemisch durch 2D-Gelelektrophorese auftrennen und die Mehrzahl der getrennten Proteine relativ quantifizieren. Mit Hilfe der Eichproteine, deren Molekülzahl pro Zelle nunmehr bekannt ist, kann man dann für die im Gel relativ quantifizierten Proteine zu Proteinlisten gelangen, die absolute Werte (Proteinmoleküle pro Zelle) enthalten. Mit diesem Ansatz wurde z. B. gefunden, dass zentrale Stoffwechselenzyme in Tausenden Kopien pro Zelle vorliegen. An dieser Stelle sollte erwähnt werden, dass in jüngster Zeit neue labelfreie Techniken zur absoluten Quantifizierung bakterieller Proteome eingesetzt worden sind, so von R. Aebersold und Mitarbeitern für das Bakterium *Leptospira interrogans* (siehe Malmström et al. 2009).

Daneben haben wir in Kooperation mit Rüdiger Bode aus Greifswald die enzymkinetischen Konstanten der beteiligten Enzyme, diesmal auf Glykolyse und Tricarbonsäurezyklus beschränkt, ermittelt. Die Greifswalder Metabolomics-Gruppe um Michael Lalk hat dazu quantitative Intermediate des C-Stoffwechsels bestimmt. Nach ersten Abschätzungen sind die gemessenen Werte aber zu niedrig, um den hohen Glucosedurchsatz wachsender Zellen in der Glykolyse zu sichern. Das Problem ließe sich lösen, wenn man annimmt, dass die Enzyme nicht isoliert und zufällig verteilt im Zytosol vorliegen, sondern „metabolic pathway"-Komplexe bilden, die den Vorteil hätten, die Intermediate nicht frei diffundieren zu lassen, sondern gezielt von Enzym zu Enzym im Komplex weiterzureichen und damit zu kanalisieren. Für ein solches „metabolic channeling" würden wesentlich niedrigere zelluläre Intermediatkonzentrationen ausreichen. Ein solches Prinzip ist nicht neu, wie die gut studierten und verstandenen Beispiele der nicht-ribosomalen Peptidsynthese oder die Synthese von Polyketidantibiotika eindrucksvoll zeigen. Man könnte sogar so weit gehen zu postulieren, dass der gesamte Stoffwechsel einer Zelle in Form solcher Enzymaggregate funktioniert. Erste Untersuchungen für *B. subtilis* aus der Gruppe um Jörg Stülke in Göttingen mit dem Greifswalder Proteomlabor bestätigen, dass die Glykolyse tatsächlich in Form eines „Glykosoms" abläuft, wodurch ein optimierter Stofffluss ermöglicht wird (Commichau et al. 2009, Abb. 12). In einem neuen systembiologischen Projekt sollen nun wieder unter Leitung von Uwe Völker aus Greifswald die Vorteile, die sich aus einer solchen Anordnung für die Stoffflüsse ergeben, berechnet, die Bildung der Enzymaggregate modelliert und auch strukturell sichtbar gemacht werden.

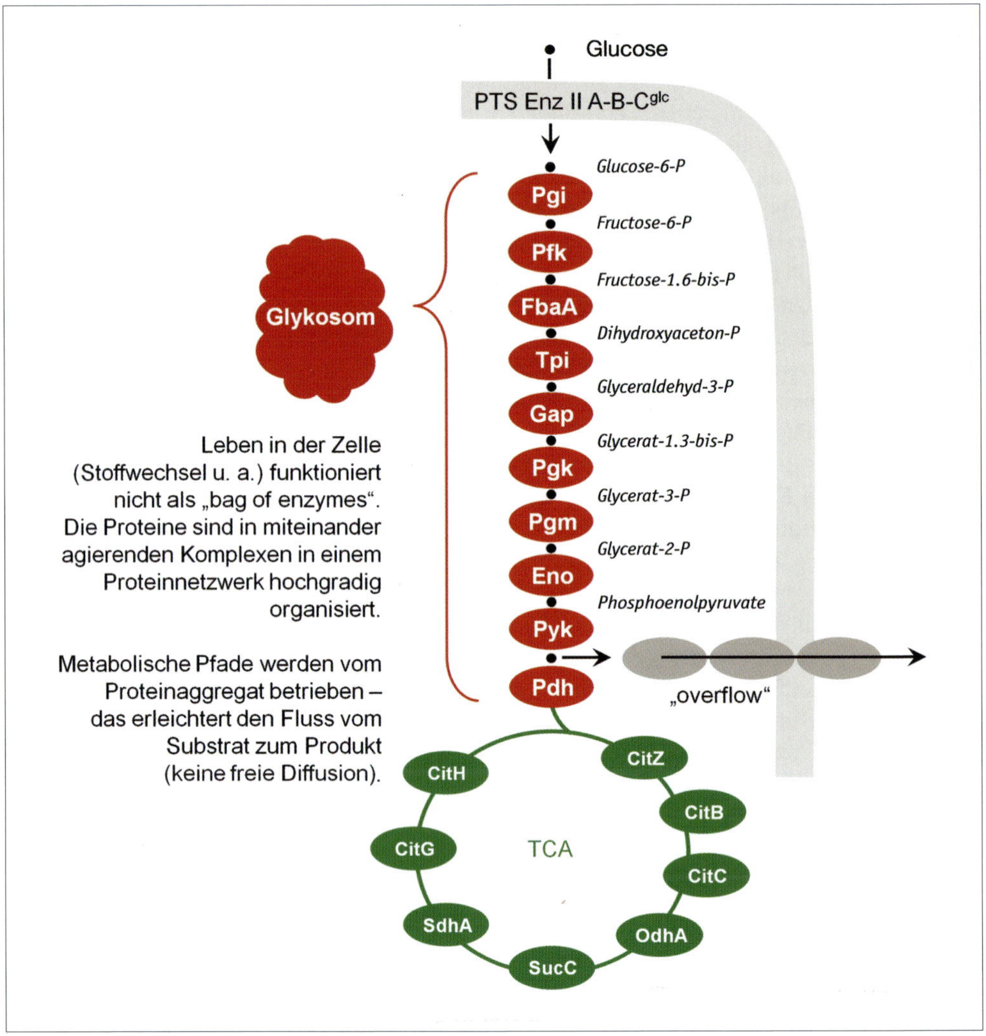

Abb. 12 Der Stoffwechsel ist in Form von Enzymaggregaten organisiert.

Wenn damit das „Leben als Tanz seiner Proteine" verstanden werden soll, dürfte das „Zusammenfinden der Proteine" zu großen Funktionseinheiten unmittelbar nach der Synthese am Ribosom für das Leben der Zelle ein ganz entscheidender Vorgang sein, den es in seinen kinetischen Details zu studieren und zu verstehen gilt. Dass man eine solche Fragestellung zunächst an wenig komplexen Organismen zu analysieren versucht, leuchtet ein. In einer neuen Arbeit haben Wissenschaftler u. a. aus Heidelberg und Zürich versucht, das Proteinnetzwerk von *Mycoplasma pneumonia* in seine Teile zu zerlegen. Schon seit langer Zeit ist bekannt, dass dieser „Minimalorganismus des Lebens" nur etwa 300 bis 500 Proteine zum Leben benötigt. Wie diese Proteine nun in der Zelle angeordnet sind, um die grundsätzlichen Lebensprozesse zu steuern und ablaufen zu lassen, ist eine Kernfrage der modernen Proteomforschung. Dabei konnte mit modernen Techniken der Proteomanalyse die Organisation grundlegender zellulärer Lebensprozesse in Form von Proteinkomplexen bestätigt werden (Kühner et al. 2009). Die Mehrzahl der zellulären Leistungen findet in Form solcher Komplexe statt, die darüber hinaus in „Superkomplexen" miteinander interagieren können. Beispielsweise arbeiten die Ribosomen mit einem Komplex von Aminoacyl-tRNA-Synthetasen zusammen, die für die geordnete Bereitstellung aller Aminoacyl-tRNA am translationsaktiven Ribosom zuständig sind. Es kann davon ausgegangen werden, dass sich die Mehrzahl der Proteine zunächst in Basiskomplexen zusammenfindet, die mit anderen übergeordnete Funktionskomplexe bilden, um am Ende das Leben einer Zelle als dynamisches, hoch organisiertes Proteinnetzwerk ablaufen zu lassen. Diese Organisation des Proteinnetzwerkes in seiner Kinetik und in seinen Mechanismen zu begreifen, beispielsweise die Frage zu beantworten, welche Rolle zelluläre Chaperone in dem Assemblierungsprozess spielen, dürfte eine große Herausforderung zellbiologischer Arbeiten der Zukunft sein.

Mit einem letzten funktionellen Aspekt soll dieses Kapitel abgeschlossen werden. Insbesondere die komplexen Mechanismen der Genregulation sichern, dass Proteine in der Zelle in der richtigen Menge und am richtigen Ort immer dann bereitgestellt werden, wenn sie benötigt werden. Was passiert nun, wenn sich die Bedürfnisse der Zelle ändern und die Proteine nicht mehr in dem Maße oder gar nicht mehr gebraucht werden, beispielsweise, wenn die Zelle wegen Nährstoffmangels aus dem Wachstums- in den Nichtwachstumszustand gezwungen wird, ein in allen natürlichen Ökosystemen sehr häufig vorkommender Vorgang. Mit einem gelbasierten Proteomansatz haben wir genau diese Frage für Modellbakterien (*B. subtilis*, *S. aureus*) verfolgt. Wenn Zellen wegen Glucosehunger in diesen Nichtwachstumszustand versetzt werden, dann lässt sich ein sehr zügig einsetzender, vermutlich geordneter Abbau von Proteinen nachweisen, die für zahlreiche anabole Reaktionen lediglich in der wachsenden, nicht aber in der nichtwachsenden Zelle benötigt werden. Auch Ribosomen, die dann nur noch in begrenzter Anzahl zur Translation gelangen, werden nicht mehr in dem Maße benötigt und folglich abgebaut, sicher eine entscheidende Nährstoffreserve für die hungernde Zelle (Gerth et al. 2009, Becher et al. 2009). Unsere Arbeitshypothese geht davon aus, dass „arbeitslose Enzyme", nicht mehr länger durch Integration in funktionelle Komplexe geschützt, den proteolytischen Systemen wie der Clp-Maschinerie schutzlos ausgesetzt sind und schließlich zerstört abgebaut werden. Die Idee ist, dass biologisch aktive Proteine die Bildung von Proteinaggregaten befördern und dass – nach Zerfall der Komplexe im nicht aktiven Zustand – hydrophobe Protein-Interaktionsflächen frei zugänglich und damit von Clp-Proteasen erkannt werden, eine Hypothese, die jedoch einer experimentellen Überprüfung bedarf.

7. Ausblick

Die Frage nach dem Leben ist so alt wie die Menschheitsgeschichte selbst. Diese zentrale, die Menschen bewegende Frage finden wir von der Antike über das Mittelalter bis in die Neuzeit. Dabei wird das vergangene Jahrhundert als solches in die Geschichte der Wissenschaften eingehen mit dem großen Anspruch, die Fragen nach den grundlegenden molekularen Mechanismen der Lebensprozesse weitgehend beantwortet zu haben.

So könnte der Vortrag mit einem selbstgefälligen oder eher demütigen Grundtenor beendet werden. Verblendet durch den enormen Fortschritt, der zweifelsfrei in den vergangenen 50 Jahren erreicht wurde, könnte man sagen: Für viele unbemerkt, vollzieht sich zurzeit eine Revolution. Die uralte Frage nach den molekularen Mechanismen des Lebens kann heute weitgehend als beantwortet gelten, die „naturwissenschaftliche Bibel“ ist fast vollendet. Wir haben heute über die molekularen Mechanismen des Lebens Detailkenntnisse, wie wir das vor 20 Jahren nicht einmal zu träumen wagten.

Der alternative Schluss sieht das von einer mehr bescheidenen, fast demütigen Perspektive: Wir sind erst am Beginn eines langen Weges. Was wissen wir „mit dem Tanz der Proteine“ denn wirklich über das Leben? Wie weit sind wir noch davon entfernt, kognitive Prozesse oder gar Emotionen wie Freude, Leid, Trauer als einen solchen „Tanz der Proteine“ zu begreifen? Gibt es ein Leben, das sich hinter der „Bühne, auf der die Proteine des Lebens tanzen“, verbirgt? Wir werden in naher Zukunft unendlich viel Neues über das Leben erforschen, dabei können wir nur ahnen, was wir vielleicht nie erfahren werden.

Literatur

Bandow, J., Brötz, H., Leichert, L. I. O., Labischinski, H., and Hecker, M.: A proteomic approach to understanding antibiotic action. Antimicrob. Agents Chemother. *47*, 948–955 (2003)

Becher, D., Hempel, K., Sievers, S., Zühlke, D., Pané-Farré, J., Otto, A., Fuchs, S., Albrecht, D., Bernhardt, J., Engelmann, S., Völker, U., van Dijl, J. M., and Hecker, M.: A proteomic view of an important human pathogen – Towards the quantification of the entire *Staphylococcus aureus* proteome. PLoS ONE *4*, e8176 (2009)

Commichau, F. M., Rothe, F. M., Herzberg, C., Wagner, E., Hellwig, D., Lehnik-Habrink, M., Hammer, E., Völker, U., and Stülke, J.: Novel activities of glycolytic enzymes in *Bacillus subtilis*: interactions with essential proteins involved in mRNA processing. Mol. Cell. Proteomics *8*, 1350–1360 (2009)

Fleischmann, R. D., Adams, M. D., White, O., Clayton, R. A., Kirkness, E. F., Kerlavage, A. R., Bult, C. J., Tomb, J. F., Dougherty, B. A., Merrick, J. M., et al.: Whole-genome random sequencing and assembly of *Haemophilus influenzae* Rd. Science *269*, 496–512 (1995)

Gerth, U., Kock, H., Küsters, I., Michalik, S., Switzer, R. L., and Hecker, M.: Clp-dependent proteolysis down-regulates central metabolic pathways in glucose starved *Bacillus subtilis*. J. Bacteriol. *190*, 321–331 (2008)

Godoy, L. M. de, Olsen, J. V., Cox, J., Nielsen, M. L., Hubner, N. C., Fröhlich, F., Walther, T. C., and Mann, M.: Comprehensive mass-spectrometry-based proteome quantification of haploid versus diploid yeast. Nature *455*/7217, 1251–1254 (2008)

Hecker, M.: Vom Genom über das Proteom bis zum Verständnis des Lebens im Zeitalter der funktionellen Genomforschung. In: Materie in Raum und Zeit. S. 151–169. Stuttgart: Hirzel 2004

Hecker, M., Antelmann, H., Büttner, K., and Bernhardt, J.: Gel-based proteomics of gram-positive bacteria: A powerful tool to address physiological question. Proteomics *8*, 4958–4975 (2008)

Hecker, M., Reder, A., Fuchs, S., Pagels, M., and Engelmann, S.: Physiological proteomics and stress/starvation responses in *Bacillus subtilis* and *Staphylococcus aureus*. Res. Microbiol. *160*, 245–258 (2009)

Klose, J.: Protein mapping by combined isoelectric focusing and electrophoresis in mouse tissues. A novel approach to testing for induced point mutations in mammals. Humangenetik *26*, 231–243 (1975)

Kühner, S., van Noort, V., Betts, M. J., Leo-Macias, A., Batisse, C., Rode, M., Yamada, T., Maier, T., Bader, S., Beltran-Alvarez, P., Castaño-Diez, D., Chen, W. H., Devos, D., Güell, M., Norambuena, T., Racke, I., Rybin, V., Schmidt, A., Yus, E., Aebersold, R., Herrmann, R., Böttcher, B., Frangakis, A. S., Russell, R. B., Serrano, L., Bork, P., and Gavin, A. C.: Proteome organization in a genome-reduced bacterium. Science *326*, 1235–1240 (2009)

Malmström, J., Beck, M., Schmidt, A., Lange, V., Deutsch, E. W., and Aebersold, R.: Proteom-wide cellular protein concentrations of the human pathogen *Leptospira interrogans*. Nature *460*, 762–765 (2009)

Markert, S., Arndt, C., Felbeck, H., Becher, D., Sievert, S. M., Hügler, M., Albrecht, D., Robidart, J., Bench, S., Feldman, R., Hecker, M., and Schweder, T.: Physiological proteomics of the uncultured endosymbiont of *Riftia pachyptila*. Science *315*, 247–250 (2007)

O'Farrell, P. H.: High resolution two-dimensional electrophoresis of proteins. J. Biol. Chem. *250*, 4007–4021 (1975)

Schwartz, E., Voigt, B., Zühlke, D., Pohlmann, A., Lenz, O., Albrecht, D., Schwarze, A., Kohlmann, Y., Krause, C., Hecker, M., and Friedrich, B.: A proteomic view of the facultatively chemolithoautothrophic lifestyle of *Ralstonia eutropha* H16. Proteomics *9*, 5132–5142 (2009)

Voigt, B., Antelmann, H., Albrecht, D., Ehrenreich, A., Maurer, K.-H., Evers, S., Gottschalk, G., van Dijl, J. M., Schweder, T., and Hecker, M.: Cell physiology and protein secretion of *Bacillus licheniformis* compared to *Bacillus subtilis*. J. Mol. Microbiol. Biotechnol. *16*, 53–68 (2009)

Woyke, T., Teeling, H., Ivanova, N. N., Huntemann, M., Richter, M., Gloeckner, F. O., Boffelli, D., Anderson, I. J., Barry, K. W., Shapiro, H. J., Szeto, E., Kyrpides, N. C., Mussmann, M., Amann, R., Bergin, C., Ruehland, C., Rubin, E. M., and Dubilier, N.: Symbiosis insights through metagenomic analysis of a microbial consortium. Nature *443*, 950–955 (2006)

Prof. Dr. Michael Hecker
Ernst-Moritz-Arndt-Universität Greifswald
Institut für Mikrobiologie
F.-L.-Jahn-Straße 15
17487 Greifswald
Bundesrepublik Deutschland
Tel.: +49 3834 864200
Fax: +49 3834 864202
E-Mail: hecker@uni-greifswald.de

Nova Acta Leopoldina NF *110*, Nr. 377, 167–211 (2011)

Mit Mathematik und Computer auf Entdeckungsreisen in der Evolutionsbiologie

Peter SCHUSTER ML (Wien, Österreich)

Mit 10 Abbildungen und 2 Tabellen

Zusammenfassung

Mathematische Modellierung hat einen Vorteil im Unterschied gegenüber experimentellen Techniken: Ein durch Beweis oder korrekt durchgeführte Computersimulation erhaltenes Resultat ist gültig und bedarf keiner Absicherung durch Wiederholung oder Verfeinerung der Messmethode. In Frage gestellt werden können lediglich die Vorraussetzungen des Ansatzes oder die Interpretation der Ergebnisse. In der Vergangenheit wurde der Computer zumeist eingesetzt, um genauere Auskünfte über einen in groben Zügen bereits bekannten Sachverhalt zu bekommen. Die zumeist undurchschaubare Komplexität der meisten, heute aktuellen Probleme legt es nahe und die numerische Leistung der heutigen Rechner ermöglicht es, mit dem Computer auf Entdeckungsreisen zu gehen und Unbekanntes zu finden.

Der geschilderte Sachverhalt wird an Hand der Evolutionsbiologie illustriert. Den Anfang machen Beispiele aus der Geschichte, u. a. die durch den Mathematiker und Populationsgenetiker Fisher geglückte Vereinigung des Darwinschen Prinzips der natürlichen Auslese mit den Vererbungsregeln Mendels, sie erfolgte zwanzig Jahre vor der Vollendung der synthetischen Theorie, und das Lotka-Volterra-Modell, das den Anfang der theoretischen Ökologie markiert. Alan Turing stellte Gleichungen für die chemische Musterbildung auf und vermutete, dass sie bei der entwicklungsbiologischen Morphogenese eine Rolle spielen. Die Entdeckung der großen Vielfalt und Variabilität der Muster in allen Bereichen der Biologie war dem Computereinsatz vorbehalten.

Eine reaktionskinetische Formulierung der Theorie der Evolution auf molekularer Ebene durch Manfred Eigen gestattet eine Beschreibung der Rolle von Mutationen bei der Evolution von Molekülen, Viren und Bakterien. Erst durch Computereinsatz wurde es möglich, den durch zu häufige Mutationen bedingten Zusammenbruch der Vererbung zu entdecken, der große Ähnlichkeit mit einer Phasenumwandlung aufweist. Landschaften wurden schon 1930 von Wright als Metapher zur Erklärung evolutionärer Vorgänge benutzt. Nur durch den Einsatz leistungsfähiger Computer konnten die von den Strukturen der Biomoleküle gebildeten Landschaften erforscht werden. Die Entdeckung der Ursachen für Neutralität und Streuung bei Evolutionsvorgängen folgte zwanglos daraus. Spieltheoretische Ansätze und kinetische Differentialgleichungen ermöglichten eine Diskussion der evolutionären Ursprünge von Altruismus und Kooperation.

Abstract

Mathematical modeling has one advantage over experimental techniques: a result obtained through proof or correctly performed computer simulation is valid and need not be reaffirmed by repeating or refining the method of measurement. The only things that can be questioned are the conditions of the approach and the interpretation of the findings. In the past, a computer was often used to obtain more precise information about generally known facts. The unintelligible complexity of most current problems demands this and the numeric capacities of today's computers allow one to go on a voyage of discovery with the computer in search of the unknown.

This is illustrated by evolutionary biology. We start with examples from history, including the successful union by the mathematician and population geneticist Fisher of Darwin's principles of natural selection with Mendelian inheritance which occurred twenty years before the synthetic theory was completed, and the Lotka-Volterra model which marked the beginning of theoretical ecology. Alan Turing presented equations for chemical pattern formation and assumed that they played a role in developmental biology's morphogenesis. The discovery of the large diversity and variability of the patterns in all areas of biology was reserved for the computer.

A reaction kinetics theory of molecular level evolution by Manfred Eigen allows us to describe the role of mutation during the evolution of molecules, viruses and bacteria. Only with the aid of a computer is it possible to discover the breakdown in inheritance through too frequent mutation, which is very similar to phase transition. Landscapes were already used by Wright in 1930 as a metaphor for explaining evolutionary processes. Only by using a high-performance computer could the landscapes formed by the structures of the bio-molecules be studied. The discovery of the causes of neutrality and diversification during evolutionary processes was the natural result. Applying game theory and kinetic differential equations made discussion on evolutionary origins of altruism and cooperation possible.

1. Welchen Dienst leistet die Mathematik bei der Naturbeschreibung?

Mit den Anfängen der neuzeitlichen Astronomie und Physik rückt die mathematische Naturbeschreibung ins Zentrum der wissenschaftlichen Forschung. Galileo GALILEIS berühmtes Zitat, „[...] Die Wissenschaft (Philosophie) steht in diesem großen Buch geschrieben, dem Universum, das unserem Blick ständig offen liegt. Aber das Buch ist nicht zu verstehen, wenn man nicht zuvor die Sprache erlernt und sich mit den Buchstaben vertraut gemacht hat, in denen es geschrieben ist. Es ist in der Sprache der Mathematik geschrieben, und deren Buchstaben sind Kreise, Dreiecke und andere geometrische Figuren, ohne die es dem Menschen unmöglich ist, ein einziges Wort davon zu verstehen; ohne diese irrt man in einem dunklen Labyrinth herum. [...]“,[1] bringt dies unmissverständlich zum Ausdruck. Die Physik hat sich in der Folge ganz nach dem Wunsche, mit Hilfe der Mathematik im großen Buch zu lesen, entwickelt. Dies wird in einem zweiten, allgemein bekannten und fälschlich auch GALILEI zugeschriebenen Zitat (KLEINERT 2009) zur Forderung erhoben: „[...] Wer naturwissenschaftliche Fragen ohne Hilfe der Mathematik lösen will, unternimmt Undurchführbares. Man muss alles messen, was messbar ist, und (versuchen) messbar (zu) machen, was noch nicht messbar ist. [...].“ Empirie, Quantifizierung und Mathematisierung der Naturbeobachtung haben den Triumphzug der physikalischen Wissenschaften initiiert und überaus erfolgreich in den folgenden Jahrhunderten begleitet.

Mathematisierung einer Naturbeobachtung bedeutet immer Reduktion eines komplexen Geschehens, bedeutet beschränken auf das für das Erkennen von Zusammenhängen Wesentliche. Stellen wir uns vor, Isaac NEWTON (1686) wäre nicht von der Idee ausgegangen, ein möglichst einfaches, allgemein gültiges Fallgesetz zu finden, sondern hätte einen Katalog aufgestellt über das Fallen von Federn, Papierfliegern, Bumerangs, Fallschirmspringern, Äpfeln, und Steinen. Wir wissen nicht, was herausgekommen wäre – das Fallgesetz wäre es nicht gewesen. Ohne Zweifel sind physikalische Systeme wesentlich einfacher als biologische, aber Probleme bereiten sie auch. Ein gutes Beispiel ist die Wettervorhersage. Niemand wird bezweifeln, dass Wetter ein physikalisches Phänomen der Erdatmosphäre ist. Vor fünfzig Jahren entsprach dessen ungeachtet der tägliche Wetterbericht mehr einer, der Volksbelustigung dienenden Lotterie als einer ernsten wissenschaftlichen Prognose. Dies hat sich geändert, denn die Zahl der Messstationen wurde gewaltig erhöht, und verfeinerte Wettermodelle, die auf einer Weiterentwicklung der Mathematik und massivem Einsatz von Computern basieren, haben die Vorhersage entscheidend verbessert. Nichtsdestoweniger gibt es (zumindest zurzeit) nicht lösbare Probleme: Trotz einer perfekten Theorie für die Entstehung von Hurrikans ist es beispielsweise nicht möglich vorherzusagen, wann und wo ein Hurrikan entstehen wird. Die Physik der Atmosphäre gibt die Bedingungen vor: Eine Wasseroberflächentemperatur von 27 °C oder mehr und atmosphärische Druckdifferenzen sind für die Entstehung von Wirbelstürmen unerlässlich, aber Ort und Zeit der Ausbildung des Wirbelsturmes sind von unkontrollierbaren und unmessbaren kleinen Schwankungen abhängig, welche durch den Mechanismus der Bildung des Hurrikans verstärkt werden.

Die Mathematik leistet drei ganz wesentliche Beiträge zu den Erfolgen der Naturwissenschaften:

– Eine gelungene Beweisführung eines Theorems bietet – im Rahmen der Gültigkeit des verwendeten Modells – die endgültige, interpretationsfreie Antwort auf die gestellte Frage;

1 GALILEI 1896, p. 232. Transcript und möglichst wortgetreue deutsche Übersetzung von ‚Der Prüfer‘ 1623.

- eine empirisch bestätigte Quantifizierung eines Sachverhaltes erlaubt präzise Vorhersagen; und
- das mathematische Modell zeigt die Beschränkungen der Vorhersagbarkeit auf, wenn solche aus prinzipiellen Gründen gegeben sind.

Die ersten beiden Beiträge zusammengenommen – Interpretationsfreiheit und Vorhersagbarkeit – ermöglichten und ermöglichen die mannigfaltigen, spektakulären Anwendungen der Naturwissenschaft in den verschiedenen technischen Disziplinen. Es war der Physik des 20. Jahrhunderts vorbehalten, natürliche Beschränkungen der Vorhersagbarkeit aufzuzeigen: Die Quantenmechanik erbrachte den Beweis, dass der Präzision der Beobachtungen grundsätzliche Grenzen gesetzt sind, und die komplexe Dynamik mancher natürlicher Systeme führt zu so großen Empfindlichkeiten gegenüber Anfangsbedingungen und unkontrollierbaren Schwankungen, dass genaue oder einigermaßen verlässliche Vorhersagen nur für eine beschränkte Zeit möglich sind.

In der zweiten Hälfte des vorigen Jahrhunderts erfuhr die auf den beiden Säulen Theorie und Experiment ruhende Naturbeschreibung eine Ergänzung durch die Entwicklung der elektronischen Rechenanlagen. Neben mathematischer Modellierung und Modellanalyse etablierte sich die Computersimulation als ein neues, mittlerweile unentbehrliches Verfahren zur Aufklärung komplexer Sachverhalte. Man kann davon sprechen, dass die Naturwissenschaft ein drittes Standbein erhalten hat (Abschnitt 4.).

2. Mathematik und Computerrechnen in der Biologie

Seit dem Beginn der Neuzeit entwickelten sich Mathematik und Physik, wie gesagt, gemeinsam und unter gegenseitiger Befruchtung. Ein stimulierendes Verhältnis zwischen Mathematik und Biologie im Allgemeinen, oder eines zwischen Mathematik und Evolutionsbiologie, gab es hingegen bis zur zweiten Hälfte des 20. Jahrhunderts nicht. Dabei hat es durchaus einige interessante Versuche von Mathematikern gegeben, biologische Fragestellungen zu analysieren, aber diese wurden von den Hauptrichtungen in der Biologie ignoriert oder belächelt. Einige ausgewählte Beispiele werden im nächsten Abschnitt beschrieben. Insbesondere fanden die Arbeiten Gregor MENDELS über die statistisch-mathematische Analyse der Daten zur Vererbung von Merkmalen lange Zeit keine Beachtung durch Evolutionsbiologen, obwohl diese einen Mechanismus der Vererbung dringend gebraucht hätten. Die Anfänge der Biostatistik – manchmal auch Biometrik genannt – datieren erst um die Wende vom 19. zum 20. Jahrhundert. Man darf in diesem Zusammenhang nicht vergessen, dass die Disziplin der mathematischen Statistik auch nicht älter ist (Abschnitt 3.3). DARWINS natürliche Auslese wurde mit den Mendelschen Vererbungsregeln durch die Begründer der Populationsgenetik, Ronald FISHER, John Burdon Sanderson HALDANE und Sewall WRIGHT, in einem mathematischen Modell zusammengeführt. Trotzdem diese erfolgreiche Vereinigung schon 1930 gelang, ließ die Fertigstellung der „Synthetischen Theorie der Evolution" noch zwanzig Jahre auf sich warten. Bemerkenswert ist auch, dass die großen Werke der Biologie, z. B. Charles DARWINS *Origin of Species* (DARWIN 1859) und Ernst MAYRS *Growth of Biological Thought* (MAYR 1982), keine einzige mathematische Formel enthalten.

Die Entwicklung einer breiter angelegten theoretischen Biologie, welche über die Populationsgenetik hinausgeht, begann erst nach dem Zweiten Weltkrieg. Als einen Anfang kann man Alan TURINGS Arbeiten zur chemischen Musterbildung (TURING 1952) ansehen. Zwanzig Jahre später formulierten Alfred GIERER und Hans MEINHARDT (GIERER und MEINHARDT 1972, MEINHARDT 1982, GORDON und BELLOUSOV 2006) ein molekularbiologisches Modell der biologischen Morphogenese, wobei anstelle einer mathematischen Analyse systematische Computeruntersuchungen in Form der numerischen Integration partieller Differentialgleichungen traten. Die Experimente von Sol SPIEGELMAN zur Evolution von RNA-Molekülen im Reagenzglas (MILLS et al. 1967, SPIEGELMAN 1971, JOYCE 2007) wurden etwa gleichzeitig durchgeführt mit Manfred EIGENS Entwicklung einer Theorie der Evolution auf molekularer Basis (EIGEN 1971, EIGEN und SCHUSTER 1977, 1978a, b). Die Modellierung molekularer Evolutionsprozesse begann von Anfang an mit einer Kombination mathematischer Analysen und numerischer Integration am Computer.

Im selben Jahr, in dem TURING seine Arbeit zur Morphogenese veröffentlichte, erschien Alan HODGKINS und Andrew HUXLEYS (1952) bahnbrechende Publikation zur Leitung elektrischer Impulse in den Axonen der Nervenzellen oder Neuronen. Die empirisch begründete und auf den Kenntnissen der elektrischen Leitung in mit Elektrolyt gefüllten Röhren aufbauende Hodgkin-Huxley-Gleichung ist eine nichtlineare partielle Differentialgleichung, welche es gestattet, durch numerische Integration die Gestalt und die Ausbreitungsgeschwindigkeit des propagierenden Pulses gleichzeitig zu bestimmen. Man kann heute mit Recht behaupten, dass die Hodgkin-Huxley-Gleichung am Beginn einer theoretischen Neurobiologie steht. Die Entwicklung der Neurobiologie war in jeder Hinsicht rasant und beeindruckend. (Als ein einführendes und umfassendes Lehrbuch sei das Werk KANDEL et al. 2000 genannt.) Neuronen sind insbesondere in den Gehirnen von Säugetieren zu stark verknüpften Netzwerken zusammengeschlossen. Reale neuronale Netzwerke sind aus zwei Gründen schwer zu modellieren:

- Die Zahl der Neuronen ist sehr groß und dies auch in verhältnismäßig einfachen Gehirnen; und
- die Schaltmuster, in welchen aktivierende und inhibierende Neuronen zusammenwirken, sind überaus komplex.

Ein stark vereinfachtes und auf die primitivsten *Input-Ouput*-Relationen reduziertes Neuron wurde von John HOPFIELD (1982) als Basis für die Untersuchung von diversen Netzwerkschaltungen eingeführt. Aus derartigen Hopfield-Netzwerken entwickelte sich die erfolgreiche Simulationsmethode der neuronalen Netzwerke.

Der berühmte Strukturvorschlag für die DNA (WATSON und CRICK 1953) und die ersten beiden Strukturaufklärungen von Proteinen (Myoglobin: KENDREW et al. 1960, Hämoglobin: PERUTZ et al. 1960) begründeten die Strukturbiologie und eröffneten ein neues Gebiet in der theoretischen Biologie: die Computer gestützte Berechnung von Biopolymerstrukturen. Die Strukturanalyse einsträngiger RNA-Moleküle hinkte etwas nach und nahm ihren Anfang mit den Strukturen der tRNAs (Sekundärstruktur: HOLLEY et al. 1965, 3D-Struktur: KIM et al. 1974, ROBERTUS et al. 1974). In Chemie und Physik wurden und werden quantenchemische *Ab-initio*-Rechenverfahren erfolgreich zur Strukturbestimmung verwendet (siehe z. B. RAMACHANDRAN et al. 2008). Für *Ab-initio*-Rechnungen sind die Biomoleküle (zumindest zurzeit) noch viel zu groß. Andere Methoden, welche entweder von empirischen, zumeist thermodynamischen Daten ausgehen und ebenso wie die *Ab-initio*-Verfahren die molekulare Struktur durch Minimieren der freien Energie bestimmen oder aus den Strukturen von sequenzverwandten Molekülen auf die Struktur des zu untersuchenden Moleküls schließen (MARTÍ-RENOM et al. 2000), sind erfolgreich.

Die Anwendung der von Sanger (Sanger et al. 1977) und Gilbert (Maxam und Gilbert 1977) entwickelten Techniken für die DNA-Sequenzierung führte zu einer Revolution in der molekularen Genetik und hatte entscheidenden Einfluss auf die Evolutionsbiologie: DNA-Sequenzen konnten rasch und kostengünstig bestimmt werden, ganze Genome wurden zugänglich, und die Rekonstruktion genetischer Stammbäume aus den Sequenzdaten heute lebender Organismen wurde auf eine neue und solide Basis gestellt. Gleichzeitig waren die Computerwissenschaftler vor die Herausforderung gestellt, ungeheure Datenmengen in Sequenzvergleichen rasch und verlässlich zu verarbeiten. Die ersten Algorithmen basierten auf dynamischer Programmierung (Smith und Waterman 1981 sowie Needleman und Wunsch 1970) und sind in ihrem Ablauf gut zu verstehen. Sie waren aber sehr bald nicht mehr ausreichend und wurden von immer schnelleren und trickreicheren Verfahren abgelöst (Mount 2004). Ein neues Fach, die Bioinformatik, war entstanden. Die rasante Zunahme des in den Datenbanken zur Verfügung stehenden Sequenzmaterials hat sich bis heute fortgesetzt, und es ist kein Ende abzusehen. Neue, noch effizienter und preisgünstiger arbeitende Techniken der DNA-Sequenzanalyse wurden entwickelt, und die Zahl der vollständig sequenzierten Genome steigt weiterhin dramatisch an.

Auf die Entschlüsselung der Genome folgte die Aufklärung der Gesamtheit aller Proteine, die Entschlüsselung des Proteoms (Phizicky et al. 2003, Neet und Lee 2002 und Yarmush und Jayaraman 2002). Die Funktionen der Gene und Proteine im Gesamtkontext einer Zelle oder eines Organismus können nur durch Analyse der Prozesse verständlich gemacht werden. Die Zahlen der molekularen *Player* in Zellen erreichen in den einfachsten Fällen viele Tausende. Es ist die Notwendigkeit entstanden, die Dynamik von genetischen und metabolischen Netzwerken mit vielen Tausend Knoten und noch mehr Wechselwirkungen zu analysieren. Hinzu kommen noch die überaus komplexen und verschachtelten Netzwerke der Zellkommunikation durch molekulare Signale. Eine Modellierung derartiger, wahrhaft monströser dynamischer Gebilde ist – wenn überhaupt – nur mit Hilfe von Computersimulation möglich. Das neue Gebiet der theoretischen Systembiologie widmet sich mit großem Enthusiasmus dieser Aufgabe, an deren Ende der simulierte menschliche Organismus steht. Sollte diesem Vorhaben ein echter Erfolg beschieden sein, so sind seine medizinischen Anwendungsmöglichkeiten gewaltig.

3. Einige für die Evolutionsbiologie wichtige Beispiele

In diesem Abschnitt sollen einige historische Anwendungen der Mathematik in der Biologie Erwähnung finden, welche wesentliche Beiträge zur Basis der heutigen theoretischen Evolutionsbiologie geleistete haben. Um die logischen Zusammenhänge der einzelnen Beispiele besser herausarbeiten zu können, wird auf die genaue historische Reihenfolge verzichtet.

3.1 Leonardo Da Pisa und Hasenzählen

Das erste Beispiel ist im Mittelalter angesiedelt. Leonardo Da Pisa – auch Fibonacci, *Filius Bonacci*, genannt – behandelt in seinem Buch *Liber Abbaci*, mit dem er das von den Arabern übermittelte dekadische Zahlensystem der Inder nach Europa brachte, unter anderem ein Zahlenbeispiel für Wachstum (siehe z. B. Dunlap 1997, S. 35–49). Eine Reihe von Zahlen entsteht dadurch, dass jedes Element durch Summieren der beiden vorangehenden Zahlen gebildet wird:

$$F_n = F_{n-1} + F_{n-2}, n = 2, 3, ..., F_0 = 0, F_1 = 1. \quad [1]$$

Die dadurch entstehende Reihe ist: 0, 1, 1, 2, 3, 5, 8, 13, 21, 34, 55, 89, 144, … FIBONACCI gibt eine einfache biologische Deutung: Die einzelnen Zahlen stellen Paare von Hasen – je ein Weibchen und ein Männchen – dar. Die erwachsenen Hasenpärchen bringen in jedem Zeitabschnitt ein Paar Junge – wieder ein Weibchen und ein Männchen – zur Welt. Die jungen Hasen sind nicht sofort zeugungsfähig und müssen noch einen Zeitabschnitt mit dem Jungekriegen warten. Dann wird noch angenommen, dass die Hasen nicht altern: Alle Hasen leben ewig und bleiben ohne Einschränkung fruchtbar. Wir beginnen mit einem Paar junger Hasen, $F_1 = 1$, und daher gibt es nach dem ersten Zeitabschnitt noch keine Jungen, $F_2 = 1$. Im nächsten Zeitabschnitt bekommen die alten Hasen Nachwuchs, und zusammen mit den bereits vorhandenen Hasen haben wir nunmehr, $F_3 = 1 + 1 = 2$ Hasenpärchen. Im folgenden Zeitabschnitt gibt es wieder nur bei den alten Hasen Nachwuchs, da die jungen Hasen erst erwachsen werden müssen: $F_4 = 2 + 1 = 3$, und weiter setzt sich die Reihe fort wie oben angegeben. Die Fibonacci-Reihe ist ein Beispiel für exponentielles Wachstum in diskreter Form, d. h. in ganzen Zahlen ausgedrückt. In der Tat kann man die Reihe in einem gegebenen Intervall sehr genau durch eine obere und untere Exponentialfunktion beschränken:

$$f_{\text{upper}}(n) = \exp[0{,}44259(n-1)] \geq F_n \geq f_{\text{lower}}(n) = \exp[0{,}500917(n-2)],\ 1 \leq n \leq 10. \qquad [2]$$

Der Begriff der Exponentialfunktion wurde allerdings lange nach FIBONACCI eingeführt und geht auf den Schweizer Mathematiker Leonhard EULER zurück, der sich als erster mit unendlichen Reihen und ihren Grenzwerten befasste (EULER 1748).

Der britische Nationalökonom und Begründer der Demographie Thomas Robert MALTHUS (1798) hat als erster das Wachstumsgesetz von Populationen formuliert und benutzte dazu eine geometrische Reihe: Ein Paar hätte zwei Kinder und diese jeweils zwei Nachkommen, die Population wächst von Generation zu Generation gemäß der Reihe 2, 4, 8, 16, 32, 64, 128, ...

Für kontinuierliche Zeit gleichbedeutend mit überlappenden Generationen oder dem Wegfall eines Zeitgebers für die Vermehrung wird aus der geometrische Reihe eine Exponentialfunktion. Mit einer konstanten (relativen) Wachstumsrate r nimmt das Malthussche Wachstumsmodell die folgende Gestalt an:

$$P(\mathrm{t}) = P(0)\exp(rt);\ r \ldots \text{Wachstumsrate oder Malthus-Parameter, t} \ldots \text{Zeit.} \qquad [3]$$

Unkontrolliertes Wachstum führt zu Populationsgrößen, welche auf Grund der limitierten Nahrungsmittelproduktion nicht mehr ernährt werden können. Seine pessimistische Weltsicht, welche bereits an der Wende zum 19. Jahrhundert die Notwendigkeit von Geburtenkontrolle nahelegte, ist seinem Hauptwerk *An Essay on the Principle of Population* (MALTHUS 1798) entnommen, er schreibt: „Epidemics, pestilence and plague advance in terrific array, and sweep off their thousands and ten thousands. Should success be still incomplete, gigantic famine stalks in the rear, and with one mighty blow, levels the population with the food of the world."[2] Der Einfluss von Robert MALTHUS auf die nach ihm kommenden Generationen war ungeheuer groß: Die Väter der natürlichen Auslese, Charles DARWIN und Alfred WALLACE, entnahmen dem Wachstumsmodell, dass der Großteil der Nachkommen in tierischen Populationen vor dem Erreichen der Geschlechtsreife sterben muss und daher nur die „Tüchtigsten" Nachkom-

2 MALTHUS 1798, S. 61. Ende von Kapitel VII.

men haben können. Die Marxisten führten ins Treffen, dass durch den wissenschaftlichen Fortschritt die Nahrungsmittelproduktion nahezu beliebig steigerbar wäre, und kritisierten die Malthusschen Vorstellungen als eine bourgeoise Ideologie, um das Elend der Arbeiterklasse zu prolongieren. Das 20. Jahrhundert hat letzten Endes MALTHUS recht gegeben: Zwar wurde die Nahrungsmittelproduktion in einem fast unvorstellbarem Ausmaß gesteigert, aber das Wachstum der Weltbevölkerung hat noch mehr zugenommen, und das Problem lässt sich eben nur durch Geburtenkontrolle lösen.

3.2 Eine hypothetische Mathematik der Darwinschen Evolutionstheorie

Charles DARWINS *Origin of Species* (DARWIN 1859) ist, wie schon erwähnt, ebenso wie viele andere grundlegende Werke der Biologie frei von mathematischen Ausdrücken. Hätte DARWIN mathematische Gleichungen zur Modellierung der natürlichen Auslese verwendet, wie hätten diese wohl ausgesehen? Ohne Reduktion auf das für die Selektion Wesentliche und Abstraktion von entbehrlichen Komplikationen im Sinne von GALILEI und NEWTON kann man nicht weit kommen. Die vielleicht wichtigste Vereinfachung ist die Trennung von systemimmanenten Evolutionsprozessen und Einflüssen der Umwelt. Dies führt sogleich auf eine Grundfrage: Bis zur zweiten Hälfte des 20. Jahrhunderts wurde immer wieder angezweifelt, dass Evolution in einer konstanten Umgebung möglich wäre. Die Erfolge der Theorie der Selbstorganisation in Physik und Chemie und die Evolutionsexperimente mit Bakterien (ELENA und LENSKI 2003) und Molekülen (WATTS und SCHWARZ 1997, JOYCE 2007) haben diese Frage entschieden. Dies bedeutet nicht, dass die Veränderungen in der Umwelt keinen Einfluss auf die ablaufenden Evolutionsprozesse hätten, aber Selektion und Evolution gibt es auch unter konstanten Bedingungen. Einen einfachen Vergleich erlauben die Fallgesetze: Der Luftwiderstand hat sehr wohl einen Einfluss auf das Fallen der Körper, aber sie fallen auch im Vakuum – und dann alle gleich schnell.

Die Reproduktion von Organismen – auch von Viren und den relativ einfachen Bakterien – ist ein komplexer Vorgang, und bereits die Replikation, das Kopieren, von Nukleinsäuremolekülen ist ein aus sehr vielen Einzelschritten bestehender Prozess (BIEBRICHER et al. 1983, siehe auch Abschnitt 5.2). Wären die Detailkenntnisse dieser Vorgänge für eine quantitative Beschreibung der Evolutionsvorgänge unentbehrlich, dann stellte sich jeder Versuch einer Mathematisierung als ebenso schwierig heraus wie das Vorhaben, Verallgemeinerungen ohne einen Leitfaden aus einer Fülle von minutiösen Detailbeobachtungen herzuleiten. Den richtigen Leitfaden zu finden, war Charles DARWINS geniale Leistung bei der Erarbeitung seiner Evolutionstheorie. Heute können wir die notwendigen physikalischen Voraussetzungen hinzufügen:

- Ein Energie- und/oder Materialfluss muss das evolvierende System davon abhalten, den Gleichgewichtszustand zu erreichen; und
- die Reproduktion muss unter Bedingungen ablaufen, unter welchen die Bruttokinetik der Vermehrung durch eine exponentielle Wachstumsfunktion beschrieben werden kann.

Die Flussbedingung ist auf dem Planenten Erde im Prinzip leicht zu erfüllen: Das eingestrahlte Sonnenlicht hat eine Temperatur von 5780 K, wie sie der auf Oberfläche der Sonne herrscht, die Erde strahlt Licht mit einer Temperatur von 300 K ab, und dieser Temperaturunterschied kann im Sinne eines Carnotschen Kreisprozesses zur Leistung von Arbeit aller Art verwendet werden (CARNOT 1824). Beispielsweise nutzen die Pflanzen die in den von der Sonne kommenden Photonen vorhandene Strahlungsenergie zur Erzeugung chemischer Energie in Form der Photosynthese. Exponentielles Wachstum wird in der Natur durch den Prozess der Reproduktion implementiert. Organismen testen, ob genügend Nahrung für die Vermehrung vorhanden ist, und Bakterien, aber auch Schleimpilze oder andere Organismen gehen in Dauerformen – Sporen – über, wenn das Nahrungsangebot für eine erfolgreiche Teilung zu gering ist.

Exponentielles Wachstum kann durch eine einfache Differentialgleichung ausgedrückt werden: Alle vorhandenen Individuen X haben Nachkommen, und daher ist der Zuwachs in der Population proportional zur Populationsgröße. Die Zahl der Individuen bezeichnen wir mit der Variablen $x(\mathrm{t}) = [X]_\mathrm{t}$, die Proportionalitätskonstante ist der Malthussche Wachstumsparameter, und für unbeschränktes Wachstum ergibt sich

$$\frac{dx}{dt} = rx\,,\; x(\mathrm{t}) = x(0)e^{rt}. \qquad [4]$$

Bereits der Mathematiker Pierre François VERHULST zeigte, wie man exponentielles Wachstum beschränken kann (VERHULST 1838, 1845):

$$\frac{dx}{dt} = rx\left(1 - \frac{x}{C}\right),\; x(\mathrm{t}) = \frac{x(0)C}{x(0)+\left(C - x(0)\right)e^{-rt}}\,. \qquad [5]$$

Die Konstante C ist die Maximalzahl der Individuen, welche im System ernährt werden können. Jede exponentiell wachsende Population wird diese Größe erreichen, der Parameter r gibt an, wie rasch der Grenzwert erreicht wird. Das Wachstum geht in eine Sättigung über, welche durch C – die Tragfähigkeit – im Englischen *Carrying Capacity* – des Ökosystems, bestimmt wird (Abb. 1).

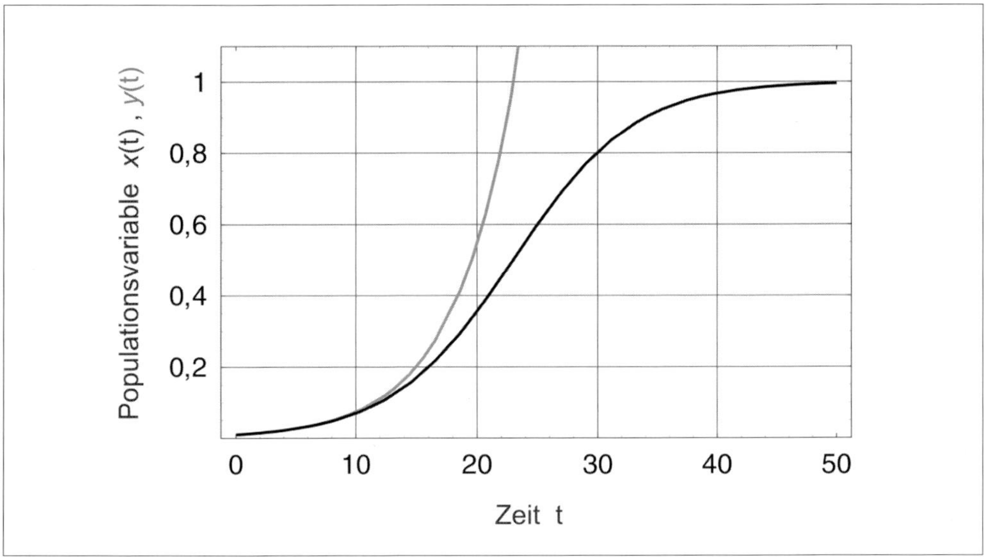

Abb. 1 Exponentielles Wachstum und endliche Tragfähigkeit eines Ökosystems. Die Gleichung nach Pierre François VERHULST beschreibt exponentielles Wachstum in einer Umwelt mit beschränkter Tragfähigkeit (‚*Carrying capacity*') *C*. Verglichen sind hier unbeschränktes exponentielles Wachstum, y(t) (grau), mit beschränktem Wachstum x(t) (schwarz). Parameterwahl: r = 0,2, C = 1 und x(0) = y(0) = 0,02.

Das Verhulstsche Modell wird oft als logistische Gleichung bezeichnet, und es ist anzunehmen, dass Charles DARWIN die Verhulstsche Gleichung nicht kannte. Mit einem kleinen Trick schreiben wir die Gleichung so um, dass sie für die Beschreibung von Selektionsvorgängen geeignet ist:

$$\frac{dx}{dt} = rx\left(1 - \frac{x}{C}\right) = x\left(r - \frac{1}{C}\varphi(t)\right) \text{ mit } \varphi(t) = rx. \qquad [6]$$

Die Funktion $\varphi(t)$ beschreibt die Reproduktionsgeschwindigkeit der Population, die im speziellen Fall nur aus einer einzigen Spezies besteht. Es ist naheliegend, die Variable x durch Normierung dimensionsfrei zu machen, und wir ersetzen zu diesem Zweck x durch x/C. Von hier ist es nur mehr ein kleiner Schritt bis zur Selektion. Wir nehmen an, dass die Population n exponentiell wachsende Varianten in Konkurrenz aufweist: $X_1, X_2, ..., X_n$. Die Variablen $x_i = [X_i]$ beschreiben die Zusammensetzung der Population und sind dementsprechend normiert: $\sum_{i=1}^{n} x_i = 1$. Für die Entwicklung der Population ergibt sich daraus die kinetische Gleichung:

$$\frac{dx}{dt} = x_i\left(f_i - \varphi(t)\right) = x_i F_i(t) \text{ mit } \varphi(t) = \sum_{j=1}^{n} f_j x_j, \qquad [7]$$

wobei die Fitnesswerte der einzelnen Varianten mit f_i ($i = 1, ..., n$) bezeichnet wurden und $\varphi(t)$ die mittlere Fitness der Population darstellt. Durch eine einfache Rechnung erhalten wir die Zeitabhängigkeit dieser Funktion

$$\frac{d}{dt}\varphi(t) = \sum_{j=1}^{n} f_j^2 x_j - \left(\sum_{j=1}^{n} f_j x_j\right)^2 = \text{var}\{f\} \geq 0\,. \qquad [8]$$

Die erhaltene Aussage ist von allgemeiner Gültigkeit: Die Zeitabhängigkeit der mittleren Fitness $\varphi(t)$ ist gegeben durch die Varianz der Fitnesswerte, und eine Varianz ist in der Statistik *per definitionem* eine nicht negative Größe. Mit anderen Worten, die mittlere Fitness einer Population kann nicht abnehmen, und dies ist bereits das Darwinsche Prinzip ausgedrückt in möglichst knapper Form. Der Faktor $F_i(t) = f_i - \varphi(t)$ in der kinetischen Gleichung beinhaltet bereits Charles DARWINS Prinzip der *Selection of the Fittest*. Das Vorzeichen entscheidet, ob $x_i(t)$ wächst oder abnimmt. Die mittlere Fitness legt die Latte und entscheidet, wer im Spiel bleibt und wer ausscheidet. Das stete Anwachsen der mittleren Fitness entspricht dem Höherlegen der Latte bei einem Hochsprungwettbewerb und bewirkt, dass immer mehr Hochspringer oder Varianten ausscheiden. Das Endergebnis, der Springer, welcher die größte Höhe gemeistert hat, oder die Variante mit der größten Zahl an Nachkommen bleibt letztendlich (als Sieger) über. Für unterschiedliche Fitnesswerte der einzelnen Varianten ist die Lösung des Selektionsproblems eindeutig.

Einige Schlussfolgerungen folgen unmittelbar aus der mathematischen Formulierung des Darwinschen Prinzips:

- Evolution ist ein Vorgang auf Populationsebene, und daher ist jede einzelne Variante oder Spezies im Zusammenhang mit den anderen existierenden Varianten zu sehen.
- Die Konkurrenz zwischen den Varianten führt zur Selektion der Variante mit der höchsten Fitness. Die mittlere Fitness einer Population ist eine nicht abnehmende Funktion der Zeit und bildet somit ein Optimierungsprinzip.
- Exponentielles Wachstum ist eine Voraussetzung für Darwinsche Selektion. Bei subexponentiellem Wachstum, z. B. bei parabolischem, linearem oder logarithmischem Wachstum,

wird im Allgemeinen nicht selektiert, und mehrere Varianten verbleiben auch im Grenzwert langer Zeiten in der Population.

Obwohl das Darwinsche Prinzip der natürlichen Auslese sehr klar formuliert ist und unschwierig in ein mathematisches Gewand gehüllt werden kann, stieß es sowohl in der britischen Gesellschaft der 19. Jahrhunderts als auch bei den Fachkollegen auf einigen Widerstand. Das gesellschaftlich-religiöse Problem hatte in erster Linie damit zu tun, dass die Darwinsche Evolutionstheorie den Menschen seiner Funktion als „Krone der Schöpfung" entthronte. Die Kritik der Biologen zielte u. a. auf den Optimierungsaspekt ab: Wodurch lässt sich die Annahme belegen, dass die in der Natur beobachtbaren Arten und Individuen tatsächlich optimiert sind. Trotz vieler klärender Fortschritte erweist sich diese Frage auch 150 Jahre nach dem Erscheinen von DARWINS *Origin of Species* als ein nicht triviales Problem, zu dem wir später noch zurückkehren werden (Abschnitt 5.2.1).

3.3 Gregor Mendels Erbsenstatistik

Im dritten Beispiel tritt ein typisches Merkmal biologischer Gesetzmäßigkeiten zu Tage: Viele Zusammenhänge können nicht im Einzelexperiment erkannt werden, und es bedarf einer Vielzahl von Wiederholungen unter kontrollierten Bedingungen, um die Regelmäßigkeiten herauszuarbeiten. Der Augustinermönch Gregor Johann MENDEL (Erbsen: MENDEL 1866 und Habichtskraut: MENDEL 1870) machte als Erster gezielte Versuche zur Vererbung von Merkmalen in Pflanzen an der Gartenerbse *Pisus sativum*, entdeckte und begründete mit seinen Arbeiten die Genetik. In Experimenten vermied er durch kontrollierte Befruchtungstechnik unerwünschte Fremdbestäubung. MENDEL untersuchte sieben verschiedene Merkmale und fand für zwei dominant/rezessive Allelpaare[3], Form der Früchte und Farbe des Endosperms, die ausgezählten Verhältnisse 5474/1850 = 2,96 und 6022/2001 = 3,01, woraus er korrekterweise auf das idealisierte Verhältnis 3:1 schloss. Die erhaltenen Verhältnisse bei den anderen fünf Merkmalen lagen zwischen 2,84 und 3,16. MENDELS Experimente involvierten rund 29000 Pflanzen und bilden ein wahres Musterbeispiel für die bei statistischen Gesetzen notwendige Vorgangsweise. Aus der Auswertung von MENDELS Beobachtungen resultieren drei Gesetze:

- Das Uniformitätsgesetz: Die Nachkommen von homozygoten, rein- oder gleicherbigen Individuen sind untereinander gleich.
- Das Spaltungsgesetz: Die Nachkommen einer Kreuzung mischerbiger Individuen sind nicht gleichförmig, sondern spalten ihr Erscheinungsbild in einem bestimmten Zahlenverhältnis auf.
- Das Gesetz der freien Kombinierbarkeit der Gene: Im Fall zweier oder mehrerer Merkmale gilt die freie Kombinierbarkeit, d. h., die Merkmale werden unabhängig voneinander kombiniert.

Das Gesetz gilt nur – wie wir heute wissen –, wenn die Gene für die Merkmale auf verschiedenen Chromosomen liegen, was bei den von MENDEL untersuchten Erbsen der Fall war.

3 Unter einem *Allel* versteht man eine Variante eines Gens. Beispielsweise produziert ein Allel (A) runde und ein anderes (a) runzelige Erbsenfrüchte. Jedes Individuum erhält ein Allel vom Vater- und ein Allel von der Mutterpflanze. Im Fall eines dominant/rezessiven Merkmals bilden AA, Aa und aA runde und nur aa runzelige Erbsenfrüchte aus, wodurch das Verhältnis 3:1 erklärt ist.

Betrachten wir die Ergebnisse Gregor MENDELS mit den Kenntnissen der modernen Molekulargenetik, so ergeben sich einfache Erklärungen aus dem molekularen Mechanismus der Meiose, der durch *Crossing-over* zur Rekombination der Erbanlagen führt (ALBERTS et al. 2008). Gleichzeitig werden die Mendelschen Gesetze als Regeln erkannt, welche nur im Grenzfall unabhängiger Gene gültig sind. Dies ist im Allgemeinen gewährleistet, wenn die Gene auf verschiedenen Chromosomen situiert sind. Wenn sie auf demselben Chromosom liegen, kann freie Kombinierbarkeit nur dann erfüllt sein, wenn die Genorte auf der DNA-Sequenz hinreichend weit voneinander entfernt sind. Das molekularbiologische Wissen liefert nicht nur eine mechanistische Erklärung der Mendelschen Gesetze, sondern sagt auch die empirisch beobachteten Abweichungen korrekt voraus.

Die Bedeutung der Befunde Gregor MENDELS wurde von seinen Zeitgenossen nicht erkannt, was wegen der mangelnden Mathematikausbildung der Biologen nicht verwundern sollte: Obwohl die Anwendung statistischer Methoden bis in das 17. Jahrhundert zurückreicht, ist die mathematische Statistik eine relativ junge Wissenschaft. Sie nahm ihre Anfänge um die Wende vom 19. zum 20. Jahrhundert, und einer der Väter dieser Disziplin, Karl PEARSON, wurde erst im Jahre 1911 der Vorstand des *Departments of Applied Statistics* am *University College* London, des weltweit ersten Departments für Statistik. Aus dieser historischen Perspektive heraus kann man verstehen, dass MENDELS Arbeiten fast 40 Jahre warten mussten, um in ihrer grundlegenden Bedeutung erkannt zu werden.

3.4 Ronald Fishers Fundamentaltheorem der natürlichen Auslese

Eine bahnbrechende Leistung von Ronald FISHER in der Evolutionsbiologie ist die Tatsache, dass es ihm gelang, die Darwinsche Selektion und die Mendelsche Vererbung in einem mathematischen Formalismus zusammenzuführen und dabei zu zeigen, dass (in einfachen Fällen) ein Optimierungsprinzip auch für die sexuelle Reproduktion gilt (FISHER 1930). In einer Population seien n verschiedene Allele, $(\mathbf{A}_1, \mathbf{A}_2, \ldots, \mathbf{A}_n)$ mit den Häufigkeiten $x_1, x_2, \ldots, x_n$ für ein bestimmtes Gen vorhanden. Ein diploider Organismus trägt zwei Allele von jedem Gen, beispielsweise $\mathbf{A}_i\mathbf{A}_j$. Fitnesswerte werden den Allelkombinationen zugeordnet: $a_{ij} = f(\mathbf{A}_i\mathbf{A}_j)$. Da in der konventionellen Genetik davon ausgegangen wird, dass die genetisch bedingten Eigenschaften eines Individuums unabhängig davon sind, ob das Allel eines autosomalen[4] Gens vom Vater oder von der Mutter vererbt wurde. Dadurch gilt für die Fitness: $f(\mathbf{A}_i\mathbf{A}_j) = f(\mathbf{A}_j\mathbf{A}_i)$ und dementsprechend $a_{ij} = a_{ji}$; die Matrix der Fitnesskoeffizienten $A = \{a_{ij}\}$ ist symmetrisch. Ohne weitere Probleme lässt sich eine Differentialgleichung für die zeitliche Entwicklung der Allelverteilung eines Genortes in der Population angeben:

$$\frac{dx_i}{dt} = x_i\left(\sum\nolimits_{j=1}^{n} a_{ij}x_j - \varphi(t)\right) \text{ mit } \varphi(t) = \sum\nolimits_{i=1}^{n}\sum\nolimits_{j=1}^{n} a_{ij}x_jx_i \text{ und } \sum\nolimits_{i=1}^{n} x_i = 1. \qquad [9]$$

Ebenso wie im vorhin besprochenen Fall der asexuellen Vermehrung kann gezeigt werden, dass die mittlere Fitness $\varphi(t)$ eine nicht abnehmende Funktion der Zeit ist:

$$\frac{d}{dt}\varphi(t) = 2\,\mathrm{var}\{a\} \geq 0. \qquad [10]$$

4 Mit dem Begriff *Autosom* bezeichnet man alle Chromosomen mit Ausnahme der Geschlechtschromosomen, die beim Menschen die Konfigurationen XX (weiblich) und XY (männlich) aufweisen.

Bei der Herleitung dieses Extremalprinzips wird die Symmetrie der Matrix A benutzt. Die Fishersche Selektionsgleichung ist ebenso wie die vorher besprochene Selektionsgleichung für den asexuellen Fall eine Replikatorgleichung (SCHUSTER und SIGMUND 1983). Zum Unterschied von der eindeutigen Lösung im asexuellen Fall kann die Fishersche Selektionsgleichung auch mehrere stabile stationäre Zustände aufweisen. Dies ist am Beispiel zweier Allele einfach zu illustrieren: Wir nehmen an, dass die Heterozygote $\mathbf{A}_1\mathbf{A}_2$ geringere Fitness als die beiden Homozygoten aufweist, dann gilt $a_{12} < (a_{11}, a_{22})$, und jede der beiden Homozygoten, $\mathbf{A}_1\mathbf{A}_1$ oder $\mathbf{A}_2\mathbf{A}_2$ kann selektiert werden. Je nach den Anfangsbedingungen wird die Population einem der beiden stabilen Zustände, entweder $\lim_{t\to\infty} x_1(t) = 1$, $\lim_{t\to\infty} x_2(t) = 0$ oder $\lim_{t\to\infty} x_1(t) = 0$, $\lim_{t\to\infty} x_2(t) = 1$ zustreben. Für mehr als zwei Allele kann es dementsprechend mehr Langzeitlösungen für die Population geben. Im Allgemeinen – keine Symmetrie der Matrix A – ist die Dynamik von Replikatorgleichungen nicht so einfach; es können Oszillationen der Variablen und deterministisches Chaos auftreten (siehe Abschnitt 5.3).

Ronald FISHER nannte das oberhalb skizzierte Extremalprinzip das Fundamentaltheorem der natürlichen Auslese und erntete für diesen Universalanspruch einige Kritik. In der Tat ist das Theorem in der Formulierung über die Selektionsgleichung nur unter sehr eingeschränkten Bedingungen gültig. Im Fall mehrerer Genorte gilt es nur unter der unrealistischen Annahme unabhängiger Genwirkungen. In einer späteren Arbeit (FISHER 1941) formuliert er einschränkend „[...] the increase in average fitness of the population ascribable to a change in gene frequency [...] is equal to the genetic variance in fitness", und dieser reduzierte Anspruch wird in neuerer Zeit von den meisten Populationsgenetikern akzeptiert (OKASHA 2008).

3.5 Alfred Lotka und Vito Volterra mit Hasen und Füchsen

Die von Alfred LOTKA (LOTKA 1925) und Vito VOLTERRA (VOLTERRA 1926) unabhängig vorgeschlagenen nichtlinearen Differentialgleichungen stellen einen ersten Versuch dar, die Wechselwirkung interagierender Populationen zweier Arten in einem Ökosystem zu beschreiben. Eine Art bildet die Beute, beispielsweise Hasen (X), während die zweite Art eine ausschließlich von diesen Beutetieren lebende Räuberpopulation darstellt, zum Beispiel eine Population von Füchsen (Y). Die Zahlen der Hasen, $x = [X]$, und Füchse, $y = [Y]$, sind die Variablen der Gleichungen:

$$\frac{dx}{dt} = (\alpha - \beta y)x \quad \text{und} \quad \frac{dy}{dt} = -(\gamma - \delta x)y. \qquad [11]$$

Die vier griechischen Buchstaben stellen die Parameter des Systems dar und bedeuten im Einzelnen, den Reproduktionsparameter der Hasen (α), den Parameter für die Abnahme der Hasenpopulation als Folge des Gefressenwerdens durch Füchse (β), den Parameter für die Abnahme der Fuchspopulation durch Verhungern (γ) und den Parameter für die Zunahme der Fuchspopulation durch das Beutemachen an der Hasenpopulation (δ). Charakteristisch für die Lösungskurven des Lotka-Volterra-Systems sind Oszillationen (Abb. 2). Allerdings sind diese Oszillationen nicht stabil, und die Amplitude ist abhängig von den Anfangsbedingungen [$x(0)$, $y(0)$]. Das Lotka-Volterra-Modell war zu seiner Zeit ein ganz wichtiger Beitrag zum Verstehen der Wechselwirkungen zwischen den Populationen zweier Spezies in einem Ökosystem. Heute wäre es in seiner ursprünglichen Form nicht mehr publizierbar, da es eine strukturelle Instabilität aufweist. Der Attraktor ist ein Zentrum, und dies hat zur Konsequenz, dass die Oszillationen gegenüber einer Veränderung der Amplitude instabil sind (HOFBAUER und SIGMUND 1998).

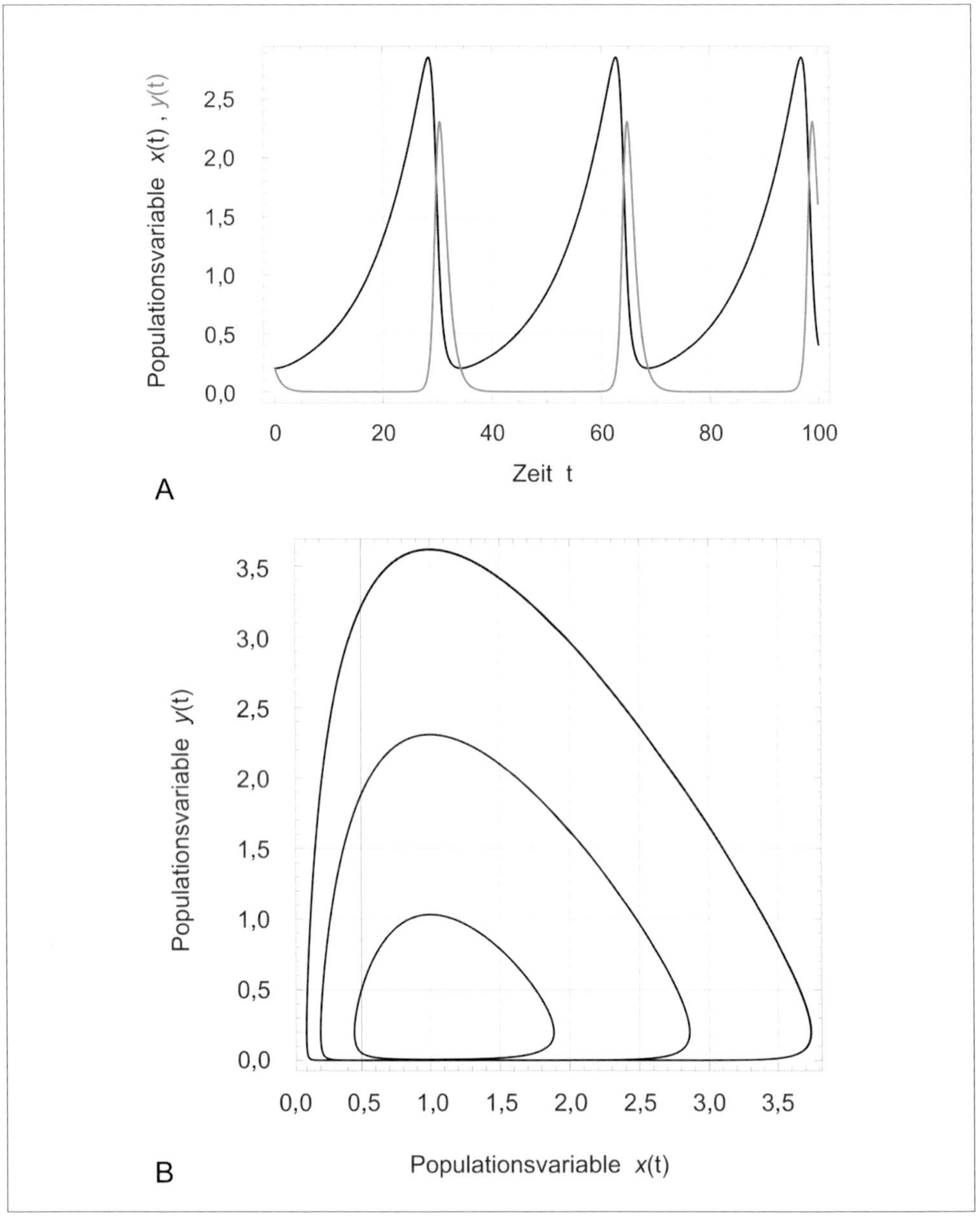

Abb. 2 Lösungskurven des Räuber-Beute-Ökosystems nach Alfred LOTKA und Vito VOLTERRA. Das von Alfred LOTKA und Vito VOLTERRA entwickelte Modell für ein Ökosystems mit einer Räuber- und einer Beutespezies, zum Beispiel Füchse und Hasen, führt zu oszillierenden Lösungen. Das Ergebnis einer numerischen Integration der Differentialgleichungen ist im oberen Teil der Abbildung gezeigt: (*A*) Die Hasenpopulation (schwarz) wächst, bis sie einen hinreichend großen Überschuss an Nahrung für die Füchse bietet. Diese vermehren sich dann sehr rasch (grau) und dezimieren die Hasen so stark, dass sie selbst wenig später an den Rand des Aussterbens kommen. In (*B*) zeigen wir drei Kurven einer parametrischen Darstellung der Lösungen: y[x(t)], welche sich nur in den Anfangsbedingungen unterscheiden. Die Kurven werden mit fortschreitender Zeit t im Gegenuhrzeigersinn durchlaufen. Die Lösungen der Lotka-Volterra-Gleichung sind instabil gegenüber Änderungen in den Anfangsbedingungen, sie zeigen nur marginale

4. Das Zeitalter des Computers

In den 1960er Jahren brach eine neue Periode in den Naturwissenschaften an. Neben den traditionellen Säulen des wissenschaftlichen Frage- und Antwortspiels, Vorhersage durch mathematisierte Theorie und Überprüfung durch das Experiment, kam die Computersimulation als drittes Standbein hinzu. Waren die Leistungsfähigkeiten der Computer in der Anfangszeit noch zu gering, um eine echte Alternative zu mathematischer Analyse und empirischer Untersuchung zu bilden, so änderte sich die Situation in den letzten beiden Jahrzehnten des 20. Jahrhunderts durch die enormen Steigerungen von Computerleistung und Speicherkapazität. Die numerische Modellierung ist heute ein vollwertiger Partner von Theorie und Experiment. Die Modellierung hat mehrere Aufgaben übernommen, und es ist naheliegend, ein paar Klassen von Computermodellen zu unterscheiden:

- Computerrechnungen zur Kontrolle oder Erweiterung von mathematischen Modellen;
- Modelle zur Berechnung von Ergebnissen, die nicht analytisch erhältlich sind; und
- exploratorische Modelle.

Die Rolle und die Bedeutung von Modellen der ersten Klasse sind naheliegend: Die mathematische Beweisführung ist oft so schwierig, dass eine Rückversicherung gewonnener Resultate durch numerische Berechnung sehr hilfreich ist. Ein berühmt gewordenes Beispiel ist das Vierfarbenproblem bei der Aufteilung einer Ebene in Flächen, wie es beispielsweise bei einer Landkarte mit verschieden gefärbten Ländern der Fall ist (Gonthier 2008): Eine Landkarte ist so zu bemalen, dass aneinander grenzende Länder verschiedene Farben aufweisen, und es ist zu beweisen, dass niemals mehr als vier Farben dazu nötig sind. Trotz der Einfachheit der Fragestellung war der Beweis nur in einer Arbeit mit umfangreichem Einsatz eines Computers zur erschöpfenden Falldiskussion möglich (Appel und Haken 1977).

Mathematische Formulierungen von Sachverhalten besitzen oft einen Komplexitätsgrad, der eine rigorose mathematische Analyse sehr schwierig bis unmöglich macht. Als Illustrationsbeispiel sei die Erarbeitung von Lösungen der Schrödingergleichung für Moleküle in der theoretischen Chemie genannt. Paul Dirac behauptete in seinem berühmten und oft kritisierten Statement: „[...] The underlying physical laws necessary for a large part of physics and the whole of chemistry are thus completely known, and the difficulty is only that the exact application of these laws leads to equations much too complicated to be soluble [...]“ (Dirac 1929). Wenn dies von vielen Chemikern auch als eine unnötig provokative Anmaßung eines Physikers interpretiert wurde, so bietet die Schrödingergleichung dessen ungeachtet heute einen wertvollen Zugang zur Berechnung der Eigenschaften bekannter und unbekannter Moleküle. Über Jahrzehnte hin entwickelten die theoretischen Chemiker Verfahren für numerische Näherungen zu den Lösungen der Schrödingergleichung und erreichten schließlich in den 1980er Jahren Genauigkeiten, welche mit den experimentellen Daten in der Chemie, insbesondere in der Molekülspektroskopie, konkurrieren konnten. Im Jahre 1998 wurde schließlich der Nobelpreis für Chemie an Walter Kohn und John Pople vergeben, womit das neue Fach

---

Stabilität. Parameterwahl: $\alpha = 0{,}1$, $\beta = 0{,}5$, $\gamma = 1{,}0$ und $\delta = 1{,}0$; Anfangsbedingungen, obere Lösungskurven: $x(0) = y(0) = 0{,}2$; Anfangsbedingungen, parametrische Darstellung: äußere Kurve $x(0) = y(0) = 0{,}5$, mittlere Kurve $x(0) = y(0) = 0{,}2$ und innere Kurve $x(0) = y(0) = 0{,}1$. Durch Verfeinerungen des Modells erhält man asymptotisch stabile Lösungen (Hofbauer und Sigmund 1998).

„Computational Chemistry“ erstmals eine weltweite Beachtung außerhalb der Quantenchemie fand (Ramachandran et al. 2008).

Eine zweite Gruppe von Modellen, welche unter den zweiten Punkt fallen, bilden die Algorithmen: Ein Sachverhalt kann zwar nicht in eine lösbare Gleichung gebracht werden, aber dennoch ist eine iterative, rekursive oder anders aufgebaute schrittweise Annäherung an eine Lösung möglich. Algorithmen können zur exakten Lösung konvergieren oder eine Approximation berechnen. Die dynamische Programmierung ist ein oft gebrauchtes Beispiel für eine algorithmische Vorgangsweise. Diese Technik benutzende Methoden werden u. a. für die Berechnungen von optimalen Alignments von DNA-, RNA- oder Proteinsequenzen ebenso wie für die Vorhersage von RNA-Sekundärstrukturen verwendet.

Exploratorische Computermodelle schließlich erfüllen einen anderen, eine dritten Zweck. Sie gehen dem mechanistischen oder mathematischen Verstehen von Sachverhalten voraus und versuchen, durch die Erarbeitung von einfach zu modellierenden und analysierbaren Zusammenhängen die Möglichkeiten einer rigorosen Problembehandlung vorzubereiten. Im Bereich der Evolutionsforschung werden u. a. spezielle Computermodelle, die Prozesse durch die Belegung von Speicherplatz in der CPU darstellen, dazu verwendet, Evolutionsdynamik zu simulieren und zu analysieren (Abschnitt 5.1).

Spezielle Beispiele exploratorischer Modelle sind Computerspiele nach vorgegebenen Regeln. Das berühmteste Beispiel dieser Art ist ein zweidimensionaler zellulärer Automat,[5] John Conways *Game of Life*[6] (Gardner 1967): Auf einem im Prinzip unendlichen Spielbrett mit Schachbrettmuster befinden sich einzelne Partikel, die jeweils ein quadratisches Feld belegen. Ausgehend von einer Anfangskonfiguration werden neue Konfigurationen, Generation für Generation, nach vorgegebenen einfachen Regeln berechnet. Diese Regeln betreffen Änderungen in der Belegung der Felder: Ein belegtes Feld kann in der nächsten Generation belegt bleiben oder leer werden, und umgekehrt kann ein leeres Feld in der nächsten Generation belegt werden oder leer bleiben: Je nach der Belegungsdichte in der Umgebung eines Feldes überlebt die Belegung und bleibt in der nächsten Generation bestehen, oder das Feld wird frei (Abb. 3). Aus der Anfangskonfiguration evolviert die Belegung der Felder nach diesen einfachen Regeln. In den meisten Fällen endet ein Lauf nach einigen Generationen entweder durch Aussterben oder durch Erreichen einer stabilen, d. h. sich nicht mehr weiter ändernden Endkonfiguration. Manchmal kommt es auch zu periodischen Zuständen, und selten bilden sich erstaunlich komplexe Muster in Raum und Zeit heraus. Derartige Muster täuschen mitunter gezielte Handlungen[7] vor, und diese und andere erstaunliche Phänomene waren Anlass für die Bezeichnung *Game of Life*. Andere Beispiele für die Anwendung von Spielen auf viele Fragestellungen in der Evolutionsbiologie finden sich in der Monographie von Sigmund (1995).

---

5 Als *zelluläre Automaten* versteht man räumlich diskrete dynamische Systeme, in welchen die Entwicklung der einzelnen Zellen durch Regeln beschrieben wird. Die Regeln sind so gestaltet, dass der Zustand einer Zelle zum Zeitpunkt $t+1$ vom eigenen Zellzustand und von den Zellzuständen in einer vorgegebenen Nachbarschaft zum Zeitpunkt t abhängt.

6 *Game of Life* studiert man am besten durch Simulation auf dem eigenen Computer. Eine umfangreiche englische Dokumentation mit Anleitungen ist zu finden bei: http://www.bitstorm.org/gameoflife. Eine Webpage mit Erklärungen und Beispielen in deutscher Sprache findet sich unter: http://www.mathematische-basteleien.de/gameoflife.htm.

7 Ein Beispiel für vermeintlich zielorientiertes Handeln ist die *Gosper Glider Gun*.

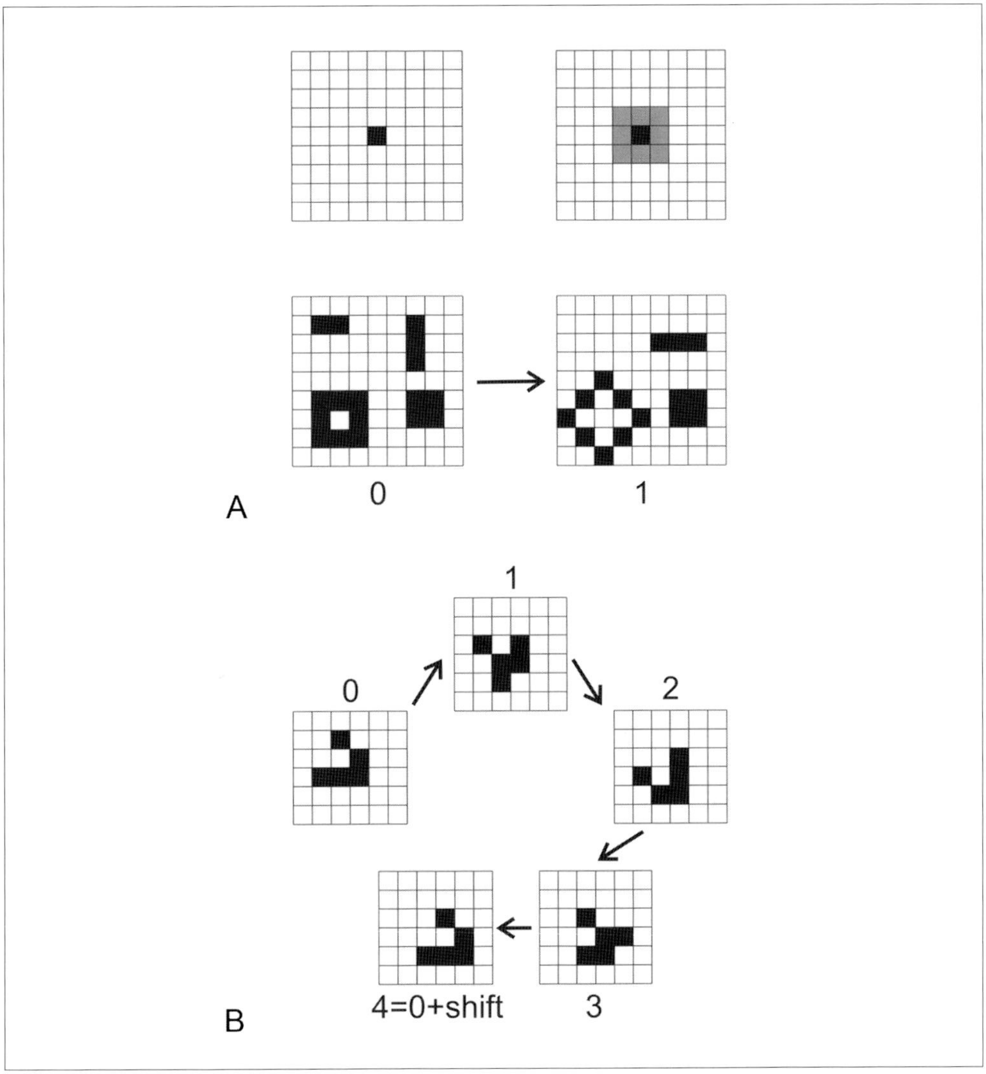

Abb. 3 Die Regeln von John CONWAYS *‚Game-of-Life'*. Im *‚Game-of-Life'* sind besetzte oder aktive Felder auf einem unendlichen Schachbrett gekennzeichnet (schwarz). (*A*) Für jedes Feld wird eine Umgebung mit acht Nachbarn definiert (grau, rechtes oberes Bild). Einfache Regeln bestimmen die nächste Generation: (*i*) Jedes aktive Feld mit einem oder keinem aktiven Nachbarn stirbt und wird inaktiv (weiß), (*ii*) ein aktives Feld mit zwei oder drei aktiven Nachbarn überlebt und bleibt aktiv, (*iii*) ein aktives Feld mit vier oder mehr Nachbarn stirbt wegen Überbevölkerung, und (*iv*) jedes inaktive Feld mit drei Nachbarn wird aktiv. Die beiden Bilder in der Mitte zeigen vier Muster in aufeinanderfolgenden Generationen: Muster 1 (zwei benachbarte Felder, oben links) stirbt aus, Muster 2 (drei vertikale Felder, oben rechts) oszilliert zwischen drei vertikalen und drei horizontalen Feldern, Muster 3 (die gesamte Umgebung eines inaktiven Feldes, unten links) dehnt sich aus und geht schließlich in einen etwas komplizierteren Oszillator über (nicht gezeigt) und Muster 4 (ein Quadrat von vier aktiven Feldern, unter rechts) bleibt unverändert. (*B*) Die untere Bilderserie von fünf Bildern zeigt schließlich einen Wanderpattern (‚Glider'), nach vier Generationen entsteht ein Bild, das abgesehen von einer Verschiebung um je ein Feld nach rechts und nach unten mit der Anfangskonfiguration identisch ist.

Zelluläre Automaten dienen aber nicht nur zur Implementierung exploratorischer Modelle, sondern sind ganz allgemein zur Durchführung von Computersimulationen geeignet. Da sie ihrer diskreten Natur nach dem Rechnen mit Computern sehr entgegenkommen, haben sie viele Anwendungen in Simulationen von komplexen Systemen gefunden. Zelluläre Automaten sind zumeist einfach zu programmieren und auch für die Behandlung von nicht linearen dynamischen Systemen in Raum und Zeit einsetzbar (WEIMAR 1997). Sie werden bisweilen auch verwendet, wenn die entsprechenden mathematischen Zusammenhänge in Form von partiellen Differentialgleichungen bekannt sind. Die Lösungen werden dann in der Regel qualitativ richtig wiedergegeben (als *caveat* siehe HUBERMAN und GLANCE 1993). Benötigt man allerdings verlässliche quantitative Aussagen, ist die direkte numerische Integration vorzuziehen, da sie genaue Fehlerabschätzungen erlaubt. Eine wichtige Anwendung der zellulären Automaten ist fehlertolerantes Rechnen, das mit Hilfe probabilistischer Ansätze analysiert werden kann (GÁCS 2001). Die diskrete Natur der Beschreibung macht einfache zelluläre Automaten auch für eine rigorose mathematische Analyse ihrer Eigenschaften zugänglich. Die Literatur zu diesem Gebiet ist recht umfangreich, und es sei nur ein anspruchsvolles Buch zur Illustration der Vielseitigkeit von zellulären Automaten genannt (ILACHINSKI 2001).

5. Evolutionsforschung am Computer

Die gewaltige Zuname an Computerleistung in den vergangenen fünfzig Jahren bietet der Erforschung von Evolutionsvorgängen ungeahnte neue Möglichkeiten. Wir greifen hier drei Ansätze heraus, für die der Computereinsatz zu echten Entdeckungen geführt hat. Im ersten Beispiel wird Konkurrenz direkt durch die Belegung von Speicherplätzen in der *Central Processing Unit* (CPU) eines Computers simuliert. Aus dem einfachen Computerspiel *Core War*[8] sind eine Reihe von Simulationsprogrammen für *Artificial Life* und *Digital Evolution* hervorgegangen (O'NEILL 2003, WILKE und ADAMI 2002). Im zweiten Teil stellen wir Entdeckungen mit dem Computer im Bereich der kinetischen Modellierung von Evolutionsvorgängen auf molekularem Niveau dar. Die Computersimulation wurde an Stellen eingesetzt, an welchen man weder durch mathematische Analyse noch durch gezielte Näherungen weitergekommen war (EIGEN und SCHUSTER 1979). Den Abschluss bilden schließlich computergestützte Anwendungen der Spieltheorie, die auf John MAYNARD SMITH zurückgehen und zur Erklärung der Entstehung kooperativen Verhaltens in Gesellschaften verwendet wurden (MAYNARD SMITH 1982, HOFBAUER und SIGMUND 1998, NOWAK 2006). Die Ausbreitung von Verhaltensformen in Raum und Zeit wurde mit Hilfe des Computers untersucht.

5.1 Direkte Simulation von Evolutionsvorgängen am Computer

Zwei Computerprogramme, *Creeper* und *Reaper,* gingen der Entwicklung von *Core War* voraus (SHOCH und HUPP 1982): *Creeper* war einer der ersten Computerwürmer, die durch Computernetze krochen, bestimmte Programme infizierten, terminierten und Kopien von sich selbst anlegten. Das Programm *Reaper* hingegen wanderte durch das Netz auf der Suche nach Kopien

8 Der Begriff *Core* geht auf das heute völlig veraltete ‚random access'-Speichersystem ‚Magentic Core Memory' zurück. ‚Core' lebt auch noch in dem bekannten Begriff ‚Core dump' weiter.

von *Creeper*, die es stilllegte und eliminierte. *Creeper* und *Reaper* gehen damit nicht nur *Core War* und den CPU-Simulationen von Evolutionsvorgängen voraus, sondern initiierten auch die unliebsame Entwicklung von Computerviren und -würmern sowie deren Abwehrsoftware (Dewdney 1985).

Beim Computerspiel *Core War* (Dewdney 1984) gibt es keine spielenden Personen, sondern es sind Computerprogramme, welche im *Memory* der CPU eines Computers situiert sind, sich durch Kopieren vermehren und dadurch miteinander um Speicherplatz konkurrieren. Das Ergebnis der Auseinandersetzung ist Selektion: Das sich am effizientesten vermehrende Computerprogramm bleibt schließlich als einziges über, ganz im Sinne von *Selection of the fittest*. Im Allgemeinen wird *Core War* nicht auf einem wirklichen Computer gespielt, sondern auf einer virtuellen Maschine simuliert. Die Programme für *Core War* werden in der Maschinensprache oder in einer abstrakten Assemblersprache *Redcode* geschrieben. Computerfachleute haben sich eine große Reihe von derartigen Programmen mit verschiedenen Strategien ausgedacht, welche schließlich in eigenen Wettbewerben gegeneinander antraten (Dewdney 1987).

Von *Core War* bis zur Implementierung von evolutionsartigen Prozessen in virtuellen Maschinen war es nur mehr ein kleiner Schritt. In die Computerprogramme musste Variation beim Kopiervorgang in Form von Mutation und/oder Rekombination eingebaut werden, wobei das hauptsächliche Problem darin bestand, dass eine hinreichend große Zahl der Programmvarianten ‚lebensfähig', d. h. kopierfähig, sein musste, um einen Weiterbestand der Population in den zukünftigen Generationen sichern zu können. Ohne auf die Einzelheiten eingehen zu können, zählen wir hier nur zwei Ansätze zur Simulation von Evolutionsprozessen auf.[9] Tom Rays *Tierra* (Ray 1991, Maynard Smith 1992, Adami 1995) war im Jahre 1990 eines der ersten Simulationssysteme, dessen Programme also evolutionsbefähigt waren, da sie kopieren und mutieren konnten. Die Programme werden als digitale Organismen betrachtet, welche um zwei Ressourcen, Computerzeit und Speicherplatz, konkurrieren. Im Vergleich zu den bescheidendsten natürlichen evolvierenden Systemen ist die Komplexität der *Tierra*schen Organismen natürlich sehr beschränkt.

Das Interesse der *Artificial Life Community* (Adami 1998) an der direkten Simulation von Evolution am Computer war der Anlass zu einer ganzen Reihe von weiteren Entwicklungen, die auf *Core War* und *Tierra* aufbauten. Steen Rasmussen und Kollegen entwickelten *Coreworld*, um das Entstehen und die Evolution von kooperativen chemischen Reaktionsnetzwerken studieren zu können (Rasmussen et al. 1990). Charles Ofria, Chris Adami, Titus Brown und Claus Wilke entwickelten durch *Tierra* inspiriert eine eigene Software mit dem Namen *Avida* für Studien der Evolution von Populationen digitaler Organismen (Wilke und Adami 2002, O'Neill 2003). Dieses Computerprogramm wird seitdem zum Studium von allgemeinen Evolutionsvorgängen eingesetzt, insbesondere können spezifische Hypothesen oder mathematische Modelle getestet oder verifiziert werden. Als Beispiel sei der Befund erwähnt, dass stationäre Mutantenverteilungen bei kleinen Änderungen von Mutationshäufigkeiten nach Art eines Phasenüberganges drastisch umstrukturiert werden können. Bei hinreichend großen Mutationsraten wird nicht immer der Genotyp mit dem höchsten Fitnessparameter selektiert, sondern kann es auch ein Genotyp mit geringerem Fitnessparameter und höherer Gesamtrepro-

9 Für ein weitergehendes Studium sei eine Monographie von John Casti (1977) empfohlen; von Christian Heinemann (2008) stammt ein illustrativer Aufsatz zu ‚Artificial Life'.

duktionseffizienz als Folge eines stärkeren Mutationsrückflusses aus einer Mutantenumgebung mit höherer Fitness sein. Der nachteilige Fitnessunterschied wird durch den stärkeren Mutationsrückfluss überkompensiert (SCHUSTER und SWETINA 1988). Eine im Jahre 2001 durchgeführte Simulation mit *Avida* konnte diesen Befund ohne die Annahme einer stationären Population bestätigen (WILKE et al. 2001). Der Mikrobiologe Richard LENSKI ergänzte seine Langzeitevolutionsexperimente mit *Escherichia coli*-Bakterien durch Simulationen mit *Avida*, wodurch die *In-silico*-Evolution besonderen Auftrieb erfuhr (LENSKI 2004). Insbesondere bieten die Computerexperimente immer die volle Information über die Verteilung aller Genotypen in einer Population, die zurzeit experimentell nicht erhalten werden kann. Dadurch kann die zeitliche Entwicklung nachteiliger und neutraler Mutanten, welche für ein tiefergehendes Verständnis des Evolutionsmechanismus unentbehrlich ist, direkt im Computerexperiment verfolgt werden. Ein ungelöstes Problem der Evolutionsforschung betrifft den Ursprung und die evolutionäre Zunahme komplexer Eigenschaften und Funktionen. Ohne bereits eine Antwort geben zu können, war es doch mit Hilfe von Computersimulationen möglich zu klären, dass die Zunahme an Komplexität keinesfalls mit der Zahl der Mutationsschritte korreliert (LENSKI et al. 1999 und 2003; siehe auch Abschnitt 5.2.3).

5.2 Die kinetische Theorie der Evolution

Die Voraussetzungen für das Eintreten von Evolution wurden schon im Abschnitt 3.2 aufgezählt. Wir gehen hier davon aus, dass ein Energie- oder Materialfluss, der das System fern vom Gleichgewichtszustand hält, gegeben ist. Die Suche nach einem möglichst einfachen System, um das Untersuchungsobjekt im Sinne der Physik auf das Wesentliche zu reduzieren, führt unweigerlich auf die Evolution von RNA-Molekülen im Laborexperiment. Evolution *in vitro* ist schon vierzig Jahre alt (JOYCE 2007), und die ursprünglich grundlagenorientierten Arbeiten haben biotechnische Anwendungen in der gezielten Synthese von Biomolekülen gefunden (BRAKMANN und JOHNSSON 2002, KLUSSMANN 2006). Die Replikation von RNA-Molekülen im Laborversuch ist ein mit den Methoden der Chemie voll analysierbares evolutionsbefähigtes Experimentalsystem (BIEBRICHER et al. 1983), in welchem die Bedingungen für exponentielles Wachstum präzisiert werden können. Diese bestehen aus einem ausreichend großen Reservoir an aktivierten Bausteinen für die Synthese und einem Überschuss an dem für die Replikation benötigten Enzym Qβ-Replikase. Der experimentelle Aufbau für *In-vitro*-Evolution kann sehr einfach sein und im Überimpfen von kleinen Probenmengen in frisches Replikationsmedium bestehen (*Serial transfer*; SPIEGELMAN 1971) oder höchst komplexe Geräte erfordern, welche eine genaue Konstanz der Reaktionsbedingungen zu erzielen gestatten (WATTS und SCHWARZ 1997). Drei Probleme, bei deren Lösung der Computer eine entscheidende Rolle spielte, werden hier als Illustrationsbeispiele näher betrachtet:

- die Fehlerfortpflanzung bei fortgesetzter Replikation,
- die Gestalt realistischer Fitnesslandschaften und der Ursprung neutraler Varianten und
- der stochastische Verlauf der evolutionären Optimierung.

5.2.1 Fehlerfortpflanzung und Fehlerschranke

Im Einklang mit den experimentellen Daten wird die Replikation eines RNA-Moleküls durch zwei Schritte modelliert (Abb. 4): Die Nukleinsäure (X_i) bindet an die Replikase und initiiert das Kopieren der Vorlage. Der Kopiervorgang kann eine fehlerlose Kopie (X_i) oder eine Mutante ($X_{j,j\neq i}$) produzieren. Die Evolution einer Population durch Replikation und Mutation wird durch eine Differentialgleichung, die Mutations-Selektionsgleichung beschrieben, welche unmittelbar aus der Selektionsgleichung durch Einführen von Mutationshäufigkeiten folgt (EIGEN 1971):

$$\frac{dx_j}{dt} = \sum_{i=1}^{n} Q_{ji} f_i x_i - x_j \varphi(t) \quad \text{mit} \quad \varphi(t) = \sum_{i=1}^{n} f_i x_i , \qquad [12]$$

wobei Q_{ji} die Häufigkeit bezeichnet, mit welcher der Genotyp X_j durch eine fehlerhafte Replikation des Genotyps X_i gebildet wird. Korrekte Replikation und Mutation sind parallele chemische Reaktionen, und da einsichtiger Weise jede Kopie entweder fehlerfrei oder fehlerhaft sein muss, gilt die Beziehung: $\sum_{j=1}^{n} Q_{ji} = 1$. Die anderen Größen sind in ihrer Bedeutung unverändert. Auch an dem Term $\varphi(t)$, welcher den Zuwachs der Population kompensiert, hat sich durch Einführen der Mutationen nichts geändert, und er entspricht nach wie vor der mittleren Fitness der Gesamtpopulation. Die mathematische Analyse der Mutations-Selektionsgleichung ist nicht schwierig (THOMPSON und MCBRIDE 1974, JONES et al. 1976): Alle Mutationshäufigkeiten sind *per definitionem* positive Größen[10], $0 < Q_{ji} < 1$, und alle Fitnessparameter f_i sind nicht-negative Zahlen, und daher sind die Bedingungen für die Gültigkeit des Theorems von PERRON und FROBENIUS (SENETA 1981) erfüllt. Durch – praktisch immer numerisches – Lösen eines Eigenwertproblems (EIGEN et al. 1989) können mit Hilfe des Computers Lösungen $x_j(t)$ berechnet werden. Aus dem n-dimensionalen Eigenwertproblem erhält man n Eigenvektoren $\xi_k(t)$, aus denen die Lösungskurven $x_j(t)$ durch lineare Kombination erhalten werden. Jedem Eigenvektor entspricht ein Eigenwert λ_k, wobei mehrere Eigenvektoren zu ein und demselben Eigenwert gehören können. Ist dies der Fall, spricht man von Entartung des Eigenwertes. Die Gültigkeit des Perron-Frobenius-Theorems hat für die Gestalt der Gesamtheit der Lösungen, welche die Entwicklung der Population beschreibt, entscheidende Bedeutung. Die für die Biologie wichtigsten Ergebnisse sind:

- Der größte Eigenvektor, $\xi_0(t)$, des Eigenwertproblems hat ausschließlich positive Komponenten, wie dies von (relativen) Konzentrationen verlangt werden muss; und
- der größte Eigenwert, λ_0, der zum größten Eigenvektor $\xi_0(t)$ gehört, ist nicht entartet, wodurch die Eindeutigkeit der Lösung der Differentialgleichung garantiert ist.

Es gilt daher $\lambda_0 > \lambda_1 \geq \lambda_2 \geq \lambda_3 \geq \ldots$, und dies bedeutet, dass die Population nach einiger Zeit gegen den größten Eigenvektor konvergiert, denn es gilt für t hinreichend groß: $\exp(\lambda_0\, t) \gg \exp(\lambda_1\, t) \geq \exp(\lambda_2\, t) \geq \exp(\lambda_3\, t) \geq \ldots$. Der Eigenvektor $\xi_0(t)$ bildet daher die Langzeitlösung der Selektions-Mutationsgleichung und beschreibt die stationäre Verteilung der Mutanten in der Population.

10 Die biologische Bedingung für positive Mutationshäufigkeiten besteht darin, dass es eine – wenn auch noch so kleine – von Null verschiedene Wahrscheinlichkeit gibt, um in einem Replikationsschritt von einer beliebigen Sequenz X_i zu einer anderen Sequenz X_j zu kommen. Die Resultate der mathematische Analyse gelten aber auch für die schwächere Bedingung, dass die Produktion von X_j an der Vorlage X_i über eine endliche Zahl von Zwischenstufen erfolgt: $X_i \rightarrow X_1 \rightarrow X_2 \rightarrow X_3 \rightarrow \ldots \rightarrow X_j$.

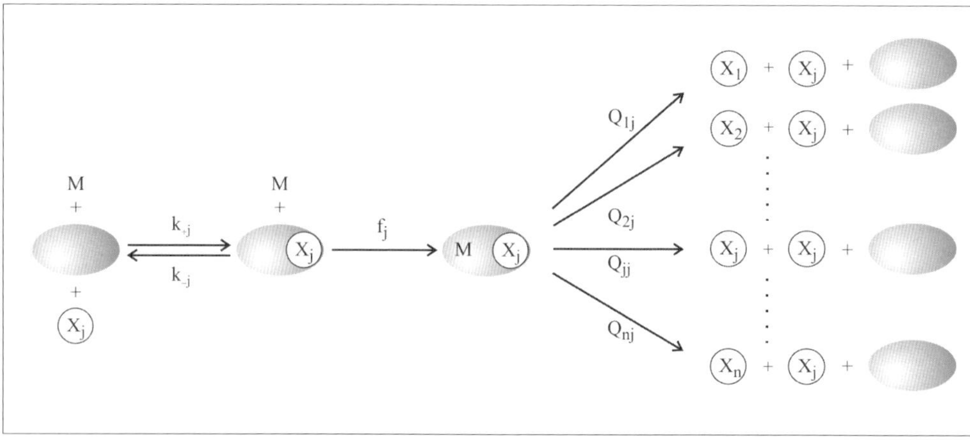

Abb. 4 Korrekte Replikation und Mutation als parallele chemische Reaktionen. Das replizierende Enzym, zum Beispiel Qβ-Replikase, bindet zuerst die Nukleinsäure und anschließend die aktivierten Bausteine, die während der Synthese der Kopie eingebaut werden. Die Replikationskinetik wird (formal) in zwei Faktoren aufgeteilt: (*i*) der die Fitness bestimmende Geschwindigkeitsparameter f_j und (*ii*) die Mutationshäufigkeit Q_{ij}. Der Prozess führt zu einer korrekten Kopie mit der Frequenz $f_j\, Q_{jj}$, für erfolgreiche Vererbung muss Q_{jj} Q_{ij} $\forall$ i ∫ j erfüllt sein. Außerdem muss jede Kopie entweder korrekt oder fehlerhaft sein und daher gilt: $\sum_{i=1}^{n} Q_{ij} = 1$. Die aktivierten Monomeren sind im Bild mit M bezeichnet.

Um die formale mathematische Analyse des Mutations-Selektionsproblems mit Leben zu erfüllen, stellen wir uns Anfangspopulationen mit beliebigen Verteilungen der Genotypen vor. Unter konstanten äußeren Bedingungen entwickeln sich diese Population durch Reproduktion, Mutation und Selektion, und nach hinreichend langer Zeit sind alle Populationen gleich geworden und verändern sich von außen gesehen nicht mehr. Man spricht von einem stationären Zustand, in dem sich die Veränderungen der relativen Konzentrationen durch korrekte Replikation, Mutation und Selektion gerade kompensieren, sodass von außen keine Änderung beobachtbar ist. In einer asexuellen Spezies bildet diese stationäre Verteilung von Mutanten, die durch den Eigenvektor $\xi_0(t)$ bestimmte stationäre Population, das genetische Reservoir und wurde in Analogie zur Spezies bei sexueller Vermehrung *Quasispezies* genannt (Eigen und Schuster 1977). Die Ausbildung von Quasispezies wurde nicht nur bei *In-vitro*-Evolutionsexperimenten mit RNA-Molekülen beobachtet, sie spielt auch eine vorrangige Rolle bei der Beschreibung und Analyse der Evolution von Viruspopulationen (Domingo 2006, Domingo et al. 2008). Durch das Auftreten von Mutanten in der Quasispezies kann die Population im stationären Zustand nicht mehr die maximale mittlere Fitness erreichen. Diese wäre nur in einer homogenen Population erfüllt, welche ausschließlich aus der Sequenz maximaler Fitness besteht, und es gilt daher $\lim_{t\to\infty}\varphi(t) < f_m$: Aus dem Darwinschen Optimierungsprinzip wird eine, wenn auch überaus wirksame Optimierungsheuristik.

Die Häufigkeit von Mutationen hat einen entscheidenden Einfluss auf die Struktur der Quasispezies. Bei verschwindenden Mutationsraten wird gemäß der Selektionsgleichung die Variante mit der höchsten Fitness selektiert, und die Quasispezies ist eine homogene Population, bestehend aus diesem Genotyp, der als *Mastersequenz* charakterisiert wird. Im anderen Extremfall nehmen wir an, dass korrekte Replikation und Mutationen gleiche Wahrscheinlichkeiten aufweisen. Diese *Zufallsreplikation* führt dazu, dass im stationären Zustand alle Sequenzen gleich häufig sind: Die Quasispezies besteht aus der Gleichverteilung. In der Realität finden wir stets Situationen vor, welche zwischen den beiden Extremen liegen. Um diese mathematisch mit geschlossenen Ausdrücken analysieren zu können, sind wir auf Näherungen angewiesen. Eine solche Näherung besteht in der Vernachlässigung der Erzeugung der Mastersequenz als fehlerhafte Kopien der Mutanten oder *Neglect of mutational backflow* (EIGEN 1971). Für diesen Ansatz, den wir hier als nullte Näherung bezeichnen, nimmt die Mutations-Selektionsgleichung die unten gezeigte Form an und entspricht formal der Selektionsgleichung. Die stationäre Konzentration der Mastersequenz in der nullten Näherung, $\bar{x}_m^{(0)}$, ist einfach zu berechnen:

$$\frac{dx_m^{(0)}}{dt} = \left(Q_{mm} f_m - \varphi\right) x_m^{(0)} \quad \text{mit} \quad \bar{x}_m^{(0)} = \frac{Q_{mm}\sigma_m - 1}{\sigma_m - 1}. \qquad [13]$$

Hierin bedeuten Q_{mm} die Häufigkeit, mit welcher die Mastersequenz korrekt kopiert wird, und σ_m die *Superiorität* der Mastersequenz, welche als Quotient zwischen dem Fitnessparameter der Mastersequenz und der mittleren Fitness der restlichen Population berechnet wird:

$$\sigma_m = \frac{f_m}{f_{-m}} \quad \text{mit} \quad \bar{f}_{-m} = \frac{\sum_{i=1, i\neq m}^{n} f_i x_i}{\sum_{i=1, i\neq m}^{n} x_i} = \frac{\sum_{i=1, i\neq m}^{n} f_i x_i}{1 - x_m}. \qquad [14]$$

Um die Abhängigkeit der stationären Konzentration der Mastersequenz als eine Funktion der Replikationsgenauigkeit einfach berechnen zu können, werden *Punktmutationen* betrachtet, welche einzelne Nukleotide austauschen. Außerdem müssen wir noch die vereinfachende Annahme einer *Uniform error rate* treffen, welche davon ausgeht, dass die spontane Mutationshäufigkeit[11] weder von der Natur des zu mutierenden Nukleotids noch von der Position entlang der Sequenz abhängt.[12] Bezeichnen wir diese einheitliche Häufigkeit einer Mutation pro Nukleotid und Replikation mit p, dann erhalten wir für die Mutationsterme zwischen allen Sequenzen:

$$Q_{ji}(p) = (1-p)^{\lambda - d_H(X_j, X_i)} \, p^{d_H(X_j, X_i)}, \quad Q_{mm}(p) = (1-p)^{\lambda}. \qquad [15]$$

Die Länge der Polynukleotidsequenz ist hier mit λ bezeichnet und $d_H(X_i, X_j)$ stellt den Hammingabstand[13] zwischen den beiden Sequenzen X_i und X_j dar. Einsetzen für Q_{mm} ergibt die Abhängigkeit der stationären Konzentration von der Mutationsrate, $\bar{x}_m^{(0)}(p)$. Mit zunehmender Mutationsrate wird der Anteil der Mastersequenz an der Quasispezies immer kleiner, bis schließlich die stationäre Konzentration der Mastersequenz an der Stelle $p = p_{cr}$ verschwindet. Diesen kritischen Wert der Mutationsrate bezeichnen wir als Fehlerschranke:

---

11 Die spontane Mutation steht im Kontrast zu induzierten Mutationen, welche durch Einwirkung von Strahlung oder Chemikalien erzeugt werden.

12 Experimentelle Daten zeigen, dass diese Annahme nur eine Näherung darstellt, denn es gibt sogenannte ‚Hot spots' für Mutationen. Dies sind Positionen, an welchen die Mutationshäufigkeit deutlich höher ist als an den restlichen Nukleotiden. Dessen ungeachtet ist der Ansatz einer *Uniform error rate* durchaus brauchbar, wenn wir annehmen, dass die verwendete Mutationshäufigkeit einen Mittelwert darstellt.

13 Der Hammingabstand gibt die Zahl der Positionen an, in welchen sich zwei Sequenzen unterscheiden (HAMMING 1950, 1986). Wesentlich für die Berechnung des Hammingabstandes ist das Alignment, die Art der Gegenüberstellung der beiden Sequenzen. Wir gehen hier davon aus, dass die Sequenzen gleich lang sind und die beiden Enden einander gegenüber gestellt werden.

$$p_{\bar{x}_m^{(0)}=0} = p_{cr} = 1 - \sigma_m^{-\frac{1}{\lambda}} \approx \frac{\ln \sigma_m}{\lambda} \quad \text{oder} \quad \lambda_{\max} \approx \frac{\ln \sigma_m}{p} . \qquad [16]$$

Das Verschwinden der Mastersequenz ist natürlich ein Artefakt der nullten Näherung, denn die Gültigkeit des Perron-Frobenius-Theorems garantiert, dass keine Konzentration null werden kann (Abb. 5). Zwar kann diese Näherung durch störungstheoretische Ansätze verbessert werden (SWETINA und SCHUSTER 1982), aber die Verbesserungen sind mühsam zu berechnen und führen nicht sehr weit.

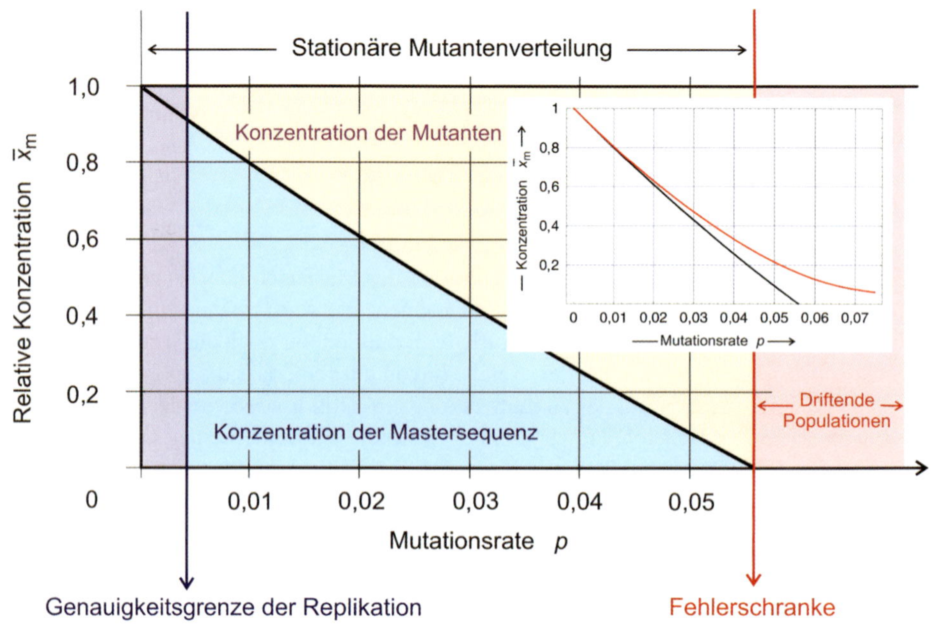

Abb. 5 Quasispezies und Fehlerschranke. Gezeigt ist die stationäre Konzentration der Mastersequenz als Funktion der Mutationsrate p. Für verschwindende Mutationsrate wird die Mastersequenz selektiert, $\lim_{p\to 0} \bar{x}_m = 1$, mit steigender Mutationsrate nimmt der Anteil der Mutationen in der Quasispezies ständig zu, und der Anteil der Mastersequenz wird entsprechend immer geringer. In nullter Näherung verschwindet die Konzentration der Mastersequenz bei $p_{cr} = 0{,}056$ (für $\lambda = 6$ und $\sigma = 1{,}4131$). Im Insert ist die Konzentration in nullter Näherung $\bar{x}_m^{(0)}(p)$ mit der exakten Lösung $\bar{x}_m(p)$ verglichen, welche gegen den Wert $\lim_{p\to\tilde{p}} \bar{x}_m = 1/64 = 0{,}015625$ konvergiert. Der Be - reich einer stationären Quasispezies in realen Systemen wird bei hohen Mutationsraten durch die Fehlerschranke $p = p_{cr}$ begrenzt, bei höheren Mutationsraten, $p > p_{cr}$, bricht infolge der Akkumulation von Fehlern die Vererbung einer stabilen Polynukleotidsequenz zusammen, und Populationen driften nach Art eines Irrflugs durch den Raum aller Sequenzen. Eine zweite Grenze der Replikation, die Genauigkeitsgrenze, ist durch die Fehlerrate des Replikationsprozesses gegeben. Natürliche Mutationsraten sind in Tabelle 1 zusammengestellt.

Hier endet der einfache mathematische Zugang zum Fehlerfortpflanzungsproblem, und es beginnt die Entdeckungsreise mit Hilfe des Computers. Die Berechnung einer Population mit allen möglichen Sequenzen stößt auch bei relativ kurzen Kettenlängen auf unüberwindliche

Grenzen: Schon bei Kettenlänge 10=λ hat man für natürliche Oligonukleotide ein Eigenwertproblem $10^6 \times 10^6$ zu lösen, für binäre Sequenzen bleibt immerhin noch die Größe 1000 × 1000. Der letztere Fall ist mit den heutigen Computern und Algorithmen eine Routineangelegenheit, für den ersteren Fall muss man schon die Struktur der Matrix ausnützen, um mit den Ressourcen, Computerzeit und Speicherplatz das Auslangen zu finden. Für besonders einfache Verteilungen der Fitnessparameter, beispielsweise für die *Single-Peak*-Landschaft (Abb. 8), in welcher es nur zwei Fitnessparameter gibt, einen für die Mastersequenz und einen zweiten für alle anderen Sequenzen, nehmen alle Sequenzen, welche einen bestimmten Hammingabstand d_{H} von der Mastersequenz, $X_m \equiv X_0$ haben, die gleiche stationäre Konzentration an und können daher zu einer Fehlerklasse Γ_{k} zusammengefasst werden:

$$\Gamma_{\mathrm{k}}\colon \left\{X_i \in \Gamma_k iff d_H(X_k, X_0) = k\right\} \quad \bar{y}_k(p) = \sum\nolimits_{i=1, X_i \in \Gamma_k} \bar{x}_i(p). \qquad [17]$$

In Abbildung 6 ist als Beispiel die Abhängigkeit der Quasispezies auf einer *Single-Peak*-Landschaft für eine Kettenlänge 100 = λ gezeigt. In der Nähe der kritischen Mutationsrate p_{cr} beobachten wir drei unterschiedliche Phänomene (Schuster 2010a):

- eine Abnahme der stationären Konzentration der Mastersequenz $\bar{y}_0^{(0)}(p) = \bar{x}_0^{(0)}$ auf einen sehr kleinen Wert;
- eine völlige Umstrukturierung der Quasispezies in einem sehr kleinen Intervall Δp; und
- einen Übergang in die Gleichverteilung, obwohl der Wert der kritischen Mutationsrate noch weit vom Punkt der Zufallsreplikation entfernt ist: $p_{\mathrm{cr}} << \tilde{p} = \kappa^{-1}$, worin κ die Zahl der Buchstaben im Nukleotidalphabet bedeutet – für natürliche Nukleinsäuren gilt $\kappa = 4$.

Interessanterweise stellt sich heraus, dass die mit der nullten Näherung berechnete Fehlerschranke fast genau mit dem aus den numerischen Rechnungen auf einer *Single-Peak*-Landschaft abgeleiteten Wert übereinstimmt. Eine exakte Lösung der Quasispezies auf einer *Single-Peak*-Fitnesslandschaft kann mit Hilfe von Methoden aus der statistischen Mechanik von Polymeren erhalten werden (Galluccio 1997). Bei Fehlerraten jenseits der Fehlerschwelle, $\tilde{p} > p > p_{\mathrm{cr}}$, entspricht die stationäre Mutantenverteilung der Gleichverteilung. Für Moleküle der Kettenlänge λ = 100 hätte dies zur Konsequenz, dass alle $4^{100} \simeq 1{,}6 \times 10^{60}$ Sequenzen in gleicher Menge vorhanden sein müssten. Bei dem Minimum von einem Molekül pro Sequenz entspräche dies einer Populationsgröße von $1{,}6 \times 10^{60}$, die gegenüber den größten Proben mit etwa 10^{15} RNA-Molekülen überastronomisch ist. Jenseits der Fehlerschwelle kann daher die Quasispezies nicht realisiert werden, man beobachtet an ihrer Stelle Populationen, welche im Raum der Sequenzen driften (siehe auch Abschnitt 5.2.3). Für Genetik und Evolution hat das Fehlen einer stationären Lösung eine unmittelbare Konsequenz: Es gibt keine längerfristige Vererbung von Nukleinsäuresequenzen. Optimierung von Eigenschaften ist höchstens auf der Ebene der Phänotypen möglich, wenn viele Genotypen die gleiche Fitness aufweisen und daher gegenüber Selektion neutral sind (Abschnitt 5.2.3).

Quasispezies und Fehlerschranke haben eine weit über die *In-vitro*-Evolution hinausgehende Bedeutung. Insbesondere haben die Konzepte in die Virologie Eingang gefunden und werden für die Entwicklung neuer antiviraler Wirkstoffe angewendet (Domingo 2005, 2006,

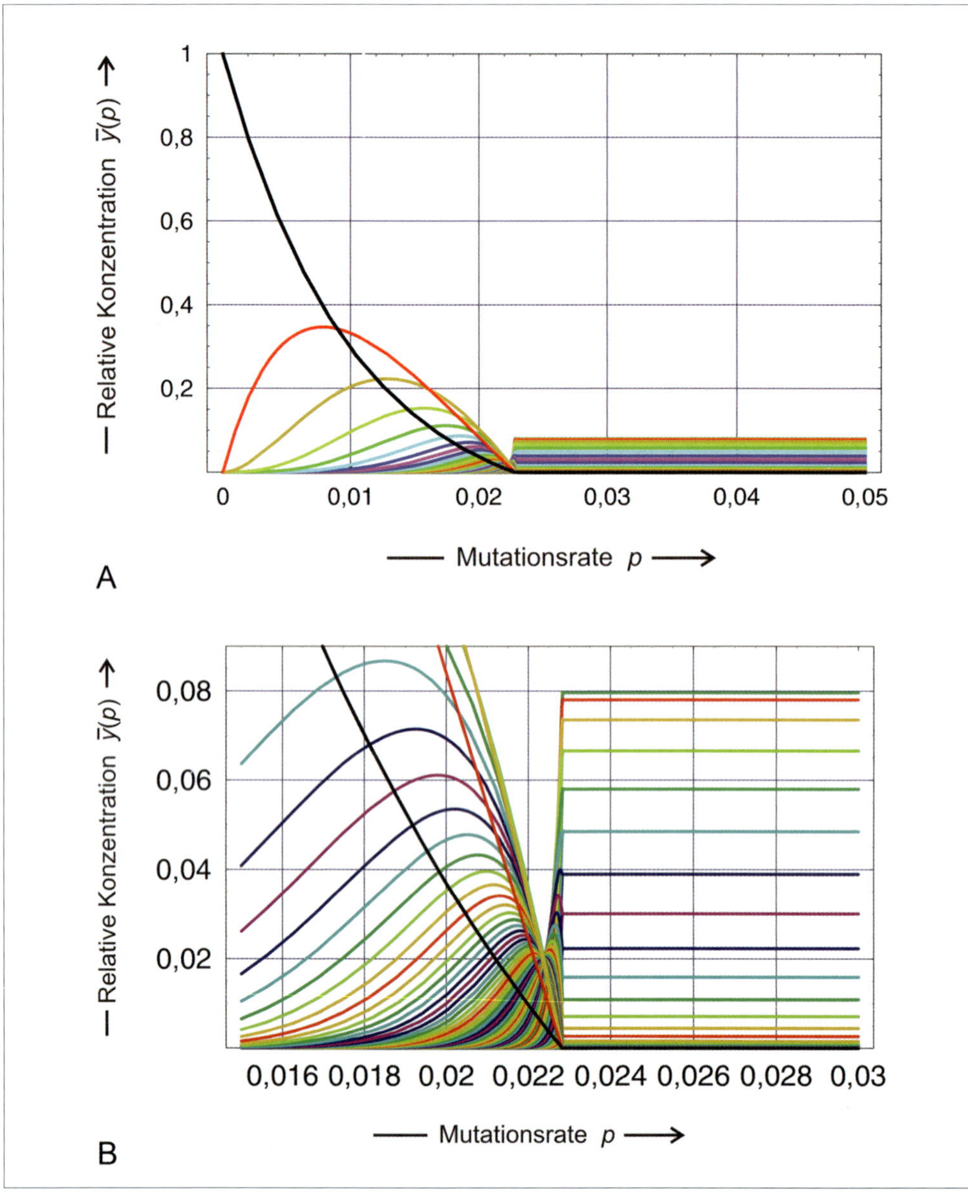

Abb. 6 Fehlerschranke auf einer *Single-Peak*-Landschaft. Die Fehlerschranke ist als Auftragung der (relativen) Konzentration gesamter Fehlerklassen $\bar{y}_k(p) = \sum_{i=1, d_H(x_1,x_2)=k}^{n} \bar{x}_i(p)$ dargestellt. Die nullte Fehlerklasse ist durch die Mastersequenz gegeben, $X_0 \equiv X_m$, und die Zugehörigkeit zu einer Fehlerklasse k ist durch eine vorgegebene Hammingdistanz von der Mastersequenz, $d_H(X_i, X_0) = k$, bestimmt. Kurven für die einzelnen Fehlerklassen sind durch unterschiedliche Farben der Kurven illustriert: $\bar{y}_0(p) = \bar{x}_0(p)$ schwarz, $\bar{y}_1(p)$ rot, $\bar{y}_2(p)$ gelb, etc. Die untere Abbildung ist eine Vergrößerung des oberen Bildes. Sie lässt die Schärfe des Überganges von der strukturierten Quasispezies zur Gleichverteilung und die Abnahme der Konzentration der Mastersequenz besonders gut erkennen.

Parameterwahl: $\lambda = 100, f_m = 10, f_{k,k \neq m} = 1$, und daher gilt $\sigma_m = 10, p_{cr} = 0{,}02276$ und $\bar{y}_0(\tilde{p}) = \bar{x}_0(\tilde{p}) = 1/2^{100} = 7{,}9 \times 10^{-31}$.

Tab. 1 Genomlängen und Mutationsraten für verschiedene Klassen von Organismen (Drake 1993, Drake et al. 1998, Drake und Holland 1999). Mit kB wird die Einheit eine Kilobase = 1000 Nukleotide abgekürzt. Die Mutationsrate μ ist der Mittelwert aus den Produkten Genomlänge × Mutationsrate p.

Klasse	Genomlänge λ (kB)	Mutationsrate p	Mutationsrate μ
RNA-Viren	4,2 – 13,6	$7{,}3\times10^{-5} - 1{,}5\times10^{-3}$	0,67
Retroelemente[14]	5,9 – 9,2	$3{,}3\times10^{-6} - 2{,}4\times10^{-5}$	0,1
DNA-Organismen	$6{,}4 - 42\times10^{3}$	$7{,}2\times10^{-11} - 7{,}2\times10^{-7}$	0,0034
Höhere Eukaryoten	$1{,}8\times10^{7} - 8{,}0\times10^{7}$ $(8{,}0\times10^{7} - 3{,}2\times10^{9})$	$5{,}0\times10^{-11} - 2{,}3\times10^{-10}$	0,0033

Domingo et al. 2008)[15]. Hier sei noch auf einen empirischen Befund hingewiesen, der zeigt, dass das über die Fehlerschranke hergeleitete Produkt aus Genomlänge und spontaner Mutationsrate, $\mu = p\lambda$, konstant und für eine bestimmte Klasse von Organismen charakteristisch ist (Tab. 1). Die Werte variieren von etwa einer Mutation pro Replikation bei RNA-Viren über eine Mutation pro zehn Replikationen bei Retroelementen bis zu einer Mutation in 300 Replikationen bei Bakterien und höheren Organismen.

5.2.2 Realistische Fitnesslandschaften

Das Konzept einer Fitnesslandschaft geht zurück auf Sewall Wright, einen der drei Begründer der Populationsgenetik. Er illustrierte u. a. den evolutionären Optimierungsprozess mit der einfachen Metapher eines Wanderers in einer bergigen Landschaft, der nicht bergab gehen kann (Wright 1932, 1988): Werte für die Fitness einzelner Genotypen sind aufgetragen über einem Raum aller Genotypen, wodurch eine Art Landschaft entsteht. Der Abstand zwischen zwei Genotypen entspricht ihrer *genetischen Distanz*, und dies bedeutet, dass verwandte Genotypen einer Art im Raum der Genotypen einen Cluster bilden. In Sinne der Darwinschen Theorie besetzen Arten durch die Selektion bedingt lokale Optima auf der Evolutionslandschaft. Wrights Metapher wurde heftig kritisiert, insbesondere von Fisher, der ins Treffen führte, dass zwei Annahmen unzutreffend wären:

– die Unabhängigkeit der Fitnesswerte von der Population und
– die zeitliche Invarianz der Fitnesslandschaften.

Neben Fishers Kritik war es die empirische Unzugänglichkeit von Fitnesswerten, die das Konzept Fitnesslandschaft bis in die 1980er Jahre zum reinen Illustrationsbeispiel degradierte. Erst mit dem zunehmenden Wissen von Molekularbiologie und Biophysik änderte sich die

14 Retroelemente sind Retroviren und Retrotransposons, DNA-Organismen sind DNA-Viren und Bakterien sowie *Saccharomyces cerevisiae* (Hefe) und *Neurospora crassa* (Schlauchpilz). Bei den höheren Eukaryoten bezieht sich der Wert von μ auf eine Zellteilung und die *effektive Genomgröße*, welche jene Teile des Genoms ausklammert, in denen fast nur neutrale Mutanten vorkommen (die tatsächliche Genomgröße ist in Klammern angegeben).

15 Eine vor drei Jahren begonnene Diskussion, ob der Effekt der Erhöhung der Mutationsrate durch antivirale Pharmaka durch Überschreiten der Fehlerschwelle oder durch letale Mutagenese – ‚lethal mutagenesis' (Bull et al. 2005, 2007) – beschrieben wird, ist im Grunde genommen überflüssig, wenn man die kinetische Mutations-Selektionsgleichung korrekter Weise auf eine abnehmende, d. h. zeitlich variierende Populationsgröße anwendet.

Situation: Fitnesslandschaften werden als ein Spezialfall von Hyperflächen[16] verstanden, welche in Physik und Chemie standardmäßig zur Trennung von hinreichend langsamen Dynamiken von den darunter liegenden schnelleren Prozessen verwendet werden. Als Beispiel seien hier nur die Energiehyperflächen der Quantenchemie im Rahmen der Born-Oppenheimer-Näherung genannt (CRAMER 2002), auf denen die Bewegungen der Atomkerne getrennt von den Elektronenbewegungen ablaufen. Vorrangige Bedeutung gewann das Konzept der Energieflächen bei den Ansätzen, die Strukturen der Biopolymeren mit den Methoden der Physik zu verstehen (ONUCHIC et al. 1997). Wir können uns hier auf die wesentlichsten Gesichtspunkte beschränken, da kürzlich ein umfangreicher Übersichtsartikel erschienen ist (SCHUSTER 2009).

Die Grundlage für das Konzept der Hyperflächen in der Biologie ist der Ansatz, die Funktionen von Biopolymeren durch zwei aufeinander folgende Abbildungen zu beschreiben:

$$S_j = \Psi(X_i) \qquad f_k = \Phi(S_j)$$
$$\text{Sequenz} \rightarrow \text{Struktur} \rightarrow \text{Funktion}$$

Die Funktion eines Moleküls oder eines komplexeren Gebildes, beispielsweise die Fitness, ist eine Eigenschaft der molekularen Struktur S, und diese ist ihrerseits durch die Sequenz X bestimmt. Mathematisch lässt sich dies durch zwei Abbildungen oder mathematische Funktionen, $S = \Psi(X)$ und $f = \Phi(S)$, ausdrücken. Als Struktur versteht man hier im Allgemeinen die thermodynamisch stabile Struktur mit minimaler freier Energie. Im Falle von Biopolymeren, Proteinen oder Nukleinsäuren, sind diese Funktionen zum Teil schon bekannt. Ein theoretisch und experimentell besonders gut untersuchtes Beispiel bilden die Sekundärstrukturen von Ribonukleinsäuren (SCHUSTER et al. 1994, REIDYS et al. 1997, REIDYS und STADLER 2002, SCHUSTER 2006), deren Abbildungen als Modelle für kompliziertere Fälle dienen können (Abb. 7).

Im Fall von Biopolymeren, Nukleinsäuren oder Proteinen, gibt es viele Hinweise, dass ein relativ hoher Anteil der Mutationen keinen oder keinen merkbaren Einfluss auf die Eigenschaften des Biomoleküls aufweist. Als Beispiel seien die synonymen Codons[17] bei der Translation erwähnt. Dies führt in der Folge zu Neutralität gegenüber Selektion (KIMURA 1983, OHTA und GILLESPIE 1996, OHTA 2002), und diese äußert sich in *genetischer Drift*: In endlichen Populationen kommt es durch die Stochastik der Vermehrung auch in Abwesenheit von Fitnessdifferenzen zur Anreicherung eines Genotyps, wobei die Auswahl der überlebenden Variante zufällig ist, und man spricht dann von zufälliger *Fixierung*, d. h. Anreicherung bis zu (praktisch) 100 %, eines Genotyps in der Population. Ein einmal fixierter Genotyp wird im Mittel nach einer Zeit $\tau = \mu^{-1}$ durch einen anderen (zufällig ausgewählten) Genotyp ersetzt, wobei μ die auf das gesamte Genom bezogene Mutationsrate darstellt. Interessanterweise hängt diese Zeit für die Ablöse eines Genotyps nicht von der Populationsgröße N ab. Das gegenwärtige Bild hinsichtlich der Wirksamkeit von Mutationen geht davon aus, dass in einer Spezies, die sich in einem stationären Ökosystem befindet, etwa die Hälfte der Mutationen nachteilig sind und durch Selektion eliminiert werden, etwa ebenso viele Mutationen sind neutral, und nur wenige Mutationen sind vorteilhaft und bestimmen die weitere Evolution.

---

16 Eine Hyperfläche ist das Analogon zu einer Fläche im dreidimensionalen Raum in anderen, praktisch immer höheren Dimensionen.

17 Bei der Übersetzung von Nukleotidsequenzen der DNA in die Aminosäuresequenzen der Proteine stehen 64 Codons den 20 Aminosäureresten gegenüber. Zwangsläufig gibt es daher Redundanz bei der Kodierung. Codons, welche für dieselbe Aminosäure kodieren, werden als synonym bezeichnet.

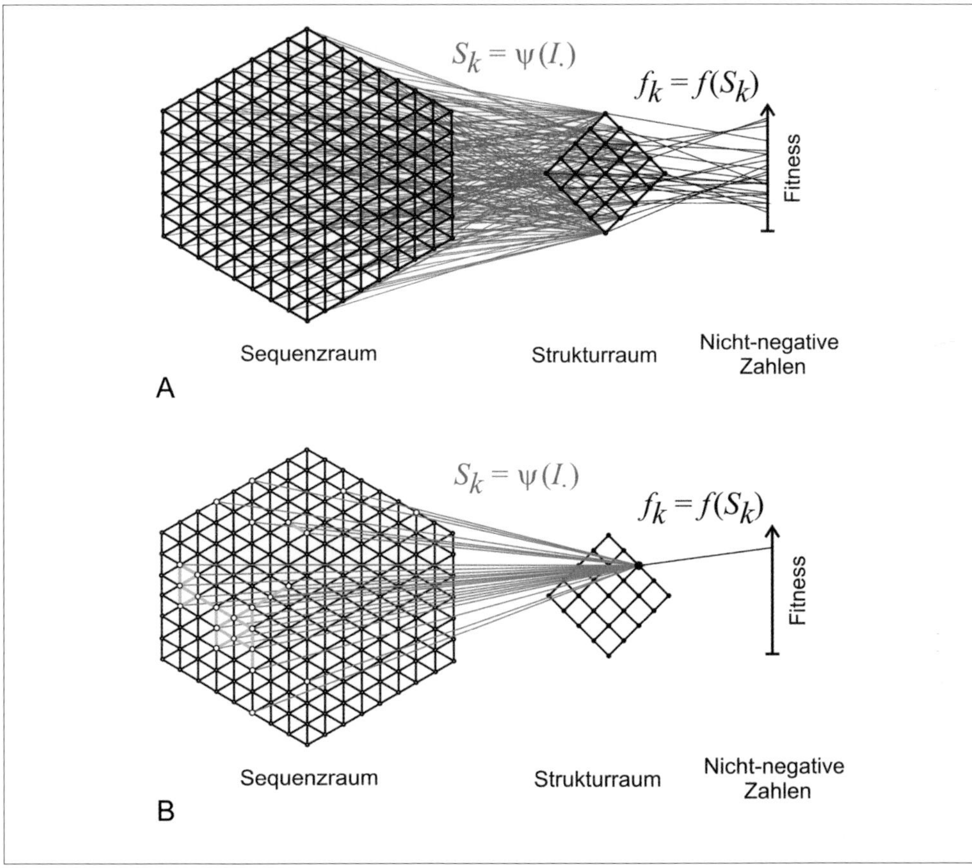

Abb. 7 Sequenzstruktur-Abbildung von RNA-Molekülen und neutrale Netzwerke. Die beiden Bilder zeigen schematisch die beiden konsekutiven Abbildungen aus dem Raum der (RNA-)Sequenzen in den Raum der (RNA-)Strukturen und von dort in die nicht-negativen reellen Zahlen am Beispiel von Fitnesswerten. Es gibt viel mehr Sequenzen als Strukturen, und daher ist die Sequenz-Strukturabbildung nicht eindeutig umkehrbar. Das untere Bild stellt das Urbild einer Struktur, S_k, im Raum der Sequenzen dar (*B*): Es besteht aus mehreren Sequenzen (hier 25, die durch schwarz umrandete weiße Punkte dargestellt sind), welche gemeinsam das neutrale Netzwerk der Struktur S_k bilden (nächste Nachbarn sind durch hellgraue Linien verbunden). Die Abbildung der Strukturen in die reellen Zahlen kann ebenso Neutralität aufweisen in dem Sinne, dass mehrere Strukturen dieselbe Fitness besitzen. Sequenz- und Strukturraum sind hier zum Zweck der Darstellung zweidimensional gezeichnet. In der Realität sind beide Räume hochdimensional.

Neutralität geht weit über *synonyme Codons* hinaus, und ein Grund dafür findet sich schon in der Sequenz-Strukturbeziehung von Biopolymeren. Im Allgemeinen gibt es sehr viel mehr Sequenzen als biologisch relevante Strukturen,[18] und dies hat zur Konsequenz, dass mehrere

18 Jede Sequenz faltet in eine eindeutig bestimmte Struktur, wenn man alle Details hinreichend genau auflöst. Dessen ungeachtet gibt es viele sehr kleine Unterschiede in den atomar aufgelösten Strukturen, welche zu keinen messbaren Unterschieden in den Funktionen der Moleküle führen. Ein einprägsames Illustrationsbeispiel ist der Austausch eines Basenpaares in einer doppelhelikalen Region einer RNA durch eine anderes: Der Ersatz ist auf der Ebene der Atomkoordinaten merkbar, er spielt aber (fast immer) keine Rolle für die weniger detaillierte biologisch relevante Struktur des Moleküls.

Sequenzen auf eine Struktur abgebildet werden. Im besonderen Fall der RNA-Sekundärstrukturen kann die Sequenz-Strukturabbildung untersucht werden (Abb. 7; Schuster et al. 1994, Schuster 2006). Die Menge der Sequenzen, welche ein und dieselbe S(ekundärs)truktur ausbilden, wird das neutrale Netzwerk der Struktur genannt, es stellt das Urbild einer Struktur im Raum der Sequenzen dar und entspricht formal einer (nicht eindeutigen) Umkehrung der Abbildung Ψ:

$$G_k = \Psi(S_k) \div \{X_i | \Psi(X_i) = S_k\}. \quad [18]$$

Neutrale Netzwerke sind jene Unterräume der Räume der Genotypen, in welchen die neutrale Evolution stattfindet (Abschnitt 5.2.3).

Ein weiteres Charakteristikum realistischer Fitnesslandschaften ist ihre *Zerklüftetheit – Ruggedness*: Im Sinne des Hammingabstandes oder einer Mutationsdistanz nahe beisammen liegende Sequenzen können sehr unterschiedliche oder ähnliche Fitness aufweisen und auch neutral sein. Verändert beispielsweise der Austausch einer einzigen Aminosäure das aktive Zentrum eines katalytisch wirksamen Enzyms, dann kann die Mutation letal sein, führt aber die Mutation zu einem synonymen Codon, dann wird sich kein bemerkbarer Effekt einstellen. Von gezielten Veränderungen an Proteinsequenzen ist bekannt, dass aufeinander folgende Mutationen nicht additiv sind. Es gibt verschiedentlich *kompensatorische Mutationen*, das sind Mutationen, welche den negativen Effekt einer vorangegangenen Mutation wettmachen, ohne den ursprünglichen Genotyp wieder herzustellen. Besonders einfach sind kompensatorische Mutationen an den Nukleotidpaaren in einer Doppelhelix zu verstehen: Mutieren wir beispielweise im Watson-Crick-Paar **A=U** das **U**, **U** → **C**, für **A** · · **C** ist keine Paarung in der Doppelhelix möglich, und die Helix wird destabilisiert. Eine weitere Mutation **A** → **G** kompensiert den, die Doppelhelix destabilisierenden, Effekt, da ein anderes Watson-Crick-Paar, **G≡C**, gebildet wird. Ein reales Beispiel aus der Virologie betrifft die RNA des Hepatitisdelta-Virus (HDV; Kumar et al. 1993). Kompensationseffekte werden bei Proteinstrukturen (Wilson et al. 1992), bei Proteinfaltung (Nishimura et al. 2005) und bei Wechselwirkungen zwischen Proteinen (Jucovic und Hartley 1996, Martin et al. 1999) beobachtet und analysiert. Kompensatorische Mutationen sind ein Grund für zerklüftete Landschaften, da die Fitness in der Folge der Mutationen hinunter und hinaufgeht. Eine weitere Ursache für *Ruggedness* resultiert aus der Nicht-Lokalität der Wechselwirkungen, welche für die Ausbildung der Strukturen von Biomolekülen maßgeblich sind. Eine einzige Punkmutation kann daher zu einer radikalen Änderung der molekularen Struktur Anlass geben. Nahezu alle häufig verwendeten einfachen Modelle für Fitnesslandschaften sind glatt und daher kritisch zu betrachten. Dies gilt insbesondere für die in der Populationsgenetik häufig verwendeten additiven und multiplikativen Fitnesslandschaften (Abb. 8), bei denen angenommen wird, dass jede Mutation die vom selektierten Genotyp wegführt eine (additive) konstante Verringerung der Fitness oder eine Multiplikation mit einem Faktor kleiner eins bewirkt. Auch *Single-Peak*-Fitnesslandschaften sind weit von der Realität entfernt. Die gewaltigen Steigerungen in der Computerleistung und in den Speichermöglichkeiten machen es heute möglich, in gewissem Ausmaß auch realistische, zerklüftete Landschaften zu untersuchen und mit empirischen Landschaften zu vergleichen (Schuster 2010b). Ausgangspunkt für ein weitgehend realistisches Modell ist eine *Single-Peak*-Landschaft, welcher zufällig gewählte Fitnessbeiträge mit einer vorzugebenden Bandbreite d überlagert werden (Abb. 8).

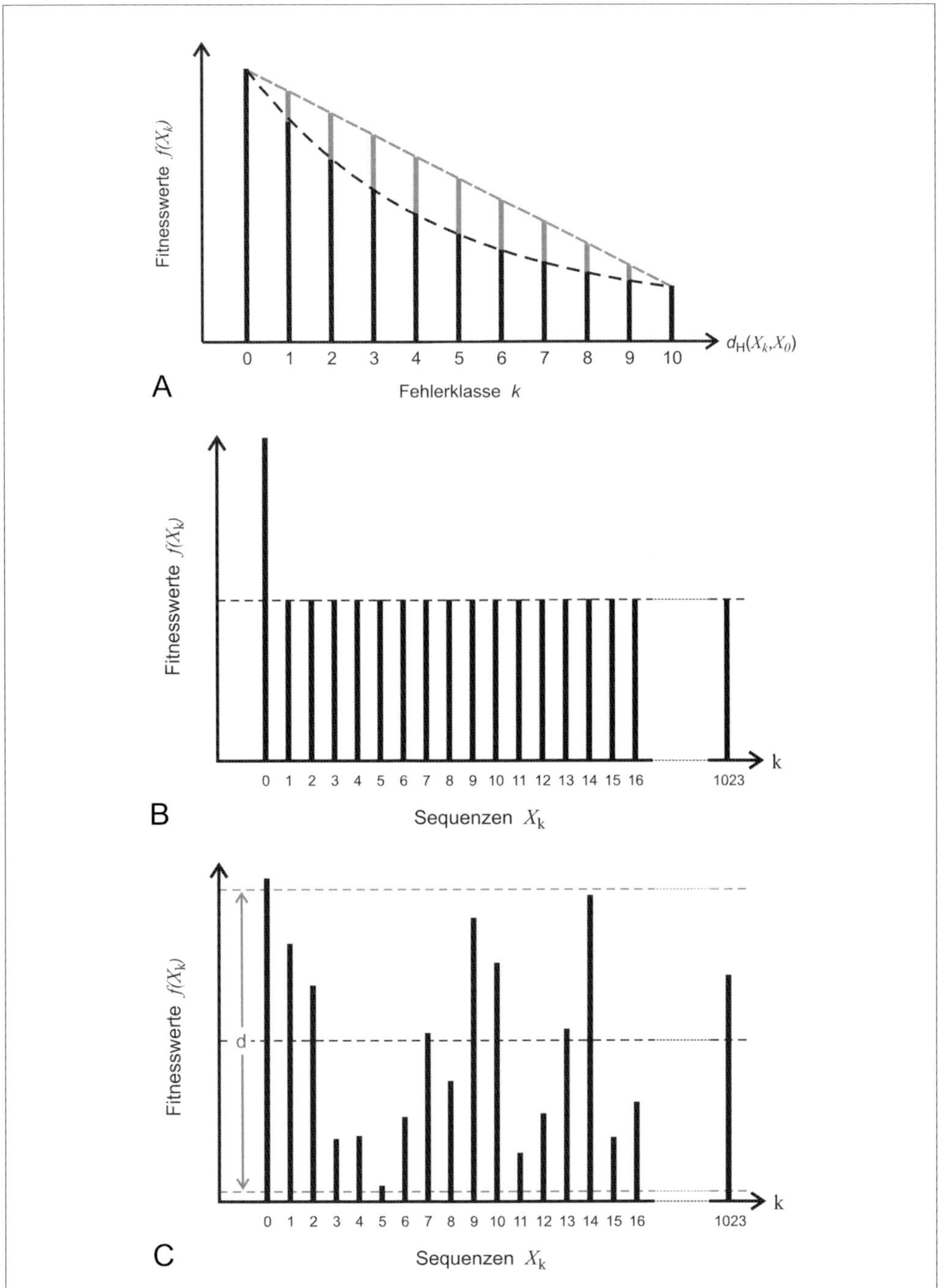

Abb. 8 Modelle für Fitnesslandschaften. (*A*) Das oberste Bild zeigt zwei Landschaften, welche in der Populationsgenetik häufig verwendet werden: (*i*) die additive Landschaft, in welcher jede Mutation, die von der Mastersequenz wegführt zu einer Abnahme des Fitnesswertes um einen konstanten Betrag führt, mit $f_k = f_0 - k \cdot \alpha$ mit $k = d_H(X_0, X_i)$,

Eine Schlüsselfrage betrifft die Fehlerfortpflanzung auf den verschiedenen modellhaften und realitätsnahen Fitnesslandschaften. Interessanterweise sind es von den oben genannten Beispielen nur die zwei glatten Landschaftsmodelle, die additive und die multiplikative Landschaft, welche keine Fehlerschranken-artigen Übergänge aufweisen. Neben der *Single-Peak*-Landschaft zeigen alle hinreichend zerklüfteten Modelle Fehlerschranken, welche bei zunehmender Streuung der Fitnesswerte erhalten bleiben. Die Position der Fehlerschranke bewegt sich mit zunehmender Bandbreite d zu kleineren Mutationsraten. Die Rolle von neutralen Genotypen in der Mutations-Selektionsgleichung ist von besonderer Bedeutung, da sie einen zu KIMURAS neutraler Theorie alternativen Zugang zu den Mutantenverteilungen in Langzeitpopulationen vermittelt. Vor mehr als zwanzig Jahren konnte der Fall zweier neutraler Sequenzen X_i und X_j mit $f_i = f_j$ im Grenzfall verschwindender Mutationsraten exakt gelöst werden (SCHUSTER und SWETINA 1988). Das Ergebnis hängt vom Hammingabstand der beteiligten Genotypen ab und man erhält:

- $\lim_{p \to 0} \bar{x}_i(p) = \lim_{p \to 0} \bar{x}_j(p) = 0{,}5$ für nächste Nachbarn ($d_H(X_i, X_j) = 1$),
- $\lim_{p \to 0} \bar{x}_i(p) = \alpha$, $\lim_{p \to 0} \bar{x}_j(p) = 1 - \alpha$ für übernächste Nachbarn ($d_H(X_i, X_j) = 2$),
- $\lim_{p \to 0} \bar{x}_i(p) = 1$, $\lim_{p \to 0} \bar{x}_j(p) = 0$ oder $\lim_{p \to 0} \bar{x}_i(p) = 0$, $\lim_{p \to 0} \bar{x}_j(p) = 1$ für alle übrigen Fälle ($d_H(X_i, X_j) \geq 3$), wie es der neutralen Theorie entspricht.

Numerische Rechnungen auf realistischen Fitnesslandschaften mit Neutralität haben gezeigt, dass die genannten Resultate nicht nur im Grenzfall verschwindender Mutationsraten gelten, sondern fast exakt für den gesamten Bereich von $p = 0$ bis zur Fehlerschranke $p = p_{cr}$ gültig sind. Die beiden ersten äußern sich nachweisbar in Populationen insbesondere in Viruspopulationen dadurch, dass es keine eindeutige *Konsensussequenz*[19] gibt. Gibt es mehr als zwei neutrale nächste Nachbarn, dann bildet sich ein stationärer Cluster von mengenmäßig stark gekoppelten Sequenzen aus. Die Konzentrationsverhältnisse werden durch den größten Eigenvektor der Adjazenzmatrix bestimmt. Für die Virologie haben derartige Cluster Bedeutung, da sie ein genetisches Reservoir für die Entwicklung pathogener Eigenschaften im Wirtsorganismus darstellen.

5.2.3 Stochastische Simulation der evolutionären Optimierung

Eine ganze Reihe von stochastischen Phänomenen hat ganz entscheidenden Einfluss auf das evolutionäre Geschehen. Dementsprechend gibt es auch eine beachtliche Zahl von mathema-

19 Unter einer Konsensussequenz versteht man die gemittelte Sequenz einer Population. Bei einer Quasispezies ist die Konsensussequenz im allgemeinen (nahezu) identisch mit der Mastersequenz.

und (*ii*) die multiplikative Landschaft, in welcher die Fitness mit der Entfernung von der Mastersequenz durch konsekutive Multiplikation mit einem Faktor kleiner 1 gebildet wird, mit $f_k = f_0 \cdot \beta^k$ mit $k = d_H(X_0, X_i)$. Für beide Fälle wurde im Bild $\lambda = 10$ gewählt. (*B*) Das mittlere Bild zeigt die *Single-Peak*-Landschaft für $\lambda = 10$ und binäre Sequenzen (und damit gilt $n = 1024$). Es gibt nur zwei Fitnesswerte, f_0 und f_k für $k \neq 0$. (*C*) Das unterste Bild zeigt schließlich eine Fitnesslandschaft, welche den aus der Molekularbiologie bekannten Fitnessverteilungen nahe kommt. Sie wurde aus der *Single-Peak*-Landschaft erzeugt durch Überlagerung mit zufälligen Inkrementen, die innerhalb einer Bandbreite d um f_k herum zentriert sind. Die natürlichen Werte sind zwar nicht zufallsverteilt, aber sie korrelieren nicht mit dem Hammingabstand von der Mastersequenz, sodass eine Überlagerung mit Beiträgen aus gleichverteilten Zufallszahlen die tatsächlichen Verhältnisse viel besser wiedergibt als jeder systematische Zusammenhang mit der Hammingdistanz.

tischen Ansätzen für die stochastische Analyse der Populationsdynamik (Blythe und McKane 2007). Hier beschränken wir uns auf Computersimulationen, welche von dem kinetischen Ansatz der Evolution in einem chemischen Reaktionsnetzwerk ausgehen und aus diesem ein System von Markov-Prozessen modellieren. Diesen stochastischen Prozessen entsprechen *chemische Mastergleichungen*, welche den Ausgangspunkt für die numerische Berechnung bilden (Gardiner 2009). Lösungen dieser Mastergleichungen können durch ein von Daniel Gillespie (2007) vorgeschlagenes und implementiertes Verfahren angenähert werden. Dabei wird ein Ensemble von einzelnen Computerläufen – üblicherweise *Trajektorien* genannt – Lauf für Lauf berechnet und statistisch ausgewertet. Für die stochastische Analyse wird das Mutations-Selektionssystem in einen Flussreaktor (CSTR = *Continuously Stirred Tank Reactor*) eingebettet, in welchem das verbrauchte Material durch Zufluss einer Vorratslösung ergänzt und die durch Replikation erzeugte Überzahl an RNA-Molekülen durch Abfluss ausgeglichen wird (Fontana und Schuster 1987, 1998, Fontana et al. 1989).

Die Anwendung des Gillespieschen Algorithmus auf die Mutations-Selektionsgleichung führt zu einigen wesentlichen Ergänzungen des aus den Differentialgleichungen erhaltenen Bildes. Die hier präsentierten Daten stammen von Ansätzen zur Optimierung von RNA-Strukturen mit einer Zielvorgabe (Fontana und Schuster 1998), die Ergebnisse waren bei Läufen ohne vorgegebene Zielstrukturen (Fontana et al. 1989) ganz ähnlich:

- Der stochastische Prozess benötigt eine minimale Populationsgröße, um für hinreichend lange Zeiten stabil zu bleiben und Evolution zu ermöglichen. In dem in Abbildung 9 beschriebenen Computerexperiment liegt die kritische Molekülzahl bei ungefähr $N = 20$: Für $N < 18$ stirbt die Population fast mit Wahrscheinlichkeit 1 aus, wogegen für $N > 22$ fast immer das Ziel erreicht wird.
- Die einzelnen Computerläufe streuen sehr stark, und zwar sind sie sowohl hinsichtlich der zwischenzeitlich durchlaufenen Strukturen als auch hinsichtlich der Dauer der Zielsuche und der Zahl der Replikationen (Tab. 2) stark divergent: Keine zwei Läufe weisen Zwischenstufen mit denselben Sequenzen und Strukturen auf.
- Die Optimierung verläuft nicht kontinuierlich, sondern in Stufen. Schnelle Phasen mit rascher Annäherung an die Zielstruktur wechseln mit zum Teil lange andauernden, quasistationären Perioden ab (Abb. 9).

Tab. 2 Statistik der Computerläufe zur Optimierung der Sekundärstruktur von RNA-Molekülen. Angegeben sind die Ergebnisse der Trajektorienstatistik von 20 bis 1000 einzelnen Läufen. Die angegebene Zeit ist die Echtzeit des Gillespie-Algorithmus in der gleichen Zeiteinheit wie die verwendeten Reaktionsgeschwindigkeitsparameter. Mittelwert und Standardabweichung wurden unter der Annahme einer an die Daten angepassten Log-Normalverteilung berechnet.

Populationsgröße N	Zeit bis zur Erreichung des Zieles			Zahl der Replikationen [10^7]		
	Mittelwert	Standardabweichung		Mittelwert	Standardabweichung	
1000	900	+ 1380	– 542	1,2	+ 3,1	– 0,9
2000	530	+ 880	– 330	1,4	+ 3,6	– 1,0
3000	400	+ 670	– 250	1,6	+ 4,4	– 1,2
10 000	190	+ 230	– 100	2,3	+5,6	– 1,6
30 000	110	+ 97	– 52	3,6	+6,8	– 2,3
100 000	62	+ 50	– 28			

Die ausgeprägt starke Streuung zwischen den einzelnen Trajektorien findet eine zwangslose Erklärung durch die Analyse der Prozesse, welche auf den quasistationären Optimierungsplateaus ablaufen. Zwei verschiedene Szenarien wurden registriert:

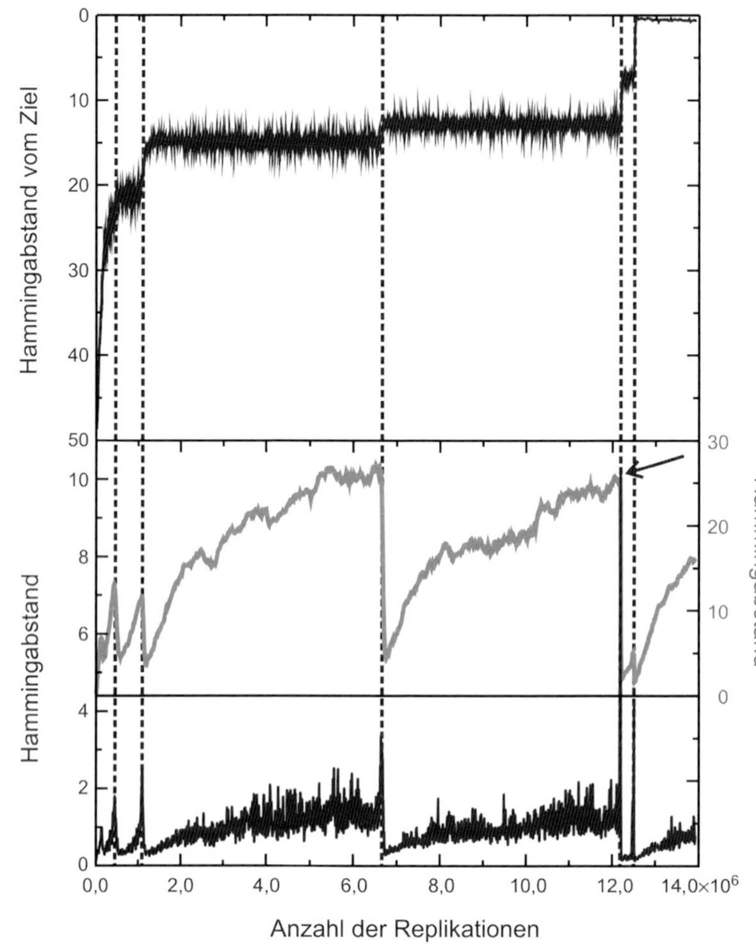

Abb. 9 Eine Trajektorie der evolutionären Optimierung von RNA-Strukturen. Die oberste Abbildung zeigt den mittleren Strukturabstand einer Population von N = 1000 RNA-Molekülen von der vorgegebenen Zielstruktur als Funktion der Anzahl durchgeführter Replikationen (schwarz). Dieser Abstand wird als Hammingdistanz zwischen den als ‚*Strings*' von Zeichen (Symbolketten) kodierten Strukturen erhalten und nimmt mit zunehmender Fitness im Sinne einer geringeren Distanz von der Zielstruktur ab. Die Abnahme ist nicht kontinuierlich, sondern erfolgt in stark ausgeprägten Stufen. Die Kurve in der Mitte (grau) zeigt die Breite der Population im Sequenzraum, die Kurve in der unteren Abbildung stellt die Geschwindigkeit dar, mit welcher der Schwerpunkt der Population durch den Sequenzraum driftet. Am Beginn einer jeden quasistationären Epoche der Evolution ist die Population schmal und breitet sich entlang des Fitnessplateaus laufend aus, bis sie am Ende des Plateaus kollapsartig schrumpft und wieder eine ähnliche Breite wie am Beginn der Epoche einnimmt. Die Erklärung des beobachteten Verhaltens ist einfach: Die Population vollzieht einen Diffusionsprozess auf einem neutralen Netzwerk, bis sie schließlich in einen Bereich kommt, von wo aus der Optimierungsprozess weiter fortgesetzt werden kann. Nach einer raschen Optimierungsphase, in welcher die Population ihrem Ziel näher kommt, ist ein Punkt erreicht, von dem aus keine weiteren Verbesserungen durch einzelne Mutationsschritte möglich sind, und die Diffusion beginnt von Neuem. Die Bewegung des Populationsschwerpunktes (unteres Bild) unterstützt diese Interpretation voll: Während der Ausbreitung am neutralen Netz ist nur eine sehr langsame und zufällige Bewegung des Schwerpunktes bemerkbar, aber am Ende des Plateaus tritt in bemerkenswerter Synchronisation mit dem Kollaps der Population eine sprunghafte Verschiebung des Schwerpunktes ein: Durch Se-

- Die in der Population dominierende Struktur[20] ist konstant, nur die Sequenzen variieren, und es findet neutrale Evolution im Sinne KIMURAS statt (HUYNEN et al. 1996). Der Prozess entspricht einem Irrflug auf dem neutralen Netzwerk der Struktur. Die Zahl der auf einem Plateau durchlaufenen neutralen Mutanten ist in sehr guter Näherung proportional zur Zahl der stattgefundenen Replikationen.
- Der Prozess auf einem Plateau involviert mehrere nahe verwandte Strukturen mit identischer Fitness und entspricht einem Irrflug im Raum dieser neutralen Strukturen. Beide Prozesse, Irrflug auf dem neutralen Netzwerk oder Irrflug im Raum der Strukturen, werden solange fortgesetzt, bis sich in der unmittelbaren Umgebung eine Sequenz höherer Fitness findet, ein Genotyp, mit welchem der Optimierungsprozess in Richtung auf das Ziel fortgesetzt werden kann. Diese Interpretation des Evolutionsvorganges wird stark unterstützt durch das Verhalten der Population während der quasistationären Perioden (Abb. 9): Die Ausdehnung der Population im Sequenzraum ist am Beginn eines Plateaus gering und nimmt bis zum Plateauende laufend zu, und die Population kollabiert dann in ganz kurzer Zeit. Der Populationsschwerpunkt bleibt während der quasistationären Epoche konstant und springt am Plateauende in eine neue Position. Mit anderen Worten heißt dies: Auf dem Plateau dehnt sich die Population in einer Art *Suchprozess* nach allen Richtungen aus, und, nachdem ein Punkt im Sequenzraum gefunden wurde, an welchem eine erfolgreiche Fortsetzung der evolutionären Optimierung möglich ist, schiftet die gesamte Population dorthin und setzt die Optimierung fort. Dementsprechend fallen am Plateauende drei Ereignisse zusammen: eine kollapsartige Verringerung der Breite der Population, eine sprungartige Verschiebung des Populationsschwerpunkts und der Beginn einer neuen adaptiven Phase.

Es lohnt zu erwähnen, dass die Langzeitevolution einer Population von *Escherichia coli*-Bakterien (LENSKI et al. 1991) durch das Irrflugmodell auf neutralen Netzwerken interpretiert werden kann. Stufen auf der phänotypischen Ebene des Evolutionsprozesses wurden schon in einer frühen Phase des Jahrzehnte dauernden Experiments beobachtet (ELENA et al. 1996), wogegen die genotypischen Mutationen mit kontinuierlich verlaufen (PAPADOPOULOS et al. 1999). Nach 31 500 Generationen oder zwanzig Jahren wurde eine folgenschwere Innovation in einem (einzigen) der zwölf verschiedenen Anfangskolonien beobachtet (BLOUNT et al. 2008): Diese Kolonie entwickelte eine Art Kanal für die Aufnahme von Zitrat aus dem Nährmedium – Zitrat wird als Puffersubstanz verwendet und kann normalerweise von *E. coli* nicht aufgenommen werden – und erschloss dadurch eine neue Nahrungsquelle, was zu viel stärkerem Wachstum führte. Die Mutation in Richtung Zitrataufnahme wurde reproduziert. Frühere Isolate aus eben dieser Kolonie entwickelten früher oder später auch den vorteilhaften Zitratkanal, aber keine der anderen elf Kolonien war dazu in der Lage. Dieses Experiment demons-

20 Dominierend bezieht sich hier auf das Auftreten der Struktur in einer Folge von Strukturen, welche von der Anfangsstruktur zur Zielstruktur führen und Relay-Serie genannt wurde. (Für Einzelheiten siehe FONTANA und SCHUSTER 1998.)

lektion bewegt sich die Population in ganz wenigen Generationen dorthin, wo eine Sequenz höherer Fitness gefunden wurde. (Die Spitze der Verschiebung des Schwerpunktes beim vorletzten Sprung am rechten Rand des Bildes ist zur besseren Erkennbarkeit mit einem Pfeil gekennzeichnet.) Bei dem vorliegenden Computerexperiment wurde eine Mutationsrate von $p = 0{,}001$ gewählt. (Weitere Details finden sich in SCHUSTER 2006.)

triert unmissverständlich die Rolle von Kontingenz in der Evolution. Die Innovation kommt nicht durch eine unwahrscheinliche Mutation zustande, sondern durch eine Mutation mit üblicher Wahrscheinlichkeit von einer speziellen Gegend im Sequenzraum, in welche die eine Kolonie zum Unterschied von allen anderen elf gewandert ist. Das Ergebnis passt sehr gut zu den Ergebnissen der Computersimulationen auf Landschaften mit ausgedehnten neutralen Netzwerken. Wegen der großen Zahl unabhängiger Richtungen im Sequenzraum führt praktisch jede neue Computersimulation in eine andere Richtung, und es ist nahezu auszuschließen, dass zwei oder mehrere Simulationen dieselben Zwischenstrukturen durchlaufen. Geschichte ist ein essentielles Merkmal der Biologie, was von Theodosius DOBZHANSKY (DOBZHANSKY et al. 1977) im geflügelten Satz, „Nothing makes sense in biology except in the light of evolution", ausgedrückt wurde.

5.3 Spieltheorie und Kooperation

Das Studium von Tiergesellschaften rückte in den Brennpunkt der Interessen der Biologen, als die empirisch gestützte Annahme von Beziehungen zwischen Verhalten und genetischer Prädisposition sinnvolle Modelle für die Evolution von Sozietäten ermöglichte. Ein Meilenstein der mathematischen Biologie war die Entwicklung eines spieltheoretischen Modells für die Konfliktaustragung durch John MAYNARD SMITH (MAYNARD SMITH und PRICE 1973, MAYNARD SMITH 1974). Der Grundgedanke für das Modell ist, wie gesagt, das Vorhandensein einer genetischen Komponente für Verhalten, welche eine Präferenz ihrer Träger für das Spielen einer bestimmten Verhaltensstrategie zur Folge hat. Eine erfolgreiche Strategie bewirkt dann eine größere Fitness der Träger im Vergleich zu den Trägern weniger erfolgreicherer Strategien, und sie wird sich mittels des Darwinschen Mechanismus in den zukünftigen Generationen ausbreiten. John MAYNARD SMITH prägte den Begriff der evolutionär stabilen Strategie (ESS), welche eine Verfeinerung des Nash-Gleichgewichts in der Ökonomie darstellt (NOWAK 2006): Wenn eine evolutionär stabile Strategie von einer gesamten Population gespielt wird, dann kann sie von keiner anderen Strategie unterwandert und abgelöst werden. Die Basis der spieltheoretischen Analyse von Auseinandersetzungen in den Gesellschaften bildet die Auszahlungsmatrix, $A = \{a_{ij};\ i,j = 1, 2, \ldots, n\}$. Ihre Elemente geben an, wie groß Gewinn oder Verlust der beiden Partner nach einem Zusammentreffen sein wird, in welchem sie die Strategien V_j beziehungsweise V_i spielten (Abb. 10).

Gemischte Strategien werden durch Linearkombinationen beschrieben:

$$V_p = \sum_{i=1}^{n} p_i V_i \quad V_q = \sum_{j=1}^{n} q_j V_j \ \text{ und daher } a_{pq} = \sum_{i=1}^{n} \sum_{j=1}^{n} a_{ij} q_j p_i. \qquad [19]$$

Da die Matrix A nicht symmetrisch zu sein braucht, ist $a_{pq} \neq a_{qp}$. Die Bedingung für eine evolutionär stabile Strategie lässt sich nun ganz einfach formulieren. Die gemischte Strategie V_p ist eine ESS, wenn eine der beiden Bedingungen

$$a_{pp} > a_{qp} \text{ oder } a_{pp} = a_{qp} \ \text{ und } \ a_{pq} > a_{qq} \text{ für alle } V_q \qquad [20]$$

erfüllt ist (MAYNARD SMITH 1974). In Worten ausgedrückt: Entweder erhält Strategie V_p gegen V_p gespielt eine höhere Auszahlung als eine beliebige Strategie V_q gegen V_p gespielt oder, wenn es Strategien V_q gibt, die gegen V_p ebenso gut abschneiden wie V_p, dann muss V_p gegen V_q gespielt mehr Auszahlung erhalten als V_q gegen V_q.

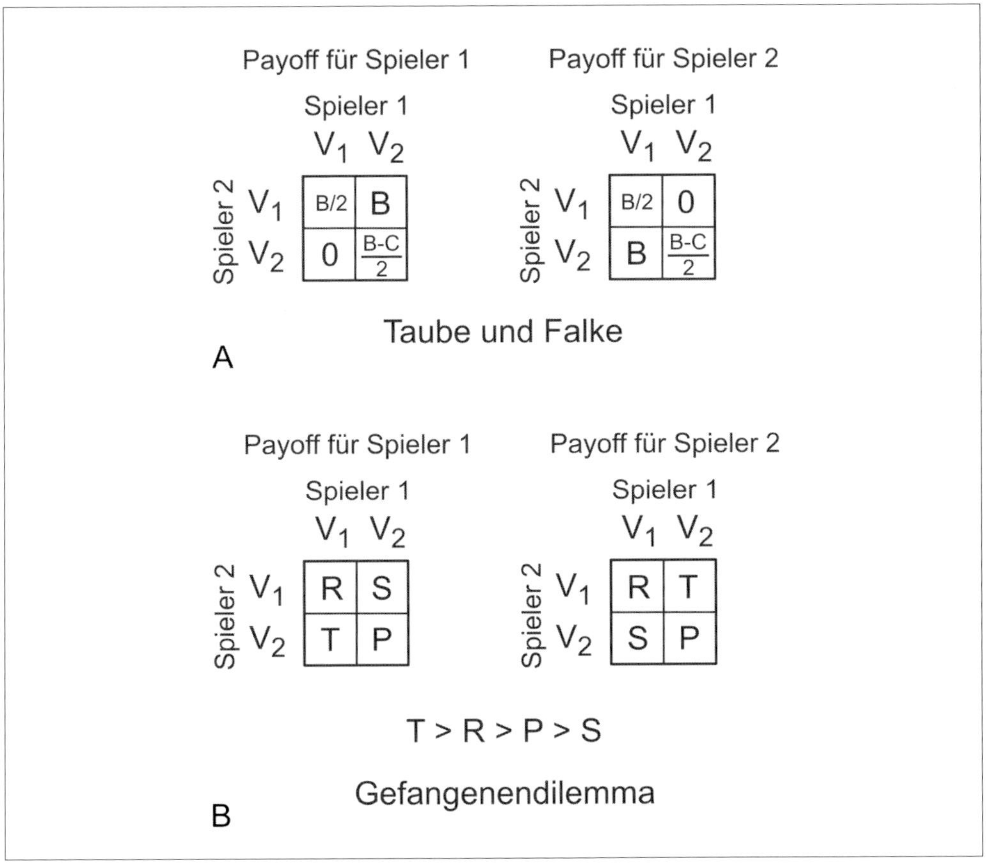

Abb. 10 Die Auszahlungsmatrix bei Spielen in der Verhaltensbiologie. Durch die Auszahlungsmatrix oder ‚*Payoff*'-Matrix sind Gewinn und Verlust der beiden Spieler bei einer Auseinandersetzung festgelegt. Im oberen Spiel ‚Taube' (Strategie V_1) und ‚Falke' (Strategie V_2) streiten die beiden Partner um eine Beute im Werte B, das Risiko einer Verwundung bei einem Kampf wird mit -C angesetzt. Treffen zwei ‚Tauben' aufeinander, dann hat jede dieselbe Chance auf den Gewinn (oder sie teilen die Beute). Trifft eine ‚Taube' auf einen ‚Falken', dann erhält letzterer die Beute, und die ‚Taube' geht leer aus. Zwei ‚Falken' beginnen zu kämpfen, und es besteht das Risiko einer Verwundung. Die ‚*Payoff*'-Matrix für Spieler 2 ist die transponierte ‚*Payoff*'-Matrix des Spielers 1, da außer den verschiedenen Strategien keine Unterschiede zwischen den Spielern angenommen werden. Im unteren Spiel wird das ‚Gefangenendilemma' modelliert (V_1: Kooperation, V_2: Defektspiel): R misst die Kosten der Untersuchungshaft für beide Partner, wenn sie kooperieren und nicht gestehen, T ist der ‚Payoff' für den Kronzeugen, der gesteht, während sein Partner die volle Strafe S absitzen muss, und P ist schließlich das gegenüber S günstigere Ergebnis, wenn beide gleichzeitig gestehen. Da $T > R$ und $P > S$ erfüllt sind, ist nicht zu kooperieren durch die höhere individuelle Auszahlung von beiden vorzuziehen, obwohl Kooperation für beide zusammen das global beste Ergebnis bietet.

Die Dynamik der spieltheoretischen Ansätze wurde auch als Differentialgleichungen formuliert, und damit kann die Evolution der Verteilung von Verhaltensstrategien in Populationen durch dynamische Spiele modelliert werden (Hofbauer et al. 1979, Schuster et al. 1981a–c, Schuster und Sigmund 1983, Taylor und Jonker 1978). Mit V_1, V_2, …, V_n bezeichnen wir die verschiedenen Strategien, und durch die Variablen $x_1, x_2, \ldots, x_n$ werden die Häufigkeiten beschrieben, mit welchen die jeweiligen Strategien in der Population gespielt werden. Für die zeitliche Entwicklung ergibt sich

$$\frac{dx_j}{dt} = x_j\left(\sum_{i=1}^{n} a_{ji}x_i - \varphi(t)\right) \text{ mit } \varphi(t) = \sum_{i=1}^{n}\sum_{k=1}^{n} a_{ki}x_i x_k \text{ und } \sum_{i=1}^{n} x_i = 1\,, \qquad [21]$$

worin mit a_{ji}, wie oben angegeben, die Auszahlung an den Spieler bedeutet, welcher Strategie V_j spielt, während sein Gegner Strategie V_i gewählt hat. Diese Gleichung ist formal identisch mit der Fisherschen Selektionsgleichung. Ein fundamentaler Unterschied besteht jedoch hinsichtlich der Eigenschaften der Matrix A: Bei FISHER war die Matrix *per definitionem* symmetrisch, und dies hat alle Formen komplexer Dynamik ausgeschlossen. Die Auszahlungsmatrix A unterliegt jedoch keiner solchen Beschränkung, und die Lösungskurven der spieldynamischen Gleichung zeigen alle bekannten Phänomene nicht-linearer Differentialgleichungen. Ein anderer wichtiger Gesichtspunkt betrifft stabile Lösungen des spieltheoretischen Ansatzes und der Differentialgleichung. Es kann gezeigt werden, dass jede ESS einem asymptotisch stabilen Zustand der Differentialgleichung entspricht. Die Umkehr gilt allerdings nicht: Es gibt asymptotisch stabile Zustände, welchen keine ESS entspricht (HOFBAUER et al. 1979), und deshalb hat der spieldynamische Ansatz einen klaren Vorteil bei der Analyse stabiler Lösungen.

Die spieltheoretischen oder spieldynamischen Modelle behandeln im Wesentlichen zwei Fragestellungen:

- das Auftreten von Kampfritualen bei Auseinandersetzungen mit Gegnern derselben Art, die darauf abzielen, die Stärken der Konfliktpartner abzuschätzen und schwere Verletzungen zu vermeiden; und
- das Auftreten von altruistischem und kooperativem Verhalten in Gesellschaften.

Die Überlegungen zu Altruismus wurden durch das Prinzip der Verwandtenselektion – *Inclusive fitness* – von William HAMILTON (1964) auf eine überprüfbare quantitative Basis gestellt. Altruistische Unterstützung von Verwandten auf Kosten der eigenen Fitness lohnt sich evolutionär genetisch gesehen, wenn der Verwandtschaftsgrad in Bezug zu den Kosten groß genug ist. Die Gleichung HAMILTONS,

$$r\,b > c, \qquad [22]$$

mit dem Verwandtschaftsgrad r, der die Wahrscheinlichkeit, ein Allel gemeinsam mit dem unterstützten Verwandten zu besitzen angibt;[21] b ist der Nutzen des Verwandten, und c schließlich sind die Kosten für den Altruisten. Die Evolution von Kooperation und der Ursprung des Altruismus wurden zu Hauptthemen der biologischen Verhaltensforschung (AXELROD und HAMILTON 1981). Ausgehend von diesen ersten Ansätzen entstand eine neue Disziplin, die Soziobiologie (WILSON 2000).

Von besonderem Interesse für das Entstehen von Kooperation in Gesellschaften erwies sich ein als Gefangenendilemma bekanntes spieltheoretisches Problem: Zwei Gefangene haben gemeinsam ein Verbrechen begangen und sind in Untersuchungshaft. Die Anklage stützt sich ausschließlich auf Indizien und versucht, einen der beiden zu einem Geständnis zu überreden, wobei ihm eine Amnestie als Kronzeuge in Aussicht gestellt wird und der zweite Gefangene ein hohes Strafausmaß zu erwarten hat. Gestehen beide, haben sie eine mittlere Strafe zu ge-

21 Der Verwandtschaftsgrad ist einfach zu berechnen. Er ist 1 für eineiige Zwillinge, 0,5 zwischen Eltern und Kindern, 0,25 zwischen normalen Geschwistern, etc. Besondere Verwandtschaftsgrade treten bei Ameisen und Bienen auf, bei denen nur die Weibchen diploid sind, wogegen die Männchen nur einen Chromosomensatz tragen.

wärtigen. Wenn die beiden aber kooperieren und nicht gestehen, dann werden sie nach einiger Zeit wegen der Aussichtslosigkeit des Gerichtsverfahrens aus der Untersuchungshaft entlassen (Abb. 10). Das Dilemma besteht nun darin, dass Kooperieren die beste Lösung für die beiden Gefangenen darstellt, aber mit dem Risiko behaftet ist, dass der Gegner nicht kooperiert und der Verlust besonders hoch wird. Daher ist es die sichere Lösung für jeden der beiden Spieler, nicht zu kooperieren, obwohl dabei ein schlechteres Ergebnis in Kauf genommen werden muss. Das Gefangenendilemma wird zu einem interessanten wissenschaftlichen Problem, wenn es eine endliche, aber unbekannte Zahl von Auseinandersetzungen gibt. Für dieses als iteriertes Gefangenendilemma bekannte Problem wurde eine große Zahl von verschiedenen Strategien erdacht (Sigmund 1995, Nowak 2006). Es seien nur zwei einfache, aber recht erfolgreiche Strategien erwähnt:

- ‚Wie Du mir, so ich Dir' – ‚Tit for tat' – besteht darin, sich im nächsten Schritt genau so zu verhalten, wie der Partner im vorigen Spiel; und
- ‚Bei Gewinn beharren, bei Verlust wechseln' – ‚Win-stay, lose-shift' – wiederholt die letzte Strategie, wenn sie erfolgreich war, und wechselt bei Verlust.

Es gab in der Vergangenheit richtige Turniere zwischen verschiedenen Strategien im iterierten Gefangenendilemma (Axelrod 2006). Der Einfluss der räumlichen Ausbreitung von erfolgreichen Strategien wurde ebenfalls ausführlich studiert (Nowak und May 1992, Nowak et al. 1994). Der Einfachheit halber benutzten einige der dafür herangezogen Computerrechnungen diskrete Zeitschritte und gleichzeitige Aktualisierung aller Zellen des zugrundeliegenden zellulären Automaten – ‚Synchronous updating'. Eine sorgfältige Untersuchung (Huberman und Glance 1993) hat gezeigt, dass drastische Unterschiede zwischen kontinuierlicher und diskreter Zeit oder synchroner und asynchroner Aktualisierung auftreten können. Um methodische Artefakte zu vermeiden, ist es daher angezeigt, diskrete Zeitschritte nur zu verwenden, wenn diese durch das biologische Umfeld vorgegeben werden, beispielsweise bei Modellen, welche Jahreszeiten kennen. Praktisch alle neueren Simulationen sind frei von diesen Artefakten und haben das wichtigste Resultat voll bestätigt: Durch die räumliche Dimension können Strategien, welche sonst aussterben würden, erhalten bleiben, und überlegene Strategien können verschwinden. Der Grund dafür besteht in erster Linie darin, dass die Ausbreitung von Mustern von den lokalen Verhältnissen abhängt, welche in der gesamten räumlichen Domäne sehr unterschiedlich verteilt sein können.

6. Perspektiven

Die Evolutionsforschung der Zukunft wird sich einigen Problemen widmen müssen, welche bis dato weitestgehend ausgeklammert waren. Die vordringliche Aufgabe ist eine neue Synthese in der Biologie, welche das zurzeit explodierende molekulare Wissen mit den empirischen Befunden der makroskopischen Biologie vereint. Am besten passt zu dieser Aufgabe ein Satz von John Maynard Smith, den er in Bezug auf die leidige Holismus-Reduktionismus-Debatte geprägt hat (Maynard Smith 1986): „What should be the attitude of a biologist working on whole organisms to molecular biology? It is, I think, foolish to argue that we (the macroscopic biologists) are discovering things that disprove molecular biology. It would be more sensible to say to molecular biologists that there are phenomena that they will one day have to interpret in their terms."

Es scheint, dass dieser Tag nicht mehr allzu lange auf sich warten lassen wird. In der Systembiologie wird versucht, ganze Zellen oder sogar Organismen auf molekularer Ebene zu modellieren. Es wird dringend notwendig sein, eine echte Synthese der beiden Disziplinen durchzuführen, um eine fruchtbringende Ergänzung zu erreichen. Verwirrende molekulare Details und schwer zu kontrollierende Datenmengen stehen beispielsweise den zwar mathematisch präzise definierten, aber mechanistisch unklaren Effekten der Populationsgenetik gegenüber. Es wird der Ruf immer lauter nach einer einheitlichen, umfassenden theoretischen Biologie (Brenner 1999), die naturgemäß um Evolutionstheorie und Entwicklungsbiologie herum zentriert sein müsste, ganz in Sinne einer Theorie für *Evo-devo* (*Evolution and development*). Beispiele äquivalenter oder fast äquivalenter Beschreibungen gibt es zu Genüge: Spieltheorie und Differentialgleichungen für dynamische Spiele wurden erwähnt (Anschnitt 5.3), die Populationsgenetik asexueller reproduzierender Organismen und die molekularkinetische Theorie der Evolution bilden einen weiteren Fall (Wilke 2005).

Es braucht nicht betont zu werden, dass die Biologie, insbesondere die gegenwärtige molekulare Biologie eine Wissenschaft des Komplexen schlechthin ist. Eine oft gestellte Frage betrifft daher den Ursprung von Komplexität in der biologischen Evolution. Aus der Sicht der kinetischen Evolutionstheorie kann diese Frage zumindest teilweise beantwortet werden. Die Differentialgleichungen, die stochastischen Prozesse und insbesondere ihre Lösungen mögen kompliziert sein, komplex sind sie nicht. Hier steckt die Komplexität in den Beziehungen zwischen Genotypen und Phänotypen, welche bei höheren Organismen auch die gesamte Entwicklung von der befruchteten Zelle bis zum erwachsenen Phänotyp mit einschließen. Bei der Evolution der überaus unübersichtlichen genetischen Regulationsnetzwerke kommt es zu Duplikationen von ganzen Genomen, wobei dann in der Folge der größte Teil der duplizierten Gene wieder verloren geht und die verbliebenen und neuen Gene in einer mehr oder minder zufälligen Reihenfolge hinterlässt (Kellis et al. 2004). Man muss sich auch in Erinnerung rufen, dass der Löwenanteil des menschlichen Genomes in RNA-Moleküle transkribiert wird, von deren Funktionen wir zurzeit nur eine ganz vage Vorstellung haben (*Encode Project Consortium* 2007). Jedenfalls ist noch für viele Überraschungen in der zukünftigen Biologie gesorgt, Mathematik und Computersimulation werden ein ungeheuer weites Betätigungsfeld finden.

Anmerkung nach Redaktionsschluss

Nach Fertigstellung des Manuskriptes ist im Wissenschaftsjournal *Nature* eine augenscheinlich grundlegende Arbeit zu dem auf der Seite 204 angesprochenen Thema der „Verwandtenselektion – Inclusive Fitness“ erschienen (Nowak et al. 2010), die in der soziobiologischen *Community* einiges Aufsehen erregt und eine Menge Widerspruch geerntet hat (Okasha 2010). Die Autoren zeigen mit Hilfe einer sorgfältigen mathematischen Analyse, dass der Begriff der *Verwandtenselektion* entbehrlich erscheint und die beobachteten Fälle von Altruismus durch eine „richtig angewandte“ konventionelle Theorie der natürlichen Selektion einfacher und besser erklärt werden können.

Literatur

Adami, C.: Learning and complexity in genetic auto-adaptive systems. Physica D *80*, 154–170 (1995)

Adami, C.: Introduction to Artificial Life. New York: Springer 1998

Alberts, B., Johnson, A., Lewis, J., Raff, M., Roberts, K., and Walter, P.: Molecular Biology of the Cell. New York: Garland Science, Taylor & Francis Group 2008

Appel, K., and Haken, W.: Every map is four colourable. Part I: Discharging. Illinois Journal of Mathematics *21*, 429–290, Part II: Reducibility, ibid. *21*, 491–567 (1977)

Axelrod, R.: The Evolution of Cooperation. New York: Basic Books, Perseus Books Group 2006

Axelrod, R., and Hamilton, W. D.: The evolution of cooperation. Science *211*, 1390–1396 (1981)

Biebricher, C. K., Eigen, M., and Gardiner, W. C. Jr.: Kinetics of RNA replication. Biochemistry *22*, 2544–2559 (1983)

Blount, Z. D., Borland, C. Z., and Lenski, R. E.: Historical contingency and the evolution of a key innovation in an experimental population of *Escherichia coli*. Proc. Natl. Acad. Sci. USA *105*/33, 7899–7906 (2008)

Blythe, R. A., and Mc Kane, A. J.: Stochastic models of evolution in genetics, ecology and linguistics. J. Statistical Mechanics*:* Theory and Experiment 2007:P07018 (2007)

Brakmann, S., and Johnsson, K.: Directed Molecular Evolution of Proteins or How to Improve Enzymes for Biocatalysis. Weinheim (Bergstraße): Wiley-VCh DE 2002

Brenner, S.: Theoretical biology in the third millennium. Phil. Trans. Roy. Soc. London B *354*, 1963–1965 (1999)

Bull, J. J., Ancel Myers, L., and Lachmann, M.: Quasispecies made simple. PLoS Comp. Biol. *1*, 450–460 (2005)

Bull, J. J., Sanjuán, R., and Wilke, C. O.: Theory of lethal mutagenesis for viruses. J. Virology *81*, 2930–2939 (2007)

Carnot, S.: Réflexions sur la puissance du feu et sur les machines propres à developer cette puissance. Paris: Bacheliers 1824; und englische Übersetzung: Thurston, R. H. (Ed.): Reflections on the Motive Power of Heat and on Machines Fitted to Develop this Power. New York: John Wiley & Sons 1890

Casti, J. L.: Would-be-worlds. New York: John Wiley & Sons 1997

Cramer, C. J.: Essentials of Computational Chemistry. Theories and Models. Chichester, UK: John Wiley & Sons 2002

Darwin, C.: On the Origin of Species by Means of Natural Selection, or the Preservation of Favoured Races in the Struggle for Life. London: John Murray 1859

Dewdney, A. K.: In the game called 'Core War' hostile programs engage in a battle of bits. Scientific American *250*/5, 15–19 (1984)

Dewdney, A. K.: A 'Core War' bestiary of viruses, worms and other threats to computer memories. Scientific American *252*/3, 14–19 (1985)

Dewdney, A. K.: A program called 'MICE' nibbles its way into victory at the first 'Core War' tournament. Scientific American *250*/1, 8–11 (1987)

Dirac, P. A. M.: Quantum mechanics of many-electron systems. Proc. Roy. Soc. London A*123*, 714–733 (1929)

Dobzhansky, T., Ayala, F. J., Stebbins, G. L., and Valentine, J. W.: Evolution. San Francisco: W. H. Freeman and Company 1977

Domingo, E. (Ed.): Virus entry into error catastrophe as a new antiviral strategy. Virus Research *107*/2, 115–228 (2005)

Domingo, E. (Ed.): Quasispecies: Concepts and Implications for Virology. Berlin: Springer 2006

Domingo, E., Parrish, C. R., and Holland, J. J. (Eds.): Origin and Evolution of Viruses. 2nd ed. Amsterdam, NL: Elsevier 2008

Drake, J. W.: Rates of spontaneous mutation among RNA viruses. Proc. Natl. Acad. Sci. USA *90*, 4171–4175 (1993)

Drake, J. W., Charlesworth, R., Charlesworth, D., and Crow, J. F.: Rates of spontaneous mutation. Genetics *148*, 1667–1686 (1998)

Drake, J. W., and Holland, J. J.: Mutation rates among RNA viruses. Proc. Natl. Acad. Sci. USA *96*, 13910–13913 (1999)

Dunlap, R. A.: The Golden Ratio and Fibonacci Numbers. Singapore: World Scientific 1997

Eigen, M.: Selforganization of matter and the evolution of biological macromolecules. Naturwissenschaften *58*, 465–523 (1971)

Eigen, M., McCaskill, J., and Schuster, P.: The molecular quasispecies. Adv. Chem. Phys. *75*, 149–263 (1989)

Eigen, M., and Schuster, P.: The hypercycle. A principle of natural self-organization. Part A: Emergence of the hypercycle. Naturwissenschaften *64*, 541–565 (1977)

Eigen, M., and Schuster, P.: The hypercycle. A principle of natural self-organization. Part B: The abstract hypercycle. Naturwissenschaften *65*, 7–41 (1978a)

Eigen, M., and Schuster, P.: The hypercycle. A principle of natural self-organization. Part C: The realistic hypercycle. Naturwissenschaften *65*, 341–369 (1978b)

Eigen, M., and Schuster, P.: The Hypercycle. A Principal of Natural Self-Organization. Berlin: Springer 1979

Elena, S. F., Cooper, V. S., and Lenski, R. E.: Punctuated evolution caused by selection of rare beneficial mutations. Science *272*, 1802–1804 (1996)

Elena, S. F., and Lenski, R. E.: Evolution experiments with microorganisms: The dynamics and genetic bases of adaptation. Nature Rev. Genet. *4*, 457–469 (2003)

Encode Project Consortium: Identification and analysis of functional elements in 1 % of the human genome by the ENCODE pilot project. Nature *447*, 799–816 (2007)

Euler, L.: Introductio in Analysin Infinitorum. Vol. I und II. 1748. Ins Deutsche übertragen von H. Maser. Einleitung in die Analysis des Unendlichen. Erster und Zweiter Teil. Berlin: Julius Springer 1885

Fisher, R. A.: The Genetical Theory of Natural Selection. Oxford, UK: Clarendon Press 1930

Fisher, R. A.: Average excess and average effect of a gene substitution. Annals of Eugenics *11*, 53–63 (1941)

Fontana, W., Schnabl, W., and Schuster, P.: Physical aspects of evolutionary optimization and adaptation. Phys. Rev. A *40*, 3301–3321 (1989)

Fontana, W., and Schuster, P.: A computer model of evolutionary optimization. Biophys. Chem. *26*, 123–147 (1987)

Fontana, W., and Schuster, P.: Continuity in evolution. On the nature of transitions. Science *280*, 1451–1455 (1998)

Gács, P.: Reliable cellular automata with self-organization. J. Statist. Phys. *103*, 45–267 (2001)

Galluccio, S.: Exact solution of the quasispecies model in a sharply peaked fitness landscape. Phys. Rev. E *56*, 4526–4539 (1997)

Gardiner, C. W.: Stochastic Methods. A Handbook for the Natural and Social Sciences. Berlin: Springer 2009

Gardner, M.: Mathematical Games. The fantastic combinations of John Conway's new solitaire game "life". Scientific American *223*/10, 120–123 (1967)

Galilei, G.: Il Saggiatore. Edition Nationale. Bd. *6*. Florenz 1896

Gierer, A., and Meinhardt, H.: A theory of biological pattern formation. Kybernetik *12*, 30–39 (1972)

Gillespie, D. T.: Stochastic simulation of chemical kinetics. Annu. Rev. Phys. Chem. *58*, 35–55 (2007)

Gonthier, G.: Formal proof – The four-color theorem. Notices Amer. Math. Soc. *55*, 1382–1393 (2008)

Gordon, R., and Beloussov, L.: From observations to paradigms. The importance of theories and models. An interview with Hans Meinhardt. Int. J. Dev. Biol. *50*, 103–111 (2006)

Hamilton, W. D.: The genetic evolution of social behavior. J. Theoret. Biol. *7*, 1–16 (1964)

Hamming, R. W.: Error detecting and error correcting codes. Bell. Syst. Tech. J. *29*, 147–160 (1950)

Hamming, R. W.: Coding and Information Theory. 2nd ed. Englewood Cliffs, N J.: Prentice Hall 1989

Heinemann, C.: Artificial Life Environment. Simulation evolutionärer Prozesse am Computer. Informatik Spektrum *31*/1, 55–61 (2008)

Hodgkin, A. L., and Huxley, A. F.: A quantitative description of membrane current and its application to conduction and excitation in nerve. J. Physiol. *117*, 500–544 (1952)

Hofbauer, J., Schuster, P., and Sigmund, K.: A note on evolutionary stable strategies and game dynamics. J. Theoret. Biol. *81*, 609–612 (1979)

Hofbauer, J., and Sigmund, K.: Evolutionary Games and Replicator Dynamics. Cambridge, UK: Cambridge University Press 1998

Holley, R. W., Apgar, J., Everett, G. A., Madison, J. T., Marquisee, M., Merrill, S. H., Penswick, J. R., and Zamir, A.: Structure of a ribonucleic acid. Science *147*, 1462–1465 (1965)

Hopfield, J. J.: Neural networks and physical systems with emergent collective computational abilities. Proc. Natl. Acad. Sci. USA *79*, 2554–2558 (1982)

Huberman, B. A., and Glance, N. S.: Evolutionary games and computer simulations. Proc. Natl. Acad. Sci. USA *90*, 7716–7718 (1993)

Huynen, M. A., Stadler, P. F., and Fontana, W.: Smoothness within ruggedness. The role of neutrality in adaptation. Proc. Natl. Acad. Sci. USA *93*, 397–401 (1996)

Ilachinski, A.: Cellular Automata. A Discrete Universe. New Jersey: World Scientific 2001

Jones, B. L., Enns, R. H., and Rangnekar, S. S.: On the theory of selection of coupled macromolecular systems. Bull. Math. Biol. *38*, 15–28 (1976)

Joyce, G. F.: Forty years of *in vitro* evolution. Angew. Chem. Int. Ed. *46*, 6420–6436 (2007)

JUCOVIC, M., and HARTLEY, R.: Protein-protein interaction: A genetic selection for compensating mutations at the barnase-barstar interface. Proc. Natl. Acad. Sci. USA *93*, 2343–2347 (1996)

KANDEL, E. R., SCHWARTZ, J. H., and JESSELL, T. M.: Principles of Neural Science. 4th ed. New York: McGraw-Hill 2000

KELLIS, M., BIRREN, B. W., and LANDER, E. S.: Proof and evolutionary analysis of ancient gene duplication in the yeast *Saccharomyces cerevisiae*. Nature *428*, 617–624 (2004)

KENDREW, J. C., DICKERSON, R. E., STRANDBERG, B. E., HART, R. G., and DAVIES, D. R.: Structure of myoglobin. A three-dimensional Fourier synthesis at 2 Å resolution. Nature *185*, 422–427 (1960)

KIM, S. H., SUDDATH, F. L., QUIGLEY, G. J., MCPHERSON, A., SUSSMANN, J. L., WANG, A. H. J., SEEMAN, N. C., and RICH, A.: Three-dimensional tertiary structure of yeast phenylalanine transfer RNA. Science *185*, 435–439 (1974)

KIMURA, M.: The Neutral Theory of Evolution. Cambridge, UK: Cambridge University Press 1983

KLEINERT, A.: Der messende Luchs. Zwei verbreitete Fehler in der Galilei-Literatur. NTM – Zeitschrift für Geschichte der Wissenschaften, Technik und Medizin *17*, 199–206 (2009)

KLUSSMANN, S.: The Aptamer Handbook. Functional Oligonucleotides and Their Applications. Weinheim: Wiley-VCH, (Bergstraße) 2006

KUMAR, P. K. R., SUH, Y.-A., TAIRA, K., and NISHIKAWA, S.: Point and compensating mutations to evaluate essential stem structures of genomic HDV ribozyme. FASEB J. *7*, 124–129 (1993)

LENSKI, R. E.: The future of evolutionary biology. Ludus vitalis XII *21*, 67–89 (2004)

LENSKI, R. E., OFRIA, C., COLLIER, T. C., and ADAMI, C.: Genome complexity, robustness, and genetic interactions in digital organisms. Nature *400*, 661–664 (1999)

LENSKI, R. E., OFRIA, C., PENNOCK, R. T., and ADAMI, C.: The evolutionary origin of complex features. Nature *423*, 139–144 (2003)

LENSKI, R. E., ROSE, M. R., SIMPSON, S. C., and TADLER, S. C.: Long-term experimental evolution in *Escherichia coli*. I. Adaptation and divergence during 2,000 generations. The American Naturalist *138*, 1315–1341 (1991)

LOTKA, A. J.: Elements of Physical Biology. Philadelphia. PA.: Williams & Wilkins 1925

MALTHUS, T. R.: An Essay on the Principle of Population. Oxford World's Classics Reprint. 1798

MARTIN, C., HARTLEY, R., and MAUGUEN, Y.: X-ray structural analysis of compensating mutations at the barnase-barstar interface. FEBS Lett. *452*, 128–132 (1999)

MARTÍ-RENOM, M. A., STUART, A. C., FISER, A., SÁNCHEZ, R., MELO, F., and ŜALI, A.: Comparative protein structure modeling of genes and genomes. Annu. Rev. Biophys. Biomol. Struct. *29*, 291–325 (2000)

MAXAM, A., and GILBERT, W.: A new method of sequencing DNA. Proc. Natl. Acad. Sci. USA *74*, 560–564 (1977)

MAYNARD SMITH, J.: The theory of games and the evolution of animal conflicts. J. Theoret. Biol. *47*, 209–221 (1974)

MAYNARD SMITH, J.: Evolution and the Theory of Games. Cambridge, UK: Cambridge University Press 1982

MAYNARD SMITH, J.: The Problems of Biology. Oxford, UK: Oxford University Press 1986

MAYNARD SMITH, J.: Byte-sized evolution. Nature *355*, 772–773 (1992)

MAYNARD SMITH, J., and PRICE, G. R.: Logic of animal conflict. Nature *246*, 15–18 (1973)

MAYR, E.: The Growth of Biological Thought. Diversity, Evolution, and Inheritance. Cambridge, MA: The Belknap Press of Harvard University Press 1982

MEINHARDT, H.: Models of Biological Pattern Formation. London: Academic Press 1982

MENDEL, G.: Versuche über Pflanzen-Hybriden. Verhandlungen des naturforschenden Vereins in Brünn *4*, 3–47 (1866)

MENDEL, G.: Über einige aus künstlicher Befruchtung gewonnenen Hieracium-Bastarde. Verhandlungen des naturforschenden Vereins in Brünn *8*, 26–31 (1870)

MILLS, D. R., PETERSON, R. L., and SPIEGELMAN, S.: An extracellular Darwinian experiment with a self-duplicating nucleic acid molecule. Proc. Natl. Acad. Sci. USA *58*, 217–224 (1967)

MOUNT, D. W.: Bioinformatics. Sequence and Genome Analysis. 2nd ed. Cold Spring Harbor, NY: Cold Spring Harbor Laboratory Press 2004

NEEDLEMAN, S. B., and WUNSCH, C. D.: A general method applicable to the search for similarities in the amino acid sequence of two proteins. J. Mol. Biol. *48*, 443–453 (1970)

NEET, K. E., and LEE, J. C.: Biophysical characterization of proteins in the post-genomic era of proteomics. Mol. Cell. Proteomies *1*, 415–420 (2002)

NEWTON, I.: Philosophiae naturalis principia mathematica. Regiae Societas. 1686 Englische Übersetzung von A. MOTTE. Mathematical Principles of Natural Philosophy. New York: Daniel Adee 1846

NISHIMURA, C., LIETZOW, M. A., DYSON, H. J., and WRIGHT, P. E.: Sequence determinants of a protein folding pathway. J. Mol. Biol. *351*, 383–392 (2005)

NOWAK, M. A.: Evolutionary Dynamics. Exploring the Equations of Life. Cambridge, MA: The Belknap Press of Harvard University Press 2006

NOWAK, M. A., BONHOEFFER, S., and MAY, R. M.: Spatial games and the maintenance of cooperation. Proc. Natl. Acad. Sci. USA *91*, 4877–4881 (1994)

NOWAK, M. A., and MAY, R. M.: Evolutionary games and spatial chaos. Nature *359*, 826–829 (1992)

NOWAK, M. A., TARNITA, C. E., and WILSON, E. O.: The evolution of eusociality. Nature *466*, 1057–1062 (2010)

OHTA, T., and GILLESPIE, J. H.: Development of neutral and nearly neutral theories. Theoretical Population Biolology *49*, 128–142 (1996)

OHTA, T.: Near-neutrality in evolution of genes and gene regulation. Proc. Natl. Acad. Sci. USA *99*, 16134–16137 (2002)

OKASHA, S.: Fisher's fundamental theorem of natural selection – A philosophical analysis. British Journal for the Philosophy of Science *59*, 319–351 (2008)

OKASHA, S.: Altruism researchers must cooperate. Nature *467*, 653–655 (2010)

O'NEILL, B.: Digital evolution. PloS Biology *1*, 11–14 (2003)

ONUCHIC, J. N., LUTHEY-SCHULTEN, Z., and WOLYNES, P. G.: Theory of protein folding: The energy landscape perspective. Annu. Rev. Phys. Chem. *48*, 545–600 (1997)

PAPADOPOULOS, D., SCHNEIDER, J., MEIER-EISS, J., ARBER, W., LENSKI, R. E., and BLOT, M.: Genomic evolution during a 10,000-generation experiment with bacteria. Proc. Natl. Acad. Sci. USA *96*, 3807–3812 (1999)

PERUTZ, M. F., ROSSMANN, M. G., CULLIS, A. F., MUIRHEAD, H., WILL, G., and NORTH, A. C. T.: Structure of haemoglobin. A three-dimensional Fourier synthesis at 5.5 Å resolution, obtained by X-ray analysis. Nature *185*, 416–422 (1960)

PHIZCKY, E., BASTIAENS, P. I. H., ZHU, H., SNYDER, M., and FIELDS, S.: Protein analyses on a proteomic scale. Nature *422*, 208–215 (2003)

RAMACHANDRAN, K. I., DEEPA, G., and NAMBOORI, K.: Computational Chemistry and Molecular Modeling: Principles and Applications. Berlin: Springer 2008

RASMUSSEN, S., KNUDSEN, C., FELDBERG, R., and HINDSHOLM, M.: The coreworld: Emergence and evolution of cooperative structures in a computational chemistry. Physica D *42*, 111–134 (1990)

RAY, T. S.: An approach to the synthesis of life. In: LANGTON, C. G., TAYLOR, C., FARMER, J. D., and RASMUSSEN, S. (Eds.): Artificial Life II.; pp. 371–408. Redwood City, CA: Addison-Wesley 1991

REIDYS, C. M., STADLER, P. F., and SCHUSTER, P.: Generic properties of combinatory landscapes: Neutral networks of RNA secondary structures. Bull. Math. Biol. *59*, 339–397 (1997)

REIDYS, C. M., and STADLER, P. F.: Combinatorial landscapes. SIAM Review *44*, 3–54 (2002)

ROBERTUS, J. D., LADNER, J. E., FINCH, J. T., RHODES, D., BROWN, R. S., CLARK, B. F. C., and KLUG, A.: Structure of yeast phenylalanyl tRNA at 3 Å resolution. Nature *250*, 546–551 (1974)

SANGER, F., NICKLEN, S., and COULSON, A.: DNA sequencing with chain-terminating inhibitors. Proc. Natl. Acad. Sci. USA *74*, 5463–5467 (1977)

SHOCH, J. J., and HUPP, J. A.: The 'worm' programs – Early experience with a distributed computation. Communications of the ACM *25*, 172–180 (1982)

SCHUSTER, P.: Prediction of RNA secondary structures: From theory to models and real molecules. Reports on Progress in Physics *69*, 1419–1477 (2006)

SCHUSTER, P.: Genotypes and phenotypes in the evolution of molecules. European Review *17*, 281–319 (2009)

SCHUSTER, P.: Mathematical modeling of evolution. Solved and open problems. Theory Biosci. (in press, 2010a)

SCHUSTER, P.: Quasispecies and error threshold on realistic rugged landscapes. Preprint 2010b

SCHUSTER, P., FONTANA, W., STADLER, P. F., and HOFACKER, I. L.: From sequences to shapes and back – A case study in RNA secondary structures. Proc. Roy. Soc. London B *255*, 279–284 (1994)

SCHUSTER, P., and SIGMUND, K.: Replicator dynamics. J. Theor. Biol. *100*, 533–538 (1983)

SCHUSTER, P., SIGMUND, K., HOFBAUER, J., and WOLFF, R.: Selfregulation of behaviour in animal societies. I. Symmetric contests. Biol. Cybernetics *40*, 1–8 (1981a)

SCHUSTER, P., SIGMUND, K., HOFBAUER, J., WOLFF, R., GOTTLIEB, R., and MERZ, P.: Selfregulation of behaviour in animal societies. II. Games between two populations without selfinteraction. Biol. Cybernetics *40*, 9–15 (1981b)

SCHUSTER, P., SIGMUND, K., HOFBAUER, J., WOLFF, R., GOTTLIEB, R., and MERZ, P.: Selfregulation of behaviour in animal societies. III. Games between two populations with selfinteraction. Biol. Cybernetics *40*, 17–25 (1981c)

SCHUSTER, P., and SWETINA, J.: Stationary mutant distributions and evolutionary optimization. Bull. Math. Biol. *50*, 636–660 (1988)

SENETA, E.: Non-negative matrices and Markov Chains. 2nd edit. New York: Springer 1981

SIGMUND, K.: Games of Life. Explorations in Ecology, Evolution and Behavior. New York: Penguin 1995

SMITH, T. F., and WATERMAN, M. S.: Identification of common subseqeunces. J. Mol. Biol. *147*, 195–197 und Comparison of biosequences. Adv. Appl. Math. *2*, 482–489 (1981)

SPIEGELMAN, S.: An approach to the experimental analysis of precellular evolution. Quart. Rev. Biophys. *4*, 213–253 (1971)

SWETINA, J., and SCHUSTER, P.: Self-replication with errors. A model for polynucleotide replication. Biophys. Chem. *16*, 329–354 (1982)

TAYLOR, P. D., and JONKER, L. B.: Evolutionary stable strategies and game dynamics. Math. Biosciences *40*, 145–156 (1978)

THOMPSON, C. J., and MCBRIDE, J. L.: On Eigen's theory of the self-organization of matter and the evolution of biological macromolecules. Math. Biosci. *21*, 127–142 (1974)

TURING, A. M.: The chemical basis of morphogenesis. Phil. Trans. Roy. Soc. London B *237*, 37–72 (1952)

VERHULST, P. F.: Notice sur la loi que la population poursuit dans son accroissement. Correspondance mathématique et physique *10*, 113–121, und 1845. Recherches mathématiques sur la d'accroissement da la population. Nouveaux Mémoires de l'Académie Royale des Sciences et Belles-Letters de Bruxelles *18* (Art. 1), 1–45 (1838)

VOLTERRA, V.: Variazioni et fluttuazini del numero d'individui in specie animali conviventi. Mem. R. Acad. Naz. dei Lincei Ser.VI, *2*, 31–113 (1926)

WATSON, J. D., and CRICK, F. H. C.: A structure for deoxyribonucleic acid. Nature *171*, 737–738 (1953)

WATTS, A., and SCHWARZ, G. (Eds.): Evolutionary biotechnology – From theory to experiment. Biophys. Chem. *66*, 67–284 (1997)

WEIMAR, J. R.: Cellular automata for reaction-diffusion systems. Parallel Computing *23*, 1699–1715 (1997)

WILKE, C.O.: Quasispecies theory in the context of population genetics. BMC Evolutionary Biology *5*, 44 (2005)

WILKE, C. O., and ADAMI, C.: The biology of digital organisms. Trends Ecol. Evol. *17*, 528–532 (2002)

WILKE, C. O., WANG, L. J., OFRIA, C., LENSKI, R. E., and ADAMI, C.: Evolution of digital organisms at high mutation rates leads to survival of the flattest. Nature *412*, 331–333 (2001)

WILSON, E. O.: Sociobiology. The New Synthesis. 25th anniversary ed. Cambridge, MA: The Belknap Press of Harvard University Press 2000

WILSON, K. P., MALCOLM, B. A., and MATHEWS, B. W.: Structural and thermodynamic analysis of compensating mutations within the core of chicken egg white lysozyme. J. Biol. Chem. *267*, 10842–10849 (1992)

WRIGHT, S.: The roles of mutation, inbreeding, crossbreeding and selection in evolution. In: JONES, D. F. (Ed.): Proceedings of the Sixth International Congress on Genetics; pp. 356–366, Vol. 1. Ithaca, NY: Brooklyn Botanic Garden 1932

WRIGHT, S.: Surfaces of selective value revisited. The American Naturalist *131*, 115–131 (1988)

YARMUSH, M. L., and JAYARMAN, A.: Advances in proteomic technologies. Annu. Rev. Biomed. Eng. *4*, 349–373 (2002)

Prof. Dr. Peter SCHUSTER
Universität Wien
Institut für Theoretische Chemie
Währingerstraße 17
1090 Wien
Österreich
Tel.: +43 1 427752743
Fax: +43 1 427752793
E-Mail: pks@tbi.univie.ac.at

Nova Acta Leopoldina NF *110*, Nr. 377, 213–233 (2011)

Psychologie als eine auf Modelle angewiesene Angelegenheit ohne Taxonomie – eine Polemik

Ernst Pöppel ML und Eva Ruhnau (München)

Ernst Pöppel und Eva Ruhnau

Zusammenfassung

Modelle sollen sein: Einfach, exakt, ähnlich und fruchtbar; so hat es der Logiker CARNAP formuliert. Wie ist es dann um Modelle bestellt, die Funktionen des menschlichen Gehirns repräsentieren? Schwierig, und nicht nur schwierig in Bezug auf das Gehirn, sondern auch auf das Erleben, denn in der Hirnforschung geht man von einem pragmatischen Monismus oder empirischen Realismus aus, dass also die Integrität von Strukturen des Gehirns und der in ihnen repräsentierten neuronalen Algorithmen notwendig ist. Diese Grundposition wird getragen von Beobachtungen, dass alles, was sich auf der subjektiven Ebene definieren lässt, durch lokale oder systemische Läsionen verloren gehen kann; der Funktionsverlust liefert also einen Existenzbeweis der Funktion selber, wenn dieser Verlust mit interindividueller Konstanz auftritt. Die Carnapsche Forderung nach Einfachheit ist leicht erfüllbar; doch häufig sind Modelle zu einfach. Die Forderung nach Exaktheit bleibt meist ein frommer Wunsch, vergleicht man die neurowissenschaftliche Forschung mit anderen exakten Wissenschaften; psychophysische Gesetze sind zwar exakt, aber zu limitiert, um das Subjektive hinreichend abzubilden. Bei der Forderung nach Ähnlichkeit stellt sich die Frage, zu was eigentlich eine Ähnlichkeit bestehen soll; unsere Forschung leidet daran, dass es anders als in der Biologie oder Chemie keine verbindliche Taxonomie von Funktionen gibt. Bleibt also die erfüllbare Forderung nach Fruchtbarkeit, der „prognostischen Bewährung im Systemzusammenhang". Dass manche Forderungen für gelungene Modelle nicht erfüllt werden können, sofern es überhaupt Wunsch sein sollte, sie zu erfüllen, liegt an der komplizierten Verschaltung neuronaler Strukturen, einer gewissen Unübersichtlichkeit im Zeitbereich der neuronalen Informationsverarbeitung und den „top-down"-Prozessen, die bewusstes Erleben kennzeichnen.

Abstract

According to the logician CARNAP, models should be simple, exact, similar and productive. Do models that represent the functioning of the brain fulfill these requirements? This is a difficult question – not only difficult with regard to the brain, but also with regard to experience because in brain research there is a general assumption of pragmatic monism or empirical realism, i.e. the integrity of the structures of the brain and the neuronal algorithms represented within them is necessary. This basic assumption is supported by observations that everything that can be defined on a subjective level can be lost through local or systemic lesions; the loss of function does provide proof that the function itself exists, if this loss occurs with inter-individual constancy. CARNAP'S requirement that models should be simple is easy to fulfill; however, models are often too simple. The requirement that they should be exact usually remains wishful thinking, if one compares neuroscientific research with other exact sciences. Psychophysical laws are indeed exact, but they are too limited to sufficiently represent the subjective. The requirement of similarity triggers the question to what are models actually supposed to be similar to? Our research is afflicted by the fact that, unlike in biology or chemistry, there is no compulsory taxonomy of functions. Thus, only the requirement to be productive is left and can be satisfied, the "prognostic reliability within the systemic context". The fact that some requirements for successful models cannot be fulfilled – in case fulfillment is desirable – is due to the complicated connectivity of neuronal structures, a certain complexity in the time-domain of neuronal information processing, and the "top-down" processes that characterize conscious experience.

1. Das Problem: Wissenschaft ohne Taxonomie

Was soll man eigentlich von einer Wissenschaft halten, deren Gegenstand nicht bestimmt ist? Eine böswillige Antwort wäre, dass es sich gar nicht um eine „Wissenschaft" handelt, eine gutwillige Antwort wäre, dass Wissenschaftler, die sich für etwas Bestimmtes interessieren, auf der ehrlichen Suche nach ihrem Gegenstand sind. Was ist dieses „Bestimmte", auf das sich das Suchen bezieht? Hier beginnt bereits die Schwierigkeit. Ist es die Sehnsucht nach Antworten auf die Frage, wie wir die Welt erkennen, wie wir also sehen und hören, und wie wir darüber denken, oder suchen wir Antworten auf Fragen, was mit Bewusstsein, Geist oder Seele gemeint sein könnte, oder geht es darum zu verstehen, wie das, was wir erleben, das Psychische, und das, was in unserem Gehirn geschieht, etwas Körperliches also, miteinander verflochten sind? Doch dies sind noch nicht genug der Fragen: Warum verhalten sich Menschen so, wie sie es tun? Was kann man über uns selbst von anderen Lebewesen erfahren, und was kann man von anderen Wissenschaften wie der Philosophie oder der Physik lernen? Dann tauchen Fragen auf, die ins Philosophische oder sogar Theologische hineinreichen: Woher wissen wir eigentlich, wer wir sind, wie bestimmt sich also personale Identität? Hat das, was geschieht, einen Sinn? Warum sind wir manchmal glücklich, dann aber auch unglücklich? Was sind die Gründe des Verrücktseins? Was bedeuten andere Menschen für uns, da wir doch immer in eine soziale Welt eingebunden sind? Was ist es also, das diese „Noch-Nicht-Wissenschaft" ausmachen könnte? Vermutlich von allem etwas, was aber, indem es nur aufgezählt wird, eine unbefriedigende Antwort wäre, trotz aller Versuche, die die Geschichte dieses Suchens ausmachen.[1]

Der Grund für diese Undeutlichkeit, für die anhaltende Suche nach dem „Bestimmten", ist das Fehlen einer verbindlichen Taxonomie von Funktionen (Pöppel 1984, 1988, 1989). Es fehlt eine klare Ordnung und Klassifikation dessen, worum es eigentlich geht. Die Biologie wurde zur Wissenschaft durch die Klassifikation der Lebewesen durch Carl von Linné, auf der dann Charles Darwin mit seiner Lehre von der Evolution des Lebendigen aufbauen konnte (Mayr 2001), die Chemie durch das Periodensystem von Dmitri Iwanowitsch Mendelejew und Lothar Meyer, von der Physik mit ihren in mathematischer Sprache geschriebenen Gesetzen ganz zu schweigen (Feynman 1965), doch was ist mit der Psychologie? Man behilft sich mit Modellen (Pöppel et al. 1991). Dieser Behelf hat einen Reiz in sich, doch ersetzt dieser natürlich nicht die grundsätzliche Forderung nach Ordnungsprinzipien, wie sie für andere Wissenschaften gelten.

Welches sind nun diese Modelle, an denen wir uns orientieren, wobei bei deren Betrachtung immer an eine Forderung des Philosophen und Logikers Rudolf Carnap (1928) gedacht werden sollte, dass Modelle nämlich vier Kriterien gehorchen müssen: Modelle sollen „einfach, exakt, ähnlich und fruchtbar" sein. Es ist offenkundig, dass alle diese Forderungen für die Psychologie – wie im Übrigen für jede Wissenschaft – schwer zu erfüllen sind. Das Problematische bezieht sich im Wesentlichen auf die Forderung nach Ähnlichkeit; wenn der Gegenstand nicht klar bestimmt ist, zu was kann dann Ähnlichkeit hergestellt werden? Die anderen Forderungen lassen sich zum Teil erfüllen, dass manche Modelle also durchaus exakt sein können, oder dass sie einfach sein können, wobei sie allerdings häufig zu einfach ausfal-

1 Bacon 1620, Boring 1933, Cassirer 1994, Darwin 1872, Descartes 1637, Eibl-Eibesfeldt 1995, Fechner 1860, Fodor 1983, Freud 1932, James 1890, La Mettrie 1748, Pöppel 1997, 2006, Searle 1992, Skinner 1974, Stevens 1986, Tinbergen 1956.

len; das Wichtigste und für die psychologische Forschung durchaus erfüllbar ist die Forderung nach Fruchtbarkeit. In Modellen wird jeweils eine neue Perspektive auf einen Sachverhalt eröffnet, und so können Modelle aus verschiedenen Kontexten fruchtbar für die Entwicklung einer möglichen Taxonomie sein.

Welches sind also Modelle in der Psychologie, mit denen man sich befasst oder denen man auch ausgeliefert ist, indem man manchmal gar nicht hinterfragt, dass man tatsächlich in dem Kontext eines bestimmten Modells arbeitet? Im Folgenden sei auf mehrere Modelle eingegangen, die teilweise historisch sind, aber dennoch in manchen Denkumgebungen die wissenschaftliche Arbeit bestimmen, für manche bei der Erklärung des Seelenlebens sogar allein bestimmend sind. Natürlich kann hier der Bezug zu diesen Denkmodellen in den meisten Fällen nur stichwortartig sein, wobei die am Schluss Genannten von den Autoren bevorzugt werden, da in ihnen die Grundlagen einer möglichen Taxonomie vermutet werden.

2. Philosophische Modelle

Die psychologische Forschung bleibt eingetaucht in ihre philosophische Tradition, wobei für das Verstehen zwei alternative Modelle eine entscheidende Rolle spielen, die als das „Leib-Seele-Problem" bezeichnet werden, nämlich der Monismus und der Dualismus (PÖPPEL 2006). Erklärt sich das Mentale aus einem einheitlichen Prinzip, also monistisch, oder muss man zwei verschiedene Substanzen annehmen, das Geistige und das Körperliche, die im Menschen, vermutlich im Gehirn, interagieren oder zusammengeführt werden? Wird also gleichsam Geistiges von unserem Gehirn eingefangen, wie es die dualistische Position annimmt, oder wird Geistiges unmittelbar durch neuronale Prozesse erzeugt? In der Tradition psychologischen Denkens bezieht man sich hier auf René DESCARTES (1637), der als Dualist zwischen der „res extensa", dem Körperlichen also, und der „res cogitans", dem Geistigen, unterschied. Es ist aus der Alltagspsychologie heraus bemerkenswert, dass wohl die meisten Menschen Dualisten sind, auch wenn man auf einer wissenschaftlichen Ebene argumentierend ein Monist sein müsste, und es ist auffällig, dass das dualistische Denken in der Medizin, speziell in der medizinischen Diagnostik und der Therapie, bestimmend ist, dass also Psychisches und Somatisches kategorial voneinander getrennt sind, ohne dass dies üblicherweise hinterfragt wird.

Denkansätze wie das Leib-Seele-Problem haben die unangenehme Eigenschaft, im Prinzip nicht überprüfbar zu sein, da die Nicht-Existenz von Sachverhalten, in diesem Fall eines relationalen Bezuges zwischen zwei angenommenen Substanzen, nicht beweisbar ist. Dennoch neigen die Autoren zur monistischen Position, und zwar in der besonderen Form eines pragmatischen Monismus oder auch empirischen Realismus. Der Grund hierfür ist einfach, obwohl diese Grundposition auf logischer Ebene wiederum nicht beweisbar ist: Es lässt sich nämlich empirisch zeigen, dass jede mentale Funktion, die sich bestimmen lässt, auf Grund von Störungen oder Schädigungen des Gehirns verloren gehen kann. Die interindividuelle Konstanz von beobachtbaren Ausfällen, dass also beispielsweise Wahrnehmungsfunktionen, Erinnerungsleistungen, emotionale Wertungen, Denkfunktionen bei Erkrankungen verloren gehen können, ist entscheidend für die Position des empirischen Realismus. Die Störung der Funktion betrachten wir als ihren Existenzbeweis, und da die Störung an Strukturen des Gehirns, besser an raumzeitliche Muster neuronaler Prozesse gebunden ist, leitet sich hieraus der pragmatische Monismus ab. Käme das Psychische aus einem anderen Bereich, der nicht mit dem Gehirn verbunden wäre, könnte es nicht verloren gehen.[2] Den Autoren ist bewusst, dass eine Argumentation komplizierter sein kann, dass also nach einer Störung des Gehirns die Verbindung zu bestimmten Strukturen abgeschnitten ist, dass das Psychische die relevante und vielleicht noch intakte Struktur im Gehirn nicht mehr findet, doch auch dies wäre ein dualistisches Argument.

Bemerkenswert in der psychologischen Forschung ist, dass man es häufig mit impliziten dualistischen Denkweisen zu tun hat, dass also gar nicht bewusst wird, dass eine gedankliche Trennung zwischen dem Geistigen und dem Körperlichen vorgenommen wurde. So kann man feststellen, dass bei funktionalistischen Modellen, in denen es gleichgültig ist, wie Psychisches implementiert wird, eine dualistische Position eingenommen wird. Wenn man argumentiert, wie im Rahmen der klassischen „Künstlichen-Intelligenz-Forschung" geschehen, dass es möglich ist, Psychisches in Artefakten zu realisieren, den Geist gleichsam auf eine Festplatte eines Computers herunterzuladen, dass Psychisches also nicht an das menschliche Gehirn gebunden ist, dann handelt es sich um die erkenntnistheoretische Position des Dualismus (Searle 1992). Als pragmatischer Monist geht man von dem wirklichen menschlichen Gehirn aus, nicht von einer beliebigen technischen Möglichkeit einer Implementierung. Ein versteckter Dualismus kann auch dann vorliegen, wenn man unausgesprochen einen „Geist in der Maschine" vermutet, der dafür sorgt, dass nach einem *Top-down*-Prozess bei psychischen Prozessen räumlich im Gehirn Getrenntes, also Unverbundenes miteinander so verbunden wird, dass die Einheit des Bewusstseins möglich wird. Wer oder was verbindet? Dies bleibt häufig als Frage im Hintergrund, der man nicht aus dem Wege gehen darf, die aber häufig umgangen wird.

Bei der Suche nach einer möglichen Taxonomie gehen wir von einer pragmatisch monistischen oder empirisch begründeten Position aus. Dies hat auch Konsequenzen dafür, welchem wissenschaftlichen Bereich man die Psychologie eigentlich zuordnen will. Geht man von einem Monismus aus, dann gehört die Psychologie zu den Naturwissenschaften; eine dualistische Position würde die Psychologie in die Geisteswissenschaften eingliedern. Mit diesem andersartigen „Dualismus", der bedingt ist durch eine fehlende Taxonomie, hat die Psychologie in der Tat zu kämpfen, was ihre Außendarstellung betrifft: Andere wissen nicht so recht, womit man es eigentlich zu tun hat, denn manche Vertreter sehen sich eher dem naturwissenschaftlichen, andere eher dem geisteswissenschaftlichen Lager zugehörig. Hiermit ist keine Wertung vollzogen, sondern es soll gezeigt werden, dass eine erkenntnistheoretische Position darüber entscheidet, welches Menschenbild eine Wissenschaft im Gesamtkonzert der Wissenschaften vertritt.

Während das erkenntnistheoretische Modell als philosophisches Modell in der Psychologie von grundlegender Bedeutung ist, gibt es jedoch weitere aus der Philosophie kommende Modelle, die die Forschung bestimmen, vor allem die kategorialen Modelle. Seit Anbeginn philosophischen Denkens im westlichen Kulturkreis hat die Klassifikation des Geistigen eine zentrale Rolle gespielt, und diese Klassifikationen bestimmen unser Denken bis heute. Vielleicht war Plato der Erste, der mit der Formulierung von fünf Kategorien das Geistige zu ordnen versuchte; er unterschied das Seiende, Ruhe, Bewegung, Selbigkeit und Verschiedenheit. Mit diesen Kategorien klingen Konzepte an, die in der modernen Forschung über das menschliche Bewusstsein wesentlich sind: Es ist immer ein „Etwas" in seiner Identität, das im Be-

---

2 Luria 1973, Nauta und Feirtag 1986, Pöppel und Bao 2010, Teuber 1960, Zihl et al. 1983.

wusstsein repräsentiert wird, und die zentrale Frage ist, wie es unser Gehirn schafft, dieses „Etwas als Etwas“, das als Seiendes gegeben ist, zu konstruieren. Damit ist auch das platonische Konzept der „Selbigkeit“ angesprochen; diese „Selbigkeit“ denken zu können, setzt voraus, dass es „Verschiedenheit“ gibt, womit man zu einer zentralen Frage der Hirnforschung gelangt, wie nämlich Unterschiede von Erlebnissen wie Wahrnehmungen im menschlichen Gehirn überhaupt bestimmt werden können. Wie ist es möglich, Gesichter zu unterscheiden, oder unterschiedliche Gerüche, Sprachlaute oder Denkinhalte zu erkennen? Die platonischen Kategorien von Ruhe und Bewegung werden von der psychologischen Forschung insofern behandelt, als man unterschiedliche Prozesse des Bewegten und des Stationären feststellt (Pöppel et al. 1973, 2010). Ohne dass sich der moderne Forscher auf Plato beziehen muss, wird hier deutlich, dass eine introspektive Betrachtung dessen, was in unserem Bewusstsein vorgeht, zu ähnlichen Kategorien führt, was Vertrauen in die Verlässlichkeit der Denkwerkzeuge über die Zeiten hinweg stiften sollte.

Eine ausführlichere Liste von Kategorien wurde von Aristoteles gegeben, und seine zehn Kategorien stellen einen pragmatischen Rahmen bereit, der auch heute noch für die empirische Forschung nützlich ist. Etwas Gegebenes, die Substanz, ist gekennzeichnet durch das, was es ist; dies stellt wiederum die Frage nach der Identität des Wahrgenommenen oder des Gedachten. Was immer gegeben ist, ist durch Quantität und Qualität gekennzeichnet, also in einer bestimmten Intensität repräsentiert, aber auch durch Verschiedenheit gekennzeichnet. In der Tradition der Psychologie spielt die „Psychophysik“ eine entscheidende Rolle,[3] wie sie in der Mitte des 19. Jahrhunderts entwickelt wurde, und hier ging es im Wesentlichen darum, eine Relation (die vierte aristotelische Kategorie) zwischen der Intensität, also der Quantität, physikalischer Reize und deren subjektiver Repräsentation herzustellen. Hierbei musste notgedrungen die dritte aristotelische Kategorie, nämlich der qualitative Unterschied zwischen Dingen oder Sachverhalten, vernachlässigt werden.

Die weiteren Kategorien des Aristoteles sind Ort und Zeit, dass also Gegebenes immer irgendwo und irgendwann ist. Es ist bemerkenswert, dass in der modernen Forschung sehr viel Energie auf die Kategorie des Ortes gelegt wird,[4] während die Kategorie der Zeit vernachlässigt wird.[5] Weitere Kategorien sind bei Aristoteles die Lage, das Haben, das Tun und das Erleiden, wobei die Letztgenannten einen sehr viel stärkeren Ich-Bezug haben. Dies bildet sich in der modernen Psychologie insofern ab, als dass manche Forscher sich stärker auf „die Welt um uns“ konzentrieren, und wie diese im Bewusstsein repräsentiert ist (mit Bezug auf die erstgenannten aristotelischen Kategorien), während andere Forscher stärker an „der Welt in uns“ arbeiten. Insbesondere die Kategorie des „Tuns“ ist neuerdings von besonderer Wichtigkeit, dass man nämlich das Mentale aus der Aktion oder dem Handeln heraus zu deuten versucht (Pfeifer und Bongard 2007). Auch die aristotelischen Kategorien lassen erkennen, dass es wenig Neues unter dem Himmel gibt, dass also bereits in der antiken Philosophie jene Themen benannt wurden, die noch heute „handlungsleitend“ sind, ohne sich jeweils explizit darauf zu beziehen.

---

3 Boring 1933, Fechner 1860, Helson 1964, von Helmholtz 1896, Stevens 1986.

4 Bao und Pöppel 2007, Chen 2005, Kohler 1951.

5 Heidegger 1927, Pöppel 1971, 1997, 2009, Pöppel und Ruhnau 1998, Ruhnau 1997, Ruhnau und Pöppel 1991.

3. Topographische Modelle

Es ist offenbar eine Eigenart des menschlichen Geistes, Ortszuweisungen vorzunehmen, um damit etwas zu erklären. Wenn man weiß, wo etwas ist, dann meint man bereits, es verstanden zu haben. Solche topographischen oder auch topologischen Modelle sind aus der Geschichte der Psychologie nicht wegzudenken, und sie haben auch heute ihre Bedeutung nicht verloren; ganz im Gegenteil bestimmen sie das Tagesgeschäft der empirischen Forschung, wenn bildgebende Verfahren zu Erklärung psychischer Prozesse eingesetzt werden.[6] Man kann sich fragen, warum es diesen tiefen Glauben an die Erklärungskraft von Orten gibt, die jeweils etwas Bestimmtes repräsentieren. Vermuten kann man, dass unser evolutionäres Erbe uns hier einen Streich spielt, dass nämlich das Wissen des „wo etwas ist" für das Überleben notwendig war. Es besteht offenbar eine Sehnsucht, einzelne psychische Prozesse jeweils irgendwo im Gehirn zu verankern.

Eine besondere Blüte entfaltete diese Denkweise vor etwa 200 Jahren, als in der sogenannten Phrenologie versucht wurde, einzelne Merkmale einer Person aus der besonderen Form des Schädels zu erschließen (Pöppel 2006). Hier lag die Vermutung zugrunde, dass im dahinter liegenden Gehirn bestimmte Eigenschaften mit neuronalen Strukturen korreliert seien, die zur Verwölbung des Schädels führen, und die man dann von außen ertasten kann. Diese elegante Methode der Persönlichkeitsdiagnostik mag heute verwunderlich erscheinen, wer aber läuft nicht in die Falle, jemandem ein hohes Maß an Geistigkeit bei einer hohen Stirn zuzuschreiben?

Was in der Phrenologie eine besondere Rolle spielte, und was bis heute ein ungelöstes Problem bleibt, ist die Frage, was eigentlich eine Funktion ist. Interessiert man sich für die Persönlichkeit eines Menschen, dann ist man an komplexen Funktionen interessiert, und in der Tat war man der Meinung, dass Funktionen hoher Komplexität in umschriebenen Bereichen des Gehirns lokalisiert sind oder sein können. Befreit hat man sich von dieser Idee immer noch nicht, denn es ist eine der typischen Fragen, der man häufig auch unter Fachleuten begegnet, wo denn der Sitz des Bewusstseins, des Ichs, der Religiosität, des moralischen Verhaltens, der Empathiefähigkeit oder einer Kaufentscheidung sei. Man kann sogar sagen, dass dies eine der zentralen Fragen überhaupt ist, die heute die Psychologie bewegt, verführt durch die Verfügbarkeit moderner Technologie, insbesondere der funktionellen Kernspintomographie (fMRT).

Es ist nicht ungewöhnlich, sich bei dieser Form der „Neo-Phrenologie" auf bestimmte Orte im Gehirn zu konzentrieren, um deren funktionelle Bedeutung aus den Daten zu extrahieren. Experimentell wird dann häufig, wenn auch nicht immer, so vorgegangen, dass die neuronale Aktivierung in zwei experimentellen Situationen miteinander durch Subtraktion der Aktivierungsmuster verglichen wird (Gutyrchik et al. 2010). Es ist nun statistisch und mathematisch einleuchtend, dass bei einer Subtraktion von Aktivierungsmustern dann, wenn die einzelnen Komponenten, die das Muster ausmachen, nicht von gleicher Intensität sind, immer ein Areal übrig bleiben muss, das die größte Differenz bei der Aktivierung hatte. Man ist dann versucht zu sagen, dass dieser Ort verantwortlich ist für eine bestimmte Funktion, und man hat damit vom raumzeitlichen Muster der neuronalen Aktivierung abstrahiert, wobei aber möglicherweise das Muster als Ganzes für die Funktion verantwortlich war. Zugrunde liegt häufig der recht banale Denkfehler, nicht zwischen „notwendig und hinreichend" zu unterscheiden. Bestimmte

6 Chen 2005, Frost und Pöppel 1976, Pöppel 2005, Pöppel und Harvey 1973, Singer et al. 1977, Zeki 1973, Zhou et al. 2010.

Areale im Gehirn mögen notwendig sein, um bestimmte Funktionen zu generieren, aber sie müssen hierfür nicht alleine verantwortlich sein; es fehlt der hinreichende Grund für diese Annahme.

Dass dieses Problem von besonderer Brisanz ist, ergibt sich zusätzlich aus der Tatsache, dass neuronale Strukturen auf anstrengungslose Informationsverarbeitung konditioniert sind. Das meiste des psychischen Geschehens wird anstrengungslos vollzogen, was bedeutet, dass Gehirne ökonomisch arbeiten, also mit minimalem Aufwand ein Optimum an Leistung zu erbringen suchen. Gerade diese Beobachtung wird durch die modernen Studien der Neuro-Ökonomie belegt (Pöppel 2010). Dieser Sachverhalt hat aber bei dem genannten Subtraktionsverfahren die Konsequenz, dass Wichtiges, was anstrengungslos vollzogen wird, durch die Methode beseitigt wird. Und dies alles geschieht, weil man auf der Suche nach dem besonderen Ort ist, der für eine Erklärung benötigt wird. Die Ortsanfälligkeit des Denkens führt also zu möglichen Artefakten in der Erklärung psychischer Prozesse.

Andererseits muss aber auch betont werden, dass es diese Ortszuweisungen in der Tat gibt, aber auf einer sehr viel einfacheren Ebene, bei weniger komplexen Funktionen. Wenn man sich fragt, wie eigentlich die visuelle Welt um uns in unserem Gehirn repräsentiert ist, dann weiß man seit langem, dass dies topographisch korrekt, oder besser topologisch wohlgeordnet, geschieht (Nauta und Feirtag 1986). Man spricht in diesem Fall von „Retinotopie“. Das bedeutet, dass die Koordinaten der visuellen Welt, wie sie sich nach geometrischen Prinzipien auf der Netzhaut des Auges, der Retina, abbilden, bei der Repräsentation des Gesichtsfeldes in der Großhirnrinde, dem Neocortex, erhalten bleiben. Man muss aber hinzufügen, dass bei der weiteren Verarbeitung der visuellen Information die Retinotopie verloren geht und die neuronalen Prozesse vom Ort des Geschehens abstrahieren (Pöppel 1997). Die topologischen Abbildungen gelten mit Ausnahme des Riechsystems, das anderen anatomischen Prinzipien gehorcht, auch für die anderen sensorischen Systeme und für das motorische System; die Körperoberfläche ist somatotop, das Frequenzspektrum von Tönen tonotop in corticalen Strukturen repräsentiert, doch stets gilt, dass diese einfache Topographie verloren geht, wenn es zu weiteren Verarbeitungsstufen kommt. Das Gehirn strebt nach Abstraktion; Grundprinzip der neuronalen Informationsverarbeitung ist, sich von dem unmittelbar Gegebenen, das mathematisch oder physikalisch als Koordinatensystem relativ einfach beschreibbar ist, zu befreien, doch welches die Zielrichtungen dieser Abstraktionsprozesse sind, dies ist die wissenschaftliche Herausforderung, der es sich zu stellen gilt.

4. Psychophysische Modelle

Es mag bereits deutlich werden, dass die einzelnen Modelle, die in der Psychologie eingesetzt werden, nicht voneinander unabhängig sind. Sie repräsentieren jeweils unterschiedliche Perspektiven auf das Psychische. Dies gilt auch für das psychophysische Modell, auf das man sich jedoch auf Grund seiner verschiedenen Ausprägungen in der Mehrzahl beziehen sollte. Die Ausgangsüberlegung ist hier wie bei anderen Modellen wiederum recht einfach: Wenn es richtig ist, dass sich „die Welt um uns“ mit relativ einfachen physikalischen Regeln beschreiben lässt, wie es zumindest die klassische Physik nahelegt, dann sollte man für die Grundlagen des Psychischen nach jenen Regeln suchen, die das physikalisch Beschreibbare auf der Ebene des Erlebens abbilden. Man geht also nicht von psychischen Prozessen aus, die sich phänomenologisch beschreiben lassen, sondern man geht von der physikalischen Beschreibung der

Welt aus, und untersucht, wie sich Sachverhalte der so beschriebenen Welt in der subjektiven Erfahrung widerspiegeln (STEVENS 1986). Eine implizite Annahme dieses Modells ist natürlich, dass sich „die Welt um uns" mit physikalischen Regeln vollständig beschreiben lässt. Eine weitere Annahme ist, dass sich auch das psychische Repertoire nach diesem Verfahren vollständig beschreiben lässt. Für beide Annahmen des psychophysischen Modells gilt, dass sie natürlich nicht tragfähig sind, was aber über die Fruchtbarkeit dieses Modells nicht hinweg täuschen sollte.

In der Tat konnten außerordentlich interessante psychophysische Gesetze formuliert werden, die in dem „Potenzgesetz" gipfelten. Auf die Fruchtbarkeit dieses und eines weiteren Gesetzes sei besonders hingewiesen. Ein Begründer der Psychophysik war Gustav Theodor FECHNER (1860), nach dem sogar ein Gesetz benannt wurde, dass nämlich die Intensität einer Empfindung dem dekadischen Logarithmus einer physikalisch bestimmbaren Reizintensität entspricht. Worauf es uns hier aber besonders ankommt, ist eine seiner theoretischen Annahmen, dass nämlich Psychisches sich quantitativ in dem Sinne beschreiben lässt, dass die Stärke einer Wahrnehmung sich aus der Addition elementarer psychischer Quanten ergibt. Die Bausteine des Seelenlebens sind also diskrete Elemente, die jeweils aus dem Fluss der sensorischen Reizung extrahiert werden, und die dann additiv verbunden werden. Dies mag zunächst verwunderlich erscheinen, doch zeigen moderne Ergebnisse insbesondere im Bereich der zeitlichen Verarbeitung von Reizen, dass diese nicht kontinuierlich erfolgt, sondern quantisiert mit diskreten Verarbeitungsschritten.[7] Dieses Problem, ob Informationsverarbeitung im Gehirn ein kontinuierlicher oder ein zeitlich diskreter Prozess ist, ist durch die Psychophysik begründet worden und bisher nicht hinreichend beantwortet.

Besonders hervorheben muss man vor allem das Potenzgesetz der Psychophysik, das universelle Bedeutung hat, und bei dem man von einem „Wunder der Natur" sprechen kann. Dieses Gesetz besagt, dass jedes psychische Erleben, das sich nach Intensität skalieren lässt, und dies gilt für nahezu alles, was psychisch repräsentiert ist, sich durch eine sehr einfache mathematische Formel beschreiben lässt: Die psychische Intensität ist proportional der physikalischen Intensität eines Reizes hoch einem empirisch zu bestimmenden Exponenten (STEVENS 1986). Wenn man dieses Gesetz umformuliert, um die Aussage dann graphisch einfacher darstellen zu können, gilt: Der Logarithmus einer psychischen Intensität ist proportional dem Logarithmus einer physikalischen Intensität multipliziert mit dem empirisch bestimmten Faktor, der im Potenzgesetz dem Exponenten entsprach. Bei der graphischen Darstellung in einem doppelt logarithmischen Koordinatensystem zeigt sich nun, dass alle Beziehungen sich als Geraden ausdrücken lassen, die sich nur durch den Steigungswinkel unterscheiden, und dieser Steigungswinkel liegt für alle bisher gemessenen Funktionen zwischen 0.3 und 3; der Faktor 0.3 gilt beispielsweise für die Beurteilung von Helligkeit, der Faktor 3 für die Beurteilung von Schmerz. Dieses Gesetz zeigt, dass es auch in der Psychologie mathematisch formulierte Gesetze gibt. Hinzuzufügen ist jedoch, dass sie nur einen Teilbereich des Psychischen erfassen. Die wesentliche Einschränkung dieser Modelle ist, dass sie offenkundig den qualitativen Aspekt psychischen Erlebens vernachlässigen müssen. Sie sind im eingangs genannten Sinne von CARNAP einfach, und damit ist diese Modellforderung erfüllt, aber hier gilt auch eine Warnung von Albert EINSTEIN, dass sie auch „zu einfach" sein können.

7 ATMANSPACHER und RUHNAU 1997, BAO et al. 2010, MADLER und PÖPPEL 1987, MATES et al. 1994, PÖPPEL 1970, 2009, PÖPPEL et al. 1990, RUHNAU 1997, RUHNAU und PÖPPEL 1991.

5. Linguistische Modelle

Es gibt eine berühmte These des Philosophen Ludwig WITTGENSTEIN aus seinem *Tractatus Logico-Philosophicus* (1921), die lautet: „Die Grenzen meiner Sprache bedeuten die Grenzen meiner Welt.“ Mit dieser These wird impliziert, dass alles Psychische sich auch sprachlich abbildet; was sich in der Sprache nicht abbildet, bleibt unzugänglich und ist somit auch nicht modellierbar. Das linguistische Modell ist ohne Frage außerordentlich mächtig und bestimmt vielerorts die Landschaft psychologischer Forschung. Mit dem linguistischen Modell stehen wir auch in der Tradition des Rationalismus, der das moderne Denken dominiert. Im *Discours de la méthode* (1637) formuliert wiederum René DESCARTES Regeln des Denkens, wobei in diesem Zusammenhang die erste Regel bedeutsam ist, nämlich Probleme klar und deutlich zu formulieren, wenn man sie behandeln will, also explizit verfügbar zu machen, und dies geschieht üblicherweise in der Sprache. Als späte Folge dieses Denkens kann die „klassische Künstliche Intelligenzforschung“ angesehen werden, in der eine Algorithmisierung des Psychischen auf der Grundlage verbaler Äußerungen möglich erschien, was sich dann aber als Irrtum erwies.

Was mag der Grund für die Attraktivität des linguistischen Modells sein? Offenbar haben Menschen ein unmittelbares Bedürfnis nach Reduktion von Komplexität (RIPPL und RUHNAU 2002), und eine erfolgreiche Komplexitätsreduktion ist dann gelungen, wenn man einen Begriff identifiziert hat. Diese Ontologisierung der Welt führt dann zu einem „Zoo“ von Begriffen, und man steht in Gefahr, will man Modelle des Psychischen oder sogar eine Taxonomie entwickeln, dass man in eine Sprachfalle gerät. Indem man einen Begriff entwickelt hat, ist damit noch nicht der dahinter liegende neuronale Prozess erfasst, da es bei der Entwicklung von Begriffen in erster Linie um die Kommunikation von Sachverhalten geht, die naturgemäß in expliziter Sprache stattfindet, dabei aber viele intervenierende Variable des dahinter liegenden generierenden Prozesses unterschlagen werden. Im linguistischen Modell muss also aus sekundären Gründen, wegen der begrifflichen Beschreibung der Welt und deren Kommunikation, auf Wichtiges verzichtet werden, was das Psychische ausmacht. Und man wird des Weiteren in die phrenologische Falle gelockt, nämlich nach der Lokalisation von sprachlich fixierten psychischen Inhalten zu suchen. Trotz dieser offenkundigen Einschränkungen muss aber betont werden, dass das linguistische Modell ein beherrschendes Paradigma der Psychologie darstellt (POEPPEL und HICKOK 2004).

Zu den linguistischen Modellen sind auch jene zu rechnen, die mit Hilfe von statistischen Verfahren aus Daten, die mit Fragebögen erhoben werden, Strukturen des Psychischen zu bestimmen suchen. Bei der Beschreibung von Persönlichkeitsstrukturen mit Hilfe solcher *Questionnaires* hat sich ergeben, dass letzten Endes nur fünf Merkmale erforderlich sind, um jemanden zu charakterisieren; dies sind die sogenannten „Big Five“, nämlich Extraversion, emotionale Stabilität oder Labilität, Friedfertigkeit oder Aggressivität, Offenheit und schließlich Zuverlässigkeit oder Fleiß. Es ist erstaunlich, dass diese Faktoren offenbar für alle Kulturen gelten, dass sich also sprachlich abbildbar und durch Befragung feststellbar stets ein gleiches Grundmuster finden lässt, das für alle Menschen gilt. Die Begriffe zeigen aber bereits, dass hier auf einer sehr groben Granularitätsebene operiert wird, und dass für die Entwicklung einer Taxonomie psychischer Funktionen die einzelnen Faktoren ihrerseits zerlegt werden müssen.

Eine weitere Einschränkung für die Gruppe der linguistischen Modelle, die von einer expliziten Wissensrepräsentation ausgehen, ergibt sich aus anderen Erkenntnissen der Psychologie und Neurowissenschaften, dass es neben dem expliziten Wissen weitere Wissensformen gibt, nämlich das implizite und das bildliche Wissen, die für das Verständnis des Psychischen mindestens genau so wichtig sind (PÖPPEL und BAO 2010). Nicht alles im menschlichen Erleben bildet sich explizit in der Sprache ab; man kann sogar argumentieren, dass dies eher der geringere Anteil des menschlichen Seelenlebens ist. Beispielsweise zeigen Studien zum episodischen Gedächtnis, wie wichtig bildliche Erinnerungen im menschlichen Erleben sind, etwa im Hinblick auf die Konstruktion der personalen Identität und ihres Erhalts, doch der Inhalt dieses piktoralen oder allgemeiner sensorischen Gedächtnisses entzieht sich meist der präzisen sprachlichen Abbildung. Entsprechendes gilt für das implizite Wissen, das häufig handlungsbestimmend ist, aber nicht der bewussten Kontrolle unterliegt. Häufig gilt der Satz: „Ich weiß nicht, dass ich weiß“ (PÖPPEL 2006).

6. Phänomenologische Modelle

In philosophischen Diskursen wird unter anderem die Frage erörtert, was eigentlich Merkmale des Mentalen sind (SEARLE 1992), und als Antwort werden auf der Grundlage einer phänomenologischen Analyse solche Charakteristika genannt, wie: Mentales ist bewusst, intentional (jeweils auf Inhalte bezogen), kausal (in die Welt hinein wirkend), sozial (auf andere bezogen), antizipativ (Ziele vorweg nehmend und auf deren Erfüllung warten könnend), und manches andere mehr, aber Mentales ist vor allem subjektiv. Jeder psychische Akt ist immer an eine Person gebunden, und es gibt keine Möglichkeit, trotz aller empathischen Versuche, in das Subjektive eines anderen Menschen einzudringen. Insofern ist jedes Individuum eine Besonderheit, und auf Grund der hohen Komplexität der molekularen und neuronalen Prozesse in einem individuellen Gehirn damit eine Singularität im Universum. Wenn dem so ist, verbietet sich dann nicht zwangsläufig der Versuch, allgemein gültige Modelle zu formulieren oder gar eine Taxonomie des Mentalen zu entwickeln, die über die Individualität hinausweisen? Es muss immer einen unerklärbaren Rest geben, wenn man von dieser Ebene der Betrachtung ausgeht. Dennoch kann man versuchen, von dieser Tatsache zu abstrahieren, denn andererseits gilt auch, dass Menschen trotz aller individuellen Ausprägungen sich in vielen Merkmalen entsprechen. Offenbar gibt es neben individuellen Spezifika anthropologische Universalien, die für alle Menschen gelten, denn sonst wäre von vorneherein jegliche Art der Kommunikation unmöglich. Im kommunikativen Akt beziehen sich verschiedene Menschen auf den gleichen Sachverhalt, was voraussetzt, dass man im psychischen Repertoire eine gemeinsame Perspektive teilt.

Dass es solche gemeinsamen Bezüge gibt, lässt sich mit den verschiedenen phänomenologischen Modellen deutlich machen. Hierbei kann man aus dem Rahmen der psychologischen Forschung heraustreten und in andere soziale Welten eintauchen (RUHNAU et al. 2000). Eine solche andere Welt ist beispielsweise die Ökonomie, und man kann sich fragen, welche Landkarten der Bedürfnisse es eigentlich gibt (PÖPPEL 2010). Man prüft bei einem solchen ökonomischen Modell, was es alles gibt, was zur Befriedigung der Bedürfnisse beiträgt und erhält somit einen Katalog dessen, was Menschen brauchen, oder glauben zu brauchen, und was sie bewegt. Hierbei zeigt sich dann, dass es Hierarchien von Bedürfnissen gibt, mit jenen an der Basis, die grundlegende biologische Bedürfnisse repräsentieren. Es ist das ökonomisch motivierte Handeln, das zu einem phänomenologischen Modell führt, und überspitzt kann man sagen, dass der Aufbau eines Kaufhauses die Struktur eines psychologischen Modells wiedergibt.

Ein anderes phänomenologisches Modell ist an den Künsten orientiert (Rentschler et al. 1988). Man kann prüfen, welche Künste es eigentlich gibt, und welches die Inhalte sind, die jeweils in den einzelnen Künsten behandelt werden. Auch hier zeichnet sich, aber in anderer Weise als beim ökonomischen Modell eine Landkarte dessen ab, was Menschen bewegt. Es ist auffällig, dass sich aus allen primären Sinneserfahrungen künstlerische Trajektorien entfaltet haben, und dies unabhängig von der jeweiligen Kultur (Pöppel 2006). Da dies der Fall ist, muss man akzeptieren, dass in jeder Taxonomie des Psychischen sensorische und motorische Erfahrung eine fundamentale Rolle spielen. Sowohl das ökonomische Modell als auch das Modell der Künste stellen implizite Szenarien dar, in denen sich psychische Phänomene Ausdruck verschaffen. Es war der Philosoph Ernst Cassirer, der in seiner „Philosophie der symbolischen Formen" darauf hingewiesen hat, dass das Geistige stets nach Ausdruck strebt, und einen solchen Ausdruck in der Kunst, in der Sprache, aber auch im Mythos oder der Religion und auch in der Technik findet. So erlauben diese Szenarien des Ausdrucks die Erstellung von Katalogen, in die die psychischen Bausteine des Erlebens eingetragen sind. In einer möglichen Taxonomie des Psychischen müssen diese dann angemessen repräsentiert sein.

Doch man stößt auf weitere phänomenologische Modelle, die sich aus der Betrachtung des eigenen Erlebens oder der Analyse psychischer Prozesse bei anderen ergeben. Besonders attraktiv scheinen Schichtenmodelle zu sein, in denen eine hierarchische Beziehung angenommen wird, etwa mit solchen Schichten wie des Anorganischen, des Lebens, des Geistes und der Seele, wie es der Philosoph Nicolai Hartmann (1940) getan hat. Ein besonderes Schichtenmodell hat Sigmund Freud (1932) entwickelt, dessen Einteilung in das Es, das Ich und das Über-Ich zum Allgemeinwissen geworden ist. Berühmt ist sein Satz, dass „wo Es war, Ich werden soll", dass wir also bestrebt sein sollen, das Unkontrollierte unter eine willentliche Kontrolle zu bringen. Es ist auffällig, dass in vielen Bereichen der Psychologie dieses Modell die Richtschnur des Denkens und Handelns geworden ist; man muss jedoch auf das Problem hinweisen, dass das psychoanalytische Modell trotz seiner für manche überzeugenden Eingängigkeit vor allem auch wegen seiner überzogenen Einfachheit nicht geeignet ist, als allgemeine Grundlage einer Beschreibung psychischer Prozesse zu dienen. Es liefert eine besondere Perspektive, verschließt aber den Zugang zu einer umfassenden naturwissenschaftlichen Betrachtung psychischer Prozesse wie der Wahrnehmung, von Gedächtnisprozessen oder auch der emotionalen Wertungen, obwohl gerade diese im Zentrum des psychoanalytischen Modells stehen.

Eine besondere Klasse der phänomenologischen Modelle bilden die Tiermodelle.[8] Im Rahmen der ethologischen Analyse des Verhaltens werden Merkmale beschrieben, die als homolog zu menschlichem Verhalten gelten können; die Ähnlichkeit bestimmter Verhaltensaspekte muss also über eine bloße Analogie hinausgehen. Dieser Ansatz hat sich als außerordentlich fruchtbar erwiesen, denkt man nur an die Untersuchung des visuellen Systems. Studien an nicht-menschlichen Primaten liefern auch Einblicke in das visuelle System des Menschen, für das beispielsweise Voraussagen gemacht werden konnten wie das sogenannte Blindsehen, also visuelle Reize ohne eine bewusste Repräsentation verarbeiten zu können (Pöppel et al. 1973). Befunde an Versuchstieren motivierten erst die Suche nach äquivalenten Leistungen im Menschen. Experimentell geht man meist so vor, dass zunächst eine homologe Verhaltensweise

8 Darwin 1872, von Holst 1969, Lorenz 1943, Skinner 1981, Tinbergen 1956, von Uexküll 1973.

 Nova Acta Leopoldina NF *110*, Nr. 377, 213–233 (2011)

bei Tier und Mensch bestimmt wird, wie bei der visuellen Wahrnehmung etwa das Sehen von Farben, und man untersucht dann auf der neuronalen Ebene die Prozesse am Tiermodell. Die experimentelle Herausforderung ist, Verhaltensweisen auf einer Granularitätsebene, also mit geringerer oder höherer Komplexität, zu bestimmen, die dann auf der neuronalen oder auch molekularen Ebene weiter verfolgt werden können. Ein positives Beispiel ist auch die Identifizierung der neuronalen Grundlagen des Lernens, die sich bereits bei sehr einfachen Tiermodellen untersuchen lassen. Das ethologische Modell stößt natürlich dann an seine Grenzen, wenn sich keine homologen Verhaltensweisen an Tiermodellen identifizieren lassen. Ein typisches Beispiel hierfür ist die menschliche Sprache (Poeppel und Hickok 2004). Einzelne Komponenten der Sprache lassen sich vielleicht im Tiermodell simulieren, wie Aspekte der phonetischen oder auch der lexikalischen Kompetenz, doch scheinen syntaktische oder semantische Kompetenz, die uns erst zu sprachfähigen Wesen machen, dem Menschen vorbehalten zu sein.

Zur Klasse der phänomenologischen Modelle gehören auch die technologischen Modelle, d. h. die Versuche, Psychisches in Artefakten zu simulieren (Pfeifer und Bongard 2007). Es werden Phänomene des Psychischen identifiziert, für die dann technische Implementierungen gesucht werden. Außerordentlich erfolgreich sind Lern-Algorithmen oder auch solche der automatischen Mustererkennung oder der Speicherung von Information, die weit über die menschlichen Möglichkeiten hinausgehen. Es ist aber deutlich, dass immer sehr eingeschränkte Teilmengen des menschlichen Geistes herausgegriffen werden müssen, um sie einer technologischen Lösung zuzuführen. Alle Versuche, eine „ganzheitliche“ Lösung zu finden, also den menschlichen Geist als Ganzes zu simulieren, sind gescheitert. Ob dies immer so bleiben wird, ist allerdings eine offene Frage, denkt man an die faszinierenden Entwicklungen in der Robotik, die ganz andere Ansätze verfolgen, indem beispielsweise auf die Algorithmisierung einzelner Komponenten der menschlichen Intelligenz verzichtet wird. Mit dem Begriff der „Intelligenz“ ist bereits das entscheidende Stichwort gefallen, dass man bei technologischen Modellen nämlich im Wesentlichen versucht, intelligentes Verhalten zu simulieren. Dass sich das Mentale aber nicht in „Intelligenz“ erschöpft, sollte auch selbstverständlich sein, welche Definition der Intelligenz man auch immer bevorzugt.

So zeigt sich, dass eigentlich alle Modell-Bereiche, philosophische, topographische, psychophysische, linguistische oder phänomenologische Modelle jeweils ihre eigene Faszination haben, dass sie aber jeweils selektive Perspektiven ausmachen und damit notgedrungen nur einen Ausschnitt des Psychischen repräsentieren, der im Rahmen der gewählten Perspektive sichtbar wird. Diese Einschränkung gilt auch für die noch zu erwähnenden Modelle, nämlich das evolutionäre und das neuropsychologische Modell, die beide durch ihren biologischen, speziell neurobiologischen Bezug gekennzeichnet sind.

7. Das evolutionäre Modell

Bei der Betrachtung von Lebensprozessen und, wie sich zeigen wird, auch von Er-Lebensprozessen ist es nützlich, weit in die Evolution zurückzugehen und sich der Frage zu widmen, welches eigentlich die Grundprinzipien des Lebens bereits auf den einfachsten Stufen des Lebens sind, wobei wir uns hier auf den Aspekt des „Verhaltens“ konzentrieren wollen. Das überraschende Ergebnis ist, dass sich bei allen Lebewesen unter einer bestimmten Perspektive jeweils entsprechende Prinzipien erkennen lassen. Welches ist diese Perspektive? Stellt man sich die Frage, welches Prinzip für einen Organismus absolut notwendig ist, so wird man zu der Antwort geführt, dass es sich um die Regulation der Homöostase handelt. Jeder Organismus versucht, zur Lebenserhaltung ein inneres Gleichgewicht zu sichern. Dieses kann durchaus ein dynamisches Gleichgewicht sein, wie Studien zu circadianen Rhythmen nahelegen, dass also biologische Zustände einer tagesperiodischen Schwankung unterliegen (PÖPPEL 1968, 1997). Es hat sich nun gezeigt, dass bereits Einzeller für ihre homöostatische Regulation zielgerichtetes Verhalten einsetzen. Diese Tatsache allein, auf ein Ziel hinzusteuern, um in eine Situation zu kommen, in der die Bedingungen für den Organismus günstiger sind, hat erhebliche Implikationen für das Verständnis seiner hierfür erforderlichen Operationen.

Wenn Situationen aufgesucht werden, die für den Organismus günstiger sind, dann muss es eine Instanz geben, die dieses „günstiger" vermittelt. Wie diese Instanz im Organismus repräsentiert ist, dies ist eine völlig offene Frage. Bei der Beschreibung der einzelnen Komponenten des zielgerichteten Verhaltens schon des Einzellers ist man notgedrungen auf die Verwendung der menschlichen Sprache angewiesen, ohne hoffentlich in die Falle des Anthropomorphisierens zu geraten. Wenn etwas „günstiger" ist, dann muss es im Organismus einen Prozess geben, der etwas mit „Vergleichen" zu tun hat; der Philosoph Rudolf CARNAP, auf den wir uns zu Beginn bei den Kriterien von Modellen bezogen haben, war der Meinung, dass der „Vergleich" die Grundoperation des menschlichen Geistes überhaupt sei. Man sieht aber bereits aus der obigen Überlegung, dass Vergleichen selbst bei einfachsten Lebewesen vorkommen muss.

Bevor der Organismus aber in die Lage kommt, etwas miteinander zu vergleichen, muss dieses „Etwas" erst bestimmt werden. Wir werden zu der Schlussfolgerung gezwungen, dass bereits der Einzeller ohne eine neuronale Struktur Ereignisse definieren kann, also „Etwas als Etwas" identifizieren kann, denn nur auf dieser Grundlage ist es ihm möglich, eine zielgerichtete Bewegung zu programmieren. Am Beginn des Lebens steht also die Fähigkeit von Organismen, eine bestimmte Situation zu identifizieren, und diese als Kategorie für weitere Arbeitsschritte zu speichern. Der erforderliche Vergleich kann nun nicht gleichzeitig erfolgen, sondern beim Vergleich müssen zwei kategoriale Zustände aufeinander bezogen werden, die zeitlich voneinander getrennt repräsentiert sind. Damit muss der Organismus ein „Arbeitsgedächtnis" haben, um zwei äquivalente Zustände in einem kurzen zeitlichen Abstand hinsichtlich eines möglichen Unterschiedes bewerten zu können. Wenn es jedoch auf den Unterschied ankommt, dann muss bereits das Konzept der „Schwelle" in einem solchen Organismus implementiert sein, dass also erst ab einer bestimmten Differenz von einem Unterschied gesprochen werden kann, der bei einem Vergleich festgestellt wird.

Wenn wir von der Bestimmung kategorialer Zustände sprechen, dann können wir auch von „Wahrnehmung" sprechen; einzellige Organismen identifizieren mit Hilfe bestimmter molekularer Verbindungen in ihrer Membran beispielsweise chemische Gradienten, oder die Intensität oder spektrale Komponenten des Lichts. Die sensorische Kompetenz ist die Bedingung für die Bestimmung kategorialer Zustände und die Voraussetzung eines möglichen Vergleichs, auf dessen Grundlage dann eine Wahl getroffen werden kann, also die Zuordnung eines kategorialen Zustandes zu einer bestimmten Menge. Eine Wahl ist wiederum die Voraussetzung einer Entscheidung, nämlich sich in einer bestimmten Richtung zu bewegen, um in eine Situation zu kommen, in der die Lebensverhältnisse günstiger sind. Die vorausgehenden Funktionen sind unter dieser Perspektive also Dienstleistungsfunktionen einer zielgerichteten Bewegung. Eine solche Bewegung aber überhaupt zu programmieren, setzt des Weiteren voraus, dass eine erfolgreiche Handlung antizipiert wird. Schon einfachste Organismen sind also mit „Antizipation“ ausgestattet. Alle diese Operationen setzen außerdem voraus, dass es eine Instanz der Bewertung gibt. Wenn das Ziel erreicht ist, dann muss der Organismus „wissen“, dass das Ziel erreicht wurde; wenn kategoriale Zustände miteinander verglichen werden, um auf der Basis des Vergleichs eine Wahl zu treffen, dann findet dies immer im Rahmen einer Bewertung statt. Mit einfachsten Worten kann man sagen, dass der Organismus sich laufend selbst überwacht, indem er die Frage prüft: „Was ist gut für mich, was ist schlecht für mich?“

Diese Operationen müssen wir also bereits bei einem Einzeller annehmen, der sich auf ein Ziel hin bewegen kann. Es ist nun bemerkenswert, dass es dieselben Operationen sind, die Organismen mit Gehirnen kennzeichnen (Pöppel 2006). Wenn man die grundlegenden kognitiven Prozesse des Menschen beschreiben will, dann kommt man zu einer entsprechenden Hierarchie mentaler Operationen, wobei wiederum die vorausgesetzte Perspektive ist, dass es auch uns letzten Endes um die erfolgreiche Regulation eines homöostatischen Gleichgewichts geht. Eine Grundoperation unseres Gehirns ist die Bestimmung von kategorialen Zuständen, also mit Hilfe der Wahrnehmung „Etwas als Etwas“ in seiner Identität aus dem Fluss der sensorischen Information zu extrahieren. Diese elementaren Bausteine werden miteinander in Beziehung gesetzt, um einen Vergleich zu ermöglichen. Für den Einzeller wie für den Menschen gilt, dass jeweils Relationen hergestellt werden; das „In-Beziehung-setzen“ ist ein weiteres Grundprinzip des Lebendigen. Wenn auf der Grundlage eines Vergleichs eine Wahl möglich geworden ist, dann kann eine Entscheidung fallen, die Grundlage einer Handlung ist. Wird die Handlung erfolgreich beendet, wird dies dem Organismus zurückgemeldet, und ein neuer Handlungszyklus kann beginnen, alles immer im Dienste der Sicherstellung eines inneren Gleichgewichts.

Es ist bemerkenswert, und vielleicht ist dies wieder ein „Wunder der Natur“, dass die gleichen Prinzipien auf allen Stufen des Lebens gelten, und damit auch Prinzipien des Er-Lebens sind. Es gilt sich dennoch zu fragen, worin der prinzipielle Unterschied zwischen einem Einzeller und einem Menschen besteht, sieht man einmal von den quantitativen Unterschieden ab? Was kommt bei uns hinzu, das uns qualitativ anders macht? Ein entscheidender Faktor ist das explizite Wissen über diesen Unterschied. Im Gegensatz zu vielen Lebewesen, wohl nicht zu allen, haben Menschen eine mögliche Außenperspektive zu sich selbst entwickelt (Gehlen 1962). Wir sind in der Lage zu wissen, was wir tun, wobei wir davon ausgehen, dass die meisten Lebewesen nicht über eine solche Außenperspektive verfügen. Die Forschung zu der sogenannten „Theory of Mind“ zeigt, dass sich diese Außenperspektive in der Ontogenese erst entwickeln muss und möglicherweise im Alter wieder nachlässt. Mit dieser hinzukommenden Außenperspektive, die uns vermutlich heraushebt, wenn wir uns mit anderen Lebewesen vergleichen, haben wir nun aber plötzlich ein weiteres Problem für die Klassifikation von Funktionen und eine mögliche Taxonomie: Wir verfügen nämlich über zwei Bewusstseinszustände, einmal jenen, der gekennzeichnet ist durch rationale Reflexion, ermöglicht durch die neu gewonnene Außenperspektive, und zum anderen jenen, den man als „empathischen Bezug“ kennzeichnen kann, der unmittelbar die Innenperspektive des Erlebenden repräsentiert. Wenn man sich bei der Modellierung nur auf einen Bewusstseinszustand konzentriert, und üblicherweise gerät in den verschiedenen Modellen nur die rationale Reflexion und das explizite Wissen in den Blick, dann haben wir einen wesentlichen Teil des Psychischen übersehen, gerade jenen, der in der Evolution an den Beginn des Lebens zurückreicht.

8. Das neuropsychologische oder Komplementaritätsmodell

Bei der Suche nach einer Taxonomie, bei der Bestimmung eines möglichst guten Modells, das den Carnapschen Forderungen nahekommt, muss die erste Aufgabe sein, eine umfassende Übersicht der psychischen Funktionen zu gewinnen. Alle genannten Modelle zeigen in ihrer jeweils spezifischen Perspektive immer nur eine Auswahl psychischer Phänomene. Der gewählte Rahmen lässt notwendigerweise manche psychischen Phänomene unberücksichtigt. Gibt es einen Zugang, der robust ist gegenüber der gewählten Perspektive, wenn es um die Aufstellung eines umfassenden psychischen Repertoires geht? Dies scheint in der Tat mit dem neuropsychologischen Modell der Fall zu sein. Wie bereits bei der Erörterung des monistischen Modells im Rahmen der philosophischen Modelle erwähnt wurde, liefern Ausfälle des Gehirns gleichsam den Existenzbeweis von Funktionen. Wenn definierte Ausfälle, die lokaler oder prozessualer Natur sein können, mit interindividueller Konstanz zu jeweils entsprechenden Funktionseinbußen führen, so lässt sich daraus schließen, dass die Integrität eines neuronalen Areals oder eines neuronalen Prozesses normalerweise für die Verfügbarkeit der Funktion notwendig ist. Die Funktion definiert sich selbst durch ihren Verlust. Der nächste Schritt ist dann nur noch, nach dem „darwinischen" Verfahren die vorkommenden Ausfälle zu sammeln und zu ordnen, um das Repertoire des Psychischen umfassend zu bestimmen.

Wenn man sich dieser Übung unterzieht, dann kommt man zu folgendem Ergebnis: Inhalte des Psychischen, was also bewusst werden kann, lassen sich im Wesentlichen vier Klassen zuordnen, nämlich den Wahrnehmungen, den Erinnerungen, den Gefühlen und den Absichten (Pöppel 1988, 1989). Hierbei ist eine Beobachtung hervorzuheben, dass für umschriebene Areale des Gehirns das Prinzip der Lokalisation von Funktionen gilt, aber nur in dem Sinne, dass deren Integrität notwendig aber nicht hinreichend für die Verfügbarkeit der Funktion auf der Ebene des bewussten Erlebens ist.

Diese Funktionen repräsentieren aber nur einen Bereich; es kommt ein weiterer Bereich hinzu, ohne den Inhalte des Psychischen nicht möglich wären, und dies sind die logistischen Funktionen. Bei den logistischen Funktionen lassen sich wiederum Unterklassen unterscheiden, nämlich solche, die die Bedingung der Möglichkeit psychischer Inhalte sicherstellen, und solche, die Operationen mit den psychischen Inhalten ermöglichen. Welches sind diese Funktionen, die nicht selbst Inhalte des Psychischen sind, sondern erschlossen werden müssen, die aber notwendig dafür sind, dass wir überhaupt etwas im Bewusstsein haben, und dass wir die Inhalte des Bewusstseins dann auch operativ einsetzen können?

Die erste Unterklasse ist gekennzeichnet durch die logistischen Funktionen der Aktivation, der Aufmerksamkeitssteuerung und der zeitlichen Organisation neuronaler Prozesse, die Grundlage allen psychischen Geschehens sind. Psychisches ist nur verfügbar, wenn eine hinreichende Aktivation der verantwortlichen neuronalen Prozesse gegeben ist; ohne „Stromversorgung" können Inhalte nicht bereitgestellt werden. Die tagesperiodische Modulation der Aktivation, dass wir also nachts schlafen, belegt ihre Bedeutung, wobei hierbei im Wesentlichen Hirnstammfunktionen angesprochen werden. Eine weitere logistische Funktion ist die Aufmerksamkeit, die dafür sorgt, dass Inhalte ausgewählt werden können, um in das Zentrum des Bewusstseins zu kommen (Bao und Pöppel 2007). Ein Selektionsprozess sorgt dafür, von im Augenblick Unwichtigem abzusehen. Und schließlich müssen die neuronalen Prozesse zeitlich koordiniert werden, damit Bewusstseinsinhalte möglich werden. Hier sei besonders auf zwei zeitliche Prozesse hingewiesen, nämlich einen hochfrequenten Prozess mit einer Periode von etwa 30 bis 40 ms, der für eine Komplexitätsreduktion in neuronalen Strukturen sorgt und die Bestimmung elementarer Prozesseinheiten erlaubt (MADLER und PÖPPEL 1987, PÖPPEL 1970), und einen Integrationsprozess von etwa 2 bis 3 s, der als ein „zeitliches Fenster" genutzt wird, um Bewusstseinsinhalte sichtbar zu machen. Diese „zeitliche Bühne" wird vom Gehirn präsemantisch bestimmt, und Erlebnisinhalte werden durch einen Selektionsprozess ausgewählt und in einer subjektiven Gegenwart von jeweils nur wenigen Sekunden repräsentiert (PÖPPEL 1997, 2009, PÖPPEL et al. 1990, SCHLEIDT et al. 1987).

Damit Psychisches überhaupt verfügbar sein kann, muss also die Integrität von zwei Bereichen sicher gestellt sein: Es müssen Inhalte bereitgestellt werden, und es müssen die logistischen Voraussetzungen erfüllt sein (VON STEINBÜCHEL und PÖPPEL 1993). Inhalte können nicht ohne eine funktionierende Logistik verfügbar gemacht werden; aber ohne Inhalte ist die Logistik gleichsam „blind". Man mag hier an einen Satz von Immanuel KANT aus der *Kritik der reinen Vernunft* (1781/1787) denken: „Gedanken ohne Inhalt sind leer, Anschauungen ohne Begriffe sind blind." Durch diesen Sachverhalt ist das neuropsychologische Modell durch Komplementarität gekennzeichnet, denn Inhalt (das „Was") und Logistik (das „Wie") müssen sich ergänzen; das Eine geht nicht ohne das Andere. Doch Komplementarität als generatives Prinzip des Psychischen bezieht sich noch auf einen weiteren, wesentlichen Sachverhalt: Es müssen jeweils *Bottom-up-* und *Top-down*-Prozesse miteinander verbunden werden; wiederum geht das Eine nicht ohne das Andere. Bei der Analyse beispielsweise der visuellen Wahrnehmung wird einerseits die sensorische Reizung benötigt (*bottom-up*), aber es kommen Selektionsmechanismen hinzu (*top-down*), indem durch die Steuerung der Aufmerksamkeit nicht Beliebiges, sondern nur Wichtiges aus dem sensorischen Feld extrahiert wird (PÖPPEL 2006).

Neben diesen logistischen Funktionen, die die Bedingung der Möglichkeit von psychischen Inhalten garantieren, gibt es nun noch die zweite Unterklasse, nämlich die der operativen Funktionen. Hierbei können wir uns auf jene Funktionen beziehen, die im „evolutionären Modell" beschrieben wurden, dass also das Gehirn mit neuronalen Prozessen oder gar Algorithmen ausgestattet ist, die mentale Operationen ermöglichen wie die Bestimmung von Ereignissen, die einen Vergleich zwischen Ereignissen erlauben, indem eine Relation zwischen verschiedenen Repräsentationen aufgebaut wird, die dann zu einer Wahl und einer Entscheidung führen, und die schließlich eine Handlung initiieren lassen. In dem Komplementaritätsmodell sind alle jene Operationen, die man unter dem Begriff „Denken" zusammenfasst, operative Funktionen im Dienste der inhaltlichen Funktionen, oder um es konkreter zu sagen, um letzten Endes Absichten durch Handlungen umsetzen zu können.

9. Schlussfolgerung: Im Zoo von Modellen

Der Beginn des Denkens bestimmt den Weg des Denkens (KUHN 1962). Eine gewählte Perspektive, geschehe dies bewusst oder auf impliziter Ebene, entscheidet darüber, welches Modell bei der Analyse des Psychischen gewählt wird. Wie sich zeigt, kommt man dann zu sehr verschiedenen Modellen, die aber dennoch in den meisten Fällen nicht voneinander unabhängig sind, sondern man beobachtet eine Überschneidung der Perspektiven. Die Analyse macht deutlich, dass die von Rudolf CARNAP formulierten Kriterien von guten Modellen nicht zu erfüllen sind. Die schwierigste Herausforderung ist die nach der „Ähnlichkeit", da es überhaupt keine übersichtliche Landkarte psychischer Phänomene gibt, sodass die Ähnlichkeit nicht überprüft werden kann. Allerdings kann diese Forderung dann erfüllt werden, wenn man sich auf eine beschränkte Auswahl psychischer Phänomene bezieht, die sich von vornherein für eine explizite Modellierung anbieten, wie es beim psychophysischen Modell der Fall ist. Man kann aber auch versucht sein, in diesem Fall ein zirkuläres Argument zu vermuten, dass nämlich aus Gründen möglicher Modellierung eine Reduktion im Bereich des Phänomenalen vorgenommen wird. Die Forderung nach der „Einfachheit" von Modellen ist wohl in allen Fällen gegeben, wobei man allerdings zugestehen muss, dass in wohl allen Fällen die Modelle zu einfach sind. Aufgrund der gewählten Perspektive werden jeweils Bereiche des Phänomenalen ausgeschlossen, was zu einer natürlichen Beschränkung der Betrachtung führt. Typische Beispiele für zu einfache Modelle sind das linguistische oder das psychoanalytische Modell; in dem einen Fall wird eine isomorphe Abbildung des Psychischen in Sprache vermutet; im anderen Fall wird das Psychische auf nur drei Schichten reduziert. Eine weitere Forderung war die nach der Exaktheit, und hier versagen nahezu alle Modelle in der Psychologie mit Ausnahme des psychophysischen Modells, das in mathematischer Sprache eine Beziehung zwischen physikalischen und psychischen Intensitäten beschreibt. Aber vielleicht ist es auch zuviel verlangt, in der Psychologie Modelle einzusetzen, die den genannten Forderungen entsprechen. Vielleicht kommt es nur auf die vierte Forderung an, dass nämlich Modelle fruchtbar sein sollen. Wenn ein Modell zum Denken anregt, wenn sich experimentelle Voraussagen formulieren lassen, wenn die Kreativität gefördert wird, dann hat ein Modell bereits seine Aufgabe erfüllt.

Eine besondere Bedeutung räumen die Autoren dem neuropsychologischen oder Komplementaritätsmodell ein, auch wenn hier die kritischen Forderungen nach Einfachheit, Exaktheit oder Ähnlichkeit nur bedingt erfüllt sein können. In diesem Modell lassen sich zahlreiche Aspekte der anderen Modelle wieder finden, sodass ihm eine integrative Bedeutung zukommt. Dieses Modell basiert auf dem philosophischen Modell des pragmatischen Monismus oder empirischen Realismus. Es entspricht dem ethologischen und auch dem evolutionären Modell, als dass angenommen wird, dass im Laufe der Evolution spezifische Selektionen zur Ausprägung des psychischen Repertoires geführt haben, die neuronal implementiert sind. Argumentiert wird hier so, dass nur das, was sich selektiv auf der Grundlage von Mutationen herausgebildet hat, auch verloren gehen kann. Der besondere Reiz dieses Modells besteht aber darin, dass das Konzept der „Komplementarität als generatives Prinzip" eingeführt werden muss. Psychische Prozesse lassen sich nur analysieren, wenn man sich bei deren Betrachtung von einer monokausalen Denkweise löst, also alles aus nur einem Prinzip erklären zu wollen, und wenn man eine notwendige Wechselbeziehung, insbesondere zwischen den Inhalts- und den logistischen Funktionen, bei der Erzeugung dessen berücksichtigt, was man das Psychische nennt, und was zu Beginn dieser Betrachtungen als die Suche nach dem „Bestimmten" bezeichnet wurde.

Literatur

ATMANSPACHER, H., and RUHNAU, E. (Eds.): Time, Temporality, Now. Experiencing Time and Concepts of Time in an Interdisciplinary Perspective. Heidelberg: Springer 1997

BACON, F.: Neues Organon (orig. 1620: Novum Organum). Hamburg: Meiner 1990

BAO, Y., and PÖPPEL, E.: Two spatially separated attention systems in the visual field: evidence from inhibition of return. Cognitive Processing *8*, 37–44 (2007)

BAO, Y., SZELAG, E., SZYMASZEK, A., WANG, X., and PÖPPEL, E.: Does speech experience affect temporal perception? Psychological Science (2010)

BORING, E. G.: The Physical Dimensions of Consciousness. Dover, New York: Century Co. 1933

CARNAP, R.: Der logische Aufbau der Welt. Berlin: Weltkreis-Verlag 1928

CASSIRER, E.: Philosophie der symbolischen Formen. Darmstadt: Wissenschaftliche Buchgesellschaft. [10]1994 (orig. 1923, 1925, 1929)

CHEN, L.: The topological approach to perceptual organization. Visual Cognition *12*, 553–637 (2005)

DARWIN, C.: The Expression of Emotions in Man and Animals. [3]1872. London: Harper Collins Publishers 1998

DESCARTES, R.: Von der Methode des richtigen Vernunftgebrauchs und der wissenschaftlichen Forschung. Hamburg: Felix Meiner 1990 (orig. 1637: Discours de la méthode)

EIBL-EIBESFELDT, I.: Die Biologie des menschlichen Verhaltens. München: Piper [3]1995

FECHNER, G. T.: Elemente der Psychophysik. Leipzig: Breitkopf und Härtel 1860

FEYNMAN, R.: The Character of Physical Law. Cambridge: MIT Press 1965

FODOR, J. A.: The Modularity of Mind. An Essay on Faculty Psychology. Cambridge: MIT Press 1983

FREUD, S.: Neue Folge der Vorlesungen zur Einführung in die Psychoanalyse. Gesammelte Werke. 3. Aufl. Bd. *15*. Frankfurt: S. Fischer Verlag 1961 (orig. 1932)

FROST, D., and PÖPPEL, E.: Different programming modes of human saccadic eye movements as a function of stimulus eccentricity: Indications of a functional subdivision of the visual field. Biological Cybernetics *23*, 39–48 (1976)

GEHLEN, A.: Der Mensch. Seine Natur und seine Stellung in der Welt. Frankfurt: Athenäum Verlag 1962

GUTYRCHIK, E., MEINDL, T., ZHOU, B., COATES, U., REISER, M., WELKER, L., and PÖPPEL, E.: The singing self. An fMRI case study. Consciousness and Cognition (2010)

HARTMANN, N.: Der Aufbau der realen Welt. Grundriß der allgemeinen Kategorienlehre. Berlin: de Gruyter 1940

HEIDEGGER, M.: Sein und Zeit. Tübingen: Max Niemeyer [10]1963 (orig. 1927)

HELMHOLTZ, H. VON: Handbuch der physiologischen Optik. Hamburg, Leipzig: Leopold Voss [2]1896

HELSON, H.: Adaptation-Level Theory. An Experimental and Systematic Approach to Behavior. New York: Harper & Row 1964

HOLST, E. VON: Zur Verhaltensphysiologie bei Tieren und Menschen. München: Piper 1969

JAMES, W.: The Principles of Psychology. Cambridge: Harvard University Press 1983 (orig. 1890)

KANT, I.: Kritik der reinen Vernunft. Riga: Hartknoch 1781/1787

KOHLER, I.: Über Aufbau und Wandlungen in der Wahrnehmungswelt. Sitzungsberichte Phil.-Hist. Klasse Österreichische Akademie der Wissenschaften Bd. *227*/1. Wien: Rohrer 1951

KUHN, T. S.: Die Struktur wissenschaftlicher Revolutionen. Frankfurt: Suhrkamp 1979 (orig. 1962)

LA METTRIE, J. O. DE: Der Mensch als Maschine. 2. Aufl. Nürnberg: LSR-Verlag 1988 (orig. "L'homme machine" 1748)

LORENZ, K.: Die angeborenen Formen möglicher Erfahrung. Zeitschrift für Tierpsychologie *5*, 235–409 (1943)

LURIA, A. R.: The Working Brain. An Introduction to Neuropsychology. New York: Basic Books 1973

MADLER, C., and PÖPPEL, E.: Auditory evoked potentials indicate the loss of neuronal oscillations during general anaesthesia. Naturwissenschaften *74*, 42–43 (1987)

MATES, J., MÜLLER, U., RADIL, T., and PÖPPEL, E.: Temporal integration in sensorimotor synchronization. Journal of Cognitive Neuroscience *6*, 332–340 (1994)

MAYR, E.: What Evolution Is. New York: Basic Books 2001

NAUTA, W. J. H., and FEIRTAG, M.: Fundamental Neuroanatomy. New York: Freeman & Co. 1986

PFEIFER, R., and BONGARD, J.: How the Body Shapes the Way we Think. A New View of Intelligence. Cambridge: MIT Press 2007

POEPPEL, D., and HICKOK, G. S.: Towards a New Functional Anatomy of Language. Cognition *92*, 1–12 (2004)

PÖPPEL, E.: Desynchronisationen circadianer Rhythmen innerhalb einer isolierten Gruppe. Pflügers Archiv *299*, 364–370 (1968)

PÖPPEL, E.: Excitability cycles in central intermittency. Psychologische Forschung *34*, 1–9 (1970)

PÖPPEL, E.: Oscillations as possible basis for time perception. Studium Generale *24*, 85–107 (1971)

PÖPPEL, E.: Module des Erlebens: Vom möglichen Nutzen einer psychologischen Taxonomie in der Psychiatrie. In: HIPPIUS, H. (Hrsg.): Ausblicke auf die Psychiatrie. S. 97–114. Berlin, Heidelberg: Springer Verlag 1984

PÖPPEL, E.: Taxonomie des Subjektiven auf der Grundlage eines pragmatischen Monismus. In: BÖCKER, F., und WEIG, W. (Hrsg.): Aktuelle Kernfragen in der Psychiatrie. S. 24–36. Berlin, Heidelberg: Springer Verlag 1988

PÖPPEL, E.: Taxonomy of the subjective: An evolutionary perspective. In: BROWN, J. W. (Ed.): Neuropsychology of visual Perception; pp. 219–232. Hillsdale, N. J., USA: Lawrence Erlbaum Associates 1989

PÖPPEL, E.: Grenzen des Bewußtseins. Wie kommen wir zur Zeit und wie entsteht Wirklichkeit? 3. üb. Aufl. Frankfurt: Insel Verlag 1997

PÖPPEL, E.: Complementarity as a generative principle in visual perception. Visual Cognition *12*, 665–670 (2005)

PÖPPEL, E.: Der Rahmen. Ein Blick des Gehirns auf unser Ich. München: Hanser 2006

PÖPPEL, E.: Pre-semantically defined temporal windows for cognitive processing. Philosophical Transactions of the Royal Society B *363*, 1887–1896 (2009)

PÖPPEL, E.: Neuronale Repräsentation von Marken: Eine Frage der Identität. In: BRUHN, M., und KÖHLER, R. (Eds.): Wie Marken wirken. Impulse aus der Neuroökonomie für die Markenführung. S.183–198. München: Franz Vahlen 2010

PÖPPEL, E., and BAO, Y.: Three modes of knowledge as basis for intercultural cognition and communication: An essay. In: HAN, S., and PÖPPEL, E. (Eds.): On Thinking. Vol. *3*. Heidelberg: Springer 2010 (in press)

PÖPPEL, E., BAO, Y., and ZHO, B.: Beyond blindsight: Conscious vision within an area of blindness. Science (2010, in press)

PÖPPEL, E., CHEN, L., GLÜNDER, H., MITZDORF, U., RUHNAU, E., SCHILL, K., and STEINBÜCHEL, N. VON: Temporal and spatial constraints for mental modelling. In: BHATKAR, V. P., and REGE, K. M. (Eds.): Frontiers in Knowledge-based Computing. 3. Conference on Knowledge-Based Computer Systems; pp. 57–68. New Delhi: Narosa Publishing House 1991

PÖPPEL, E., and HARVEY, L. O. Jr.: Light-difference threshold and subjective brightness in the periphery of the visual field. Psychologische Forschung *36*, 145–161 (1973)

PÖPPEL, E., HELD, R., and FROST, D.: Residual visual function after brain wounds involving the central visual pathways in man. Nature *243*, 295–296 (1973)

PÖPPEL, E., and RUHNAU, E.: Conditions for emergent collaboration and co-creation from a syntopic point of view. Ba and Syntopy – Japan-Germany Conference; pp. 183–208 (1998)

PÖPPEL, E., RUHNAU, E., SCHILL, K., and STEINBÜCHEL, N. VON: A hypothesis concerning timing in the brain. In: HAKEN, H., and STADLER, M. (Eds.): Synergetics of Cognition. Springer Series in Synergetics. Vol. *45*, pp. 144–149. Berlin, Heidelberg: Springer 1990

RENTSCHLER, I., HERZBERGER, B., and EPSTEIN, D. (Eds.): Beauty and the Brain. Biological Aspects of Aesthetics. Basel: Birkhäuser 1988

RIPPL, D., und RUHNAU, E. (Hrsg.): Wissen im 21. Jahrhundert. Komplexität und Reduktion. München: Wilhelm Fink 2002

RUHNAU, E.: The deconstruction of time and the emergence of temporality. In: ATMANSPACHER, H., and RUHNAU, E. (Eds.): Time, Temporality, Now; pp. 53–69. Heidelberg: Springer 1997

RUHNAU, E., KRIDLO, S., BUSCH, B., und ROESSLER, K. (Hrsg.): Ethik und Heuchelei. Köln: Dumont 2000

RUHNAU, E., and PÖPPEL, E.: Adirectional temporal zones in quantum physics and brain physiology. International Journal of Theoretical Physics *30*, 1083–1090 (1991)

SCHLEIDT, M., EIBL-EIBESFELDT, I., and PÖPPEL, E.: A universal constant in temporal segmentation of human short-term behavior. Naturwissenschaften *74*, 289–290 (1987)

SEARLE, J. R.: The Rediscovery of the Mind. Cambridge: MIT Press 1992

SINGER, W., ZIHL, J., and PÖPPEL, E.: Subcortical control of visual thresholds in humans: Evidence for modality-specific and retinotopically organized mechanisms of selective attention. Experimental Brain Research *29*, 173–190 (1977)

SKINNER, B. F.: About Behaviourism. London: Jonathan Cape 1974

SKINNER, B. F.: Selection by consequences. Science *213*, 501–504 (1981)

STEINBÜCHEL, N. VON, and PÖPPEL, E.: Domains of rehabilitation: a theoretical perspective. Behavioural Brain Research *56*, 1–10 (1993)

STEVENS, S. S.: Psychophysics. Introduction to its Perceptual, Neural and Social Prospects. New Brunswick: Transaction Books 1986

TEUBER, H.-L.: Perception. Handbook of Physiology – Neurophysiology III; pp. 1595–1668. 1960

TINBERGEN, N.: Instinktlehre. Vergleichende Erforschung angeborenen Verhaltens. Berlin: Parey 1956

UEXKÜLL, J. VON: Theoretische Biologie. Frankfurt: Suhrkamp 1973

WITTGENSTEIN, L.: Tractatus logico-philosopicus. Annalen der Naturphilosophie. Bd. *14*. 1921

ZEKI, S.: Inner Vision. An Exploration of Art and the Brain. Oxford: Oxford University Press 1999

ZHOU, B., BAO, Y., SANDER, T., TRAHMS, L., and PÖPPEL, E.: Dissociation of summation and peak latencies in visual processing: An MEG study on stimulus eccentricity. Neuroscience Letters (2010, in press)

ZIHL, J., CRAMON, D. VON, and MAI, N.: Selective disturbance of movement Vision after bilateral brain damage. Brain *106*, 313–340 (1983)

Prof. Dr. Ernst PÖPPEL
Prof. Dr. Eva RUHNAU
Humanwissenchaftliches Zentrum
Ludwig-Maximilians-Universität München
Goethestraße 31
80336 München
Bundesrepublik Deutschland
Tel.: +49 89 218075650
Fax: +49 89 218075615
E-Mail: ernst.poeppel@med.uni-muenchen.de

Nova Acta Leopoldina NF *110*, Nr. 377, 235–257 (2011)

Forschen an einer neuen Schnittstelle zum Gehirn: Das Berliner Brain-Computer-Interface

Klaus-Robert Müller, Benjamin Blankertz, Michael Tangermann und Gabriel Curio (Berlin)

Mit 12 Abbildungen und 1 Tabelle

Zusammenfassung

Das Berliner Brain-Computer-Interface (BBCI) setzt moderne Verfahren des maschinellen Lernens ein, um für jeden Benutzer spezifische Muster hochdimensionaler EEG-Merkmale zu extrahieren, die dafür optimiert sind, dessen Hirnzustand zu dekodieren. Klassische BCI-Anwendungen für gelähmte Patienten sind Werkzeuge zur Prothesensteuerung oder zur Ansteuerung von Texteingabeprogrammen. Um die Steuerungsabsichten des Benutzers zu erkennen, nutzt das BBCI bei diesen Anwendungen einerseits die vorhandenen motorischen Fähigkeiten des Benutzers und setzt andererseits Algorithmen zur Modellierung der damit einhergehenden personenspezifischen Muster von Hirnaktivität ein. Auch jenseits der Rehabilitation gibt es eine große Bandbreite neuer Anwendungen solcher Neurotechnologie, beispielsweise wird das BCI bereits als Messinstrument für verschiedenartige kognitive Zustände eingesetzt.

Abstract

The Berlin Brain-Computer Interface (BBCI) uses machine learning approaches to extract user-specific patterns from high-dimensional EEG-features optimized for revealing the user's mental state. Classical BCI applications are brain-actuated tools for paralyzed patients such as prostheses or mental text entry. In these applications, the BBCI uses natural motor skills of the users and specifically tailored pattern recognition algorithms for detecting the user's intentions. Beyond rehabilitation, there is a wide range of novel applications in which BCI technology is used to monitor other mental states, even covert ones.

1. Einführung

Wann würde ein freier Mensch wollen, dass wir seine Gedanken erraten können? In dem Roman *Der Graf von Monte Christo* beschreibt Alexandre DUMAS in der Figur des alten Noirtier de Villefort die Lebens- und Leidenssituation eines Menschen mit „Locked-in"-Syndrom: „[...] unbeweglich an allen Gliedern, wach allein der Geist, wie eine Statue mit lebendigen Augen". Die Neurologie kennt eine Vielzahl von Ursachen derartiger Dissoziationen mit erhaltenen Großhirnfunktionen bei weitestgehender Lähmung – von der Tetraplegie bei hochzervikaler Querschnittslähmung über den bilateralen pontinen Hirnstamminfarkt bis zu den Vollbildern von amyotropher Lateralsklerose oder Guillain-Barré-Syndrom. Für diese Patienten würde das „Erraten" ihrer Gedanken eine Vision des Wiedergewinns ihrer Wirkmächtigkeit in der Welt eröffnen: Maschinen zu steuern, allein durch die „Kraft ihrer Gedanken", vom motorisierten Rollstuhl über PC-Anwendungen, z. B. in Form von Textverarbeitungssystemen oder Internet-Browsern, bis hin zum neuroprothetischen aktiven Exoskelett. Solche Systeme, die Hirnsignale dekodieren können, ohne dass periphere Nerven oder Muskelaktivität ausgenutzt werden, bezeichnet man als Brain-Computer-Interfaces (BCI).

Erste Erfolge von BCI-Systemen beruhten auf dem Ansatz, dass Anwender die Benutzung dieser neuen Mensch-Maschine-Schnittstelle in einem Feedback-Szenario erlernen. So wurden beim „Tübinger Thought Translation Device" langsame, per EEG gemessene DC-nahe Hirnpotentiale von zentraler Skalpposition in die vertikale Bewegung eines Bildschirm-Cursors umgesetzt. Auf diese Weise konnten Patienten die willkürliche Erzeugung kortikaler Positivität oder Negativität erlernen und als zwei Ausprägungen einer Steuerungsgröße einsetzen. Nach intensivem, zum Teil wochenlangem Training vermochten sie mit diesen binären Entscheidungen ein Textprogramm zu bedienen und schriftlich mit ihrer Umwelt zu kommunizieren (vgl. BIRBAUMER et al. 1999 und Clip auf DVD → MÜLLER et al. → Training).

Das Grazer BCI-System beruht auf ereignisbezogenen Modulationen des regionalen μ- und/oder β-Rhythmus des EEGs über der somatotopen, sensomotorischen Hirnrinde (ERD: *Event-Related Desynchronisation*). Als „Ereignisse" finden Bewegungsvorbereitungen oder vorgestellte Bewegungen Anwendung. Aus den EEG-Rhythmen werden, z. B. durch autoregressive Modellierung, Merkmalsvektoren extrahiert, auf deren Basis Klassifikatoren trainiert werden können. Exemplarisch gelang es damit einem Patienten innerhalb weniger Tage, eine funktionell wertvolle Kontrolle über eine aktive Neuroprothese zu gewinnen. Er konnte damit z. B. Greif- und Grifflösekommandos zielgerichtet einsetzen (vgl. MÜLLER-PUTZ et al. 2005).

Im BCI-Projekt der Gruppe in Albany (USA) wurde ein System entwickelt, das einem querschnittsgelähmten Benutzer nach längerem Training erlaubt, einen Cursor durch uni- *versus* bilaterale ERD in horizontaler *versus* vertikaler Richtung auszulenken, so dass eine zweidimensionale Steuerung eines Cursors auf einem PC-Bildschirm erreicht werden konnte (vgl. WOLPAW and MCFARLAND 2004).

Ein potentiell problematischer Aspekt liegt bei allen ERD-basierten BCIs allerdings darin, dass Bewegungsvorbereitung und -ausführung physiologisch von einer Suppression perizentraler Rhythmen begleitet sind – für die Steuerung des BCI wird also ein „Negativ"-Signal eingesetzt. Damit eine Suppression, d. h. ein ERD, als BCI-Signal zur Steuerung eingesetzt werden kann, muss ein supprimierbarer, spontaner Hirneigenrhythmus vorausgesetzt werden (vgl. BLANKERTZ et al. 2010b). In diesem Zusammenhang ist es erwähnenswert, dass etwa bei Patienten mit amyotropher Lateralsklerose und Degeneration im System des ersten Motoneurons eine solche Möglichkeit zur intentionsbezogenen ERD-Modulation perizentraler sensomotorischer Rhythmen erhalten bleibt (vgl. KÜBLER et al. 2005).

Im Berliner BCI (www.bbci.de) wurde eine Technologie entwickelt, die einen komplementären Ansatz in den Vordergrund stellt: Das Motto „Let the machines learn" besagt, dass hier nicht der Benutzer schrittweise lernen muss, spezielle Hirnsignale (z. B. eine langsame Positivierung) zu erzeugen, sondern dass primär der Computer über die algorithmische Technologie des maschinellen Lernens in einer kurzen, nur ca. 10-minütigen Kalibrationsphase lernt, die individuellen EEG-Signaturen des Benutzers zu erkennen (vgl. Abb. 1 und BLANKERTZ et al. 2003, 2007, 2008a, DORNHEGE et al. 2007, MÜLLER et al. 2008). BCI-Steuerung soll in aller Regel eine Umweltveränderung bewirken, die als Konsequenz einer motorischen Aktion interpretiert werden kann, z. B. der Verschiebung eines Bildschirm-Cursors nach links oder rechts. Ein direkter neurophysiologischer Ansatz ist es daher, hirnelektrische Korrelate der motorischen Intentionen für die Aktivierung der linken oder rechten Hand zu erfassen, sie als solche auch kongruent zu interpretieren und in einer Rückkopplungsschleife für den Anwender als Bewegungseffekt erkenntlich werden zu lassen. Ausgangspunkt hierfür können sowohl vorgestellte Bewegungen und damit verbundene Desynchronisationen (ERD, vgl. Abschnitt 2.2) als auch langsame Potentialverschiebungen, wie das lateralisierte Bereitschaftspotential (BP) sein, die willkürlichen Bewegungen vorangehen (vgl. Abschnitt 2.1). Untrainierte Nutzer können schon bei der ersten BCI-Anwendung ERD-basierte Übertragungsraten von bis zu 35 bit/min erreichen (vgl. BLANKERTZ et al. 2003, 2007).

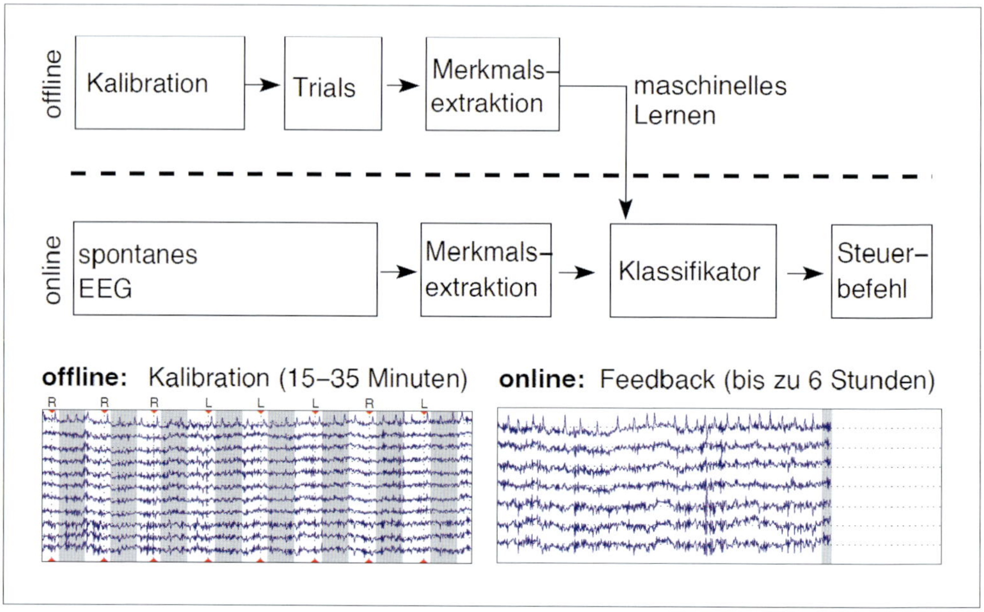

Abb. 1 Überblick über das auf maschinellem Lernen basierende BBCI-System. In einer ersten Kalibrationsphase werden die Nutzer instruiert, natürliche mentale Aufgaben (etwa vorgestellte Bewegungen der linken und rechten Hand) auszuführen. Während dessen wird das EEG aufgezeichnet, und man erhält kurze Segmente (*trials*) für beide mentalen Aufgaben. Nach einer Vorverarbeitung wird ein Klassifikator auf diesen Daten trainiert. In der zweiten Feedbackphase werden Daten einer festen Fensterbreite aus den kontinuierlich gemessenen EEG-Daten extrahiert und der Klassifikator angewandt. Dies ergibt eine reelle Ausgabegröße, die die Wahrscheinlichkeit für jede mentale Aufgabe quantifiziert. Indem diese Ausgabegröße direkt als Steuerungssignal in eine Anwendung eingespeist wird, kann der Benutzer über einen Bildschirm die unmittelbare Rückmeldung über die Wirkung seiner Steuerbefehle erhalten.

Im Folgenden wollen wir kurz auf die neurophysiologischen und datenanalytischen Grundlagen des Berliner BCI eingehen, bevor wir einige BCI-Anwendungen vorstellen und die vorgestellten Arbeiten abschließend bewerten.

2. Neurophysiologische Grundlagen

Während es eine große Auswahl neurophysiologischer Signale gibt, die ein BCI prinzipiell dekodieren könnte (vgl. WOLPAW et al. 2002, KÜBLER und MÜLLER 2007, DORNHEGE et al. 2007), werden wir uns hier auf eine Diskussion von Korrelaten motorischer Intentionen (d. h. Bereitschaftspotential [BP] und sensomotorische Rhythmen [ERD/ERS]) beschränken.

2.1 Bereitschaftspotential

Ereigniskorrelierte Potentiale (EKPs) sind transiente Hirnantworten, die in einer spezifischen zeitlichen Relation zu einem Ereignis stehen. Dieses Ereignis kann sowohl ein externer sensorischer Stimulus oder die Änderung eines internen Hirnzustandes sein, solange damit ein messbares internes Zustandssignal verbunden ist (e.g. Motoraktion, kognitive oder psychophysikalische Aufgaben). Da die simultane Aktivität verschiedener Hirnareale für eine ständig variable Hintergrundaktivität im EEG sorgt, kann ein EKP in einem Einzeltrial (d. h. in einem zum Stimulus gehörenden EEG-Segment) normalerweise nicht ausreichend deutlich beobachtet werden. Um EKPs genauer zu untersuchen, werden daher gewöhnlich viele Wiederholungen eines Einzeltrials durchgeführt, die dann relativ zum Stimulus gemittelt werden. Im Falle des BCIs besteht die Herausforderung allerdings gerade darin, EKPs im Einzeltrial zu detektieren.

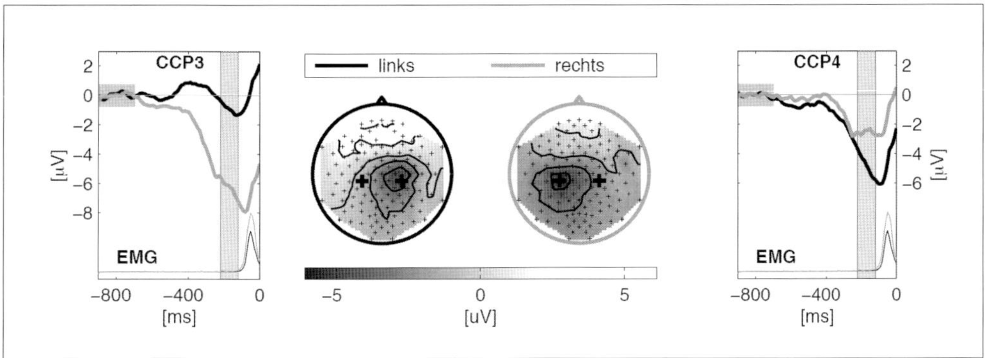

Abb. 2 Mittlere Antwort ereigniskorrelierter Potentiale während die gemessene Person mit dem linken bzw. rechten Zeigefinger tippte (N = 275 resp. 283 Trials pro Klasse). Die Fingerbewegungen wurden ohne vorgegebenen äußeren Takt ausgeführt, mit einem durchschnittlichen Zeitabstand von 2 s. Die beiden mittleren Abbildungen zeigen die topographischen Muster der Hirnpotentiale, gemittelt im Intervall –220 ms bis –120 ms relativ zum Tastendruck. (Dieses Zeitintervall ist in den Abbildungen links und rechts grau unterlegt; das frühere, ebenfalls grau markierte Intervall rund um –800 ms wurde zur Definition der Basisreferenz genutzt.) Die dick markierten Kreuze zeigen die Positionen der Elektroden CCP3 und CCP4 an, für welche die EKP-Verläufe über der Zeit in den äußeren Abbildungen zu sehen sind. Zum Vergleich dazu sind auch die EMG-Aktivitätsverläufe dargestellt, welche die Muskelaktivität anzeigen. Die EMG-Aktivität beginnt nach –120 ms und erreicht ihr Maximum bei –50 ms. Das BP ist als kontralaterale Negativierung zu sehen, die schon ca. 600 ms vor der Bewegung beginnt und kontinuierlich bis zum Beginn der EMG-Aktivität ansteigt.

Das Bereitschaftspotential ist ein spezielles EKP, das im Zusammenhang mit einer Bewegungsintention auftritt. Im EEG kann es als eine ausgeprägte kortikale Negativierung mit Fokus über dem entsprechenden Motorareal beobachtet werden. Bei Handbewegungen ist das Bereitschaftspotential mit einem zentral liegenden Maximum etwas kontralateral zur ausführenden Hand zu detektieren (vgl. Abb. 2, Kornhuber und Deeke 1965, Cui et al. 1999).

2.2 Sensomotorische Rhythmen (ERD/ERS)

Zusätzlich zu den oben diskutierten transienten Komponenten enthält das EEG auch rhythmische Aktivität über diversen Arealen. Die meisten dieser Rhythmen können als „Ruherhythmen" eingestuft werden, die im entsprechenden Kortex durch große Populationen von synchron feuernden Neuronen erzeugt werden, welche gerade keine spezifische Aufgabe erfüllen. Über sensomotorischen Arealen kann man bei den meisten Erwachsenen Oszillationen zwischen 9 und 13 Hz beobachten, den sogenannten µ-Rhythmus (und seine höheren Harmonischen, vgl. z. B. Nikulin und Brismar 2006). Diese sensomotorischen Rhythmen (SMR) werden unterdrückt, wenn das dort repräsentierte Körperteil angesteuert wird. Dieser Effekt kann dem Verlust der Synchronizität einer Neuronenpopulation zugeschrieben werden („event-related desynchronization", ERD; vgl. Pfurtscheller und da Silva 1999). Die Verstärkung von Synchronizität, gewissermaßen durch Wiederherstellung der Ruheoszillation nach erfolgter Handlung, wird auch ereigniskorrelierte Synchronisation („event-related synchronization", ERS) genannt. Interessanterweise kann das ERD im sensomotorischen Kortex sogar dann beobachtet werden, wenn keine Handlung ausgeführt, sondern nur eine Bewegung oder sensorische Erfahrung eines bestimmten Körperteils *imaginiert* wird. Die Stärke des sensomotorischen Rhythmus (SMR) kann stark zwischen Personen variieren (vgl. Blankertz et al. 2010b im Kontext einer BCI-Steuerung).

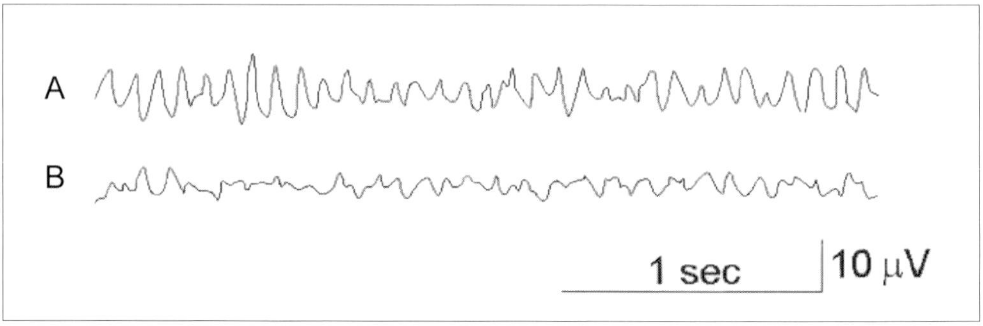

Abb. 3 (*A*): µ-Rhythmus über dem sensomotorischen Handareal. (*B*): Desynchronisation des µ-Rhythmus durch Bewegungsimagination

Das Berliner BCI konnte in einer Reihe von Studien sowohl BP- als auch ERD/ERS-Signale erfolgreich zur Steuerung von Anwendungen einsetzen (z. B. Blankertz et al. 2003, 2007, Dornhege et al. 2007).

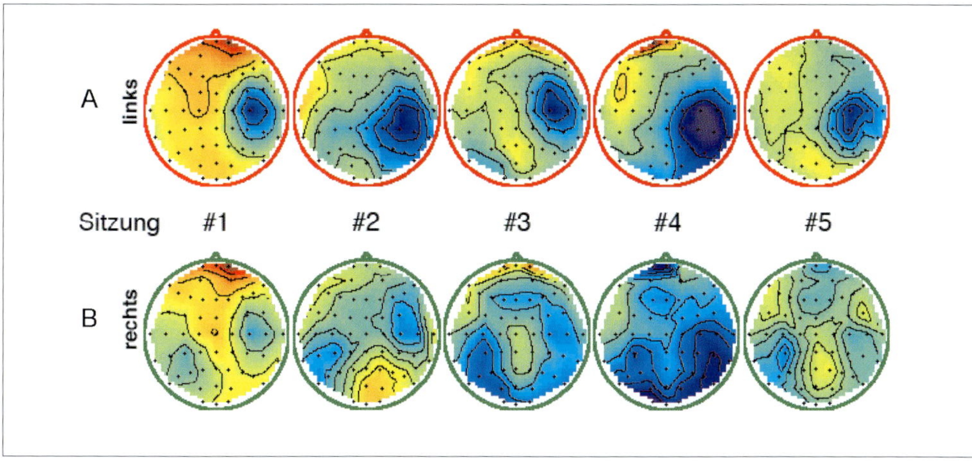

Abb. 4 Bewegungsimaginationen der linken (*A*) und rechten Hand (*B*) derselben Person an verschiedenen Tagen (von links nach rechts). Die Karten zeigen die spektrale Bandenergie im alpha-Frequenzband. Obwohl die Karten Mittelungen über 140 Trials zeigen, sind starke Unterschiede zwischen den Aktivierungsmustern in verschiedenen Sitzungen offensichtlich.

2.3 Variabilität physiologischer Signale

Hirnsignale sind hoch variabel: man findet z. T. deutliche Unterschiede zwischen den Hirnsignalen zweier experimentellen Sitzungen des gleichen Benutzers vor (z. B. für linke und rechte Motorimagination der Hände, siehe auch Abb. 3). Somit sollten sich die algorithmischen Dekodierungstechniken Tag für Tag flexibel an die individuelle Hirnphysiologie des Benutzers anpassen (vgl. Blankertz et al. 2003, 2007, Dornhege et al. 2007). Ein weiterer Aspekt ist eine ausgeprägte Variabilität innerhalb einer Sitzung, wobei hier die größte Nichtstationarität zwischen der Kalibrationsmessung und der Feedbackphase auftritt (Shenoy et al. 2006).

Eine weitere Quelle signifikanter Variabilität tritt zwischen unterschiedlichen Individuen auf. Dies war die treibende Motivation, die Dekodierung durch eine Lernmaschine zu individualisieren. Neuere Arbeiten von Krauledat et al. 2008 und Fazli et al. 2009 konnten jedoch bereits erste Ansätze zu einem universellen, nicht auf ein spezielles Individuum angepassten Dekodierer aufzeigen. Zusammenfassend lässt sich sagen, dass nicht allein der starke Rauschcharakter, sondern vor allem auch die starke intrinsische Variabilität und Nichtstationarität des EEG-Signals den Einsatz von Methoden des maschinellen Lernens notwendig macht (siehe auch Dornhege et al. 2007, Shenoy et al. 2006, von Bünau et al. 2009, Vidaurre und Blankertz 2010).

3. Maschinelles Lernen und Echtzeit-EEG-Datenanalyse

Der Einzug des maschinellen Lernens (ML) in das BCI-Feld hat zu großen Fortschritten in der Echtzeit-EEG-Analyse geführt (Blankertz et al. 2003, Dornhege et al. 2007). Während frühe EEG-BCIs langwieriges mehrtägiges Neurofeedback-Training für den BCI-Nutzer erforderten, benötigen ML-basierte Systeme nur eine wenige Minuten dauernde Kalibrationsmessung, während derer der Nutzer auf Aufforderung hin wiederholt bestimmte Handlungen oder Intentionen ausführt und die damit verbundenen Hirnzustände einnimmt (z. B. Imagination von Bewegungen der rechten *versus* linken Hand). Die so gewonnenen Kalibrationssignale erlauben es, die Datenanalyse an die spezifischen Hirnsignale des Nutzers anzupassen. Damit markierte das BBCI einen fundamentalen Paradigmenwechsel (Blankertz et al. 2003, Dornhege et al. 2007): Nicht der Nutzer, sondern die Maschine lernt (Motto „*Let the machines learn*"). Durch dieses Vorgehen wurde insbesondere die Startphase der BCI-Benutzung deutlich beschleunigt und gleichzeitig die Informationsübertragungsrate erhöht. Aufgrund der hohen Variabilität der Hirnsignale der Nutzer (Blankertz et al. 2006, Dornhege et al. 2007 und Abschnitt 2) ist eine Anpassung an den Benutzer von zentraler Wichtigkeit für hohe BCI-Performanz. Nach dem Kalibrationsschritt, welcher im Vergleich zum klassischen Ansatz des operanten Konditionierens nur sehr kurz ist, kann das BCI-Experiment mit geschlossener Rückkopplungsschleife (*BCI online feedback*) beginnen. In dieser Phase des Experimentes kann der Nutzer Kraft seiner Gedanken verschiedenste Anwendungen steuern. Das BCI-System besteht aus einem Klassifikator, der gelernt hat, zwischen mentalen Zuständen zu unterscheiden, und einer Steuerlogik, die die Klassifikatorausgabe in ein Steuersignal umwandelt, z. B. in eine Cursor-Position oder in die Auswahl eines Symbols aus dem Alphabet (siehe auch Abb. 1[1]).

Durch die simultane Aktivität vieler für die Dekodierung relevanter Hirnquellen und diverser nichtrelevanter Hirnquellen[2] ist es eine zentrale Herausforderung, dekodierbare Komponenten der Hirnsignale im einzelnen Trial zu finden. Es kann nicht, wie sonst üblich, über mehrere Trials gemittelt werden, da ein BCI in Echtzeit dekodieren muss, um die Informationsübertragungsrate nicht empfindlich herabzusetzen. Zur Kompensation der fehlenden zeitlichen Mittelung erfolgt eine Vielkanalmessung der Hirnaktivität. Die dadurch verfügbare multivariate Mehrinformation kann in intelligenter Weise – z. B. durch gewichtete räumliche Mittelung – zur Verbesserung des Signal-Rausch-Abstandes ausgenutzt werden. Da Effekte der Volumenleitung die Messung verfälschen, zeigen alle EEG-Kanäle eine hohe Korrelation (vgl. Nunez et al. 1997). Man spricht von einem cerebralen Cocktailparty-Problem, das es zu lösen gilt (Dornhege et al. 2007). Die überlagerten elektromagnetischen Signale müssen ‚invertiert' werden, mit anderen Worten, es ist notwendig, zurückzurechnen, was die Aktivität einzelner Quellen ist, insbesondere der Quellen, die den zu dekodierenden Hirnzustand repräsentieren. Idealerweise extrahiert man die lokalisierte Quelleninformation mit einem hohem Signal-zu-Rausch-Verhältnis durch spezifisch konstruierte raum-zeitliche Filter (Blankertz et al. 2008b).

Bei der Nutzung von EKPs wie BP oder Fehlerpotentialen können die Merkmale einer Quelle meist recht einfach durch lineare Methoden extrahiert werden. In diesem Falle kann das zu inferierende räumliche Filter implizit innerhalb eines Klassifikationsschrittes ausgeführt werden.[3]

Zur Detektion von SMR ist die notwendige Analyse in der Regel nichtlinear, da beispielsweise die Bandenergie berechnet wird. Für diesen Fall ist es sehr nützlich, zuerst zu filtern. Für das BCI finden einfache Laplacefilter (Nunez et al. 1997), unüberwachte Techniken wie *Independent-Component*-Analyse (ICA) (Hyärinen et al. 2001, Ziehe et al. 2000), modelbasierte Methoden (Grosse-Wentrup et al. 2007) sowie überwachtes Lernen wie *Common-Spatial-Pattern*(CSP)-Analyse (Blankertz et al. 2008b) Anwendung. Im Weiteren werden wir

1 In diesem Bild geht es um Kommunikation mittels BCI. Etwas anders gelagert ist die Situation, in der das BCI als Messinstrument eines möglicherweise komplexen kognitiven Hirnzustandes (z. B. Konzentrationsmangel, Emotion, *workload*) eingesetzt wird – hier ist die Kalibration nichttrivial (siehe auch Abschnitte 5.3 und 5.4).

2 Im Weiteren oft als Rauschen bezeichnet.

3 Da die linearen Verarbeitungsschritte Filtern und Klassifikation vertauschbar sind.

kurz auf die zwei am weitesten verbreiteten Techniken zur Filterung und Klassifikation von EEG eingehen: CSP und regularisierte lineare Diskriminanzanalyse. Nichtlineare Methoden wie Support-Vektor-Maschinen, Boosting usw. (MÜLLER et al. 2001) liegen außerhalb des Fokus dieser Arbeit (siehe auch die Diskussion in MÜLLER et al. 2003).

3.1 Der Common-Spatial-Pattern-Ansatz

Die CSP-Technik (vgl. BLANKERTZ et al. 2008a) erlaubt es, räumliche Filter zu bestimmen, die die Varianz einer Signalquelle in einer ersten Bedingung (z. B. Imagination der rechten Hand) maximieren und gleichzeitig die Varianz in einer zweite Bedingung (z. B. Imagination der linken Hand) minimieren. (Vgl.: Clip auf DVD → MÜLLER et al. → Common-Spatial-Pattern-Ansatz.)

Da die Varianz von Bandpass-gefilterten Signalen der Bandenergie entspricht, eignen sich CSP-Filter gut, um Amplitudenmodulationen in SMRs zu detektieren und damit mentale Zustände zu unterscheiden, die sich durch ERD/ERS-Effekte charakterisieren lassen. CSP-Algorithmen werden mit großem Erfolg für BCI eingesetzt, wobei die CSP-Filter individuell an die Kalibrationsdaten eines Benutzers anzupassen sind. Die CSP-Technik zerlegt ein Multikanal-EEG-Signal im Sensorraum in neue virtuelle Kanäle, wobei jeder Kanal von einem CSP-Filter repräsentiert wird. Die Anzahl der Filter entspricht der Anzahl der Kanäle der Originaldaten, jedoch tragen nur wenige CSP-Filter auch wirklich zur Klassifikation bei. Die diskriminative Qualität eines CSP-Filters ist durch seinen verallgemeinerten Eigenwert gekennzeichnet, welcher relativ zur Summe der Varianzen in beiden Bedingungen zu bewerten ist. Ein Eigenwert von 0,9 in Bedingung 1 entspricht also einem mittleren Verhältnis der Varianzen von Bedingung 1 und 2 von 9:1. Abbildung 5 illustriert das Filtern mittels CSP.

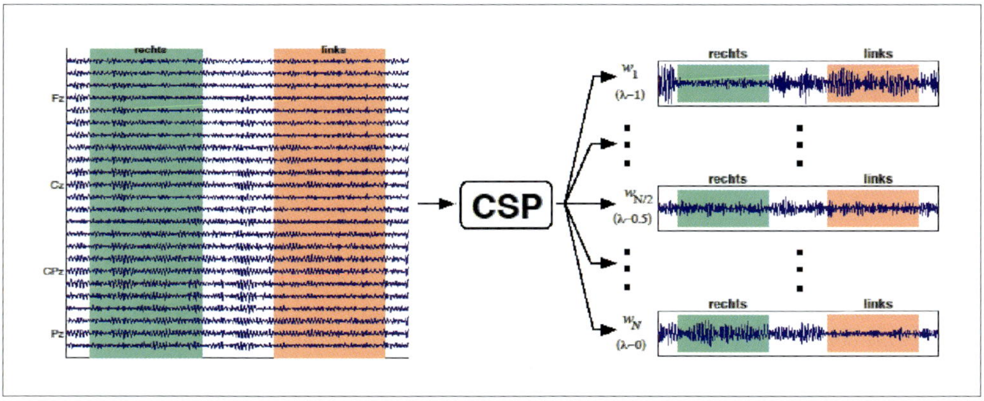

Abb. 5 Die Eingaben für die CSP-Analyse sind Bandpass-gefilterte Multikanal-EEG-Signale, die in zwei Bedingungen aufgenommen wurden (hier: linke und rechte Motorimagination). Das Resultat der CSP-Berechnung ist eine Folge räumlicher Filter. Wenn diese Filter auf kontinuierliches EEG angewandt werden, dann ist die mittlere relative Varianz in den beiden Bedingungen durch die Eigenwerte gegeben. Ein Eigenwert nahe 1 führt zu großer Varianz und ein Eigenwert nahe 0 zu kleiner Varianz in Bedingung 1. Die meisten Eigenwerte liegen nahe bei 0,5, so dass die entsprechenden CSP-Filter keine diskriminierende Wirkung zeigen und folglich zur Klassifikation nicht verwendet werden können.

3.2 Regularisierte lineare Klassifikation

Die Diskussion, ob lineare oder nichtlineare Lernmethoden zur BCI-Kalibration eingesetzt werden sollten, ist noch nicht abgeschlossen (siehe auch MÜLLER et al. 2003). Praktisch jedoch sind lineare Klassifikationsmethoden zurzeit das Arbeitspferd des BCI-Feldes, was in erster Linie an der besonders problemangepassten Vorverarbeitung der Daten liegt. So sind Bandenergiemerkmale weit davon entfernt, gaussverteilt zu sein, jedoch hilft eine zusätzliche Logarithmierung in der Regel, um sie approximativ gaussverteilt zu machen, was einer guten linearen Klassifizierbarkeit zuträglich ist. Im Allgemeinen sind lineare Methoden zwar einfach zu benutzen und relativ robust, dennoch gibt es ein wichtiges *caveat*: wenn die Anzahl der Datendimensionen hoch und die Anzahl der Datenpunkte vergleichsweise niedrig sind, dann versagen auch einfache Methoden wie die lineare Diskriminanzanalyse (LDA). Die benötigten Schätzungen von Mittelwerten und Kovarianzmatrizen der Hirnzustände können dann nicht mehr präzise genug erfolgen. In diesem für BCI typischen Falle hilft die sogenannte *Shrinkage-Regularisierung*. Während die empirische Kovarianzschätzung als ein Standardschätzer der Kovarianzmatrix unter normalen Bedingungen unverfälscht und robust ist, macht sie im Falle von wenigen Daten in hohen Dimensionen (was ja typisch für das BCI-Kalibrationsszenario ist) einen systematischen Fehler: Große Eigenwerte der Orginalkovarianzmatrix werden zu groß und kleine Eigenwerte als zu klein geschätzt (siehe auch Abb. 6). Dieser Fehler lässt die Klassifikationsgüte stark degradieren und führt zu einer suboptimalen BCI-Performanz. *Shrinkage*-Regularisierung addiert einen Diagonalterm auf die Kovarianzmatrix und korrigiert damit diesen systematischen Bias. Mit Hilfe dieser stabilisierten Kovarianzschätzung kann auch bei wenigen Daten in hohen Dimensionen häufig ein gutes Klassifikationsergebnis erzielt werden.

4. BBCI-Steuerung durch motorische Paradigmen

Bei der BCI-Steuerung wird nach Möglichkeit eine Übereinstimmung zwischen der mentalen Aufgabe und dem gewünschten Steuereffekt in der realen Anwendung angestrebt. Daher sollten BCI-Nutzer nach Möglichkeit motorische Paradigmen zur Steuerung des BCI-Systems verwenden können, falls die Anwendung z. B. die Steuerung eines bewegten Cursors vorsieht. Gelähmte Patienten können dabei auf versuchte Bewegungsausführungen zurückgreifen, während sich gesunde Nutzer kinästhetische Bewegungsvorstellungen zur mentalen Aufgabe machen (siehe CONRADI et al. 2009).

4.1 Eindimensionale Cursorsteuerung

Zu Beginn der BCI-Forschung in Berlin wurde als erste experimentelle Testumgebung eine 1D-Cursorsteuerung für das BBCI-System implementiert. Jeweils eines der beiden Felder am linken und rechten Bildschirmrand wird zum Trialanfang als Vorgabe markiert (vgl. Abb. 7); der Cursor wird zu Beginn des Trials zunächst in der Mitte des Bildschirms für eine halbe Sekunde festgehalten, bevor er sich dann der Ausgabe des BBCI-Klassifikators entsprechend bewegt. Der Trial endet, sobald der gedankengesteuerte Cursor eines der beiden Außenfelder erreicht hat. Das jeweilige Feld wird dann grün oder rot eingefärbt, je nachdem, ob das korrekte Zielfeld berührt wurde. (Vgl.: Clip auf DVD → MÜLLER et al. → Eindimensionale Cursorsteuerung.)

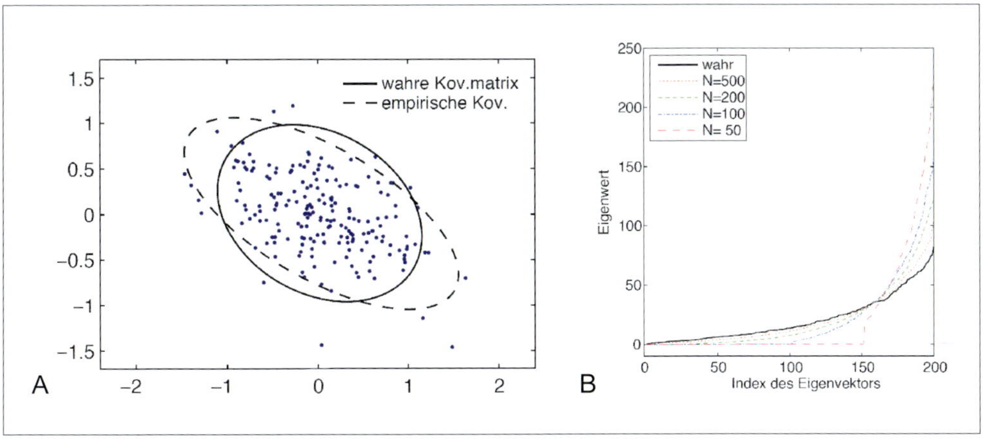

Abb. 6 (*A*): Datenpunkte einer Gaussverteilung (graue Punkte; d = 200 Dimensionen, zwei Dimensionen selektiert für die Visualisierung) mit der wahren, durch ein Ellipsoid mit durchgezogener Line markierten Kovarianzmatrix. Darübergelegt ist die geschätzte Kovarianzmatrix (gestrichelte Linie). (*B*): Eigenwertspektrum einer gegebenen Kovarianzmatrix (durchgezogene Linie) und Eigenwertspektrum der Kovarianzmatrix geschätzt durch endlich viele Punkte (N = 50, 100, 200, 500) aus der entsprechenden Gaussverteilung.

Nach kurzer Pause wird die nächste Vorgabe präsentiert (für eine detaillierte Beschreibung des Paradigmas siehe Blankertz et al. 2007). Das Ziel dieser ersten Feedbackstudie war es, auszuloten, welche maximalen Informationstransferraten (ITR) ohne exzessives Nutzertraining und ohne die Nutzung von evozierten Potentialen erreichbar sind. Die ITR nach Shannon quantifiziert den Informationsgehalt, der über einen verrauschten Kanal übertragen werden kann; im Zusammenhang mit BCI gilt:

$$\text{bit rate}\,(p, N) = \left(p \log_2(p) + (1-p) \log_2\left(\frac{1-p}{N-1}\right) + \log_2(N) \right), \qquad [1]$$

wobei p die Genauigkeit der BCI-Klassifikation bei N Klassen ist. Im obigen Feedback wäre dies $N = 2$ mit p als Entscheidungsgenauigkeit. Um zusätzlich die Entscheidungsgeschwindigkeit in das ITR-Maß einzuschließen, definieren wir

$$\text{ITR [bits/min]} = \frac{\#\text{ of decisions}}{\text{duration in minutes}} \cdot \text{bitrate}\,(p, N). \qquad [2]$$

In dieser im BCI-Feld verbreiteten Form (Wolpaw et al. 2002) berücksichtigt die ITR die unterschiedlichen Längen der Trials (d. h. die Entscheidungsgeschwindigkeiten) und die Anzahl der Alternativen. Sinnvolle Resultate sind aber nur zu erwarten, wenn die Verteilungsannahmen über die zu erwarteten Fehler erfüllt sind.

Die Nutzer der beschriebenen Studie waren sechs Wissenschaftler des BBCI-Teams, von denen die meisten bereits BCI-Erfahrung besaßen. Zunächst wurden die Parameter zur EEG-Vorverarbeitung individuell eingestellt und der Klassifikator auf individuellen Kalibrationsdaten trainiert, dann konnte das Feedback beginnen. In einer kurzen Gewöhnungsphase hatten die Nutzer Gelegenheit zur Nachjustierung einiger Parameter der Steuerung, wie z. B. der Ge-

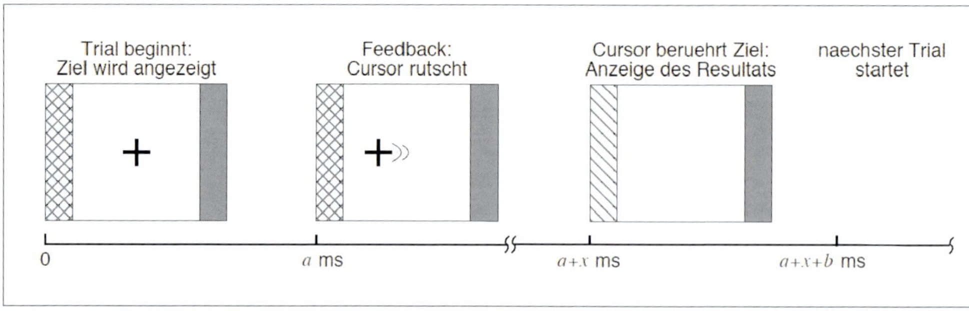

Abb. 7 Verlauf eines Trials in der Feedbackphase. Das Ziel (z. B. linkes Randfeld) wird für a ms lang vorgegeben, wobei a entsprechend der individuellen Nutzerfähigkeiten angepasst wird. Dann bewegt sich der Cursor entsprechend des BBCI-Klassifikators, bis ein Randfeld berührt wird (hier: linkes Randfeld). Diese Dauer ist bei jedem Trial unterschiedlich (x ms). Das berührte Feld leuchtet grün oder rot, je nachdem, ob das vorgegebene Zielfeld erreicht wurde oder nicht. Nach weiteren b ms beginnt der nächste Trial, wobei b wiederum individuell gewählt wird.

schwindigkeit der Cursorbewegung. Ein Proband konnte keine signifikante BCI-Kontrolle erreichen (siehe auch Blankertz et al. 2007). Die übrigen fünf Studienteilnehmer führten acht Durchgänge von je 25 Cursorsteuerungsaufgaben (wie oben beschrieben) durch, während die Entscheidungsgenauigkeit sowie die ITR gemessen wurde (siehe auch Tab. 1).

Tab. 1 Ergebnisse der Feedbackstudie mit sechs gesunden Nutzern. Die erste Spalte enthält den Identifikationscode der Nutzer. Aus den drei im Kalibrationsexperiment gemessenen Klassen wurden die beiden Besten für die Feedbackphase genutzt und in der zweiten Spalte kodiert (L: linke Hand, R: rechte Hand, F: Fuß). Die Klassifikationsgenauigkeit bei der Online-Cursorsteuerung während der Feedbackphase ist in Spalte 3 angegeben. Die mittlere Dauer der Trials (Dauer zwischen Zielvorgabe und Randberührung) ist Spalte 4 zu entnehmen. Die Studienteilnehmer sind nach ihrer Steuergenauigkeit in der Feedbackphase sortiert. Spalten 5 und 6 geben die ITRs nach Shannon in Bit pro Minute an, wobei die Spalte oITR den mittleren ITR über alle Trials angibt, während pITR die maximal aufgetretene Übertragungsrate zeigt.

Id	Klassen	Genauigkeit (%)	Dauer (s)	oITR (b/m)	pITR (b/m)
al	LF	98,0 ± 4,3	2,0 ± 0,9	24,4	35,4
ay	LR	95,0 ± 3,3	1,8 ± 0,8	22,6	31,5
av	LF	90,5 ± 10,2	3,5 ± 2,9	9,0	24,5
aa	LR	88,5 ± 8,1	1,5 ± 0,4	17,4	37,1
aw	RF	80,5 ± 5,8	2,6 ± 1,5	5,9	11,0
Mittelwert		90,5 ± 7,6	2,3 ± 0,8	15,9	27,9

Um die Praktikabilität zu testen, nutzte der Anwender *al* ein einfaches Buchstabiersystem, das auf den BBCI-Prinzipien zur Cursorsteuerung basierte. Beim freien Buchstabieren konnte er in 30 min drei deutsche Sätze mit insgesamt 135 Buchstaben schreiben, also 4,5 Buchstaben pro Minute. Dabei hatte der Proband alle aufgetretenen Fehler durch die Nutzung eines Löschsymbols korrigiert. Das später entwickelte Buchstabierprogramm Hex-o-Spell erlaubt eine deutlich intuitivere Art der Eingabe; hierbei konnte eine BBCI-Buchstabiergeschwindigkeit von mehr als 7 Buchstaben pro Minute erreicht werden, und das sogar auf der Computermesse CeBIT 2006 trotz elektromagnetischer Einstreuung und starkem Publikumsverkehr (vgl. Williams et al. 2009 und Clip auf DVD → Müller et al. → Buchstabierprogramm Hex-o-Spell).

4.2 Hohe BCI-Kommunikationsgeschwindigkeiten für untrainierte Nutzer

Das Ziel unserer zweiten Feedbackstudie war es, den Anteil an BCI-Novizen zu bestimmen, der innerhalb der ersten Sitzung erfolgreich per BBCI kommunizieren konnte (Blankertz et al. 2007). Das Studiendesign war vergleichbar mit dem oben beschriebenen, mit dem Unterschied, dass nun 14 Individuen ohne jede BCI-Vorerfahrung teilnahmen. Weiterhin wurden die Steuerungsparameter diesmal im Vorhinein fixiert. Nur bei einem Nutzer konnten keine unterscheidbaren Klassen identifiziert werden. Die übrigen 13 Studienteilnehmer führten eine Cursorsteuerung in der Feedbackphase aus: einer mit zufälligen, 3 mit 70–80 %, 6 mit 80–90 % und 3 mit 90–100 % Erfolgsraten (siehe Abb. 8). Dies war der erste wissenschaftliche Nachweis dafür, dass der Ansatz des maschinellen Lernens selbst für BCI-Novizen vom ersten Experiment an „gedankenschnelle" Kommunikation erlaubt.

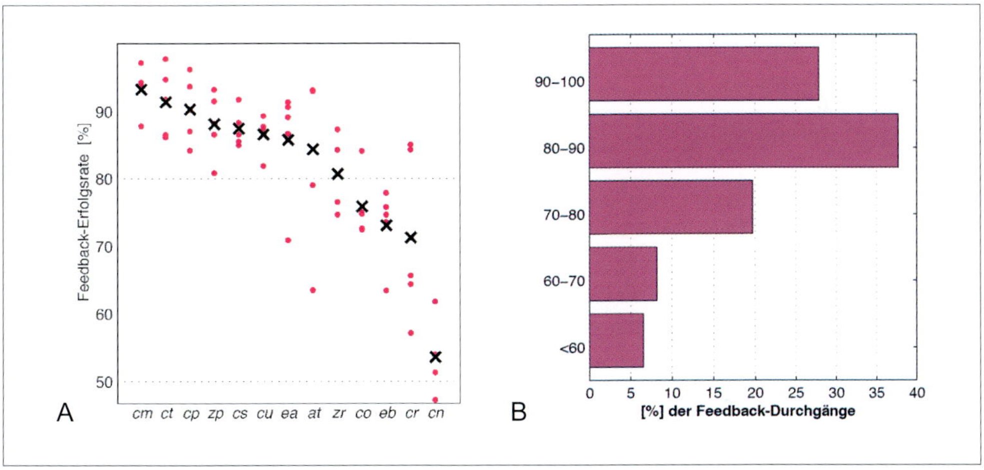

Abb. 8 (*A*): Feedback-Erfolgsrate bei allen Durchgängen (Punkte) und pro Proband gemittelte Erfolgsrate (schwarze Kreuze). (*B*): Histogramm der Erfolgsraten der BBCI-Cursorsteuerung über alle Durchgänge von jeweils 100 Trials.

4.3 „BCI-Analphabetismus"

Eine der größten Herausforderungen des BCI-Feldes ist, das Problem des sogenannten „BCI-Analphabetismus" zu verstehen und zu lösen. Damit ist die Tatsache gemeint, dass es einen nicht zu vernachlässigenden Anteil an BCI-Nutzern gibt, bei dem eine BCI-Steuerung nicht funktioniert. Dieser Ausfall tritt bei SMR-basierten BCI-Systemen unabhängig davon auf, ob maschinelles Lernen oder operantes Konditionieren als Ansatz gewählt wird (Kübler und Müller 2007). Der Prozentsatz von Ausfällen in der BCI-Steuerung ist schwer abzuschätzen, da es nur sehr wenige Studien mit einer genügend großen ungefilterten Nutzerzahl gibt, aber auf Grund eigener Studien kann geschätzt werden, dass die Ausfallrate für motorische Steuerparadigmen zwischen 15 % und 30 % liegt. Damit stellt der BCI-Analphabetismus ein wesentliches Hindernis zur Verbreitung der BCI-Technologie in der Rehabilitation sowie im Bereich der Mensch-Maschine-Interaktion dar. Es ist anzumerken, dass stimulusgetriebene BCI-Systeme wie P300 oder SSVEP BCIs eine geringere Anzahl erfolgloser Nutzer aufweisen. Ein besseres Verständnis des BCI-Analphabetismus würde erlauben, die BCI-Performanz auf Grund von physiologischen und psychologischen Daten zu prädizieren und damit Methoden zu entwickeln, die das Problem zu reduzieren und eventuell zu überwinden vermögen, um letztlich mehr Nutzern den Zugang zur BCI-Technologie zu ermöglichen.

Für SMR-basierte BCI-Systeme konnten kürzlich Blankertz et al. (2010b) einen neuen neurophysiologischen Prädiktor von BCI-Performanz herausarbeiten: Aus einer zweiminütigen Messung des Ruhe-EEGs mit zwei Laplace-gefilterten Elektroden über dem Motorkortex erreicht der Prädiktor einen Korrelationskoeffizienten von r = 0,53 für eine Nutzerpopulation von N = 80 BCI-Novizen.

Eine weitere Studie von Vidaurre und Blankertz (2010) konnte erste positive Ergebnisse vorstellen, die nahelegen, dass ein vollständig *adaptiver* BCI-Ansatz mit einer universellen Initialisierung (vgl. Fazli et al. 2009) für die meisten zuvor erfolglosen BCI-Nutzer innerhalb von einer Stunde zu kontrollierter BCI-Steuerung führt. Letzteres zeigt, dass beide Extreme (operantes Konditionieren *versus* maschinelles Lernen) für sich nicht universell zielführend sind, vielmehr ist ein co-adaptives Lernen auf Seite der Maschine und des Menschen die wohl aussichtsreichste Forschungsrichtung.

5. BBCI-Anwendungen

Die folgenden Abschnitte werden BBCI-Anwendungsrichtungen jenseits der klassischen Rehabilitation (Prothesensteuerung und Kommunikation) diskutieren. Es ist unsere Überzeugung, dass durch die Entwicklung des BCIs die Interaktion zwischen Mensch und Maschine (auch für gesunde Nutzer!) verbessert werden kann. Wir sehen darin einen wichtigen Schritt hin zur Verbreiterung und Stärkung der Disziplin Neurotechnologie.

5.1 BCI für zeitkritische Anwendungen

Bei zeitkritischen Entscheidungen könnte die BCI-Technologie eine frühe Detektion reaktiver Bewegungen ermöglichen. Die Zeitspanne zwischen der Generierung einer Intention (z. B. einer motorischen Reaktion) und dem Beginn eines technischen Eingriffs (etwa bei Fahrerassistenzsystem zur aktiven Fahrzeugsicherheit) könnte im Prinzip durch das Dekodieren besonders früher Bereitschaftspotentiale (BP) verkürzt werden. In einem solchen Szenario sind allerdings eine besonders hohe Erkennungsgüte und eine möglichst frühe Erkennung notwendig.

Abbildung 9 zeigt die Ergebnisse eines auf BP basierten BCIs für rechte und linke Fingerbewegungen, die ohne vorgegebenen äußeren Takt nach Belieben ausgeführt wurden. Zum Vergleich wurden Ergebnisse visualisiert, die durch die Klassifikation von EMG-Signalen erreicht wurden. Die Dekodierungsaufgabe ist es, so früh wie möglich vor der eigentlichen Bewegung die Lateralität der Bewegung vorherzusagen. Wie zu sehen ist, kann diese Klassifikationsaufgabe bereits –230 ms vor der Bewegung mit 90 % Treffsicherheit durchgeführt werden. Eine weitere Studie zeigte den Unterschied von Willkürbewegungen und reaktiven Bewegungen. Um schnelle Reaktionen zu evozieren, wurde ein Wahlreaktionstest durchgeführt, in dem ein Nutzer so schnell wie möglich durch Tastendruck seines rechten bzw. linken Zeigefingers reagieren musste. Abbildung 10(*A*) vergleicht das BP bei einer schnellen Reaktion mit einer willkürlich ausgeführten Fingerbewegung. Wie zu erwarten ist, kann zu einem frühen Zeitpunkt die Unterscheidung zwischen bevorstehender rechter und linker Fingerbewegung am besten für Willkürbewegungen realisiert werden. Dieser Unterschied zur

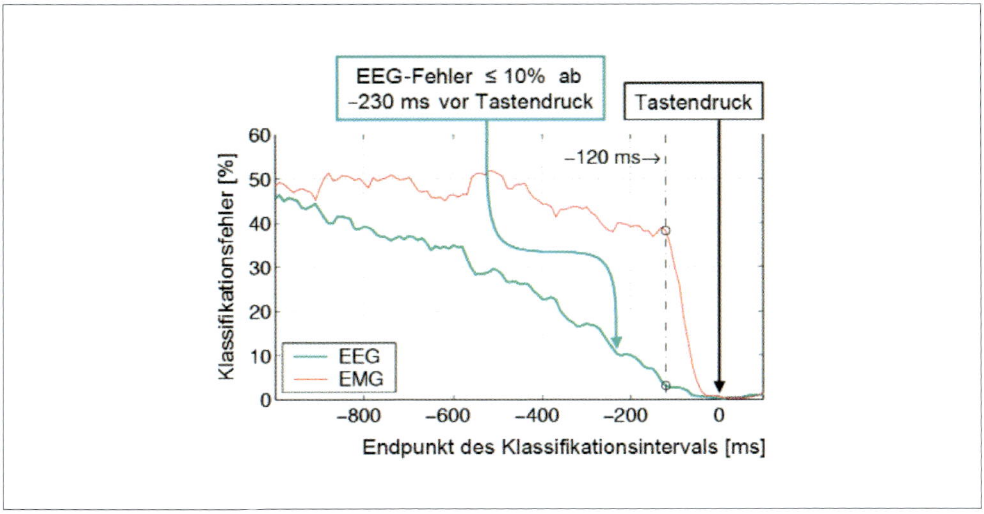

Abb. 9 Vergleich der „single trial"-Prädiktion von Bewegungen der rechten *versus* linken Hand, basierend auf einerseits EEG-Signalen (lateralisiertes Bereitschaftspotential) und andererseits EMG-Signalen. Der Prädiktionsfehler ist in Abhängigkeit vom Endpunkt des Klassifikationsfensters relativ zum Tastendruck (t = 0) angegeben. Drei Ergebnisse werden deutlich: (*1.*) Bereits 100 ms vor dem Tastendruck kann basierend auf EEG-Daten bei einem gesunden Nutzer in der ersten Sitzung (ungeübt) die ausführende Hand mit einer Genauigkeit von mehr als 96 % vorhergesagt werden. (*2.*) Eine Treffsicherheit von 90 % wird bereits 230 ms vor dem Tastendruck erreicht. (*3.*) Da die Trefferquote der EMG-Klassifikation in diesen frühen Stadien der Generierung des Bewegungskommandos (vor –120 ms) nicht relevant über der Ratewahrscheinlichkeit von 50 % liegt, kann die EEG-basierte Prädiktion nicht von Reafferenzen abhängen, die durch später einsetzende muskuläre Aktivierung bedingt sind. Das auf lateralisiertem Bereitschaftspotential beruhende Ergebnis kann als Geschwindigkeit einer Informationsübertragung interpretiert werden und entspricht hier einer BCI-Bitrate von 23 Bit pro Minute.

reaktiven Bewegung verliert sich jedoch, je näher der Tastendruck rückt: Bei –100 ms lässt sich selbst bei reaktiven Bewegungen ein baldiger rechter sehr gut von einem baldigen linken Tastendruck unterscheiden, was die potentielle Nützlichkeit der BCI-Technologie für zeitkritische Anwendungen unterstreicht (vgl. KRAULEDAT et al. 2004).

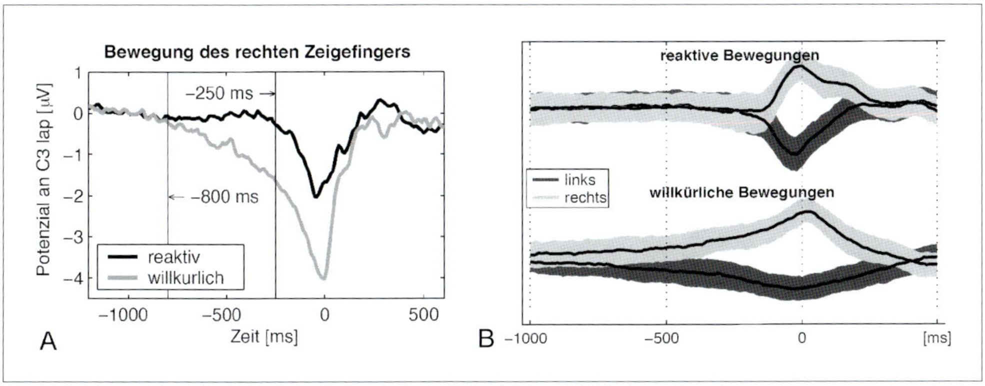

Abb. 10 (*A*): Gemitteltes BP in einer willkürlich ausgeführten *versus* einer reaktiven Fingerbewegung (Tastendruck bei t = 0) für einen Probanden. (*B*): Verteilung der kontinuierlichen Ausgaben des Klassifikators in beiden experimentellen Bedingungen.

5.2 Neuro-basierte Untersuchungen zur Gebrauchstauglichkeit (Neuro-Usability)

Bei der Entwicklung neuer oder der Verbesserung existierender Produkte spielen Untersuchungen zu Aspekten der Benutzerfreundlichkeit oder Gebrauchstauglichkeit („usability") eine wesentliche Rolle. Üblicherweise werden *Usability*-Studien durchgeführt, um zu messen, inwieweit ein Produkt seinen vorgesehenen Zweck in Bezug auf Effektivität, Effizienz und Benutzerzufriedenheit erfüllt. Ein weiterer wichtiger Aspekt ist, den Spaß an der Nutzung („joy of use") zu quantifizieren. Effektivität und Effizienz können in der Regel objektiv gemessen werden, z. B. dadurch, ob und wie schnell eine Aufgabe durch den Nutzer erfüllt werden kann; andere Variablen sind jedoch weniger einfach messbar – insbesondere psychologische Variablen sind nur schwer bewusst abrufbar.

Weiterhin ist das Ziel von *Usability*-Studien eine kontinuierliche Akquisition der *Usability*-Parameter zu gewährleisten, ohne dass die zu untersuchende Handlung der Nutzer durch eine Befragung gestört wird. Daher könnte die BCI-Technologie ein wichtiges künftiges Werkzeug solcher Studien werden, und wir wollen dies an einem Beispiel diskutieren (Kohlmorgen et al. 2007). Es soll die *Usability* von neuer Zusatzausstattung im Auto durch die mentale Arbeitsbelastung des Nutzers gemessen werden. Im Falle einer elektronischen Zusatzausstattung sollte der Hersteller demonstrieren können, dass das neue Gerät den Fahrer bei seiner Fahraufgabe unterstützen kann und nicht ablenkend wirkt, mit anderen Worten, dass die Belastung des Fahrers durch Benutzung des Fahrerassistenzsystems nicht steigt. Sollte ein Hersteller angeben, dass die Fahrerbelastung sinken würde, beispielsweise bei Nutzung einer automatischen Abstandskontrolle, dann sollte dies so objektiv wie möglich und bezüglich der Fahraufgabe so wenig störend wie möglich erfolgen. (Vgl.: Clip auf DVD → Müller et al. → Fahrerassistenzsystem.)

Da die wahre kognitive Belastung des Fahrers jedoch nicht bekannt ist, wurde zu Studienzwecken das experimentelle Design so gewählt, dass der Fahrer kontrolliert einer Zusatzbelastung ausgesetzt wurde (Kohlmorgen et al. 2007). Das EEG von 12 männlichen und 5 weiblichen Probanden wurde gemessen, während diese auf der Autobahn mit 100 km/h fuhren (primäre Aufgabe). Zusätzlich mussten die Probanden eine auditorische Reaktionszeitaufgabe bearbeiten: Einer von zwei Knöpfen, die am rechten und linken Zeigefinger befestigt waren, musste nach einem akustischen Stimulus alle 7,5 s gedrückt werden. Als Drittaufgabe wurden zwei verschiedene mentale Zustände gewählt: (*1.*) Kopfrechnen, und (*2.*) Hörverstehen von zwei simultanen Hörfunkübertragungen. In einer initialen Kalibrationsphase wurde der BBCI-Detektor zur Messung der kognitiven Belastung (*workload*) an den individuellen Fahrer angepasst. Danach war das BCI-System in der Lage, die kognitive Belastung des Fahrers in Echtzeit kontinuierlich zu messen. Diese Information wurde in einer Testphase dazu genutzt, die auditorische Reaktionsaufgabe immer dann abzuschalten, wenn eine hohe kognitive Fahrerbelastung detektiert wurde. Als Ergebnis dieser Benutzer-adaptierten Abschaltung war die Reaktionszeit in der Testphase im Mittel um 100 ms schneller als in der Kalibrationsphase (ohne eine solche Adaption). Da die kognitive Belastung in beiden Phasen gleich war, kann daraus geschlossen werden, dass der Reaktionszeitunterschied durch die adaptive Abschaltung bei Erkennung von hoher Fahrerbelastung zu erklären ist. Es ist anzumerken, dass die starke Variabilität der Nutzer, die sonst eine Herausforderung für BCI-Systeme ist, an dieser Stelle als Vorteil angesehen werden kann: Bei Neuro-*usability*-Studien können Top-Probanden aufgrund der guten Detektierbarkeit ihrer Hirnzustände selektiert werden.

Jenseits solcher Studien könnte man sich BCI-Messgeräte für spezifische Hirnzustände in zukünftigen Autos, z. B. Gefahrguttransportern, vorstellen – vorausgesetzt, das EEG-Sensorproblem wäre gelöst –, um Ablenkungen des Fahrers intelligent so zu vermeiden, dass das Fahrerhirn in kritischen Fahrsituationen nicht noch stärker belastet wird und somit das Fahren insgesamt sicherer gestaltet werden kann.

5.3 Monitoring des mentalen Zustandes

Bei der Optimierung eines Benutzerinterface-Designs oder ganz allgemein bei der Arbeitsprozessoptimierung kann der gemessene mentale Zustand eines Nutzers nützlich sein. Diese Information kann nicht nur zur Verbesserung von BCI-Anwendungen eingesetzt werden, sondern auch für die Optimierung industrieller Produktionsumgebungen sowie die Benutzerschnittstellen von Autos und anderen Anwendungen. Beispiele interessanter Hirnzustände sind der Grad der Aktivierung, Müdigkeit, Konzentrationsfähigkeit, das Auftreten von Emotionen, kognitive Belastung oder andere psychische Variablen, deren Hirnaktivitäten einer Messung durch EEG zugänglich sind. Die Verbesserung suboptimaler Benutzerschnittstellen könnte die Anzahl kritischer mentaler Zustände eines Benutzers signifikant reduzieren. Erhoffte Folgen einer solchen Verbesserung wären Produktionszuwächse, eine Reduktion von Fehlern und Unfällen sowie die Frustvermeidung der Nutzer. Typischerweise werden dazu zunächst alle Informationen über den zu untersuchenden mentalen Zustand in einer *Offline*-Analyse der Daten gesammelt. Das Ergebnis dieser Analyse führt in der Regel zu einem Redesign der Aufgabe oder der Benutzerschnittstelle. Weiterhin ist natürlich ein Echtzeitmonitoring des mentalen Zustandes während der Ausführung einer Aufgabe wünschenswert. Herkömmliche Methoden zur Messung des mentalen Zustandes und zur Nutzerbewertung sind Fragebögen, aufgabenbezogene Videoüberwachung sowie Fehleranalyse. Jedoch sind Fragebögen nur begrenzt verlässlich, da die Antworten sehr stark von Subjektivität geprägt sind. Hinzu kommt, dass Fragebögen die interessanten Merkmale nicht in Echtzeit, sondern nur retrospektiv bestimmen können; außerdem sind sie intrusiv, da sie mit der Aufgabe interferieren. Selbst das Monitoring von Blinzeln oder Augenbewegungen gibt nur einen indirekten und sehr beschränkten Zugang zum mentalen Nutzerzustand. Obwohl das Monitoring der Nutzerfehler ein direkteres Maß ist, werden kritische Benutzerzustandsänderungen nur *post-hoc* detektiert; weder eine Fehlerantizipation noch entsprechende Maßnahmen zur Fehlervermeidung sind möglich. Als neuen Ansatz schlagen wir daher vor, EEG-Signale zur Analyse mentaler Nutzerzustände mittels etablierter BBCI-Klassifikationsmethoden zu explorieren. So können relevante Hirnsignale von der Hintergrundaktivität separiert werden, um eine nicht-intrusive Echtzeitevaluation mentaler Zustände zu ermöglichen.

In einer Pilotstudie (Müller et al. 2008) wurde diese Idee mit vier Probanden für Aktivierungsmonitoring getestet. Das experimentelle Paradigma stellte ein Sicherheitsszenario nach: Bei einer simulierten Gepäckdurchleuchtung mussten Versuchspersonen die in einigen Koffern „versteckten“ Waffen aufspüren – eine Aufgabe, die lang anhaltende Konzentration erfordert. Wie beim Standard-BCI zur Kommunikation muss das BCI-Monitoringsystem für das Individuum kalibriert werden, um dann mentale Zustände im Zusammenhang mit Aufmerksamkeit, Aufgabeneinbindung sowie aufkommende hohe bzw. niedrige Fehlerzahl des Nutzers vorherzusagen (siehe Abb. 11).

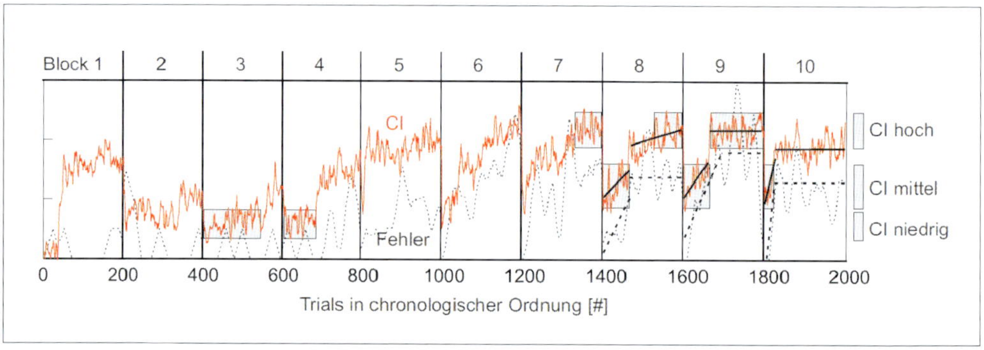

Abb. 11 Vergleich des Index zur Konzentrationsinsuffizienz (CII, gepunktete Kurve) und des Fehlerindex für einen Nutzer. Der Fehlerindex (wahrer Fehler über die Zeit, geglättet) reflektiert das Inverse der Nutzeraktivität.

5.4 BCI für Spiele

Eine weitere Anwendungsrichtung ist die direkte Nutzung von Hirnsignalen als neue Option bei Computerspielen (siehe Abb. 12 und vgl.: Clip auf DVD → Müller et al. → Brain-Pong-Spiel). Sie kann als interessante Herausforderung betrachtet werden, da das Spiele-Interface

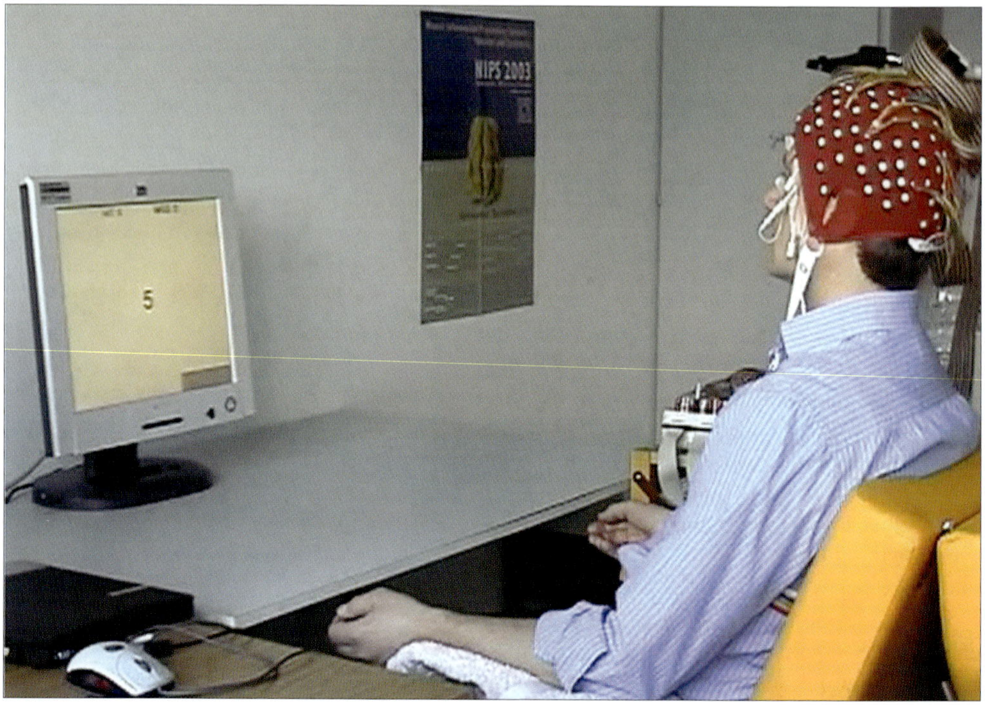

Abb. 12 Das einfache Spiel Ping-Pong erfährt eine Renaissance in neuem technologischen Kontext: Die Imagination einer Bewegung der rechten Hand bewegt den Cursor nach rechts, die Imagination der linken Hand schiebt den Cursor nach links. Auf diese Art kann der Ball, der von den Seitenbegrenzungen reflektiert wird, mit einem hirngesteuerten Schläger im Spiel gehalten werden (vgl. Krepki et al. 2007a, b, Dornhege et al. 2007).

bzw. die Einbettung des BCI in das Computerspiel ein imperfektes BCI-Steuersignal kompensieren muss. Mit anderen Worten, sei die BCI-Klassifikationsrate 95 %, dann sollte das Spiele-Interface robust genug sein, die 5 % unvermeidbaren Fehler zu korrigieren. Tetris, obwohl es bereits durch das BBCI als Mix zwischen motorischen (links *versus* rechts) und kognitiven Hirnzuständen (mentale Rotation) gesteuert wurde, ist ein Beispiel für ein Spiel, in dem kleine Fehler den Spielverlauf signifikant verschlechtern können; somit ist es eher als ungeeignetes BCI-Spiel einzustufen (Krepki et al. 2007a, b).

Kürzlich konnte ein mechanischer Flipper mittels BBCI gesteuert werden (Tangermann et al. 2008). Dies ist einerseits als Demonstrator für die erreichbare Geschwindigkeit und zeitliche Präzision von nichtinvasiven BCI-Systemen zu sehen; andererseits definiert der Flipper eine exzellente Umgebung außerhalb des Labors, in dem der Proband ganz in die virtuelle Welt der Spiele eintaucht. Das Szenario erlaubt es unter anderem, Studien durchzuführen, in denen das Timing der Reaktion und die Dynamik der Hirnantwort kontrolliert untersucht werden können. Somit sind neuartige BCI-Computerspiele einerseits ein interessanter Selbstzweck, zum anderen definieren sie aber auch für die Anwender (und den Experimentator) hoch abwechslungsreiche lebensnahe experimentelle Umgebungen. (Vgl.: Clip auf DVD → Müller et al. → Flippersteuerung.)

Die heute verfügbare EEG-Sensortechnologie sowie ihr hoher Preis stellen im Moment ein wesentliches Hindernis für die Breitennutzung durch Gesunde dar. Sollten jedoch in der Qualität vergleichbare, günstige und kontaktgelfreie EEG-Kappen auf den Markt kommen, die auch ein ansprechendes Design aufweisen (beispielsweise in Form von Baseballkappen), dann stünde einer Vermarktung mit einem breiten Anwendungsspektrum nichts im Wege.

6. Diskussion: invasive und nichtinvasive BCI-Systeme

Invasive BCI-Systeme verwenden zum Beispiel intrakortikal implantierte Chips mit ca. 100 Mikroelektroden pro Array und decodieren Bewegungsintentionen von mehreren hundert Einzelzellen des primären motorischen Kortex. Die damit gegebene hohe Dimensionalität des Signalraums, verbunden mit der Bewegungsspezifität der Einzelzellaktivitäten, lässt die Möglichkeit der Rekonstruktion sogar dreidimensionaler Bewegungstrajektorien in hoher Präzision erhoffen. Durch eine derartige Vielkanalableitung kortikaler Einzelzell-Aktionspotentiale ist es in der Tat kürzlich einem hochspinal traumatisierten, tetraplegischen Patienten gelungen, erste, allerdings noch rudimentäre Aktionen mit einem mehrgelenkigen Roboterarm auszuführen (vgl. Hochberg et al. 2006, siehe auch Nicolelis 2003 und Schwarz 2004 zu Studien am wachen Affen). Alternativ werden aktuell auch die invasive Ableitung lokaler Feldpotentiale (LFP; Mehring et al. 2003) und das subkortikal abgeleitete Elektrokortikogramm (vgl. Leuthardt et al. 2004) erfolgreich zur Klassifikation von Bewegungsintentionen eingesetzt.

Beim Vergleich der invasiven Ansätze untereinander sowie gegenüber den nichtinvasiven EEG-basierten Verfahren werden sich in den nächsten Jahren differentielle Indikationsprofile herauskristallisieren, die für den einzelnen Patienten unter Berücksichtigung seiner autonomen Nutzen-Risiko-Abwägung die Kriterien von Spezifität der Intentionsdekodierung, potentiellen Operationsrisiken (Blutung, Infektion), Anwendungsfreundlichkeit für Laienhelfer im häuslichen Bereich des Patienten und Langzeitstabilität der applizierten Sensoren ausbalancieren.

7. Zusammenfassung und Ausblick

Auch ohne, dass der Diskurs über das Verhältnis von Geist und Gehirn im Konsens aller natur- und humanwissenschaftlichen Disziplinen vollendet wäre, ist eine Interaktion von Geist und Maschinen schon heute pragmatisch operationalisierbar: Ohne auf die biologischen Effektorwege von Rückenmark, Nerven und Muskeln zurückgreifen zu müssen, ermöglichen Brain-Computer-Interfaces (BCI) zumindest ansatzweise die Umsetzung motorischer Intentionen ihres Nutzers in technische Steuersignale. Diese „flüchtigen Gedanken“ zu erfassen, erfordert die Echtzeitanalyse zerebraler Aktivitätsindizes mit hoher zeitlicher Auflösung, so dass die Vielzahl der in den letzten Jahrzehnten invasiv wie nichtinvasiv beschriebenen elektrophysiologischen Kenngrößen in BCIs eine innovative Anwendungsdomäne findet.

Der Einsatz von modernen Methoden des maschinellen Lernens für BCI – wie von der BBCI-Gruppe vorangebracht – ist dabei von entscheidender Bedeutung, zum einen für hohe Informationsübertragungsraten und zum anderen für eine robuste BCI-Benutzbarkeit vom ersten Tage an (Blankertz et al. 2007, 2008a). Aufgrund der Platzbeschränkung konnte nicht detailliert auf die mathematischen Aspekte des maschinellen Lernens und der Signalverarbeitung eingegangen, sondern nur grundsätzliche Prinzipien vorgestellt werden.

Ein Fokus war die breite Anwendungsvielfalt der Neurotechnologie auch jenseits von Rehabilitation, denn die Bedeutung und das Potential der BCI-Technologie zur Verbesserung der Mensch-Maschine-Interaktion wird noch unterschätzt. Der Einsatz eines BCI-Systems als neuer Kanal zusätzlich zu den vorhandenen Interaktionsmöglichkeiten eröffnet Anwendungen wie das Monitoring mentaler Zustände (Kohlmorgen et al. 2007, Müller et al. 2008), Spiele (Krepki et al. 2007a, b, Tangermann et al. 2008), Navigation in virtuellen Welten (Leeb et al. 2007), Fahrzeugsicherheit (Kohlmorgen et al. 2007), schnelle Bildanalyse (Gerson et al. 2006) sowie verbesserte Benutzermodellierung. Bislang sind in all diesen Studien nur Nachweise einer Machbarkeit angetreten worden. Der Weg bis hin zu innovativen Produkten wird sicherlich noch Zeit benötigen; der Abschnitt 5.2 zeigt jedoch, dass Aufmerksamkeitsmonitoring und Neuro-*Usability* bereits jetzt schon den Weg aus dem Labor heraus gefunden haben und somit das Monitoring komplexer kognitiver Zustände seine Nützlichkeit ausspielen konnte. Mit dem Einsatz von BCI als Echtzeitmessgerät komplexer mentaler Zustände wird es möglich, die gewonnene Zusatzinformation nutzbringend dafür einzusetzen, dass die Mensch-Maschine-Interaktion eine neue *adaptive antizipatorische* Dimension bekommt.

In Zukunft muss das BCI-Feld noch eine Reihe fundamentaler Probleme lösen[4]: (*a*.) Verbesserung der EEG-Messtechnik über Gelelektroden hinaus, hin zu günstigen und mobilen Systemen (vgl. Popescu et al. 2007) mit ästhetischem Design, (*b*.) Verständnis des Phänomens BCI-Analphabetismus (Blankertz et al. 2010b), (*c*.) bessere und robustere Signalverarbeitung und maschinelle Lernmethoden, die auch bei hoch nichtstationären Signalstatistiken robust schätzen können (Dornhege et al. 2007, von Bünau et al. 2009), (*d*.) höhere ITR für nichtinvasive BCI-Systeme, und (*e*.) die Entwicklung überzeugender industrieller Anwendungen auch außerhalb der Rehabilitationswissenschaften.

4 Erste Vorstöße in die entsprechenden Richtungen sind in Zitaten angemerkt.

Dank

Die Autoren danken ihren Koautoren für die Erlaubnis, bereits publiziertes Material (aus Müller et al. 2008, Curio et al. 2007, Kübler und Müller 2007, Blankertz et al. 2010a) zu benutzen. Für ihre langjährige Förderung des BBCI sei den Institutionen BMBF, EU und DFG gedankt.

Literatur

Birbaumer, N., Ghanayim, N., Hinterberger, T., Iversen, I., Kotchoubey, B., Kübler, A., Perelmouter, J., Taub, E., and Flor, H.: A spelling device for the paralysed. Nature *398*, 297–298 (1999)

Blankertz, B., Dornhege, G., Krauledat, M., Müller, K. R., and Curio, G.: The non-invasive Berlin Brain-Computer Interface: Fast acquisition of effective performance in untrained subjects. NeuroImage *37*, 539–550 (2007)

Blankertz, B., Dornhege, G., Lemm, S., Krauledat, M., Curio, G., and Müller, K. R.: The Berlin Brain-Computer Interface: Machine learning based detection of user specific brain states. J. Universal. Computer Sci. *12*/6, 581–607 (2006)

Blankertz, B., Dornhege, G., Schäfer, C., Krepki, R., Kohlmorgen, J., Müller, K. R., Kunzmann, V., Losch, F., and Curio, G.: Boosting bit rates and error detection for the classification of fast-paced motor commands based on single-trial EEG analysis. IEEE Trans. Neural Syst. Rehabil. Eng. *11*, 127–131 (2003)

Blankertz, B., Losch, F., Krauledat, M., Dornhege, G., Curio, G., and Müller, K. R.: The Berlin Brain-Computer Interface: Accurate performance from first-session in BCI-naive subjects. IEEE Trans. Biomed. Eng. *55*/10, 2452–2462 (2008a)

Blankertz, B., Sannelli, C., Halder, S., Hammer, E.-M., Kübler, A., Müller, K.-R., Curio, G., and Dickhaus, T.: Neurophysiological predictor of SMR-based BCI performance. Neuroimage *51*/4, 1303–1309 (2010b)

Blankertz, B., Tangermann, M., Vidaurre, C., Fazli, S., Sannelli, C., Haufe, S., Maeder, C., Ramsey, L., Curio, G., and Müller, K.-R.: Non-medical user of BCI technology. Frontiers in Neuroprosthetics doi: 10.3389/fnins. 2010.00198

Blankertz, B., Tomioka, R., Lemm, S., Kawanabe, M., and Müller, K. R.: Optimizing spatial filters for robust EEG single-trial analysis. IEEE Sig. Proc. Mag. *25*/1, 41–56 (2008b)

Bünau, P. von, Meinecke, F. C., Kiraly, F., and Müller, K. R.: Finding stationary subspaces in multivariate time series. Phys. Rev. Lett. *103*, 214101 (2009)

Conradi, J., Blankertz, B., Tangermann, M., Kunzmann, V., and Curio, G.: Brain-computer interfacing in tetraplegic patients with high spinal cord injury. Int. J. Bioelectromagnetism *11*/2, 65–68 (2009)

Cui, R. Q., Huter, D., Lang, W., and Deecke, L.: Neuroimage of voluntary movement: topography of the Bereitschaftspotential, a 64-channel DC current source density study. Neuroimage 9/1, 124–134 (1999)

Curio, C., Blankertz, B., und Müller, K. R.: Brain-Computer Interfaces (BCI): Forschen an der Schnittstelle zwischen Gehirn und Maschine. In: Festschrift zum Centennial der Deutschen Neurologischen Gesellschaft. S. 125–127 (2007)

Dornhege, G., Millán, J. del R., Hinterberger, T., McFarland, D., and Müller, K. R. (Eds.): Toward Brain-Computer Interfacing. Cambridge, MA: MIT Press 2007

Fazli, S., Danóczy, M., Kawanabe, M., and Popescu, F.: Asynchronous, adaptive BCI using movement imagination training and rest-state inference. In: IASTED's Proceedings on Artificial Intelligence & Applications 2008, 85–90 (2008)

Fazli, S., Popescu, F., Donaczy, M., Blankertz, B., Müller, K. R., and Grozea, C.: Subject independent mental state classification in single trials. Neural Networks *22*/9, 1305–1312 (2009)

Gerson, A., Parra, L., and Sajda, P.: Cortically coupled computer vision for rapid image search. IEEE Trans. Neural. Syst. Rehabil. Eng. *14*/2, 174–179 (2006)

Grosse-Wentrup, G., Gramann, K., and Buss, M.: Adaptive spatial filters with predefined region of interest for EEG based brain-computer-interfaces. In: Schölkopf, B., Platt, J., and Hoffman, T. (Eds.): Advances in Neural Information Processing Systems *19*, 537–544 (2007)

Haynes, J. D., and Rees, G.: Decoding mental states from brain activity in humans. Nature Rev. Neurosci. *7*/7, 523–534 (2006)

Haynes, J., Sakai, K., Rees, G., Gilbert, S., and Frith, C.: Reading hidden intentions in the human brain. Curr. Biol. *17*, 323–328 (2007)

Hochberg, L. R., Serruya, M. D., Friehs, G. M., Mukand, J. A., Saleh, M., Caplan, A. H., Branner, A., Chen, D., Penn, R. D., and Donoghue, J. P.: Neuronal ensemble control of prosthetic devices by a human with tetraplegia. Nature *442*, 164–171 (2006)

Hyvärinen, A., Karhunen, J., and Oja, E.: Independent Component Analysis. New York: Wiley 2001

Kohlmorgen, J., Dornhege, G., Braun, B., Blankertz, B., Müller, K. R., Curio, G., Hagemann, K., Bruns, A., Schrauf, M., and Kincses, W.: Improving human performance in a real operating environment through real-time mental workload detection. In: Dornhege, G., Millán, J. del R., Hinterberger, T., McFarland, D., and Müller, K.-R. (Eds.): Toward Brain-Computer Interfacing; pp. 409–422. Cambridge, MA: MIT Press 2007

Kornhuber, H. H., und Deecke, L.: Hirnpotentialänderungen bei Willkürbewegungen und passiven Bewegungen des Menschen: Bereitschaftspotential und reafferente Potentiale. Pflügers Arch. *284*, 1–17 (1965)

Krauledat, M., Dornhege, G., Blankertz, B., Curio, G., and Müller, K. R.: The Berlin brain-computer interface for rapid response. Biomed. Tech. *49*/1, 61–62 (2004)

Krauledat, M., Tangermann, M., Blankertz, B., and Müller, K. R.: Towards zero training for Brain-Computer Interfacing. PLoS ONE *3*/8, e2967 (2008)

Krepki, R., Blankertz, B., Curio, G., and Müller, K. R.: The Berlin Brain-Computer Interface (BBCI): towards a new communication channel for online control in gaming applications. J. Multimedia Tools and Applications *33*/1, 73–90 (2007a)

Krepki, R., Blankertz, B., Curio, G., and Müller, K. R.: Berlin brain-computer interface – the HCI communication channel for discovery. Int. J. Hum. Comp. Studies *65*, 460–477 (2007b)

Kübler, A., and Müller, K. R.: An introduction to brain computer interfacing. In: Dornhege, G., Millán, J. del R., Hinterberger, T., McFarland, D., and Müller, K.-R. (Eds.): Toward Brain-Computer Interfacing; pp. 1–25. Cambridge, MA: MIT Press 2007

Kübler, A., Nijboer, F., Mellinger, J., Vaughan, T. M., Pawelzik, H., Schalk, G., McFarland, D. J., Birbaumer, N., and Wolpaw, J. R.: Patients with ALS can use sensorimotor rhythms to operate a brain-computer interface. Neurology *64*, 1775–1777 (2005)

Leeb, R., Lee, F., Keinrath, C., Scherer, R., Bischof, H., and Pfurtscheller, G.: Brain-computer communication: motivation, aim, and impact of exploring a virtual apartment. IEEE Trans. Neural. Syst. Rehabil. Eng. *15*/4, 473–482 (2007)

Leuthardt, E. C., Schalk, G., Wolpaw, J. R., Ojemann, J. G., and Moran, D. W.: A brain-computer interface using electrocorticographic signals in humans. J. Neural. Eng. *1*, 63–71 (2004)

Mehring, C., Rickert, J., Vaadia, E., Cardosa, Oliveira, S. de, Aertsen, A., and Rotter, S.: Inference of hand movements from local field potentials in monkey motor cortex. Nature Neurosci. *6*, 1253–1254 (2003)

Müller, K. R., Anderson, C. W., and Birch, G. E.: Linear and non-linear methods for brain-computer interfaces. IEEE Trans. Neural. Syst. Rehabil. Eng. *11*/2, 165–169 (2003)

Müller, K. R., Mika, S., Rätsch, G., Tsuda, K., and Schölkopf, B.: An introduction to kernel-based learning algorithms. IEEE Transaction on Neural Networks *12*/2, 181–201 (2001)

Müller, K. R., Tangermann, M., Dornhege, G., Krauledat, M., Curio, G., and Blankertz, B.: Machine learning for real-time single-trial EEG analysis: From brain-computer interfacing to mental state monitoring. J. Neurosci. Meth. *167*/1, 82–90 (2008)

Müller-Putz, G. R., Scherer, R., Pfurtscheller, G., and Rupp, R.: EEG-based neuroprosthesis control: a step towards clinical practice. Neurosci. Lett. *382*, 169–174 (2005)

Nicolelis, M. A.: Brain-machine interfaces to restore motor function and probe neural circuits. Nature Rev. Neurosci. *4*/5, 417–422 (2003)

Nikulin, V. V., and Brismar, T.: Phase synchronization between alpha and beta oscillations in the human electroencephalogram. Neuroscience *137*, 647–657 (2006)

Nunez, P. L., Srinivasan, R., Westdorp, A. F., Wijesinghe, R. S., Tucker, D. M., Silberstein, R. B., and Cadusch, P. J.: EEG coherency I: statistics, reference electrode, volume conduction, Laplacians, cortical imaging, and interpretation at multiple scales. Electroencephalogr. Clin. Neurophysiol. *103*/5, 499–515 (1997)

Pfurtscheller, G., and da Silva, F. H. L.: Event-related EEG/MEG synchronization and desynchronization: basic principles. Clin. Neurophysiol. *110*/11, 1842–1857 (1999)

Popescu, F., Fazli, S., Badower, Y., Blankertz, B., and Müller, K. R.: Single trial classification of motor imagination using 6 dry EEG electrodes. PLoS ONE *2*/7 (2007)

Schwarz, A.: Cortical neural prosthetics. Annu. Rev. Neurosci. *27*, 487–507 (2004)

Shenoy, P., Krauledat, M., Blankertz, B., Rao, R. P. N., and Müller, K. R.: Towards adaptive classification for BCI. J. Neural. Eng. *3*/1, R13–R23 (2006)

Sugiyama, M., Krauledat, M., and Müller, K. R.: Covariate shift adaptation by importance weighted cross validation. J. Mach. Learn. Res. *8*, 985–1005 (2007)

Tangermann, M., Krauledat, M., Grzeska, S., Sagebaum, M., Blankertz, B., Vidaurre, C., and Müller, K. R.: Playing pinball with non-invasive BCI. In: Koller, D., Schuurmans, D., Bengio, Y., and Bottou, L. (Eds.): NIPS 2008: Advances in Neural Information Processing Systems *21*, 1641–1648 (2009)

Tomioka, R., and Müller, K. R.: A regularized discriminative framework for EEG based communication. Neuroimage *49*/1, 415–432 (2010)

Vidaurre, C., and Blankertz, B.: Towards a cure for BCI illiteracy: Machine learning based co-adaptive learning. Brain Topography *23*,194–198 (2010)

Williamson, J., Murray-Smith, R., Blankertz, B., Krauledat, M., and Müller, K. R.: Designing for uncertain, asymmetric control: Interaction design for brain computer interfaces. Int. J. Human-Computer Studies *10*, 827–841 (2009)

Wolpaw, J. R., and McFarland, D. J.: Control of a two-dimensional movement signal by a noninvasive brain-computer interface in humans. Proc. Natl. Acad. Sci. USA *101*, 17849–17854 (2004)

Wolpaw, J. R., Birbaumer, N., McFarland, D. J., Pfurtscheller, G., and Vaughan, T. M.: Brain-computer interfaces for communication and control. Clin. Neurophysiol. *113*/6, 767–791 (2002)

Ziehe, A., Müller, K. R., Nolte, G., Mackert, B. M., and Curio, G.: Artifact reduction in magnetoneurography based on time-delayed second-order correlations. IEEE Trans. Biomed. Eng. *47*/1, 75–87 (2000)

Prof. Dr. Klaus-Robert Müller
AG Maschinelles Lernen
TU Berlin und
Bernstein Fokus Neurotechnologie
Franklinstraße 28/29
10587 Berlin
Bundesrepublik Deutschland
Tel.: +49 30 31478621
Fax: +49 30 31478622
E-Mail: krm@cs.tu-berlin.de

Nova Acta Leopoldina NF *110*, Nr. 377, 259–283 (2011)

Modellbildung in der bildbasierten Medizin: Radiologie jenseits des Auges

Heinz-Otto Peitgen, Horst Hahn und Tobias Preusser (Bremen)

Mit 10 Abbildungen

Zusammenfassung

Die medizinische Bildgebung ist heute eine der zentralen Schlüsseltechnologien für die Gesundheitsversorgung. Die zugrundeliegenden Technologien der Computertomographie und Magnetresonanztomographie nebst anderen wichtigen Techniken entwickeln sich mit rasantem Tempo weiter, hin zu höheren Auflösungen, neuen funktionellen Kontrasten und höheren Geschwindigkeiten. Die Beurteilung der immensen entstehenden Datenmengen ist jedoch noch immer weitgehend limitiert durch das Auge des geschulten Radiologen. Von der Kultur der naturwissenschaftlichen Messung, Modellbildung und Fehlerbehandlung scheint die Radiologie noch weitgehend unberührt. An zwei Beispielen soll illustriert werden, welche umwälzende und strategische Ausweitung und Verbesserung die bildgebenden Verfahren und deren klinischer Einsatz durch eine konsequente mathematische Modellierung und Quantifizierung erfahren können. Das erste Beispiel befasst sich mit der Beurteilung des Therapieerfolges bei der Behandlung von Tumorerkrankungen. Die heute verwendeten Verfahren beruhen noch weitestgehend auf einer manuell definierten Größenbestimmung der Tumoren. Die Fehleranfälligkeit dieser Methode kann durch eine computergestützte Volumenbestimmung drastisch reduziert werden, wodurch frühere und sicherere Therapieentscheidungen sowie eine deutliche Verbesserung der Aussagekraft klinischer Studien möglich wird. Das zweite Beispiel zeigt die Anwendung mathematischer Modellierung und Simulation zur Vorhersage und zur Optimierung der Radiofrequenz-Ablation, einer neuartigen minimalinvasiven Form zur Behandlung von Lebertumoren. Die Modellierung der für den Radiologen während der Behandlung unsichtbar stattfindenden bio-physikalischen Prozesse ist ein mächtiges Werkzeug, das helfen kann, die Qualität der Therapie zu steigern, potentielle Rezidive zu minimieren und in Zukunft eine ähnliche Erfolgsrate der Behandlung wie mit der klassischen Resektion zu erreichen.

Abstract

Medical imaging is a key technology in today's health care. The basic technologies of computed tomography and magnetic resonance imaging among other important developments are rapidly improving towards higher resolutions, novel functional contrasts and shorter scanning times. The analysis of the resulting immense data volumes, however, is still mostly limited by the eye of the trained radiologist. The scientific culture of measurements, modeling and error handling seems to have left radiology almost untouched. In this article, we will illustrate with two examples the groundbreaking and strategic broadening and improvement of medical imaging and its clinical use facilitated by a consequent mathematical modeling and quantification. The first example deals with the assessment of therapy success in the treatment of cancer. Approaches used today are based on mostly manual definitions of the size of tumors. The error-proneness of these methods can be drastically reduced by computerized volumetric analysis, which allows for earlier and safer therapy decisions and a considerable improvement of the significance of clinical studies. The second example shows the application of mathematical modeling and simulation for the prediction and optimization of radiofrequency ablation, which is a minimally invasive technique for treatment for liver tumors. The modeling of the bio-physical processes taking place during the treatment, but being hidden for the perception of the radiologist, is a powerful tool that can help increasing the quality of the treatment, reducing potential recurrences and prospectively reaching similar success rates of the treatment as for classical surgical resection.

1. Einleitung

In der langen Geschichte der medizinischen Wissenschaften nimmt die Radiologie, die Führungsdisziplin der bildbasierten Medizin, eine Sonderstellung ein. Sie ist noch relativ jung und hat ein exaktes Geburtsdatum mit der epochalen Entdeckung der Röntgenstrahlen durch Wilhelm Conrad Röntgen im November 1895. Während das Auge *als Beobachtungsinstrument* in vielen anderen Wissenschaften mittlerweile eine eher untergeordnete Rolle spielt, steht es in der Radiologie noch immer ganz im Vordergrund. 100 Jahre lang, von 1895 bis etwa 1995, erfolgte die Beurteilung radiologischer Information streng *filmbasiert*, und auch heute ist es noch üblich, von radiologischen *Bildern* anstatt Bilddaten oder Bildinformation zu sprechen, was den qualitativ betrachtenden Charakter unterstreicht. Selbst wenn sich die Radiologie mit der modernen CT- und MR-Bildgebung einer absoluten Hoch- und Spitzentechnologie bedient, ist die Auswertung der entstehenden, teilweise immensen Datenmengen doch noch weitgehend an die individuelle Erfahrung und das Wissen eines hochspezialisierten Experten gebunden und durch dessen Auge und Erkennungsvermögen geleitet. Schon deshalb darf man vermuten, dass die Ergebnisqualität radiologischer Arbeit eine erhebliche Streuung hat, nur schwer objektiv zu beurteilen ist und noch schwerer zu quantifizieren ist.

1.1 Mathematisierung als Gradmesser von Wissenschaftlichkeit?

Die Geschichte der Radiologie lässt sich noch von einer weiteren Seite betrachten. Während nahezu alle naturnahen wissenschaftlichen Disziplinen in ihrer historischen Entwicklung konsequent den Weg immer raffinierterer quantitativer Messverfahren sowie einer akribischen Verfeinerung ihrer spezifischen Informationsquellen gegangen sind, hat die Radiologie diesen Weg gerade erst begonnen. So ist auch zu verstehen, dass eine Modellbildung im naturwissenschaftlichen Sinn in der Tätigkeit des Radiologen praktisch nicht vorkommt, während Quantifizierung, Fehlerbeurteilung und Modellierung der zugrundeliegenden Mechanismen die selbstverständlichen, eng verzahnten und sich wechselseitig beflügelnden Methoden der Naturwissenschaft seit Galilei wurden.

Der Vater des modernen mathematisch-naturwissenschaftlichen Weltbilds verschafft uns ungewollt tiefe Einblicke in die Besonderheit der Radiologie in der Moderne (Galilei 1623): „Philosophie ist geschrieben in diesem großem Buch, ich meine das Universum. Man kann es nicht lesen, ohne seine Sprache zu verstehen. Es ist geschrieben in der Sprache der Mathematik, und seine Buchstaben sind Dreiecke, Kreise und andere geometrische Figuren. Ohne diese kann man nicht ein einziges Wort verstehen. Ohne diese irrt man umher wie in einem dunklen Labyrinth." Und Kant geht noch weiter. Für ihn ist die Mathematisierung geradezu der Gradmesser der Wissenschaftlichkeit schlechthin (Kant 1786): „Eine reine Naturlehre über bestimmte Naturdinge (Körperlehre und Seelenlehre) ist nur mittels der Mathematik möglich, und da in jeder Naturlehre nur so viel eigentliche Wissenschaft angetroffen wird, als sich darin Erkenntnis a priori befindet, so wird Naturlehre nur so viel eigentliche Wissenschaft enthalten, als Mathematik in ihr angewandt werden kann." Während die Wissenschaften des 18. und 19. Jahrhunderts diesem Anspruch kaum gewachsen waren, wenn man von Physik und Astronomie absieht, hat die umfassende Computerisierung aller Wissenschaften in der zweiten Hälfte des 20. Jahrhunderts die Mathematisierung weit vorangetrieben und ist heute gleichsam *Motor und Getriebe* zwischen den Knotenpunkten Messung, Quantifizierung, Modellbildung und Vorhersage. Zusammengefasst lässt sich also sagen: Die Mathematisierung der modernen

Naturwissenschaften ist die Grundlage für die Vergleichbarkeit von Aussagen samt Feststellung und Prüfung ihrer Validität, für Vorhersagen samt Beurteilung ihrer Qualität und nicht zuletzt für die inner- und interdisziplinäre Kommunikation. Gemessen an diesen Maßstäben nimmt die geringe Mathematisierung in der Radiologie eine bemerkenswerte Sonderstellung ein und man darf gespannt sein, wie die Radiologie ihre Rolle *jenseits des Auges* entdecken und entwickeln wird und welche bisher verborgenen Erkenntnisse und Anwendungsmöglichkeiten dadurch zu Tage treten.

Ein kurzer Blick auf die Geschichte der Radiologie hilft uns, diesen Aspekt zu präzisieren. Es ist kaum bekannt und umso erstaunlicher wahrzunehmen, dass schon im Jahr nach RÖNTGENS Entdeckung 1896 die neue *Durchleuchtung* praktisch alle wesentlichen Organe aus dem Körperdunkel hervorgezaubert hatte und die medizinische Diagnostik unvorstellbar bereicherte oder sogar erst ermöglichte. Der Siegeszug und die Entwicklung der radiologischen Methoden sind in den ersten Jahrzehnten bis etwa 1940 durch heroische Personen markiert, denen die schädliche Wirkung der Röntgenstrahlung noch unbekannt war. Später, in den 1970er und 1980er Jahren nimmt die radiologische Entwicklung auf der Geräteseite durch die Computertomographie (CT) und Magnetresonanztomographie (MR) weiter rasante Fahrt auf und erlaubt die Grenzüberschreitung von der morphologischen zur funktionellen Bildgebung. So lässt sich heute das schlagende Herz im CT *sehen* und die Diffusion von Wasser in Nervenfasern des Gehirns im MR abbilden, oder die Sauerstoffanreicherung in Tumoren darstellen. Und natürlich liegen diesen Methoden der Bilderzeugung raffinierteste Methoden der Messung, Quantifizierung und Modellierung und ein wahrhaft gigantischer mathematischer Apparat und Aufwand zugrunde. Aber in der eigentlichen Beurteilung steht nach wie vor das Auge des Radiologen im Mittelpunkt.

1.2 Digitalisierung schafft Voraussetzung für Mathematisierung

Erst durch die vollständige Digitalisierung der Bildinformation ab Mitte der 1990er Jahre erhält die Auswertung radiologischer Bilder Anschluss an die modernen Naturwissenschaften. Eine neue Disziplin – *Medical Image Computing* – entsteht, die sich seither darauf konzentriert hat, für den Radiologen die Bildinformation zu bearbeiten und für spezielle Anwendungen aufzubereiten. Stichworte wie *Image Enhancement*, *Computer Aided Detection & Diagnosis (CAD)* und *Medical Visualization* beschreiben den Weg der letzten Jahre. Allerdings ist die Gemeinschaft der Radiologen scheinbar mehrheitlich noch immer der Gerätetechnik zugewandt und erkennt erst langsam, welche vielversprechende, umwälzende und strategische Öffnung *Medical Image Computing* für die Radiologie bedeuten wird. Die neue Disziplin ist zudem Motor einer längst überfälligen und besseren Nutzung der diagnostischen Bildinformation im klinischen Planungs- und Steuerungsprozess für nahezu alle komplexen Therapien. Doch bei der Anwendung des bisher verfügbaren Methodenschatzes des *Medical Image Computing* steht überwiegend noch das Auge als erste und letzte beurteilende Instanz im Vordergrund.

Was also ist für die Radiologie *jenseits des Auges* zu erwarten? Ein umfassender und weitreichender radiologischer Paradigmenwechsel kündigt sich an und adressiert eine weitere Kernfrage: Welche Wirkung hat die unvermeidbare Unvollständigkeit und Fehlerbehaftung von Information auf eine bestimmte Diagnose und Prognose? Offenbar ist radiologische Bildinformation nur ein Schnappschuss einer komplexen anatomisch-pathologischen Wirklichkeit, die der Radiologe bisher in begrenzter Reichweite durch Erfahrungswissen ergänzt, um eine Zustandsbeschreibung und Prognose abzugeben. Mit anderen Worten, unvollkommene Information und bestehende Unsicherheit über die umfassende Zustandscharakterisierung wird durch Erfahrungswissen überbrückt. Das neue Paradigma der Radiologie jenseits des Auges setzt genau an dieser Stelle an. Natur- und Informationswissenschaften ergänzen die Bildinformation auf Basis fundierten Wissens durch angemessene mathematisch-naturwissenschaftliche Modellbildung, erzeugen fehlerreduzierte sowie patientenindividuellere Prozesse, und werden die Entscheidungsposition des Radiologen stärken.

1.3 Messen statt Interpretieren

Betrachtet man die großen wissenschaftlichen Errungenschaften von GALILEI bis heute im Vogelflug, so fällt auf, dass fast jede mit einer originären Messung oder Verbesserung einer Messmethode einhergeht. Es ist nicht übertrieben zu behaupten, dass eine immer genauer werdende Messung der eigentliche Motor des Fortschritts der modernen Naturwissenschaften war und ist. Die oberflächliche historische Berichterstattung hebt häufig die heroisch kühne Gedankenleistung hervor und ignoriert die Mühsal der vorausgehenden Arbeit in einer Vielzahl von Einzelmessungen und der Sammlung von Messwerten. So steht KEPLER mit seinem revolutionären Weltbild der elliptischen Planetenbahnen von 1609 auf den Schultern von Generationen messender Astronomen, die über Jahrzehnte akribisch Nacht für Nacht wertvolles Material zusammengetragen haben. EINSTEIN *erfindet* seine Relativitätstheorie nicht einfach, sondern sein geniales Werk ist ohne die Messung der Lichtgeschwindigkeit durch Albert MICHELSON von 1887 kaum denkbar. Die Entdeckung der Doppelhelix durch Francis CRICK und James WATSON aus dem Jahre 1953 verdanken wir der messenden Röntgen-Diffraktionsbildgebung. Die Revolution der Nanotechnologie wurde durch das Tunnel-Elektronen-Mikroskop von Gerhard BINNIG und Heinrich ROHRER aus dem Jahr 1981 erst möglich, und die gemessene Rotverschiebung auf der Grundlage des Doppler-Effekts im Spektrum des Lichtes ferner Himmelsobjekte gibt uns Hinweise auf die Natur der Expansion des Universums. Kurz gesagt, es wird außerhalb der Natur- und Ingenieurwissenschaften oft nicht wahrgenommen, wie notwendig und gleichzeitig mächtig der innovatorische Impuls ist, der von der Möglichkeit und der Verbesserung von Messungen für ein Wissensgebiet ausgeht.

Im Vergleich hierzu ist die Radiologie seit ihrer Entstehung bis in die letzten Jahre eine *Bildwissenschaft* geblieben, der die kontrollierte Messung im Sinne eines naturwissenschaftlichen Experiments eher nicht geschenkt war. Der fortschreitenden Digitalisierung aller radiologischen Modalitäten ist es geschuldet, dass nun neben die interpretatorische Bildbetrachtung die messende Bildauswertung tritt. Damit kann sich endlich auch die Radiologie in das Netz des Wissens und der Methoden der modernen Natur- und Informationswissenschaften integrieren und von dem interdisziplinären Wissenstransfer profitieren, der dort an der Tagesordnung steht.

1.4 Fehlerkultur und Standardisierung für die bildbasierte Medizin

Zunächst ist zu erwarten, dass wir eine Flut neuer diagnostischer Methoden erleben werden, die bisher nicht vorstellbar waren. Darüber hinaus werden aber auch tradierte diagnostische Prozesse in völlig neuer Weise Unterstützung erhalten. Man denke etwa an die schon bestehenden CAD-Systeme für Mamma- und Lungenläsionen, bei der verdächtige Strukturen automatisch erkannt und charakterisiert werden, oder an die Möglichkeiten der virtuellen Koloskopie. Gleichzeitig dürfen wir auf erhebliche Schübe in der Qualitätssteigerung für die

Breitenversorgung sowie eine Standardisierung und Vergleichbarkeit diagnostischer Methoden hoffen. Schließlich wird die Durchdringung der bildgebenden Medizin durch messende Prozesse, parallel zur Geschichte der Naturwissenschaften, eine längst überfällige Fehlerkultur erzeugen, wenn nicht gar erzwingen, und der jüngst oft geforderten und dennoch bisher kaum erfolgten evidenzbasierten Medizin Flügel verleihen.

Den letzten Punkt wollen wir durch ein Beispiel aus der Verlaufskontrolle von Krebserkrankungen vertiefen, bevor wir uns einem weiteren Themenfeld widmen, in dem die mathematische Modellierung ganz im Mittelpunkt steht und einen Blick in zukünftige Entwicklungen erlaubt.

2. Beurteilung des Therapieerfolges bei der Behandlung von Tumorerkrankungen

Die Beurteilung einer Läsion im Verlauf einer Therapie ist eine der besonders häufigen Leistungen der Radiologie für die Klinik. Sie gilt gleichzeitig als eine der unbeliebtesten Dienstleistungen, die erbracht werden müssen, um z. B. die Onkologie, Chirurgie oder eine klinische Studie in ihrer Therapiebeurteilung zu unterstützen. Obwohl für diese fundamentale Aufgabe ein normiertes Kriterium existiert (RECIST 1999),[1] ist es weltweit eher üblich, sich auf eine Beurteilung mit bloßem Auge zu stützen. Der naturwissenschaftlich erzogene Beobachter fragt sich hier sofort: Welche Fehlerursachen sind dabei möglich, welche Größe und Wirkungen haben diese Fehler, und welche Irrtumswahrscheinlichkeiten sind in Folge zu erwarten? Unser erstes Beispiel wird dazu genaue Ergebnisse und Lösungsvorschläge anbieten.

2.1 Die ernüchternde Erasmus-Studie

Im Jahre 2003 veröffentlichte Jeremy Erasmus vom angesehenen *MD Anderson Cancer Center* der *University of Texas* in Houston eine bemerkenswerte Studie (Erasmus et al. 2003), in der Radiologen, die auf Lungenerkrankungen spezialisiert waren, auf ihre Irrtumswahrscheinlichkeit bei der Beurteilung von Tumorwachstum getestet wurden. Im ersten Teil der Aufgabenstellung mussten sie, wie in der täglichen Routine üblich, die Durchmesser von relativ großen[2] Lungentumoren auf der Grundlage von computertomographischen Schichtaufnahmen in der Erwartung messen, dass ihnen die gleichen Patienten nach einiger Zeit wieder zur Beurteilung vorgelegt würden, um die Veränderung der Tumorgröße nach Behandlung zu beurteilen. Tatsächlich wurden die Experten aber getäuscht: Man legte ihnen in der nachfolgenden Beurteilung *exakt dieselben Bilder* noch einmal vor, d. h., die Experten hätten keine Veränderung konstatieren dürfen (RECIST-Klassifikation *stable disease*). Tatsächlich sind die Schwankungen bei der Durchmesserbestimmung aber derart, dass die Messungen in etwa jedem dritten Fall um mehr als 20 % auseinanderklaffen, was nach der internationalen Norm RECIST als *progressive disease* zu klassifizieren wäre. In etwa jedem 7. Fall ist die Differenz sogar so groß, dass eine Durchmesserabnahme von 30 % überschritten wird, so dass nach RECIST trotz der identischen Daten eine Klassifikation als *partial response* erfolgen müsste. Die dadurch nachgewiesene Häufigkeit der resultierenden Fehlklassifikationen, und in der

1 *Response Evaluation Criteria in Solid Tumors.*

2 Bei kleinen Läsionen amplifizieren sich die Fehlereffekte dramatisch. Siehe hierzu auch die nachfolgende Diskussion über Partialvolumeneffekte.

Folge der Fehlbeurteilungen des Behandlungserfolges, sind umso erschreckender, da für diese Studie alle zusätzlichen Unsicherheiten, die sich in Wirklichkeit bei einer erneuten, nachfolgenden radiologischen Bildaufnahme ergeben würden, bewusst eliminiert wurden.

Wie kann man diese ernüchternden Ergebnisse verstehen, und welche Rolle können modellbasierte neue Messverfahren spielen, derartige unakzeptable Irrtumswahrscheinlichkeiten zu reduzieren? Vergleicht man den erheblichen Aufwand, den Zulassungsbehörden für neue Pharmazeutika fordern, mit der Leichtfertigkeit, Methoden wie RECIST ohne hinterlegte naturwissenschaftliche Fundierung weltweit zu etablieren, wird ersichtlich, wie groß der Aufholbedarf in manchen Teilen der Medizin noch ist.

2.2 Partialvolumeneffekt: Schwierigkeit der Beschreibung kleiner Läsionen

Zunächst versuchen wir nun zu verstehen, wo die Probleme in der Verlaufskontrolle liegen, wozu einige elementare Vorüberlegungen nötig sind, die wir an dieser Stelle so einfach wie möglich gestalten möchten, aber auch nicht zu einfach. Wir stellen uns eine Läsion von 1 ml Volumen vereinfachend als einen Kubus von der Kantenlänge 10 mm vor. Diesen Kubus unterwerfen wir einer radiologischen Modalität wie z. B. CT oder MR und betrachten das Ergebnis. Wegen der Auflösungsbegrenztheit der Modalität wird der Kubus unscharf abgebildet, ähnlich wie dies bei einer nicht richtig fokussierten Fotografie der Fall wäre. Darüber hinaus unterliegt die Bildrekonstruktion einer Diskretisierung, d. h. statt unendlich vieler Bildpunkte haben wir ein endliches, räumliches Gitter, ähnlich wie dies auch bei handelsüblichen Digitalkameras der Fall ist. Man spricht in der CT und MR von Voxeln (Abk. für Volumenelemente), d. h., der Raum ist in Minizellen unterteilt, und jede der Zellen enthält nur einen einzigen Inhalt, den zugehörigen Grauwert. Die CT-Bildqualität mit 512 × 512 Bildpunkten pro Schicht, entsprechend einer 0,25-Mega-Pixel-Auslösung ist mit einer einfachen schwarzweißen Digitalkamera vergleichbar. Schlichte Fotohandys erreichen mit 640 × 480 Bildpunkten bereits 0,3-Mega-Pixel.

Vereinfachend stellen wir uns eine Aufteilung des Körperquerschnitts von ca. 50 cm Durchmesser im CT in winzige Kuben der Kantenlänge von 1 mm vor, d. h., ein Voxel hat das Volumen von 1 mm^3 = 0,001 ml. Dies entspricht in etwa der Realität moderner CTs und ist für klinische MR-Bildgebung, abgesehen von der Bildgebung am Gehirn, noch immer eine Herausforderung. Fasst man Unschärfe des bildgebenden Verfahrens und Diskretisierung zusammen, so entsteht am Rand des 1 ml-Kubus ein immenses Unsicherheitsproblem. Das Bild alleine sagt nun nichts mehr darüber aus, ob ein Randvoxel zu dem Volumen zu rechnen ist oder nicht – wir bezeichnen dies als *Partialvolumeneffekt.*

Genau hier verlässt uns unsere Intuition, denn wir sind geneigt zu sagen, das sind ja nur die Randvoxel, und das sollte doch keinen erheblichen, sondern eher einen kaum messbaren Effekt haben. Sofort und intuitiv noch sicher erkannt ist es so, dass der Partialvolumeneffekt bei einer 1 ml-Läsion mehr und bei einer größeren Läsion, sagen wir 10 ml, weniger zu Buche schlägt. Nun reichen elementare Rechenschritte aus: Von den 10 × 10 × 10 Voxeln einer 1 ml-Läsion sind im einfachsten Fall genau 8 × 8 × 8 innere Voxel, d. h., es verbleiben 1000–512 = 488 Randvoxel. Anders gesagt, haben wir mindesten 48,8 % Voxel, die dem Partialvolumeneffekt in der Bildgebung unterliegen, oder die im Bild nicht sicher zuzuordnen sind; und dies ist eine Tatsache, die durch kein noch so gut geschultes Auge überlistet werden kann. Abbildung 1 veranschaulicht diesen Effekt. Ermitteln wir den Partialvolumenanteil für die 10 ml-Läsion, so erhalten wir noch mindestens 26 % Partialvolumeneffekt und bei einer

Läsion mit 100 ml Volumen sinkt der Effekt auf immerhin noch 12 %. Wir sehen also, dass die unvermeidbare Unsicherheit zunächst extrem von der Größe der Läsion abhängt. Die gleichen Bedingungen gelten für eine kugelförmige Läsion.

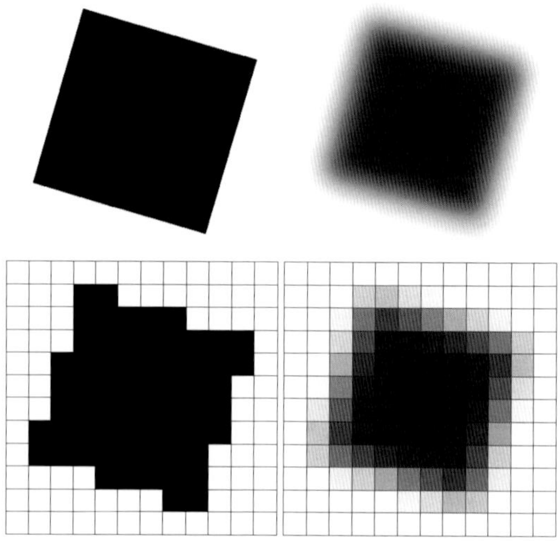

Abb. 1 Zur Veranschaulichung des Partialvolumeneffektes in zwei Dimensionen zeigen wir in der oberen Reihe ein 1 cm^2 großes Quadrat, links ohne Ausflösungsbegrenzung (scharf) und rechts mit einer für CT und MR typischen Aufösungsbegrenzung (unscharf). In der unteren Reihe zeigen wir jeweils das Quadrat in der Diskretisierung auf einem Gitter mit der Maschenweite von 1 mm. Das Bild rechts unten entspricht dem, was der Partialvolumeneffekt bewirken würde. Die Veranschaulichung der Wirkung bildgebender Prozesse zeigt, wie unterschiedlich die visuelle Wirkung ist, wenn man das tatsächliche Objekt oben links mit seiner Repräsentation in einem auflösungsbeschränkten und diskreten Bildgebungsprozess unten rechts vergleicht.

Zu diesem Problem der Partialvolumeneffekte am Objektrand kommen bei realistischen Läsionen noch einige zusätzliche. So wächst der Partialvolumeneffekt bei einer Läsion mit komplexer Oberfläche gegenüber einer glatten Oberfläche noch einmal stark an. Entscheidend ist hier das *Oberflächen-zu-Volumen-Verhältnis*, das bei idealen Körpern noch einfach zu berechnen ist und eine relativ einfach durchschaubare Abhängigkeit von der Größe des Objektes zeigt. Objekte, wie echte Läsionen, die zwischen nahezu idealen Rundherden und Raumforderungen mit sehr komplexer Geometrie, wie etwa stellare Läsionen, variieren können, sind auch mit den Hilfsmitteln der modernen Mathematik nur schwer exakt zu beschreiben. Hier verspricht die fraktale Geometrie als Theorie der Rauheit und ihrer Messung einen besonderen Nutzen.

2.3 Tumorvolumetrie und Verlaufskontrolle, oder Wissen statt RECIST?

In Deutschland erkranken 400 000 Menschen, also etwa einer von 200, jedes Jahr neu an Krebs – weltweit sind es ca. 10 Millionen Neuerkrankungen. In etwa zwei Drittel dieser Fälle (Stewart 2003) ist die Krankheit schon bei Diagnose im Körper verbreitet, und es haben sich Metastasen gebildet. Die Behandlung von metastasierten Krebserkrankungen erfolgt häufig durch sehr starke Medikamente im Rahmen einer Chemotherapie, welche Vermehrung und

Wachstum der Metastasen stoppen oder zumindest bremsen sollen und im Idealfall auch zu einer Rückbildung der Metastasen führen. Die in der Chemotherapie verwendeten Medikamente haben jedoch bekanntermaßen starke Nebenwirkungen auf die Patienten. Die Medikamente können auch lebensbedrohliche Zustände auslösen. Zudem sind viele dieser Medikamente extrem teuer, die Kosten für eine moderne Chemotherapie können 100000 € pro Patient übersteigen. Die Chemotherapie ist in vielen Fällen jedoch die einzige Chance auf Verzögerung des Krankheitsfortschritts, die dem Patienten bleibt. Leider sprechen die verschiedenen Formen von Chemotherapie abhängig von Krebstyp und genetischer Veranlagung nur bei einem Teil der Patienten an und führen nur selten zu einer vollständigen Heilung. Glückliche Ausnahmen, bei denen eine Heilung oftmals möglich ist, bilden etwa die systemischen Krebsformen der Leukämie oder des Lymphoms oder viele Formen des Hodenkrebses.

2.4 Sind eindimensionale Schätzungen des Tumorwachstums ausreichend?

Vor diesem Hintergrund ist die geringe Zuverlässigkeit der Mittel überraschend, die in der klinischen Routine akzeptiert werden, um die Frage möglichst frühzeitig zu beantworten, ob eine Chemotherapie bei einem konkreten Patienten wirklich anspricht. Einer der wichtigsten Parameter bei der Beurteilung des Erfolgs einer Chemotherapie ist das Tumorwachstum. Natürlich spielen auch noch andere Parameter eine Rolle, z. B. das Auftreten neuer Metastasen, die Aggressivität des Tumors, Änderungen von Laborparametern (Tumormarker) oder aber der allgemeine Zustand des Patienten. Wir möchten uns an dieser Stelle auf die Erfassung des Tumorwachstums beschränken. Um dieses zu quantifizieren, messen Radiologen bisher den jeweils größten axialen Durchmesser der fünf größten Metastasen pro Organ (insgesamt maximal zehn) und vergleichen diese Durchmesser mit denen einer Voraufnahme. Es kommt also nicht auf die genaue Erfassung des Volumens, sondern vielmehr auf eine möglichst genaue und Fehler-robuste Erfassung des Wachstums an (Abb. 2). Hier können sich sowohl zufällige als auch systematische Fehler in sehr ungünstiger Weise verstärken oder auslöschen. Wie bereits erwähnt, spricht man nach dem RECIST-Kriterium von einem Therapieerfolg (*partial response*), wenn die Summe der Durchmesser um mehr als 30 % kleiner geworden ist. Wenn die Durchmessersumme um mehr als 20 % wächst, so klassifiziert man die Therapie als fehlgeschlagen (*progressive disease*). Zwischen diesen beiden Grenzwerten spricht man von einer *stable disease*. Da es aber beim Tumorwachstum im Grunde genommen um eine Zu- oder Abnahme der Tumormasse geht und der Durchmesser ein Surrogat hiervon ist, wollen wir uns hier kurz überlegen, was die RECIST-Schranken eigentlich für das Tumor-Volumen bedeuten. Eine Abnahme des Tumor-Durchmessers um 30 % entspricht einer Abnahme des Volumens um ca. 66 %, eine Zunahme des Durchmessers um 20 % einer Zunahme des Volumens um ca. 73 %.[3]

---

3 Hier liegt kein Rechenfehler vor, der dazu führt, dass die Durchmesserschranken –30 % und +20 % im Volumen –66 % und +73 % entsprechen und damit ihre Größenrelation zu tauschen scheinen! Dies ist vielmehr die Wirkung der dritten Potenz, die bei der Volumenberechnung eingeht, und ein kleines Rechenbeispiel soll als Illustration für Interessierte dienen. Angenommen, der Durchmesser einer kugelförmigen Läsion beträgt in der Voruntersuchung $d_1 = 1$ cm und im Verlauf $d_2 = 1{,}2$ cm, entsprechend einer Zunahme von 20 %. Wir berechnen die zugehörigen Volumina $v_1 = \frac{\pi d_1^3}{6} = \frac{\pi 1^3}{6} \approx 0{,}524$ und $v_2 = \frac{\pi d_2^3}{6} = \frac{\pi (1{,}2)^3}{6} \approx 0{,}905$. Das prozentuale Volumenwachstum ist dann $\frac{v_2}{v_1} - 1 = \frac{0{,}905}{0{,}524} - 1 \approx 0{,}727 \approx +73\,\%$. Analog berechnet sich für die untere RECIST-Schranke mit $d_2 = 0{,}7$, entsprechend einer Abnahme von 30 %: $v_2 = \frac{\pi (0{,}7)^3}{6} \approx 0{,}18$ und $\frac{v_2}{v_1} - 1 = \frac{0{,}18}{0{,}524} - 1 \approx 0{,}344 - 1 = -0{,}656 \approx -66\,\%$.

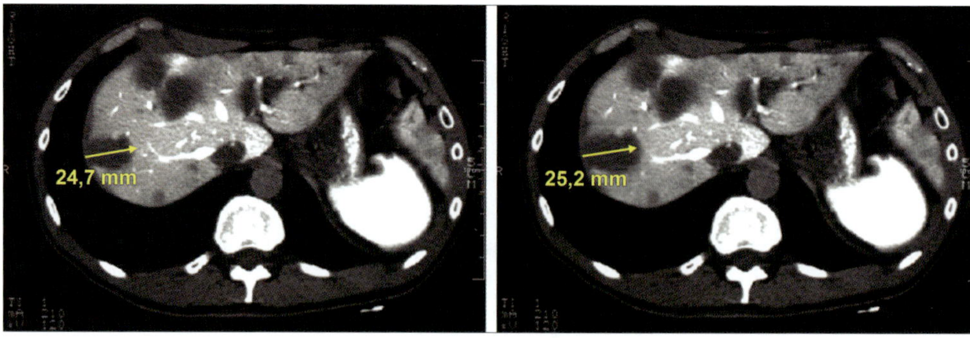

Abb. 2 Simuliertes Wachstum und Probleme der Wachstumsabschätzung mittels Durchmesserbestimmung. Erläuterung siehe Text.

Abbildung 2 verdeutlicht die Schwierigkeit der Aufgabe für den Menschen, von Durchmessermessungen auf Volumenänderungen zu schließen. Die Abbildung zeigt zwei Schichtbilder einer Leber mit multiplen Metastasen, eine davon wurde im rechten Bild künstlich vergrößert. Man kann relativ deutlich erkennen, dass die Metastase größer geworden ist – aber um wie viel? Man könnte ohne langes Überlegen etwa zu einer geschätzten Volumenzunahme von 20 % oder 50 % gelangen. In beiden Bildern wurden nun per Hand Durchmesser für diese Metastase eingezeichnet. Im linken absichtlich geringfügig zu groß, im rechten geringfügig zu klein, so wie es in der klinischen Routine bei einem gewissen zeitlichen Abstand der Untersuchungen ohne weiteres denkbar wäre. Im Vergleich der beiden eingezeichneten Durchmesser stellt man nun nur eine unwesentliche Veränderung der Durchmesser (+2 %) fest, obwohl der Durchmesser in Wirklichkeit um 26 % vergrößert wurde und das Volumen damit um 100 %, also auf das Doppelte, anwuchs! Jetzt könnte man einwenden, dass hier absichtlich falsch gemessen wurde und dass dies in der Realität so gar nicht vorkommt. Hierzu muss man aber wissen, dass im klinischen Alltag häufig nicht einmal die Information zur Verfügung steht, in welcher Schicht und Richtung der Durchmesser in der Voruntersuchung, die meist einige Monate zurückliegt, genau gemessen wurde. Vor allem ist auch nicht bekannt, ob in der Voruntersuchung der Durchmesser eher großzügig oder eher knapp gemessen wurde und wie mit dem unscharfen Partialvolumenrand umgegangen wurde.

Da die CT-Bilder verrauscht sind und das Körperinnere mit einer Detailauflösung von ca. 1 mm abbilden, ist die Messgenauigkeit zudem grundsätzlich beschränkt. Hinzu kommt, dass die Herde oft irreguläre Formen und keine scharf erkennbaren Ränder haben und die Schicht, welche den Herd an der Stelle mit dem größten Durchmesser zeigt, nicht sicher zu wählen ist. Ein weiteres Problem stellt die Annahme dar, Metastasen würden grundsätzlich symmetrisch wachsen, und gemessene eindimensionale Änderungen der Größe wären repräsentativ für die Änderungen des Volumens der Metastase. In Kombination führt dies dazu, dass bei unabhängigen Wiederholungen der Messungen einige Millimeter Streuung der Messwerte auftreten und die Schätzung des Wachstums entsprechend ungenau wird. Eine Studie an der *Harvard Medical School* fand, dass typische Differenzen zwischen wiederholten Messungen von Durchmessern in CT-Bildern von großen Läsionen im Bereich von 3 mm liegen. Dies lässt sich nun den oben zitierten Ergebnissen der Erasmus-Studie der *University of Texas* gegenüberstellen.

2.5 Nur große Volumenveränderungen sind mit RECIST sicher erkennbar

Nehmen wir trotz dieser Probleme einmal an, man könne Durchmesser auf 1–3 mm bzw. 1–3 Voxel genau messen. Bei einer typischen Läsion mit einem Durchmesser von 20 mm würde dies eine Variabilität der Messung von bis zu 15 % bedeuten. Umgerechnet auf ein daraus geschätztes Volumen wäre das eine Abweichung von ca. 45 %. Wie optimistisch diese Schätzung ist, lehrt uns nun die Erasmus-Studie, aus welcher durch statistische Überlegungen geschlossen werden kann, dass das zu einem spürbaren Anteil aller Fälle (95 %-Quantil) der Fehler bei der Durchmesserbestimmung sogar im Bereich von ca. 35 % liegt. Ein Fehler von 35 % bei der Bestimmung des Durchmessers entspricht allerdings einem Fehler bei der Volumenbestimmung von 146 %!

Was bedeutet das nun konkret für die Klinik? Man kann sich etwa überlegen, was passiert, wenn man zwei Radiologen dasselbe Paar Verlaufsdaten nach RECIST befunden lässt. Wie wahrscheinlich bzw. unwahrscheinlich ist es, dass die beiden zu derselben Klassifikation kommen? Abbildung 3 zeigt die Antwort in Abhängigkeit des wahren Tumorwachstums, das wir an dieser Stelle präzise simulieren können.

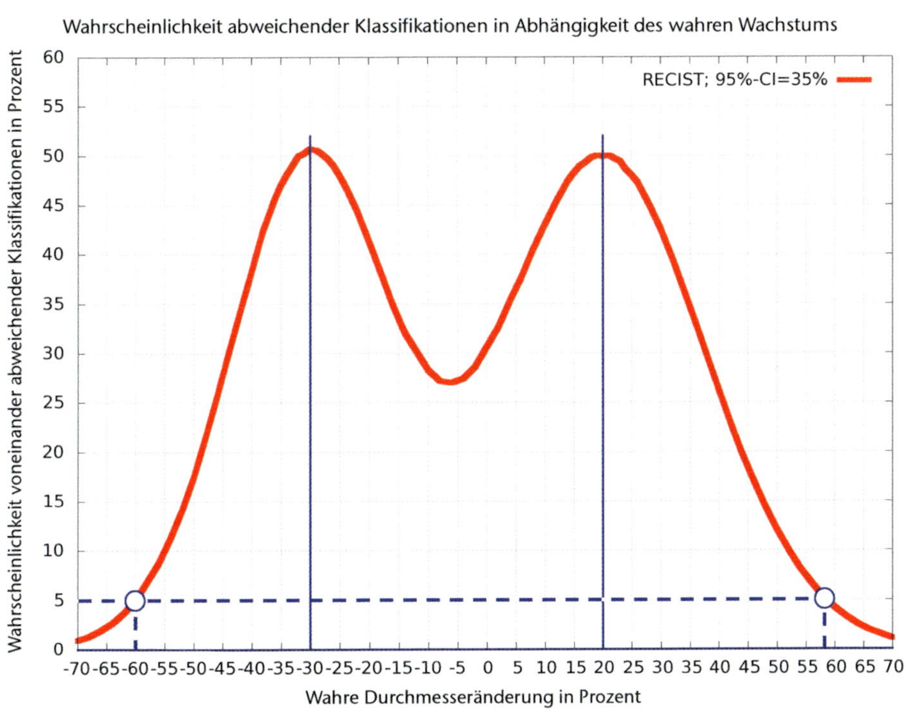

Abb. 3 Wahrscheinlichkeit widersprüchlicher RECIST-Klassifizierungen bei wiederholter Messung in Abhängigkeit vom realen Tumorwachstum. Die Größenordnung der Fehler ist in Anlehnung an die Ergebnisse der Erasmus-Studie gewählt. Es ist etwa eine wahre Duchmesseränderung von 60 % nötig, damit die Wahrscheinlichkeit voneinander abweichender Klassifikationen unter 5 % sinkt (Kreismarkierungen).

Man erkennt, dass es einer Änderung des Durchmessers von etwa 60 % bedarf (entspricht einer Volumenzunahme auf das Vierfache bzw. einer Volumenverkleinerung auf nur ein Sechzehntel!), damit die Wahrscheinlichkeit unterschiedlicher und damit fehlerhafter Klassifikationen unter 5 % sinkt. Lindernd kann angeführt werden, dass sich die Abbildung auf eine einzelne vermessene Läsion bezieht. Bei der Vermessung von mehreren Läsionen verbessert sich die Übereinstimmung der Klassifikationen dadurch, dass sich die einzelnen zufälligen Messfehler in der Summe bis zu einem gewissen Grad wegmitteln können.

Für wie viele Patienten die insgesamt resultierende Unsicherheit bei der Verlaufsbewertung wirklich eine Auswirkung hat, lässt sich nur schwerlich sagen. Hierzu müsste man beispielsweise die Verteilung des wahren Tumorwachstums kennen. Würden alle Tumoren unter Chemotherapie etwa deutlich schrumpfen, wäre die Anzahl der Irrtümer nahe bei null. Dass dem nicht so ist, zeigt aber eine Studie der TU München (Marten et al. 2006), in der RECIST-Messungen durch zwei Radiologen bei Patienten mit Lungenrundherden in 24 % der Fälle zu unterschiedlichen Klassifikationen führten. Von den Durchmessern ausgehend kann daher eine Abschätzung des Wachstums der Herde nur sehr eingeschränkt zuverlässig sein, und man hat im Einzelfall, der ja zu entscheiden ist, nicht einmal eine Einsicht oder einen Hinweis über die tatsächlich vorliegende Irrtumswahrscheinlichkeit. Ein Ansprechen oder Nichtansprechen der Therapie wird daher oft nur nach längeren Behandlungszeiten und mit beschränkter Zuverlässigkeit festgestellt.

2.6 Fehlerreduzierung um Faktor 5 durch computergestützte Tumorvolumetrie

Mit Hilfe einer bei Fraunhofer MEVIS in den letzten vier Jahren im Rahmen eines Forschungsverbundes entwickelten Software ist es nun möglich, die Unsicherheit der Beurteilung von Größenänderungen in Metastasen drastisch zu reduzieren. Dies gelingt, indem der Radiologe mit Hilfe der Software das Volumen der Herde direkt dreidimensional unter modellbasierter[4], mathematischer Berücksichtigung der Partialvolumeneffekte bestimmt. Damit kann bereits ab einer Änderung von 10–20 % des Volumens eine sinnvolle Aussage zum Therapieerfolg gemacht werden. Diese Genauigkeit bei der Volumenbestimmung entspricht einem Fehler für den Durchmesser von nur 3–6 % oder, anders ausgedrückt, dem Erkennen einer Änderung des mittleren Durchmessers um die halbe Größe eines Voxels in einem CT-Bild. Betrachtet man die dafür erforderliche Veränderung der Randkontur der Läsion, so beträgt diese im Mittel nur ein Viertel bis ein Drittel einer Voxelgröße. Eine derartige sogenannte Subvoxel-Genauigkeit ist selbst mit einem sehr geschulten radiologischen Blick und dem Lineal keinesfalls erreichbar. Die Überschreitung der in der Onkologie zur Beurteilung des Erfolgs etablierten Schwellenwerte von ca. 70 %, bezogen auf das Tumorvolumen, wird damit durch die Software OncoTREAT von Fraunhofer MEVIS mit einer mindestens um den Faktor 3–5 reduzierten Irrtumswahrscheinlichkeit festgestellt. In der Folge sollten Fälle mit wesentlichen Fehlurteilen bei guter CT-Bildgebung und korrekter Bedienung der Software ausgeschlossen sein.

Abbildung 4 demonstriert die Auswirkung auf das oben genannte Beispiel der unterschiedlichen Klassifizierung des Tumorwachstums bei wiederholter Messung. Man sieht, dass die Wahrscheinlichkeit widersprüchlicher Klassifizierung deutlich reduziert wird. Die eigentlich interessante Frage, in wie vielen Fällen dies nun wirklich einen spürbaren Unterschied macht, beantwortet die Abbildung aber nicht. Hierzu müsste man – wie schon erwähnt – wissen, wie sich das Tumorwachstum im klinischen Alltag wirklich verhält, d. h. wie hoch der Anteil an subtilen Veränderungen im Verlauf wirklich ist. Allerdings kann man davon ausgehen, dass dieser Anteil (wie groß er auch sein mag) in den nächsten Jahren eher größer werden wird,

4 Dem (statistischen) Modell wird eine Empirie über die Verteilung und Wirkung von Partialvolumeneffekten zu Grunde gelegt.

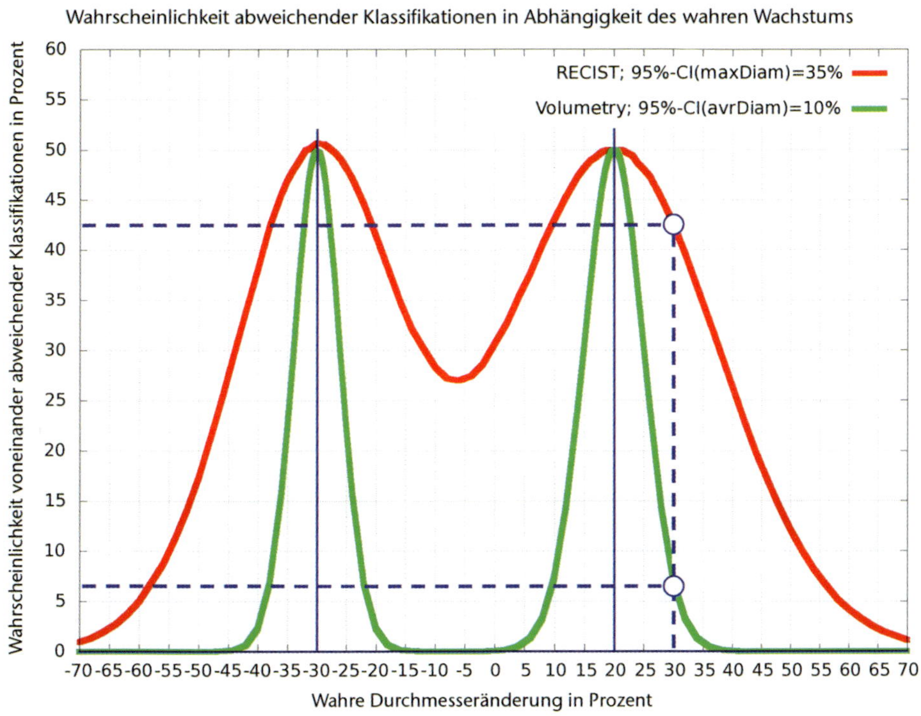

Abb. 4 Wahrscheinlichkeit unterschiedlicher RECIST-Klassifizierungen bei wiederholter Messung in Abhängigkeit vom realen Tumorwachstum und der verwendeten Methode. Die grüne Kurve zeigt die Wahrscheinlichkeit widersprüchlicher Klassifizierungen für die automatische Volumetrie mittels OncoTREAT. Diese liegt deutlich unter der von RECIST (rote Kurve, vgl. Abb. 3). Zum Beispiel ist bei einer wahren Änderung des Durchmessers von 30 % die Wahrscheinlichkeit für eine widersprechende Klassifikation mit OncoTREAT weniger als 10 %, während sie für die herkömmliche visuelle Messung nach RECIST mehr als 40 % beträgt (Kreismarkierungen).

da es einen gewissen Trend gibt, für Krebserkrankungen, die als nicht heilbar gelten, Therapien zu entwickeln, die zumindest den Progress verlangsamen. Auch scheint angesichts der hohen Kosten moderner Chemotherapien eine engmaschigere Kontrolle des Therapieansprechens für einen effizienten Einsatz der Mittel im Gesundheitswesen geboten. Durch Verkürzung von Untersuchungsabständen werden aber die zu beurteilenden Änderungen subtiler, und es bedarf erheblich genauerer Messmethoden, als es sie bislang im klinischen Alltag gibt, um zu reproduzierbaren und zuverlässigen Aussagen zu kommen.

Zur Veranschaulichung soll an dieser Stelle die Beurteilung kleiner, rundlicher Herde in CT-Daten der Lunge herangezogen werden. Solche Knoten werden häufig im Rahmen von Früherkennungsuntersuchungen oder der radiologischen Routine zufällig gefunden und stellen sich zumeist als gutartige Strukturen heraus. Ein stets in solchen Fällen bestehender Krebsverdacht kann jedoch ohne operative Eingriffe nur durch den Nachweis fehlenden Wachstums über längere Zeit sicher ausgeschlossen werden: Dies lieferte den Anlass zur Entwicklung der hochpräzisen Tumorvolumetrie. OncoTREAT zeichnet sich gegenüber vielen kommerziell verfügbaren Systemen dadurch aus, dass Lungenherde nicht nur dort segmentiert werden können, wo diese weitgehend isoliert im Lungengewebe liegen, sondern auch dort, wo sie in engem Kontakt zu mehreren umliegenden Gefäßen oder der Lungenwand stehen (Abb. 5).

Bei Chemotherapie-Patienten, wo größere, irregulär geformte Metastasen in der Lunge vorliegen können, versagen die bislang verfügbaren kommerziellen Systeme jedoch regelmäßig und sind nicht in der Lage, Herde in Leber oder Gehirn sowie in krankhaft vergrößerten Lymphknoten sicher zu beurteilen. Die Fraunhofer MEVIS Software ermöglicht auch Messungen in den genannten Organen, worin sich der Großteil aller Metastasen ansiedelt, und erlaubt die Abgrenzung von Herden in Leber und Gehirn in vielen verschiedenen Erscheinungsformen.

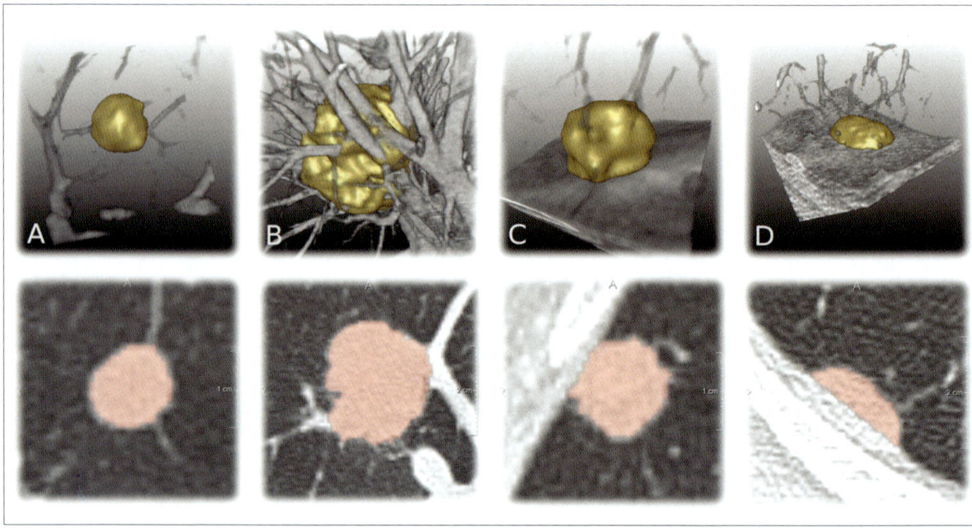

Abb. 5 Computergestützte Segmentierung und Volumetrie von Lungenrundherden mit OncoTREAT: Während weitgehend isolierte Rundherde noch relativ einfach segmentiert werden können (*A*), ist die automatische und sichere Abgrenzung in Fällen großflächiger Gefäßkontakte (*B*) oder bei randständigen Tumoren (*C* und *D*) deutlich schwieriger zu realisieren.

Die Software kann unter den sehr engen zeitlichen Rahmenbedingungen des klinischen Routinebetriebes genutzt werden. Richtig eingesetzt, hilft sie sogar, Zeit zu sparen, weil sie den Arzt auf Serien von Verlaufsuntersuchungen bei der zuweilen aufwändigen Suche nach den bei der Voruntersuchung vermessenen Herden unterstützt und die Berechnung der mittleren Größenänderung automatisch vornimmt. Ferner kann sie den Arzt von Teilen seiner umfänglichen Dokumentationsaufgaben entlasten und helfen, Fehlerquellen zu reduzieren, indem sie automatisch Teile des Berichts generiert und bei Bedarf auch Bilder zur Verbesserung der Kommunikation zwischen Radiologen und behandelndem Arzt und Patient erzeugt.

Die Software OncoTREAT wurde bei Fraunhofer MEVIS in Kooperation mit dem Deutschen Krebsforschungszentrum und den radiologischen Instituten der Universitäten Berlin, Hannover, Mainz, Marburg, München, und Münster im Rahmen des vom BMBF und SIEMENS geförderten Projekts VICORA[5] entwickelt. Nach der Vorstellung der Ergebnisse, u. a.

5 Virtuelles Institut für Computerunterstützung in der klinischen Radiologie, www.vicora.de.

auf der Jahrestagung der *International Society for Cancer Imaging* im Oktober 2005, ist die Nutzung der Software auch in mehreren ausländischen Krebsforschungszentren und klinischen Forschungszentren geplant.

3. Radio-Frequenz-Ablation: Wie mathematische Modelle Patientenindividualisierung befördern

Wir kommen nun zu einem zweiten Beispiel, das die Anwendung von mathematischer Modellierung zur Unterstützung einer neuartigen Behandlungsform für Leberkrebs zeigt. Bei der Behandlung von Leberkrebs wird im Allgemeinen zwischen primären Tumoren und Metastasen unterschieden. Es wird berücksichtigt, ob die Krebserkrankung eine systemische Komponente hat oder ob sie lokalisiert und fokussiert ist. Für viele Indikationen, wie z. B. singuläre Metastasen, ist die chirurgische Entfernung des Tumors innerhalb der letzten Jahrzehnte zum Goldstandard geworden. Bei sogenannten R0-Resektionen, bei denen der Chirurg die Läsion und einen ausreichend großen Sicherheitssaum herausschneidet, kann durch pathologische Untersuchungen festgestellt werden, ob die Schnittfläche frei von Tumorzellen ist. In diesem Fall gilt der Tumor als vollständig entfernt. Dennoch garantieren R0-Resektionen keine Heilung von der Krebserkrankung: In der Literatur sind für chirurgische R0-Resektionen 5-Jahres-Überlebensraten von 20–40 % publiziert (Vigano et al. 2008, Zhou et al. 2007). Zudem ist es für wiederkehrende Tumorerkrankungen schwierig, die Ursache zu finden: Handelt es sich um ein Rezidiv der resezierten Läsion, das Wachstum von Mikrometastasen, die zuvor nicht diagnostiziert worden sind, oder neue Metastasen eines Primärtumors an anderer Stelle des Körpers? Trotz der pathologischen Untersuchungen bei R0-Resektionen, die den Erfolg des Eingriffs zu belegen scheinen, ist es sehr schwierig, eine komplette Resektion des Tumors sicherzustellen.

Im letzten Jahrzehnt ist mit der Radio-Frequenz-Ablation (Hochfrequenzstromablation, RF-Ablation) eine vielversprechende alternative Behandlungsform entwickelt worden. Die RF-Ablation wird heutzutage vor allem für Fälle angewendet, bei denen die chirurgische Resektion nicht möglich ist aufgrund der Anzahl von Läsionen, deren Lokalisierung oder wegen eines schlechten Allgemeinzustands des Patienten. Bei der RF-Ablation wird ein nadelförmiger Applikator mit Elektroden perkutan im Tumor platziert. Ein lokaler Stromfluss führt zur Erhitzung des Gewebes, zur Koagulation von Proteinen und somit zur Zerstörung von Zellen in der Nähe des Applikators.

Wenn die RF-Ablation mit gleicher Behandlungsqualität wie die R0-Resektionen durchgeführt werden könnte, wäre sie eine wahre Alternative zur Chirurgie, die allerdings weit weniger traumatisierend für den Patienten ist und wesentlich kostengünstiger durchgeführt werden kann. Intuitiv würde man als Analog zu R0-Resektionen bei der RF-Ablation die vollständige Umhüllung des Tumors durch den Bereich des thermisch zerstörten Gewebes definieren – unter Berücksichtigung eines entsprechend großen Sicherheitsrandes. Allerdings ist es weit schwieriger dieses Kriterium sicherzustellen, weil es sich bei der RF-Ablation um ein minimalinvasives Verfahren handelt. Es wird kein Gewebe aus dem Tumor extrahiert, weshalb eine pathologische Untersuchung nicht möglich ist. Stattdessen werden bildgebende Verfahren wie CT und MRT benötigt, um Informationen über die Umgebung der Läsion zu erlangen. In den Bilddaten muss der Kontrast zwischen der Läsion, der thermischen Zerstörung, den Blutgefäßen und dem umgebendem Gewebe evaluiert werden, um den Tumor oder den zerstörten

Gewebebereich zu segmentieren. Der Kontrast des Bildes hängt aber stark vom Bildgebungsprozess ab, und ein Objekt wie die Läsion oder das thermisch zerstörte Gewebe kann größer oder kleiner wirken, je nach Abhängigkeit von der zeitlichen Dynamik des verwendeten Kontrastmittels. Somit kann die nicht-invasive Bildgebung nur ein diffuses Bild der Läsion und des Therapieerfolges liefern. Es bleibt eine Unsicherheit unbekannter Größe, die das Sicherstellen des Therapieerfolgs problematisch macht.

Im Sinne des Patienten muss eine Indikation des erzielbaren Ergebnisses bei der RF-Ablation schon vor der Therapie, spätestens jedoch bei deren Durchführung, vorliegen. Wiederholte Anwendungen des Verfahrens, wie sie in technischen Bereichen erfolgen könnten, um einen Erfolg zu erzielen, sind ethisch zweifelhaft und im Allgemeinen unerwünscht. Andererseits ist eine Überwachung des Verlaufs der thermischen Zerstörung während der Behandlung nicht breit verfügbar. Temperaturmessungen können zwar mittels MR-Thermometrie durchgeführt werden. Dieses Verfahren befindet sich aber noch in der Entwicklungsphase und ist nicht in der klinischen Routine anwendbar.

Tatsache ist, dass mit der RF-Ablation eine vollständige Zerstörung eines Tumors analog zur R0-Resektion schwer zu erreichen ist. Der Hauptgrund hierfür sind Blutgefäße in der Umgebung des Applikators. Diese führen zu einem Abtransport der eingeführten Energie – also zu einem Kühleffekt, der die thermische Zerstörung kleiner ausfallen lässt, als gewünscht. Tumore nahe von Blutgefäßen sind daher schwer zu zerstören. Klinische Studien zur RF-Ablation belegen Rezidivraten von bis zu 60 % (Kim et al. 2006). Zudem wird vermutet, dass bei der unvollständigen Zerstörung eines Tumors die verbleibenden Zellen ein aggressiveres Wachstum zeigen und resistenter bei folgenden thermischen Therapien sind (Mosser et al. 1997). Tatsächlich werden während einer RF-Ablation in der Randzone der Koagulation sogenannte *Heat-Shock*-Proteine (HSP) erzeugt. In der Literatur wird vermutet, dass diese erhöhten HSP-Werte zu einer kürzeren tumorfreien Überlebenszeit führen und auch die Zellen vor einem späteren Hitzetod schützen (Mulier et al. 2007).

Die Ausführungen in den vorangehenden Paragraphen motivieren unsere Arbeit an der computergestützten Planung, Durchführung, Verfolgung und Nachkontrolle der RF-Ablation. Das Ziel unserer Arbeit ist

- die Entwicklung von mathematischen und biophysikalischen patientenindividuellen Modellen zur Analyse und Simulation der RF-Ablation,
- einen klinisch anwendbaren Softwareassistenten bereitzustellen, der die Planung der RF-Ablation unterstützt.

Das zweite Ziel zu erreichen ist besonders wichtig für den praktischen und klinischen Nutzen der Forschung. Was dies bedeutet, wird an einem Beispiel deutlich: Freilich würden CT- oder MRT-Bildgebungsverfahren heutzutage in der klinischen Routine nicht verwendet werden, wenn sie so komplex wie die zugrundeliegenden physikalischen Prozesse und mathematischen Algorithmen wären. Im Gegenteil: Tomographische Bildgebung ist heutzutage fast so einfach wie die Bildaufnahme mit einer Digitalkamera. Deshalb ist das ultimative Ziel der mathematischen Modellierung und Simulation in der Medizin, Modelle und Simulationen so einfach anwendbar wie irgend möglich zu machen. Diese Entwicklungen treffen auf viele anspruchsvolle Aufgaben, die von Problemen der Kommunikation mathematischer Simulationsergebnisse an Ärzte bis hin zu Fragen der Validierung der Modelle und Simulationen reichen.

3.1 Modellierung der Radio-Frequenz-Ablation

Der Ausgangspunkt der computergestützten Planung der Radio-Frequenz (RF)-Ablation ist der patientenindividuelle kontrastmittelverstärkte CT- oder MRT-Datensatz aus dem eine Segmentierung des Tumors und der lokalen Blutgefäße in seiner Umgebung erfolgt. Zusätzlich zu der Unsicherheit, die durch die Dynamik des Kontrastmittels eingeführt wird, liegt hier eine weitere Variabilität in der Segmentierung vor. Hervorgerufen wird diese, wie in unserem ersten Beispiel dieses Artikels beschrieben, durch die Mittelung und die Partialvolumeneffekte des Bildgebungsprozesses. Nach der Platzierung eines virtuellen Applikators kann mithilfe eines mathematischen Modells für die biophysikalischen Prozesse und einer geeigneten Computersimulation die thermische Zerstörung vorhergesagt werden.

Das mathematische Modell besteht aus einem System von nichtlinear gekoppelten partiellen Differential- (PDE) und Integralgleichungen, das in drei Hauptteile gegliedert werden kann (Kröger 2006): Zunächst wird der elektrische Stromfluss mithilfe der klassischen elektrostatischen Gleichung modelliert, die das elektrische Potential im Gewebe in Abhängigkeit von dessen elektrischer Leitfähigkeit beschreibt. Essentielle (Dirichlet) Randbedingungen an den Elektroden des Applikators definieren den Energieeintrag durch den elektrischen Generator. Durch den Ohmschen Widerstand des Gewebes führt der elektrische Strom zu einer Erwärmung, deren Intensität von der Steuerung des Generators und der Impedanz des Gewebes abhängt.

Die zweite Modellierungskomponente beschreibt mithilfe der Wärmeleitungsgleichung die Verteilung der Temperatur im Gewebe und den Kühleffekt der Gefäße. Die Gleichung resultiert aus der Energieerhaltung und verwendet somit die Dichte des Gewebes, seine Wärmekapazität und die Wärmeleitfähigkeit. Außerdem sind Energiequellen und -senken enthalten, die den Energieeintrag durch den elektrischen Stromfluss und die Energieabsorption durch den Blutfluss beschreiben. Wie zuvor dargelegt, resultiert der Energieeintrag aus dem elektrischen Widerstand des Gewebes. Für die Modellierung des Blutflusses sind in der Literatur verschiedene Ansätze untersucht worden, die von einfachen diffusiven Termen oder Randbedingungen für die Temperatur oder den Temperaturfluss bis hin zu advektiven Komponenten reichen, die den Fluss des Blutes und somit der Temperatur beschreiben. In unserem Modell verwenden wir eine Variante des Pennes-Ansatzes, der die Kühlung als proportional zur Differenz zwischen Bluttemperatur (Körpertemperatur) und aktueller Gewebetemperatur beschreibt (Deuflhard und Hochmuth 2003).

Die letzte Komponente des Modells beschreibt die Wirkung der Wärme auf das Gewebe, d. h. die Protein-Denaturation, durch einen Arrhenius-Formalismus. Dabei wird der Gewebezustand durch ein Integral über die zeitliche Dynamik der Temperaturverteilung modelliert. Durch dieses Schädigungsintegral kann das Gewebe vom nativen bis zum vollständig zerstörten Zustand charakterisiert werden.

Abbildung 6 zeigt das Ergebnis einer Simulation basierend auf dem beschriebenen Modell. Es wird deutlich, dass die Kühlung durch die lokalen Blutgefäße die vollständige Zerstörung des Tumors verhindert.

Besonders schwierig und anspruchsvoll wird die Modellierung durch die Tatsache, dass sich das Gewebe bereits bei Temperaturen ändert, die wesentlich niedriger als die gewünschte Zieltemperatur sind. Dies hat zur Folge, dass sich Gewebeeigenschaften, wie die elektrische und thermische Leitfähigkeit, mit ansteigender Temperatur verändern. Für die Modellierung wird angenommen, dass diese Veränderungen einen reversiblen und einen irreversiblen Anteil

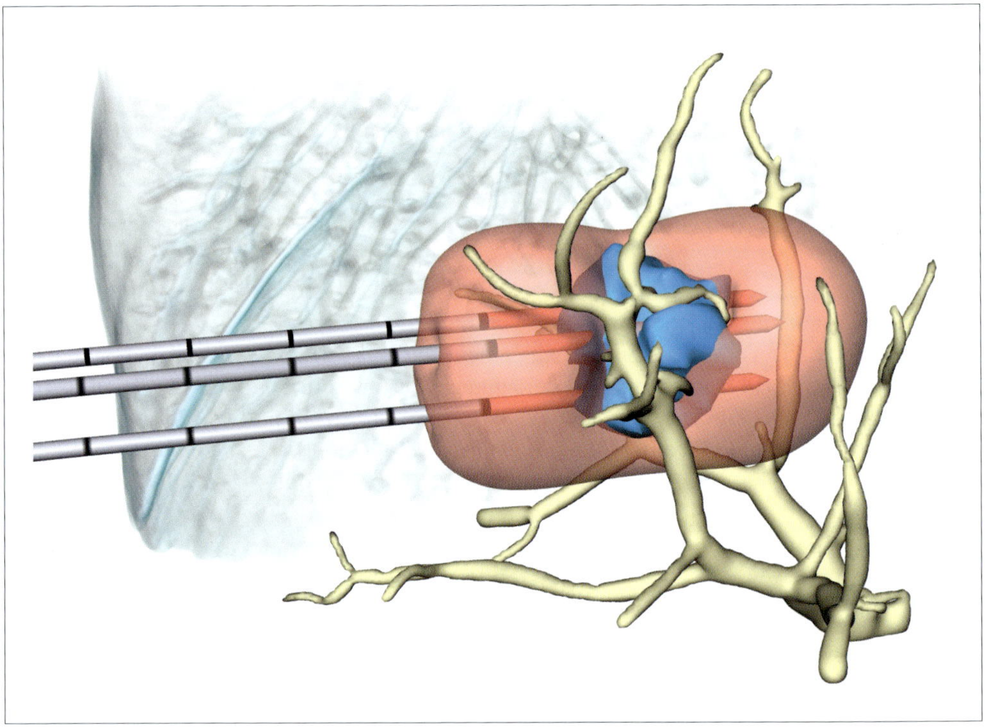

Abb. 6 Simulation der thermischen Gewebezerstörung (rot) bei einer RF-Ablation mit drei Applikatoren. Die lokalen Blutgefäße (gelb) führen zu einer Kühlung des Gewebes, so dass gefäßnahe Teile des Tumors (blau) nicht ablatiert werden können. Die direkt über der Leber gelegene Lunge ist hier transparent blau dargestellt.

haben, wobei der irreversible Anteil von der unwiderruflichen Zerstörung des Gewebes bei hohen Temperaturen herrührt. Die Kurve in Abbildung 7 links zeigt die Dynamik der elektrischen Leitfähigkeit einer Schweineleber während einer Gewebeerwärmung.

Die Veränderung der elektrischen Leitfähigkeit ist das Ergebnis eines komplexen Zusammenspiels von Temperatur, Wassergehalt und Proteinzusammensetzung des Gewebes. Durch die Materialeigenschaften (elektrische und thermische Leitfähigkeit, Dichte, Wärmekapazität) haben diese Gewebezustände eine Rückkopplung auf die Koeffizienten des PDE-Modells. Somit erhalten wir ein System von Differential- und Integralgleichungen, in dem die Gleichungen auf äußerst komplexe Weise durch die Temperatur, den Wassergehalt und den Schädigungsgrad des Gewebes, miteinander gekoppelt sind.

Um eine verlässliche, genaue und robuste numerische Simulation zu erhalten, ist es essentiell wichtig, eine adäquate zur Komplexität des Problems passende Diskretisierung zu verwenden. Dies beinhaltet nicht nur die Wahl eines stabilen und adaptiven Zeitschrittverfahrens, adaptive räumliche Gitter, geeignete zeitliche und räumliche Fehlerschätzer, sondern auch effiziente Löser für die entstehenden Gleichungssysteme und Parallelisierungen der numerischen Verfahren. In unseren Simulationen verwenden wir ein Rosenbrock-Zeitschrittverfahren und adaptive Würfelgitter mit stückweise multilinearen Basisfunktionen und hängenden Knoten. In Abbildung 8 ist ein Schnitt durch das Rechengitter in der Nähe des Applikators und einiger Blutgefäße gezeigt.

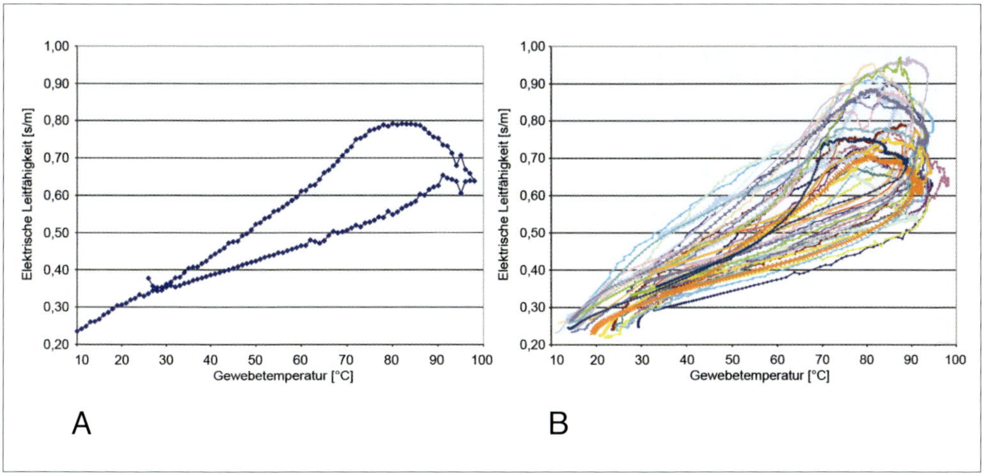

Abb. 7 Die elektrische Leitfähigkeit (in [S/m]) von Schweineleber ist in Abhängigkeit der Gewebetemperatur (in °C) dargestellt für ein Schwein (*A*) und für eine Gruppe von 25 Schweinen (*B*). (Mit freundlicher Genehmigung von U. Zurbuchen et al., Charité Universitätsklinikum Berlin [Zurbuchen et al. 2010])

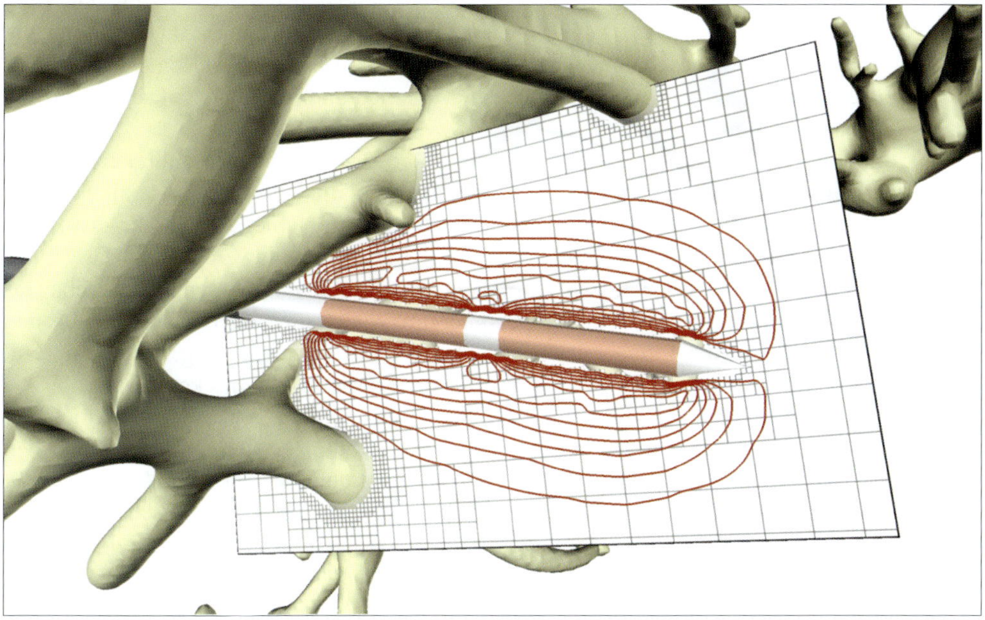

Abb. 8 Ein Schnitt durch das adaptive Rechengitter für die numerische Berechnung der Gewebetemperatur ist gezeigt. Das Rechengebiet enthält einen bipolaren Applikator und einen Gefäßbaum (gelb). Isolinien (rot) zeigen die Temperaturverteilung an.

Schließlich möchten wir erwähnen, dass das oben beschriebene Modell ebenso verwendet werden kann, um die Platzierung des Applikators zu optimieren. Dabei sind wir mit der Aufgabe konfrontiert, ein Zielfunktional zu definieren, welches die Tumorzerstörung für eine vorgegebene Positionierung des Applikators bestimmt. In unserer Arbeit stützen wir uns auf ein

Zielfunktional, das die minimale Temperatur innerhalb des Tumors approximiert. Ziel der Optimierung ist es, diese minimale Temperatur zu maximieren.

Die Maximierung des Zielfunktionals führt auf ein schwieriges nicht-konvexes Optimierungsproblem, bei dem die Temperatur, die ja innerhalb des Zielfunktionals ausgewertet wird, durch das oben beschriebene komplexe PDE-System bestimmt wird. Außerdem stellt sich für die Optimierung heraus, dass die Hesse-Matrix der Lagrange-Funktion sehr schlecht konditioniert ist, was zu Schwierigkeiten in der direkten Anwendung von Lagrange-Newton-Verfahren führt. Als Ausweg, und um mit der Nicht-Konvexität umgehen zu können, verwenden wir einen multiskalen Gradientenabstieg. Hierbei schwächen die Optimierungen auf groben Auflösungen den Einfluss der lokalen Minima und beschleunigen zudem den gesamten Optimierungsprozess (ALTROGGE et al. 2007).

3.2 Parameterunsicherheit und biologische Variabilität

Die Modellierung und Simulation der RF-Ablation wird in der Komplexität weiter gesteigert durch die intrinsische Variabilität von biologischem Gewebe im Allgemeinen. Einerseits bedeutet dies eine individuelle Variabilität der anatomischen Form von Strukturen wie Tumoren, Blutgefäßen und Organen. Andererseits bedeutet die biologische Variabilität auch eine Diversität in den physikalischen Eigenschaften wie elektrischer und thermischer Leitfähigkeit, Wärmekapazität, etc. Leider können weder die anatomische Form von Strukturen noch die physikalischen Gewebeeigenschaften exakt durch nicht-invasive Verfahren gemessen werden. Es bleibt auch hier eine Ungenauigkeit der in den Modellen und Simulationen adäquat Rechnung getragen werden muss.

In Abbildung 7*A* ist die Temperaturabhängigkeit der elektrischen Leitfähigkeit für verschiedene Schweinelebern abgebildet. Offensichtlich haben alle Kurven einen ähnlichen charakteristischen Verlauf, aber teilweise enorme Detailunterschiede. Für die klinische Anwendung des Modells und der Simulation muss also berücksichtigt werden, dass das genaue Verhalten der einzelnen Gewebeeigenschaften eines individuellen Patienten unsicher ist. Das ist eine unausweichliche Tatsache, mit der geeignet umgegangen werden muss, denn aus den unsicheren Parametern oder Eingabedaten kann das Modell nur unsichere Resultate liefern. Dies muss auch in geeigneter Form an den behandelnden Arzt kommuniziert werden.

Unser Ansatz zur Berücksichtigung der Parameterunsicherheit geht von einer stochastischen Verteilung der Werte aus. Diese verwenden wir in einem System von stochastischen partiellen Differentialgleichungen (SPDEs), das analog zu dem oben beschriebenen Modell ist. Auf diese Weise können wir sowohl das erwartete Verhalten der physikalischen Prozesse untersuchen, als auch die Konfidenz für das Erreichen der gewünschten kritischen Temperaturen in allen Bereichen des Tumors inklusive eines Sicherheitsrandes optimieren. Allerdings muss hierfür eine weitere Steigerung der Komplexität des Modells und der numerischen Berechnungen in Kauf genommen werden, aufgrund der zusätzlichen stochastischen Dimension, der damit verbundenen Diskretisierungen und des resultierenden numerischen Aufwands. Zudem steckt die Forschung zu SPDE-Systemen mit der hier auftretenden Komplexität noch in den Kinderschuhen.

In Abbildung 9 sind erste Ergebnisse einer patientenindividuellen Analyse der Sensitivität der optimalen Applikatorplatzierung in Bezug auf Variationen in der elektrischen und thermischen Leitfähigkeit gezeigt. In der Abbildung sind die Kovarianzmatrix der optimalen Applikatorposition und die Wahrscheinlichkeitsverteilung der Orientierung visualisiert. Die

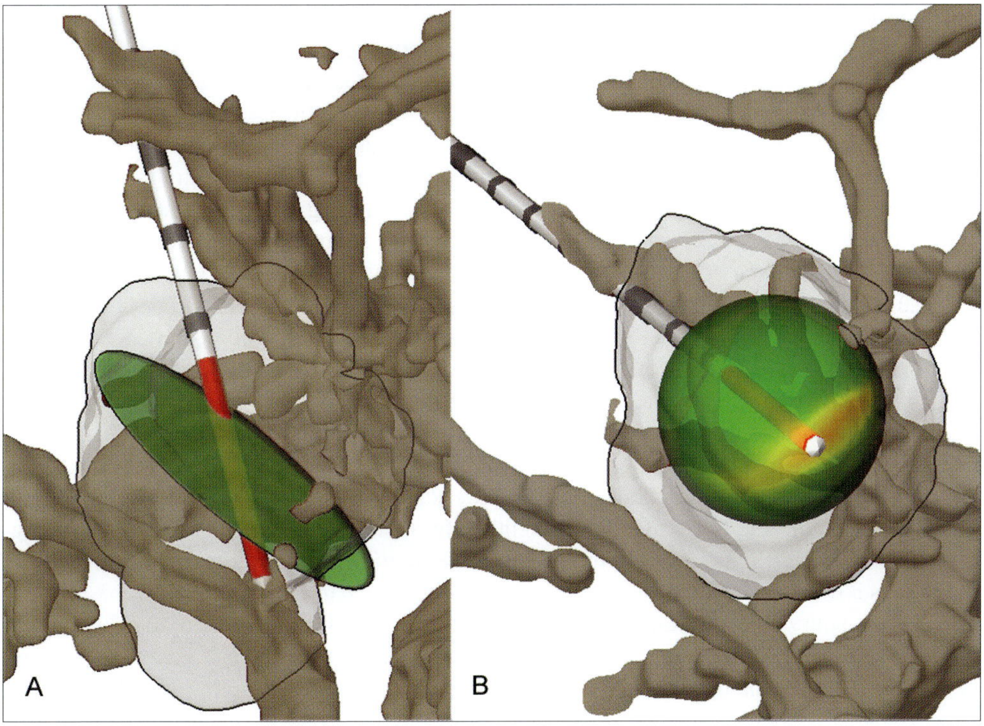

Abb. 9 Sensitivität der optimalen Applikatorplatzierung unter Unsicherheiten in den Gewebeeigenschaften. (*A*) Die Sensitivität der optimalen Position der Elektroden des Applikators (genauer: die Kovarianzmatrix der Wahrscheinlichkeitsverteilung der Position) ist als Ellipsoid visualisiert. Eine große Ausdehnung des Ellipsoids zeigt eine hohe Sensitivität an, d.h. bei großer Unsicherheit in den Gewebeeigenschaften könnte die optimale Applikatorposition auch an einem anderen Punkte innerhalb des Ellipsoids liegen. (*B*) Die Sensitivität der Applikatororientierung ist farbkodiert dargestellt. Rote/gelbe Bereiche der Sphäre zeigen Orientierungen an, die mit einer hohen Wahrscheinlichkeit optimal sind. Grüne Bereiche hingegen kodieren Orientierungen, die mit geringer Wahrscheinlichkeit optimal sind. Die beiden Bilder zeigen zwei verschiedene Ansichten derselben Konfiguration mit einem komplexen lokalen Blutgefäßsystem (braun).

Ausrichtung des Kovarianzellipsoids mit der Hauptrichtung der Blutgefäße verdeutlicht den starken Einfluss des Blutflusses auf das Ergebnis der RF-Ablation.

3.3 Schnelle Abschätzung der thermischen Gewebezerstörung

Der letzte Schritt ist die Überführung des biophysikalischen Modells und seiner Diskretisierung in eine klinisch anwendbare patientenindividuelle modellbasierte Planungssoftware. Aufgrund der Komplexität der Modelle erfordert die Simulation solch hohe Rechenleistungen, dass sie nicht interaktiv auf Standardhardware durchgeführt werden kann. Zudem erlaubt der klinische Workflow nur ein kurzes Zeitfenster für die Interaktion des Klinikers mit der Simulation oder Optimierung. Aus diesem Grunde wird eine Vereinfachung der Modellkomplexität benötigt, damit ein Kompromiss zwischen der Genauigkeit der Simulation der zugrundeliegenden physikalischen Prozesse und der dafür in der Planung des Eingriffs zur Verfügung stehenden Rechenleistung und -zeit gefunden werden kann.

Eine entscheidende Reduktion der Komplexität wird durch die Trennung von patientenindividuellen von allgemeinen Teilen des Modells erreicht, die ‚online' und ‚offline' berechnet werden können. Dazu parametrisieren wir die simulierte thermische Nekrose durch vorher berechnete Referenzkonfigurationen. In der Interaktionsphase des Modells mit dem behandelnden Arzt kann der reale Gewebeschaden dann durch einfache Kombinationen der Referenzkonfigurationen erzielt werden.

Als Referenzkonfigurationen verwenden wir einzelne geradlinige Blutgefäße mit konstantem Durchmesser und einem vorgeschriebenen Abstand zum Applikator. Die Form der bei diesen Konfigurationen erzielten thermischen Nekrose wird in einer Tabelle abgespeichert, die über den Gefäßradius und den Abstand des Applikators zum Gefäß indiziert ist. In diese Tabelle können ohne Weiteres auch mehr Parameter, wie der Applikatortyp, der Energieeintrag und verschiedene Gefäßtypen, aufgenommen werden.

Zur Konstruktion der patientenindividuellen Abschätzung der thermischen Nekrose gehen wir vom segmentierten Gefäßbaum des Patienten aus, der mit Standardsegmentierungsverfahren aus kontrastmittelverstärkten CT-Aufnahmen extrahiert wird. Um die komplexe Struktur des Gefäßbaumes in der Nähe des Tumors zu vereinfachen, wird der segmentierte Gefäßbaum in einzelne lineare Gefäßsegmente aufgespaltet. Jedes dieser linearen Gefäßsegmentstücke definiert nun eine Referenzkonfiguration, zu der die spezifische Form der thermischen Nekrose aus der Tabelle entnommen wird. Nimmt man an, dass ein Gewebestück des Tumors nur dann zerstört werden kann, wenn es nicht durch ein nahes Blutgefäß gekühlt wird,

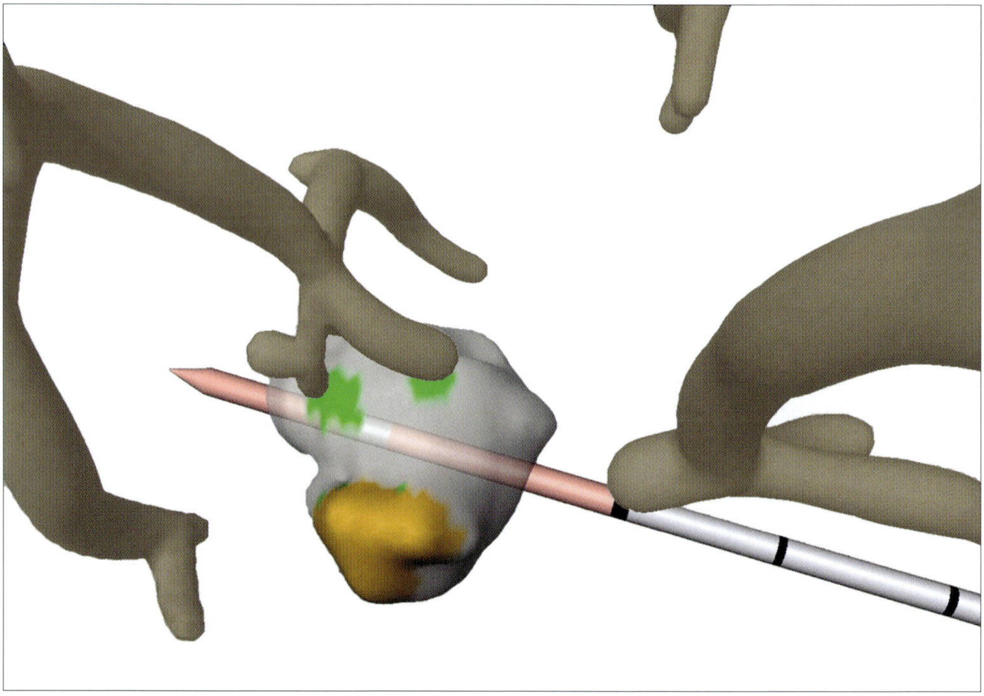

Abb. 10 Screenshot der interaktiven Abschätzung der thermischen Gewebezerstörung bei einer RF-Ablation. Transparente (graue) Bereiche der gezeigten Läsion werden zerstört, gelb eingefärbte Bereiche werden aufgrund der räumlichen Distanz zum Applikator nicht zerstört. Die grünen Bereiche der Läsion können aufgrund der kühlenden umgebenden Blutgefäße (braun) nicht ablatiert werden.

so kann das tatsächlich koagulierte Gewebevolumen durch Schnitte der entnommenen Formen angenähert werden. Diese Konstruktion basiert auf der starken Annahme, dass sich die Kühleffekte der Gefäße additiv verhalten. Es ist möglich, Konfigurationen zu konstruieren, in denen diese Annahme nicht gültig ist. Erste Experimente zu unserem Ansatz haben jedoch gute Übereinstimmung zwischen der abgeschätzten und der tatsächlichen thermischen Nekrose gezeigt (Kröger et al. 2010). Eine rigorose Validierung des Ansatzes ist Teil zukünftiger Arbeiten.

Das entstandene Werkzeug erlaubt tatsächlich eine interaktive Planung der RF-Ablation, weil eine Abschätzung des zerstörten Gewebebereiches nun in Echtzeit zur Verfügung steht. Nimmt man auch Sicherheitsränder um den Tumor mit in die Betrachtung, können dem behandelnden Arzt schnelle Einschätzungen gegeben werden, ob die Behandlung durch RF-Ablation ein Ergebnis analog zur R0-Resektion erreichen lässt, oder ob die lokale vaskuläre Struktur dies verhindern wird (siehe Abb. 10).

4. Schlusswort

In der medizinischen Bildgebung findet derzeit ein rasanter Wandel hin zum digitalen, hochaufgelösten, dynamischen und multimodalen Bild statt. Der damit einhergehenden, ständig wachsenden Flut medizinischer Bilddaten steht ein Mangel an ebenso leistungsfähigen und problemangepassten Softwaremethoden gegenüber, so dass ein Großteil der prinzipiell verfügbaren Information ungenutzt bleibt. Die mathematische Modellierung in der Medizin wird die vorhandene Bildinformation, die ja gewissermaßen nur ein Schnappschuss der jeweiligen Patientensituation ist, systematisch so ergänzen, dass dem Kliniker ein spürbarer Mehrwert über die sichtbare Bildinformation hinaus entsteht. In diesem Sinne wird zur Unterstützung der radiologischen Bildgebung eine Ergänzung der patientenindividuellen Bilddaten mit Prozessmodellen anvisiert, die dem Radiologen das Verstehen der Physiologie und der pathologischen Veränderungen jenseits seiner bildbasierten Wahrnehmung ermöglicht. In diesem Artikel haben wir zwei Beispiele diskutiert, die bereits verdeutlichen, welche revolutionäre Verbesserung und Erweiterung der bildgebenden Verfahren in der klinischen Anwendung durch den Einsatz mathematischer Modellierung erreicht werden kann.

So überzeugend die Ergebnisse der volumetrischen Quantifizierung für die Bewertung der Tumortherapie im Vergleich zu den bislang durchgeführten manuellen Messungen auch sind, es ist doch festzustellen, dass die flächendeckende Einführung entsprechend präziser quantitativer Verfahren noch immense Anstrengungen auf verschiedenen Ebenen bedeuten wird. Die notwendige Qualität der Bildgebung ist noch nicht überall verfügbar, wenngleich die Gerätetechnologie dafür schon seit einiger Zeit die Mindestvoraussetzungen bietet. Gemeinsam mit den Geräteherstellern müssen die Bildgebungsseite abgesichert und die bereits verfügbaren Softwarelösungen in eine Gesamtlösung integriert werden, welche den Anforderungen der klinischen Praxis hinsichtlich Workflow, Dezentralisierung und Kosteneffizienz genügt. Wenn wir es schaffen, die dafür notwendige Infrastruktur skalierbar und erweiterbar zu halten, werden in kurzer Folge weitere kombinierte Methoden aus optimierter Bildgebung und intelligenter Bildanalyse folgen mit einschneidenden Verbesserungsmöglichkeiten für die frühzeitige und sichere Diagnose und Therapiebeurteilung.

Bis zum routinemäßigen Einsatz der auf partiellen Differentialgleichungen basierenden Modelle der komplexen physikalischen Vorgänge bei neuartigen Therapieformen, wie der RF-Ablation, bleiben noch eine Menge offener Fragen und Probleme zu klären. Besondere

Schwierigkeiten liegen aufgrund der biologischen Variabilität und der Vielzahl von Parameterunsicherheiten in der Validierung der patientenindividuellen Vorhersage- und Optimierungsverfahren. Zudem müssen im Bereich der Kommunikation der numerischen Resultate an die behandelnden Ärzte komplexe Aufgaben gemeistert werden, insbesondere auch hinsichtlich der jeweiligen Daten- und Parameterunsicherheiten. Eine wissenschaftlich seriöse Visualisierung der Simulationsergebnisse darf nicht verheimlichen, dass in den zugrundeliegenden Daten eine Vielzahl von Unsicherheiten versteckt sind.

Dank

Die in diesem Artikel präsentierte Forschung ist durch die Zusammenarbeit einer Vielzahl von Wissenschaftlern bei Fraunhofer MEVIS, seinen klinischen Partnern, der Universität Bremen und der *Jacobs University* entstanden. Unser Dank gilt insbesondere Inga Altrogge, Lars Bornemann, Volker Dicken, Olaf Klinghammer, Tim Kröger, Torben Pätz und Christian Rieder.

Literatur

Altrogge, I., Preusser, T., Kröger, T., Büskens, C., Pereira, P. L., Schmidt, D., and Peitgen, H.-O.: Multi-scale optimization of the probe placement for radio-frequency ablation. Acad. Radiol. *14*/11, 1310–1324 (2007)

Deuflhard, P., and Hochmuth, R.: On the thermoregulation in the human microvascular system. PAMM *3*/1, 378–379 (2003)

Erasmus, J. J., Gladish, G. W., Broemeling, L., Sabloff, B. S., Truong, M. T., Herbst, R. S., and Munden, R. S.: Interobserver and intraobserver variability in measurement of non-small-cell carcinoma lung lesions: Implications for assessment of tumor response. J. Clin. Oncol. *21*/13, 2574–2582 (2003)

Galilei, G.: Il Saggiatore. Roma: Mascardi 1623

Kant, E.: Metaphysische Anfangsgründe der Naturwissenschaft. Riga: Hartknoch 1786

Kim, Y. S., Rhim, H., Cho, O. K., Koh, B. H., and Kim, Y.: Intrahepatic recurrence after percutaneous radiofrequency ablation of hepatocellular carcinoma: analysis of the pattern and risk factors. Eur. J. Radiol. *59*/3, 432–441 (2006)

Kröger, T., Altrogge, I., Preusser, T., Pereira, P. L., Schmidt, D., Weihusen, A., and Peitgen, H.-O.: Numerical simulation of radio frequency ablation with state dependent material parameters in three space dimensions. Proc. MICCAI *4191* of Springer LNCS, 380–388 (2006)

Kröger, T., Pätz, T., Altrogge, I., Schenk, A., Lehmann, K. S., Frericks, B. B., Ritz, J.-P., Peitgen, H.-O., and Preusser, T.: Fast estimation of the vascular cooling in RFA based on numerical simulation. The Open Biomed. Engineer. J. *4*, 16–26 (2010)

Marten, K., Auer, F., Schmidt, S., Kohl, G., Rummeny, E., and Engelke, C.: Inadequacy of manual measurements compared to automated CT volumetry in assessment of treatment response of pulmonary metastases using RECIST criteria. Eur. Radiol. *16*, 781–790 (2006)

Mosser, D. D., Caron, A. W., Bourget, L., Denis-Larose, C., and Massie, B.: Role of human heat shock protein hsp70 in protection against stress-induced apoptosis. Mol. Cell. Biol. *17*/9, 5317–5327 (1997)

Mulier, S., Ni, Y., Jamart, J., Michel, L., Marchal, G., and Ruers, T.: Radiofrequency ablation versus resection for resectable colorectal liver metastases: Time for a randomized trial? Ann. Sur. Oncology *15*/1, 144–157 (2007)

Stewart, B. W., and Kleihues, P.: International Agency for Research on Cancer. World Cancer Report 2003. IARC-Press

Viganò, L., Ferrero, A., Lo Tesoriere, R., and Capusotti, L.: Liver surgery for colorectal metastases: results after 10 years of follow-up. Long-term survivors, late recurrences, and prognostic role of morbidity. Ann. Surg. Oncol. *15*/9, 2458–2464 (2008)

Zhou, L., Riu, J. A., Wang, S. B., Chen, S.-G., Qu, Q., Chi, T.-Y., Wei, X., Han, K., Zhang, N., and Zhao, H.-T.: Factors predictive for long-term survival of male patients with hepatocellular carcinoma after curative resection. J. Surg. Oncol. 95/4, 298–303 (2007)

Zurbuchen, U., Holmer, C., Lehmann, K. S., Stein, T., Roggan, A., Seifarth, C., Burh, H. J., and Ritz, J. P.: Determination of the temperature-dependent electric conductivity of liver tissue ex vivo and in vivo: Importance for therapy planning for the radiofrequency ablation of liver tumours. Int. J. Hyperthermia *26*/1, 26–33 (2010)

Prof. Dr. Heinz-Otto Peitgen
Fraunhofer MEVIS
Universitätsallee 29
28359 Bremen
Bundesrepublik Deutschland
Tel.: 49 421 2183552
Fax: 49 421 2184236
E-Mail: peitgen@mevis.de

Nova Acta Leopoldina NF *110*, Nr. 377, 285–301 (2011)

Computermodelle in der Volkswirtschaftslehre: Wie lassen sich die wirtschaftlichen Auswirkungen des demographischen Wandels abschätzen?

Axel Börsch-Supan ML (Mannheim)

Mit 3 Abbildungen

Zusammenfassung

Der demographische Wandel ist einer der „Megatrends" des 21. Jahrhunderts, der die politische, soziale und ökonomische Situation unseres Landes entscheidend verändern wird. In 25 Jahren wird jeder dritte Bürger Deutschlands über 60 Jahre alt sein. Anteilsmäßig sind dies mehr als doppelt so viele pro Kopf der 20–60-Jährigen wie heute. Die Alterung unserer Gesellschaft hat daher tief greifende Auswirkungen auf die Alters- und Gesundheitsvorsorge. Sie ist zudem eine Herausforderung an unser gesamtes Wirtschaftssystem, an den Arbeitsmarkt, die Produktion und den Kapital- und Immobilienmarkt unseres Landes. Wie können diese Auswirkungen qualitativ verstanden und quantitativ abgeschätzt werden?

Die moderne Volkswirtschaftslehre stützt sich sehr stark auf mathematische Modelle, die in der Wirtschaftstheorie entwickelt und deren Parameter mit ökonometrischen Methoden geschätzt (oder „kalibriert") werden, so dass sie als Simulationsmodelle für wirtschaftspolitische Anwendungen verwendet werden können. Wie in den Naturwissenschaften braucht man auch in der Volkswirtschaftslehre Modelle, weil die menschliche Vorstellungskraft bei multivariaten und interdependenten Prozessen nicht ausreicht bzw. zu Fehlschlüssen führt. Beispiele sind die komplexen Rückkopplungsprozesse in der gesamtwirtschaftlichen Entwicklung oder, weitaus banaler, das Unvermögen fast aller, im Kopf Zinseszinsrechnungen auszuführen.

Der Wert, aber auch die Grenzen volkswirtschaftlicher Modellierungskunst lassen sich sehr gut am Beispiel des demographischen Wandels verdeutlichen. Wird unser Lebensstandard sinken, weil die Zahl der Menschen im erwerbsfähigen Alter zurückgeht? Oder wird der natürliche Produktivitätsfortschritt auch weiterhin für einen steigenden Lebensstandard sorgen? Könnte der bislang „natürliche" Produktivitätsfortschritt nicht durch die Alterung vermindert oder gar gestoppt werden, weil den Alten die Ideen ausgehen? Oder gibt es einen entgegengesetzten Rückkopplungsprozess, nach dem die Gesellschaft unter dem Druck der (demographischen) Verhältnisse neue Produktivitätsreserven erschließt? All dies sind beispielhafte Fragen, die man mithilfe von kalibrierten mathematischen Simulationsmodellen zu beantworten versucht.

Der Vortrag beschreibt zunächst die Grundstruktur solcher Modelle, schildert dann, welche Daten man benötigt, um sie zu kalibrieren, gibt dann Antworten auf die oben gestellten Fragen und schließt mit einer kritischen Bewertung, was volkswirtschaftliche Modelle leisten können und wo ihre Grenzen liegen.

Abstract

Demographic change is one of the mega trends of the 21st century that will decisively alter the political, social and economic situation in our country. In 25 years every third German citizen will be over 60. This is proportionately more than double the number of 20 to 60 year olds today. The aging of our society has a profound impact on health and long-term care. It also presents a challenge for our country's entire economic system, the job market, production and the capital and property markets. How can we qualitatively understand and quantitatively estimate this impact?

Modern economics relies heavily on mathematical models developed as part of economic theory, whose parameters are estimated (or "calibrated") with econometric methods so that they can be used as simulation models when forming economic policy. Just like in natural sciences, models are needed by economics because our power of imagination when it comes to multivariate and interdependent processes is not sufficient or leads to the wrong conclusions. Some examples are the complex feedback mechanisms in macroeconomic development or, on a far more trivial level, the inability of nearly everyone to do interest calculations in their head.

The value and the limits of economic modeling can be illustrated well using demographic change as an example. Will our standard of living go down because the number of people of employment age is receding? Or will natural advancement in productivity ensure that our standard of living continues to rise? Could it be that the "natural" advancement in productivity made so far will not go down or even cease due to aging because older people just don't have ideas? Or is there a reverse feedback mechanism which will force society, under pressure from (demographic) conditions, to develop new productivity reserves? These are all examples of questions whose answers we are attempting to look for with the help of calibrated mathematical simulation models.

The talk first describes the basic structure of such models, then presents which data will be needed in order to calibrate them, finds answers to the questions posed above, and concludes with a critical evaluation of what economic models can achieve and where their limits lie.

1. Überblick

Der demographische Wandel ist einer der „Megatrends" des 21. Jahrhunderts, der die politische, soziale und ökonomische Situation unseres Landes entscheidend verändern wird. In 25 Jahren wird jeder dritte Bürger Deutschlands über 60 Jahre alt sein. Anteilsmäßig sind dies mehr als doppelt so viele pro Kopf der 20- bis 60-Jährigen wie heute. Die Alterung unserer Gesellschaft hat daher tief greifende Auswirkungen auf die Alters- und Gesundheitsvorsorge. Sie ist zudem eine Herausforderung an unser gesamtes Wirtschaftssystem, an den Arbeitsmarkt, die Produktion und den Kapital- und Immobilienmarkt unseres Landes. Wie können diese Auswirkungen qualitativ verstanden und quantitativ abgeschätzt werden?

Die moderne Volkswirtschaftslehre stützt sich sehr stark auf mathematische Modelle, die in der Wirtschaftstheorie entwickelt und deren Parameter mit ökonometrischen Methoden geschätzt (oder „kalibriert") werden, so dass sie als Simulationsmodelle für wirtschaftspolitische Anwendungen verwendet werden können.

Wie in den Naturwissenschaften braucht die Volkswirtschaftslehre Modelle, weil die menschliche Vorstellungskraft bei multivariaten und interdependenten Prozessen nicht ausreicht bzw. zu Fehlschlüssen führt. Beispiele sind die komplexen Rückkopplungsprozesse in der gesamtwirtschaftlichen Entwicklung oder, weitaus banaler, das Unvermögen fast aller, im Kopf Zinseszinsrechnungen auszuführen.

Der Wert, aber auch die Grenzen volkswirtschaftlicher Modellierungskunst lassen sich sehr gut am Beispiel des demographischen Wandels verdeutlichen. Wird unser Lebensstandard sinken, weil die Zahl der Menschen im erwerbsfähigen Alter zurückgeht? Oder wird der natürliche Produktivitätsfortschritt auch weiterhin für einen steigenden Lebensstandard sorgen? Könnte der bislang „natürliche" Produktivitätsfortschritt nicht durch die Alterung vermindert oder gar gestoppt werden, weil den Alten die Ideen ausgehen? Oder gibt es einen entgegengesetzten Rückkopplungsprozess, nach dem die Gesellschaft unter dem Druck der (demographischen) Verhältnisse neue Produktivitätsreserven erschließt? All dies sind beispielhafte Fragen, die man mithilfe von kalibrierten mathematischen Simulationsmodellen zu beantworten versucht.

Dieser Beitrag schildert zunächst die demographischen und ökonomischen Rahmendaten, um die Herausforderung des demographischen Wandels und mögliche Lösungsansätze zu charakterisieren. Abschnitt 3 diskutiert die Rolle mathematischer Modelle in den Wirtschaftswissenschaften: Was können volkswirtschaftliche Modelle leisten, und wo liegen ihre Grenzen. Abschnitt 4 wendet ein typisches Simulationsmodell auf die Problematik des demographischen Wandels an und zeigt, welchen Verlauf unser Lebensstandard annehmen kann, je nachdem welche Lösungsansätze ergriffen oder nicht ergriffen werden. Abschnitt 5 schließt mit einem Fazit und betont, wie wichtig es auch in den Wirtschaftswissenschaften ist, solche Modelle mit vernünftigen Daten zu füttern.

2. Die Herausforderungen des demographischen Wandels

Abbildung 1 zeigt die Grundstrukturen des demographischen Wandels in Deutschland. Dargestellt sind vier Bevölkerungspyramiden, rechts ist die Anzahl der Frauen, links die Anzahl der Männer eingetragen, und zwar auf der horizontalen Achse ansteigend von Alter 0 bis

Alter 110. Im Jahre 2000 sieht man bereits den starken Einbruch der Kinderzahlen im sogenannten Pillenknick, der auf die Babyboomjahre folgt. Im Jahr 2000 sind die Babyboomer etwa Mitte Dreißig. Die rasche Abfolge von Pillenknick auf Babyboom ist die erste große demographische Zäsur, die historisch gegeben ist, an der wir nichts mehr ändern können, die aber dennoch in etwa 15 Jahren ganz dramatisch die sozialpolitische und ökonomische Lage Deutschlands bestimmen wird. Dies sieht man auf der zweiten Bevölkerungspyramide rechts oben im Jahr 2025. Hier sieht man, wie sich die Abfolge von Pillenknick auf Babyboom um 25 Jahre vorgearbeitet hat, nun sind die Babyboomer etwa 60 Jahre alt und beginnen, in Rente zu gehen. Weitere 25 Jahre später (links unten) ist die Babyboom-Generation schon recht alt, die meisten von ihnen sind verstorben. Im Unterschied zu den beiden vorherigen Pyramiden sieht man, dass diese Pyramide sich gestreckt hat und weit mehr Personen das Alter von 100 Jahren erreicht haben. Die Streckung der Pyramide repräsentiert die bislang ungebrochene Erhöhung der Lebenserwartung, die nach wie vor etwa linear ansteigt: Pro zehn Jahre erhöht sich die Lebenserwartung um zwischen 1,5 Jahre (die vorsichtige Prognose des Statistischen Bundesamtes) bis 3,5 Jahre (die sehr optimistische Prognose des Max-Planck-Instituts für Demographische Forschung in Rostock). Schaut man noch weiter in die Zukunft (rechts unten), so zeigt sich, dass wir mit dem demographischen Wandel das ganze Jahrhundert lang leben müssen. Solange die Geburtenraten so niedrig bleiben, wie sie sind, wird die Bevölkerungsstruktur nie wieder die Form einer Pyramide erreichen, sondern wird einen Kopf haben, der größer als die Basis ist. Von Generation zu Generation wird uns etwa ein Drittel der Bevölkerung fehlen. Dies liegt daran, dass die Geburtenrate von derzeit 1,4 Kindern pro Frau nur zwei Dritteln der Geburtenrate entspricht, die für eine Bestandserhaltung nötig ist (2,1 Kinder pro Frau).

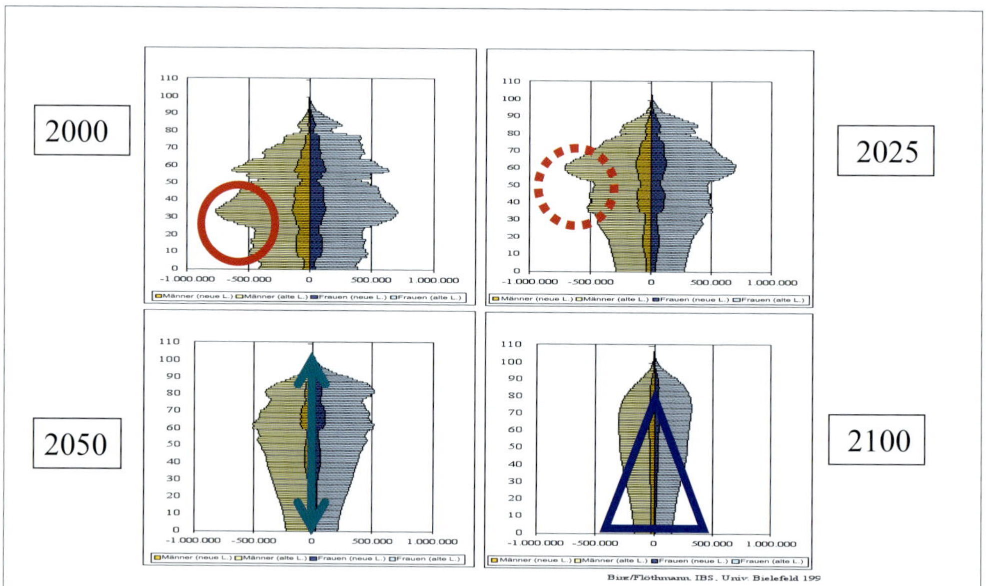

Abb. 1 Bevölkerungsstruktur im demographischen Wandel

 Nova Acta Leopoldina NF *110*, Nr. 377, 285–301 (2011)

Der demographische Wandel bedeutet in der mittleren Frist, also etwa in 20 Jahren, dass wir viele Rentner haben werden, aber wenige Beitragszahler in die Rentenversicherung. Das ist gut bekannt. Dementsprechend wird es aber auch viele Personen geben, die Leistungen aus der gesetzlichen Krankenkasse benötigen, aber nur wenige Menschen, die Beiträge in die gesetzliche Krankenversicherung einzahlen. Die Alterung bedeutet aber auch fundamentale Veränderungen für die makroökonomische Entwicklung. Denn in den nächsten 20 Jahren wird sich die Bevölkerungszahl der Bundesrepublik kaum ändern, sie schrumpft erst nach dem Ableben der Babyboom-Generation. Es wird also weiterhin viele Konsumenten geben in Deutschland, aber immer weniger Erwerbstätige, die die Güter und Dienstleistungen produzieren, die diese Menschen konsumieren werden.

Schließlich wird sich auch auf den Immobilien- und Kapitalmärkten eine wesentliche Strukturveränderung ergeben, wenn die Babyboom-Generation ihre angesparten Vermögen und ihre erworbenen Häuser in etwa 20 Jahren verkaufen möchte. Denn dann gibt es viele Verkäufer von Vermögensgegenständen, aber relativ wenige Käufer aus der jungen Generation.

Dies sind die wesentlichen ökonomischen Herausforderungen. Hinzu kommen die vielfältigen gesellschaftlichen und medizinischen Herausforderungen einer alternden Gesellschaft, auf die ich hier nicht eingehen möchte. Sie reichen von der Ausgestaltung eines demographiefesten Gesundheitssystems über Pflege und Zuwendung einer großen, immer älter werdenden Babyboom-Generation. Auswirkungen wird es auch auf die Politik geben, denn ein alterndes Deutschland wird nicht den Platz in der globalen machtpolitischen Hackordnung ausüben können, den es derzeit hat.

Gestatten Sie mir, bei den ökonomischen Herausforderungen zu bleiben. Weniger Produzenten für Güter und Dienstleistungen heißt notwendigerweise, dass das Bruttoinlandsprodukt, nachdem wir zumindest approximativ unseren Wohlstand messen, sinken wird. Der ökonomische Lebensstandard misst sich, grob vereinfacht, als dieses Bruttoinlandsprodukt pro Kopf der Bevölkerung. Es wird hergestellt als Produkt der in die Volkswirtschaft gesteckten Ressourcen (vor allem die Anzahl der Arbeitsstunden, aber auch des Realkapitals, also Maschinen und Ausrüstungen), multipliziert mit der Produktivität, mit der Arbeit und Maschinen eingesetzt werden.

Die zukünftige Entwicklung des Bruttoinlandsprodukts pro Kopf besteht daher aus drei Komponenten, nämlich der zukünftigen Entwicklung der Produktivität, der Wachstumsrate der Erwerbsquote, und der Wachstumsrate des Realkapitals, das pro Kopf der arbeitenden Bevölkerung aufgewendet wird.

Hier gibt es zunächst einmal nur schlechte Nachrichten. Erstens behaupten viele Menschen, dass ältere Menschen weniger produktiv sind als jüngere Menschen. Sollte diese Behauptung stimmen, würde eine Alterung der Bevölkerung, die auch immer eine Alterung der Belegschaft impliziert, also einen Rückgang der Produktivität zur Folge haben. Zweitens kann man in einer älteren Gesellschaft kaum erwarten, dass die Erwerbsquote steigt. Ganz im Gegenteil bedeutet Alterung ja gerade eine Abnahme der jüngeren und damit erwerbstätigen Bevölkerung relativ zur Gesamtbevölkerung. Auch hier ist das Wachstum tendenziell also negativ. Drittens hat eine ältere Bevölkerung eher die Tendenz dazu, Vermögenswerte abzubauen, anstatt neue anzusammeln. Dies gilt natürlich auch für die Sparguthaben, mit denen Investitionen finanziert werden. Ein Wachstum des Produktivkapitals pro Kopf der arbeitenden Bevölkerung ist daher schwerer zu finanzieren in einer alternden Bevölkerung.

Alle drei Komponenten des Wachstums des Bruttoinlandsprodukts pro Kopf zeigen also eine negative Tendenz. Genau hierin liegt die ökonomische Herausforderung: Wie kann man in möglichst allen drei Komponenten nun doch zumindest eine Stabilisierung erreichen?

Die Lösungsansätze liegen im Prinzip auf der Hand. Erstens müssen wir sehen, dass unsere ältere Belegschaft durch vermehrte Aus- und Weiterbildungsanstrengungen eben nicht an Produktivität verliert. Zweitens müssen wir uns anstrengen, dass die ohnehin in Deutschland niedrige Erwerbsquote trotz des demographischen Wandels ansteigt, indem jüngere Menschen früher in den Beruf eintreten, mehr Frauen Familie und Beruf miteinander vereinbaren können, und wir die Menschen nicht schon mit Anfang 60 in den Ruhestand schicken. Drittens hilft es uns, wenn durch kapitalgedeckte soziale Sicherungssysteme (Rente, Krankenversicherung, Pflegeversicherung) ein Kapitalstock angesammelt wird, der über die Dauer seiner Akkumulation uns hilft, zusätzliches Produktivkapital zu schaffen, und gleichzeitig die jüngere Generation von zukünftigen Sozialabgaben entlastet.

Der Punkt, den ich an dieser Stelle machen möchte, liegt mir sehr am Herzen: Alle drei Komponenten des Bruttoinlandsprodukts können auch bei einer alternden Gesellschaft wachsen, eine alternde Gesellschaft ist also keineswegs zum Stillstand oder gar Rückschritt verdammt, ganz im Gegenteil bietet die Tatsache, dass Menschen im Alter von 60 Jahren heute eher den Menschen im Alter von 50 Jahren vor einer Generation ähneln, eine enorme Chance. Aufgabe der Volkswirtschaftslehre ist es nun, diese für viele vielleicht intuitiv, für andere schwer nachvollziehbaren Überlegungen wissenschaftlich zu fundieren. Das werde ich im Folgenden tun.

3. Die Rolle mathematischer Modelle in den Wirtschaftswissenschaften

Dazu sind zunächst einige grundsätzliche Bemerkungen über die Rolle von mathematischen Modellen in der Volkswirtschaftslehre angebracht, zumal, wie viele von Ihnen wissen, ein heftiger Methodenstreit unter den Ökonomen entbrannt ist, inwieweit die Mathematisierung der Volkswirtschaftslehre nicht über das Ziel hinausgeschossen ist.

Verglichen mit unseren Schwesterwissenschaften in den Sozialwissenschaften ist in der Volkswirtschaftslehre die Mathematisierung in der Tat am weitesten fortgeschritten. Das Denken in mathematisch formulierten Modellen ist zum Standardverfahren wissenschaftlicher Erkenntnisfindung in Theorie und Empirie geworden. Das zeichnet die Ökonomie aus und ist ein guter Indikator für ihren wissenschaftlichen Fortschritt – und zwar aus den beiden eingangs erwähnten Gründen, nämlich der Versuchung, politischen Kurzschlüssen zu erliegen, und der Komplexität wirtschaftlicher Systeme. Für das aus beiden Gründen notwendige Korsett liefert die Mathematik eine für alle gemeinsame Sprache. Das ist bei den Historikern und Soziologen nicht so. Hier ist die Sprache selbst Teil der Methodik, die jedoch Zugang für verschiedene Interpretationen lässt.

Über die Rolle der mathematisch formulierten Theorie gibt es derzeit einen heftigen Streit in der Ökonomenprofession, der dort bizarre Züge trägt und der ohnehin wackeligen Akzeptanz unserer Profession schadet, wo er in den Zeitungen mit emphatisch formulierten Aufrufen und offenbar dem Medium geschuldeten simplistischen Argumenten ausgetragen wird. Der den Streit auslösende Vorwurf lautet, überspitzt formuliert, dass die Mathematisierung die Nationalökonomie inhaltsleer gemacht hat. Letztlich triviale Modelle können keine neuen Erkenntnisse produzieren, da alle Ergebnisse aus übermäßig simplifizierten Strukturannahmen folgen. Für die praktische Wirtschaftspolitik seien die Modelle daher nutzlos; die Verdrängung der argumentativen Volkswirtschaftslehre vor allem im Fach Wirtschaftspolitik durch Modelltheoretiker führe zum Identitätsverlust.

Der intellektuelle Kern dieses Streits ist faszinierend: Welche Sprache muss sich eine Wissenschaft geben, damit sie einerseits hochkomplexe Inhalte transportieren kann, anderseits aber transparent und vollständig verifizierbar bleibt? Einige Vertreter unseres Faches finden, dass schon das in der Volkswirtschaftslehre omnipräsente Englisch der deutschen Sprache unterlegen wäre, *a forteriori* die mathematische Sprache.

Eine Ironie der Zeitgeschichte besteht darin, dass dieser Streit in die Zeit der Finanz- und Wirtschaftskrise fällt, in der den Ökonomen ohnehin völliges Versagen vorgeworfen wird, weil ihre Modelle weder den Zusammenbruch des Bankensystems vorhergesehen haben noch das Bruttoinlandsprodukt des Folgemonats prognostizieren können. In der Tat steht uns Nationalökonomen, die durch den behutsamen Umgang mit arroganten Äußerungen nicht allzu bekannt sind, etwas mehr Bescheidenheit gut an. Unsere reine Grundlagenforschung steckt eben doch noch in den Kinderschuhen, und unsere Anwendungen machen katastrophale Fehler, weil einige der Modelle wichtiges menschliches Verhalten ignoriert haben und andere Modelle auf Situationen angewandt wurden, auf die sie nicht passten.

Dies geht der Physik jedoch auch nicht anders. Wir sehen Brücken einstürzen und Flugzeuge im Himmel auseinanderbrechen. Wissenschaftliche Erkenntnis hat ihre Grenzen, damit müssen wir leben. Sie erfordert bessere Modelle, mehr Empirie, mehr Rückkopplung und Sicherheitsmargen. Vereinfachte Modelle eines Flugzeugrumpfs ignorieren Bruchgefahren; Modelle des Kapitalmarktrisikos, die den Herdentrieb der Makler und Käufer ignorierten, haben unser Finanzsystem zerbrechen lassen. Windkanäle, welche die Quer- und Wirbelströmungen eines tropischen Sturms nicht modellieren, führen zu ebenso falsch interpretierten empirischen Daten wie die ökonometrischen Modelle der Volkswirtschaftslehre, die mit einer haarsträubend schwachen Datenlage zu kämpfen haben. (*Notabene*: weil der Aufbau einer Forschungsinfrastruktur von Daten, die für die wirtschaftswissenschaftliche Analyse geeignet sind, im Kampf um knappe Mittel gegen die noch viel teureren Forschungsinfrastrukturen der Natur- und Lebenswissenschaften immer wieder unterliegt.) Auch für die Beachtung von Sicherheitsmargen gilt das Gleiche in den physikalischen wie den ökonomischen Anwendungen: Man hat im Wettbewerb der Fluglinien wie der Banken untereinander zu schnell erlaubt, dass auch das Letzte aus einem eben nicht vollständig verstandenen System herausgeholt wird. Die Ökonomie hat keinen Grund zur Arroganz, aber sie steht auch nicht alleine mit ihren Fehlern da. Es gilt in der Technik- wie in der Finanzwelt, noch viel Neues in der anwendungsorientierten Forschung zu entdecken, auch und gerade als Lehre aus den Katastrophen.

Zu glauben, man hätte die derzeitige Wirtschaftskatastrophe verhindern können, indem man auf mathematische Modelle verzichtet hätte, ist jedoch ebenso aberwitzig wie der Vorschlag, Flugzeuge wieder „Pi mal Daumen" zu bauen. Es ist ein Irrglaube, dass die Intuition erfahrener Volkswirte besser ist als alle Modelle. Zu oft haben sich auch solche Ökonomen getäuscht, deren Intuition vorher gerühmt wurde. Zu komplex sind eben die Systeme. Und, wie betont, zu oft ist das, was Intuition genannt wird, dann doch nur Einfallstor für politisch geprägte Glaubensgrundsätze. Das hat mit Wissenschaft nichts zu tun.

Ein erstes *Caveat*: Zum einen ist eine gesunde Intuition unabdingbar in jeder Wissenschaft: Vor allem braucht man einen „Riecher" bei der kritischen Einschätzung von Modellergebnissen. Gute Taschenrechner ersetzen nicht das gute Kopfrechnen, sonst wird es schnell teuer.

Aber dass Köpfe generell besser rechnen können als Computer, wäre aberwitzig zu behaupten. Eine gute Intuition kann mit Disziplin und Geduld immer auch in die Sprache der Mathematik übersetzt werden. Sie legt dem Denken ein Korsett an, indem sie logische Sprünge entlarvt, aber nur der schlechte Mathematiker lässt sich seine Intuition schmälern, wenn er seine Gedanken in die Sprache der Mathematik übersetzt.

Und ein zweites *Caveat*: Ohne Glaubensgrundsätze geht es in der praktischen Anwendung nicht, denn oft genug wird man im praktischen Leben dazu gezwungen, Entscheidungen zu fällen, ohne dass man die Situation bis auf den Grund verstanden hat. Dies gilt auch für Anwendungen, die den Natur- und Lebenswissenschaften entspringen, mag aber in den Wirtschaftswissenschaften besonders offensichtlich sind: Lehman Brothers, Opel, Arcandor, es geht um Entscheidungen unter großer Unsicherheit und großem Zeitdruck. Die Medizin kennt das genauso. Auch in den großen weltbewegenden Anwendungen der Natur- und Lebenswissenschaften – Kernkraft, genetisch modifizierte Pflanzen und Tiere – sind wir weit davon entfernt, alles zu wissen und alles zu verstehen. *A priori* formulierte Glaubensgrundsätze strukturieren den Entscheidungsprozess, sind, so hoffen wir, aus Lebenserfahrungen und Diskursen über ethische Prinzipien erwachsen, und haben so ihre Berechtigung, ja tiefe Notwendigkeit. Aber sie haben nichts mit Wissenschaft zu tun. Wenn man im praktischen Leben Entscheidungen fällen muss, ohne dass man die Situation bis auf den Grund verstanden hat, müssen sich die Wege von Anwendung und Wissenschaft trennen. Die Wissenschaftler müssen sich Zeit nehmen, die Anwender müssen im Glauben springen, dass sie das andere Ufer erreichen. Beides hat seine Berechtigung.

Die Modelle in der Ökonomie sind nicht nur hilfreich, sie sind unabdingbar. Natürlich ist es korrekt, dass viele logisch richtige Modelle inhaltsleer oder schlicht irreführend sind, weil sie essentielle Annahmen der Lebenswirklichkeit ignorieren. Natürlich ist gesunde Skepsis und eine immerwährende Rückkopplung mit der Evidenz ebenso unverzichtbar, und daran mangelt es oft in der modernen Volkswirtschaftslehre. Schließlich muss man in der Anwendung wissen, wo die Grenzen eines Modells liegen bzw. welches Modell für welche Situation angemessen ist – wieder nicht unähnlich der Physik, wo man das Licht einmal als Welle und ein anderes Mal als Photon beschreibt. Das Neue findet sich in den Modellen, indem sie solche Effekte transparent machen, die eben nicht in trivialer Weise aus den Annahmen abgeleitet werden können, weil die Modelle hinreichend komplex sind und sich gerade deswegen – zumindest zunächst einmal – der oberflächlichen Intuition entziehen.

Ein gutes Beispiel ist die Wirkung des Mindestlohns. Gute „Neoliberale" glauben zutiefst an dessen Schädlichkeit auch für die wenig Qualifizierten, gute „Linke" sind ebenso tief von der Nützlichkeit für die Benachteiligten überzeugt. Beide Standpunkte sind wissenschaftlich unhaltbar. Ein gutes Modell zeigt, unter welchen Umständen und impliziten Annahmen die eine bzw. die andere Seite Recht hat. Volkswirtschaftliche Intuition ist besonders trügerisch. Die halbe Welt – ich fürchte, noch mehr – glaubt, dass es den Jungen hilft, wenn die Älteren ihnen ihre Arbeitsplätze freimachen. Stammtischweisheiten wie diese haben enormes Gewicht, und sei es nur deswegen, weil sie sich politisch gut ausnutzen lassen. Makroökonomische Modelle zeigen, unter welchen Voraussetzungen diese Stammtischweisheiten stimmen, aber auch, unter wie vielen Umständen – wie in diesem Beispiel – die gängige Stammtischweisheit schlichtweg falsch ist. Ökonomie ist eben doch etwas komplexer und schwieriger, als es die Intuition vorgaukeln mag.

Die Aufdeckung der Umstände und der oft versteckten Annahmen durch die Härte und Transparenz der Mathematik ist von großem Nutzen für alle Stadien der Forschung: in der reinen Grundlagenforschung, der anwendungsorientierten Forschung und der ganz praktischen Anwendung. Das Versagen der Risikomodelle vor der Finanzkrise lag auch an der impliziten Annahme, dass man Liquiditätsprobleme aufgrund von überzogenen Renditeerwartungen für jede Bank isoliert in den Griff bekommen kann – jetzt gilt es also, Modelle zu bauen, die systemische Interaktionen auf den Finanzmärkten hinreichend gut abbilden können. So kann man wenigstens einen Grund für die Finanzkrise ausräumen. Hier sind neue Ideen gefragt. Die Anwendungsforschung wird Hilfe von der reinen Grundlagenforschung brauchen. Damit wird Zeit verstreichen. In dieser Zwischenzeit wird man mit hohen Sicherheitsmargen operieren müssen. Aber die Modelle wieder durch Intuition zu ersetzen, wäre desaströs – hat uns die Intuition („es wird schon gut gehen") nicht gerade in die Katastrophe geführt? Gier, Wunschdenken und politische Vorstellungen pflegen sich im Gewande der Intuition zu kleiden; mathematische Modelle sind unabdingbare Elemente des Dialogs zwischen Intuition und Erkenntnisfindung in der Ökonomie, weil sie entlarven können, wenn die Intuition nur des Kaisers neue Kleider sind.

4. Anwendung von Computersimulationsmodellen auf den demographischen Wandel

Lassen Sie mich mit der aller einfachsten Modellierung beginnen, die wir in der Ökonomie etwas ironisch mit Hydraulik bezeichnen. Wir hatten in Abschnitt 2 die Herausforderungen des demographischen Wandels und eine Reihe konkreter Lösungsansätze vorgestellt. Beginnen wir mit dem einleuchtendsten Ansatz, nämlich die ohnehin im internationalen Vergleich niedrige deutsche Erwerbstätigkeit zu erhöhen. Wenn wir insgesamt weniger Menschen im erwerbsfähigen Alter haben, dann sollten wir zumindest deren Erwerbsfähigkeit optimal ausnutzen. Ein Schritt dazu wäre es, das Rentenalter um zwei Jahre zu erhöhen, die sogenannte Rente mit 67. Ein weiterer Schritt wäre es, die Studiengänge und das Abitur so neu zu gestalten, dass jüngere Menschen ungefähr zwei Jahre früher in den Beruf kommen, wie es ja Sinn des achtjährigen Gymnasiums und der Bachelorstudiengänge ist. Drittens wäre es sinnvoll, durch bessere Kinderbetreuungsangebote die Frauenerwerbstätigkeit anzuheben. Schließlich kann man die in vielen Detailbereichen schlecht implementierte Reform der Arbeitslosenversicherung konsequent zu Ende führen, so dass die Arbeitslosenrate auf etwa dem „natürlichen Niveau" von etwa 5 % liegen wird.

Nimmt man diese vier Schritte zusammen, gelangt man ziemlich genau auf die Erwerbsbeteiligung, die in Dänemark oder der Schweiz derzeit bereits vorherrscht. Dieser internationale Vergleich ist aus zwei Gründen wichtig: Erstens zeigt er, dass diese Reformen möglich sind, zweitens lässt es sich auch in Dänemark und der Schweiz gerecht, sozial und angenehm leben; diese Reformen führen nicht zu amerikanischen Verhältnissen.

Abbildung 2 wendet diese Reformen kumulativ in Deutschland, Frankreich und Italien an. Gezählt werden z. B. die Zahl der Menschen, die in den letzten zwei Jahren in Ruhestand gegangen und ganz mechanisch zu den derzeit erwerbstätigen Menschen dazugezählt. Ähnlich mit den anderen arbeitsmarktpolitischen Maßnahmen. Für Deutschland sehen wir, dass ohne diese Arbeitsmarkteingriffe die Anzahl der Erwerbstätigen um etwa 25 % zurückgehen würde. Mit allen Reformen zusammen würde dagegen die Anzahl der Erwerbstätigen nur um 13 % schrumpfen, die Alterung würde also zur Hälfte durch eine höhere Erwerbstätigkeit kompensiert. Dies ist ein Ergebnis, das es festzuhalten gilt.

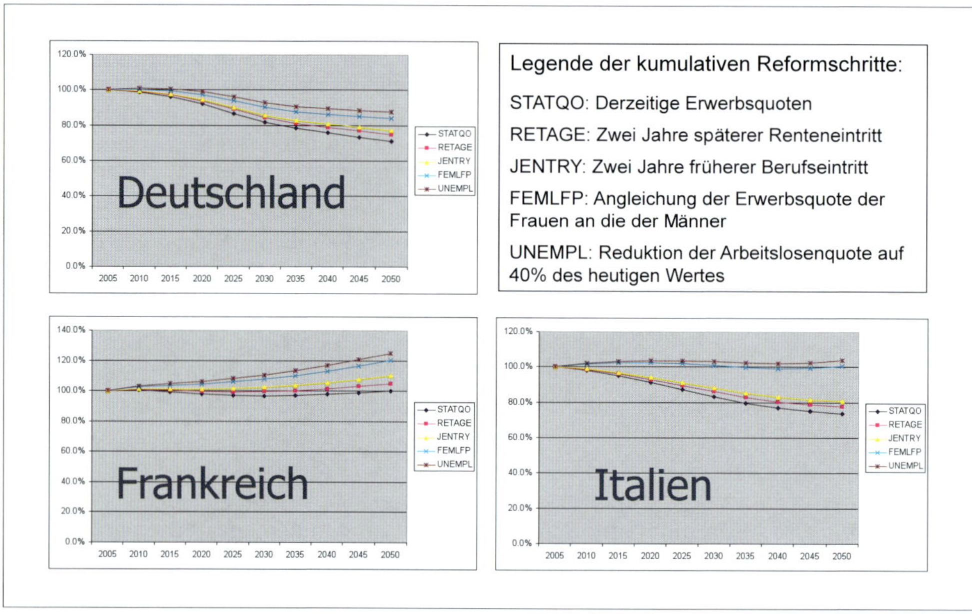

Abb. 2 Mechanistische Wirkung von Arbeitsmarktreformen

In Frankreich sehen wir, dass die Alterung ohnehin aufgrund der hohen Geburtenraten kaum die Erwerbstätigkeit reduziert. Schritte in der Arbeitsmarktreform würden also die Erwerbstätigkeit absolut erhöhen. Italien ist ein besonders interessantes Beispiel. Da die Erwerbstätigkeit (insbesondere die Frauenerwerbstätigkeit) in Italien extrem niedrig ist, kann ein Übergang von italienischen auf dänische Erwerbsquoten die Alterung vollständig kompensieren!

Diese mechanistischen Berechnungen werden von Volkswirten insofern belächelt und als Hydraulik bezeichnet, weil wirtschaftspolitische Maßnahmen leider nicht so einfach funktionieren, wie es in diesen Graphiken dargestellt wird. Nicht alle Menschen werden eine Gesetzgebung befolgen, die das Rentenalter um zwei Jahre erhöht, sondern sie werden versuchen, durch Erwerbsminderungsrenten oder andere Frühverrentungsmöglichkeiten eine frühere Rente zu erhalten. Auch eine Reduzierung der Ausbildungszeit um zwei Jahre lässt sich nicht einfach per Gesetz anordnen, und schon gar nicht eine höhere Frauenerwerbsquote, zumal eine höhere Frauenerwerbsquote eine niedrigere Männererwerbsquote verursachen mag, insbesondere, wenn in Zukunft die Kinderzahl wieder ansteigen sollte, da sich nun beide Partner stärker mit der Kindererziehung befassen.

Eine der Grundaufgaben der Volkswirtschaftslehre ist es, diese Verhaltensreaktionen zu modellieren. Dies ist kompliziert; quantitative Abschätzungen sind schwierig und benötigen wegen der Vielfalt menschlicher Verhaltensreaktionen ein reiches Datenmaterial.

Um die Übersicht bei all den vielen Möglichkeiten menschlichen Verhaltens nicht zu verlieren, gießen Volkswirte ihre Verhaltensannahmen in mathematische Formeln. Die folgenden Gleichungen beginnen mit einer typischen Beschreibung des Haushaltsverhaltens:

$$\max \sum_{j=0}^{J} \beta^{j} \pi_{t,j,i} u\left(c_{t+j,j,i}, 1 - l_{t+j,j,i} h_{t+j,j,i}\right) \qquad [1]$$

unter den folgenden Nebenbedingungen:

$$a_{t+1,j+1,i} = a_{t,j}(1+r_t) + y_{t,j,i} - c_{t,j,i} \qquad [2]$$

$$y_{t,j,i} = \lambda l_{t,j,i} h_{t,j,i} w_{t,j,i}(1-\tau_{t,i}) + (1-\lambda) p_{t,j,i} \qquad [3]$$

$$0 \leq h_{t,j,i} \leq 1 \qquad [4]$$

In der Vorstellung der Volkswirte wird das menschliche Verhalten dadurch bestimmt, dass eine fundamentale Abwägung zwischen Freizeit und Arbeitszeit existiert. Eigentlich möchte man lieber Freizeit haben, aber ohne Arbeiten kann man sich keine Konsumgüter und Dienstleistungen leisten. Insofern muss es einen Kompromiss geben, der davon abhängt, wie viel Geld man verdient (mit ***y*** notiert), wie viel man für spätere Konsumausgaben (mit ***c*** notiert) auf die hohe Kante legen möchte, und wie viel Wert einem Freizeit ist (mit ***l·h*** notiert, wobei ***l*** die Zahl der arbeitenden Haushaltsmitglieder und ***h*** deren durchschnittliche Arbeitszeit notiert).

Dies spiegelt sich in der Optimierungsaufgabe [1] wider. Der Wert von Konsum und Freizeit wird als Nutzen (mit ***u*** notiert) ausgedrückt und über alle Lebensalter aufsummiert (mit ***j*** notiert). Zu verschiedenen Zeiten (mit ***t*** notiert) und in verschiedenen Ländern (mit ***i*** notiert) wird diese Optimierungsaufgabe unterschiedlich ausfallen.

Da man nicht von allem beliebig viel haben kann, gibt es Nebenbedingungen, etwa die Akkumulationsgleichung [2] des Vermögens (mit ***a*** notiert), das aus den Ersparnissen, nämlich Einkommen minus Konsumausgaben, gebildet wird. Zudem gehen via Gleichung [3] die Details der Einkommenserzielung ein, das in jungen Jahren aus Arbeitseinkommen (mit ***w·l·h*** notiert) und später aus Renteneinkommen (mit ***p*** notiert) besteht. Schließlich hat der Tag nur 24 Stunden, die in Gleichung [4] auf 1 normiert werden. Diese einzelwirtschaftliche Überlegung führt zu einem optimalen Konsum- und Arbeitsplan, der für verschiedene Menschen sehr unterschiedlich aussehen kann.

Der nächste und wieder für die Wirtschaftswissenschaften typische Schritt ist das Einbinden dieser sehr individuellen Entscheidungslogik in ein Korsett der gesamtwirtschaftlichen Buchhaltung. Zunächst einmal muss der „Kuchen", aus dem jeder Einzelne schöpfen kann, zu dem jeder Einzelne aber auch beiträgt, definiert werden. Dies ist die gesamtwirtschaftliche Produktionsmenge (mit ***Y*** notiert), die üblicherweise als Bruttoinlandsprodukt gemessen wird. Gleichung [5] stellt dar, wie viel eine Gesellschaft produzieren kann, wenn sie eine bestimmte Produktivität (mit ***Ω*** notiert) hat, einen bestimmten Kapitalstock (mit ***K*** notiert), und ein bestimmtes Arbeitsangebot (mit ***L*** notiert), das aus den Arbeitszeitplänen der Haushalte besteht. Aus der Ableitung dieser Produktionsfunktion nach dem Beitrag einer zusätzlichen Arbeitsstunde bzw. einer zusätzlichen Maschine ergeben sich die Löhne (mit ***w*** notiert) und die Zinsen (mit ***r*** notiert). Für die Modellierung von Produktionssektor und Staat ergibt sich:

Produktion und Entlohnung:

$$Y_{t,i} = F(\Omega_{t,i}, K_{t,i}, L_{t,i}) = \Omega_{t,i} K_{t,i}^{\alpha} L_{t,i}^{1-\alpha} \qquad [5]$$

$$w_{t,i} = \Omega_{t,i}(1-\alpha) k_t^{\alpha} \quad \text{(Nationaler Lohn)} \qquad [6]$$

$$r_t = \alpha k_t^{\alpha} - \delta \quad \text{(Globale Kapitalrendite)} \qquad [7]$$

Rentenversicherung

$$\tau_{t,i} w_{t,i} L_{t,i} = \sum_{j=jr+1}^{J} p_{t,j,i} N_{t,j,i} = \rho_{t,i} w_{t,i}(1-\tau_{t,i}) \sum_{j=jr+1}^{J} N_{t,j,i} \qquad [8]$$

Auch der Staat hat hier ein Wort mitzureden, und auch hier gibt es ein wichtiges buchhalterisches Korsett. Zum Beispiel kann die umlagefinanzierte Rentenversicherung nur so viele Renten auszahlen, wie sie gleichzeitig Beiträge einsammelt, Gleichung [8]. Hier taucht zum ersten Mal die Anzahl der Menschen eines jeden Jahrgangs (mit $\boldsymbol{N}$ notiert) auf, die wegen unseres Interesses am demographischen Wandel natürlich eine zentrale Rolle spielt.

Diese verschiedenen Gleichungen werden ähnlich wie in der Physik durch Gleichgewichtsannahmen zusammen gehalten (siehe unten). So muss auf dem Arbeitsmarkt das Angebot an Arbeitsstunden seitens der Haushalte gleich der Nachfrage nach Arbeitsstunden seitens der Unternehmen sein. Auf dem Kapitalmarkt kann nur an Krediten vergeben werden, was die Menschen vorher gespart haben. Und selbstverständlich können die Menschen nur so viele Güter kaufen, wie sie auch produziert werden. Wiederum ist die Anzahl der Menschen eines jeden Jahrgangs zentral. Folgende Annahmen für das gesamtwirtschaftliche Gleichgewicht gelten:

Nationale Arbeitsmärkte:

$$L_{t,i} = \sum_{j=0}^{J} \varepsilon_j l_{t,j,i} h_{t,j,i} N_{t,j,i} \qquad \text{für alle Länder i zu allen Zeiten t} \qquad [9]$$

Globaler Kapitalmarkt:

$$\sum_{i=1}^{I} K_{t+1,i} = \sum_{i=1}^{I}\sum_{j=0}^{J} \alpha_{t+1,j+1,i} N_{t,j,i} \qquad \text{zu allen Zeiten t} \qquad [10]$$

Globaler Gütermarkt:

$$\sum_{i=1}^{I}\sum_{j=0}^{J} c_{t,j,i} N_{t,j,i} + \sum_{i=1}^{I} K_{t+1,i} = \sum_{i=1}^{I} \Omega_{t,i} K_{t,i}^{\alpha} L_{t,i}^{1-\alpha} - (1-\delta)\sum_{i=1}^{I} K_{t,i} \qquad [11]$$

Insgesamt stellt diese Beschreibung menschlichen Wirtschaftens ein System von Differenzengleichungen dar, das man z. B. durch numerische Verfahren wie den Gauß-Seidel-Algorithmus numerisch lösen kann. Dies ist der Kern der Computermodelle in den Wirtschaftswissenschaften.

Für mich als empirischen Ökonomen ist es besonders interessant, wie die Parameter dieser Gleichungen bestimmt werden, etwa die bei der Abwägung zwischen Freizeit und Einkommenserzielung, die in der Funktion $\boldsymbol{u}$ in Gleichung [1] oder bei der Abwägung zwischen Arbeits- und Kapitaleinsatz in der Produktionsfunktion $\boldsymbol{F}$ in Gleichung [4] versteckt sind. Diese Parameter sind in vieler Hinsicht mit den Naturkonstanten in der Physik vergleichbar, die nur leider in der Ökonomie keine Konstanten sind, sondern regelmäßig durch Beobachtungen wieder neu „kalibriert" werden müssen. Dazu sind Daten nötig, und zwar Mikrodaten, also Daten von Einzelpersonen, wenn es um individuelle Entscheidungen geht, oder Daten der volkswirtschaftlichen Gesamtrechnung, wenn das gesamtwirtschaftliche Gleichgewicht beschrieben werden soll. Dazu lässt man die Computersimulationsmodelle in historischer Zeit laufen, z. B. zwischen 1960 und dem Jahr 2000, und verändert dabei die Parameter des Modells so lange, bis die tatsächliche Entwicklung möglichst gut reproduziert wird.

Danach kann das Simulationsprogramm angewendet werden. Ähnlich wie bei Computermodellen in der Physik kann man die Nebenbedingungen ändern, um zu sehen, wie ein System darauf reagiert, etwa die Außentemperatur in einem Modell parabolischer Differentialgleichungen, das die Wärmediffusion beschreibt. In den Wirtschaftswissenschaften kann man das Modell mit alternativen Politikannahmen „füttern", etwa das Renteneintrittsalter um zwei Jahre verschieben. Der Haushalt sieht sich dann neuen Rahmenbedingungen gegenüber und verändert sein Verhalten dementsprechend. Der Haushalt wird im Gegensatz zu den hydraulischen Modellen der Abbildung 2 nun nicht 1:1 auf die Politikmaßnahme reagieren, sondern anhand der Abwägung zwischen Freizeit und Einkommenserzielung, die, wie man aus dem Gleichungssystem [1] sieht, deutlich komplexer ist. Zudem werden die demographischen Daten in das Computersimulationsmodell eingespeist, also die Anzahl der Menschen aller Altersstufen, die in den Gleichgewichtsbedingungen (Rentenversicherung in Gleichung [8], Arbeits-, Kapital und Gütermärkte in den Gleichungen [9] bis [11]) erscheinen.

Abbildung 3 zeigt beispielhaft, wie typische Simulationen einem Wissenschaftler helfen, die Folgen der Alterung unter verschiedenen Politikszenarien besser einzuschätzen als durch reine Intuition. Zielvariable ist der Lebensstandard eines Durchschnittsdeutschen während des demographischen Wandels, der hier bis zum Jahr 2050 verfolgt wird, und zwar gemessen an den durch Arbeits- und Renteneinkommen definierten Konsummöglichkeiten, im Vergleich zum Jahr 2005, und relativ zu einer Bevölkerung, die nicht altert. In Abbildung 3 bedeutet 100 % im Jahr 2050 also, dass es einem typischen Deutschen genauso gut geht, wie wenn es den demographischen Wandel kontrafaktischer Weise nicht geben würde.

Die unterste Trajektorie beschreibt den wirtschaftspolitischen Status quo im Sinne, dass die Menschen während des demographischen Wandels unter den gleichen arbeitsmarkt- und rentenpolitischen Rahmenbedingungen leben wie heute. Man sieht, dass der Lebensstandard deutlich absinkt, bis 2050 um etwa 17 %, relativ zu 2005 und einer Entwicklung ohne demographischen Wandel. Der Grund liegt darin, dass es im Jahr 2050 weit weniger junge Menschen und damit Erwerbstätige gibt als 2005, aber mehr ältere Menschen, die via Rentenversicherung von den Einkünften der jungen Generation leben muss. Der gesamtwirtschaftliche „Kuchen" schrumpft, wenn weniger Menschen Güter und Dienstleistungen produzieren, und dies kann auch nicht durch Importe wettgemacht werden, denn diese müssen aus den in Deutschland hergestellten Exporten bezahlt werden, für die es ebenso wie für die inländische Produktion weniger Erwerbstätige gibt.

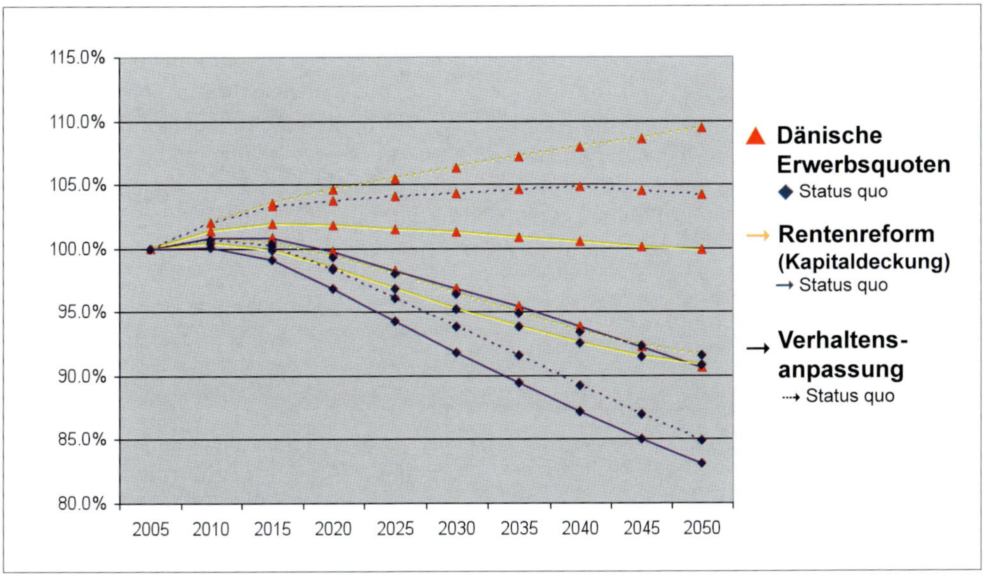

Abb. 3 Simulierte Entwicklung des Lebensstandards

Die übrigen Trajektorien zeigen, dass es nicht so kommen muss. Dies ist die Botschaft, auf die es mir wirtschaftspolitisch ankommt: Der Verlust an Lebensstandard durch den demographischen Wandel ist kein Schicksal, sondern er kann abgewendet wird, wenn man sich anpasst. Dem Status-quo-Szenario werden zwei Politikmaßnahmen (Arbeitsmarktpolitik und Rentenpolitik) und eine Verhaltensmaßnahme gegenüber gestellt. Alle Kombinationen zusammen ergeben daher acht Trajektorien.

Was die Arbeitsmarktpolitik angeht, nehmen wir als Kontrast zum Status quo an, dass alle vier Maßnahmen der Abbildung 2 umgesetzt werden: späterer Renteneintritt, früherer Berufsbeginn, höhere Frauenerwerbsquote und niedrigere Arbeitslosigkeit, so dass dieses reformierte Deutschland ziemlich genau die heutige dänische Erwerbslandschaft widerspiegelt. Diese Arbeitsmarktreformtrajektorien sind mit einem roten Dreieck bezeichnet, der entsprechende Status quo auf dem Arbeitsmarkt mit einer blauen Raute. Die Kurven mit einem roten Dreieck liegen deutlich über den Kurven mit einem blauen Viereck. Die Botschaft ist klar: Ohne Arbeitsmarktreformen können wir unseren Lebensstandard nicht halten.

Im Gegensatz zur Arbeitsmarktreform, die durchaus realistisch umsetzbar ist, und nicht nur die heutige Situation in Dänemark oder der Schweiz widerspiegelt, sondern auch das Ergebnis einer konsequent durchgehaltenen Agenda 2010 gewesen wäre, die sich ja stark am Vorbild Dänemarks orientiert hat, ist die Rentenpolitik drastisch modelliert: die gelben Linien repräsentieren Zustände, in denen unser Rentensystem weitgehend auf eine Kapitaldeckung umgestellt wurde, während die blauen Linien unserem jetzigen Umlageverfahren entsprechen. Wie der Vergleich der gelben mit den blauen Linien zeigt, wird es ohne die von Walter Riester begonnene grundsätzliche Rentenreform zu einem Mehrsäulenmodell schwierig sein, unseren jetzigen Lebensstandard zu halten.

Zum Dritten zeigen wir den Unterschied zwischen den hydraulischen Rechnungen der Abbildung 2 und den modernen Computersimulationsmodellen gemäß dem Formelapparat der Gleichungen [1]–[11]. Die durchgezogenen Linien zeigen, wie die Menschen, wenn sie sich gemäß dieses Formelapparats verhalten, auf die Veränderungen in den demographischen, arbeitsmarkt- und rentenpolitischen Rahmenbedingungen reagieren, während die gebrochenen Linien davon ausgehen, dass die Menschen brav das tun, was die Politik ihnen vorschreibt. Abbildung 3 zeigt, dass die Angebotsreaktion der Haushalte die Reformeffekte dämpft. Haushalte konterkarieren das, was die Politiker gerne durchsetzen würden. Sie tun es aber nicht vollständig. An den durchgezogenen Linien sehen wir, dass man in der Kombination von Rentenreform und Arbeitsmarktreform trotz dämpfender Arbeitsangebotsreaktionen unseren Lebensstandard halten kann, trotz der adversen demographischen Entwicklung.

5. Fazit

Ich habe versucht, in diesem Beitrag zwei rote Fäden miteinander zu verweben. Zum einen das hoch emotionale Thema der Alterung und der Notwendigkeit, das umlagefinanzierte Rentenniveau zu begrenzen und gleichzeitig unpopuläre Maßnahmen auf dem Arbeitsmarkt wie die Rente mit 67 einzuführen. Zum anderen habe ich versucht, das abstrakte und wahrscheinlich für viele fremde Thema der Entwicklung der Volkswirtschaftslehre zu einem naturwissenschaftlich orientierten, stark von der Mathematik und von Computersimulationsmodellen geprägte Disziplin aufzuzeigen.

Um so essentielle Themen wie den demographischen Wandel richtig zu verstehen, braucht man diese Computersimulationsmodelle. Diese Modelle brauchen ihrerseits Daten, damit die Parameter des Modells, die eben keine Naturkonstanten sind und die sich von Bevölkerungsschicht zu Bevölkerungsschicht, von Generation zu Generation ändern, vernünftig bestimmen zu können. Je detaillierter diese Daten sind, umso besser lassen sich die vielfältigen Verhaltensreaktionen von Menschen darstellen. Ähnlich wie in der Meteorologie hilft es wenig, Durchschnittsdaten eines ganzen Landes zu kennen. So wie in der Meteorologie erst die in jüngster Zeit mögliche Verarbeitung von Daten eines sehr engmaschigen Netzes sowohl in der Fläche als auch im Höhenprofil erstaunlich zuverlässige Wetterprognosen liefert, so benötigen die Wirtschaftswissenschaften Mikrodaten einer Vielzahl verschiedener Individuen, Haushalte und Unternehmen, um robuste Verhaltensprognosen zu machen.

Solche Daten zu sammeln, ist aufwändig und teuer. Die modernen Sozialwissenschaften und die Ökonomie, die Volkswirtschaftslehre und die Psychologie sind in den letzten Jahrzehnten zu empirischen Wissenschaften geworden, die Infrastrukturen brauchen wie die Physik, zu der ich auch die Meteorologie zählen darf. Gerade an der Herausforderung des demographischen Wandels und des Alterns unserer Bevölkerung sieht man, wie wichtig es ist, auch in den Sozialwissenschaften in eine naturwissenschaftliche Richtung zu gehen, die sich auf eindeutig definierte falsifizierbare Hypothesen stützt. Diese Eindeutigkeit bedarf mathematischer Modelle und deren empirische Ableitung.

Dank

Ich danke Alexander Ludwig, der instrumental darin war, das besprochene Computersimulationsmodell immer wieder weiterzuentwickeln, sowie Otfried Höffe als Diskussionsleiter und den übrigen Teilnehmern der Jahresversammlung in Halle für ihre Anmerkungen, die diesen Beitrag belebt haben.

Das MEA ist ein Forschungsinstitut der Universität Mannheim, das sich zu etwa zwei Dritteln aus Drittmitteln der öffentlichen Forschungsförderung finanziert. Dafür sind wir dankbar. Wird danken vor allem der Deutschen Forschungsgemeinschaft, die im Rahmen des SFB504 die Weiterentwicklung des Simulationsmodells finanziert hat. Wir danken ebenso dem Land Baden-Württemberg und dem Gesamtverband der Deutschen Versicherungswirtschaft für die Grundfinanzierung des MEA.

Literatur

Allmendinger, J., und Ebner, C.: Demographischer Wandel. Chancengleichheit für Frauen auf dem Arbeitsmarkt – was ist zu tun? In: Demographischer Wandel – Herausforderung und Chance für den Arbeitsmarkt. Dokumentation ESF Kongress Hessen 2005, Wiesbaden (2005)

Altig, D., Auerbach, A. J., Kotlikoff, L. J., Smetters, K. A., and Walliser, J.: Simulating fundamental tax reform in the United States. American Economic Review *91*, 574–595 (2001)

Ando, A., and Modigliani, F.: The 'life-cycle' hypothesis of saving: Aggregate implications and tests. American Economic Review *89*/3, 605–618 (1963)

Attanasio, O. P., and Violante, G. L.: The demographic transition in closed and open economy: A tale of two regions. Working Paper 412, Research Department, Inter-American Development Bank. Washington, D.C. (2000)

Auerbach, A. J., and Kotlikoff, L. J.: Dynamic Fiscal Policy. Cambridge, MA: Cambridge University Press 1987

Bloom, D. E., and Williamson, J. G.: Demographic transitions and economic miracles in emerging Asia. World Bank Economic Review *12*/3, 419–455 (1998)

Börsch-Supan, A.: Labour market effects of population aging. Review of Labour Economics and Industrial Relations Special Issue *17*, 5–44 (2003)

Börsch-Supan, A.: Gesamtwirtschaftliche Folgen des demographischen Wandels. In: Schulze, G. G. (Ed.): Reformen für Deutschland – Die wichtigsten Handlungsfelder aus ökonomischer Sicht. S. 229–246 Stuttgart: Schäffer-Poeschl 2009

Börsch-Supan, A., und Berkel, B.: Pension reform in Germany: The impact on retirement decisions. Finanzarchiv *60*/3, 393–421 (2004)

Börsch-Supan, A., and Schnabel, R.: Social security and declining labor-force participation in Germany. American Economic Review *88*, 173–178 (1998)

Börsch-Supan, A., Berkel, B., Ludwig, A., und Winter, J.: Sind die Probleme der Bevölkerungsalterung durch eine höhere Geburtenrate lösbar? Perspektiven der Wirtschaftspolitik. Eine Zeitschrift des Vereins für Sozialpolitik *5*/1, 71–90 (2004)

Börsch-Supan, A., Düzgün, I., and Weiss, M.: Age and productivity: Evidence from the assembly line. Demographie – Mitteilungen der Deutschen Gesellschaft für Demographie e. V. *5*/9, 9 (2006)

Börsch-Supan, A., Erlinghagen, M., Hank, K., Jürges, H., und Wagner, G. (Eds.): Produktivität in alternden Gesellschaften. Altern in Deutschland Bd. *4*. Nova Acta Leopoldina NF Bd. *102*, Nr. 366 (2009)

Börsch-Supan, A., Hank, K., Jürges, H., und Schröder, M. (Eds.): 50+ in Deutschland und Europa: Befunde des Survey of Health, Ageing and Retirement in Europe. Wiesbaden: VS Verlag für Sozialwissenschaften 2009

Börsch-Supan, A., Ludwig, A., and Winter, J.: Aging and international capital flows. In: Auerbach, A. J., and Herrmann, H. (Eds.): Ageing, Financial Markets and Monetary Policy; pp. 55–83. Berlin, Heidelberg, New York: Springer 2002

Börsch-Supan, A., Ludwig, A., and Winter, J.: Ageing, pension reform and capital flows: A multi-country simulation model. Economica *73*/292, 625–658 (2006)

Börsch-Supan, A., und Wilke, C.: Szenarien zur mittel- und langfristigen Entwicklung der Anzahl der Erwerbspersonen und der Erwerbstätigen in Deutschland. Arbeitspapier 153-2007, MEA – Mannheimer Forschungsinstitut Ökonomie und Demographischer Wandel, Universität Mannheim (2007)

Cutler, D. M., Poterba, J. M., Sheiner, L. M., and Summers, L. H.: An aging society: Opportunity or challenge? Brookings Papers on Economic Activity *1*, 1–73 (1990)

Fehr, H., Jokisch, S., and Kotlikoff, L.: The role of immigration in dealing with the developed world's demographic transition. Working Paper No. 10512, National Bureau of Economic Research (NBER) (2004)

Fries, J. A.: Measuring and monitoring success in compressing morbidity. Annals of Internal Medicine *139*, 455–459 (2003)

Ingenue: Macroeconomic consequences of pension reforms in Europe: An investigation with the INGENUE world model. Working Paper No. 2001-16, CEPREMAP, Paris (2001)

Kochsiek, K.: Altern und Gesundheit. Altern in Deutschland Bd. *7*. Nova Acta Leopoldina NF Bd. *105*, Nr. 369 (2009)

Kommission für die Nachhaltigkeit in der Finanzierung der Sozialen Sicherungssysteme. Abschlußbericht. Berlin: Bundesministerium für Gesundheit und Soziale Sicherheit http://www.bmgs.bund.de/deu/gra/themen/sicherheit/kommission/index.cfm. (2003)

Modigliani, F., and Brumberg, R.: Utility analysis and the consumption function: An interpretation of cross-section data. In: Kurihara, K. K. (Ed.): Post-Keynesian Economics; pp. 388–436. New Brunswick: Rutgers University Press 1954

Oeppen, J., und Vaupel, J.: Enhanced: Broken limits to life expectancy. Science *296*/5570, 1029–1031 (2002)

Palacios, R., and Pallarès-Miralles, M.: International Patterns of Pension Provision. Social Protection Discussion Paper Series No. 0009. Washington, D.C.: The World Bank 2000

Poterba, J. M.: Demographic structure and assets returns. Review of Economics and Statistics *83*/4, 565–584 (2001)

Razin, A., and Sadka, E.: Migration and pension with international capital mobility. Journal of Public Economics *74*, 141–150 (1999)

Rios-Rull, J.-V.: Population changes and capital accumulation: The aging of the baby boom. Advances in Macroeconomics *1*/1, Article 7 (2001)

Statistisches Bundesamt: 11. koordinierte Bevölkerungsvorausberechnung – Annahmen und Ergebnisse. Wiesbaden: Statistisches Bundesamt www.destatis.de (2006)

Stock, J. H., and Wise, D. A.: The pension inducement to retire: An option value analysis. In: Wise, D. A. (Ed.): Issues in the Economics of Aging; pp. 205–230. Chicago: The University of Chicago Press 1990

United Nations Population Division: World Population Prospects: The 2008 Revision. New York: United Nations 2009

Wissenschaftlicher Beirat beim Bundesministerium für Wirtschaft und Arbeit: Alterung und Familienpolitik, Gutachten für das Bundesministerium für Wirtschaft und Arbeit. Berlin 2005

World Bank: World Development Indicators. Washington, D.C.: The World Bank 2009

Prof. Dr. Axel Börsch-Supan
Mannheimer Forschungsinstitut Ökonomie und Demographischer Wandel
Universität Mannheim
68131 Mannheim
Bundesrepublik Deutschland
Tel.: +49 621 1811861
Fax: +49 621 1811863
E-Mail: axel@boersch-supan.de

Nova Acta Leopoldina NF *110*, Nr. 377, 303–322 (2011)

Simulation und Erkenntnis. Über die Rolle computergenerierter Simulationen in den Wissenschaften

Sybille Krämer (Berlin)

Mit 2 Abbildungen

Sybille Krämer

Zusammenfassung

Der Begriff ‚Simulation‘ hat einen Doppelcharakter: lebensweltlich meint er ein vortäuschendes, modelltheoretisch aber ein erkenntniserzeugendes Verhalten. Gibt es ein gemeinsames Band beider Begriffsverwendungen? Dieses besteht in der Erzeugung einer Zeichenwelt, deren Ziel die nachbildende Hervorbringung des Oberflächenverhaltens eines Systems ist: simuliert werden Phänomene ohne die ihnen zugrundeliegende Tiefenstruktur. Schon am Beginn abendländischer Geistesgeschichte hat PLATON mit seinem ‚Liniengleichnis‘ darauf aufmerksam gemacht, dass die Wissenschaft nicht auskommt ohne die sinnliche Repräsentation ihrer Gegenstände mit Hilfe von Zeichenwelten, jedoch eines bildkritischen Bewusstseins um die Differenz von ‚Urbild‘ und ‚Abbild‘ bedarf. Was nun ist neu und innovativ an den computergenerierten Simulationen? Vier Springquellen computergenerierter Simulationstechniken lassen sich identifizieren: Es ist die Quadriga aus Mathematisierung, Modellierung, Visualisierung und Digitalisierung. Numerische Simulationen werden nötig, wenn das nichtlineare Verhalten von Systemen zu modellieren ist. Mathematisch beruhen sie auf der Diskretisierung eines kontinuierlichen Zeitverlaufs, so dass an die Stelle der analytisch exakten Beschreibung einer kontinuierlichen Bewegung eine getaktete lokale Berechnung tritt, deren ‚Zwischenräume‘ dann dunkel bleiben (müssen). Diese Simulationen stellen eine neuartige Vermittlung dar zwischen Theorie und Experiment. Sie können als Computerexperimente mit Theorien gekennzeichnet werden.

Abstract

The concept of simulation presents a double face: whilst in everyday life it suggests that something is ‘fake’, in science, on the other hand, it indicates knowledgeable ‘insight’. Is there a connection between these two uses of the concept? Their mutual dimension resides in the production of symbolic worlds, which aim to imitate the surface behavior of a system. Phenomena are simulated without their underlying deep structure. Going back to the beginning of the Western history of ideas, to PLATO’S ‘simile of the line’, we learn that the indispensable symbolic representation of scientific subjects requires consciousness of the difference between real world and symbolic world. Otherwise we would identify a fake with an insight. What is at stake and what is innovative within the realm of computer simulations? Modern simulations originate in the crossing of four developments: mathematization, modeling, visualization, digitalization. These four tendencies build the ‘quadriaga’ of modern simulations. Such simulations are necessary when the nonlinear behavior of a system has to be modeled. Mathematically they are grounded in the discretization of a continuous process: instead of the analytically precise and global description of a movement, a discrete, local calculation is given, the intervals of which remain opaque. Computer simulations can be characterized as a new kind of mediation between theory and experiment, as ‘computer experiments with theories’.

1. Zur Doppeldeutigkeit von ‚Simulation'

Das Wort ‚Simulation' führt ein augenfälliges Doppelleben: Einerseits ist damit umgangssprachlich die ‚Verstellung' und das ‚Vortäuschen eines Sachverhaltes' gemeint. Von der lateinischen Begriffsgeschichte herkommend, bedeutet ‚simulatio' dann ‚Heuchelei' bzw. ‚Verstellung' und bezieht sich auf die täuschende Vorspiegelung von etwas, das gar nicht vorhanden ist.[1] Denken wir, was es bedeutet, eine Krankheit zu simulieren, statt tatsächlich krank zu sein: Durch die Imitation von Symptomen wird dabei die Erscheinungsform von etwas suggeriert, das ‚hinter' oder ‚unter' dieser Erscheinung gar nicht vorhanden ist. Einem Oberflächenverhalten korrespondiert keine entsprechende Tiefenstruktur. Andererseits bedeutet seit den 1950er Jahren ‚Simulation' die Modellierung dynamischer Systeme durch ein Computerprogramm, und diese bildet heute ein zentrales Erkenntnisinstrument der Wissenschaften. Als Herbert A. SIMON den computerbezogenen modelltheoretischen Simulationsbegriff 1956 eingeführt hat, scheint er zu diesem Zeitpunkt von der pejorativen Bedeutung der vortäuschenden Simulation kein Bewusstsein gehabt zu haben.[2] Die Semantik von ‚Simulation' birgt somit eine merkwürdige Gegensinnigkeit zwischen Vortäuschung und Erkenntnis, zwischen kritisch-abschätzigem und positiv-produktivem Sinn. Gibt es nun eine Gelenkstelle, die beide Wortgebräuche miteinander verbindet? Haben die Simulation als ‚Vortäuschung' und die Simulation als ‚computergenerierte Erkenntnistechnik' etwas gemein?

Alle Simulationen – ob nun unter positivem oder negativem Vorzeichen – haben etwas mit der Produktion von Zeichenwelten zu tun, die zugleich mit dem Anspruch auftreten, dass die Erscheinungsform dieser Zeichenwelten der Erscheinungsform der dabei imitierten Welten so ähnelt, dass sie in mancher Hinsicht auch an deren Stelle treten können. Und dies ist von besonderem Interesse, wenn damit die Hoffnung verknüpft ist, dass diese ‚Stellvertretung' einer ‚realen' durch eine ‚künstliche' Welt kognitiven Interessen dient, insofern anhand der künstlichen Welt Zusammenhänge der realen Welt zu erkennen und zu überprüfen sind.

Nur weil wir symbolproduzierende Wesen sind, die in der Auseinandersetzung mit sich selbst und ihrer Umwelt eine aus Zeichen gewirkte Zwischenwelt erschaffen, können solchen semiotischen Zwischenwelten auch Züge verliehen werden, die beanspruchen, eine Ähnlichkeit zum Realen aufzuweisen. Ähnlichkeiten zu entdecken, beruht auf einem Urteil. Ob eine Ähnlichkeit nun in betrügerischer oder wahrheitssuchender Absicht genutzt wird, ändert nichts daran, dass das Simulieren stets an ein Wissen gebunden bleibt. Allerdings – und dies ist für die weiteren Überlegungen entscheidend – bezieht sich dieses Wissen zuerst einmal auf die Kenntnis des Oberflächenverhaltens eines Systems. Bezogen auf die simulierte Krankheit: Es kommt auf das *Sichtbarsein* der Krankheit, nicht aber auf ihr *Verstandessein* an. Und ob nun simuliert wird, um zu täuschen oder um Kenntnisse zu erweitern: In jedem Falle müssen wir uns ein *Bild der Krankheit* machen können. Etwas zu simulieren ist also verknüpft mit der Fähigkeit zur Bildgebung; nicht erst die computergenerierte Simulation ist auf ein Visualisierungspotenzial angewiesen. Insofern Simulationen Zeichenprozesse sind, mit denen ein Oberflächenverhalten ohne zugrundeliegende Tiefenstruktur ge*zeigt* wird, gibt jede Simulation stets ‚nur' ein Bild vom Simulierten: Denn Bilder sind eben dasjenige, was irgend einen Sachverhalt

1 Zum lateinischen Begriffsfeld von *similis*, *similacrum*, *simulatio*, *simulator*, *simulo*: DOTZLER 2003.

2 Dazu RÖLLER 2008, SIMON 1998.

nur in Bezug auf seine Erscheinungsweise, also im Hinblick auf seine ausschließlich optischen Attribute zeigt – unter Absehung aller übrigen Eigenschaften.[3]

2. Einstieg mit Platon: Höhlen- und Liniengleichnis

Es ist aufschlussreich, dass sich zu Beginn des abendländischen Philosophierens bei PLATON zwei Gleichnisse finden, mit denen sowohl der Täuschungs- wie auch der Erkenntnissinn des Simulierens – in einer gewissen Weise jedenfalls – vorweggenommen werden. In PLATONS wohlbekanntem Höhlengleichnis[4] sind Menschen im Inneren einer Höhle in Bewegungslosigkeit so gefesselt, dass sie zeit ihres Lebens nur die rückseitige Höhlenwand, nie aber den Höhlenausgang erblicken können. Zwischen der Höhlenöffnung und dem Rücken der Gefangenen brennt ein Feuer und zwischen dem Feuer und den Gefangenen wiederum befindet sich eine Mauer; Gegenstände, welche die Mauer überragen, werden vorbei getragen. Die Gefangenen sehen alleine die Schatten dieser Gegenstände an der Höhlenwand. Beschränkt auf die Welt dieser Abbilder, können die Höhlenbewohner nicht anders, als die Schatten für die wirklichen Gegenstände zu halten. Ihre Welt ist die Zwischenwelt der Abbilder; da ihre Stellung es ihnen verwehrt, die Schatten als Abbilder zu erkennen, werden sie zu Gefangenen ihrer Trugbilder. Diese Schilderung gibt nur den Auftakt ab im Höhlengleichnis, welches im Fortgang die komplexe und komplizierte Situation schildert, die entsteht, wenn einem der Gefangenen die Möglichkeit gegeben wurde, sich umzudrehen, die Höhle zu verlassen und die Schatten als das zu erkennen, was sie sind: nicht die Dinge selbst, sondern deren Abbilder. Für uns ist am Höhlengleichnis nur eines wesentlich: Nicht *Abbilder per se* bilden für PLATON das Problem; sondern dass aus dem Abbild ein Trugbild, aus der Nachbildung eine Täuschung genau dann wird, wenn ein Bewusstsein des Abbildcharakters fehlt. Wie dagegen eine Situation, in der ein solches Bewusstsein vorhanden ist, aus dem Abbild dann ein Erkenntnismittel und Wahrheitsinstrument hervorgehen lässt, davon zeugt ein anderes platonisches Gleichnis, das Liniengleichnis[5], das nur wenige Abschnitte vor dem Höhlengleichnis im Text zu finden ist.

Hier erklärt SOKRATES verschiedene Schichten des Seienden anhand einer Analogie: zuerst ist eine Linie zu ziehen und diese in zwei ungleiche Abschnitte zu unterteilen, so dass der kleinere Abschnitt den Bereich des Wahrnehmbaren, der größere den Bereich des Denkbaren markiert. Beide stehen dabei im Verhältnis von Abbild (das Wahrnehmbare) und von Urbild (das Denkbare) zueinander. Sodann wird für beide Abschnitte dieselbe Untergliederung nach Maßgabe der Urbild-/Abbild-Beziehung noch einmal ausgeführt, so dass sich insgesamt vier Abteilungen entlang der Linie, die wir uns am besten als eine vertikale Linie vorzustellen haben, ergeben. Jeder Abschnitt steht für einen Bereich unserer Welt: Am unteren Ende sind die Abbilder, Schatten, Spiegelungen platziert; es folgen die Lebewesen, Pflanzen und Dinge, die deren Referenzgegenstand ausmachen und gemeinsam mit den Abbildern das Reich des Sichtbaren bilden. Mit dem dritten Abschnitt setzt die Welt des Intelligiblen ein: Hier – im dritten Teil – befinden sich die mathematischen Gegenstände, geometrische Figuren oder Zahlen, sowie die wissenschaftlichen Begriffe. Im größten und letzten Abschnitt schließlich werden die Ideen bzw. Formen, welche wiederum die Urbilder für die wissenschaftlichen Gegenstände

3 Zu Bildern als Gegenständen ‚reiner Sichtbarkeit': WIESING 2005, S. 30ff.
4 PLATON, Politeia, 514a–517a.
5 PLATON, Politeia, 509d–51e.

bilden, lokalisiert. Diesen vier ontologischen Einteilungen korrespondieren jeweils Formen kognitiver – PLATON sagt hierzu: ‚seelischer' – Aktivitäten: Vermutungen bilden die unterste Stufe; dann folgt der Glaube; der dritten Stufe entspricht die immer auch durch Hypothesen organisierte Erkenntnistätigkeit des Verstandes und zuletzt treffen wir auf die Einsicht der Vernunft.

3. Visualisierung von Platons Liniengleichnis (Politeia 509d–511e)

Wieder müssen wir die Komplexität dieses Gleichnis vereinfachen und konzentrieren uns allein auf den *dritten* Abschnitt, mit dem PLATON auf die Charakterisierung der Tätigkeit des Mathematikers zielt, welche für ihn allerdings paradigmatisch ist für *alle* wissenschaftliche Arbeit. Mit dem Urbild/Abbildverhältnis in der dritten Abteilung wird also das methodologische Verfahren von Wissenschaften im Allgemeinen gekennzeichnet. Seine Besonderheit ist, dass der Mathematiker den sinnlich aufgezeichneten Kreis benötigt, um sich auf den unsichtbaren, mathematischen Kreis überhaupt beziehen zu können. Und dieses sinnliche Regime ist unverzichtbar, um beispielsweise geometrische Sachverhalte entdecken und beweisen zu können. Die wahrnehmbare Repräsentation wird zur *conditio sine qua non* wissenschaftlicher Erkenntnis; denn diese ist angewiesen darauf, das Denkbare mit Hilfe von sinnlichen Zeichenwelten zu verkörpern. Der Mathematiker zeigt den gezeichneten Kreis, aber er zielt dabei auf den Begriff des Kreises bzw. auf den Kreis als eine mathematische Entität, eben so, wie er auch weiß, dass der hingezeichnete und also ausgedehnte Punkt nur ein defizitäres Abbild sein kann für den unausgedehnten mathematischen Punkt. Anders als die Gefangenen der Höhle, weiß also der Wissenschaftler um die Differenz zwischen sinnlicher Repräsentation und theoretischer Entität. Somit haben die Objekte, mit denen der Mathematiker umgeht, einen zweifachen Charakter: sie sind Teil des Wahrnehmbaren *und* des nur Denkbaren. Und tatsächlich hat ARISTOTELES in einem Kommentar zu dieser Platon-Stelle den ‚intermediären Charakter' dieser Objekte betont.[6]

Warum wir auf Höhlen- und Liniengleichnis zurückgegriffen haben, liegt jetzt auf der Hand. Es sind vier in diesen Gleichnissen verkörperte und aufeinander aufbauende Einsichten, die für den Fortgang unserer Überlegungen zum wissenschaftlichen Simulieren bedeutsam werden:

(*1.*) Sein ist Abbildbar-Sein. Was immer existiert, ist auch fähig, visualisiert zu werden. Bildhaftigkeit ist das Schlüsselphänomen der Platonischen Ontologie.

(*2.*) Diese Abbildbarkeit gilt nicht nur für die Welt der Dinge und Lebewesen, sondern auch für die Welt abstrakter Gegenstände, also die Region dessen, was PLATON unter den ‚Formen', den ‚Ideen' versteht. Es ist das Abstrakte, das Theoretische, das Unsichtbare, das bloß Denkbare, das wir in intellektueller Tätigkeit uns versinnlichen müssen. Solche Abbildung des Nichtwahrnehmbaren ist konstitutiv für wissenschaftliches Tun.

(*3.*) Wenn jedoch der Umgang mit bildhaften Zeichenwelten, mit ‚intermediären Objekten', grundlegend ist für Wissenschaft, dann muss das (Ab)Bildbewusstsein integraler Bestandteil wissenschaftlichen Tuns sein.

(*4.*) Da, wo dieses Bewusstsein schwindet, werden die Abbilder zu Trugbildern und die Wissenschaftler zu ‚Gefangenen' ihrer Erkenntnisinstrumente.

---

6 ARISTOTELES, Metaphysik I, 987b 14–17.

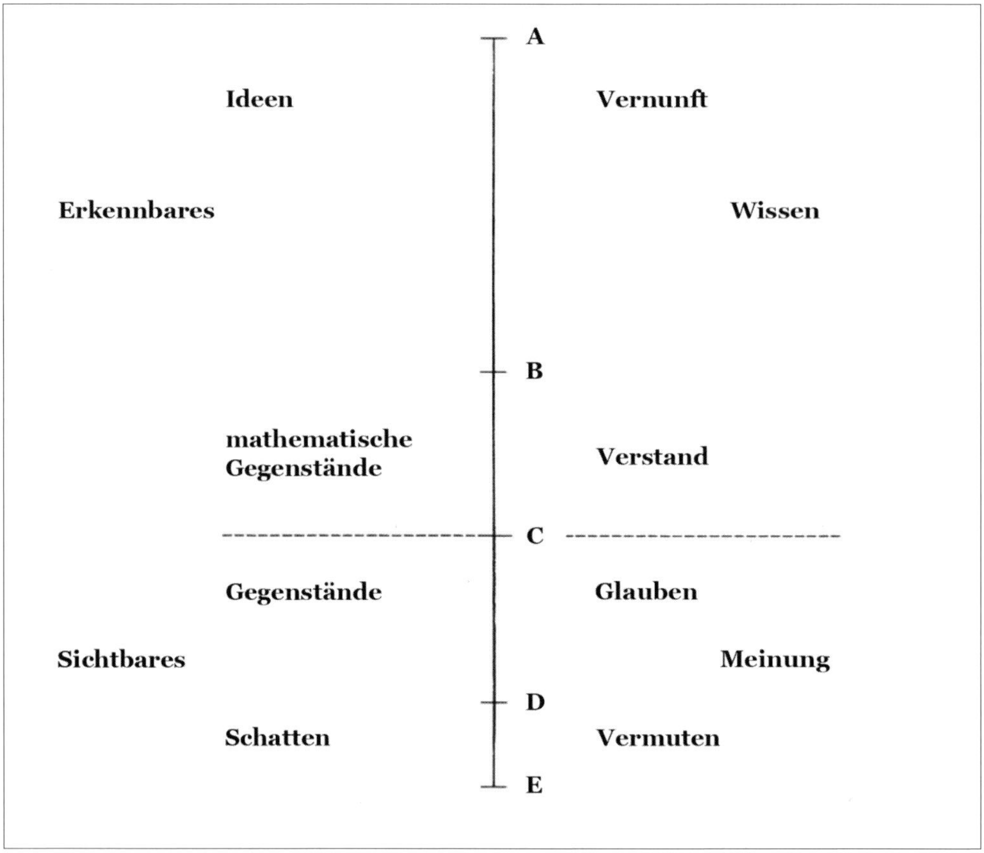

Abb. 1 Visualisierung von PLATONS Liniengleichnis (Politeia 509d–511c)

Wir sehen also, wie schon zu Beginn abendländischen Philosophierens die Einsicht in den Unterschied zwischen dem problematischen und dem produktiven, dem suggestiven und dem aufklärenden Sinn des Bildes sich artikuliert. Könnten wir sogar so weit gehen zu sagen, dass das Liniengleichnis eine Art von Ethos für den Umgang mit wissenschaftlichen Abbildungen birgt? ‚Ethos' in dem Sinne, dass die Verwendung von Bildern gebunden sein sollte an ein Bildbewusstsein, das um die Nichtidentität von Abbild und Urbild weiß, und wir können vorwegnehmend dazu auch sagen: das sich des Unterschieds zwischen Modell und Modelliertem bewusst bleibt.

4. Vier Voraussetzungen computergenerierter Simulationen

Machen wir nun einen großen Sprung aus der Antike zum Beginn der Neuzeit und von dort dann bis in das vergangene Jahrhundert. Computergenerierte Simulationen entstehen im Kreuzungspunkt von vier Entwicklungstendenzen neuzeitlicher Wissenschaft: Mathematisierung, Modellierung, Visualisierung und Digitalisierung (Computerisierung). Wir wollen einige Charakteristika dieser Springquellen wissenschaftlicher Simulationen beschreiben, auch wenn dies hier nur stichwortartig und äußerst fragmentarisch ausfallen kann.

4.1 Mathematisierung

Es ist schon ein Gemeinplatz: Der Aufschwung der neuzeitlichen Wissenschaft verdankt sich der Quantifizierung. Was aber bedeutet es, dass ‚etwas quantifizierbar ist'? Die Pythagoreer waren noch der Ansicht, dass die Zahl in den Dingen selbst residiere, mithin originärer Bestandteil der Wirklichkeit sei. Spätestens mit GALILEI und DESCARTES aber verändert die Zahl ihren Status und avanciert zur Form einer ‚universalen Sprache': Die Zahl bleibt nicht länger ein Bestandteil der Dingwelt, sondern wird zum Attribut des Symbolsystems, in dem die Welt der Dinge zur Darstellung gelangt. Und es ist dieser *Sprachcharakter* des Mathematischen, welcher die neuartige Funktion der Quantifizierung in der Neuzeit ermöglicht und mit welcher die Mathematisierung dann – neben dem Experiment und der systematischen Beobachtung – beiträgt zur einzigartigen Signatur neuzeitlicher Wissenschaft.[7]

In ganz unterschiedlicher Weise kommt dieses Zu-einer-Sprache-werden des Mathematischen zu Geltung. Wir können hier nur einige Schlaglichter auf diesen Vorgang werfen.

(*1.*) Da ist einmal die Verschriftlichung des Rechnens: Während das römische Ziffernsystem ein von der Zahlensprache getrenntes gegenständliches Hilfsmittel des Rechnens erforderlich macht, den Abakus oder ein Rechenbrett, erlaubt das hindu-arabische dezimale Positionssystem, welches in der frühen Neuzeit sich in Mitteleuropa durchsetzte, ein ‚rein schriftliches Rechnen', für das nur noch Papier und Bleistift nötig sind.

(*2.*) Die symbolische Algebra (‚Buchstabenalgebra') wird erfunden, mit der es erstmals möglich wird, Regeln für das Auflösen von Gleichungen allgemeingültig zu notieren und damit lehr- und lernbar zu machen.[8]

(*3.*) René DESCARTES begründet die Analytische Geometrie[9], indem er mithilfe von Koordinaten Punkte auf Zahlenpaare abbildet und damit Figuren in Formeln zu übersetzen und geometrische Konstruktionsaufgaben als Rechenaufgaben zu realisieren vermochte: Die Berechenbarkeit von Kurven löst dann deren geometrische Konstruierbarkeit als Existenzbeweis ab.[10]

In all diesen Fällen ist die mathematische ‚Sprache', um die es jeweils geht, allerdings eine *lautsprachenneutrale Schrift*: Sie ‚spricht' nicht zu den Ohren, vielmehr zu den Augen. Nahezu alle folgenreichen Innovationen der frühneuzeitlichen mathematischen Analysis kreisen um diese neue Symbolisierungsweise, die wir als ‚Kalkülisierung' bezeichnen können und deren Mutterboden die alltägliche Rechenpraxis mit Hilfe des dezimalen Positionssystems darstellt. Die Kalkülisierung birgt zwei in Hinblick auf das Verständnis der Simulation wesentliche Aspekte:

(*1.*) Es handelt sich um ein Symbolsystem, das zugleich als eine Technik zum Einsatz kommt. Das dezimale Positionssystem (zusammen mit den Rechenregeln) ist beides in einem: eine

7 Dazu KRÄMER 1991a.
8 VIÈTE 1970.
9 DESCARTES 1981.
10 KRÄMER 1989.

Zahlensprache *und* ein Rechenwerkzeug. Und es wundert nicht, dass die reale Konstruktion von Rechenmaschinen der Einführung des schriftlichen Rechnens auf dem Fuße folgte.[11] Die Kalkülisierung hat übrigens eine folgenreiche Implikation: der Vollzug und die Beschreibung dieses Vollzugs fallen in eins. Wenn wir eine Rechenaufgabe schriftlich notieren und im Medium der Schrift auch lösen, so ist das nicht die *Beschreibung* einer Zahlenoperation, vielmehr deren *Ausführung*: Ziffern algorithmisch zu manipulieren, stellt ein Zahlenrechnen nicht bloß *dar*, sondern *ist* ein Zahlenrechnen. Denn ‚Zahl' ist, wofür ein Zeichen eingeführt wird, mit dem konsistent operiert werden kann. Was entspricht der Ziffer ‚0' oder ‚$\sqrt{-2}$'? Mit den Worten der Philosophen Leibniz[12] und Lambert[13], die damit die Eigenart der symbolischen Erkenntnis charakterisierten: Die Operationen mit Zeichen treten an die Stelle der Operationen mit den Sachen selbst und dies nicht nur temporär, sondern auf Dauer.

(*2.*) Konstruktion und Interpretation sind voneinander ablösbar. Während die Alltagssprache der Kommunikation – jedenfalls zumeist – eine bedeutungsvolle Sprache ist, gewinnt im Kalkül die Konstruktion einer Symbolkonfiguration eine (gewisse) Unabhängigkeit von ihrer Interpretation. Wir müssen nicht wissen, wie die Ziffer ‚0' zu interpretieren ist, um mit der Null richtig rechnen zu können. Und wir müssen nicht entscheiden, ob infinitesimale Größen als potenziell oder aktual unendlich anzusehen sind, um richtig differenzieren und integrieren zu können. Gerade dies sah Leibniz explizit als den Vorzug der von ihm eingeführten Differential- und Integralrechnung an.[14] Die Richtigkeit der infinitesimalen Rechnung – so drückt er es aus – ist nicht von metaphysischen Streitigkeiten über die ‚Natur' des Unendlichen abhängig zu machen. Das *Knowing how* löst sich vom *Knowing that*: die ‚episteme' erweist sich als eine hoch entwickelte Form der ‚techné'. Auf der Grundlage formaler Notationen, die sowohl symbolisch wie technisch funktionieren, also kognitive Domänen *darstellen* und zugleich Problemlösungen innerhalb dieser Domänen auch *herstellen* können, ist die Mathematisierung auch ein Akt der Technisierung.

Kommen wir nun zur zweiten Quelle der Simulation.

4.2 Modellierung

Die Verwendung des Modellbegriffes scheint von kaum zu überblickender Vielgestaltigkeit: ein Spielzeugauto, das Modell beim Aktzeichnen, die Konstruktionszeichnung eines Hauses, das Diagramm über Organisationsstrukturen einer Firma, ein Atommodell, Gleichungen für Planetenbahnen, ein Begriffssystem, das die Axiome einer Theorie erfüllt: all dies kann jeweils als ‚Modell' charakterisiert werden, und diese Aufzählung ließe sich immer weiter fortsetzen. Gibt es trotz dieser Mannigfaltigkeit so etwas wie eine ‚Familienähnlichkeit' zwischen all diesen Versionen des Modellseins?[15] Vier Gesichtspunkte bieten sich dafür an:

---

11 Vgl. Krämer 1988, S. 54ff. Die Medici verwenden ab 1494 die indisch-arabischen Ziffern, so dass im 16. Jahrhundert sich das schriftliche Rechnen in Europa allgemein durchzusetzen begann. Im 17. Jahrhundert werden die ersten mechanischen Rechenmaschinen konstruiert (Schickard, Pascal, Leibniz).

12 Dies entfaltet Leibniz in einer Fülle von Texten und Fragmenten im Rahmen seiner Theorie des symbolischen Erkennens; die Belege finden sich in Krämer 1991b, S. 220ff.

13 Lambert 1965

14 Leibniz 1965b, IV, 91. Dazu: Krämer1991b.

15 Grundlegende Werke zur Modelltheorie: Black 1962, Hesse 1966, Morrison und Morgan 1999, Stachowiak 1973.

(*1.*) *Proportionalität*: Schon die begriffsgeschichtliche Herkunft von ‚Modell' aus dem lateinischen ‚modulus' – der Verkleinerungsform von ‚modus': Maß – weist in die Richtung von etwas ‚Maßstäblichem'. Es geht um eine Ähnlichkeit in der Form, in der Struktur, in der Proportion, demgegenüber die objekthaften, also substanziellen Gesichtspunkte zugunsten der relationalen zurücktreten. Eine solche ‚Ähnlichkeit in der Form' nannten die Griechen: ‚analogia'.

(*2.*) *Handlungsbezug*: Diese Ähnlichkeit darf allerdings nicht missverstanden werden: Sie ist nicht ‚von Natur aus gegeben', sondern wir machen etwas zu einem Modell. Der Modellcharakter ist in einem Urteilsakt fundiert.[16] Nur für handelnde Subjekte und im Zusammenhang ihrer praktischen oder theoretischen Interessen, kann etwas zu einem bestimmten Zeitpunkt ein Modell sein. Modelle rechtfertigen sich durch die Tätigkeiten, die wir mit und an ihnen vollziehen können.

(*3.*) *Vereinfachung*: Ein durchgängiger Zug beim Modellieren ist die Reduzierung und Verkürzung. Es gibt zwischen dem, was Modell ist, und dem, wofür bzw. wovon es Modell ist, stets ein Komplexitätsgefälle: Das Modell hat kleiner, überschaubarer, einfacher, abstrakter zu sein. Allerdings zielt diese Vereinfachung und Veranschaulichung zumeist auf das ‚Wesentliche'. Daher erfüllen Modelle oftmals die Funktion einer Idealisierung.

(*4.*) *Autonomie*: Etwas kann Modell für etwas oder von etwas sein, sowohl als Vorbild, wie als Nachbild fungieren. Zumeist allerdings verbinden sich der normativ-vorschreibende und der abbildlich-beschreibende Aspekt. Unerachtet dieser Bezugnahmen steht außer Frage, dass das Modell eine eigenständige Realität bildet, innerhalb deren in freier Gestaltung etwas ausprobiert und erkundet werden kann.[17]

Diese vier Aspekte sind nur ein Schattenriss der Attribute, die für modellbildende Tätigkeiten charakteristisch sind. Doch im Fluchtpunkt dieser Aspekte zeichnet sich eine für Modellierungen weichenstellende Einsicht ab, die auch eine Grundlage ist, um über computergenerierte Simulationen nachzudenken: Innerhalb der Wissenschaften können Modelle als *Werkzeuge des Erkenntnishandelns* eingesetzt werden. Wir wollen uns nun der dritten Quelle der Simulation zuwenden.

4.3 Visualisierung

Längstens ist das Bild aus der begrenzten Domäne der Kunstgeschichte und Kunstwissenschaften herausgetreten, denn es interessiert nicht mehr nur als Kunstbild, vielmehr als ein integraler Bestandteil unserer ‚Wissenskünste'. Und so vollzieht sich gegenwärtig eine überaus spannende Neuorientierung auf dem Gebiet der Bildreflexion: das Bild wird als ein Erkenntnisinstrument und als ein Kommunikationsmittel anerkannt.[18] Auf den ‚*Instrument*charakter' der Visualisierung kommt es uns hier an. Bilder in den Wissenschaften dienen nicht nur der Illustration von Erkenntnissen; sie sind nicht nur „afterimages of verbal ideas"[19], sondern sind an der Gewinnung, Formung, Ordnung und Rechtfertigung wissenschaftlicher Einsichten genuin beteiligt.[20] Platon ist überaus hellsichtig, wenn er im Liniengleichnis vermutet, dass wissenschaftliche

16 Mahr 2003, S. 80.
17 Die relative Autonomie von Modellen betonen Morrison und Morgan 1999.
18 Zur Rolle wissenschaftlicher Visualisierungen: Heintz und Huber 2001, Hessler und Mersch 2009, Kemp 1997.
19 Topper 1996, S. 15.
20 Hessler und Mersch 2009, S. 11.

Erkenntnis der bildgebenden Verfahren unabdingbar bedürfe. Und all dies ist heute durch vielfältige Einzelstudien gründlich untermauert, denken wir – um nur einige ganz unterschiedliche Gebiete herauszugreifen – an die ethnographischen Feldforschung,[21] die experimentelle Hochenergiephysik,[22] die Hirnforschung,[23] die Mathematik selbst,[24] die Klimaforschung[25] etc. Zwar steht eine ‚Epistemik des Visuellen',[26] eine Theorie des visuellen Denkens noch aus; doch einige Einsichten über die Eigenart und die Aufgabe von Visualisierungen in den Wissenschaften liegen auf der Hand:

(*1.*) *Flächigkeit*: Für die meisten Arten von Bildern ist es charakteristisch, dass sie auf dem abgegrenzten Raum einer Fläche lokalisierbar sind. Die Fähigkeit, den uns umgebenden (dreidimensionalen) Lebensraum mit zusätzlichen zweidimensionalen Raumgebilden zu ergänzen, ist bemerkenswert. Angesiedelt im Nahraum von Auge und Hand, lassen sich solche handhabbaren Gebilde[27] bestens aufbewahren, transportieren, zirkulieren – und gegebenenfalls auch vernichten. Die Evolution des Bildschirms, die uns schließlich zum Personal-Computer führt und von da zum IPad, entspringt dieser Ingeniösität artifizieller Oberflächen: Mit und auf ihnen können wir Abwesendes präsentieren, Abstraktionen versinnlichen und nicht zuletzt uns global vernetzen. Und immer sind dabei Auge und Hand und Apparatur gemeinsam im Spiele.

(*2.*) *Figurative Inskriptionen/Instrumentenbilder*: Das umfangreiche Feld wissenschaftlicher Visualisierungen lässt sich – stark typisierend – in zwei Domänen unterteilen: Das eine Feld können wir ‚figurative Inskriptionen' nennen. Zu dieser weiten Domäne gehören alle Arten von (technischen) Zeichnungen, Skizzen, Diagrammen, Graphen und Karten. Sie sind Versionen eines ‚Graphismus', hervorgehend aus der Interaktion von Punkt, Strich und Fläche. Vielleicht ist diese ‚Sprache des Raumes' unserem verbalen Sprachvermögen – in kognitiver Hinsicht – durchaus ebenbürtig: jedenfalls wurde die Kunst figurativer Einschreibung in nahezu allen Kulturen und zu allen Zeiten als Mittel praktischer und theoretischer Orientierung ausgeübt.[28] Ihr Kunstgriff besteht darin, Raumrelationen als eine Ordnungsform einzusetzen, mit der gerade nicht-räumliche Sachverhalte systematisiert, analysiert und dargestellt werden können. Die andere Klasse wissenschaftlicher Visualisierungen bilden die ‚Instrumentenbilder', die von technischen Apparaten wie Fotografie, Röntgen, Echolot, Radartechnik, Raster-Elektronenmikroskop, Sonartechnik etc. erzeugt werden und den Anspruch haben, einen Sachverhalt möglichst genau abzubilden.

(*3.*) *Operative Bildlichkeit*: Bilder sind „Sichtbarkeitsgebilde",[29] welche das, was sie darstellen, nur in Hinsicht auf die Sichtbarkeit eines Objektes präsentieren, unter Absehung aller übrigen Attribute, die einem Objekt (ebenfalls) zukommen. Gleichwohl – und hier stoßen wir auf einen wesentlichen Unterschied zwischen Kunstbildern und jenen ‚nützlichen Bildern', die dem Erkennen dienen: Mit den wissenschaftlichen Visualisierungen ist eine

21 Latour 1966.
22 Knorr-Cetina 2001.
23 Crelier und Järmann 2001.
24 Neunzert 1995.
25 Gramelsberger 2009.
26 So Hessler und Mersch 2009, S. 17.
27 Latour 1990.
28 Leroi-Gourhan 1980.
29 Fiedler 1991, S. 192, an den Wiesing 2005, S. 30, anknüpft.

Form der ‚*operativen* Bildlichkeit'[30] eröffnet, die immer auch einen Labor- und Denkraum bereitstellt, der das Formen und Umformen, das Kombinieren und Löschen, kurzum: ein kreatives Experimentieren mit dem jeweils Visualisierten erlaubt. Im Zusammenwirken von Auge, Hand und Geist sind die figurativen Inskriptionen die Werkzeuge unserer Geistesarbeit: sie sind Denkzeuge.

(*4.*) *Abbildung/Konstruktion*: So, wie die hingezeichnete Linie sowohl Spur (also Abbild) der Bewegung der Hand ist, wie umgekehrt auch Entwurf einer eigenständigen Welt, die sich von den Vorgaben der Realität weitmöglichst befreien kann, so bewegen sich alle wissenschaftlichen Visualisierungen im Spannungsfeld zweier Pole. Es ist dies einerseits die abbildende, mimetische Wiedergabe und andererseits die auf dem Papier durch kein Gesetz der physischen Welt gebändigte Kraft schöpferischer Neuerzeugung und Erfindung. Jedes raum-zeitlich situierte Phänomen wissenschaftlicher Visualisierung ist daher stets als eine Mischform aus ‚Übertragung'[31] und ‚Konstruktion' zu verstehen.

4.4 Digitalisierung

Ein letzter Schritt bleibt in der Sondierung der Springquellen wissenschaftlicher Simulierung zu tun. Der Computer tritt heute nicht nur als eine – allerdings alle Vorstellungskraft sprengende – schnelle Rechenmaschine auf, sondern als eine ‚Virtualisierungsmaschine'. ‚Virtuelle Welten' sind digitalisierte Datenstrukturen, deren Verarbeitung durch den Computer zweierlei eröffnet: die Möglichkeit zur ‚Verzeitlichung' und zur ‚Entmaterialisierung' von Symbolstrukturen.

(*1.*) ‚Verzeitlichung' bedeutet: In die Datenstrukturen kann Zeit implementiert, diese können also dynamisiert werden. Wir kennen das unter dem Begriff der ‚Animierung', die das Prinzip der (einprogrammierten) Selbstbewegung unserer Zeichenstrukturen bedeutet. Während die uns in früheren Zeiten vertrauten symbolischen Welten – ob nun in literarischer oder bildlicher Form – stabile Anordnungen bilden, die allenfalls durch unsere Imagination und Interpretation belebt werden können oder – wie beim bewegten Bild des Films – durch unsere Illusion, ist es jetzt möglich geworden, die räumliche Dimension symbolischer Anordnungen durch eine zeitliche Dimension zu ergänzen. Kraft dieser Verzeitlichung von Symbolstrukturen eröffnet sich die Möglichkeit, mit diesen animierten Symbolwelten zu interagieren.

(*2.*) ‚Entmaterialisierung' wiederum meint: Die digitalisierten Daten können in beliebige Medienformate übertragen werden. Diese so faszinierende wie folgenreiche Intermedialität des Computers beruht gerade darauf, dass die Strukturen und Funktionen von Medien durch Digitalisierung von der ihnen im lebenspraktischen Zusammenhang stets zukommenden Materialität und Körperlichkeit abgelöst werden können.

Wenn wir nun die Verzeitlichung und Entmaterialisierung zusammendenken, so können wir sagen: Virtuelle Welten beruhen – gemessen an der uns umgebenden Lebenswelt – einerseits auf der Vereinigung von *Struktur* mit *Zeit* und zugleich auf der Trennung von *Struktur* vom *Substrat*.[32]

30 Krämer 2009.

31 Die Rehabilitierung der ‚Übertragung' ist ein Ziel der medientheoretischen Auszeichnung der Figur des Boten in Krämer 2008.

32 Schröter 2004, S. 391.

Wir können uns diese Einsicht auch noch in einer anderen Perspektive – vom Wortgebrauch ‚virtuell' herkommend – verdeutlichen. ‚Virtuell' ist ein Begriff der Optik und bezieht sich auf *lichtwellentäuschende Bilder*. Spiegelbilder sind virtuelle Objekte, insofern sie dem Betrachter vortäuschen, dass sich die gespiegelten Objekte hinter der Spiegelfläche befinden: Es wird durch Spiegelung also nicht einfach ein zweites Objekt, vielmehr ein zweiter Ort für ein Objekt geschaffen, so dass ganz neue Beobachtungsperspektiven entstehen: Objekte können nun von hinten und vorne betrachtet werden, oder wir können uns selbst mit den Augen der anderen sehen. Allerdings sind Spiegelbilder Abbilder ohne Zeichenstatus. Denn Spiegelbilder haben – anders als artifizielle Zeichenwelten – keine Autonomie, sondern sind kausal (und eben *nicht* semiotisch) verknüpft mit dem gespiegelten Objekt: Sie können also nicht als autonome Objekte fixiert oder verändert werden – es sei denn durch Manipulationen an den gespiegelten Dingen selbst. Stellen wir uns wie in einem Gedankenexperiment einen Spiegel vor, der – abweichend von gewöhnlichen Spiegeln – drei Eigenschaften besitzt: Die Spiegelwelt bekommt den Status einer eigenständigen semiotischen Repräsentation; in sie kann Zeit implementiert, sie kann also dynamisiert werden; und schließlich bleibt der Betrachter nicht einfach externer Beobachter, sondern kann zum Teilnehmer der gespiegelten Welt werden. Dass wir den Computer als eine ‚Virtualisierungsmaschine' bezeichnet haben, bedeutet dann im Horizont unserer Spiegelmetapher: Der Computer ist ein interaktiver Spiegel dynamisierter Symbolwelten. Übrigens lassen wir hier die *technischen* Bedingungen, die selbstverständlich erfüllt sein müssen, damit Computer als abstrakte, formale Maschinen zugleich in Gestalt machtvoller physikalischer Apparaturen realisierbar sind, unerwähnt. Diese Bedingungen sind in einer Fülle von Veröffentlichungen sondiert.[33]

Vielleicht zeichnet sich nun ab, wieso Mathematisierung, Modellierung, Visualisierung und Digitalisierungen die ‚Quadriga' der computergenerierten Simulation bilden:

(*1.*) Die *Mathematisierung* macht es möglich, sowohl realweltliche Phänomene – infolge von Messung – wie auch Theorien – infolge von Formalisierung – zu kalkülisieren und ihnen damit eine symbolische Gestalt zu verleihen, die auch technisch bearbeitbar ist.

(*2.*) Die *Modellierung* macht es möglich, dass mit diesen kalkülisierten Symbolwelten in relativer Autonomie so operiert und auch experimentiert werden kann, dass die dabei gewonnen Ergebnisse zugleich als Einsichten in jene Vorgänge gelten können, die den Objekt- und Interpretationsbereich der Kalkülisierung bilden.

(*3.*) Die *Visualisierung* eröffnet die Chance, die unüberschaubar großen Datenmengen in einer für Menschenaugen zu verarbeitenden Gestalt aufzubereiten – und zwar nicht nur in der Präsentation des Endergebnisses, sondern bereits beim experimentellen Umgehen mit den Datenstrukturen.

(*4.*) Die *Digitalisierung* verwandelt die mathematisierten, modellierten und visualisierten Welten in ‚zeitbasierte', also dynamische virtuelle Welten.

Dass diese vier Aspekte natürlich nicht als Sukzession zu begreifen sind, sondern ineinander spielen, ist klar – gleichwohl macht es zum Verständnis der Simulation Sinn, diese Aspekte begrifflich auseinanderzuhalten.

33 Exemplarisch Winkler 1997, Gramelsberger 2010.

5. Die erkenntnistechnische Rolle computergenerierter Simulationen

Experiment und (mathematisierbare) Theorie bilden etablierte Tätigkeitsformen von Wissenschaften im Sinne der ‚sciences'. Computergenerierte Simulationen nun verkörpern ein neues Verfahren, das nicht einfach *neben* Experiment und Theorie tritt, sondern eine neuartige Vermittlung zwischen beiden darstellt. Wissenschaften, die numerische Simulationen in bemerkenswertem Umfang einsetzen, bekommen ein neues Gesicht und nehmen Züge von ‚Computational Sciences' an – wenn sie sich nicht gar in solche verwandeln. Die neuartige Physiognomie ist selbstverständlich nicht auf die Rolle von Simulationen – eingesetzt als Forschungsinstrumente – reduzierbar, sondern ist auch geprägt von der „weltweiten Vernetzung von Infrastrukturen und der flächendeckenden Vermessung der Welt durch computerchipgesteuerte Detektoren.[34] Gleichwohl bildet die computergenerierte Simulation den Kern jener methodologischen Neuerungen, deren Zeuge wir gegenwärtig werden.

Um uns über die Spezifik numerischer Simulationen klar zu werden, können wir die Frage stellen: Warum ist der Einsatz solcher Art von Simulationen notwendig? Worin besteht das Problem, das mit der Computersimulation eine (relative) Lösung erfährt?

Im mechanischen Weltbild, das in NEWTONS Physik seine wesentliche Stütze fand, entsprechen kleinen Ursachen auch kleine Wirkungen und umgekehrt. Das bedeutet: jeder Zustand eines Systems ist aus seinem vorhergehenden – im Prinzip – berechenbar. Die Mathematik NEWTONS und LEIBNIZENS entwickelte mit den Differentialgleichungen ein mathematisches Werkzeug, das es erlaubte, Einzelfälle unter allgemeine Gesetzmäßigkeiten zu subsumieren. Wenn nun allgemeine Gesetze in der Form analytischer Funktionen hingeschrieben werden, so dass die Dynamik eines Systems die Gestalt eines funktionalen Zusammenhanges zwischen Variablen annimmt, dann können diese Variablen durch konkrete Zahlenwerte ersetzt werden und zukünftige Zustände von Systemen, – deren Verhaltensweisen mit Differentialgleichungen beschreibbar sind – lückenlos, also für jeden beliebigen Zeit- und Raumpunkt, analytisch berechnet werden.[35] Das Beispiel für solche linearen, determinierten Vorgänge ist die Bewegung eines einzelnen Körpers in einem Gravitationsfeld: Ob die Bahn eines Planeten oder die Kurve einer Kanonenkugel: im Prinzip ist deren Verlauf mit Hilfe von Bewegungsgleichungen bei Kenntnis konkreter Anfangswerte vorhersagbar. Der französische Mathematiker und Astronom Piere-Simon DE LAPLACE drückte 1814 die mit der Idee der analytischen Lösbarkeit *aller* Bewegungsvorgänge verbundene Vision einer deterministischen Mechanik und einer universellen Erkennbarkeit der Welt so aus: Eine Intelligenz, welche für einen bestimmten Zeitpunkt alle wirkenden Kräfte der Natur kennt und die Lage aller Wesen überblicken könnte, der würde die Zukunft der Welt offen vor Augen liegen.[36]

Doch der Traum einer allwissenden Intelligenz wurde schon 1891 zu Grabe getragen. Der französische Mathematiker Henri POINCARÉ konnte im Rahmen einer Preisfrage des schwedischen Königs bezüglich der Stabilität unseres Sonnensystems demonstrieren, dass wenn auch nur drei Körper verschiedener Massen ein gegenseitiges Gravitationsfeld bilden, das Verhalten dieser Körper nicht mehr mithilfe linearer Verknüpfungen von Variablen vorhersagbar ist. Denn es zeigt sich dabei, dass schon sehr „kleine Ursachen in den Anfangsbedin-

---

34 GRAMELSBERGER 2010, S. 96.

35 KÜPPERS und LENHARD 2005, S. 310ff.

36 LAPLACE 1832, Einleitung; zitiert in GRAMELSBERGER 2010, S. 33.

gungen große Unterschiede in den späteren Erscheinungen bedingen [...] Die Vorhersage wird unmöglich und wir haben eine ‚zufällige Erscheinung'".[37] POINCARÉ war damit auf das Prinzip nicht-linearer Dynamiken gestoßen, für die gilt: an die Stelle des Prinzips, dass ähnlichen Ursachen auch ähnliche Wirkungen entsprechen, tritt nun das nicht-lineare Prinzip, dass ähnliche Ursache grundverschiedene Wirkungen haben können. Dieser Maxime folgen nahezu alle komplexen Systeme: Wolkenbilder am Himmel ebenso wie Wirbel in Flussströmungen. Bedenken wir nun, dass die modernen Wissenschaften – nicht zuletzt infolge ihres Anwendungsbezuges – zumeist mit komplexen Systemen zu tun haben: um das Verhalten von Satelliten im Gravitationsfeld der Erde, um Strömungsverhältnisse im Zusammenhang künstlicher Herzklappen oder um das Verhalten von Aktienbesitzern. Werden solche Vorgänge nun mathematisch beschrieben, so ist das nur möglich mit Hilfe von partiellen nicht-linearen Differenzgleichungen, für die – außer unter den Bedingungen unrealistisch idealisierter Randbedingungen – *keine* allgemeine analytische Lösung existiert.

Eine andere Form der *Handhabung* des mathematischen Apparates musste also her: und eben diese besteht in der „numerischen Simulation von Gleichungen".[38] Das Problem, auf das also die computergenerierten Simulationen eine Antwort geben, besteht in der Beschreibung und Vorhersage nicht-linearer Dynamiken. Wohlgemerkt: es geht hier nicht um irgendeine Form von kategorischer Unlösbarkeit. Im Gegenteil: nichtlineare Systeme entziehen sich gerade nicht der mathematischen Bearbeitung, sondern erfordern nur deren Formveränderung. Über die *analytische Lösung* einer Gleichung zu verfügen, impliziert die Gewissheit, durch algebraische Umformungen den Zustand des analytisch berechenbaren Systems zu jedem beliebigen Zeitpunkt exakt angeben zu können. Pate dieser Gewissheit ist die Annahme einer Stetigkeit in der Entwicklung des Systems. Doch eben diese Stetigkeit fehlt in nicht-linearen Dynamiken. Und das wird zur Stunde der ‚numerischen Simulation'.

Was für eine Art von Lösung bedeutet diese Numerik? Die bei der analytischen Lösung noch als kontinuierlich angenommene Zeitlinie wird in der numerischen Behandlung *diskretisiert*, also in einzelne Zeitpunkte bzw. Zeitabschnitte zerlegt. An die Stelle einer *globalen* analytischen Berechenbarkeit einer Funktion tritt daher ihre nur noch *lokale* numerische Berechenbarkeit, die auf genau *einen* spezifischen Zeitpunkt bezogen und auch begrenzt ist. „Statt der in der Zeit kontinuierlichen Differentialgleichungen betrachtet man die diskrete sogenannte ‚finite Differenzgleichung'".[39] Und diese numerische Bestimmung einer lokalen Größe muss, um überhaupt als aussagekräftige Darstellung einer Dynamik zu gelten, für jeweils viele Zeitstellen mit je neu eingegebenen Parametern und also mit allergrößtem Rechenaufwand betrieben werden. Errechnet wird dabei eine Wertetabelle für Systemzustände zu vielen verschiedenen Zeitpunkten – welche dann ‚realistisch' visualisiert werden kann.

Was wird dabei simuliert? Als erste Antwort drängt sich auf: das, was ‚simuliert' wird, ist die exakte analytische Lösung. Doch die Sachlage so zu sehen, birgt ein Problem: Eine exakte analytische Lösung existiert im Falle der meisten komplexen Systeme nicht. S*imuliert wird also etwas, was anders als durch die Simulation gar nicht (mehr) zu haben ist*. Die numerische Simulation kann daher auch nicht als eine – immer weiter verfeinerbare – Annähe-

37 POINCARÉ 1973, S. 57; zitiert in GRAMELSBERGER 2010, S. 36.
38 GRAMELSBERGER 2010, S. 35.
39 KÜPPERS und LENHARD 2005, S. 313; auch WINSBERG 1999, S. 278.

rung an die analytische Lösung bestimmt werden. Die errechnete Wertetabelle bezieht sich ausschließlich auf die Bewegung eines *virtuellen* Objektes, das wiederum nicht identifiziert werden darf, mit einer durch ein lineares Gleichungssystem beschreibbaren Entität. Und das aus folgendem Grund: Erinnern wir uns, zu Anfang betont zu haben, dass Simulationen sich auf das *Oberflächenverhalten* von Phänomenen beziehen, ohne dass die zugrundeliegende Tiefenstruktur dabei imitiert wird. Ein analytisch lösbares Differentialgleichungssystem, welches das Verhalten eines Systems präzise beschreibt und vorhersagbar macht, kann durchaus als ein Modell für die diesem Verhalten zugrundeliegende ‚Tiefenstruktur' angesehen werden. Numerisch lösbare Gleichungen sind natürlich ebenfalls ein mathematisches Modell für ein dynamisches System, allerdings nicht (mehr) – wie bei den analytisch lösbaren Gleichungen – für dessen *Tiefenstruktur*, vielmehr nur noch für sein *Oberflächenverhalten*. Und dieser Unterschied zwischen ‚Oberfläche' und ‚Tiefe' ist entscheidend zum Verständnis der ‚Natur' computergenerierter Simulationen. Denn in letzter Instanz soll und kann durch eine computergenerierte Simulation ‚nur' ein Phänomenbereich modelliert werden. Auf die Frage: ‚was simuliert die numerische Simulation' können wir also antworten: *das Oberflächenverhalten eines virtuellen Objektes*. Das hat zumindest drei erkenntnistheoretisch bedeutsame Implikationen:

(*1.*) *Staffelung von Modellierungen*. Die Technik computergenerierter Simulationen zielt zwar auf die Modellierung von Phänomenen; doch dies gelingt nur mit Hilfe einer ganzen Kaskade von Modellierungen auf ganz unterschiedlichen Ebenen.[40] Wir müssen somit eine Vereinfachung rückgängig machen: Denn das computergenerierte Simulieren – darauf hat Eric Winsberg mit Nachdruck verwiesen – ist ein vielfach gestufter Prozess, bei dem unterschiedliche Formen von Modellen jeweils zu durchschreiten sind. So dass also zwischen der Theorie einerseits und dem Phänomenmodell andererseits sich eine Modellierungskette spannt, die jeweils mechanische, dynamische, diskretisierende und komputationale Modelle enthält.

(*2.*) *Kriterien*. Was ist das Kriterium für eine gelungene Simulation? Im einfachsten Falle können wir sagen: das ist die Übereinstimmung mit einem faktisch beobachtbaren Verhalten. Doch oftmals handelt es sich um die Simulation von Vorgängen, für die realweltliche Beobachtungen gar nicht gegeben sind. Und manchmal gehen Simulationen empirisch wahrgenommenen Phänomenen voraus: Dafür hat Johannes Lenhard ein instruktives Beispiel gegeben: Uzi Landman, ein Pionier der Simulationsmethode in den Materialwissenschaften, stieß in der Simulation auf ein Phänomen – die Bildung eines ‚Nanodrahts aus Gold' –, welches zum damaligen Zeitpunkt eine Erscheinung ausschließlich am virtuellen, computergenerierten Objekt war, dann jedoch zwei Jahre später durch empirische Resultate der Rastertunnelmikroskopie bestätigt werden konnte.[41] Es hat sich also erst im Nachhinein gezeigt, dass virtuelles Objekt und Realobjekt in einer Analogiebeziehung stehen. Wenn es jedoch um langfristige Klimavoraussagen geht, ist solche Empirie selbst nachträglich als Prüfstein kaum zu haben, bedenkt man überdies, dass die Praxis der Politik alles tun muss, damit – etwa angesichts einer vorausgesagten Klimaerwärmung – diese Vorhersagen sich nicht bestätigen.[42]

40 Dies hat Eric Winsberg 1999 überzeugend gezeigt.

41 Landmann 1990; zitiert und kommentiert bei Lenhard 2005, S. 307ff.; auch Rohrlich 1990.

42 Gramelsberger 2006.

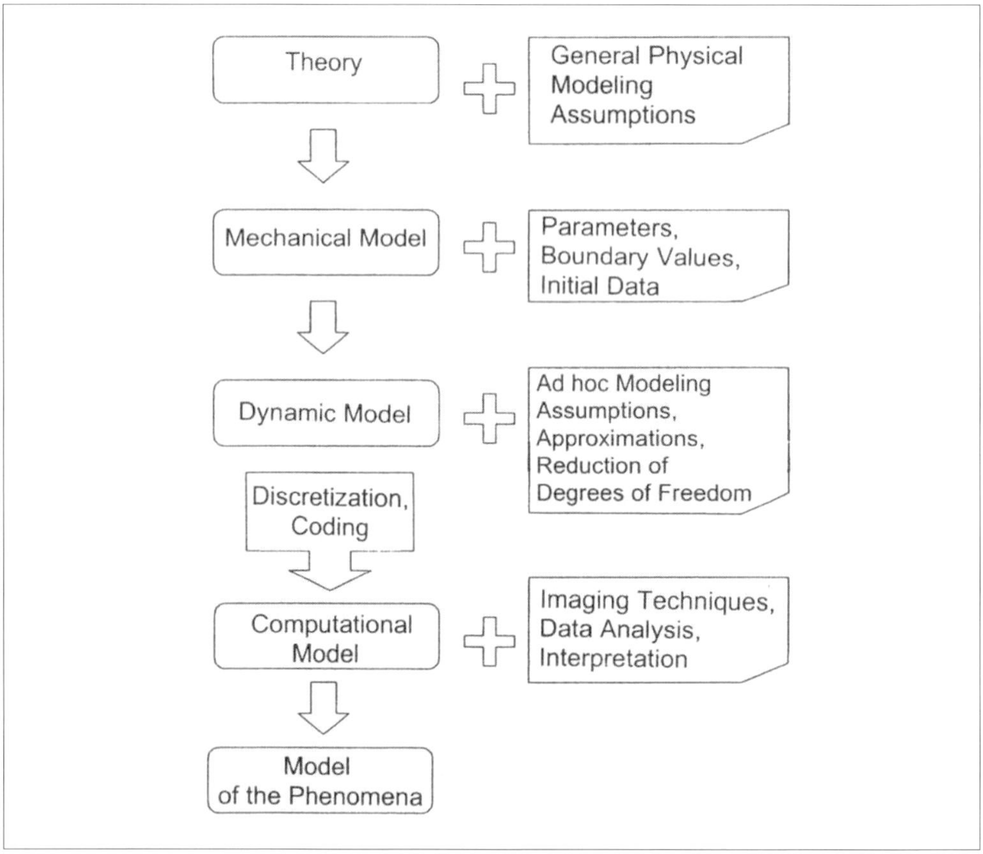

Abb. 2 Hierarchie von Modellen (nach WINSBERG 2003, S. 108)

(*3.*) *Experimentcharakter*. Das führt auf den experimentellen Charakter der Computersimulationen. Gabriele GRAMELSBERGER hat dies jüngst in einer gelungenen Gegenüberstellung artikuliert: Vom ‚Rechnen mit Experimenten' zum ‚Experimentieren mit Rechnern'.[43] Seit der Neuzeit ist es üblich, dass Beobachtungen aus Theorien prognostiziert werden und sich dann anhand von Messexperimenten auch verifizieren lassen. Da dies nur für relativ einfache Vorgänge gilt, bildete sich – z. B. im Bereich der Physik – eine wachsende Kluft heraus zwischen Theorie und Empirie, zwischen Erforschung von Grundlagen und Anwendungen. Doch die numerischen Simulationen wandeln das Verhältnis von Grundlagenforschung und angewandter Forschung, insofern sie Computerexperimente ermöglichen, die als „Theorieexperimente"[44] gekennzeichnet werden können: Der Computer wird zu einer Art von ‚Theorielabor'.[45] Nicht selten wird die Situation der Vermittlung von Grundlagenforschung und Anwendung, von Theorie und Empirie auch so beschrieben, dass computergenerierte Si-

43 GRAMELSBERGER 2010.
44 DOWLING 1999 spricht von „Experimenting on Theories".
45 GRAMELSBERGER 2010, S. 86.

mulationen als ein „Tertium Quid", als ein Drittes gelten, das auf neuartige Weise zwischen analytischer Theorie und empirischem Experiment vermittelt.[46] MORRISON und MORGAN sprechen auch von der „marriage of theory and phenomena".[47]

(*4.*) *Knowing how*. Die Frage drängt sich auf, welche Art von Wissen durch computergenerierte Simulationen zu gewinnen ist. LENHARD betont, dass in Simulationen ein Wissen zwar überaus realistisch dargestellt wird, dabei jedoch noch keineswegs verstanden ist. Die Darstellung durch die Werkzeuge der Computervisualisierung ist luzide, das Wissen selbst bleibt opak. So verkoppeln sich im Computerexperiment zwei gewöhnlich einander opponierende Elemente.[48] Im Horizont unserer Betonung, dass Computersimulationen keine Tiefenstrukuren, vielmehr ‚nur' Oberflächenverhalten zum Vorschein bringen, findet sich dann auch eine Auflösung für diese gegenläufige Verbindung: Klar zu sehen ist in der Simulation das *Phänomen*; dunkel bleibt die das Phänomen generierende *Struktur*. Eine solche Situation ist keineswegs ungewöhnlich, sondern charakterisiert einen Gutteil unseres alltagspraktischen Verhaltens. Wenn wir Autofahren, brauchen wir kein Wissen um die das Fahren ermöglichenden physikalisch-mechanischen Vorgänge; wenn wir schriftlich rechnen, müssen wir nicht begründen können, warum unsere Rechenalgorithmen funktionieren und auf welch ein Objekt die Ziffer ‚0' referiert. Das Wissen, ‚wie etwas zu handhaben ist', ist im Umgang mit technischen Geräten gewöhnlich abgelöst vom Wissen, ‚warum diese Handhabung funktioniert'; und diese Aufspaltung zwischen *Knowing how* und *Knowing that* gibt die Grundlage ab für die beständige Erweiterung unserer technischen Kompetenzen – nicht zuletzt im Umgang mit dem Computer selbst. Wir können also mit LENHARD[49] den Schluss ziehen, dass das explanatorische Wissen, welches Simulationsmodelle liefern, dem pragmatisch orientierten technischen Wissen ähnelt, bei dem ‚Verstehen' eingreifen und kontrollieren heißt, aber nicht notwendig auch heißt, erklären und begründen zu können.

6. Ein Resümee

(*1.*) Sowohl der alltagsweltlich ‚täuschende' wie der wissenschaftlich ‚erkenntniserzeugende' Sinn des Begriffes ‚Simulation' bezieht sich auf die Hervorbringung einer Zeichenwelt, die in dem, was gezeigt und bezeichnet wird, nicht auf die Tiefenstruktur, vielmehr auf das Oberflächenverhalten eines Systems zielt. Simuliert wird immer eine dynamische *Erscheinungsform*.

(*2.*) Insofern das computergenerierte Simulieren teil hat an der für alle Wissenschaften grundlegenden visualisierenden Modellierung ihrer Erkenntnisgegenstände, sind bildkritische Einsichten vonnöten, damit aus den Simulationsbildern keine Trugbilder werden. Auf die Notwendigkeit kritischen Bildbewusstseins hat schon PLATON verwiesen: Er verbindet die Einsicht in die Unabdingbarkeit bildlicher Vergegenwärtigung wissenschaftlicher Gegenstände (Liniengleichnis) mit der Einforderung eines *Bewusstsein von deren Abbildcharakter*, um deren Umschlag in Trugbilder zu vermeiden (Höhlengleichnis).

46 Zu diesem Vermittlungsaspekt: GALISON 1996, HUMPHREYS 1994, RAMSEY 1997.

47 MORRISON und MORGAN 1999, S. 13, hierbei auf CARTWRIGHT 1983 zurückgehend.

48 LENHARD 2005, S. 314ff.

49 LENHARD 2005.

(*3.*) Die Quadriga aus Mathematisierung, Modellierung, Visualisierung und Digitalisierung bildet die Springquelle moderner Simulationstechniken in historischer wie systematischer Hinsicht.

(*4.*) Computergenerierte Simulationen sind vonnöten, wenn nichtlineares Verhalten von Systemen zu modellieren ist. Mathematisch beruhen sie auf der Diskretisierung eines kontinuierlichen Zeitverlaufs, so dass mit der numerischen Simulation an die Stelle der vollständigen und analytisch exakten Beschreibung dieses Zeitverlaufs zu jedem beliebigen Punkt eine getaktete lokale Berechnung nur noch ausgewählter Zeitpunkte tritt, deren ‚Zwischenräume' dann dunkel bleiben (müssen). Wie groß oder klein diese ‚Zwischenräume' sind, hängt von der Rechenkraft der Computer ab.

(*5.*) Computergenerierte Simulationen stellen eine neuartige *Vermittlung dar zwischen Theorie und Experiment*. Sie können als ‚Computerexperimente mit Theorien' gekennzeichnet werden, die eine neuartige, semi-empirische Methode zur Geltung bringen. Im Zusammenhang mit der globalen Vernetzung und der computerbasierten Vermessung der Welt, gestalten sie die Wissenschaften zu ‚Computational Sciences' um.[50]

(*6.*) Solange es Wissenschaften gibt, solange auch müssen die abstrakten Gegenstände des Wissens mit Hilfe von graphisch-visuellen Hilfsmitteln wie Notationen, Tabellen, Diagrammen, Graphen und Karten veranschaulicht werden. Und diese diagrammatischen Darstellungen sind nicht nur Illustrationen, sondern sind an der Hervorbringung, Überprüfung und Begründung von Wissen unmittelbar beteiligt. Im Horizont dieser Tradition einer grundständigen Zusammenarbeit von Auge, Hand und Geist, bildet die Innovation computergenerierter Simulationen nur eine weitere Entwicklungsstufe, insofern nun die Maschine als Virtualisierungsapparat das Handwerk des Geistes unterstützt.

Literatur

ARISTOTELES: Metaphysik. Bücher I–IV. Übersetzt von E. ROLFES. (Philosophische Bibliothek Bd. *307*) Hamburg: Meiner 1982

BLACK, M.: Models and Metaphors. Studies in Language and Philosophy. Ithaca, New York: Cornell Univ. Press. 1962

BRAITENBERG, V., und HOSP, I. (Hrsg.): Simulation. Computer zwischen Experiment und Theorie. Reinbek bei Hamburg: Rowohlt 1995

BREDEKAMP, H., FISCHEL, A., SCHNEIDER, B., und WERNER, G.: Bildwelten des Wissens. In: BREDEKAMP, H., FISCHEL, A., SCHNEIDER, B., und WERNER, G. (Hrsg.): Bilder in Prozessen. Bildwelten des Wissens, Kunsthistorisches Jahrbuch für Bildkritik *1*/1, 9–20 (2003)

CARTWRIGHT, N.: How the Laws of Physics Lie. Oxford: Clarendon Press 1983

CRELIER, G., und JÄRMANN, T.: Abbildung von Wahrnehmung und Denken: funktionelle Magnetresonanz-Bildgebung in der Hirnforschung. In: HEINTZ, B., und HUBER, J.: Mit dem Auge denken. Strategien der Sichtbarmachung in wissenschaftlichen und virtuellen Welten. S. 95–108. Zürich: Edition Voldemeer 2001

DOTZLER, B.: Simulation. In: Ästhetische Grundbegriff. Historisches Wörterbuch in sieben Bänden. Hrsg. von K. BARCK. Bd. *5*, S. 509–534. Stuttgart, Weimar: Metzler 2003

DOWLING, D.: Experimenting on theories. Science in Context *12*/2, 261–271 (1999)

FIEDLER, K.: Vom Ursprung der künstlerischen Tätigkeit (1887). In: FIEDLER, K.: Schriften zur Kunst I. Text nach der Ausgabe München 1913/14 mit weiteren Texten aus Zeitschriften und dem Nachlass, einer einleitenden Abhandlung und einer Bibliographie. Hrsg. von G. BOEHM. 2 Bde., S. 112–220. München: Fink 1991

FOX KELLER, E.: Models, simulation and ‚computer experiments'. In: RADDER, H. (Ed.): The Philosophy of Scientific Experimentation; pp. 198–215. Pittsburgh: Univ. of Pittsburgh Press 2003

50 GRAMELSBERGER 2010.

GALISON, P.: Computer simulations and the trading zone. In: GALISON, P., and STUMP, D. J. (Eds.): The Disunity of Science: Boundaries, Contexts, and Power; pp. 118–157. Stanford: Stanford Univ. Press 1996

GRAMELSBERGER, G.: Story telling with code – Archaeology of climate modelling. TeamEthno-online University of Lancaster *2*, 77–84 (2006)

GRAMELSBERGER, G.: Simulation – Analyse der organisationellen Etablierung der (neuen) epistemischen Kultur des Simulierens am Beispiel der Klimamodellierung. In: HALFMANN, J. (Hrsg.): Organisation(en) der Forschung. S. 30–52. Wiesbaden: Verlag für Sozialwissenschaften 2009

GRAMELSBERGER, G.: Computerexperimente. Zum Wandel der Wissenschaft im Zeitalter des Computers. Bielefeld: transcript 2010

HEINTZ, B., und HUBER, J. (Hrsg.): Mit dem Auge denken. Strategien der Sichtbarmachung in wissenschaftlichen und virtuellen Welten. Zürich, New York: Voldemeer/Springer 2001

HESSE, M.: Models and Analogies in Science. Notre Dame: Univ. of Notre Dame Press 1966

HESSLER, M., und MERSCH, D. (Hrsg.): Logik des Bildlichen. Zur Kritik der ikonischen Vernunft. Bielefeld: transcript 2009

HINTERWALDNER, I.: Simulationsmodelle. Zur Verhältnisbestimmung von Modellierung und Bildgebung in interaktiven Echtzeitsimulationen. In: REICHLE, I., SIEGEL, S., und SPELTEN, A. (Hrsg.): Visuelle Modelle. S. 301–316. München: Fink 2008

HUMPHREYS, P.: Computer Simulations. In: FORBES, M., FINE, A., and WESSELS, L. (Eds.): PSA Biennial Meeting 1990. Vol. *2*, 497–506. East Lansing: Philosophy of Science Association 1991

HUMPHREYS, P.: Computational empiricism. Foundationa of Science *1*, 119–130 (1995/96)

KEMP, M.: Seeing and picturing. Visual representation in twentieth-century science. In: KRIGE, J., und PESTRE, D. (Eds.): Science in Twentieth Century; pp. 361–390. Paris: Harwood Academic Publishers 1997

KNORR-CETINA, K.: ‚Viskurse‘ der Physik. Konsensbildung und visuelle Darstellung. In: HEINTZ, B., und HUBER, J. (Hrsg.): Mit dem Auge denken. Strategien der Sichtbarmachung in wissenschaftlichen und virtuellen Welten. S. 305–320. Zürich, New York: Voldemeer/Springer 2001

KRÄMER, S.: Symbolische Maschinen. Die Idee der Formalisierung in geschichtlichem Abriss. Darmstadt: Wiss. Buchgesellschaft 1988

KRÄMER, S.: Über das Verhältnis von Algebra und Geometrie in Descartes ‚Géomètrie‘. Philosophia Naturalis *26*/1, 19–40 (1989)

KRÄMER, S.: Berechenbare Vernunft. Kalkül und Rationalismus im 17. Jahrhundert. Quellen und Studien zur Philosophie Bd. *28*. Berlin, New York: De Gruyter 1991a

KRÄMER, S.: Zur Begründung des Infinitesimalkalküls durch Leibniz. Philosophia Naturalis *28*/2, 117–146 (1991b)

KRÄMER, S.: Medium, Bote, Übertragung. Kleine Metaphysik der Medialität. Frankfurt (Main): Suhrkamp 2008

KRÄMER, S.: Operative Bildlichkeit. Von der ‚Grammatologie‘ zu einer ‚Diagrammatologie‘? Reflexionen über erkennendes Sehen. In: HESSLER, M., und MERSCH, D. (Hrsg.): Logik des Bildlichen. Zur Kritik der ikonischen Vernunft. S. 94–123. Bielefeld: transcript 2009

KÜPPERS, G., und LENHARD, J.: Computersimulationen: Modellierungen zweiter Ordnung. Journal for General Philosophy of Science *36*/2, 305–332 (2005)

LAMBERT, J. H.: Anlage zur Architectonic oder Theorie des Einfachen und des Ersten in der philosophischen und mathematischen Erkenntnis I (1771). Bd. *3* der Philosophischen Schriften in 10 Bde. Hrsg. von H. W. ARNDT. Hildesheim: Olms 1965

LANDMAN, U., LUEDTKE, W. D., BURNHAM, N. A., and COLTON, R. J.: Atomistic mechanisms and dynamics of adhesion, nanoindentation, and fracture. Science *248*, 454–461 (1990)

LAPLACE, P.-S. DE: Philosophischer Versuch über die Wahrscheinlichkeit. Leipzig: Akademische Verlagsanstalt 1832 (frz. Orig.: Essai philosophique sur les probabilités. Paris 1814)

LATOUR, B.: Drawing things together. In: LYNCH, M., and WOOLGAR, S. (Eds.): Representation in Scientific Practice; pp. 19–68. London: MIT Press 1990

LATOUR, B.: Der Berliner Schlüssel. Erkundungen eines Liebhabers der Wissenschaften. Berlin: Akademie Verlag 1996

LEIBNIZ, G. W.: Mathematische Schriften in 7 Bde. (1875–1890). Hrsg. von C. I. GERHARDT. Nachdruck. Hildesheim, Berlin: Olms 1965

LENHARD, J.: Nanoscience and the Janus-faced character of simulations. In: BAIRD, D., NORDMANN, A., and SCHUMMER, J. (Eds.): Discovering the Nanoscale; pp. 93–100. Amsterdam: IOS Press 2004

LEROI-GOURHAN, A.: Hand und Wort. Die Evolution von Technik, Sprache und Kunst. Frankfurt (Main): Suhrkamp 1980

LYNCH, M., and WOOLGAR, S.: Representation in Scientific Practice. Cambridge (Mass.), London: MIT Press 1990

MAHR, B.: Modellieren. Beobachtungen und Gedanken zur Geschichte des Modellbegriffs. In: KRÄMER, S., und BREDEKAMP, H. (Hrsg.): Bild – Schrift – Zahl. S. 59–86. München: Fink 2003

MORRISON, M.: Models as autonomous agents. In: MORRISON, M., and MORGAN, M. S. (Eds.): Models as Mediators. Perspectives on Natural and Social Science; pp. 38–65. Cambridge: Cambridge Univ. Press 1999

MORRISON, M., and MORGAN, M. S. (Eds.): Models as Mediators. Perspectives on Natural and Social Science. Cambridge: Cambridge Univ. Press 1999

NEUNZERT, H.: Mathematik und Computersimulation: Modelle, Algorithmen, Bilder. In: BRAITENBERG, V., und HOSP, I. (Hrsg.): Simulation. Computer zwischen Experiment und Theorie. S. 44–55. Reinbek bei Hamburg: Rowohlt 1995

PLATON: Politeia. In: EIGLER, G. (Hrsg.): Werke in 8 Bde. Übers. von F. SCHLEIERMACHER. Bd. *4*. Darmstadt: Wiss. Buchgesellschaft 1971

POINCARÉ, H.: Wissenschaft und Methode. Leipzig: Teubner 1914, Nachdruck. Darmstadt: Wiss. Buchgesellschaft 1973 (frz. Orig.: Science et Méthode. Paris 1908)

RAMSEY, J.: Between the fundamental and the phenomenological: The challenge of ‚semi-empirical' methods. Philosophy of Science *65*, 627–653 (1997)

REICHLE, I., SIEGEL, S., und SPELTEN, A. (Hrsg.): Visuelle Modelle. München: Fink 2008

ROHRLICH, F.: Computer simulation in the physical sciences. In: FORBES, M., FINE, A., and WESSELS, L. (Eds.): PSA Biennial Meeting 1990. Vol. *2*, 507–518. East Lansing: Philosophy of Science Association 1991

RÖLLER, N.: Simulation. In: RITTER, J., und GRÜNDER, K. (Hrsg.): Historisches Wörterbuch der Philosophie. Bd. *9*. Darmstadt: Wiss. Buchgesellschaft 1995

RÖLLER, N.: Scientia media. Simulation zwischen den Kulturen. In: GLEININGER, A., und VRACHLIOTIS, G. (Hrsg.): Simulation. Präsentationstechnik und Erkenntnisinstrument. Basel: Birkhäuser 2008

SCHRÖTER, J.: Intermedialität, Medienspezifik und die universelle Maschine. In: KRÄMER, S. (Hrsg): Performativität und Medialität. S. 385–412. München: Fink 2004

SIMON, H. A.: The Sciences of the Artificial. Cambridge (Mass.): MIT Press. 1998

STACHOWIAK, H.: Allgemeine Modelltheorie. Wien: Springer 1973

TOPPER, D.: Towards an epistemology of scientific illustration. In: BAIGRIE, B. S. (Ed.): Picturing Knowledge. Historical and Philosophical Problems Concerning the Use of Art in Science; pp. 86–134. Toronto: Univ. of Toronto Press 1996

VIÉTE, F.: Opera mathematica (1646). Hrsg. von F. VON SCHOOTEN, Nachdruck. Hildesheim: Olms 1970

WIESING, L.: Artifizielle Präsenz. Studien zur Philosophie des Bildes. Frankfurt (Main): Suhrkamp 2005

WINKLER, H.: Docuverse – Zur Medientheorie der Computer. München: Boer 1997

WINSBERG, E.: Simulated experiments: Methodology for a virtual world. Philosophy of Science *70*, 105–125 (2003)

WINSBERG, E.: Sanctioning models: The epistemology of simulation. Science in Context *12*/2, 275–292 (1999)

Prof. Dr. Sybille KRÄMER
Institut für Philosophie
Freie Universität Berlin
Habelschwerdter Allee 30
14195 Berlin
Bundesrepublik Deutschland
Tel.: +49 30 83854509
Fax: +49 30 83856430
E-Mail: s.kraemer@philosophie.fu-berlin.de

Leopoldina-Lecture

Nova Acta Leopoldina NF *110*, Nr. 377, 325–352 (2011)

Wer regiert im Kopf? – Philosophische Implikationen der Hirnforschung

Wolf Singer ML (Frankfurt am Main)

Mit 17 Abbildungen

Wolf Singer

Zusammenfassung

Fortschritte in den kognitiven Neurowissenschaften befördern Erkenntnisse, die auch für die Humanwissenschaften bedeutsam sind. Manche von ihnen verdienen besondere Aufmerksamkeit, weil sie mit unserer Selbstwahrnehmung nur schwer vereinbar sind. So ist uns, als verfügten wir in unserem Gehirn über eine Kontrollinstanz, die über alle Sinnesinformationen gleichermaßen verfügt, aus diesen einheitliche Interpretationen der umgebenden Welt erstellt, Entscheidungen fällt und Handlungsabläufe festlegt. Neurobiologische Erkenntnisse über die Organisation höherer Hirnfunktionen geben keinen Hinweis auf die Existenz einer solchen Kontrollinstanz, sondern lassen vielmehr vermuten, dass die Verarbeitungsprozesse im Gehirn in hohem Maße distributiv und parallel erfolgen. Wie diese zahlreichen verteilten Funktionen gebunden werden, um kohärente Wahrnehmungen und Handlungsentwürfe zu ermöglichen, ist eine der zentralen Fragen, mit denen sich die Suche nach dem neuronalen Substrat höherer kognitiver Leistungen auseinandersetzen muss. Eine schwer zu überwindende Diskrepanz besteht ferner zwischen unserer Selbstwahrnehmung, in der wir uns als freie, selbstbestimmte Agenten erfahren, und dem neurobiologischen Dogma, dass selbst die höchsten kognitiven Leistungen auf neuronalen Prozessen beruhen, die den bekannten Naturgesetzen gehorchen. Hypothesen über die Gründe für Diskrepanzen sind erst im Ansatz sichtbar. Zu bedenken wird sein, dass unsere kognitiven Fähigkeiten Folge evolutionärer Anpassung sind und damit notwendig begrenzt.

Unsere Wahrnehmungen der Welt beruhen auf Interpretationen, die sich ihrerseits auf einen profunden Schatz von Vorwissen stützen. Alles Wissen, über das ein Gehirn verfügt, und die Programme, nach denen dieses Wissen angewandt wird, sind in seiner funktionellen Architektur gespeichert. Damit reduziert sich die Frage nach der Herkunft von Wissen auf die Frage, welche Faktoren bestimmen, wie Nervenzellen miteinander verschaltet sind, ob sie erregend oder hemmend miteinander in Wechselwirkung stehen und wie stark die jeweiligen Wechselwirkungen sind. Bestimmend für die Auslegung dieser funktionellen Architektur sind die Evolution, erfahrungsabhängige Prägungsprozesse während der Hirnentwicklung und schließlich die Lernprozesse, die das Leben begleiten. Somit kann die Evolution als kognitiver Prozess verstanden werden. Durch evolutionäre Anpassung an die mesoskopische Welt, in der sich Leben entwickelt hat, bildeten sich Hirnstrukturen heraus, in denen Wissen über die Bedingungen dieser Welt gespeichert ist. Dieses Wissen wird über die Gene von Generation zu Generation weitergegeben und bestimmt in hohem Maße, wie wir wahrnehmen und handeln.

Abstract

Advances in cognitive neurosciences provide insights that are also relevant for the humanities. Some of them deserve particular attention because they are difficult to reconcile with our intuition about the constitution of the self. It appears to us as if we had a supraordinate center in our brain that is aware of all the sensory information provided by our sense organs, uses this information for the interpretation of conditions in the outer world, reaches decisions and plans future actions. Neurobiological findings about the organization of our brains contradict this view because they are unable to identify such a supraordinate center. Rather, evidence suggests that the brain is organized as a highly distributed system in which a large number of processes occur simultaneously and in an interactive way. How these many distributed functions are coordinated and bound together so that they give rise to coherent perceptions, decisions and actions is one of the major challenges of contemporary neuroscience. Another conflict arises from our intuition that we experience ourselves as agents who are free to decide at will. However, neurobiological evidence indicates that even the highest mental functions that we equate with functions of the mind are the consequence and not the cause of neuronal processes. Since the latter follow the laws of nature, this implies that decisions about what to do next are prepared by preceding neuronal processes that respect the principles of causality. One reason for these discrepancies is that our cognitive functions are the result of evolutionary adaptation of our brains and thus limited.

Our perception of the world and of ourselves is based on interpretations that are derived from a wealth of *a priori* knowledge. This knowledge is stored in the functional architecture of our brains which in turn is specified by the genes, by post natal experience and life long learning. Through this evolutionary and ontogenetic adaptation to the small sector of the world in which life has evolved, brain architectures have been specified which contain the knowledge and the computational programs for the use of this knowledge. These are the conditions that determine how we perceive, assign values, decide and act.

Ich möchte meinen Ausführungen einige Behauptungen voranschicken, die in der Neurobiologie als implizite Annahmen gelten. Niemand erwähnt sie mehr, da alle davon ausgehen, dass sie allgemein bekannt und akzeptiert sind, auch in der breiteren Öffentlichkeit. Deshalb scheint es mir wichtig, noch einmal kurz zusammenzufassen, wovon Neurobiologen überzeugt sind. Sie gehen davon aus, dass alles Wissen, welches wir über die Welt haben können, in unseren Gehirnen gespeichert ist, und zwar in der funktionellen Architektur des Gehirns. Es ist wichtig, dies zu betonen, weil es ein großes Missverständnis gibt – man immer glaubt, Gehirne würden so funktionieren wie Computer. Dies aber trifft nicht zu. Beide sind zwar informationsverarbeitende Systeme, aber Gehirne sind völlig anders aufgebaut. Sie lassen sich nicht unterteilen in Rechenwerk, Arbeitsspeicher und Programmspeicher. Im Gehirn gibt es nur Nervenzellen, die auf besondere Art und Weise miteinander verschaltet sind. Hier liegen die einzigen Freiheitsgrade, die Gehirne haben. Nervenzellen funktionieren immer ungefähr nach den gleichen Prinzipien, die sehen an unterschiedlichen Stellen unterschiedlich aus, weil sie sich an die anatomischen Gegebenheiten anpassen müssen und unterschiedlich weit ihre Fasern aussenden, was Rückwirkungen auf die Struktur dieser kleinen Zellen hat. Aber die Funktionsweise ist immer die gleiche – sie sammeln Signale von anderen Nervenzellen über ihre Dendritenbäume ein, integrieren diese und, wenn genügend Erregung zusammenkommt, dann erzeugen sie ein Aktionspotenzial, einen kurzen elektrischen Impuls, der etwa eine tausendstel Sekunde lang ist. Dieser wird dann fortgeleitet und über Verzweigungen des Axons auf zig-tausend andere Zellen weiterverteilt. Die Funktionen des Systems werden durch die Architektur der Verschaltung vorgegeben. Alles Wissen, die Regeln, nach denen dieses Wissen erworben, verwaltet und angewandt wird, um Reaktionen zu erzeugen – alles das residiert in der funktionellen Architektur des Systems. Nervenzellen können über erregende oder hemmende Verbindungen miteinander kommunizieren, und diese Verbindungen können stark oder schwach sein. Die Komplexität der resultierenden Nervennetze ist unvorstellbar. Im Gehirn gibt es etwa 10^{11} Nervenzellen, das ist eine 10 mit 11 Nullen, von denen jede einzelne ihre Informationen, also diese kurzen elektrischen Impulse, an etwa 10000 bis 20000 andere verteilt. Von ebenso vielen anderen Zellen erhält eine einzelne Nervenzelle ihrerseits Informationen über synaptische Kontakte. Die Partner können dabei in unmittelbarer Nachbarschaft, aber auch weit entfernt liegen. In diesen Verschaltungen ist alles festgelegt, was Gehirne können.

Ferner gehen Neurobiologen davon aus, dass alle Funktionen, die wir an uns und unserem Gegenüber beobachten können, auf neuronalen Prozessen beruhen. Das schließt die höchsten kognitiven Leistungen mit ein, also unsere Wahrnehmungen, subjektiven Empfindungen, Emotionen, kurz all das, was man in den Humanwissenschaften im Allgemeinen mit „das Geistige“ umschreibt. Wir gehen davon aus, dass neuronale Prozesse allen Empfindungen, Entscheidungen, Gedanken und Verhaltensäußerungen vorausgehen, und diese ursächlich bewirken. Zurzeit gibt es keinerlei Hinweise darauf, dass „geistige“, also immaterielle, Prozesse auf Nervenzellen einwirken könnten, damit diese ausführen, was der geistige Prozess will. Vorgängig sind immer die neuronalen Prozesse, und diese manifestieren sich dann als Handlungen, oder Inhalte des Bewusstseins. Dann gehen Hirnforscher davon aus, dass alle neuronalen Prozesse den bekannten Naturgesetzen folgen. Alle Evidenz spricht dafür, dass wir keine Zusatzannahmen machen müssen, um das Verhalten von Tieren durch die Funktion ihrer Nervensysteme erklären zu können. Es gibt noch Lücken, aber offenbar prinzipiell kein Hindernis, auch alle Leistungen von Menschen auf neuronale Prozesse zurückzuführen und diese wiederum auf der Basis der geltenden und bekannten Naturgesetze zu erfassen. Auch hier müssen wir bislang keine Zusatzannahmen machen. Es gibt keine wissenschaftlich gesicherte Beobachtung, die uns zwänge, Mechanismen zu postulieren, für die wir keine naturwissenschaftlichen Erklärungsmodelle haben.

Nun will ich diese Behauptungen etwas differenzieren. Die funktionelle Architektur des menschlichen Gehirns verdankt sich zum einen seiner genetischen Anlage – und in dieser genetisch vorgegebenen Struktur ist bereits Wissen über die Welt niedergelegt. Aber die Funktionsweise menschlicher Gehirne wird während eines langen Entwicklungsprozesses zudem nachhaltig von Umwelteinflüssen geprägt. Wenn Menschen geboren werden, sind deren Gehirne noch extrem unreif. Es existieren nur die Verschaltungen, die notwendig sind, um das kleine Baby am Leben zu erhalten. Ein Großteil der Verbindungen der Großhirnrinde, die für die hohen kognitiven Leistungen Erwachsener zuständig sind, wird erst viel später ausgebildet. Die Nervenzellen sind zwar schon fast alle geboren, aber sie sind noch unverbunden. Dann wachsen in einem langen Reifungsprozess, der sich etwa bis zum 20. Lebensalter fortsetzt, Nervenverbindungen aus – wobei sehr viel mehr Verbindungen angelegt werden, als letztlich übrig bleiben. Etwa 30–40 % der einmal gebildeten Verbindungen werden wieder eingeschmolzen, und dieser Umbauprozess erfolgt unter der strukturierenden Einwirkung von neuronaler Aktivität. Diese wird natürlich ihrerseits wieder durch Sinnessignale nachhaltig beeinflusst und moduliert. Daraus folgt, dass die Erfahrungen, die wir nach der Geburt machen, strukturierend in die Gehirnentwicklung eingreifen und die Verbindungsarchitektur, also die schon oft erwähnte funktionelle Architektur, verändern. Das führt dazu, dass wir, obgleich wir ungefähr die gleiche genetische Ausstattung haben wie Steinzeitmenschen – wie Höhlenbewohner –, über Gehirne verfügen, die in der Endausformung vermutlich wesentlich komplizierter verschaltet sind als die Gehirne unserer Vorfahren. Wir haben alle einen langen Entwicklungsprozess durchgemacht, der eingebettet in unser sozio-kulturelles Umfeld, auf sehr viel mehr Informationen zurückgreifen konnte und in Gehirnverschaltungen umsetzte, als dies für die Menschen damals möglich war. Deshalb können fast alle heutigen Menschen Autofahren und manche Symphonien komponieren und Differenzialgleichungen lösen. All diese Leistungen müssen von der funktionellen Architektur der jeweiligen Gehirne getragen werden. Im Gehirn wirken keine virtuellen Programme – keine immateriellen Agenten –, alle Hirnleistungen beruhen auf Verschaltungen, die genetisch angelegt sind und durch Lernen modifiziert werden. Lernen beruht auf Verschaltungsänderungen – es wachsen keine neuen Verbindungen aus, sondern die Kopplungsstärken bestehender Verbindungen werden modifiziert. Nach der Stunde, die wir zusammen verbringen, werden sowohl in Ihrem als auch in meinem Gehirn Myriaden von Nervenverbindungen in ihrer Wertigkeit ein wenig verstärkt oder abgeschwächt worden sein. Wir müssen dann irgendwann schlafen, damit diese Veränderungen konsolidiert und die entstehenden Ungleichgewichte normalisiert werden können.

Nach diesen Behauptungen ist es notwendig, einige erkenntnistheoretische Warnungen auszusprechen. Dies ziemt sich vor allem für Hirnforscher. Denn wir sollten uns mehr noch als die Vertreter anderer Wissensdisziplinen darüber im Klaren sein, dass wir natürlich nur erkennen, erdenken und uns vorstellen können, was die kognitiven Funktionen unseres Gehirns uns zu erfassen erlauben. Und, wie ich gleich ausführen werde, sind diese Leistungen mit ganz großer Wahrscheinlichkeit sehr eingeschränkt. Das Gehirn hat sich wie alle anderen Organe, wie der Organismus selbst, im Lauf der Evolution herausdifferenziert und an die Bedingungen der vorgefundenen Welt angepasst, wie der Vogelflügel an den Luftraum und die Fischflosse an das Wasser. Diese Anpassungen erfolgten an jenen Bereich der Welt, in dem sich Leben entwickeln konnte. Und dies ist ein extrem schmaler Ausschnitt des uns bis jetzt bekannten Universums. Leben hat sich in einer Dimension entwickelt, die sich von Mikrometern – wie Bakterien – bis zu einigen Metern erstreckt. Das ist der Ausschnitt der Welt, der für das Überleben relevant ist. In diesem Segment sind ganz bestimmte Qualitäten und Gesetzmäßigkeiten prävalent. Es gibt solide Objekte und abgegrenzte Gegenstände. In der Quantenwelt herrschen gänzlich andere Bedingungen. In „unserer“ Welt, an die wir uns angepasst haben, ist es sinnvoll, die Kategorien von Raum und Zeit zu trennen. Eine Trennung, die sich auf kosmische Prozesse nicht übertragen lässt. Offenbar haben sich die kognitiven Leistungen unserer Gehirne an das enge Spektrum der Lebenswelt angepasst, und vermutlich sind wir deshalb unfähig, uns vorzustellen, wie es in den anderen Bereichen der Welt zugeht. Wir können zwar durch Extrapolation gewisse Rückschlüsse ziehen, indem wir mathematische Verfahren anwenden, aber wir erkennen immer wieder, dass diese Extrapolationen an Grenzen stoßen. Die Physik erfährt das sehr schmerzlich zurzeit bei dem Versuch, sich dem Urknall – wenn er sich denn je ereignet haben sollte – zu nähern, aber schon jetzt zu wissen, dass es ein darüber hinaus nicht geben wird. Und ähnlich zerfließt die Zuversicht, im Kleinen immer weiter vordringen zu können – schon jetzt gibt es im Bereich der Quantenphysik Widersprüchlichkeiten, die sich gegenwärtig zumindest, auch durch kräftiges Nachdenken nicht auflösen lassen. Zudem sind die Aussagen selbst schlüssiger Theorien intuitiv meist nicht mehr nachvollziehbar. Das alles weist darauf hin, dass wir kognitive Leistungen entwickelt haben, die nur für die Erfassung der Variablen ausgelegt sind, die Bedeutung für das Überleben haben. Diese Variablen sind nicht notwendig dieselben wie die, die bewertet werden müssten, um absolute Wahrheiten im Kantschen Sinne, von der Welt an sich, erfassen zu können. Deshalb sollte man skeptisch sein gegenüber allen Aussagen, die Absolutheit beanspruchen. Wissenschaftliche Aussagen sind jeweils nur innerhalb abgesteckter, genau definierter Bereiche gültig, auch dann, wenn sie sich experimentell verifizieren lassen. Denn selbst diese Verifizierung erfolgt in einem engen Raum von Vorschriften und erfordert Verabredungen. Gültigkeit kann nur innerhalb definierter Grenzen beansprucht werden, und seit GÖDEL wissen wir, dass selbst die eherne Mathematik, von der man am meisten erwarten würde, dass sie allgemeine Gültigkeit besitzt und dies lückenlos beweisen kann, diesem Anspruch nicht gerecht wird. Es kann also sein, dass die Art, wie wir logisch schlussfolgern, Ursachen und Wirkungen miteinander verknüpfen, ein Spezialfall ist, der in der Welt, in der wir uns entwickelt haben, gute Dienste erweist, aber nur begrenzt verallgemeinerbar ist. Diese Überlegungen erlauben es, alles das, was ich im Folgenden ausführen werde, auszuhebeln – was zu tun wir geneigt sind, wenn es unserem Selbstverständnis nicht entspricht oder zu narzisstischen Verletzungen führen würde.

Die Hirnforschung hat sich in den letzten Jahrzehnten durch die Erforschung sehr hoher kognitiver Leistungen immer mehr Bereichen angenähert, die traditionell von den Human- und Geisteswissenschaften besetzt worden sind. Wir begegnen immer wieder Fragen, die eigentlich klassische Probleme der Philosophie sind. Wir treten deshalb immer häufiger mit Philosophen in Dialoge, und diese sind nicht immer konfliktfrei. Was die Neurobiologie zutage fördert, steht gelegentlich im Widerspruch zu dem, was Intuition, Selbstreflexion und Beobachtung des anderen bislang vorgeschlagen haben.

So müssen wir uns z. B. mit unseren Kollegen in der Philosophie über erkenntnistheoretische Probleme auseinandersetzen. Denn wer über ein System arbeitet, das für die Wahrnehmung verantwortlich ist, muss sich natürlich der Frage stellen, wie objektiv und verlässlich die Wahrnehmungen sind, die unser Gehirn vermittelt. Sind Wahrnehmungen lediglich Konstrukte unseres Gehirns, wie viel haben sie mit der Wirklichkeit zu tun, favorisiert die Hirnforschung phänomenologische, konstruktivistische oder naturalistische Positionen? Diese Fragen diskutieren wir zurzeit.

Dann müssen wir uns dem Leib-Seele-Problem stellen, denn solange unsere Sprache zwischen Leib und Seele oder Materiellem und Geistigem unterscheidet, Unterscheidungen, die sich der kulturellen Evolution verdanken, liegt die Beweislast bei der Neurobiologie, erklären zu müssen, wie Geistiges aus Materiellem hervorgehen kann. Über die kulturelle Evolution kamen Phänomene in die Welt, sogenannte soziale Realitäten, für die Namen gefunden wurden. Diese immateriellen Realitäten umfassen Wertesysteme, moralische Vorstellungen, Glaubensinhalte und vieles mehr, das nicht mit den fünf Sinnen erfasst werden kann, aber dennoch seine Repräsentanz im Gehirn haben muss. Dieses Problem treibt uns um und führt zu Auseinandersetzungen mit der Philosophie. Das gleiche gilt für die Konstitution des Ichs, des Selbst, des autonomen Agenten, den wir als Dirigenten in unserem Gehirn vermuten. Eine eherne Auffassung abendländischer Geistestradition ist, dass es irgendwo in uns eine Zentralinstanz geben muss, die alle Entscheidungen trifft, Handlungen initiiert und dann zur Verantwortung gezogen wird, wenn sie sich falsch entscheidet. Die Frage ist, was die Neurobiologie dazu sagt, wie sie glaubt, dass sich dieses Ich in einem Gehirn konstituiert? Und dies wiederum ist eng mit der Frage nach der Freiheit unseres Willens, der Freiheit unserer Entscheidungsfähigkeit verbunden. Ich will darauf hier nicht explizit eingehen. Die Schlussfolgerungen ergeben sich aus den Fakten, die ich vorstellen werde. Wichtige erkenntnistheoretisch relevante Aspekte sind ferner mit der Frage verbunden, woher ein Gehirn eigentlich weiß, dass es ein Ergebnis erzielt hat, wenn es nachdenkt, wenn es irgendwas ausrechnet oder eine Quizfrage zu lösen versucht, und wie es erkennt, wann es mit der Bearbeitung eines Problems fertig ist? Wir wissen alle, dass wir das können. Wir wissen, dass wir, wenn wir vor einem Problem stehen, irgendwann einmal das Gefühl haben, ja – jetzt habe ich es gelöst, und man weiß meist sogar, wie wahrscheinlich oder wie sicher die gefundene Lösung ist. Man spürt, dass man dem Problem näher gekommen ist, aber dass die Lösung vermutlich noch nicht die richtige ist. Es muss also im Gehirn Systeme geben, die in der Lage sind, die Aktivität von Millionen und Abermillionen von Nervenzellen – und dieses ist das Korrelat von Gedanken, von Entscheidungen und von Lösungen – daraufhin zu untersuchen, ob die Aktivitätsmuster vom Suchvorgang herrühren oder schon eine Lösung darstellen. Noch haben wir keine Antworten auf diese Frage. Deutlich wird jedoch, dass wir es mit einem selbstreferentiellen System zutun haben, das offenbar aufgrund interner Bewertungssysteme in der Lage ist, für sich selbst zu entscheiden, was eine Lösung darstellt. Das muss so sein, denn wenn das System lernen soll, dann darf es natürlich nur in solchen Phasen lernen, in denen konsistente Ergebnisse vorliegen – Wahrnehmungsergebnisse oder Handlungsergebnisse.

Die hier angesprochenen Probleme verdeutlichen einige der Fragestellungen, die uns zurzeit umtreiben. Und diese sind eng verbunden mit der Frage nach der Validität unseres Urteilsvermögens. Dies lässt sich im Bereich der Wahrnehmung sehr schön illustrieren. Hier stellt sich immer wieder die Frage, nehmen wir wahr, was tatsächlich ist, oder sind es wir, die festlegen, was der Fall ist? Sind wir Konstruktivisten? Aus den nun folgenden Beispielen wird deutlich, dass wir unsere Wahrnehmung rekonstruieren und nicht einfach abbilden, was unsere Sinnesorgane vermitteln. Hier einige Beispiele.

Aufgrund von Mechanismen in der Netzhaut des Auges, die kontrastverstärkend wirken, kommt es dazu, dass je nachdem, wohin der Ort des schärfsten Sehens gerichtet ist, die Zwischenräume in diesem Gittermuster entweder als schwarze oder weiße Punkte wahrgenommen werden (Abb. 1). Es wird etwas wahrgenommen, was in Wirklichkeit nicht vorhanden ist.

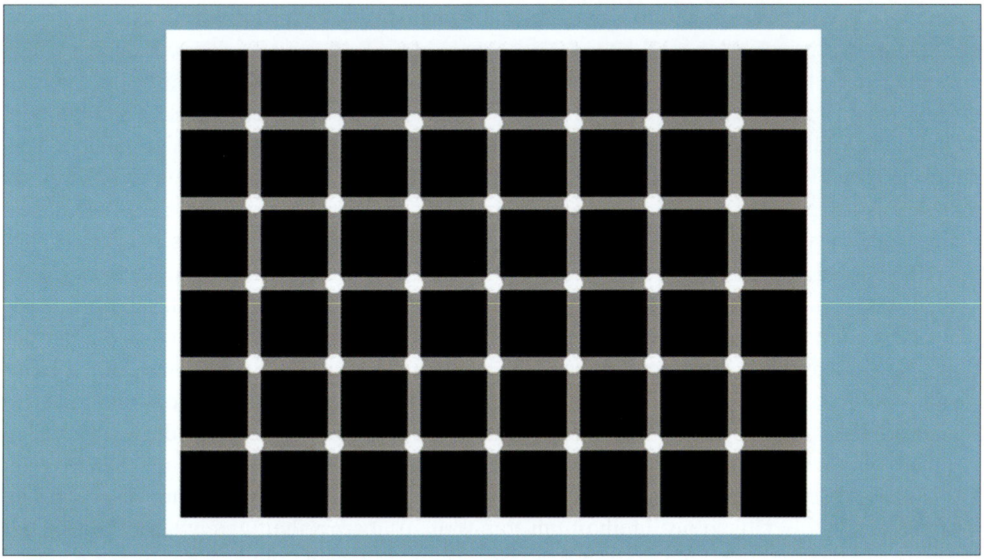

Abb. 1 Zwischenräume in einem Gittermuster: Schwarze oder weiße Punkte?

An dieser Stelle sei darauf verwiesen, wie unvorstellbar komplex die Hirnleistungen sind, die zu Wahrnehmung führen. Auf der Netzhaut Ihrer Augen findet sich nichts anderes als eine zweidimensionale Verteilung von elektromagnetischen Wellen, die sich in Intensität und Wellenlänge unterscheiden. Dabei ist das Auge nur für einen relativ engen Bereich des Spektrums empfindlich – wir sind blind für alles, was jenseits des Infrarotbereiches liegt. Dafür sind dann die Hautrezeptoren zuständig, und wir empfinden diese langwellige Strahlung dann als Wärme, trennen also scharf zwischen den Modalitäten Wärme und Licht, obgleich es sich in beiden Fällen um die Wahrnehmung der Wirkung elektromagnetischer Wellen handelt. Wir sind auch im ultravioletten Bereich blind – anders als viele Tiere –, und für den ganzen restlichen Bereich der elektromagnetischen Strahlung haben wir überhaupt keine Sensoren. Auf der Netzhaut findet sich also diese kontinuierliche Verteilung von Strahlung, und das Gehirn berechnet daraus nun den ganzen Reichtum der visuell wahrnehmbaren Welt. Es muss aus diesem Kontinuum herausfinden, welche Wellenlängen zu welcher Person hier im Raum gehören, welche zu der nächstsitzenden, welche zu der halbverdeckten Person dahinter, welche von den Stühlen kommen und so weiter und so weiter. Hätte das Gehirn nicht diese Fähigkeit, würden wir überhaupt nichts sehen als diese kontinuierliche Wellenverteilung. Das Gehirn kann diese Segmentierungsleistung nur vollbringen, weil es über einen ungeheuren Schatz von Vorwissen über die wahrscheinliche Beschaffenheit der Welt verfügt. Vorwissen, das zum Teil über die Evolution erworben wurde, in der genetisch vorgegebenen Struktur des Gehirns gespeichert ist und dann über Lernprozesse vervollständigt wurde. Mit dem wenigen, was aus der Welt über unsere Sinnessysteme aufgenommen wird, die nur ein enges Spektrum der möglichen Signale überhaupt kodieren können, synthetisiert unser Gehirn das Reich unserer Wahrnehmungen.

Ein einfaches Beispiel verdeutlicht diese konstruktive Leistung. Wir haben in jedem Augenblick den Eindruck, dass die visuelle Welt um uns scharf gesehen und vollständig gegenwärtig ist. Dies ist eine Illusion. Wir sehen nur in einem Bereich scharf, der etwa so groß ist wie ein Tennisball in 75 cm Entfernung. Ein wenig weiter peripher, können wir schon nicht mehr zwischen nah benachbarten Konturen unterscheiden. Dennoch haben wir den Eindruck, die gesamte Szene scharf abgebildet vor Augen zu haben. Der Grund ist, dass wir unsere Wahrnehmungen auf der Basis von Erinnerungen und Vorstellungen rekonstruieren. Würde man in diesem Raum irgendetwas verändern, dann würden wir dies überhaupt nicht wahrnehmen, wenn nicht zufällig unsere Aufmerksamkeit gerade dort lag. Diese Blindheit gegenüber Veränderungen ist Folge der konstruktivistischen Natur unserer Wahrnehmung und unserer selektiven Aufmerksamkeit. Beide Phänomene sind für eine Vielzahl von Fehlleistungen verantwortlich, und die Zauberer leben davon.

Künstler haben das natürlich auch erkannt und nutzen es aus, um Effekte zu erzielen. In dem Bild *La condition humaine* erzeugt René MAGRITTE (1898–1967) durch die Farben auf einer Leinwand die gleichen Verteilungen von elektromagnetischen Wellen, die von der dahinter liegenden Szene gekommen wären (Abb. 2). Und hätte er nicht hier noch einen Leinwandsaum eingezeichnet und die Staffeleifüße dazu, das Bild würde vollkommen mit dem Hintergrund verschmelzen. Es wäre nicht herauszufinden, dass es sich hier um ein Gemälde vor einer wirklichen Szene handelt. Die *Tromp d'oeil*-Malerei beruht auf dem gleichen Prinzip. Oft ist zu beobachten, dass nicht nur Kinder in solchen Ausstellungen dann ganz nah hingehen und versuchen, die Objekthaftigkeit durch Betasten zu überprüfen. Durch Nachahmung der Wellenverteilung, die ein echtes Objekt auf der Netzhaut erzeugte, was man natürlich durch zweidimensionale Bilder ohne weiteres erreichen kann, lassen sich perfekte Illusionen erzeugen. Damit stellt sich die Frage, wie viel von dem, was wir ständig als gegeben wahrnehmen, solch „illusionären" Charakter hat.

Lassen Sie mich ein weiteres Beispiel dafür geben, wie aktiv unser Gehirn bei der Interpretation von Sinnessignalen vorgeht. Entscheidet sich das Sehsystem bei Betrachtung der Abbildung 3, dass das Weiße die Figur ist, dann sieht man diese schöne Vase. Entscheidet sich das System aber, dass die Figur das Schwarze ist, dann sieht man zwei Gesichter – des Prinzgemahls und der Königin vor vielen, vielen Jahren – als das Beispiel erfunden wurde – von Herrn RUBIN – einem Engländer.

Solche Entscheidungen gehen jeder Wahrnehmung voraus, immer ist zu entscheiden: was ist Vordergrund? – was Hintergrund? – was gehört zur Figur? In unserem Gehirn sind Regeln gespeichert, die uns dazu in die Lage versetzen. Diese sogenannten Gestaltprinzipien wurden zum großen Teil in Frankfurt erarbeitet, von den Gestaltpsychologen wie KOFFKA, WERTHEIMER und KOHLER. Viele von ihnen mussten, weil sie Juden waren, von diesem Kontinent fliehen und haben dann in Amerika die Gestaltpsychologie zur Blüte gebracht.

Dann gibt es bildliche Darstellungen, die in der dreidimensionalen Welt keine Entsprechung haben können. Hier werden durch lokale geometrische Bezüge dreidimensionale Objekte erzeugt, die in globaler Ansicht unmöglich sind. All diese Beispiele belegen, dass Wahrnehmen auf der Rekonstruktion von Sinnessignalen beruht, die relativ spärlich sind – gemessen an dem, was insgesamt aus der Welt extrahiert werden könnte. Für diese versucht das Gehirn, die jeweils plausibelste Interpretation zu finden. Dies wiederum erfordert ungeheuer viel Vorwissen über die Bedingungen der Welt, an die sich die Organismen und deren Gehirne angepasst haben. Wenn das, was dargeboten wird, den Gesetzmäßigkeiten nicht entspricht, die wir antizipieren, kann es passieren, dass wir überhaupt nicht wahrnehmen. Was wir und wie wir wahrnehmen, wird also festgelegt durch unser Vorwissen. Ein großer Teil dieses Vorwissens wurde im Lauf der Evolution in unsere Gehirne eingeprägt, weshalb wir einen erheblichen Teil dieses Wissen mit anderen Tieren gemeinsam haben. Sie erliegen deshalb auch den gleichen Täuschungen wie wir.

Abb. 2 René Magritte *La condition humaine* – Fenster zur Welt

Anders – und ich komme später nochmals darauf zurück – verhält es sich mit der Beurteilung von Artefakten und sozialen Realitäten, die erst durch die kulturelle Evolution in die Welt gekommen sind. Auch diese können wir nur erkennen, wahrnehmen und beurteilen, weil wir entsprechendes Vorwissen über ihre Bedingungen haben. Aber dieses Vorwissen haben wir nach der Geburt, durch die Einbettung in Kulturkreise – unser soziokulturelles Umfeld – er-

Abb. 3 Rubinsche Vase: Um die Gesichter oder die Vase zu erkennen, muss geklärt werden, welche Konturen jeweils zur Figur gehören, und diese müssen selektiv zu einer Gestalt gebunden werden.

worben. Auch dieses erworbene Vorwissen legt fest, was wir und wie wir etwas wahrnehmen. Wenn also unterschiedliche Menschen unterschiedliches Vorwissen haben, was bei kulturspezifischer Prägung wahrscheinlich ist, werden Menschen völlig andere Wahrnehmungen haben, auch wenn sie mit der gleichen Situation konfrontiert werden. Dabei handelt es sich um Primärwahrnehmungen, die sich nicht relativieren und in Frage stellen lassen – genauso wenig wie die Wahrnehmung eines Tones oder einer Farbe.

Zurück jetzt zu der Frage, woher wir wissen, was wir wissen? Wenn alles, was wir wissen, in der funktionellen Architektur des Gehirns niedergelegt ist, reduziert sich diese Frage auf die Suche nach den Determinanten dieser Architektur. Da gibt es drei wichtige Quellen. Ich hatte sie schon erwähnt. Zuvorderst ist da die Evolution als Quelle genetisch tradierten Wissens. Hierbei handelt es sich um implizites Wissen, wir wissen nicht, dass wir es haben, weil wir nicht dabei waren, als es erworben wurde – über die vielen Jahrmillionen hinweg. Dann gibt es das erfahrungsabhängige Wissen, welches in der frühen Entwicklung erworben wird. Auch von diesem wissen wir wenig, weil es das Phänomen der frühkindlichen Amnesie gibt. Bis zum 3./4. Lebensjahr etwa lernt man zwar sehr viel, speichert aber nicht gleichzeitig ab, in welchem Kontext man etwas gelernt hat. Man weiß dann, aber man weiß nicht, warum man weiß. Das kindliche Wissen ist genau von dieser Beschaffenheit. Wenn man mit Kindern diskutiert, dann hört man Behauptungen wie: ja, Mama, das ist so – fragt man nach: woher weißt du das? – dann folgt meist, weil das so ist. Wieder handelt es sich um Wissen, dessen Verursachung nicht bekannt ist, in diesem Fall nicht erinnert wird. Deshalb wird es zu verabsolutierendem Wissen, das nicht relativierbar ist. Und auch dieses Wissen bestimmt die Art und Weise, wie wir wahrnehmen. Wenn wir alle ungefähr das gleiche Vorwissen haben, dann können wir uns in der Regel bezüglich unserer Wahrnehmungen einigen. Das gilt aber oft nicht für kulturell tradiertes Wissen und damit nicht für die Beurteilung von sozialen Realitäten. Vielleicht ist dies einer der Gründe für interkulturelle Konflikte. Unterschiedlich sozialisierte Menschen nehmen dasselbe unterschiedlich wahr, aber erfahren es als Primärwahrnehmung, die sie nicht relativieren können. Es ist in solchen Fällen nicht möglich zu entscheiden, wer „recht" hat – beide nehmen etwas Nicht-Hinterfragbares wahr. Wenn es sich um soziale Realitäten handelt, gibt es aber keinen Schiedsrichter, kein physikalisches Messinstrument, das sagen könnte, wer mehr recht hat. Was das für unseren Toleranzbegriff bedeutet, ist offensichtlich. Meist reduziert sich unsere Toleranz auf Permissivität. Wir erkennen, dass andere anders wahrnehmen, und wenn es sich um eine Minorität handelt, gehen wir davon aus, dass sich die anderen täuschen, nehmen das aber „tolerant" hin, solange das Abweichende nicht stört. Wie die vorangegangenen Argumente nahe legen, sollte man aber denen, die abweichende Wahrnehmungen haben, zubilligen, dass sie genauso Recht haben. Also wäre es verpflichtend, nicht Recht haben zu wollen, sondern Reziprozität einzufordern: Jedem wird zugestanden, soziale Realitäten anders wahrzunehmen, nur muss sich daraus ein respektvolles reziprokes Verhältnis entwickeln. Jeder muss dem anderen zubilligen, etwas anderes als zutreffend wahrzunehmen, aber es muss interveniert werden, wenn diese Zubilligung verletzt wird und die aus abweichenden Wahrnehmungen abgeleiteten Handlungen die Würde des anderen missachten. Man darf nicht am Wahrheitsgehalt der jeweiligen Wahrnehmung zweifeln, denn damit würde man sofort ein Ungleichgewicht einführen. Ein Argument, welches auch für psychisch „kranke" Menschen gilt, denn wer weiß denn schon, ob nicht die Weltsichten von Erkrankten die Zutreffenderen sind – auch wenn sie nur die Minorität darstellen.

Doch zurück zu den Wissensquellen. Man kann also die Evolution als kognitiven Prozess verstehen, durch den Wissen über die Welt im Gehirn installiert worden ist, und zwar über die Ausgestaltung von Architekturen, die von den Genen jeweils neu induziert werden, wenn sich ein Lebewesen entwickelt. Bedeutsam ist in diesem Kontext, dass die Evolution extrem konservativ ist, dass also vieles von dem, was wir über die Welt wissen, schon sehr früh in der Evolution erworben wurde. Organisationsprinzipien und Mechanismen, die sich bewährt haben, sind erhalten geblieben, weshalb viele von ihnen gleichermaßen im Nervensystem von Weichtieren und Primaten realisiert sind. Ich erinnere daran, dass Eric KANDEL – manche mögen den Film gesehen haben – seine Entdeckung über die molekularen Grundlagen von Lernprozessen an der Meeresschnecke *Aplysia* erarbeitet hat. Diese Mechanismen blieben unverändert die gesamte Evolution hindurch erhalten, offenbar weil sie sich bewährt haben. In diesen molekularen Prozessen ist bereits das Prinzip von Ursache und Wirkung, das Prinzip, dass Ursachen Wirkungen vorausgehen müssen und nicht umgekehrt, verankert. Was also die Schnecke über das Verhältnis von Ursache und Wirkung gelernt hat, wurde in den Genen verankert und bestimmt auch heute noch unser Verhalten. Konserviert wurden entsprechend auch die Eigenschaften von Nervenzellen und die Mechanismen, über welche sie miteinander kommunizieren. Die Art und Weise, wie Nervenzellen in der Großhirnrinde von Menschen miteinander wechselwirken, die chemischen Substanzen, die sie verwenden, und die Erregbarkeitsmechanismen sind dieselben, wie in der Schnecke. Diese Erkenntnis entkräftet das *ad nauseam* wiederholte Argument, Ergebnisse von Tierexperimenten seien auf den Menschen nicht übertragbar. Fast alles, was wir über die Funktionen unseres Organismus wissen, ist in Untersuchungen an Tiermodellen erarbeitet worden und lässt sich eins zu eins übertragen. Die sehr wirksamen Antiepileptika, die wir heute anwenden, sind in Tierversuchen entdeckt und validiert worden. Dies ist eines von unendlich vielen Beispielen – weshalb es mich immer unwillig macht, wenn ich lese, dass sogar Ärzte behaupten, dass Erkenntnisse aus Tierversuchen nicht auf den Menschen übertragbar seien.

Ein weiterer Beleg für die Kontinuität der Evolution ist die sehr konservative strukturelle Entwicklung von Gehirnen. Hier fasziniert, dass sich seit der Entwicklung der Großhirnrinde, deren Organisationsprinzipien sich auf dem Weg von den einfachen zu den höher entwickelten Vertebraten ausbildeten, keine neuen Strukturen mehr entwickelt haben. Es gibt nur mehr vom Gleichen. Das menschliche Gehirn unterscheidet sich von dem unserer nächsten Nachbarn, den Menschenaffen, nur durch das Hinzufügen von vielleicht einem Dutzend Arealen der Großhirnrinde, die auf ganz besondere Weise mit den bereits vorhandenen verschaltet sind. Mitgewachsen sind nur jene Strukturen, die die Großhirnrinde benötigt, um zu funktionieren. Das Hinzufügen von Substrat, das ganz bestimmte Rechenoperationen ausführen kann – und noch wissen wir nur im Ansatz, welche das sind – hat offenbar ausgereicht, um kognitive Leistungen in die Welt zu bringen, die es uns Menschen erlaubten, der biologischen Evolution eine kulturelle hinzuzufügen. Entsprechend haben wir vieles mit den anderen Primaten und Wirbeltieren gemein. Sie nehmen auf die gleiche Weise wahr wie wir, verfügen über Mechanismen zur Steuerung von Aufmerksamkeit und haben Bewusstsein. Aber was Primaten z. B. nicht können, ist, ihr erworbenes Wissen intentional weiterzugeben. Schimpansen erziehen nicht. Sie machen vor, aber sie sorgen nicht dafür, dem Kleinen die Hand zu führen, wenn es eine Nuss knacken will. Sie haben ferner eine sehr eingeschränkte Theorie des Geistes, können sich also wenig vorstellen, was in dem anderen vorgeht, wenn dieser sich in einer bestimmten Situation befindet und nicht über Gesten oder Laute kundtut, wie er sich fühlt. Auch haben sie keine differenzierte Sprache entwickelt, weil sie nicht hinreichend gut abstrahieren und symbolisch kodieren können. Aufgrund des Hinzukommens von Hirnrindenregionen, die mit vielen anderen eng verbunden sind, können wir Sinnessignale aus verschiedenen Systemen weit besser vergleichen und deshalb in scheinbar Unterschiedlichem das Gemeinsame entdecken. Dies ist eine der Grundlagen für symbolische Kodierung, für Abstraktion. Wenn Tiere einen Zusammenhang visuell erfassen, fällt es ihnen sehr schwer, die gleichen Bezüge z. B. in taktilen Signalen zu erkennen. Zusammen mit noch einigen anderen Attributen haben uns diese kognitiven Fähigkeiten in die Lage versetzt, die Spirale in Gang zu bringen, die zur kulturellen Evolution führte. Menschen bildeten zunehmend komplexe soziokulturelle Umwelten, in die Kinder mit extrem prägbaren, sich langsam entwickelnden Gehirnen hinein geboren wurden. Über intentionale Erziehung und Prägung konnten sich diese dann weiter differenzieren und ihrerseits noch komplexere Umwelten erzeugen usw. Ob und wie sich dieser Prozess der biologisch-kulturellen Co-Evolution fortsetzen wird, kann niemand wissen, weil evolutionäre Dynamik nicht-linear und deshalb nicht voraussagbar ist.

Lassen Sie mich noch einmal kurz zusammenfassen. Wir verfügen über viele von der Evolution mitgegebene, an einen kleinen Ausschnitt der Welt angepasste Verarbeitungsstrategien, von denen manche nach der Geburt noch einmal, durch Anpassung an die real vorgefundene Welt, optimiert werden. Diese bestimmen unsere Wahrnehmungen und Handlungen und geben vor, was wir für selbstverständlich und absolut halten, wie z. B. sensorische Kategorien. Wir schreiben der Welt bestimmte Qualitäten zu, teilen sie ein in eine Welt des Lichts, der Klänge, ertastbarer Objekte, fühlbarer Temperaturen usw. Diese Trennungen sind willkürlich und entsprechen unserer Ausstattung mit bestimmten Rezeptoren. Die molekulare Festlegung von Lernregeln erlaubt uns, Ursachen und Wirkungen zu erkennen und zu verknüpfen. Gestaltprinzipien geben vor, wie wir Objekte definieren – eine Definition, die in der Quantenwelt keine Entsprechung hat. All dies Vorwissen ist notwendige Voraussetzung für jedwede Wahrnehmung, aber es ist meist implizit. Wir wissen nicht, dass wir es haben, und deshalb gehen wir davon aus, dass unsere Wahrnehmungen direkt und absolut sind – aber tatsächlich handelt es sich um das Ergebnis von Interpretationen und komplizierten Inferenzen – es sind Zuschreibungen. Nicht auszuschließen ist somit, dass die Kriterien des logischen Schließens, die in Hirnarchitekturen verankert sein müssen, ebenfalls idiosynkratisch sind, dass es sich auch hier um Spezialfälle handelt, die an den engen Bereich der Lebenswelt angepasst sind, aber keine allgemeine Gültigkeit beanspruchen können. Sollte dies zutreffen – und es dürfte schwierig sein, dies auszuschließen – dann haben wir ein ernstes Problem bei unserem Versuch, von der Welt, die unseren Sinnen zugänglich ist, auf die weit größere zu schließen, die wir über technische Verfahren erfassen können.

Lassen Sie mich noch zwei Beispiele für die Mächtigkeit des impliziten, also nicht gewussten Wissens geben, damit erfahrbar wird, wie tiefgreifend unsere Wahrnehmungen von unbewussten Vorerwartungen abhängen.

In Abbildung 4 sehen wir eine Form, mit der man z. B. Pralinen herstellen kann. Links die Innenseite mit konkaven Vertiefungen, rechts die Rückseite mit konvexen Erhebungen. Nun handelt es sich aber um dieselbe Form, die rechte steht nur auf dem Kopf. Das Sehsystem geht von der Vorannahme aus, dass Licht von oben kommt. Somit muss eine Kontur, die den Schatten oben hat, konkav sein und eine, die den Schatten nach unten wirft, konvex. Die Vorannahme, woher das Licht kommt, bestimmt also, was wir wie wahrnehmen – wobei uns die Annahme nicht bewusst ist.

Ein weiteres Beispiel zeigt Abbildung 5. Die beiden Tischflächen sind absolut gleich. Wenn man sie rotiert und aufeinander legt, erweisen sie sich als identisch. Dennoch nehmen wir sie als völlig unterschiedlich wahr. Warum? Weil das Gehirn Vorannahmen macht, von denen wir nichts wissen. Das Gehirn geht von einer perspektivischen Darstellung aus und berechnet daraus die Form der Tischflächen. Aufgrund dieser Vorannahmen präsentiert uns das Sehsystem ein Ergebnis von Rechenprozessen, von denen wir nichts wissen, deren Resultat aber eine konkrete Wahrnehmung ist, die wir in aller Regel für zutreffend und nicht hinterfragbar halten.

Noch eindrucksvoller ist das nächste Beispiel in Abbildung 6. Ohne Zweifel ist Feld B wesentlich heller als A. Wie sich nach Abdecken einiger Felder erweist, trifft dies nicht zu. A ist so dunkel wie B. Woher rührt diese Täuschung? Das Sehsystem bewertet den gesamten Kontext. Von A und B gelangen tatsächlich, wie gerade gezeigt, gleich viele Photonen ins Auge. Nun sieht das Sehsystem aber zusätzlich den Zylinder und den von ihm ausgehenden Schatten und macht folgende Inferenz: Wenn über B ein Schatten liegt und von B trotzdem genau so viele Photonen zurückkommen, wie von A, dann muss B viel heller sein als A. Also wird B hell gerechnet. Was wir wahrnehmen, ist nicht die Photonenverteilung auf der Netzhaut, sondern das Ergebnis eines komplizierten inferentiellen Prozesses. Das hat natürlich eine wichtige

Abb. 4 Muldenform mit konkaven Vertiefungen (*A*), rechts die Rückseite mit konvexen Erhebungen (*B*)

funktionelle Bedeutung. Wir brauchen diese Mechanismen z. B., wenn wir Beeren unterscheiden wollen, die ähnliche Farbe haben, die beide nahrhaft und gleich süß sind, von denen aber eine giftig ist. Dies erfordert die genaue Beurteilung von Farben, unabhängig von der Tageszeit. In der Morgenröte hat das Sonnenlicht jedoch eine ganz andere Wellenlängenzusammensetzung als nachmittags oder abends. Das heißt, das von den Beeren reflektierte Licht hat morgens eine andere spektrale Verteilung als mittags, wobei es sein kann, dass die giftige Beere in der Früh dasselbe Spektrum reflektiert wie die gute mittags. Das kann lebensbedrohlich sein. Also darf das Sehsystem nur Relationen bewerten und muss die Farbe, die dann tat-

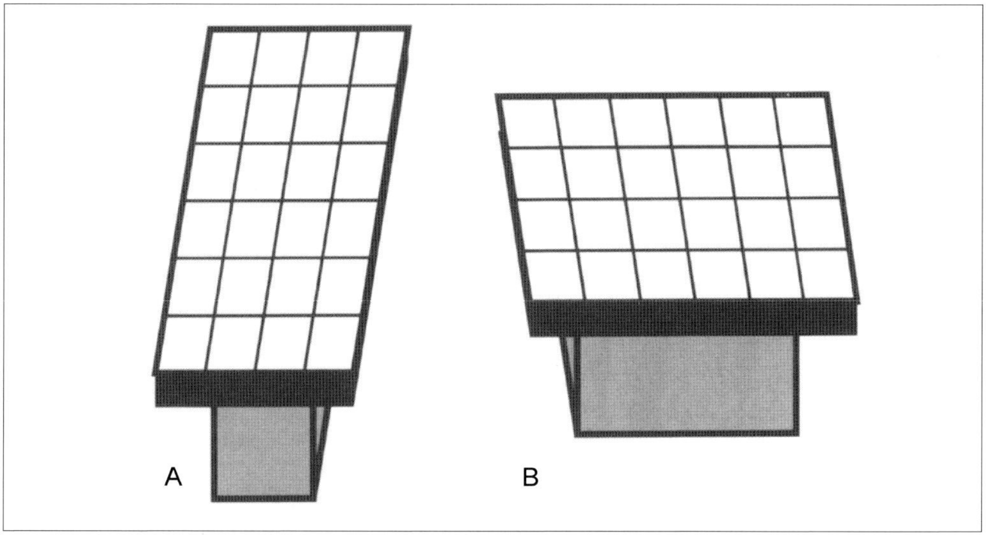

Abb. 5 Annahmen über perspektivische Verzerrungen: Darstellung absolut gleicher Tischflächen. (*B*) zeigt die Platte von (*A*) um 90° gedreht.

sächlich wahrgenommen wird, entsprechend der spektralen Zusammensetzung des beleuchtenden Lichtes, berechnen. Dies gelingt durch Bewertung vieler Vergleichsobjekte. Das Sehsystem ermittelt das tatsächliche Spektrum des Sonnenlichtes vom Blau des Himmels, vom Braun der Baumrinde, vom Grün des Grases – und errechnet daraus das Rot der Beere. Diese Beispiele belegen eindrucksvoll, dass unsere Wahrnehmungen vom Gehirn auf der Basis von Vorannahmen, von denen wir in der Regel nichts wissen, konstruiert werden. Weil wir diese Konstruktionsprozesse selbst nicht wahrnehmen, erfahren wir jedoch das Wahrgenommene als wirklich und unhinterfragbar.

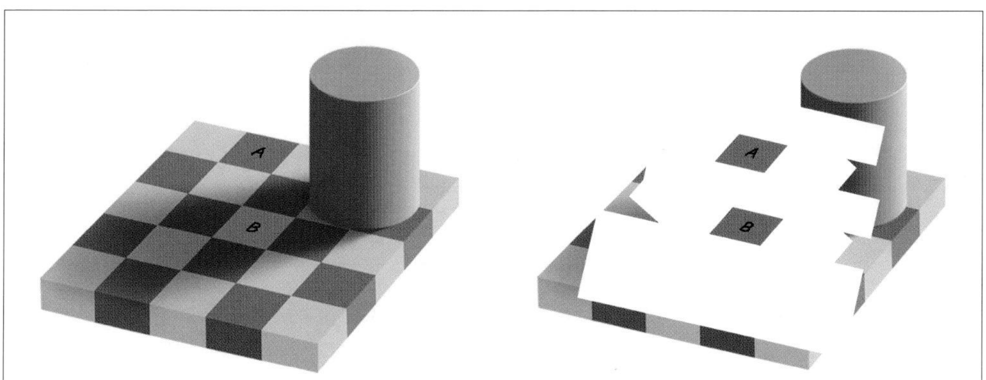

Abb. 6 Optische Täuschung durch den Schattenfall eines Zylinders: Die Felder A und B sind gleich hell, obwohl dies anders erscheint (*links*), das zeigt sich bei Abdecken der entsprechenden Felder (*rechts*). Das Sehsystem berücksichtigt den Schatten (nach Edward H. Adelson).

Weil Wahrnehmen so entscheidend von Vorannahmen abhängig ist, erwarten wir auch, dass es zwischen dem Wahrnehmen von realen konkreten Objekten und dem sich Vorstellen dieser Objekte hinsichtlich der dabei auftretenden Hirnaktivitäten keinen großen Unterschied geben wird. In den meisten Fällen beruht Wahrnehmung eben auf der Bestätigung von Hypothesen. Dies lässt sich inzwischen mit bildgebenden Verfahren nachweisen.

Wenn man Versuchspersonen – im dargestellten Fall im Kernspintomographen (Abb. 7) – untersucht und prüft, wo im Gehirn Aktivität auftritt, wenn die Versuchsperson sich bei geschlossenen Augen z. B. ein rotierendes Wagenrad vorstellt, das sie vorher schon einmal gesehen hat, dann beobachtet man Aktivierungen in den grün markierten Bereichen. Diese müssen aktiv sein, um die gespeicherten Inhalte aus den hier gelb und orange markierten Areallen des Sehsystems auszulesen. Alle grün, orange und gelb markierten Areale erweisen sich dabei als gleichermaßen aktiv, unabhängig davon, ob die Versuchsperson sich das Objekt nur vorstellt oder die Augen aufmacht und es tatsächlich sieht. Im letzten Fall kommen lediglich noch Aktivierungen in den Sehrindenbereichen hinzu, in denen die Signale vom Auge zum ersten Mal in der Großhirnrinde verarbeitet werden. Das belegt, dass Vorstellung und Wahrnehmung sich nur durch geringe Unterschiede in der Hirnaktivität unterscheiden – weshalb man eben leicht der Täuschung anheim fällt, etwas wahrgenommen zu haben, was man sich nur vorgestellt hat. Bei bestimmten Krankheiten passiert das öfter, wird auffällig, und dann gibt es eine Diagnose. Das Problem haben wir jedoch alle, insbesondere dann, wenn wir unter Stress stehen. Es ist dies ein großes Problem bei der Bewertung von Zeugenaussagen. Man erhält glaubwürdige Berichte über konkrete Wahrnehmungen – auch wenn Fakten belegen, dass sich das Wahrgenommene nicht ereignet haben kann. Wenn man Patienten untersucht, die solche Fehlwahrnehmungen sehr oft haben – also von Halluzinationen geplagt sind, wie z. B. schizophrene Patienten –, dann findet man in ganz bestimmten Hirnregionen – bei verbalen Halluzinationen sind dies die mit dem Hören und dem Verarbeiten von Sprache befassten Areale – massive Aktivierung, wenn eine Halluzination auftritt. Diese ist in ihrer Verteilung und Amplitude identisch mit der, die man bekommt, wenn man über Kopfhörer reale Sprache einspielt. Deshalb können die Patienten zwischen realem Sprechen und imaginiertem nicht

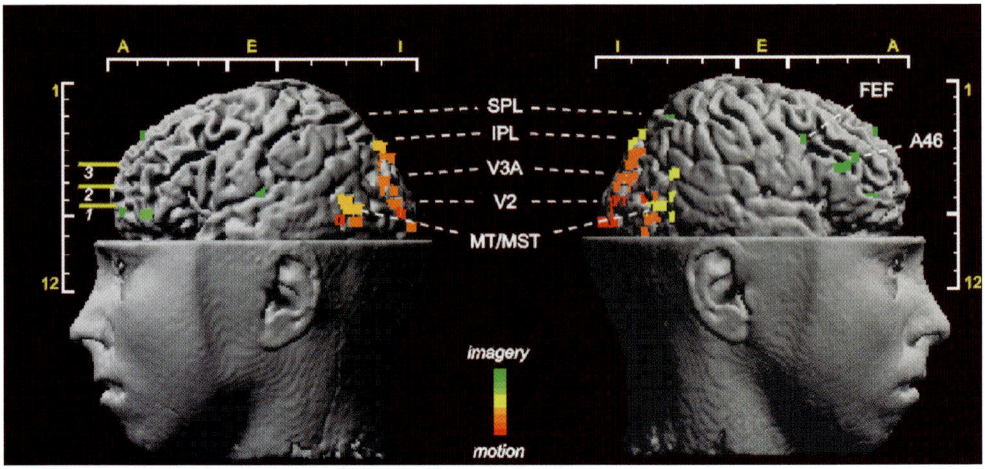

Abb. 7 Darstellung aktiver Hirnareale mittels Kernspintomographie: Vorstellen und Wahrnehmen gehen mit sehr ähnlichen Aktivierungsmustern einher.

unterscheiden. Was kranke Gehirne von den gesunden abgrenzt – und ich werde ganz zum Schluss nochmals darauf zurückkommen – ist lediglich, dass bei Patienten die primäre Hörrinde, wo die Signale von den Ohren zum ersten Mal in der Hirnrinde verarbeitet werden, aktiv ist, während bei gesunden Probanden, wenn sie sich Sprache vorstellen oder stumm sprechen, dieselben Areale wie bei den Halluzinationen aktiv werden, aber nicht die primäre Hörrinde.

Nunmehr wird die Frage unausweichlich, wie die Signale, die im Gehirn entstehen, wenn etwas wahrgenommen wird, zu Wahrnehmungen werden. Gibt es irgendwo im Gehirn ein Konvergenzzentrum, wo alle Informationen zusammengeführt und interpretiert werden? Ist irgendwo im Gehirn ein Beobachter? Hier gibt es einen faszinierenden Konflikt zwischen Vorstellungen, die unsere Intuition nahe legt, und dem, was die Neurobiologie zutage fördert. Ich denke, ich spreche in Ihrem Sinn, wenn ich sage, unsere Intuition und Introspektion legten nahe, dass es irgendwo in unserem Gehirn eine Instanz geben muss, die wir mit Ich umschreiben, die dafür verantwortlich ist, Sinnessignale zu interpretieren und wahrzunehmen und zu bewerten, die entscheidet und alles, was im Gehirn und Körper passiert, koordiniert und schließlich die Initiative ergreift, zu handeln. Weil wir das untrügliche Gefühl haben, es müsse irgendwo diese Instanz geben, durchzieht diese Vorstellung die abendländische Kulturgeschichte fast lückenlos. Die Stoiker, aber auch Vertreter fernöstlicher Philosophien, haben etwas andere Sichtweisen entwickelt. Auf den Punkt gebracht, hat die abendländische Betrachtungsweise DESCARTES. Folgerichtig suchte er im Gehirn eine Struktur, die nur einmal vorkommt. Er schickte Studenten in Schlachthäuser, ließ sich Kuhhirne bringen und fand die Epiphyse – die gab es nur einmal. Was er nicht gesehen hat, war die Hypophyse – die gibt es auch nur einmal, aber die reißt ab, wenn man Gehirne nicht sorgfältig aus dem Schädel löst. Also schloss er, die Epiphyse sei der Ort, an dem alle Sinnessignale zusammenlaufen und interpretiert werden, und dies wäre dann auch der Ort, wo die *res cogitans* Ordnung in die Welt bringt. Ganz ähnlich haben Philosophen – vorher und nachher – und viele Weltinterpreten spekuliert. Die wissenschaftliche Sicht ist nun eine gänzlich andere, weit weniger intuitiv plausibel. Sie kommt zu dem Schluss, dass es im Gehirn diese übergeordnete Instanz nicht gibt, keinen Beobachter, keinen Beweger und keinen Entscheider. Für vieles, was der Epiphyse als Letztinstanz zugeschrieben wurde, ist die Großhirnrinde (Abb. 8) zuständig.

Faszinierend an ihr ist ihre Gleichförmigkeit. Sie ist in allen Bereichen gleich aufgebaut, unabhängig davon, ob diese sich mit dem Sehen befassen, mit der Raumwahrnehmung, mit der Aufmerksamkeitssteuerung, mit dem Planen von Handlungen oder mit der Abspeicherung von moralischen Kategorien. Dieser Mantel der Hemisphären ist etwa 2–4 mm dick, hat 6 Schichten und ist voll gepackt mit Nervenzellen, die auf unvorstellbar komplexe Weise, aber nach einem stereotypen Bauplan, miteinander vernetzt sind. Der Evolution ist hier die Entwicklung einer Struktur gelungen, die offenbar eine sehr mächtige Funktion erfüllt, eine Struktur, die beliebig skaliert und ergänzt werden kann und die immer wieder neue Funktionen hervorbringt. Ihre Module können offenbar nahezu beliebig miteinander kombiniert werden, kommunizieren also über eine *lingua franca*, und können zur Verarbeitung unterschiedlicher Eingangssignale verwendet werden. Es muss ein sehr allgemeiner Algorithmus realisiert sein, der sich zur Bewältigung einer Vielfalt von Problemen der Informationsverarbeitung und Speicherung einsetzen lässt.

In Abbildung 9 entspricht jeder der roten Punkte einem Areal der Hirnrinde, das Millionen, vielleicht Milliarden Zellen enthält und ganz bestimmte Funktionen erfüllt. Hier ist nur das Sehsystem mit einigen exekutiven Strukturen dargestellt, also das System, das sich mit der

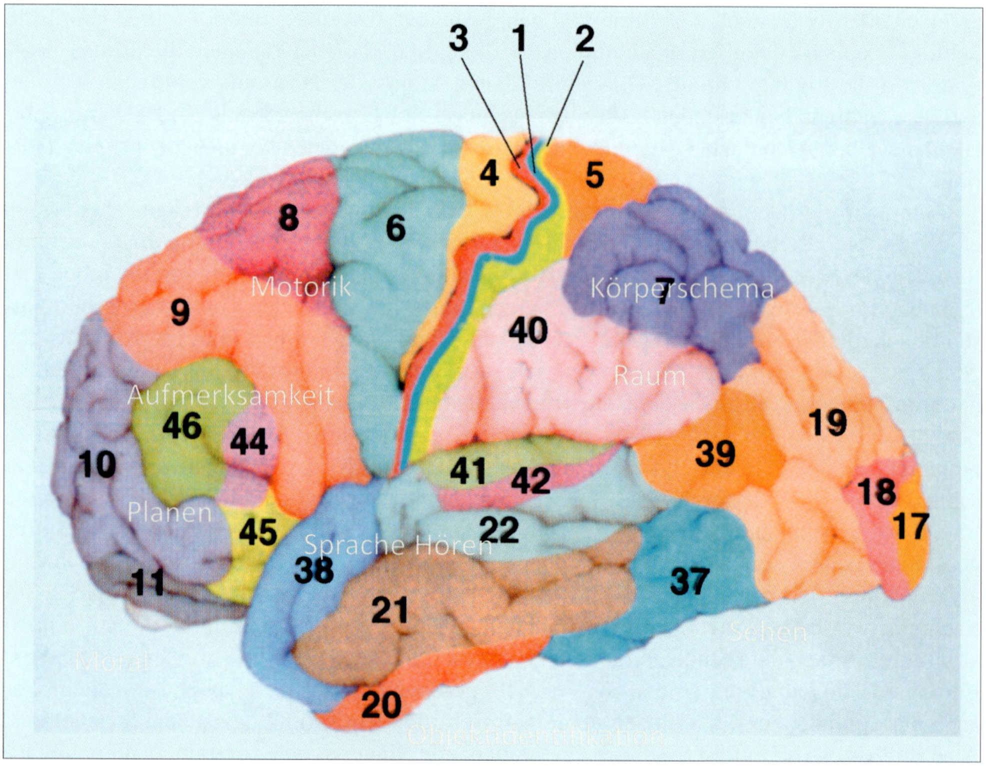

Abb. 8 Großhirnrinde – Hirnrinden-Areale weisen eine sehr ähnliche interne Verschaltung auf, arbeiten folglich nach gleichen Prinzipien, aber wenden diese auf unterschiedliche Informationen an.

Verarbeitung visueller Signale befasst. Jede der weißen Linien steht für eine massive anatomische Verbindung, für Millionen und Abermillionen von Fasern, die die Nervenzellen in verschiedenen Arealen miteinander verkoppeln. Diese Netzwerkarchitektur liefert keinen Hinweis auf die Existenz eines Descartesschen Konvergenzzentrums. Man sieht ein Gewirr von Verbindungen, von denen die allermeisten reziprok sind und es erlauben, von jedem Areal zu jedem anderen ohne große Umwege zu gelangen. Untersucht man diese Netzwerke quantitativ, dann erkennt man, dass es sich um sogenannte „small world networks" handelt. Das ist eine Bezeichnung für Netzwerke, die so ausgelegt sind, dass man mit einem Minimum an Umsteigestellen und Faserverbindungen von jedem Punkt zu jedem anderen gelangen kann. Netzwerke ähnlicher Struktur sind z. B. die Flugroutennetze und das Internet, aber auch soziale Netzwerke. In letzteren gelangt man in der Regel über maximal 6 Knoten fast überall hin. Prüfen Sie, wie viele Menschen, die sich persönlich kennen, zwischen Ihnen und dem Papst oder zwischen Ihnen und einer beliebigen Person auf der Welt stehen. Es sind nicht viele. Die Großhirnrinde ist ähnlich dicht vernetzt und nach dem gleichen Prinzip der kürzesten Wege optimiert. Die Evolution hatte mehrere Optionen. Eine ist, alle benachbarten Zellen miteinander zu verbinden. Damit gelangt man von jedem Punkt zu jedem anderen, aber man muss sehr viel umsteigen. Eine andere Option ist, Zellen direkt miteinander zu verbinden. Dann aber benötigt man aberwitzig viele Verbindungen, und auf jede einzelne Zelle müssten sehr, sehr viele Fasern konvergieren. Dies ist kein gangbarer Weg, weil die Integrationskapazität der Zellen

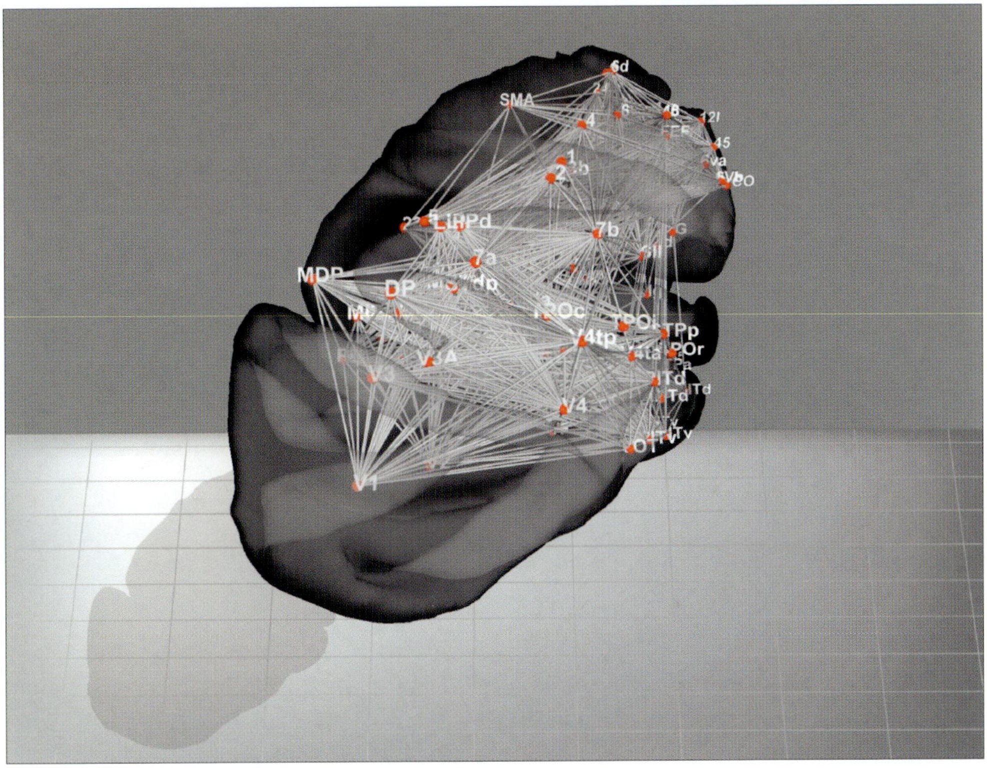

Abb. 9 Verbindungsarchitektur visueller und motorischer Rindenareale von Primaten, dargestellt an einem auseinandergefalteten Gehirn eines Makaken (nach HILGETAG und KAISER).

überfordert wäre. Eine weitere Möglichkeit ist, die Verbindungen zu erwürfeln. Das ist keine schlechte Strategie und führt zu Architekturen, die „small world networks" nahe kommen. In solchen dominieren zwar lokale Verbindungen zwischen Nachbarn, aber dazu gibt es strategisch angeordnete Langstreckenverbindungen. Die Evolution hat über Variation und Selektion zu dieser optimalen Systemarchitektur gefunden. Die zentrale Frage ist aber nun, wie sich in einem so distributiv organisierten, hoch vernetzten System neuronale Erregungsmuster ausbilden, die Grundlage für höhere kognitive Leistungen wie z. B. Wahrnehmen, Entscheiden und Planen sein können.

Im Verbindungsdiagramm in der Abbildung 10 sind die Hirnrindenareale eines Katzengehirns dargestellt, die sich mit dem Sehen, Tasten und Hören befassen. Zusätzlich berücksichtigt sind die zum sogenannten limbischen System gehörenden Areale, die für die emotionale Bewertung der verarbeiteten Sinnessignale zuständig sind. Wie konstituieren sich in solchen Netzwerken die Repräsentationen sensorischer Objekte? Nehmen wir als Beispiel einen bellenden Hund, der sich streicheln lässt. Es würden alle Areale des Sehsystems aktiv sein, also Millionen und Abermillionen von Zellen, die sich mit unterschiedlichen Aspekten des Seheindruckes befassen – also mit der Farbe des Tieres, mit der Größe, seinen Konturen, seinem Ort im Raum und, wenn es sich bewegt, mit der Bewegungsgeschwindigkeit usw. Viele spezialisierte Areale analysieren also gleichzeitig mit verteilten Rollen die Teilaspekte des Tieres. Das gleiche gilt für die Areale des Tastsinns, welche die Fellstruktur und Bewe-

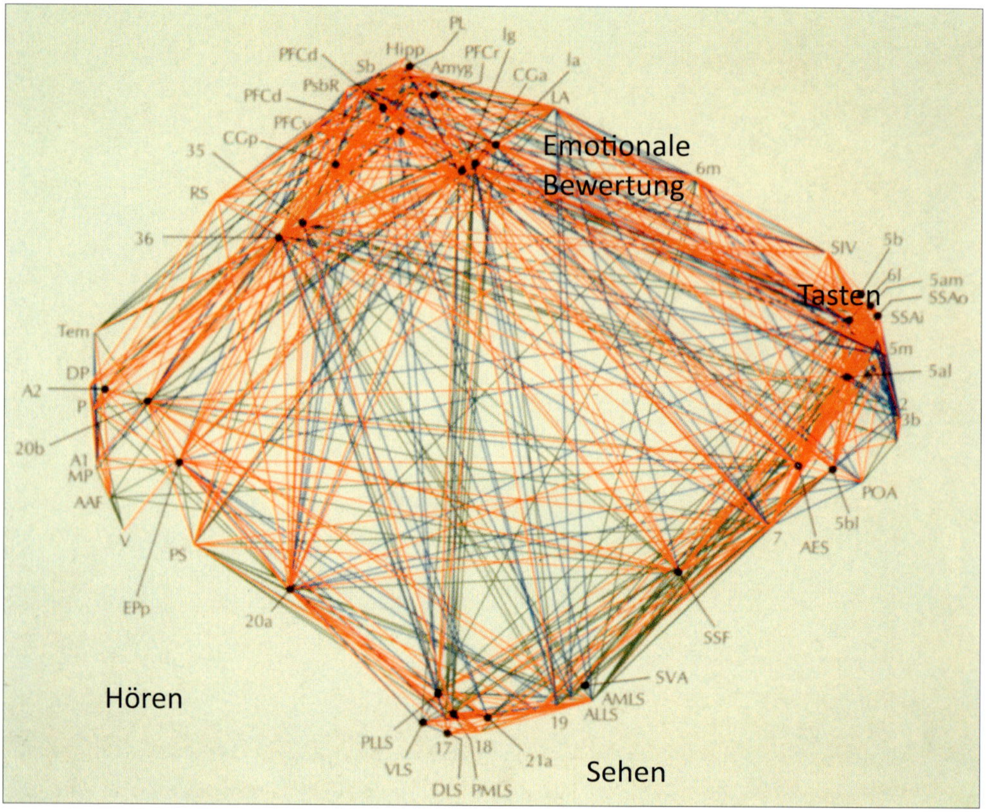

Abb. 10 Hirnrindenareale eines Katzengehirns mit der Darstellung der Verschaltung der sensorischen Hirnrindenareale (Punkte: einzelne Areale, Linien: Verbindungsbahnen)

gungen kodieren, und für die auditorischen Areale, welche das Gebell analysieren. Schließlich werden die Regionen des limbischen Systems diese Informationen verwerten, um herauszufinden, ob das Tier aggressiv oder friedlich ist. All diese Areale sind reziprok miteinander verbunden, wie im Verschaltungsdiagramm dargestellt. Die Frage ist jetzt, wie man sich die neuronale Repräsentation dieses so konkret mit allen Details wahrgenommenen Hundes vorstellen soll. Es muss sich aus neurobiologischer Sicht um ein weit verteiltes raum-zeitliches Muster von abgestuften Zellaktivitäten handeln, das von den aktivierten Zellen gebildet wird. Eine weitere Reduktion scheint nicht möglich, da es nirgendwo im Gehirn einen Ort gibt, von dem man sagen könnte: Hier an dieser Stelle wird der Hund repräsentiert. Spezifisch für diesen bestimmten Hund muss das gesamte raum-zeitliche Muster sein, das durch diesen Hund induziert wird. Und wenn eine Katze betrachtet würde, dann bildete sich in denselben Teilsystemen ein anderes Muster. Die Repräsentation von Objekten der Wahrnehmung ist also nicht lokal, sondern distributiv. Verschiedene Aspekte des Objektes werden gleichzeitig in verschiedenen Arealen bearbeitet und über die Verbindungen zwischen den Arealen zu einer objektspezifischen Repräsentation zusammengebunden. Wie dies geschieht, soll uns im Folgenden beschäftigen.

Wie kann ein so weit verteiltes, hoch dynamisiertes Erregungsmuster Grundlage kohärenter, stabiler Wahrnehmungen sein? Woher weiß das System, welche der vielen Aktivitäten vom gleichen Objekt herrühren und welche zu anderen Objekten im Raum gehören? Wie werden solche Entscheidungen getroffen, wenn es keine übergeordneten Strukturen gibt? Welcher Mechanismus sorgt dafür, dass die Neurone, die an der Kodierung eines bestimmten Objektes mitwirken müssen, sich für einen bestimmten Zeitraum – so lange, wie dieses Objekt im Fokus der Aufmerksamkeit steht – zu einem Ensemble zusammenschließen? Es scheint, als müssten die Nervenzellen in der Hirnrinde zwei Botschaften gleichzeitig vermitteln. Zum einen müssen sie angeben, ob das Merkmal, für das sie zuständig sind – eine bestimmte Kontur oder Farbe oder ein bestimmter Ton – in der Umwelt vorhanden ist. Alle Evidenz spricht dafür, dass sie diese Botschaft dadurch vermitteln, dass sie ihre Entladungsrate erhöhen. Wenn eine Nervenzelle in der Hirnrinde, die auf die Signalisierung vertikaler Konturen spezialisiert ist, aktiv wird, dann kommuniziert sie damit für alle anderen, dass sich an einem bestimmten Ort im Gesichtsfeld eine vertikale Kontur befindet. Jetzt muss aber gleichzeitig noch signalisiert werden, in welchem Kontext diese Kontur steht, zu welchem Objekt sie gehört, mit welchen anderen Konturen oder Merkmalen sie in Verbindung gebracht werden muss, um die Repräsentation eines kohärenten Objektes aufzubauen. Ein akustisches Neuron, das eine bestimmte Ton-Frequenz kodiert, muss angeben, ob dieser Ton zur Hintergrundsmusik oder zu einer, und wenn ja zu welcher, der sprechenden Personen im Raum gehört. Ein Problem, das bei Cocktailparties ständig auftritt und als Bindungsproblem bezeichnet wird. Wie dieses Problem gelöst werden könnte, soll im Folgenden kurz dargelegt werden. Durch Zufall – und das möchte ich betonen – haben wir am Max-Planck-Institut für Hirnforschung in Frankfurt entdeckt, dass Nervenzellen in der Hirnrinde nicht nur ihre Aktivität erhöhen oder erniedrigen, sondern ihre Entladungen zudem mit ungeahnter Präzision synchronisieren können.

Dieses Phänomen wurde bei entwicklungsbiologischen Untersuchungen entdeckt, die eine gänzlich andere Zielsetzung hatten, als nach Synchronisation zu suchen. Viele Entdeckungen verdanken sich solchen mehr zufälligen Beobachtungen, die sich im Zuge der Suche nach anderem ergeben. In der Grundlagenforschung ist es nicht möglich, sich am Abend vorzunehmen, am nächsten Tag etwas Bestimmtes zu entdecken. Dies wird zum Problem, wenn die Bewilligung von Forschungsgeldern davon abhängig gemacht wird, was der Forscher zu entdecken verspricht.

Doch zurück zur Synchronisation. Wir haben also beobachtet, dass Neuronen ihre Entladungen synchronisieren können und dass das Maß der Synchronisation völlig unabhängig von der Rate der aktuellen Entladungen erhöht oder erniedrigt werden kann. Ferner erwies sich, dass diese Synchronisationsphänomene vorwiegend dann auftreten, wenn die Neuronen rhythmisch aktiv sind, also ihre Aktivität in einer bestimmten Frequenz oszilliert. Diese Oszillationen können dann synchron werden wie die Schwingungen von Pendeln. Diese Beobachtung legte die Hypothese nahe, dass die Neurone über Synchronisation die Botschaft vermitteln könnten, wer mit wem gerade gemeinsame Sache macht. Neurone, die synchron schwingen, gälten dann als Mitglieder eines kohärenten Ensembles, eines verteilten Ensembles, das ein bestimmtes Objekt repräsentiert, und wären damit von allen anderen, die nicht im gleichen Rhythmus synchronisiert sind, unterscheid- und abgrenzbar. Auf die Mechanismen, die dieser Synchronisation zugrunde liegen, und die Frage, warum Synchronisation eine besonders geeignete Variable ist, um Zusammengehörigkeit, also exklusive Beziehungen, zu definieren, kann ich hier nicht eingehen. Die folgende Abbildung 11 soll jedoch das Phänomen illustrieren.

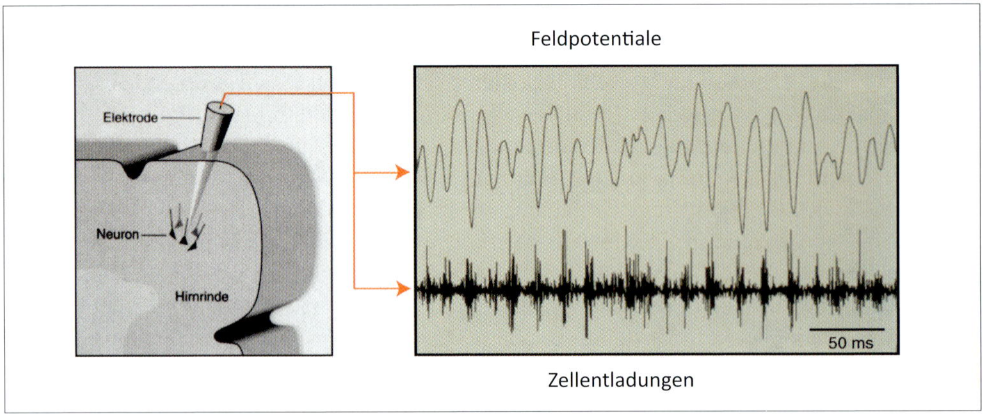

Abb. 11 Nervenzellencluster, Ableitung der synchronen oszillatorischen Aktivität von Neuronengruppen in der Sehrinde (nach Gray und Singer 1989)

Hier wurde von der Sehrinde von Katzen mit Mikroelektroden die Aktivität von Nervenzellen registriert – hier symbolisiert als kleine Pyramiden. Währenddessen blickte die Katze auf einen Bildschirm, auf dem sich ein Gittermuster bewegte. Das Tier spürt dabei keine Ungemach, weil das Gehirn nicht schmerzempfindlich ist. Wenn Kopfweh plagt, dann schmerzen die Meningen, die Hirnhäute, nicht das Gehirn. Die Verfahren gleichen also denen, die bei Parkinsonpatienten angewandt werden, um Elektroden ins Gehirn zu implantieren – nur, dass in diesem Fall nicht die Aktivität registriert, sondern Nervenzellen aktiviert werden, um die Bewegungsstörungen zu mildern. Wie auf den Ableitungen auf der rechten Bildhälfte zu sehen, entladen die Nervenzellen rhythmisch und synchron, wenn das Tier aufmerksam ist und etwas verarbeiten muss. Jede der Nadeln entspricht der elektrischen Entladung einer Nervenzelle. Setzt man die Filter so, dass nur die Gruppenaktivität sichtbar wird, werden die relativ regelmäßigen Schwingungen sichtbar. Leitet man dann von zwei Gruppen gleichzeitig ab, findet man ferner, dass diese synchron schwingen können. Dies drückt sich dann in periodisch modulierten Korrelogrammen aus, wie im nächsten Bild dargestellt (Abb. 12).

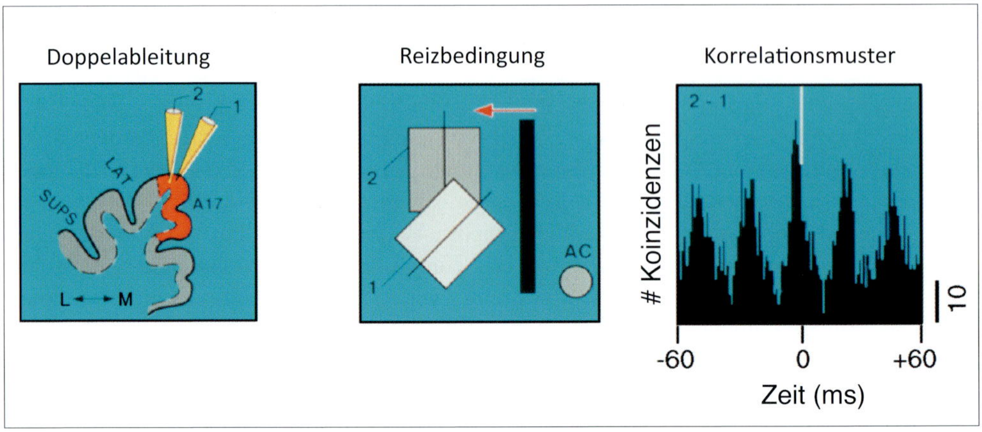

Abb. 12 Korrelogramm: Räumlich getrennte Neuronengruppen können synchron oszillieren.

Und nun zum entscheidenden Befund: Wenn zwei Neurone, die für räumlich getrennte Bildsignale zuständig sind, mit einem Objekt aktiviert werden – hier mit einem langen, dunklen Balken (Abb. 13), der sich bewegt –, dann reagieren beide, und wie man sieht, synchronisieren sie ihre Entladungen. Nun lassen sich die gleichen Neurone auch mit zwei Balkensegmenten aktivieren, die sich in entgegengesetzte Richtung bewegen. Aufgrund der Gestaltkriterien, nach denen wir Objekte als solche klassifizieren, handelt es sich in diesem Fall klar um zwei getrennte Objekte. Die Konturen eines Objektes hängen in der Regel zusammen, und wenn es sich bewegt, bewegen sie sich mit der gleichen Geschwindigkeit in die gleiche Richtung. Konturen, die sich in entgegengesetzte Richtung bewegen, vielleicht auch noch mit unterschiedlichen Geschwindigkeiten, gehören aller Wahrscheinlichkeit nach zu verschiedenen Objekten. Wie nun reagieren die beiden Neuronen auf die zwei getrennten Objekte? Wieder sind die Neurone aktiviert – die einzelnen Neurone unterscheiden nicht zwischen den beiden Bedingungen – aber die Relation zwischen den beiden Aktivitäten ist ganz anders. Das Korrelogramm ist flach, die Entladungen sind nicht mehr korreliert, die Zellen entladen unabhängig. Aus den Synchronisationsmustern, nicht aber aus der isoliert betrachteten Entladungstätigkeit einzelner Zellen, lässt sich ablesen, ob Zellen durch ein gemeinsames Objekt oder durch zwei getrennte Objekte erregt werden.

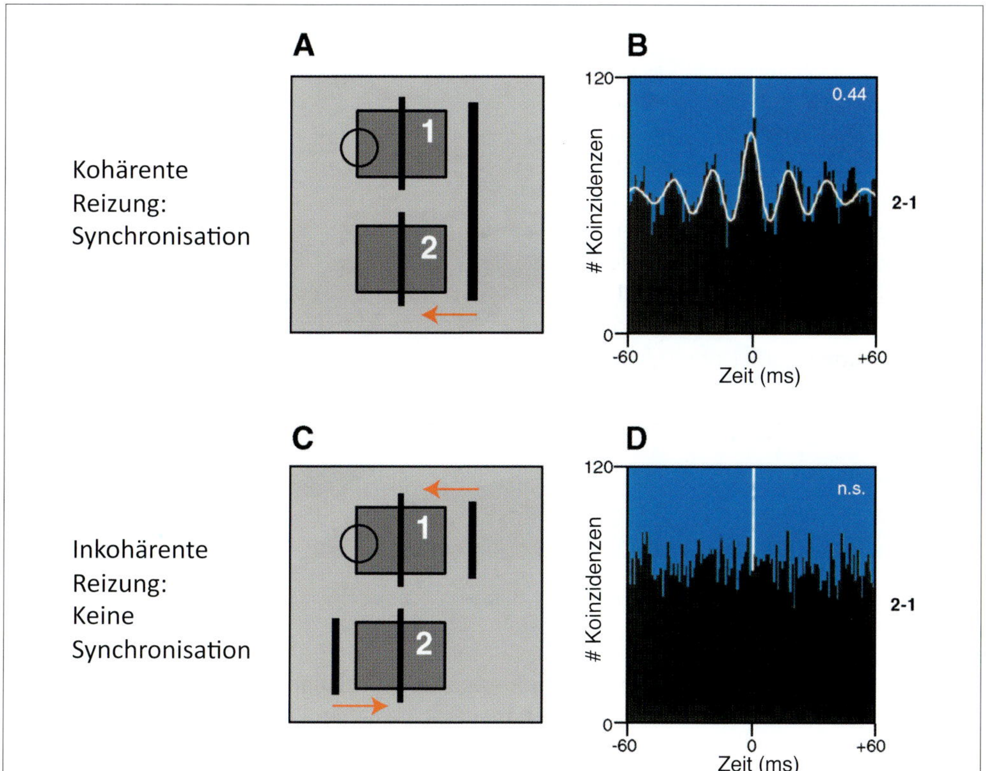

Abb. 13 Aktivierung von zwei Neuronen mit einem langen dunklen Balken (*A*). Die Folge sind synchronisierte Entladungen (*B*). (*C*) Aktivierung der zwei Neuronen mit zwei Balkenelementen, die sich in entgegengesetzte Richtungen bewegen. (*D*) zeigt im Ergebnis ein flaches Korrelogramm mit unabhängigen Entladungen der Zellen.

Die Hypothese ist also, dass Merkmale durch Aktivitätszunahme und die Beziehungen zwischen Merkmalen durch Synchronisation kodiert werden. Dieser Mechanismus kann nun im Kontext sehr vieler Verarbeitungsprozesse angewandt werden – und vieles weist darauf hin, dass er dafür zuständig ist, dass wir aus zwei-dimensionalen Helligkeitsverteilungen Objekte isolieren können, wie hier die Pferde auf der ausapernden Almwiese (Abb. 14).

Abb. 14 Schwarz-weiße Pferde auf der ausapernden Almwiese als Beleg für die Isolierung von Objekten aus zweidimensionalen Helligkeitsverteilungen

Das ist eine erstaunliche Leistung, die keines der bisher bekannten Computersysteme auch nur annähernd erbringt. Die Annahme ist, dass dann, wenn der Gruppierungsprozess erfolgreich verläuft, die Neuronen, die sich mit den Teilmerkmalen desselben Pferdes befassen, für kurze Zeit, nämlich solange das Pferd im Fokus der Aufmerksamkeit steht, ihre Aktivitäten synchronisieren.

Inzwischen werden solche Synchronisationsphänomene in vielen Laboratorien untersucht. Diese Ergebnisse verweisen darauf, dass der Mechanismus zur Realisation einer Vielzahl von

Funktionen verwandt wird, die von der Steuerung der Aufmerksamkeit bis zu Lernvorgängen reichen. Von diesen Funktionen will ich abschließend noch eine hervorheben, die medizinisch relevant ist. Hauptanliegen der Hirnforschung ist natürlich neben dem reinen Erkenntnisgewinn über das Organ, das unser Wesen ausmacht, die Aufdeckung der Mechanismen von Fehlfunktionen. Letzteres setzt aber in der Regel voraus, dass zunächst die normalen, neuronalen Prozesse verstanden werden. Sie wissen, dass wir bei der Behandlung von psychiatrischen Erkrankungen wie der Schizophrenie oder der Depression nach wie vor große Probleme haben, da wir die Mechanismen nicht kennen. Die meisten Therapieansätze wurden durch Zufall entdeckt, und viele von ihnen greifen zu kurz oder bekämpfen nur Symptome und nicht das Grundleiden. Wir wissen, dass alle psychischen Erkrankungen, auch die neurotischen Fehlentwicklungen – wie Zwangserkrankungen und posttraumatische Belastungsstörungen – letztlich ihr Korrelat in Fehlfunktionen des Gehirns haben müssen. Aber in den meisten Fällen verstehen wir nicht, wo die Fehler liegen.

Die Erforschung von Synchronisationsphänomenen hat hier vielleicht geholfen, etwas Licht auf Mechanismen zu werfen, die bei der Schizophrenie gestört sind. Untersuchungen an gesunden Probanden ergaben, dass sich die bewussten und unbewussten Prozesse im Gehirn dadurch unterscheiden, dass die bewussten mit einem viel höheren Maß an Synchronisation im Gehirn einhergehen als die unbewussten. Vieles können wir leisten, ohne uns dessen bewusst zu sein, z. B. Auto fahren. Wir sehen das Rotlicht, treten auf die Bremse, schalten und bremsen, und unterhalten uns in der Zwischenzeit mit unserem Beifahrer. Sinnesreize werden kompetent verarbeitet und in Motorik umgesetzt. Hierfür genügen lokale, seriell ablaufende Gehirnprozesse. Aber, wenn etwas bewusst verarbeitet werden soll, dann muss die Aufmerksamkeit auf die entsprechenden Prozesse gelenkt werden, und weit verteilte Regionen im Gehirn müssen synchronisiert werden, es muss ein globaler Ordnungszustand hergestellt werden. Die Schizophrenie ist von den Alten schon immer beschrieben worden als eine Störung, die dazu führt, dass Gedanken fragmentiert werden, dass bei der Wahrnehmung nicht verbunden wird, was verbunden gehört, und oft verbunden wird, was eigentlich getrennt gehalten werden sollte. Es lag also nahe zu vermuten, dass in schizophrenen Gehirnen irgendetwas mit den Bindungsmechanismen nicht in Ordnung ist. Geht man nun von der Hypothese aus, dass Bindungen über zeitliche Synchronisation erfolgen, liegt nahe zu überprüfen, ob Störungen in den Synchronisationsmustern vorliegen.

Wir zeigten Patienten und gesunden Probanden Muster wie in Abbildung 15, die als Gesicht erkannt werden können. Um dies zu können, müssen Konturen sinnvoll und auf der Basis von sehr viel Vorwissen gebunden werden. Mit Hilfe der Magnetoenzephalographie findet man, wie erwartet, bei der Lösung solcher visuellen Erkennungsaufgaben, Aktivität im hinteren Schädelbereich.

Diese Aktivität kann man nun auf ihre Frequenz, Amplitude und Synchronizität hin untersuchen (Abb. 16). Bei Gesunden findet man eine starke Zunahme hochfrequenter Schwingungen im 80–100 Hertz-Bereich. Bei chronisch schizophrenen Patienten ist diese Zunahme deutlich und signifikant schwächer. Und diese Unterschiede finden sich auch schon bei Patienten, die zum ersten Mal zur Aufnahme kommen und noch nicht mit Medikamenten behandelt wurden. Misst man dann zusätzlich die Phasensynchronizität zwischen den Aktivitäten über verschiedenen Hirnregionen, wird deutlich, dass diese im Vergleich zu gesunden Probanden massiv gestört ist.

In Abbildung 17 ist nicht die Amplitude der Schwingung farbig kodiert, sondern die Präzision der Synchronisierung. Bei Gesunden ist sie sehr hoch, just zu dem Zeitpunkt, an dem

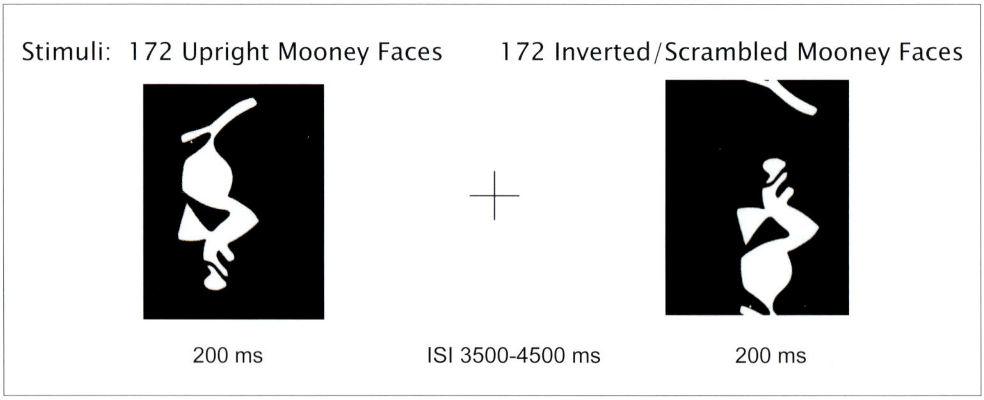

Abb. 15 Muster/*Mooney Face*: Gestaltwahrnehmung und synchrone Oszillationen bei schizophrenen Patienten

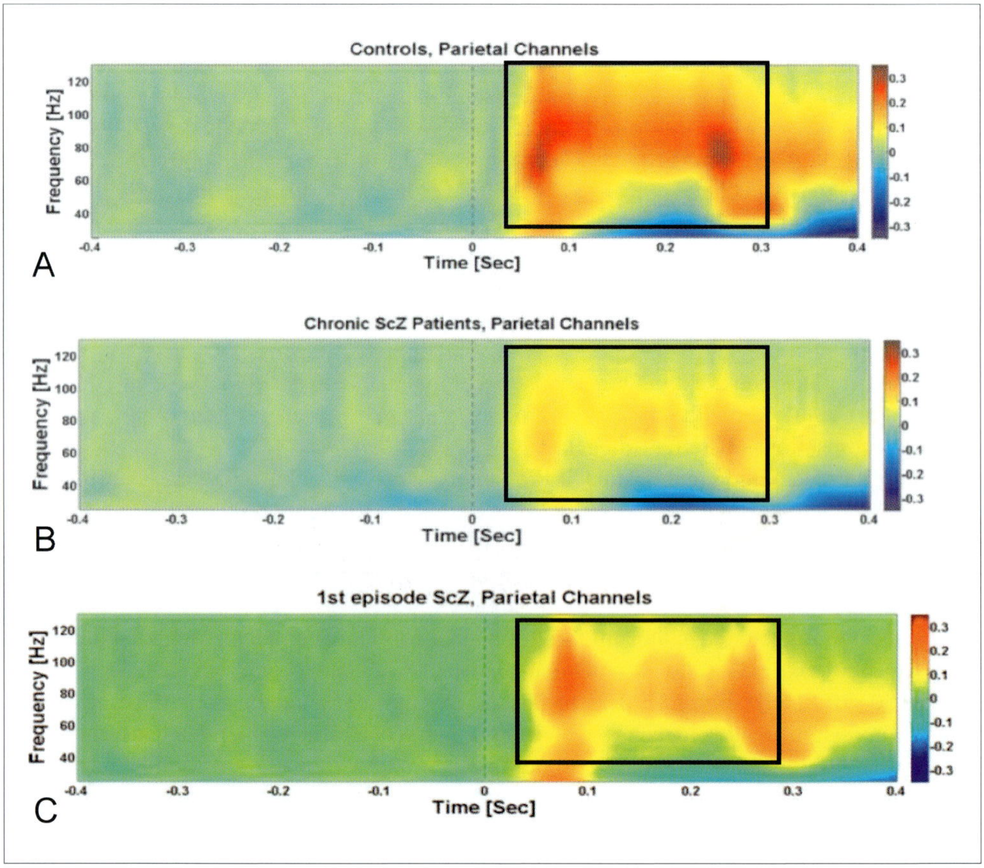

Abb. 16 Auswertung von Gamma-Oszillationen (*A*) in der Kontrollgruppe, (*B*) bei chronisch schizophrenen Patienten und (*C*) bei unbehandelten schizophrenen Patienten (erster Schub mit reduzierten Gamma-Oszillationen)

das Gesicht entdeckt wird – und bei den schizophrenen Patienten fehlt sie fast gänzlich. Prüft man, wie sich die Synchronisationsmuster über das Gehirn verteilen, erkennt man bei Gesunden ein großes, weit verteiltes Netzwerk synchroner Areale, während sich bei schizophrenen Patienten nur ein rudimentäres Netzwerk ausbildet. Die Mechanismen, die der Erzeugung der Schwingungen und ihrer Synchronisierung zugrunde liegen, sind inzwischen gründlich erforscht. Folglich können wir jetzt gezielt danach suchen, welche chemischen Transmitter und welche strukturellen Bedingungen nicht der Norm entsprechen. So besteht die Hoffnung, an die Mechanismen heranzukommen, weil wir Endophänotypen haben, also messbare Veränderungen im Gehirn selbst, die mit der Krankheit korrelieren. Wie man dann von dort zu Therapien findet, ist eine weitere, noch nicht beantwortbare Frage.

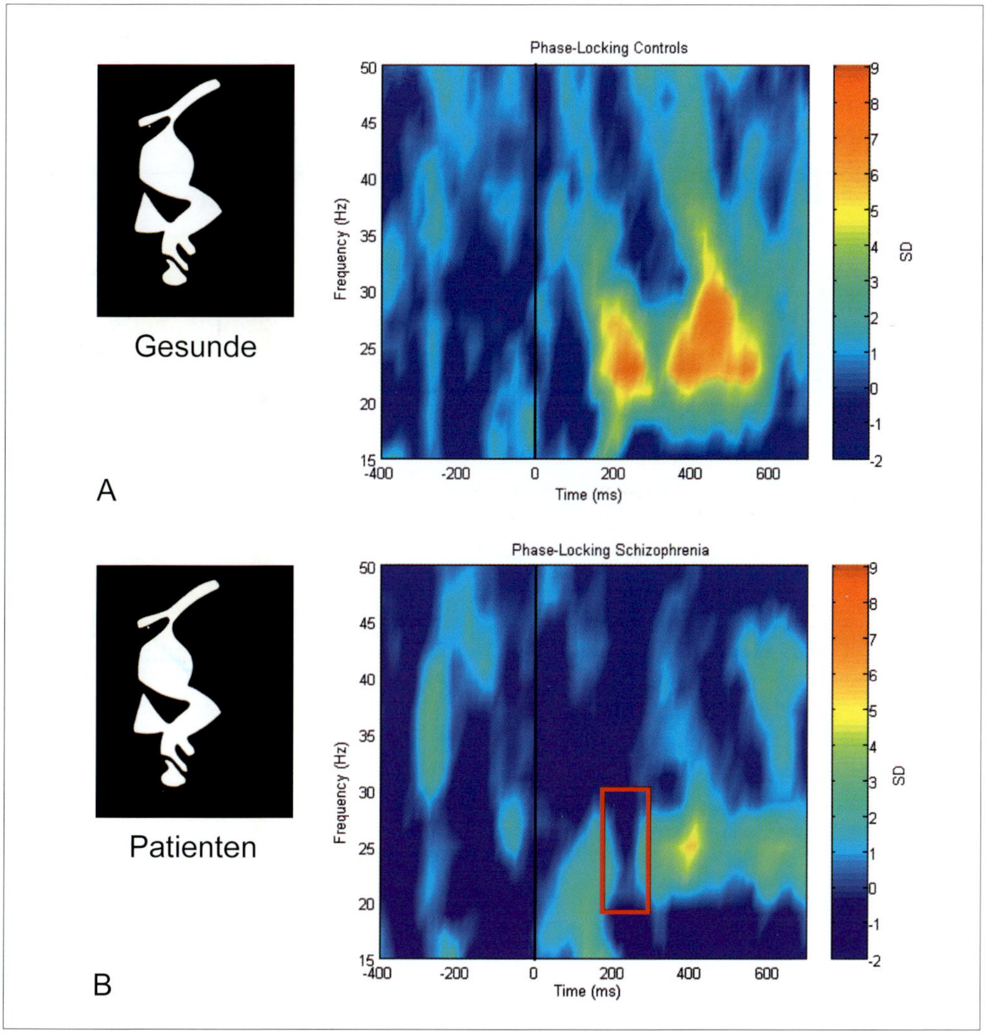

Abb. 17 Phasen-Synchronizität von Gamma-Oszillationen (*A*) bei Gesunden und (*B*) bei schizophrenen Patienten ($p < 0{,}05$)

Nun lassen Sie mich abschließend noch eine Bemerkung zur Entwicklung des Gehirns machen. Die Schizophrenie bricht interessanterweise meist gegen Ende der Adoleszenz aus. Man muss sich also fragen, warum sie sich gerade in dieser späten Entwicklungsphase zum ersten Mal manifestiert. Wir haben deshalb eine Entwicklungsstudie durchgeführt und genau die gleichen Untersuchungsverfahren angewandt, wie zuvor beschrieben, allerdings jetzt bei verschiedenen Probanden von 6 bis 21 Jahren. Zunächst waren die Befunde wie erwartet. Zwischen 6 und 16 Jahren etwa werden die Schwingungen schneller, die Synchronisation wird präziser, und die Netzwerke werden umfassender. Plötzlich aber bricht die Synchronisation zusammen. In der späten Adoleszenz ändern sich die zunächst relativ gut entwickelten Netzwerke, die Synchronisation nimmt ab, und kurz vor dem Erwachsenwerden konfiguriert sich ein neues Netzwerk. Es wird fokaler, und die Synchronisation wird präziser. Es gibt also spät in der menschlichen Entwicklung noch einmal eine Umbauphase im Gehirn. FREUD hat diese zweite späte Entwicklungsphase die *zweite Chance* genannt. Was man in der frühen Prägung verpasst hat, so FREUD, kann man in dieser Phase vielleicht noch nachholen. Es gibt also in der Entwicklung einen Bruch, einen Phasenwechsel, der mit einer Rekonfiguration der Netzwerke einhergeht, die für das Erwachsenwerden notwendig scheint. Bei den Menschen, die an Schizophrenie erkrankten, ist dieser Übergang offenbar nicht möglich. Warum wissen wir noch nicht, aber wir wissen jetzt zumindest, wo man verstärkt suchen sollte, wenn man dieser geheimnisvollen Krankheit auf die Spur kommen will. Dies zum Schluss, damit nicht der Eindruck bleibt, Hirnforscher verwendeten Steuergelder nur, um ihre Neugier zu befriedigen.

Literatur

GRAY, C. M., and SINGER, W.: Stimulus-specific neuronal oscillations in orientation columns of cat visual cortex. Proc. Natl. Acad. Sci. USA *86*, 1698–1702 (1989)

Prof. Dr. Dr. h. c. mult. Wolf SINGER
Max-Planck-Institut für Hirnforschung
Deutschordenstraße 46
60528 Frankfurt (Main)
Bundesrepublik Deutschland
Tel.: +49 69 96769218
Fax: +49 69 96769327
E-Mail: singer@mpih-frankfurt.mpg.de